Springer-Lehrbuch

Yvonne Stry · Rainer Schwenkert

Mathematik kompakt

für Ingenieure und Informatiker

4., neu bearb. und erw. Aufl. 2013

 Springer Vieweg

Prof. Dr. Yvonne Stry
Nürnberg, Deutschland
yvonne.stry@ohm-hochschule.de

Prof. Dr. Rainer Schwenkert
München, Deutschland
rsh@cs.hm.edu

ISBN 978-3-642-24326-4
DOI 10.1007/978-3-642-24327-1

ISBN 978-3-642-24327-1 (eBook)

Die Deutsche Nationalbibliothek verzeichnet diese Publikation in der Deutschen Nationalbibliografie; detaillierte bibliografische Daten sind im Internet über http://dnb.d-nb.de abrufbar.

Springer Vieweg

Springer Vieweg ist eine Marke von Springer DE
Springer DE ist Teil der Fachverlagsgruppe Springer Science+Business Media
www.springer-vieweg.de

Für meine Frau Karin
und unsere Kinder Andreas und Stefan
R.S.

Für Gerd
Y.S.

Vorwort

Der vorliegende Text deckt den *relevanten Lehrstoff* der Grundvorlesungen *Mathematik für die technischen Studienrichtungen und für die Informatik in nur einem einzigen Band* ab. Er orientiert sich dabei an der praxisbezogenen Vorgehensweise von Fachhochschulen.

Zahlreiche Beispiele aus Technik und Wirtschaft erläutern den Text oder dienen der Einübung eines Algorithmus. Eine Fülle schöner Zeichnungen und Plots veranschaulichen wichtige Zusammenhänge. Numerische Fragestellungen und Probleme der Wirtschaftsmathematik werden ebenfalls angesprochen. Besonderer Wert wird auch auf eine fundierte Einführung in die Statistik gelegt.

Das *didaktische Konzept* ist insbesondere auf Anschaulichkeit und auf die stetige Motivation, die angesprochenen mathematischen Konzepte einzuüben, angelegt:

- Übungen mit Lösungen treten nicht erst am Kapitelende, sondern im laufenden Text auf, so dass gleich nach Einführung eines neuen Begriffes dieser durch eine (meist einfache) Übung gefestigt werden kann. In vollständigen Lösungen kann bei Bedarf der Lösungsweg nachvollzogen werden.
- Zugunsten der Anschaulichkeit wird auf eine (allzu) formalisierte Darstellungsweise, die gerade auf Studienanfänger eher abschreckend wirkt, verzichtet.
- Wichtige Fertigkeiten aus der Schulmathematik (z. B. das Lösen von quadratischen Gleichungen) werden an geeigneter Stelle jeweils kurz erwähnt und in einer kleinen Übungsaufgabe wiederholt und verfestigt.

Der vorliegende Text ist sowohl als Lehrbuch als auch *zum Selbststudium sowie zur Prüfungsvorbereitung geeignet*. Zum Selbststudium empfiehlt sich das Buch insbesondere durch sein didaktisches Konzept von zahlreichen Verständnishilfen und aktivierenden Verständnisübungen. Zur Prüfungsvorbereitung dienen schließlich die vielfältigen in sich abgeschlossenen Aufgaben mit Lösungen. Ein kurzer Verständnistest versucht gezielt, Defizite zu entdecken und zu benennen. Die strukturierten Zusammenfassungen erleichtern es, den wichtigsten Stoff zu wiederholen und zu festigen sowie – trotz aller Stofffülle – einen gewissen Überblick zu bewahren. Sie können als „Spickzettel" für Klausuren oder in der Klausurvorbereitung dienen.

In jedem Kapitel wiederholen sich die folgenden *Strukturelemente*:

- In der Einführung versuchen wir, an Erfahrungen mit Mathematik im täglichen Leben anzuknüpfen und von hier aus motivierend in ein neues Teilgebiet der Mathematik einzuleiten. An dieser Stelle werden aber auch historische, kulturelle und philosophische Hintergründe angesprochen.
- Ein kurzer Verständnistest von genau einer Seite beschließt jeweils den eigentlichen Lehr- und Lerntext. Hier geht es um einfache Fragen mit vorgegebenen Lösungsalternativen zum Ankreuzen, die man ohne intensiveres Nachlesen nach dem Durcharbeiten eines Kapitels beantworten kann. Die Lösungen sind jeweils (in der Form x = „Alternative trifft zu ", o = „Alternative trifft nicht zu", erst von links nach rechts und dann von oben nach unten) angegeben.
- Pro Kapitel folgen jeweils zwei Anwendungen von mehreren Seiten. Diese praxisnahen Applikationen sollten den Einstieg in weiterführende Probleme aus Technik, Wirtschaft und Informatik ermöglichen. Es werden allgemeinverständlich (d. h. auch mit wenigen Formeln) Begriffe und Sätze aus dem jeweiligen Kapitel angewandt.
- Auf etlichen Seiten werden pro Kapitel in einer Zusammenfassung die wichtigsten Definitionen, Sätze, aber auch Beispiele übersichtlich geordnet zur Wiederholung des Stoffes zusammengestellt.
- Es folgen Übungsaufgaben mit Lösungen, mit deren Hilfe der Stoff des jeweiligen Kapitels weiter eingeübt und gefestigt werden kann. Anders als beim Verständnistest muss man hier wirklich rechnen. Die recht ausführlichen Lösungen sind ebenfalls angegeben.

Im Web finden Sie zahlreiche Extras, die das Lehrbuch ergänzen und Ihren Lernprozess in idealer Weise unterstützen. So können Sie u. a. von unseren Homepages diverse Foliensätze sowie mehrere Lernprogramme kostenlos herunterladen.

Für den interessierten Dozenten bieten wir als Service die kostenlose *Bereitstellung von didaktisch aufbereiteten Folien* zum Einsatz in der Vorlesung an. Mit ihrer Hilfe kann sich Vorlesung/Übung/seminaristischer Unterricht auf die wirklich wichtigen Verständnisprobleme und auf die eigenständige Einübung der Begriffe seitens der Studierenden konzentrieren.

Die *Lernsoftware „Mathematische Grundlagen für ingenieurwissenschaftliche Studiengänge und für die (Wirtschafts-) Informatik"* mit ihren über 130 elementaren Aufgaben will einen Beitrag leisten zur Vorbereitung von Studieninteressierten auf ein Studium einer technischen Disziplin oder der (Wirtschafts-) Informatik. Dabei hat unser Lernprogramm zum Ziel, Lücken aus dem Schulstoff der Mathematik zu diagnostizieren und zu beheben. Oft fehlen nämlich elementare Kenntnisse aus der Mittelstufe wie etwa Prozentrechnung, Umformung von Termen oder Rechnen mit Potenzen und Logarithmen.

Die *weiterführende Lernsoftware „Mathematik kompakt"* beinhaltet Verständnisfragen zum Stoff der Grundvorlesungen der (Ingenieur-) Mathematik für technische Studiengänge und für die (Wirtschafts-) Informatik. Dieses Lernprogramm stellt eine ideale Ergänzung zur Lektüre des vorliegenden Lehrbuches dar.

Die *Lernsoftware „Mathematik kompakt mit Maple"* besteht aus ausführlich kommentierten und strukturierten Maple-Worksheets, in denen die meisten der Übungsaufgaben aus dem vorliegenden Lehrbuch mit Hilfe des Computeralgebra-Programms Maple gelöst werden. Zu jedem Kapitel des Buches existiert zusätzlich ein File mit einer Einführung in spezifische Maple-Befehle.

Die Folien zum Buch, die Lernprogramme sowie die Maple-Files sind von unseren *Homepages für kostenlosen Download*

- http://w3-o.cs.hm.edu/~rschwenk/
- http://www.ohm-hochschule.de/stry/

verfügbar. Auf diesen Homepages finden Sie weitere Informationen.

In der vorliegenden *neubearbeiteten und erweiterten 4. Auflage* des 2005 erschienenen Buches „Mathematik kompakt" wurden zahlreiche Ergänzungen im Stoff (z. B. Kurven) vorgenommen. Außerdem erhielt das Buch insgesamt ein moderneres E-Book-unterstützendes Layout.

Wir danken dem Springer-Verlag, insbesondere Frau Eva Hestermann-Beyerle, außerdem Frau Grit Kern, Frau Birgit Kollmar-Thoni und Frau Kay Stoll, für die stets angenehme Zusammenarbeit.

Bei unseren Leserinnen und Lesern bedanken wir uns für die Anregungen zu den vorangegangenen Auflagen recht herzlich. Weiteres Feedback nehmen wir sehr gerne entgegen (rsh@cs.hm.edu, yvonne.stry@ohm-hochschule.de).

Nürnberg, München   Yvonne Stry
August 2012   Rainer Schwenkert

Inhaltsverzeichnis

Mathematische Grundbegriffe

1.1 Einführung

▷ Grundlegende Notation

„Grundbegriffe", „Grundlagen" – das klingt easy, das hört sich an wie Fingerübungen beim Klavierspielen. Grundlagen kann man zunächst als Lernen und Einüben einer Notation verstehen, so wie Sie z. B. zuerst merkwürdig aussehende Zeichen lernen müssen, bevor Sie überhaupt mit der griechischen, russischen, chinesischen oder japanischen Sprache beginnen können. Aber keine Angst, den meisten Studierenden sind die grundlegenden mathematischen Bezeichnungen, wie etwa die Mengenschreibweise, schon seit der Schule bekannt. Insofern ist dieses erste Kapitel wirklich recht einfach.

▷ Grundlagenkrise der Mathematik

„Grundlagen" gehen aber auch über „einfaches Handwerkszeug" hinaus, wenn man denn Grundlagen als „Fundamente" ansieht, also als das, worauf sich alles weitere gründet. Die in diesem Sinne verstandenen Grundlagen der Mathematik, die Mengenlehre und die Logik, sind zu Beginn des 20. Jahrhunderts in eine tiefe Krise geraten. Man muss sich vorstellen: Gottlob Frege, der Begründer der modernen mathematischen Logik, hatte gerade ein größeres bedeutendes Buch geschrieben, als ihn ein Schreiben des jungen Bertrand Russell auf einen Widerspruch, eine Inkonsistenz in seiner Theorie aufmerksam machte.

▷ Russell'sches Paradoxon

Dieser Widerspruch lässt sich ganz amüsant anhand des so genannten Russell'schen Paradoxon erklären: Stellen Sie sich vor, in einem kleinen Dorf behauptet der ortsansässige Barbier stolz, er rasiere jeden, der sich nicht selbst rasiert. (Ein „Barbier" schneidet seinen Kunden den Bart – ein Berufsbild, welches heutzutage allerdings nicht mehr all-

Y. Stry, R. Schwenkert, *Mathematik kompakt*, DOI 10.1007/978-3-642-24327-1_1,
© Springer-Verlag Berlin Heidelberg 2013

zu verbreitet ist!) Nun, der Mann verwickelt sich in einen Widerspruch: Denn rasiert er sich selbst? Nein, denn er rasiert ja genau diejenigen, die sich *nicht* selbst rasieren. Aber gerade wenn er sich nicht selbst rasiert, dann muss er sich seiner Behauptung nach selbst rasieren ...

Jenseits aller flippigen Formulierung ist festzuhalten, dass durch die Entdeckung entsprechender Inkonsistenzen die Grundlagen der Mathematik erschüttert wurden. Das gleiche geschah übrigens auch in der Logik, wo der österreichische Mathematiker Kurt Gödel durch das Unvollständigkeitstheorem ein für allemal zeigte, dass es keine noch so schöne oder komplizierte mathematische Theorie geben kann, mit der alle mathematischen Behauptungen beweisbar bzw. widerlegbar sind.

▶   Zahlen

Nach diesem kurzen Ausflug in die Grundlagen der Mathematik wollen wir uns nun etwas ganz Vertrautem zuwenden, nämlich den Zahlen. Sie sind uns allen bekannt – Technik und Wirtschaft leben schließlich davon, alles zu quantifizieren, d. h. in Zahlen zu messen oder auszudrücken.

▶   Verschiedene Zahlentypen

Dabei gibt es ganz unterschiedliche Zahlentypen, die schon jeder Schüler kennenlernt. Am Anfang stehen sicherlich die natürlichen Zahlen 0, 1, 2, ..., die die meisten sogar schon im Vorschulalter lernen. Dann gibt es noch die negativen Zahlen, wie -1, -2, -3, ...; schließlich kann man ja auch Schulden machen. Der Mathematiker Kronecker sagte von diesen so genannten ganzen Zahlen: „Die ganzen Zahlen hat der liebe Gott gemacht, alles andere ist Menschenwerk." Und von den ganzen Zahlen kommt man sehr schnell zu den rationalen Zahlen, den Brüchen. Auch hier gibt es viele Beispiele in unserem Umfeld: von halben Äpfeln bis zu einem Viertelpfund Butter. Neben den Brüchen (oder „rationalen" Zahlen) gibt es auch die so genannten „irrationalen" Zahlen, die im übrigen keineswegs „unvernünftig" (wie der Name zu suggerieren scheint) sind: $\sqrt{2}$ oder auch π sind Beispiele. Übrigens hat die „Entdeckung" jener irrationalen Zahlen auch schon eine Krise in der Geschichte der Mathematik verursacht – im 6. und 5. Jahrhundert v. Chr.! Betroffen waren Pythagoras (bekannt vom rechtwinkligen Dreieck: $a^2 + b^2 = c^2$) und seine Schüler, die Pythagoräer, eine Bruderschaft, die eine Art Zahlenkult zelebrierte („Alles ist Zahl") und leider nicht mit derartigen merkwürdigen „irrationalen" Zahlen gerechnet hatte. Pythagoras habe sich angeblich aus Frustration über die Existenz solcher Zahlen das Leben genommen ...

▶   Kombinatorik

Auch die Kombinatorik ist ein spannendes (Unter-)Kapitel der Mathematik – leider lehrt sie nicht, wie man im Lotto gewinnt. Sie hilft aber, die eigenen Gewinnchancen einzuschätzen, indem sie etwa berechnet, wie viele Möglichkeiten es gibt, „6 aus 49" Zahlen auf dem Lottoschein anzukreuzen. (Allerdings landet nur eine von diesen fast 14

Millionen Möglichkeiten einen Volltreffer!) Die Kombinatorik entstand sogar aus dem Glücksspiel: Der Chevalier de Méré fragte sich im 17. Jahrhundert, warum gewisse Ereignisse beim Würfeln häufiger eintraten als andere, und setzte den Mathematiker Blaise Pascal auf die Fragestellung an. Pascal, der ansonsten eher an religiösen und philosophischen Themen interessiert war, und Pierre de Fermat skizzierten daraufhin in ihrem Briefwechsel mal eben kurz die Wahrscheinlichkeitstheorie und lösten nebenbei das Problem des Chevalier.

Mit den angesprochenen Grundlagen – Mengen, Zahlen, Kombinatorik – soll sich nun dieses erste Kapitel beschäftigen.

1.2 Mengen

Wir definieren im Folgenden die Grundbegriffe der Mengenlehre wie Menge, Element, leere Menge, Teilmenge, Potenzmenge sowie Mengenoperationen (Schnittmenge, Vereinigungsmenge, Komplement). Diese Grundlagen werden recht elementar durch Beispiele und so genannte Venn-Diagramme veranschaulicht. Wichtig sind auch gewisse einfache Rechenregeln für die angesprochenen Mengenoperationen.

1.2.1 Grundlegende Mengendefinitionen

Nach dem Begründer der Mengenlehre, Georg Cantor, gilt ganz abstrakt:

Menge, Element
Unter einer Menge verstehen wir jede Zusammenfassung von bestimmten wohlunterschiedenen Objekten unserer Anschauung oder unseres Denkens (welche Elemente der Menge genannt werden) zu einem Ganzen.

Beispiel 1.1

$$A = \{1, 2\} = \{2, 1\}$$
$$= \{x \in \mathbb{N} \mid 0 < x \leq 2\}$$
$$= \{x \in \mathbb{N} \mid x^2 - 3x + 2 = 0\}$$

Aufzählende Form Man kann eine (endliche) Menge A also etwa in der *aufzählenden Form* angeben, indem man einfach alle Elemente in geschweiften Klammern „aufzählt". Es kommt dabei nicht auf die Reihenfolge der Elemente innerhalb der Mengenklammern an.

Beschreibende Form Eine alternative Darstellung ist die *beschreibende Form*, etwa $\{x \in \mathbb{N} \mid x^2 - 3x + 2 = 0\}$ (Lies: Die Menge aller x aus $\mathbb{N}$, für die gilt: $x^2 - 3x + 2 = 0$).

Man spricht hier übrigens auch von der Lösungsmenge der Gleichung $x^2 - 3x + 2 = 0$ bezüglich der natürlichen Zahlen.

Die Elementbeziehung wird dabei mathematisch wie folgt ausgedrückt: $1 \in A = \{1, 2\}$ („1 ist Element von A"), aber $3 \notin A$, $a \notin A$.

Leere Menge
Eine Menge heißt leer, wenn sie kein Element enthält. Man schreibt dann: $\emptyset$ oder auch $\{ \}$.

Es gibt nur eine einzige, nämlich *die* leere Menge, da sich alle „leeren Mengen" aufgrund der Eigenschaft, kein Element zu enthalten, nicht voneinander unterscheiden.

Teilmenge
Eine Menge A heißt genau dann Teilmenge einer Menge B, geschrieben: $A \subseteq B$, wenn aus $x \in A$ auch $x \in B$ folgt.

Zwei Mengen A und B sind genau dann „gleich", wenn sie die gleichen Elemente enthalten oder – mit Hilfe der Teilmengenbeziehung ausgedrückt – wenn Folgendes gilt: $A \subseteq B$ und $B \subseteq A$. Insbesondere gilt also auch für jede Menge: $A \subseteq A$, d. h. jede Menge ist Teilmenge von sich selbst. Aber auch $\emptyset \subseteq A$, also die leere Menge ist Teilmenge jeder beliebigen Menge.

Eine spezielle Menge, die gedanklich schon eine gewisse Abstraktion voraussetzt, soll im Folgenden gebildet werden. Dabei gehen wir von einer Grundmenge G aus:

Potenzmenge
Die Menge aller Teilmengen einer Menge G wird die Potenzmenge $\mathcal{P}(G)$ von G genannt.

Die Potenzmenge von G enthält stets die Menge G selbst und die leere Menge $\emptyset$ *als Element*.

Beispiel 1.2
Für $G = \emptyset$ ist die Potenzmenge: $\mathcal{P}(G) = \{\emptyset\}$; dies ist keineswegs die leere Menge, sondern diejenige Menge, welche ein einziges Element, nämlich die leere Menge selbst enthält!

Die Potenzmenge der ein-elementigen Menge $G = \{a\}$ ist $\mathcal{P}(G) = \{\emptyset, \{a\}\}$; sie besteht aus den beiden Mengen $\emptyset$ und $\{a\}$.

Und für $G = \{a, b\}$ lautet die Potenzmenge: $\mathcal{P}(G) = \{\emptyset, \{a\}, \{b\}, \{a, b\}\}$; die Potenzmenge besteht in diesem Fall aus 4 Elementen, die wiederum allesamt Mengen sind.

Übung 1.1

Wie lautet die Potenzmenge der Menge $G = \{1, 2, 3\}$ und wie viele Elemente enthält sie?

Lösung 1.1

$\mathcal{P}(G) = \{\emptyset, \{1\}, \{2\}, \{3\}, \{1, 2\}, \{1, 3\}, \{2, 3\}, \{1, 2, 3\}\}$ enthält 8 Elemente.

Der Begriff Potenzmenge kommt ganz einfach aus folgender Feststellung:

Anzahl der Elemente der Potenzmenge

Ist n die Anzahl der Elemente der endlichen Menge G, so hat die Potenzmenge $\mathcal{P}(G)$ genau 2^n Elemente.

Dies kann man mit einer einfachen kombinatorischen Überlegung zeigen: Bei der Bildung einer Teilmenge von G gibt es für jedes Element aus G nur die beiden Möglichkeiten „gehört zu dieser Teilmenge" oder „gehört nicht zu dieser Teilmenge". Insgesamt hat man bei n Elementen $\underbrace{2 \cdot 2 \cdot 2 \cdot \ldots \cdot 2}_{n\text{-mal}} = 2^n$ Möglichkeiten, eine Teilmenge zu bilden.

Mächtigkeit von Mengen Oft spricht man anstelle von der Anzahl der Elemente einer (endlichen) Menge G auch von ihrer „Mächtigkeit" und kürzt diese mit $|G|$ ab. Die Aussage des obigen Satzes lässt sich damit kurz wie folgt aufschreiben: Aus $|G| = n$ folgt $|\mathcal{P}(G)| = 2^n$.

1.2.2 Grundlegende Mengenoperationen

Nachdem wir im vorigen Abschnitt verschiedene Mengen betrachtet haben, werden wir nun einfache Mengenoperationen mit den Teilmengen A, B, C einer Grundmenge G vornehmen:

Durchschnitt, Vereinigung, Komplement

$$A \cap B := \{x \in G \mid x \in A \text{ und } x \in B\} \qquad \text{(Durchschnitt)}$$
$$A \cup B := \{x \in G \mid x \in A \text{ oder } x \in B\} \qquad \text{(Vereinigung)}$$
$$\overline{A} := \{x \in G \mid x \notin A\} \qquad \text{(Komplement)}$$

Abb. 1.1 Venn-Diagramme für
Mengenoperationen

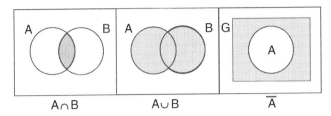

Das Wörtchen „oder" in der Definition der Vereinigung wird im Sinne des so genannten „einschließenden oder" gebraucht – im Gegensatz zum ausschließenden „entweder-oder".

Differenz Die *Differenz* $A \setminus B := \{x \in A \mid x \notin B\}$ ist eine Abkürzung für $A \setminus B = A \cap \overline{B}$ und insofern entbehrlich.

Disjunkt Im Falle $A \cap B = \emptyset$ nennt man A und B *disjunkt*.

Venn-Diagramme Diese Mengenoperationen lassen sich sehr einfach mittels *Venn-Diagramme* veranschaulichen (s. Abb. 1.1).

Übung 1.2

Gegeben seien die Mengen $G = \{0, 1, 2, 3, \dots, 8\}$, $A = \{1, 2, 4\}$ und $B = \{2, 7\}$. Bestimmen Sie $A \cap B$, $A \cup B$, $\overline{B}$, $B \setminus A$ sowie eine Menge C, die zu A disjunkt ist, nicht aber zu B.

Lösung 1.2

$A \cap B = \{2\}$, $A \cup B = \{1, 2, 4, 7\}$, $\overline{B} = \{0, 1, 3, 4, 5, 6, 8\}$, $B \setminus A = \{7\}$ und etwa $C = \{0, 7\}$ (Die Menge C muss die Zahl 7 enthalten, darf aber die Zahlen 1, 2 und 4 nicht enthalten.)

Es gelten folgende Rechenregeln:

Kommutativ-, Assoziativ- und Distributivgesetze

$$A \cap B = B \cap A, \qquad \text{(K)}$$
$$A \cup B = B \cup A, \qquad \text{(K)}$$
$$A \cap (B \cap C) = (A \cap B) \cap C, \qquad \text{(A)}$$
$$A \cup (B \cup C) = (A \cup B) \cup C, \qquad \text{(A)}$$
$$A \cap (B \cup C) = (A \cap B) \cup (A \cap C), \qquad \text{(D)}$$
$$A \cup (B \cap C) = (A \cup B) \cap (A \cup C) \qquad \text{(D)}$$

Abb. 1.2 Venn-Diagramme
für Distributivgesetz

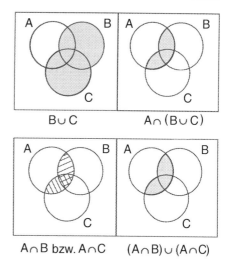

Die Gesetze in den beiden ersten Zeilen werden *Kommutativgesetze* (K) genannt; sie beschreiben die Vertauschbarkeit, denn hier kommt es offenbar nicht auf die Reihenfolge der Operanden an. In der dritten und vierten Zeile stehen die *Assoziativgesetze* (A); sie beschreiben, dass man die Operationen beliebig durch Klammern zusammenfassen kann (und damit – weil es offenbar auf die Klammern nicht ankommt – kann man die Klammern auch einfach weglassen). Die *Distributivgesetze* (D) (vom lateinischen „verteilen") „verteilen" die verschiedenen Operationen aufeinander und ermöglichen ein „Ausrechnen".

Kommutativgesetze und Assoziativgesetze sind uns auch vom alltäglichen Addieren und Multiplizieren von Zahlen geläufig. Bezüglich der Distributivgesetze unterscheiden sich die Mengenverknüpfungen aber offenbar grundlegend von den Operationen (Grundrechenarten) mit Zahlen (vgl. Abschn. 1.3.1).

Wir wollen hier auf Beweise oder ausführliche Herleitungen verzichten, da die genannten Sachverhalte intuitiv klar sind. Am Beispiel des ersten Distributivgesetzes soll jedoch das entsprechende Venn-Diagramm konstruiert werden (s. Abb. 1.2).

Weiter gelten die folgenden Rechenregeln:

Weitere Rechenregeln

$$A \cap (A \cup B) = A \qquad A \cup (A \cap B) = A$$
$$A \cap A = A \qquad A \cup A = A$$
$$A \cap \emptyset = \emptyset \qquad A \cup G = G$$
$$\overline{\emptyset} = G \qquad \overline{G} = \emptyset$$
$$\overline{\overline{A}} = A$$

Man nennt G bzw. $\emptyset$ *neutral* bzgl. der Operationen $\cap$ bzw. $\cup$ wegen $A \cap G = A$ bzw. $A \cup \emptyset = A$. A und $\overline{A}$ sind *komplementär*: $A \cap \overline{A} = \emptyset$ und $A \cup \overline{A} = G$.

Die folgenden Regeln sind unter der Bezeichnung De Morgan'sche Regeln bekannt:

De Morgan'sche Regeln

$$\overline{A \cap B} = \overline{A} \cup \overline{B}$$
$$\overline{A \cup B} = \overline{A} \cap \overline{B}$$

Übung 1.3

Veranschaulichen Sie die erste der De Morgan'schen Regeln anhand von Venn-Diagrammen.

Lösung 1.3

Venn-Diagramme für De Morgan'sche Regeln:

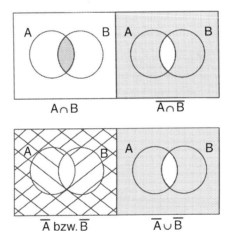

1.3 Zahlen

Wir wiederholen im Folgenden die Definition der wichtigsten Zahlensysteme $\mathbb{N}$ (natürliche), $\mathbb{Z}$ (ganze), $\mathbb{Q}$ (rationale) und $\mathbb{R}$ (reelle Zahlen) und stellen einige Rechenregeln bezüglich der Grundrechenarten zusammen. Für die reellen Zahlen erklären wir die Begriffe Intervall und Umgebung und trainieren den Umgang mit Gleichungen/Ungleichungen sowie Beträgen, da hier häufig Fehler begangen werden.

1.3.1 Zahlensysteme

Auch Zahlen fasst man, ihren Eigenschaften entsprechend, zu Mengen zusammen und erhält so unterschiedliche Zahlensysteme:

Natürliche, ganze und rationale Zahlen
Wir unterscheiden die folgenden Zahlenmengen:

- Menge der natürlichen Zahlen:

$$\mathbb{N} := \{0, 1, 2, 3, \dots\}$$

(Beachte: Nach DIN 5473 und ISO 31-11:1992 gehört die Null zu $\mathbb{N}$.)
- Menge der ganzen Zahlen:

$$\mathbb{Z} := \{\dots, -2, -1, 0, 1, 2, \dots\}$$

- Menge der rationalen Zahlen (oder der Brüche):

$$\mathbb{Q} := \left\{ \frac{p}{q} \ \middle| \ p \in \mathbb{Z}, \ q \in \mathbb{N} \setminus \{0\} \text{ teilerfremd} \right\}$$

Beispiel 1.3
$20 \in \mathbb{N}, -7 \in \mathbb{Z}, -3/5 = -0{,}6 \in \mathbb{Q}$, aber auch $20 = 20/1 \in \mathbb{Q}$ und $-7 = -7/1 \in \mathbb{Q}$.

Jede rationale Zahl lässt sich als endlicher oder periodischer Dezimalbruch darstellen. Andererseits gibt es Dezimalbrüche, die weder endlich noch periodisch sind. Solche Dezimalbrüche werden als *irrationale Zahlen* bezeichnet.

Beispiel 1.4
$-3/5 = -0{,}6 \in \mathbb{Q}, 21/22 = 0{,}9545454\dots = 0{,}9\overline{54} \in \mathbb{Q}$,
aber: $\sqrt{2} = 1{,}414213562\dots \notin \mathbb{Q}, \pi = 3{,}141592653\dots \notin \mathbb{Q}$.

Reelle Zahlen
Die Gesamtheit aller rationalen und irrationalen Zahlen bezeichnet man als Menge der reellen Zahlen $\mathbb{R}$. Die Elemente dieser Menge kann man durch die Punkte der Zahlengeraden veranschaulichen.

Abb. 1.3 Die reellen Zahlen

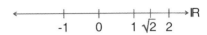

Zahlbereichserweiterung Offensichtlich gelten die folgenden Teilmengenbeziehungen: $\mathbb{N} \subseteq \mathbb{Z} \subseteq \mathbb{Q} \subseteq \mathbb{R}$. Man kann auch sagen, dass durch *Zahlbereichserweiterung* immer umfassendere Zahlenmengen erhältlich sind: So führt etwa die Subtraktion aus dem Bereich der natürlichen Zahlen hinaus zu den ganzen Zahlen: $3 - 7 = -4 \in \mathbb{Z}$, und die Division führt von den ganzen Zahlen in den Bereich der Brüche: $3/(-7) = -\frac{3}{7} \in \mathbb{Q}$. Brüche lassen sich nun addieren, subtrahieren, multiplizieren und dividieren. Als Ergebnis erhält man stets wieder einen Bruch. Auf die irrationalen Zahlen kommt man erst beispielsweise durch das Lösen von quadratischen Gleichungen, so ist $\sqrt{2} \notin \mathbb{Q}$ Lösung von $x^2 = 2$.

Übung 1.4

Berechnen Sie Summe, Differenz, Produkt und Quotient der folgenden beiden Brüche: $\frac{3}{4}$ und $\frac{2}{3}$.

Lösung 1.4

$\frac{3}{4} + \frac{2}{3} = \frac{9}{12} + \frac{8}{12} = \frac{17}{12}, \frac{3}{4} - \frac{2}{3} = \frac{9}{12} - \frac{8}{12} = \frac{1}{12}, \frac{3}{4} \cdot \frac{2}{3} = \frac{6}{12} = \frac{1}{2}, \frac{3}{4} : \frac{2}{3} = \frac{3}{4} \cdot \frac{3}{2} = \frac{9}{8}.$

Rechengesetze Die Grundrechenarten $+$ und $\cdot$ gehorchen bekanntlich gewissen Rechengesetzen, etwa den beiden Kommutativgesetzen $a + b = b + a$ und $a \cdot b = b \cdot a$, den Assoziativgesetzen $a + (b + c) = (a + b) + c$ und $a \cdot (b \cdot c) = (a \cdot b) \cdot c$ und dem (einen!) Distributivgesetz $a \cdot (b + c) = (a \cdot b) + (a \cdot c)$. Diese Gesetze haben wir schon derart verinnerlicht, dass sie uns als Trivialitäten erscheinen. Wir erinnern auch daran, dass meistens bei reellen Rechnungen nur wenige Klammern gesetzt werden, da durch „Punkt vor Strich" die Reihenfolge der Rechenoperationen festgelegt ist.

1.3.2 Intervalle

Ordnung Ebenso trivial ist, dass auf der Menge $\mathbb{R}$ durch die Kleiner/Gleich-Beziehung eine *Ordnung* definiert ist. Mit Hilfe dieser Kleiner/Gleich-Beziehung lassen sich für reelle Zahlen $a, b \in \mathbb{R}$ verschiedene Intervalle definieren:

Offene und abgeschlossene Intervalle
Wir unterscheiden die folgenden Zahlenmengen:

offenes Intervall: $(a, b) := \{x \in \mathbb{R} \mid a < x < b\}$

abgeschlossenes Intervall: $[a, b] := \{x \in R \mid a \leq x \leq b\}$

Daneben gibt es noch halboffene Intervalle, etwa $(a,b] := \{x \in \mathbb{R} \mid a < x \leq b\}$ und analog $[a,b)$, und speziell noch die unbeschränkten Intervalle wie $(-\infty, b) := \{x \in \mathbb{R} \mid x < b\}$ oder $[a, \infty) := \{x \in \mathbb{R} \mid a \leq x\}$ (und analog $(-\infty, b]$ bzw. (a, ∞)).

Wichtig für das Rechnen mit reellen Zahlen ist nun noch die Definition des Betrages einer Zahl:

Betrag

Unter dem (absoluten) Betrag einer Zahl $x \in \mathbb{R}$ versteht man

$$|x| := \begin{cases} x, & \text{wenn } x \geq 0 \\ -x, & \text{wenn } x < 0. \end{cases}$$

Beispiel 1.5

$|6| = 6, |-\frac{2}{3}| = -\left(-\frac{2}{3}\right) = \frac{2}{3}, |0| = 0$. Die Größe $|a - b|$ gibt den Abstand der beiden Zahlen a und b auf der Zahlengeraden wieder, beispielsweise haben die Zahlen -3 und 5 den Abstand $|(-3) - 5| = |-8| = 8$.

Für das Rechnen mit Beträgen gelten insbesondere die folgenden Rechengesetze:

Rechengesetze für den Betrag

$$|x| = |-x|$$

$$|x| \geq 0; \quad |x| = 0 \text{ genau dann, wenn } x = 0$$

$$|x \cdot y| = |x| \cdot |y|$$

$$|x + y| \leq |x| + |y| \quad \text{(Dreiecksungleichung)}$$

Ungleichungen, quadratische Gleichungen Schwierigkeiten bereitet das Rechnen mit den reellen Zahlen nur in wenigen Fällen, so ist etwa beim Umformen von *Ungleichungen* zu beachten, dass die Multiplikation mit einer *negativen* Zahl das Ungleichheitszeichen *umkehrt*. Beim Umgang mit Ungleichungen oder Beträgen sind darüber hinaus oft *Fallunterscheidungen* zu treffen. Und schließlich sollte man die Formel für die Lösung quadratischer Gleichungen beherrschen.

Übung 1.5

Ermitteln Sie die Lösungsmenge der Ungleichung $-3x \leq 15$.

Lösung 1.5

Die Ungleichung kann wie folgt umgeformt werden: $x \geq \frac{15}{-3}$, d. h. $x \geq -5$ bzw. als Lösungsmenge $[-5, \infty)$.

Übung 1.6

Ermitteln Sie die Lösungsmenge der Ungleichung $|x + 3| < 7$.

Lösung 1.6

Wir unterscheiden 2 Fälle: Im 1. Fall ist $x + 3 \geq 0$, also $x \geq -3$. Man kann das Betragszeichen weglassen und erhält $x + 3 < 7$ bzw. $x < 4$. Wir erhalten insgesamt im 1. Fall $-3 \leq x < 4$. Im 2. Fall ergibt sich für $x + 3 < 0$ oder $x < -3$: $-(x + 3) < 7$ und damit $-10 < x$. Insgesamt erhalten wir im 2. Fall $-10 < x < -3$. Für die Lösungsmenge der Ungleichung müssen wir nur noch die Lösungsmengen der beiden Fälle vereinigen und erhalten somit das Intervall $(-10, 4)$. Es gibt auch eine anschauliche Interpretation des Ergebnisses: Es sind alle Zahlen, die von der Zahl -3 einen Abstand kleiner als 7 haben.

Übung 1.7

Ermitteln Sie die Lösungsmenge der Ungleichung $\frac{4-3x}{1-x} > 2$.

Lösung 1.7

Auch hier ist eine Fallunterscheidung hilfreich. Im 1. Fall ist $1 - x > 0$, d. h. $x < 1$: Durch Multiplikation mit dem Nenner des Bruches ergibt sich $4 - 3x > 2 \cdot (1 - x)$ und schließlich $2 > x$. Insgesamt erhält man hier als Lösungsmenge $(-\infty, 1)$. Im 2. Fall ist $1 - x < 0$, d. h. $x > 1$: Bei Multiplikation mit dem Nenner kehrt sich das Ungleichheitszeichen um, also $4 - 3x < 2 \cdot (1 - x)$ und schließlich $2 < x$. Dies ergibt für den 2. Fall insgesamt die Lösungsmenge $(2, \infty)$. Beide Fälle zusammengefasst ergeben die Lösungsmenge $(-\infty, 1) \cup (2, \infty)$.

Übung 1.8

Ermitteln Sie die Lösungsmenge der quadratischen Gleichungen $x^2 + x - 6 = 0$, $-2x^2 - 8x - 8 = 0$ und $x^2 + 4x + 13 = 0$.

Lösung 1.8

Lösungsformel für quadratische Gleichungen Allgemein gilt für quadratische Gleichungen der Form $x^2 + px + q = 0$ die Lösungsformel $x_{1/2} = -\frac{p}{2} \pm \sqrt{(\frac{p}{2})^2 - q}$. Der Ausdruck unterhalb des Wurzelzeichens ist die so genannte Diskriminante – sie gibt Auskunft darüber, ob zwei, eine oder überhaupt keine Lösung vorliegen. (Sollte vor dem Term x^2 in der quadratischen Gleichung noch ein Koeffizient stehen, so kann man die gesamte Gleichung durch diesen Term teilen und dann obige Formel anwenden. Eine andere Möglichkeit ist die Verwendung der folgenden Formel: Die Lösung der quadratischen Gleichung $ax^2 + bx + c = 0$ ist gegeben durch $x_{1/2} = \frac{-b \pm \sqrt{b^2 - 4ac}}{2a}$.)

Durch Einsetzen in die Formel erhält man für die 1. Gleichung die beiden Lösungen $x_1 = 2$ und $x_2 = -3$, für die 2. Gleichung erhält man nur eine Lösung $x_1 = x_2 = -2$, für die 3. Gleichung erhält man gar keine (reelle) Lösung.

1.4 Kombinatorik

Wichtige Begriffe aus der Kombinatorik sind Fakultäten, Permutationen und Binomialkoeffizienten. Letztere lassen sich sehr gut im so genannten Pascal'schen Dreieck darstellen. Binomialkoeffizienten – daher auch der Name – kommen in den Binomischen Formeln vor. Schließlich lassen sich viele Fragestellungen aus der Kombinatorik auf ein Urnenmodell zurückführen, nämlich auf das Ziehen einer Stichprobe von k Kugeln aus einer Gesamtheit von n Kugeln, sei es mit/ohne Zurücklegen oder mit/ohne Berücksichtigung der Reihenfolge.

1.4.1 Permutationen, Binomialkoeffizienten

Wenn Sie 2 Jacken, 5 T-Shirts und 3 Hosen besitzen, dann haben Sie insgesamt $2 \cdot 5 \cdot 3 = 30$ Möglichkeiten, Ihre Kleidung zu variieren (ohne Rücksicht auf Geschmacksfragen). Möglichkeiten berechnen sich also multiplikativ.

Wenn Sie jetzt Ihre 5 T-Shirts nehmen und planen, an den nachfolgenden 5 Tagen jeden Tag ein frisches anzuziehen, so gibt es hierfür $5 \cdot 4 \cdot 3 \cdot 2 \cdot 1 = 120$ Möglichkeiten. Denn am ersten Tag haben Sie die Auswahl aus 5 Shirts, am 2. Tag liegen nur noch 4 frische Shirts bereit (eines ist ja schon verbraucht), am 3. Tag haben Sie noch 3 Auswahlmöglichkeiten, am nächsten Tag 2, am letzten Tag nur noch eine. Man hat für obige Rechnung die folgende Abkürzung eingeführt:

Fakultäten, Permutationen
Die Anzahl der Möglichkeiten, n ($n \in \mathbb{N}$) verschiedene Elemente anzuordnen, beträgt

$$n! := n \cdot (n-1) \cdot (n-2) \cdot \ldots \cdot 2 \cdot 1$$

(Lies: n Fakultät.) Man spricht auch von der Anzahl der Permutationen (= Vertauschungen) von n verschiedenen Elementen. Wir setzen: $0! := 1$.

Übung 1.9
Wie viele Anordnungen der 3 Buchstaben a, b und c gibt es? Wie sehen diese aus?

Lösung 1.9
Es gibt $3! = 3 \cdot 2 \cdot 1 = 6$ Anordnungen oder Permutationen, nämlich abc, acb, bac, bca, cab und cba.

Ein wenig schwieriger wird es beim Berechnen der Kombinationen beim Lottospielen. Hier geht es darum, 6 Kreuze auf Kästchen mit insgesamt 49 Zahlen zu machen. Wie viele Möglichkeiten gibt es hier? Nun, für das 1. Kreuz auf dem Tippschein gibt es 49 Möglichkeiten, für das 2. Kreuz dann nur noch 48, für das 3. Kreuz 47 usw. bis schließlich beim 6. Kreuz noch 44 Zahlen zur Auswahl stehen. Also erhält man zunächst eine Art „abgekürzter" Fakultät, nämlich $49 \cdot 48 \cdot \ldots \cdot 45 \cdot 44 = \frac{49!}{43!}$. Aber Vorsicht: Dem ausgefüllten Tippschein sieht man nicht mehr an, in welcher Reihenfolge die Kreuze gemacht wurden – es ist also egal, ob ich $1, 2, 3, 4, 5, 6$ oder $6, 5, 4, 3, 2, 1$ oder … angekreuzt habe. Dies sind 6! verschiedene mögliche Reihenfolgen, auf die es also nicht ankommt. Zusammengefasst ergeben sich $\frac{49!}{43! \cdot 6!} = 13.983.816$ Möglichkeiten, einen Tippschein auszufüllen. Diese Zahl erhält eine Abkürzung, nämlich $\binom{49}{6}$ (Lies: „6 aus 49" oder „49 über 6"), und (aus anderen, nun aber eher mathematischen Gründen) die Bezeichnung „Binomialkoeffizient".

Binomialkoeffizienten
Die Anzahl der Möglichkeiten, k Elemente aus n Elementen $(k, n \in \mathbb{N})$ ohne Berücksichtigung der Reihenfolge auszuwählen, beträgt

$$\binom{n}{k} := \frac{n!}{(n-k)! \cdot k!} \quad 0 \leq k \leq n$$

(Lies: „k aus n" oder „n über k".) Dieser Ausdruck heißt auch Binomialkoeffizient.

Übung 1.10
Wie viele Möglichkeiten gibt es, aus 32 Spielkarten 8 Stück zu ziehen?

Lösung 1.10
Es gibt $\binom{32}{8} = \frac{32!}{24! \cdot 8!} = 10.518.300$ Möglichkeiten.

Übung 1.11
Wie viele Möglichkeiten gibt es, aus den 5 Buchstaben a, b, c, d und e genau 2 auszuwählen? Wie sehen diese aus?

Lösung 1.11
Es gibt $\binom{5}{2} = \frac{5!}{3! \cdot 2!} = 10$ Möglichkeiten, nämlich $\{a, b\}$, $\{a, c\}$, $\{a, d\}$, $\{a, e\}$, $\{b, c\}$, $\{b, d\}$, $\{b, e\}$, $\{c, d\}$, $\{c, e\}$ und $\{d, e\}$. (Hier ist die Mengenschreibweise angemessen, da es nicht auf die Reihenfolge der Elemente ankommt.)

1.4.2 Das Pascal'sche Dreieck

Pascal'sches Dreieck Die Binomialkoeffizienten kann man sehr schön in einem Schema anordnen, dem so genannten „Pascal'schen Dreieck".

$$
\begin{array}{ccccccccccccc}
&&&&&& 1 &&&&&& \\
&&&&& 1 && 1 &&&&& \\
&&&& 1 && 2 && 1 &&&& \\
&&& 1 && 3 && 3 && 1 &&& \\
&& 1 && 4 && 6 && 4 && 1 && \\
& 1 && 5 && 10 && 10 && 5 && 1 & \\
1 && 6 && 15 && 20 && 15 && 6 && 1 \\
&&&&&& \cdots &&&&&&
\end{array}
$$

oder in Binomialkoeffizienten-Schreibweise:

$$
\begin{array}{ccccccccccccc}
&&&&&& \binom{0}{0} &&&&&& \\
&&&&& \binom{1}{0} && \binom{1}{1} &&&&& \\
&&&& \binom{2}{0} && \binom{2}{1} && \binom{2}{2} &&&& \\
&&& \binom{3}{0} && \binom{3}{1} && \binom{3}{2} && \binom{3}{3} &&& \\
&& \binom{4}{0} && \binom{4}{1} && \binom{4}{2} && \binom{4}{3} && \binom{4}{4} && \\
& \binom{5}{0} && \binom{5}{1} && \binom{5}{2} && \binom{5}{3} && \binom{5}{4} && \binom{5}{5} & \\
\binom{6}{0} && \binom{6}{1} && \binom{6}{2} && \binom{6}{3} && \binom{6}{4} && \binom{6}{5} && \binom{6}{6} \\
&&&&&& \cdots &&&&&&
\end{array}
$$

Übung 1.12

Überprüfen Sie die 6. Zeile, d. h. die Binomialkoeffizienten $\binom{5}{0}$, $\binom{5}{1}$ etc. auf ihre Richtigkeit!

Lösung 1.12

$\binom{5}{0} = \frac{5!}{0! \cdot 5!} = 1$, $\binom{5}{1} = \frac{5!}{1! \cdot 4!} = 5$, $\binom{5}{2} = \frac{5!}{2! \cdot 3!} = 10$, $\binom{5}{3} = \frac{5!}{3! \cdot 2!} = 10$, $\binom{5}{4} = \frac{5!}{4! \cdot 1!} = 5$ und $\binom{5}{5} = \frac{5!}{5! \cdot 0!} = 1$.

Das Pascal'sche Dreieck ist sehr einfach zu bilden: An den Rand des Dreiecks schreibe man jeweils eine 1. Dann fülle man jede Zeile derart aus, dass jeder Eintrag einfach die Summe aus dem schräg links und rechts darüber stehenden Eintrag ist. Man sieht dann auch, dass die Zahlen im Pascal'schen Dreieck jeweils symmetrisch zur Mittelsenkrechten sind. Die gerade eben genannten Eigenschaften findet man auch bei den Binomialkoeffizienten wieder:

Eigenschaften der Binomialkoeffizienten

Für die Binomialkoeffizienten gilt:

$$\binom{n}{0} = \binom{n}{n} = 1,$$

$$\binom{n}{k} + \binom{n}{k+1} = \binom{n+1}{k+1},$$

$$\binom{n}{k} = \binom{n}{n-k}.$$

Diese Eigenschaften kann man unter Benutzung der Definition des Binomialkoeffizienten schnell verifizieren:

$$\binom{n}{0} = \frac{n!}{(n-0)! \cdot 0!} = \frac{n!}{n! \cdot 1} = 1.$$

Analog erhält man $\binom{n}{n} = 1$. Ferner ist

$$\binom{n}{k} = \frac{n!}{(n-k)! \cdot k!} = \frac{n!}{(n-(n-k))! \cdot (n-k)!} = \binom{n}{n-k}.$$

Für die zweite Gleichung verweisen wir auf Aufgabe 3 unter „Kombinatorik" von Abschn. 1.8.

Der Name „Binomialkoeffizient" kommt nun daher, dass die Koeffizienten in den aus der Schulzeit bekannten Binomischen Formeln gerade diese Binomialkoeffizienten sind:

$$(a+b)^2 = a^2 + 2ab + b^2,$$
$$(a+b)^3 = a^3 + 3a^2b + 3ab^2 + b^3,$$
$$(a+b)^4 = a^4 + 4a^3b + 6a^2b^2 + 4ab^3 + b^4,$$

also:

$$(a+b)^2 = \binom{2}{0}a^2 + \binom{2}{1}ab + \binom{2}{2}b^2,$$

$$(a+b)^3 = \binom{3}{0}a^3 + \binom{3}{1}a^2b + \binom{3}{2}ab^2 + \binom{3}{3}b^3,$$

$$(a+b)^4 = \binom{4}{0}a^4 + \binom{4}{1}a^3b + \binom{4}{2}a^2b^2 + \binom{4}{3}ab^3 + \binom{4}{4}b^4.$$

Wir halten dieses Ergebnis im so genannten Binomischen Satz fest (Binom = Ausdruck aus zwei Komponenten):

Binomischer Satz

Es gilt der Binomische Satz:

$$(a + b)^n = \binom{n}{0} a^n b^0 + \binom{n}{1} a^{n-1} b^1 + \binom{n}{2} a^{n-2} b^2$$

$$+ \cdots + \binom{n}{n-1} a^1 b^{n-1} + \binom{n}{n} a^0 b^n.$$

Übung 1.13

Berechnen Sie mit Hilfe des Binomischen Satzes $(3x - 2)^5$!

Lösung 1.13

$$(3x - 2)^5 = (\; \underbrace{(3x)}_{=:a} + \underbrace{(-2)}_{=:b} \;)^5$$

$$= \underbrace{\binom{5}{0}}_{=1} (3x)^5 (-2)^0 + \underbrace{\binom{5}{1}}_{=5} (3x)^4 (-2)^1 + \underbrace{\binom{5}{2}}_{=10} (3x)^3 (-2)^2$$

$$+ \underbrace{\binom{5}{3}}_{=10} (3x)^2 (-2)^3 + \underbrace{\binom{5}{4}}_{=5} (3x)^1 (-2)^4 + \underbrace{\binom{5}{5}}_{=1} (3x)^0 (-2)^5$$

$$= 243x^5 - 810x^4 + 1080x^3 - 720x^2 + 240x - 32$$

1.4.3 Urnenmodell in der Kombinatorik

Stichprobe In der Kombinatorik ist das so genannte Urnenmodell weit verbreitet: Man stellt sich vor, dass aus einer Gesamtheit von n Kugeln in einer Urne eine „Stichprobe" von k Kugeln entnommen werden soll.

Dies kann nun, wie wir kennen gelernt haben, auf mehrere Arten geschehen. Zunächst einmal ist zu unterscheiden, ob die gezogenen Kugeln wieder in die Urne zurückgelegt werden – dann spricht man von einer Stichprobenentnahme mit Zurücklegen (bzw. mit Wiederholung) – oder aber nicht (Stichprobenentnahme ohne Zurücklegen bzw. ohne Wiederholung). Ein weiterer Unterschied ist, ob es bei der Stichprobe auf die Reihenfolge der gezogenen Kugeln ankommt (geordnete Stichprobe) oder nicht (ungeordnete Stichprobe).

Abb. 1.4 Das Urnenmodell

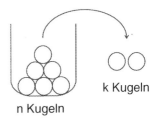

k Kugeln

n Kugeln

Übung 1.14

a) Wie ist Lottospielen im Urnenmodell zu charakterisieren?

b) Wie ist die Auswahl einer „Superzahl" (zwischen 0000000 und 9999999) im Urnenmodell zu charakterisieren?

Lösung 1.14

a) Beim Lottospielen wird eine ungeordnete Stichprobe ohne Zurücklegen entnommen.

b) Bei der Superzahl wird eine geordnete Stichprobe mit Zurücklegen entnommen.

Wir können die Ergebnisse über die Entnahme einer Stichprobe von k Kugeln aus einer Urne mit n Kugeln in Tab. 1.1 zusammenfassen.

Dies ist wie folgt zu begründen:

- Hat man n Kugeln und soll k-mal hintereinander eine Kugel ziehen, wobei gezogene Kugeln zurückgelegt werden, so gibt es für die 1. Kugel n Möglichkeiten, für die 2. ebenfalls n Möglichkeiten (Zurücklegen!) und schließlich für die k-te Kugel wiederum n Möglichkeiten. Dies sind insgesamt n^k Möglichkeiten.

- Hat man wie oben n Kugeln, die aber nicht zurückgelegt werden dürfen, so gibt es für die 1. Kugel n Möglichkeiten, für die 2. nur noch $(n-1)$, für die 3. noch $(n-2)$ etc. und für die k-te schließlich $(n-(k-1))$. Anstelle des Ausdrucks $n \cdot (n-1) \cdot (n-2) \cdot \ldots \cdot (n-k+1)$ kann man auch $\frac{n!}{(n-k)!}$ schreiben.

- Der Binomialkoeffizient $\binom{n}{k}$ ergibt sich, wenn man k aus n Kugeln ohne Zurücklegen und ohne Berücksichtigung der Reihenfolge zieht (vgl. Lottospiel Abschn. 1.4.1).

- Das Ziehen einer ungeordneten Stichprobe mit Wiederholung (auch Kombinationen mit Wiederholung genannt) hat nur geringfügige Bedeutung, die entsprechende Formel $\binom{n+k-1}{k}$ ist eher schwer herzuleiten.

Tab. 1.1 Entnehmen einer Stichprobe

Stichprobe	geordnet	ungeordnet
mit Wiederholung	n^k	$\binom{n+k-1}{k}$
ohne Wiederholung	$\frac{n!}{(n-k)!}$	$\binom{n}{k}$

1.5   **Kurzer Verständnistest**

(1) Die Menge $\{3, 5, 7\}$ ist gleich

☐ $\{5, 3, 7\}$ ☐ $\{3\}, \{5\}, \{7\}$ ☐ $\{0, 3, 5, 7\}$ ☐ $\{3, 5, 7, \emptyset\}$

(2) Es sei $A = \{1, 2\}$. Was ist richtig?

☐ $1 \in A$ ☐ $1 \subseteq A$ ☐ $\{1\} \in A$ ☐ $\{1\} \subseteq A$

☐ $\emptyset \in A$ ☐ $\emptyset \subseteq A$ ☐ $3 \notin A$ ☐ $\{1, 2\} \subseteq A$

(3) Es sei $A = \{1, 2, 3\}$ und $B = \{2, 3, 4\}$. Was ist richtig?

☐ $A \cap B = \{2, 3\}$ ☐ $A \cup B = \{1, 2, 3, 4, 5\}$

☐ $A \setminus B = \{1, 4\}$ ☐ $B \setminus A = \{4\}$

(4) Für die Potenzmenge von $G = \{1, 2\}$ gilt:

☐ $|\mathcal{P}(G)| = 4$ ☐ $1 \in \mathcal{P}(G)$

☐ $\{1\} \in \mathcal{P}(G)$ ☐ $\{1\} \subseteq \mathcal{P}(G)$

(5) Es sei $A = \{x \in \mathbb{R} \mid |x - 2| > 3\}$. Was ist richtig?

☐ $A = [-1, 5]$ ☐ $A = (-1, 5)$

☐ $A = (-\infty, -1) \cup (5, \infty)$ ☐ $A = \mathbb{R} \setminus [-1, 5]$

(6) Gelöst werden soll $-x < 7$. Wie lautet die Lösungsmenge?

☐ $(-\infty, -7)$ ☐ $(-7, \infty)$ ☐ $[-7, \infty)$ ☐ $(-\infty, 7)$

(7) Wie viele Möglichkeiten gibt es, 2 Spielkarten aus insgesamt 32 zu ziehen (ohne Zurücklegen)?

☐ $\binom{32}{2}$ ☐ $32!$ ☐ $\frac{32!}{2! \cdot 30!}$ ☐ $\frac{32 \cdot 31}{2}$

(8) Wie viele Möglichkeiten gibt es, mit 5 verschiedenen Buchstaben Buchstabenfolgen der Länge 5 zusammenzusetzen (ohne Wiederholung)?

☐ 5^5 ☐ $5!$ ☐ $5 \cdot 4 \cdot 3 \cdot 2 \cdot 1$ ☐ $5 \cdot 5 \cdot 5 \cdot 5 \cdot 5$

und mit Wiederholung (d. h. man kann Buchstaben mehrfach verwenden)?

☐ 5^5 ☐ $5!$ ☐ $5 \cdot 4 \cdot 3 \cdot 2 \cdot 1$ ☐ $5 \cdot 5 \cdot 5 \cdot 5 \cdot 5$

(9) Wie viele Möglichkeiten gibt es, mit 5 verschiedenen Buchstaben Buchstabenfolgen der Länge 3 zusammenzusetzen (ohne Wiederholung)?

☐ $5 \cdot 4 \cdot 3$ ☐ $\binom{5}{3}$ ☐ 5^3 ☐ 3^5

und mit Wiederholung (d. h. man kann Buchstaben mehrfach verwenden)?

☐ $5 \cdot 4 \cdot 3$ ☐ $\binom{5}{3}$ ☐ 5^3 ☐ 3^5

Lösung (x $\simeq$ richtig, o $\simeq$ falsch)

1.) xooo, 2.) xoox oxxx, 3.) xoox, 4.) xoxo, 5.) ooxx, 6.) oxoo, 7.) xoxx, 8.) oxxo xoox, 9.) xooo ooxo

1.6 Anwendungen

1.6.1 Zahlen im Rechner: Stellenwertsysteme

Wir sind es schon von Kindesbeinen an gewohnt, Zahlen im Dezimalsystem mit dem Ziffernvorrat $\{0, 1, 2, \ldots, 9\}$ anzugeben, und wissen gar nicht, welch großartige Idee dahintersteckt: Der Wert, den eine Ziffer in einer Ziffernfolge vertritt, hängt nämlich von ihrer Stellung in dieser Ziffernfolge ab. Jeder, der sich schon einmal bemüht hat, eine Jahreszahl in einer lateinischen Inschrift zu entziffern, etwa MDCCLXXIX, weiß, wie schwer man sich mit anderen Zahlsystemen tut.

Dass wir das Dezimalsystem verwenden, hat sicherlich damit zu tun, dass wir eben gerade 10 Finger an unseren Händen haben, mit denen wir das Zählen lernten. Theoretisch wäre aber auch als Basis unseres Zahlsystems etwa die 8 denkbar – wir dürften dann nur die Ziffern $\{0, 1, 2, \ldots, 7\}$ benutzen und würden das so genannte *Oktalsystem* verwenden. Die Zahl 121577_8, also „121577" im Oktalsystem, würde dann

$$
\begin{aligned}
& 1 \cdot \quad 8^5 + 2 \cdot \quad 8^4 + 1 \cdot \quad 8^3 + 5 \cdot 8^2 + 7 \cdot 8^1 + 7 \cdot 8^0 \\
&= 1 \cdot 32.768 + 2 \cdot 4096 + 1 \cdot 512 + 5 \cdot 64 + 7 \cdot \ 8 + 7 \cdot \ 1 \\
&= 41.855_{10},
\end{aligned}
$$

also 41.855 im gewohnten Dezimalsystem, bedeuten. Umgekehrt könnten wir z. B. auch eine Zahl größer als 10 als Basis eines Zahlsystems wählen, etwa die 16 im so genannten *Hexadezimalsystem*. Hier müssen wir weitere Ziffern erfinden – gebräuchlich sind $\{0, 1, 2, \ldots, 8, 9, A, B, C, D, E, F\}$. Unsere obige Zahl z. B. lautet im Hexadezimalsystem $A37F_{16}$ wegen

$$
\begin{aligned}
& A \ \cdot \quad 16^3 + 3 \cdot 16^2 + 7 \cdot 16^1 + F \ \cdot 16^0 \\
&= 10 \cdot 4096 + 3 \cdot 256 + 7 \cdot \ 16 + 15 \cdot \quad 1 \\
&= 41.855_{10}.
\end{aligned}
$$

Das wichtigste aller Systeme bezüglich einer von 10 verschiedenen Basis ist nun das *Dualsystem* mit Basis 2 und dem Ziffernvorrat $\{0, 1\}$, welches in Computern verwendet wird. Unsere obige Zahl etwa lautet im Dualsystem als *Binärzahl*

$$
\begin{aligned}
& 1010001101111111_2 \\
&= \quad 2^{15} + \quad 2^{13} + \quad 2^9 + \quad 2^8 + 2^6 + 2^5 + 2^4 + 2^3 + 2^2 + 2^1 + 2^0 \\
&= 32.768 + 8192 + 512 + 256 + 64 + 32 + 16 + \ 8 + \ 4 + \ 2 + 1 \\
&= 41.855_{10}
\end{aligned}
$$

– man sieht, dass die Zahldarstellung hier besonders lang ist, da ja nur 2 Ziffern, nämlich 0 und 1, zur Verfügung stehen.

Man kann nun natürlich nicht nur natürliche Zahlen $\mathbb{N} = \{0, 1, 2, 3, \ldots\}$ im Dualsystem darstellen, sondern z. B. auch die negativen Zahlen $\{\ldots, -3, -2, -1\}$. Hier gibt es mehrere Möglichkeiten, von denen die einfachste die Hinzunahme eines Vorzeichenbits wäre, welches $+$ oder $-$ im Rechner darstellt. In der Praxis verwendet man aber die so genannte *Zweierkomplement-Darstellung*. Damit haben wir einen Datentyp erhalten, der in den meisten Programmiersprachen INTEGER genannt wird.

Was ist nun aber mit den reellen Zahlen, also etwa für Zahlen mit Komma bzw. Dezimalpunkt? Kein Problem, man kann ja auch Potenzen mit *negativen* Exponenten benutzen, also etwa

$$21{,}375 = 2 \cdot 10^1 + 1 \cdot 10^0 + 3 \cdot 10^{-1} + 7 \cdot 10^{-2} + 5 \cdot 10^{-3}$$
$$= 2 \cdot 10 + 1 \cdot 1 + 3 \cdot 0{,}1 + 7 \cdot 0{,}01 + 5 \cdot 0{,}001.$$

Dies funktioniert auch im Dualsystem

$$10101{,}011_2 = 1 \cdot 2^4 + 0 \cdot 2^3 + 1 \cdot 2^2 + 0 \cdot 2^1 + 1 \cdot 2^0 + 0 \cdot 2^{-1} + 1 \cdot 2^{-2} + 1 \cdot 2^{-3}$$
$$= 16 + 4 + 1 + 0{,}25 + 0{,}125$$
$$= 21{,}375_{10}$$

– wenngleich in anderen Fällen im Dualsystem auch der Nachkommaanteil länglich oder periodisch werden kann.

Nun arbeitet der Rechner i. Allg. nicht mit *Festkommazahlen*, sondern mit *Gleitkommazahlen*. Gleitkommazahlen sind etwa in der Physik sehr gebräuchlich, denn jeder würde z. B. die Elementarladung (in Coulomb) mit $1{,}60218 \cdot 10^{-19}$ angeben. Hier würde niemand ernsthaft 0,0000000000000000000160218 schreiben wollen: Die führenden Nullen wären einfach Platzverschwendung; es genügt, sich die *Mantisse*, nämlich 160218, zu merken und natürlich die Stelligkeit, d. h. die Nachkommastelle, an der die Mantisse beginnt. Die Gleitkommadarstellung einer Zahl (oder *Gleitpunktdarstellung*, wenn man wie im angelsächsischen Raum einen Dezimalpunkt verwendet) lautet dann:

$$z = \pm\, m \cdot b^E \qquad \text{mit } m \text{ Mantisse, } b \text{ Basis und } E \text{ Exponent.}$$

Man kann diese Darstellung eindeutig machen, indem man $b^{-1} \le m < 1$ für $m \ne 0$ fordert – dies heißt einfach, dass die Mantisse in der Gleitkommadarstellung mit „0 Komma" beginnt und nach dem „Komma" eine Ziffer ungleich 0 folgt (außer wenn man die Zahl 0 selbst darstellen will). Im Beispiel der Elementarladung hätten wir

$$\underbrace{0{,}160218}_{\text{Mantisse}} \cdot \underbrace{10}_{\text{Basis}}{}^{-18} \leftarrow \text{Exponent}$$

in der so genannten *normierten Gleitkommadarstellung*.

Der Datentyp, den die meisten Programmiersprachen für derartige Zahlen zur Verfügung stellen, heißt FLOAT, DOUBLE oder REAL. Darstellbar ist damit genau genommen aber nur eine Teilmenge der rationalen Zahlen, da die Mantissenlänge in jedem Fall endlich ist. Dies bedeutet, dass beispielsweise auch der beste Rechner die Zahl π nicht kennt – er rechnet nur mit einer, wenn auch sehr guten, Approximation oder Annäherung.

Tab. 1.2 Wertetabellen für ODER-, UND- und NICHT-Gatter

ODER:				UND:				NICHT:	
x	y	$x+y$		x	y	$x \cdot y$		x	$\bar{x}$
0	0	0		0	0	0		0	1
0	1	1		0	1	0		1	0
1	0	1		1	0	0			
1	1	1		1	1	1			

1.6.2 Zahlen im Rechner: Schaltalgebra, Aussagenlogik und Boole'sche Verbände

Das Dualsystem ist deshalb derart wichtig, weil man die beiden Ziffern 1 und 0 im Zusammenhang mit elektronischen Schaltungen als „Strom an" bzw. "Strom aus" interpretieren kann. Es lassen sich nun Schaltelemente definieren, etwa die ODER-Schaltung, bei der genau dann Strom fließt, wenn mindestens einer der Schalter geschlossen ist (das entspräche physikalisch einer Parallelschaltung). Das Schaltsymbol für dieses *Gatter* sieht wie folgt aus:

ODER: $\begin{array}{c} x \\ y \end{array}$ [≥ 1] $x + y$

Dabei sind (links im Symbol) x und y die Eingänge des Gatters; der Ausgang (im Schaltbild rechts) wird meist mit $x + y$ bezeichnet.

Analog gibt es das UND-Gatter, bei dem genau dann Strom fließt, wenn beide Schalter geschlossen sind (Serienschaltung), mit dem Schaltsymbol:

UND: $\begin{array}{c} x \\ y \end{array}$ [&] $x \cdot y$.

Hier steht $x \cdot y$ für den Ausgang.

Hinzu käme dann noch ein NICHT-Gatter, bei dem genau dann Strom fließt, wenn bei x kein Strom fließt

NICHT: x [1] $\bar{x}$

Die Funktionsweise der ODER-, UND- und NICHT-Gatter mit den Schaltwerten 0 und 1 lässt sich auch durch Wertetabellen wiedergeben (vgl. Tab. 1.2).

Mit derartigen Schaltungen kann man z. B. schon eine einfache Addition realisieren: Ein so genannter *Halbaddierer* habe die Eingänge x und y sowie die Ausgänge s (wie Summe) und $ü$ (wie Übertrag). Die binäre Addition ($0 + 0 = 00, 0 + 1 = 1 + 0 = 01$ und $1 + 1 = 10$) lässt sich dann durch folgende Tabelle wiedergeben:

x	y	$ü$	s
0	0	0	0
0	1	0	1
1	0	0	1
1	1	1	0

Man sieht direkt, dass sich der Übertrag $ü$ ganz einfach durch die UND-Schaltung realisieren lässt: $ü = x \cdot y$. Eine Formel für die Summe zu finden, ist bereits schwieriger: Wie wäre es mit $s = (x + y) \cdot \overline{x \cdot y}$? Insgesamt ergibt sich dann (mit den bekannten Gattern) das folgende Schaltnetz:

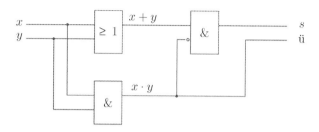

(Zu beachten ist, dass das am weitesten rechts stehende UND-Gatter die beiden Eingänge $x + y$ sowie $\overline{x \cdot y}$ besitzt. Das NICHT ($\overline{x \cdot y}$) im unteren Eingang des rechten UND-Gatters drückt sich im Schaltnetz durch den kleinen Kreis aus.)

Beim so genannten *Volladdierer* käme ein weiterer Halbaddierer mit einem Eingang hinzu (der Übertrag aus einer vorherigen Addition). Auf diese Weise lassen sich nun Schaltnetze zusammenstellen, die mathematische Operationen im Rechner nachbauen. (Die Bezeichnungen $x + y$ und $x \cdot y$ haben in diesem Zusammenhang die Bedeutung eines ODER- oder UND-Gatters, sie bezeichnen *nicht* die gewohnte Addition bzw. Multiplikation.)

Man kann nun die genannten Operationen UND, ODER und NICHT auch als logische Operationen auffassen, so wie wir mit den Worten „und", „oder" und „nicht" Sätze miteinander verbinden bzw. verneinen. Wenn also A und B für zwei Sätze stehen, so bezeichne $\bar{A}$ die Verneinung (Negation) des Satzes A, $A \wedge B$ die Konjunktion der beiden Sätze („A und B") sowie $A \vee B$ die Disjunktion der beiden Sätze („A oder B"). Mit „oder" ist hier das so genannte „einschließende oder" gemeint, und nicht das „ausschließende oder" wie etwa – hoffentlich – in der Formel „Geld oder Leben" (also „entweder Geld oder Leben"). Die Tabellen für diese logischen Verknüpfungen lesen sich analog zu den Wertetabellen in Tab. 1.2, wenn wir 0 als „falsch" und 1 als „wahr" interpretieren.

In der Aussagenlogik werden nun gerade diese (und andere) logische Verknüpfungen untersucht. Das muss kein Selbstzweck sein, denn in Programmiersprachen sind logische Ausdrücke bei Entscheidungen in Kontrollstrukturen (Schleifen und Verzweigungen) unabdingbar: IF ($i < 100$ AND abbruch $= 0$) THEN ... (Wenn i kleiner als 100 ist und eine Abbruchvariable gleich 0 gesetzt wurde, dann führe ... aus). So besitzen viele Programmiersprachen logische Standardtypen (wie LOGICAL, BOOLEAN oder BOOL) und logische Operationen wie eben AND, OR und NOT.

Man stellt nun in der Aussagenlogik etwa fest, dass gewisse durch Verknüpfung entstandene Formeln völlig gleichwertig („äquivalent") sind, da sie bei jeder möglichen Kombination von Belegungen mit 1 und 0 („wahr" und „falsch") denselben Wert annehmen. Als Beispiel sei hier die folgende Formel genannt: $\overline{A \wedge B} \Longleftrightarrow \bar{A} \vee \bar{B}$. (Dabei steht das

Zeichen $\Longleftrightarrow$ für die Äquivalenz der beiden Formeln.) Wenn Sie aufmerksam das Unterkapitel über Mengen durchgelesen haben, müsste Ihnen nun die Ähnlichkeit zu einer Rechenregel in der Mengenlehre, nämlich zu den DeMorgan'schen Gesetzen, aufgefallen sein: $\overline{A \cap B} = \overline{A} \cup \overline{B}$. Offenbar entspricht der logischen Konjunktion die Schnittmenge (Durchschnitt) bei den Mengenoperationen und der logischen Disjunktion die Vereinigungsmenge. Der logischen Negation entspricht die Komplementbildung in der Mengenlehre.

Interessant ist nun, dass für die Aussagenlogik mit den Operationen $\wedge$, $\vee$, $\overline{}$ genau die gleichen Rechenregeln gelten wie in der Mengenlehre für die Verknüpfungen $\cap$, $\cup$, $\overline{}$. Auch die Verknüpfungen UND, ODER, NICHT in der Schaltalgebra gehorchen analogen Gesetzen. Dieser Tatsache trägt die Mathematik Rechnung, indem sie den abstrakten Begriff Boole'scher Verband für entsprechende Strukturen eingeführt hat. Der Vorteil ist nämlich dann der, dass alles, was man für Boole'sche Verbände gezeigt hat, nun sowohl im Modell der Mengenlehre als auch in der Aussagenlogik und sogar in der Schaltalgebra gilt – es muss also nur einmal gezeigt werden. Diese Entsprechung zwischen Mengenlehre und Aussagenlogik verwenden auch Sie, wenn Sie etwa im Internet surfen und dabei eine Suchmaschine benutzen: Bei der Eingabe von „Elvis Presley" werden Ihnen Web-Adressen angegeben, die „Elvis" oder „Presley" enthalten, also die Vereinigungsmenge aller „Elvis"- und aller „Presley"-Datenbestände. Dann kann es natürlich auch sein, dass sich der gefundene Link nicht auf den „King", sondern etwa auf seine (ebenfalls singende) Tochter Lisa Marie bezieht.

1.7 Zusammenfassung

Mengen und ihre Elemente

Elemente	$1 \in A = \{1, 2\}, 3 \notin A$,
leere Menge	$\emptyset$ oder $\{\ \}$,
Teilmenge	$A \subseteq B$, z. B. $\{1\} \subseteq A, \emptyset \subseteq A$,
Durchschnitt	$A \cap B := \{x \in G \mid x \in A \text{ und } x \in B\}$,
Vereinigung	$A \cup B := \{x \in G \mid x \in A \text{ oder } x \in B\}$,
Komplement	$\overline{A} := \{x \in G \mid x \notin A\}$,
Differenz	$A \setminus B := \{x \in A \mid x \notin B\} = A \cap \overline{B}$,
Potenzmenge	$\mathcal{P}(G)$: Menge aller Teilmengen von G, $|\mathcal{P}(G)| = 2^n$,

Bsp. $A = \{1, 2\}, \mathcal{P}(A) = \{\emptyset, \{1\}, \{2\}, \{1, 2\}\}, |\mathcal{P}(A)| = 2^2$

Zahlenbereiche

Natürliche Zahlen	$\mathbb{N} := \{0, 1, 2, 3, \ldots\}$,
Ganze Zahlen	$\mathbb{Z} := \{\ldots, -2, -1, 0, 1, 2, \ldots\}$,

Rationale Zahlen/Brüche	$\mathbb{Q} := \{ \frac{p}{q} \mid p \in \mathbb{Z},\ q \in \mathbb{N} \setminus \{0\}$ teilerfremd $\}$,
Reelle Zahlen	$\mathbb{R}$ (alle Punkte der Zahlengeraden, enthalten sind auch die irrationalen Zahlen, wie z. B. $\sqrt{2}$ und π),
Intervalle	$(a, b] := \{ x \in \mathbb{R} \mid a < x \leq b \}$,
	$[a, \infty) := \{ x \in R \mid a \leq x \}$, etc.

Betrag

$$|x| := \begin{cases} x, & \text{wenn } x \geq 0 \\ -x, & \text{wenn } x < 0 \end{cases}$$

Bsp. $|7| = 7, |{-7}| = -(-7) = 7, |0| = 0,$

Dreiecksungleichung $|x + y| \leq |x| + |y|$

Fakultät

$n! := n \cdot (n - 1) \cdot (n - 2) \cdot \ldots \cdot 2 \cdot 1 \ (0! := 1)$
entspricht Anzahl der Permutationen von n $(n \in \mathbb{N})$ verschiedenen Elementen.

Binomialkoeffizient

$\binom{n}{k} := \frac{n!}{(n-k)! \cdot k!} \ (k, n \in \mathbb{N}, k \leq n)$ Darstellung im Pascal'schen Dreieck

$$
\begin{array}{ccccccccccccc}
 & & & & & & 1 & & & & & & \\
 & & & & & 1 & & 1 & & & & & \\
 & & & & 1 & & 2 & & 1 & & & & \\
 & & & 1 & & 3 & & 3 & & 1 & & & \\
 & & 1 & & 4 & & 6 & & 4 & & 1 & & \\
 & 1 & & 5 & & 10 & & 10 & & 5 & & 1 & \\
1 & & 6 & & 15 & & 20 & & 15 & & 6 & & 1
\end{array}
$$

$$\cdots$$

Bsp. $\binom{5}{0} = 1, \binom{5}{1} = 5, \binom{5}{2} = 10, \binom{5}{3} = 10, \binom{5}{4} = 5, \binom{5}{5} = 1.$

Binomischer Satz

$$(a + b)^n = \binom{n}{0} a^n b^0 + \binom{n}{1} a^{n-1} b^1 + \binom{n}{2} a^{n-2} b^2$$

$$+ \cdots + \binom{n}{n-1} a^1 b^{n-1} + \binom{n}{n} a^0 b^n.$$

Urnenmodelle in der Kombinatorik

Stichprobe von k Kugeln aus Grundgesamtheit von n Kugeln

Stichprobe	geordnet	ungeordnet
mit Wiederholung	n^k	$\binom{n+k-1}{k}$
ohne Wiederholung	$\dfrac{n!}{(n-k)!}$	$\binom{n}{k}$

1.8 Übungsaufgaben

Mengen

1. Geben Sie die Mengen $A = \{x \in \mathbb{N} \mid x \text{ ist Primzahl und } x \le 15\}$ und $B = \{x \in \mathbb{R} \mid x^2 - 13x + 40 = 0\}$ in aufzählender Form an und bestimmen Sie $A \cap B$, $A \cup B$, $A \setminus B$ und $B \setminus A$.

2. Es sei $A = \{1, 2\}$. Was ist richtig? (Vorsicht: eher schwierig!) $1 \notin \mathcal{P}(A)$, $\{1\} \in \mathcal{P}(A)$, $\{1\} \not\subseteq \mathcal{P}(A)$, $\{\{1\}\} \subseteq \mathcal{P}(A)$, $\emptyset \in \mathcal{P}(A)$, $\emptyset \subseteq \mathcal{P}(A)$, $\{\emptyset\} \subseteq \mathcal{P}(A)$ und $\{\;\} \in \mathcal{P}(A)$.

3. Es gelte $A \subseteq B$. Bestimmen Sie $A \cap B$ und $A \cup B$.

4. Zerlegen Sie die Menge $A \cup B$ in drei disjunkte Teilmengen.

5. Vereinfachen Sie den Ausdruck $(A \cap B) \cup (\overline{A} \cap B)$.

6. Veranschaulichen Sie die folgende Formel durch Venn-Diagramme:
   $A \setminus (B \cap C) = (A \setminus B) \cup (A \setminus C)$.

7. Die Freizeitaktivitäten von Studierenden sind vielfältig: Von den Erstsemestern gehen 20 gerne ins Kino, 30 surfen im Internet und 50 betreiben eine Sportart. 7 gehen ins Kino und surfen, 6 surfen und sporteln, 5 gehen ins Kino und betreiben Sport. 3 gehen sowohl ins Kino, surfen im Internet und treiben Sport. 2 Studierende lernen ständig und nehmen an keinerlei Freizeitaktivitäten teil. Wie viele Studierende sind in diesem Erstsemester?
   (Hinweis: Zeichnen Sie ein Venn-Diagramm mit den drei Mengen K (für Kino), I (für Internet) und S (für Sport).)

Zahlen

1. Geben Sie Elemente an aus den Mengen $\mathbb{Z} \setminus \mathbb{N}$, $\mathbb{N} \cap \mathbb{Z}$, $\mathbb{N} \setminus \mathbb{Z}$, $\mathbb{Q} \setminus \mathbb{Z}$ und $\mathbb{R} \setminus \mathbb{Q}$.

2. Schreiben Sie die Lösungsmenge folgender Ungleichungen als Intervalle:
   a) $x^2 < 4$, $x^2 \le 4$, $x^2 > 4$, $3 \le -x$ und $4 + x \ge 5 - 3x$.
   b) $\frac{3x-4}{1-x} \le 2$ und $\frac{3x-4}{1-x} \ge -3$.
   c) $x^2 - 6x > 7$ und $2x^2 - 10x - 14 \le 2x$.
   d) $|x| \le 4$, $|-2x| > 4$ und $|2x - 3| > 5$.

Abb. 1.5 Venn-Diagramme
für $A \setminus (B \cap C) = (A \setminus B) \cup (A \setminus C)$

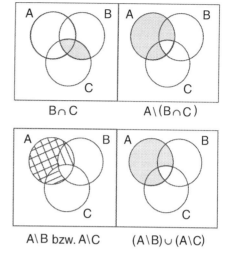

Kombinatorik

1. Welches ist die höchste Fakultät, die Ihr Taschenrechner berechnen kann? Warum wohl?
2. Berechnen Sie $\binom{11}{5}$, $\binom{20}{0}$ und $\binom{370}{367}$.
3. Zeigen Sie $\binom{n}{k} + \binom{n}{k+1} = \binom{n+1}{k+1}$. Was bedeutet diese Aussage für das Pascal'sche Dreieck?
4. Wenn man die Koeffizienten der n-ten Zeile des Pascal'schen Dreiecks aufsummiert, so erhält man 2^n. Prüfen Sie diese Aussage in der 5. Zeile des Pascal'schen Dreiecks nach! Beweisen Sie diese Aussage (Tipp: Binomischer Satz mit $a = b = 1$)!

1.9 Lösungen

Mengen

1. $A = \{2, 3, 5, 7, 11, 13\}$, $B = \{5, 8\}$, $A \cap B = \{5\}$, $A \cup B = \{2, 3, 5, 7, 8, 11, 13\}$, $A \setminus B = \{2, 3, 7, 11, 13\}$, $B \setminus A = \{8\}$.
2. Alle genannten Aussagen sind richtig!
3. $A \cap B = A$, $A \cup B = B$.
4. $A \setminus B$, $A \cap B$ und $B \setminus A$.
5. $(A \cap B) \cup (\overline{A} \cap B) = (A \cup \overline{A}) \cap B = G \cap B = B$.
6. vgl. Venn-Diagramme Abb. 1.5
7. 87 Studierende vgl. Abb. 1.6

Abb. 1.6 Venn-Diagramm für
Freizeitaktivitäten

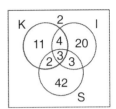

Zahlen

1. z. B. $-1 \in \mathbb{Z} \setminus \mathbb{N}, 5 \in \mathbb{N} \cap \mathbb{Z} = \mathbb{N}, \mathbb{N} \setminus \mathbb{Z} = \emptyset, \frac{3}{4} \in \mathbb{Q} \setminus \mathbb{Z}$ und $\sqrt[3]{2} \in \mathbb{R} \setminus \mathbb{Q}$.

2. a) $(-2, 2), [-2, 2], (-\infty, -2) \cup (2, \infty), (-\infty, -3]$ und $[\frac{1}{4}, \infty)$.

   b) $(-\infty, 1) \cup [\frac{6}{5}, \infty)$ und $(1, \infty)$.

   c) $(-\infty, -1) \cup (7, \infty)$ und $[-1, 7]$.

   d) $[-4, 4], (-\infty, -2) \cup (2, \infty)$ und $(-\infty, -1) \cup (4, \infty)$.

Kombinatorik

1. Die höchste Fakultät, die ein üblicher Taschenrechner berechnen kann, ist $69! \approx 1{,}7 \cdot 10^{98}$. Dies liegt einfach daran, dass er keine größeren Zahlen anzeigen kann.

2. $\binom{11}{5} = 462, \binom{20}{0} = 1$ und $\binom{370}{367} = \binom{370}{3} = \frac{370 \cdot 369 \cdot 368}{3!} = 8.373.840$.

3. $$\binom{n}{k} + \binom{n}{k+1} = \frac{n!}{(n-k)!k!} + \frac{n!}{(n-k-1)!(k+1)!}$$
   $$= \frac{n!(k+1)}{(n-k)!(k+1)!} + \frac{n!(n-k)}{(n-k)!(k+1)!}$$
   $$= \frac{n!(k+1+n-k)}{(n-k)!(k+1)!} = \frac{(n+1)!}{(n+1-(k+1))!(k+1)!} = \binom{n+1}{k+1}.$$

   Diese Aussage bedeutet im Pascal'schen Dreieck, dass sich jeder Eintrag als Summe der beiden darüberstehenden Einträge auffassen lässt.

4. $\binom{5}{0} + \binom{5}{1} + \binom{5}{2} + \binom{5}{3} + \binom{5}{4} + \binom{5}{5} = 1 + 5 + 10 + 10 + 5 + 1 = 32 = 2^5$. Der Binomische Satz lautet: $(a + b)^n = \binom{n}{0}a^n b^0 + \binom{n}{1}a^{n-1}b^1 + \binom{n}{2}a^{n-2}b^2 + \cdots + \binom{n}{n-1}a^1 b^{n-1} + \binom{n}{n}a^0 b^n$. Setzt man $a = b = 1$, so sind alle Potenzen von a und b gleich 1 und man erhält $2^n = (1+1)^n = \binom{n}{0} + \binom{n}{1} + \binom{n}{2} + \cdots + \binom{n}{n-1} + \binom{n}{n}$.

Folgen und endliche Summen

2

2.1 Einführung

▷ Folgen

Auch dieses Kapitel über „Folgen" ist ein eher einfacher Ausschnitt aus der Mathematik, in dem allerdings bereits ein wirklich grundlegender mathematischer Begriff, nämlich der des Grenzwerts (oder Limes), auftritt. Der Begriff „Folge" (oder „Reihenfolge") ist auch in der Umgangssprache gebräuchlich und bezeichnet nicht nur eine diffuse „Menge", sondern nummeriert die Elemente – es gibt ein erstes, ein zweites, ein drittes usw. In der Mathematik sind solche Folgen meistens unendlich und bestehen oft aus Zahlen. Interessant wird es, wenn sich die Folgenglieder einer Zahl immer mehr annähern, wie etwa die Zahlen $1, 1/2, 1/3, 1/4, \ldots$ sich immer mehr der Zahl 0 nähern. Eine exakte Formulierung des zugrunde liegenden Grenzwertbegriffs gehört mit zu den wichtigsten Errungenschaften der modernen Mathematik.

▷ Summen in einer Anekdote über Gauß

Oft kommen in der Mathematik – aber natürlich auch im „täglichen Leben" – Summen vor. Ziemlich bekannt ist die folgende Anekdote aus der Kindheit des berühmten Mathematikers Gauß: Sein Lehrer in der Grundschule hatte einmal – wie man heute sagen würde – „Null Bock" und ließ seine Schüler als eine Art Beschäftigungstherapie die ersten einhundert Zahlen, also $1 + 2 + 3 + 4 + \ldots + 100$, zusammenzählen. Nach wenigen Minuten meldete sich Klein-Gauß zum größten Erstaunen seines Lehrers mit dem richtigen Ergebnis: 5050. Was hatte Gauß wohl gemacht? Vielleicht hat er jeweils Paare von Zahlen zusammengefasst, die 101 ergeben (wie etwa $1 + 100, 2 + 99, 3 + 98, \ldots, 50 + 51$), und einfach 101 mit der Anzahl solcher Zahlenpaare, nämlich 50, multipliziert.

Y. Stry, R. Schwenkert, *Mathematik kompakt*, DOI 10.1007/978-3-642-24327-1_2,
© Springer-Verlag Berlin Heidelberg 2013

	1	2	3	...	50	51	...	98	99	100
+	100	99	98	...	51	50	...	3	2	1
	101	101	101	...	101	101	...	101	101	101

In der Mathematik kann man dieses schöne Ergebnis noch verallgemeinern und wie folgt schreiben:

$$1 + 2 + 3 + 4 + \ldots + n = \frac{n(n+1)}{2}.$$

Also: Wenn man alle Zahlen von 1 ab bis zur n-ten zusammenzählt, dann kann man die Summe durch die einfache Formel $(n \cdot (n+1))/2$ berechnen. (Für $n = 100$ kommt wirklich $(100 \cdot 101)/2 = 5050$ heraus.)

≫   Vollständige Induktion

Solche eingängigen Formeln werden mit einem (mathematischen) Instrument bewiesen, welches den Dominosteinen abgeschaut erscheint, nämlich mit der so genannten *Vollständigen Induktion*.

≫   Dominosteine

Stellen Sie sich einfach eine Reihe von Dominosteinen nebeneinander gestellt vor, die Sie (etwa durch Anstoßen des ersten Steins) zum Umfallen bringen wollen. Natürlich müssen Sie darauf achten, dass die einzelnen Dominosteine nicht zu weit voneinander entfernt sind, denn schließlich soll jeder Stein beim Umfallen auch den jeweiligen Nachbarn mit umreißen. Man kann also sagen: Damit *alle* Dominosteine fallen, müssen die beiden folgenden Bedingungen erfüllt sein:

1. Der *erste* Dominostein muss fallen.
2. Wenn der n-te Dominostein fällt, so muss auch der nächste, nämlich der $(n + 1)$-te Dominostein fallen.

≫   Vollständige Induktion im mathematischen Sinne

Wir können nun auch an das Fallen einer unendlich langen Kette von Dominosteinen denken! Und wenn Sie sich für jeden Dominostein die entsprechende Zahl vorstellen (für den ersten Stein die Zahl Eins, für den zweiten Stein die Zahl Zwei etc.), dann sind Sie zurückgekehrt zur Mathematik und haben gerade das Prinzip der Vollständigen Induktion formuliert: Jede Eigenschaft der Eins, die auch der Nachfolger jeder Zahl mit eben dieser Eigenschaft besitzt, kommt allen natürlichen Zahlen zu. Der italienische Mathematiker Peano hat (u. a.) eben dieses Prinzip der Vollständigen Induktion in sein Axiomensystem (d. h. sein System an Grundeigenschaften) der natürlichen Zahlen aufgenommen.

▷ Rekursion

In der Informatik und insbesondere beim Programmieren hat man es manchmal mit etwas Ähnlichem zu tun, nämlich mit Rekursion. In vielen Programmiersprachen heißt dies, dass eine Funktion sich selbst aufrufen kann. Derartige rekursive Algorithmen sind nicht gerade einfach zu programmieren, sie sind aber meist äußerst kurz und elegant. Typisch dabei ist, dass die Lösung eines Problems mit n Parametern auf ein einfacheres analoges Problem mit $n - 1$ Parametern zurückgeführt wird (und dieses wiederum auf ein Problem mit $n - 2$ Größen usw.).

Was es mit Folgen von Zahlen, ihren Eigenschaften und mit der Vollständigen Induktion auf sich hat, soll nun in diesem Kapitel besprochen werden.

2.2 Folgen und ihre Eigenschaften

Ausgehend von einer exakten Definition des Begriffs „Folge" werden wichtige Eigenschaften wie beispielsweise Konvergenz und Divergenz von Folgen untersucht. In diesem Zusammenhang sind Monotonie- und Beschränktheitseigenschaften von Folgen sehr hilfreich. Die bereits aus der Schulzeit bekannten Begriffe „Maximum" und „Minimum" werden um die Definition von „Infimum" und „Supremum" erweitert.

Im Allgemeinen besteht eine Folge aus einer Anordnung (nullter, erster, zweiter ... Wert) von gewissen reellen Zahlen. Durch diese Anordnung wird jeder natürlichen Zahl $n \in \mathbb{N}$ genau ein Wert $a(n)$ zugeordnet und eine Reihenfolge festgelegt: $a(0), a(1), a(2), \ldots$ Man definiert daher:

Folge
Eine Abbildungsvorschrift $a : \mathbb{N} \to \mathbb{R}$ mit $a(n) = a_n$ heißt (unendliche) Folge. Hierfür schreibt man auch $(a_n)_{n \in \mathbb{N}} = (a_n) = a_0, a_1, a_2, \ldots$ Die reellen Zahlen a_n heißen Folgenglieder.

$\mathbb{N}_+$ Häufig beginnt die Abbildungsvorschrift nicht mit der Zahl Null, sondern mit der Eins. Im Folgenden benutzen wir deshalb die Bezeichnung $\mathbb{N}_+ := \mathbb{N} \setminus \{0\}$ für die Menge der positiven natürlichen Zahlen.

Beispiel 2.1

a) **Bildungsgesetz** Die Folge $1, 3, 5, 7, \ldots$ der ungeraden natürlichen Zahlen kann man schreiben als $a_0 = a(0) = 1, a_1 = a(1) = 3, a_2 = a(2) = 5, a_3 = a(3) = 7$, usw. Das *Bildungsgesetz* für die Folgenglieder lautet offensichtlich $a_n = a(n) = 2n + 1$. Statt die Folge – wie eingangs – durch Aufzählung ihrer Glieder zu definieren, können wir daher auch $(2n + 1)_{n \in \mathbb{N}}$ (Definition mittels Abbildungsvorschrift) schreiben.

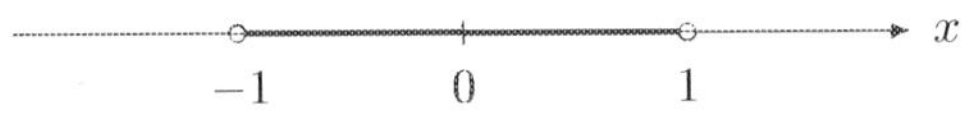

Abb. 2.1 Die 1-Umgebung
von $a = 0$

$-1 \qquad 0 \qquad 1$

b) Die Folge $1^3, 2^3, 3^3, \ldots$ lässt sich auch durch $(n^3)_{n \in \mathbb{N}_+}$ angeben.

c) Die alternierende, nur aus zwei Werten bestehende Folge $1, -1, 1, -1 \ldots$ kann durch das Bildungsgesetz $a_n = (-1)^n$, $n \in \mathbb{N}$, definiert werden.

Abstand Um Grenzwerteigenschaften von Folgen untersuchen zu können, benötigt man Kenntnisse über das „Abstandsverhalten" von Folgengliedern. Nun ist der Abstand zweier reeller Zahlen x und a bekanntlich durch $|x - a|$ gegeben. Die Menge aller Punkte $x \in \mathbb{R}$, die von einem gegebenen Punkt a einen Abstand kleiner als eine vorgegebene Zahl ε haben, bilden eine *Umgebung* von a, genauer:

Umgebung

Für $\varepsilon > 0$ ist die ε-Umgebung von a definiert durch

$$U_\varepsilon(a) := \{x \in \mathbb{R} \mid |x - a| < \varepsilon\}$$
$$= \{x \in \mathbb{R} \mid a - \varepsilon < x < a + \varepsilon\}.$$

Beispiel 2.2

Mit $a = 0$ und $\varepsilon = 1$ erhält man $U_1(0)$ wie in Abb. 2.1.

Die ε-Umgebung eines Punktes a ist also ein offenes Intervall $(a - \varepsilon, a + \varepsilon)$ der Länge 2ε mit dem Mittelpunkt a.

Konvergenzbegriff Der *Konvergenzbegriff* lässt sich exemplarisch an der Folge $(-\frac{1}{2n})_{n \in \mathbb{N}_+} = -\frac{1}{2}, -\frac{1}{4}, -\frac{1}{6}, \ldots$ und deren Visualisierung studieren (s. Abb. 2.2).
Die Folge hat die Eigenschaften:

a) Mit zunehmenden n werden die Folgenglieder a_n größer und unterscheiden sich dabei immer weniger von der Zahl 0.

b) In jeder noch so kleinen Umgebung der Zahl 0 ($U_\varepsilon(0)$, ε beliebig klein gewählt!) liegen fast alle Glieder der Folge. D. h. nur endlich viele Glieder liegen außerhalb der vorgegebenen Umgebung. Beispielsweise liegen in $U_{1/6}(0)$ alle Folgenglieder mit Ausnahme der ersten drei, in $U_{1/100}(0)$ alle mit Ausnahme der ersten fünfzig ($|a_{51}| < 1/100$), in $U_{1/1000}(0)$ alle mit Ausnahme der ersten fünfhundert ($|a_{501}| < 1/1000$), usw.

Abb. 2.2 Folgenglieder $a_n =$
$-\frac{1}{2n}$ auf der Zahlengeraden

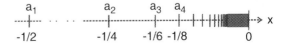

$a_1 \qquad\qquad a_2 \qquad\quad a_3 \quad a_4$

$-1/2 \qquad\quad -1/4 \qquad -1/6 \ -1/8 \qquad\qquad 0$

„Fast alle Folgenglieder" *Fast alle* Folgenglieder bedeutet somit: *alle mit Ausnahme von endlich vielen.* Für unsere Folge gilt für fast alle $n \in \mathbb{N}_+$

$$a_n \in U_\varepsilon(0) \quad \text{bzw.} \quad \left| -\frac{1}{2n} - 0 \right| < \varepsilon. \tag{$*$}$$

Es ist dabei egal, wie groß, oder vielmehr wie klein ε gewählt wird. Bei *jeder* Wahl für ε liegen nur endlich viele Folgenglieder außerhalb von $U_\varepsilon(0)$. Die Ungleichung ($*$) $1/(2n) < \varepsilon$ kann äquivalent umgeformt werden in $n > 1/(2\varepsilon)$. Diese Ungleichung wird bereits von der kleinsten Zahl $n_0 \in \mathbb{N}$ erfüllt, die größer als $1/(2\varepsilon)$ ist. Ab $n_0 = 4$ bzw. $n_0 = 51$ bzw. $n_0 = 501$ liegen daher fast alle Folgenglieder in $U_{1/6}(0)$ bzw. $U_{1/100}(0)$ bzw. $U_{1/1000}(0)$.

Fast alle bedeutet also auch: *mindestens alle ab einem bestimmten Index* n_0. So wie sich unsere Beispielfolge der Zahl 0 nähert, kann sich eine Folge i. Allg. natürlich einer beliebigen Zahl $a \in \mathbb{R}$ nähern. Daher definieren wir:

Konvergenz bzw. Divergenz einer Folge

Die Folge (a_n) heißt konvergent mit dem Grenzwert (oder Limes) a, falls zu jedem $\varepsilon > 0$ eine natürliche Zahl n_0 existiert, so dass für alle $n \geq n_0$, $n \in \mathbb{N}$, gilt $|a_n - a| < \varepsilon$. Man schreibt dann symbolisch (mit sog. Limeszeichen oder einfacher):

$$\lim_{n \to \infty} a_n = a \quad \text{oder} \quad a_n \to a.$$

Ist $a = 0$, so heißt (a_n) Nullfolge. Existiert keine derartige Zahl a, dann heißt (a_n) divergent.

Beispiel 2.3

a) Egal, welches beliebige ε man sich auch vorgibt, für die Folge $\left(-\frac{1}{2n}\right)_{n \in \mathbb{N}_+}$ findet man immer ein geeignetes n_0, nämlich $n_0 > 1/(2\varepsilon)$. Somit gilt $|-1/(2n) - 0| < \varepsilon$ für $n > n_0$, also ist die Folge konvergent mit dem Grenzwert 0, d. h. eine Nullfolge.

b) Auch die durch $a_n = \frac{1}{n}$, $n \in \mathbb{N}_+$, definierte Folge ist eine Nullfolge. Die Existenz der Zahl n_0 ergibt sich direkt aus der Umformung von Gleichung $|1/n - 0| < \varepsilon$ zu $n > 1/\varepsilon$. Für jede natürliche Zahl größer als $1/\varepsilon$ ist somit $|a_n - a| < \varepsilon$ erfüllt.

Trick: große Zahlen einsetzen! In vielen Fällen kann man – mit etwas Übung – den Grenzwert erraten. Ansonsten ist es aber auch hilfreich, große Zahlen in das Bildungsgesetz einzusetzen: Oft hat man sich damit dem Grenzwert schon sehr genähert.

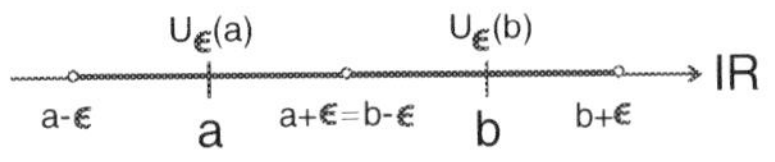

Abb. 2.3 Disjunkte Umgebungen

Übung 2.1

Durch das Bildungsgesetz $a_n = \frac{2n-1}{3n+7}$ sei die Folge $(a_n)_{n\in\mathbb{N}}$ definiert.

a) Bestimmen Sie die ersten fünf Folgenglieder. Wie lauten a_{100} und a_{1000}?

b) Ist $2/3 = 0,\overline{6}$ Grenzwert dieser Folge? Bestimmen Sie zu $\varepsilon = 10^{-3}$ ein entsprechendes n_0.

Lösung 2.1

a) Die ersten fünf Folgenglieder lauten $a_0 = -\frac{1}{7}$, $a_1 = \frac{1}{10}$, $a_2 = \frac{3}{13}$, $a_3 = \frac{5}{16}$, und $a_4 = \frac{7}{19}$. Ferner ist $a_{100} = \frac{199}{307} \approx 0,6482$ und $a_{1000} = \frac{1999}{3007} \approx 0,6648$.

b) Wir müssen zu jedem beliebig vorgegebenen (noch so kleinen) $\varepsilon > 0$ eine (natürlich von ε abhängige) Zahl n_0 finden, so dass $|a_n - \frac{2}{3}| < \varepsilon$ für alle $n > n_0$ gilt. Dazu beachten wir

$$\left| \frac{2n-1}{3n+7} - \frac{2}{3} \right| = \left| \frac{6n-3-6n-14}{3(3n+7)} \right| = \frac{17}{3(3n+7)} < \varepsilon,$$

woraus sich $n > \frac{1}{3}\left(\frac{17}{3\varepsilon} - 7\right)$ ergibt. Ist nun z. B. $\varepsilon = 10^{-3}$ vorgegeben, dann muss $n > 1886,56$ gelten. D. h., dass alle Folgenglieder ab dem 1887. Glied von $\frac{2}{3}$ einen Abstand haben, der kleiner als 10^{-3} ist. Das gesuchte n_0 ist damit $n_0 = 1887$. Da man auf diesem Wege offensichtlich zu jedem beliebigem ε ein n_0 berechnen kann, ist die Folge konvergent mit dem Grenzwert $2/3$.

Eindeutigkeit des Grenzwertes Jede Folge (a_n) besitzt höchstens einen Grenzwert. Denn wären $b > a$ zwei verschiedene Grenzwerte von (a_n), so setze man $\varepsilon = \frac{b-a}{2}$. Dann gilt für die ε-Umgebungen $U_\varepsilon(a) \cap U_\varepsilon(b) = \emptyset$ (siehe auch Abb. 2.3). Da a Grenzwert ist, liegen aber alle bis auf endlich viele Folgenglieder in $U_\varepsilon(a)$. Somit befinden sich in $U_\varepsilon(b)$ nur endlich viele Folgenglieder, also kann b kein Grenzwert sein.

Divergente Folgen Es gibt auch Folgen, die keinen Grenzwert besitzen. Beispielsweise hat die Folge $a_n = (-1)^n$ keinen Grenzwert, da unendlich viele Folgenglieder gleich 1 $(a_0, a_2, a_4, \ldots)$, aber auch unendlich viele gleich -1 $(a_1, a_3, a_5, \ldots)$ sind. In keiner Umgebung $U_\varepsilon(1)$ bzw. $U_\varepsilon(-1)$ liegen also fast alle Folgenglieder.

Unter den in Beispiel 2.1 aufgeführten Zahlenfolgen zeigt die Folge $a_n = n^3$ ein interessantes Verhalten: Ihre Folgenglieder werden immer größer, schließlich „beliebig groß". Mathematisch kann man dies wie folgt ausdrücken: Sei $M > 0$ eine reelle Zahl, dann sind nur endlich viele Folgenglieder kleiner als M. Fast alle Glieder, nämlich diejenigen a_n mit $n > \sqrt[3]{M}$ sind größer als M. Da die Wahl von M dabei belanglos ist, hat man die Aussage: Für alle $M > 0$ gilt, dass fast alle Folgenglieder größer als M sind. Selbstverständlich lassen sich auch Folgen finden, für die fast alle Folgenglieder kleiner als ein $M < 0$ sind. Man nehme z. B. $a_n = -n$. Daher definiert man:

Bestimmte Divergenz

Wenn für eine Folge (a_n) die Aussage „Für alle $M > 0$ bzw. $M < 0$ gilt, dass fast alle Glieder a_n größer bzw. kleiner als M sind" erfüllt ist, dann nennt man sie bestimmt divergent mit dem uneigentlichen Grenzwert ∞ bzw. $-\infty$. Man schreibt dann

$$\lim_{n\to\infty} a_n = \infty \quad \text{bzw.} \quad \lim_{n\to\infty} a_n = -\infty.$$

Weitere wichtige Eigenschaften, mit deren Hilfe man Konvergenzuntersuchungen durchführen kann, seien nachfolgend definiert:

Beschränktheit und Monotonie

Eine Folge (a_n) heißt nach oben bzw. nach unten beschränkt, falls es eine Zahl M_o bzw. M_u gibt, mit

$$a_n \leq M_o \quad \text{bzw.} \quad a_n \geq M_u \quad \text{für alle } n \in \mathbb{N}.$$

Eine Folge heißt **beschränkt**, falls sie sowohl nach oben als auch nach unten beschränkt ist.
Folgen, für deren Glieder

$$a_{n+1} \geq a_n \quad \text{bzw.} \quad a_{n+1} \leq a_n \quad \text{für alle } n \in \mathbb{N}$$

gilt, nennt man monoton wachsend bzw. monoton fallend.

Damit lässt sich nun ein wichtiges Ergebnis, das wir hier nicht beweisen wollen, formulieren:

Monotoniekriterium

Eine monoton wachsende, nach oben beschränkte bzw. monoton fallende, nach unten beschränkte Folge ist konvergent.

Beispiel 2.4

Die bereits untersuchte Folge $(a_n) = (-\frac{1}{2n})$, $n \in \mathbb{N}_+$, ist wegen $-\frac{1}{2(n+1)} > -\frac{1}{2n}$ monoton wachsend. Da sie durch die Zahl 0 nach oben beschränkt ist, konvergiert sie. Wir haben schon gezeigt, dass sie eine Nullfolge ist.

Beispiel 2.5

Wir zeigen jetzt die wachsende Monotonie der durch das Bildungsgesetz $a_n = (1 + \frac{1}{n})^n$, $n \in \mathbb{N}_+$, definierten Folge. Dazu benutzen wir, dass hier $a_n > a_{n-1}$ zu $\frac{a_n}{a_{n-1}} > 1$ äquivalent ist:

$$\frac{a_n}{a_{n-1}} = \left(\frac{n+1}{n}\right)^n \cdot \left(\frac{n-1}{n}\right)^{n-1}$$

$$= \frac{(n+1)^n}{n^n} \cdot \frac{(n-1)^n}{n^n} \cdot \frac{n}{n-1}$$

$$= \left(\frac{n^2-1}{n^2}\right)^n \cdot \frac{n}{n-1} = \left(1 - \frac{1}{n^2}\right)^n \cdot \frac{n}{n-1}.$$

Anwendung der Bernoulli-Ungleichung (siehe Aufgabe 3 unter „Vollständige Induktion", Abschn. 2.8) mit $x = -\frac{1}{n^2}$ liefert zunächst $(1 - \frac{1}{n^2})^n > 1 - \frac{1}{n}$ und damit gilt

$$\frac{a_n}{a_{n-1}} > \left(1 - \frac{1}{n}\right) \cdot \frac{n}{n-1} = \frac{n-1}{n} \cdot \frac{n}{n-1} = 1.$$

Somit ist die wachsende Monotonie gezeigt. Man kann sogar beweisen, dass die Folge durch den Wert $M_o = 3$ nach oben beschränkt ist. Nach dem Monotoniekriterium konvergiert die Folge daher. Mittels tiefer gehender Untersuchungen lässt sich dieser Grenzwert ermitteln:

Euler'sche Zahl als Grenzwert einer Folge

$$\text{Es gilt:} \quad \lim_{n \to \infty} \left(1 + \frac{1}{n}\right)^n = e \approx 2{,}7182818.$$

Der Grenzwert der Folge ist die wichtige *Euler'sche Zahl* e.

Maximum, Minimum Wenn man von der Reihenfolge der Folgenglieder abstrahiert, so kann eine Folge auch als eine Menge reeller Zahlen aufgefasst werden. Besitzt diese Zahlenmenge einen größten bzw. kleinsten Wert, so nennt man diesen *Maximum* bzw. *Minimum*. Zur Folge $a_n = \frac{1}{n}$ gehört die Menge $\{\frac{1}{n} \mid n \in \mathbb{N}_+\}$. Das Maximum ist die 1 ($a_1 = 1$!), während offensichtlich ein Minimum nicht existiert.

Infimum, Supremum Die Folge ist aber z. B. durch die Werte $-100, -10$ oder 0 nach unten beschränkt. Die *größte untere Schranke* – in unserem Beispiel die 0 – nennt man das *Infimum* der Folge. Die *kleinste obere Schranke* bezeichnet man als *Supremum*. In unserem Beispiel sind Supremum und Maximum identisch gleich 1.

Für die Bildung von Grenzwerten gelten gewisse Rechenregeln, die es erlauben, von den Grenzwerten einfacher Folgen – etwa (a_n), (b_n) – auf die Grenzwerte komplizierter Folgen, wie z. B. Summenfolge $(a_n + b_n)$ oder Produktfolge $(a_n \cdot b_n)$, zu schließen:

Grenzwertregeln

Für zwei konvergente Folgen (a_n) und (b_n) mit den Grenzwerten a und b gilt:

$$\lim_{n \to \infty} (a_n + b_n) = a + b,$$

$$\lim_{n \to \infty} (a_n - b_n) = a - b,$$

$$\lim_{n \to \infty} (a_n \cdot b_n) = a \cdot b,$$

$$\lim_{n \to \infty} (c \cdot a_n) = c \cdot a, \quad c = \text{const}, \ c \in \mathbb{R},$$

$$\lim_{n \to \infty} \left(\frac{a_n}{b_n} \right) = \frac{a}{b}, \quad \text{falls } b_n \neq 0, b \neq 0.$$

Ist eine der obigen Folgen bestimmt divergent, z. B. $\lim_{n \to \infty} b_n = \infty$, dann gelten ähnliche Rechenregeln (dabei soll ∞ *keine Zahl* sein, sondern ein Symbol für bestimmte Divergenz):

Grenzwertregeln bei bestimmter Divergenz

$$\text{,,}a \pm \infty = \pm\infty\text{``}, \quad \text{,,}a \cdot \infty = \pm\infty\text{``} \quad (a \neq 0),$$

$$\text{,,}\frac{a}{\infty} = 0\text{``}, \qquad \text{,,}\frac{\infty}{a} = \pm\infty\text{``} \quad (a \neq 0).$$

VORSICHT!! Ferner gilt auch „$\infty \cdot \infty = \infty$". Man beachte aber, dass „$\infty - \infty, 0 \cdot \infty$, $\frac{0}{0}, \frac{\infty}{\infty}, 0^0$" und „$1^\infty$" (0 steht dabei als Symbol für $\lim_{n \to \infty} a_n = 0$) unbestimmte Formen sind und bei jedem Auftreten eine eigene Untersuchung erfordern. Es gilt lediglich „$\frac{b}{0} = \pm\infty$", falls $b \neq 0$.

Beispiel 2.6

a) Da wir bereits wissen, dass $\lim_{n \to \infty} \frac{1}{n} = 0$ (vgl. Beispiel 2.3) ist, können wir nun schließen:

$$\lim_{n \to \infty} \frac{1}{n^2} = \lim_{n \to \infty} \frac{1}{n} \cdot \lim_{n \to \infty} \frac{1}{n} = 0 \cdot 0 = 0.$$

b) Um den Grenzwert der durch $a_n = \frac{4-n}{2n-1}$ definierten Folge zu bestimmen, benutzen wir $\lim_{n\to\infty} \frac{1}{n} = 0$ und erhalten

$$\lim_{n\to\infty} \frac{4-n}{2n-1} = \lim_{n\to\infty} \frac{n}{n} \cdot \frac{(4/n)-1}{2-1/n} = \frac{4\cdot 0 - 1}{2-0} = -\frac{1}{2}.$$

Übung 2.2

a) Wie lautet der Grenzwert der Folge $\left(\frac{n+1}{n}\right)_{n\in\mathbb{N}_+}$?

b) Unter Verwendung von Teil a) bestimme man den Grenzwert der durch $a_n = \frac{n}{n+1}$, $n \in \mathbb{N}_+$, definierten Folge.

Lösung 2.2

a) Es ist $\lim_{n\to\infty} \frac{n+1}{n} = \lim_{n\to\infty} 1 + \lim_{n\to\infty} \frac{1}{n} = 1 + 0 = 1$.

b) Es gilt $a_n = \frac{1}{b_n}$ mit $b_n = \frac{n+1}{n}$. Aus Teil a) wissen wir bereits, dass $\lim_{n\to\infty} b_n = 1$ ist. Aus den Grenzwertregeln folgt daher sofort $\lim_{n\to\infty} a_n = \frac{1}{\lim_{n\to\infty} b_n} = 1$.

Ohne Beweise führen wir einige Grenzwerte von Folgen auf, deren Kenntnis für spätere Anwendungen wichtig ist:

Wichtige Grenzwerte

Es seien $c \in \mathbb{R}$ eine Konstante und q eine reelle Zahl mit $|q| < 1$, dann gilt:

$$\lim_{n\to\infty} \sqrt[n]{c} = 1, \quad \lim_{n\to\infty} \sqrt[n]{n!} = \infty,$$

$$\lim_{n\to\infty} \sqrt[n]{n} = 1, \quad \lim_{n\to\infty} q^n = 0.$$

2.3 Endliche arithmetische und geometrische Folgen und Reihen

Vorgestellt werden hier Folgen mit besonderem Bildungsgesetz: arithmetische und geometrische Folgen. Von gravierender praktischer Relevanz in Wirtschaftswissenschaften und Finanzmathematik sind endliche arithmetische und geometrische Reihen, die aus jeweils endlich vielen Summanden der entsprechenden Folge bestehen.

Arithmetische und geometrische Folge

Eine Zahlenfolge (a_n) heißt arithmetische bzw. geometrische Folge, falls die Differenz k bzw. der Quotient q benachbarter Elemente konstant ist, d. h.

$$a_{n+1} - a_n = k \qquad \text{bzw.} \qquad \frac{a_{n+1}}{a_n} = q.$$

Bei der geometrischen Folge ist natürlich $a_n \neq 0$ für alle $n \in \mathbb{N}$ erforderlich.

Unmittelbar aus der Definition folgt:

Bildungsgesetze

Arithmetische bzw. geometrische Folgen besitzen beide jeweils ein einfaches Bildungsgesetz:

$$a_n = a_0 + n \cdot k \qquad \text{bzw.} \qquad a_n = a_0 \cdot q^n.$$

Das „arithmetische" Bildungsgesetz erkennt man sofort, das „geometrische" Bildungsgesetz folgt aus

$$a_n = a_{n-1}q = (a_{n-2}q) \cdot q = (a_{n-3}q) \cdot q^2 = \ldots = a_0 q^n.$$

Beispiel 2.7

a) Durch $a_n = n/2$, d.h. $0, \frac{1}{2}, 1, \frac{3}{2}, 2, \ldots$, ist eine arithmetische Folge mit $k = \frac{1}{2}$ definiert.

b) Durch $a_n = 2^n$, d.h. $(a_n) = 1, 2, 4, 8, 16, \ldots$, ist eine geometrische Folge mit $q = 2$ gegeben.

Übung 2.3

Welche Folgen sind durch a) $a_n = 5n + 3$ und b) $a_n = (\frac{1}{4})^n$ gegeben?

Lösung 2.3

a) Die Folge $(5n + 3)_{n \in \mathbb{N}}$, d.h. $3, 8, 13, 18, 23, \ldots$, ist eine arithmetische Folge mit $k = 5$.

b) Die Folge $((\frac{1}{4})^n)_{n \in \mathbb{N}}$, d.h. $1, \frac{1}{4}, \frac{1}{16}, \frac{1}{64}, \ldots$, ist eine geometrische Folge mit $q = \frac{1}{4}$.

Nun kann man endlich viele Glieder der obigen Folgen auch aufsummieren, man spricht dann von *endlichen Reihen*. Diese Reihen haben viele praktische Anwendungen. So benötigt man sie z.B. bei der Berechnung von einfachen Zinsen, Zinseszinsen oder Hypothekendarlehen. Wir definieren daher:

Endliche arithmetische und geometrische Reihe

Sind $a_0, a_1, \ldots, a_{n-1}$ Glieder einer endlichen arithmetischen bzw. geometrischen Folge, dann heißt die Summe

$$s_n := a_0 + a_1 + \ldots + a_{n-1}, \quad n \in \mathbb{N}_+,$$

endliche arithmetische bzw. geometrische Reihe.

Summenzeichen Summen, die aus vielen Summanden bestehen, schreibt man in der Regel bequemer durch Benutzung des *Summenzeichens* $\sum$. So z. B. unsere obige Summe in der Form

$$\sum_{i=0}^{n-1} a_i := a_0 + a_1 + \ldots + a_{n-1}.$$

Definitionsgemäß ist dabei der *Summationsindex* i der Reihe nach durch die Zahlen 0 bis $n-1$ zu ersetzen. Allgemein lässt sich dann die Summe der Summanden $a_m, a_{m+1}, \ldots, a_n$; $n \geq m$, schreiben als

$$\sum_{i=m}^{n} a_i := a_m + a_{m+1} + \ldots + a_n.$$

Es gibt einfache Formeln, mit denen man den Wert der Reihen sofort berechnen kann:

Wert von endlicher arithmetischer und geometrischer Reihe

Ist $s_n := a_0 + a_1 + \ldots + a_{n-1}$ eine endliche arithmetische Reihe, dann gilt:

$$s_n = \frac{n}{2}(a_0 + a_{n-1}).$$

Ist $s_n := a_0 + a_1 + \ldots + a_{n-1}$ eine endliche geometrische Reihe mit dem Quotienten $q := a_{k+1}/a_k \neq 1$, dann gilt:

$$s_n = a_0 \frac{q^n - 1}{q - 1}.$$

Die Formel für die arithmetische Reihe lässt sich mit der Idee von Klein-Gauß (siehe Aufgabe 3 aus „Endliche arithmetische und geometrische Reihen", Abschn. 2.8) leicht herleiten. Um die Formel für die geometrische Reihe zu zeigen, benutzen wir deren Bildungsgesetz und erhalten zunächst

$$s_n = a_0 + a_0 q + a_0 q^2 + \ldots + a_0 q^{n-1}.$$

Multiplikation dieser Gleichung mit $q \neq 0$ liefert nun

$$q s_n = a_0 q + a_0 q^2 + a_0 q^3 + \ldots + a_0 q^n.$$

Subtraktion der vorletzten Gleichung von der letzten ergibt

$$q s_n - s_n = a_0 q^n - a_0 \iff s_n(q-1) = a_0(q^n - 1).$$

Falls $q \neq 1$ (nicht konstante Folge), können beide Seiten durch $q - 1$ dividiert werden. Dies führt zur behaupteten Formel.

Übung 2.4

a) Eine endliche arithmetische Reihe besteht aus 10 Elementen. Es ist $a_0 = 20$ und $a_4 = 40$. Wie lauten k und s_{10}?

b) Ein gemütlicher Student beschließt, sich durch die bevorstehende Prüfung nicht stressen zu lassen. Er hat noch 12 Tage Zeit und will sich folgendermaßen vorbereiten: am ersten Tag 1 Minute, am zweiten Tag 2 Minuten, an jedem weiteren Tag will er den Arbeitsaufwand lediglich verdoppeln. Wie lange ist seine Vorbereitungszeit am 12. Tag? Wie lange ist die gesamte Vorbereitungszeit?

Lösung 2.4

a) Es muss gelten $40 = a_4 = a_0 + 4k = 20 + 4k$, woraus $k = 20/4 = 5$ folgt. Zur Berechnung der Reihe benötigen wir zunächst den letzten Summanden: $a_9 = a_0 + 9k = 65$. Damit ergibt sich $s_{10} = \frac{10}{2}(20 + 65) = 425$.

b) Es handelt sich um eine geometrische Folge mit $a_0 = 1$, $q = 2$ und $n = 12$. Der Arbeitsaufwand am 12. Tag ist $a_{11} = a_0 q^{11} = 1 \cdot 2^{11} = 2048$. Also lediglich gut 34 Stunden! Hier wird das *exponentielle Wachstum* geometrischer Reihen deutlich. Insgesamt muss der Student $s_{12} = a_0 \frac{q^{12}-1}{q-1} = 1 \cdot \frac{2^{12}-1}{2-1} = 4095$ Minuten arbeiten. Dies sind ca. 68 Stunden. Bei gleichmäßiger Arbeitsbelastung von ca. 5,6 Stunden pro Tag lässt sich die Prüfung also gut meistern.

Die (unendliche) geometrische Reihe, die aus unendlich vielen Summanden besteht, wird in Abschn. 7.2 behandelt.

2.4 Vollständige Induktion

Mit der Vollständigen Induktion wird im Folgenden ein Beweisverfahren angesprochen, welches die Gültigkeit einer Formel für alle natürlichen Zahlen zeigt. Der Induktion sehr ähnlich ist die Rekursion; so kann man etwa Zahlenfolgen rekursiv definieren.

Das Beweisprinzip der Vollständigen Induktion lautet:

Beweisprinzip der Vollständigen Induktion

Um die Gültigkeit einer Aussage $A(n)$ für alle natürlichen Zahlen $n \in \mathbb{N}$ zu beweisen, muss man zweierlei zeigen:

- $A(0)$ ist wahr, d. h. die Aussage gilt für $n = 0$ (Induktionsbeginn),
- Aus $A(n)$ folgt $A(n + 1)$, d. h. wenn die Aussage für eine beliebige natürliche Zahl n gilt, dann gilt sie auch für die nachfolgende Zahl $n + 1$ (Induktionsschluss).

Der Induktionsbeginn besagt also: $A(0)$ gilt. Durch den Induktionsschluss folgt, dass die Aussage auch für den Nachfolger 1 der Zahl 0 gilt: also $A(1)$. Wiederum durch den Induktionsschluss folgt, dass die Aussage auch für den Nachfolger 2 der Zahl 1 gilt: also $A(2)$, usw. Damit kann man $A(n)$ für jede beliebige natürliche Zahl n zeigen.

Bemerkungen Zum Prinzip der Vollständigen Induktion sei noch Folgendes bemerkt:

- Anstelle von „Induktionsbeginn" spricht man auch von „Induktionsanfang" oder „Induktionsbasis"; für den „Induktionsschluss" sind ebenso die Begriffe „Induktions-schritt" oder „Schritt von n auf $n + 1$" gebräuchlich.
- Der Induktionsbeginn muss nicht bei 0 liegen, auch 1 oder irgendeine andere natürliche (oder sogar ganze) Zahl sind üblich.
- Es gibt Möglichkeiten der Verallgemeinerung der Vollständigen Induktion: Man kann etwa im Induktionsschritt von $A(0)$, $A(1)$, ..., $A(n)$ auf $A(n + 1)$ schließen, also nicht von *einer* Zahl auf die nächste, sondern von mehreren Vorgängern aus. Andererseits gelten Aussagen nur für alle geraden bzw. ungeraden Zahlen, wenn man von $A(n)$ auf $A(n + 2)$ im Induktionsschluss folgern kann.

Beispiel 2.8

Das klassische Beispiel, welches am besten das Beweisverfahren der Vollständigen Induktion verdeutlicht, ist der Beweis der folgenden Summenformel:

$$1 + 2 + 3 + \ldots + n = \sum_{i=1}^{n} i = \frac{n \cdot (n + 1)}{2}. \tag{$*$}$$

Induktionsbeginn: Gezeigt wird Formel ($*$) für $n = 1$.

Für $n = 1$ besteht die Summe auf der linken Seite nur aus einem einzigen Summanden, nämlich der 1. Auf der rechten Seite ergibt $\frac{n(n+1)}{2}$ nach Einsetzen von $n = 1$ ebenfalls $\frac{1 \cdot (1+1)}{2} = \frac{1 \cdot 2}{2} = 1$, womit dann die Formel ($*$) für $n = 1$ bewiesen wäre. Und wie so oft ist hier der Induktionsbeginn der einfachere Teil des Beweises.

Induktionsschluss: Wir setzen jetzt voraus, dass die Formel ($*$) für n gilt, und zeigen, dass sie dann auch für $n + 1$ richtig ist. Also formal aufgeschrieben:

Induktionsvoraussetzung: (Das wird vorausgesetzt!)

$$1 + 2 + 3 + \ldots + n = \frac{n \cdot (n + 1)}{2} \tag{$**$}$$

Induktionsbehauptung: (Das ist zu zeigen!)

$$1 + 2 + 3 + \ldots + n + (n + 1) = \frac{(n + 1) \cdot (n + 2)}{2} \tag{$***$}$$

Auf die Induktionsbehauptung wiederum kommt man, indem man in der Induktions-voraussetzung überall, wo n steht, dieses durch $n + 1$ ersetzt (auf Klammersetzung achten!).

Beim Induktionsschluss kommt es nun darauf an, $(\ast\ast\ast)$ aus $(\ast\ast)$ herzuleiten – man wird also auch irgendwo in der Beweiskette das Bekannte, also $(\ast\ast)$, benutzen müssen. Wir starten mit der linken Seite der Induktionsbehauptung:

$$1 + 2 + 3 + \ldots + n + (n+1) = \underbrace{[1 + 2 + 3 + \ldots + n]}_{= \frac{n(n+1)}{2}} + (n+1)$$

nach Induktionsvoraussetzung $(\ast\ast)$, und fahren fort mit dem Ausklammern von $(n+1)$:

$$\frac{n(n+1)}{2} + (n+1) = (n+1) \cdot \left[\frac{n}{2} + 1\right] = (n+1) \cdot \frac{(n+2)}{2}.$$

Damit haben wir die rechte Seite der Induktionsbehauptung $(\ast\ast\ast)$ stehen – was zu beweisen war!

Übung 2.5

Beweisen Sie durch Vollständige Induktion:

$$1 + 3 + 5 + \ldots + (2n-1) = \sum_{i=1}^{n}(2i-1) = n^2.$$

Lösung 2.5

Der Induktionsbeginn ist wiederum einfach: $1 = 1^2$. Für den Induktionsschluss schreiben wir explizit die Induktionsvoraussetzung

$$1 + 3 + 5 + \ldots + (2n-1) = \sum_{i=1}^{n}(2i-1) = n^2$$

und die Induktionsbehauptung

$$1 + 3 + 5 + \ldots + (2n-1) + (2n+1) = \sum_{i=1}^{n+1}(2i-1) = (n+1)^2$$

hin. Die Induktionsbehauptung ist mit Hilfe der Induktionsvoraussetzung recht einfach zu zeigen:

$$1 + 3 + 5 + \ldots + (2n-1) + (2n+1) = n^2 + (2n+1) = (n+1)^2.$$

Die Aussage der Formel lässt sich übrigens leicht veranschaulichen (siehe Abb. 2.4).

Abb. 2.4 Spezialfall von $1 +$
$3 + 5 + \cdots + (2n - 1) = n^2$

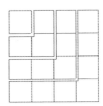

$$1+3+5+7 = 4^2$$

Rekursion, Fakultät Vollständige Induktion ist eng verwandt mit Rekursion, was folgendes Beispiel gut verdeutlicht: Fakultäten sind bekanntlich definiert als $n! = n \cdot (n - 1) \cdot (n - 2) \cdot \ldots \cdot 3 \cdot 2 \cdot 1$ (vgl. Abschn. 1.4.1), etwa $6! = 6 \cdot 5 \cdot 4 \cdot 3 \cdot 2 \cdot 1$. Wenn man nun aber $5! = 120$ kennt, wäre es doch dumm, $6! = 6 \cdot 5 \cdot 4 \cdot 3 \cdot 2 \cdot 1$ auszurechnen – das geht nämlich einfacher: $6! = 6 \cdot 5! = 6 \cdot 120 = 720$. Dass man, wie gesehen, $6!$ auf $6 \cdot 5!$ *zurückführen* kann, wird mit dem Begriff *Rekursion* bezeichnet. Wir halten fest:

Beispiel 2.9
Fakultäten kann man rekursiv definieren: $0! := 1$, $(n + 1)! = (n + 1) \cdot n!$.

Übung 2.6
Definieren Sie entsprechend Summen $s_n := \sum_{i=0}^{n-1} a_i$ rekursiv.

Lösung 2.6
$s_1 = a_0, s_{n+1} = s_n + a_n$.

Potenzen Ein anderes Beispiel für eine rekursive Definition sind Potenzen:

Beispiel 2.10
$a^0 = 1, a^{n+1} = a^n \cdot a$.

Wenn man nun noch Potenzen für negative Exponenten wie folgt erklärt:

$$a^{-n} = (a^{-1})^n = \left(\frac{1}{a} \right)^n = \frac{1}{a^n},$$

dann gelten (zunächst für ganze Zahlen m, n) die bekannten *Potenzgesetze*:

Potenzgesetze

$$a^m \cdot a^n = a^{m+n}, \quad \frac{a^m}{a^n} = a^{m-n}, \quad (a^m)^n = a^{m \cdot n}$$

$$(a \cdot b)^n = a^n \cdot b^n, \quad \left(\frac{a}{b} \right)^n = \frac{a^n}{b^n}$$

Übung 2.7

Vereinfachen Sie $(\frac{9x^2 y}{25a^2 b^2})^2 \cdot (\frac{3axy^2}{5b^2})^{-3}$.

Lösung 2.7

$$\left(\frac{9x^2 y}{25a^2 b^2}\right)^2 \cdot \left(\frac{3axy^2}{5b^2}\right)^{-3} = \frac{9^2 x^4 y^2}{25^2 a^4 b^4} \cdot \frac{5^3 b^6}{3^3 a^3 x^3 y^6} = \frac{9^2 x^4 y^2}{25^2 a^4 b^4} \cdot \frac{5^3 b^6}{3^3 a^3 x^3 y^6}$$

$$= \frac{3^4 \cdot 5^3}{5^4 \cdot 3^3} \cdot \frac{x^4}{x^3} \cdot \frac{y^2}{y^6} \cdot \frac{1}{a^4 \cdot a^3} \cdot \frac{b^6}{b^4} = \frac{3}{5} \cdot x \cdot \frac{1}{y^4} \cdot \frac{1}{a^7} \cdot b^2$$

$$= \frac{3xb^2}{5y^4 a^7}$$

Rekursive Definition von Zahlenfolgen Ein anderes Beispiel: Man kann Zahlenfolgen bilden, indem man die erste Zahl (den Startwert) a_0 vorgibt, sowie eine Rekursionsvorschrift, wie sich die $(n + 1)$-te Zahl a_{n+1} aus der n-ten Zahl a_n berechnet. So ist etwa durch $a_0 = 1$ und $a_{n+1} = \frac{1}{2}(a_n + \frac{2}{a_n})$ eine Zahlenfolge rekursiv definiert. Durch iteratives Verwenden der Rekursionsformel erhält man $a_1 = \frac{1}{2}(a_0 + \frac{2}{a_0}) = 1,5$, $a_2 = \frac{1}{2}(a_1 + \frac{2}{a_1}) \approx 1,4157$, $a_3 = \frac{1}{2}(a_2 + \frac{2}{a_2}) \approx 1,4142$ usw. (Diese Folge ist übrigens schon seit über 2000 Jahren bekannt. Als „Verfahren von Heron" liefert sie mit wachsendem n immer bessere Näherungswerte für $\sqrt{2}$.)

Übung 2.8

a) Welche Zahlenfolge ist durch $a_0 = 1$; $a_{n+1} = 2a_n + 1$ gegeben? Berechnen Sie $a_1, a_2 \ldots, a_5$ und erraten Sie ein *Bildungsgesetz*!

a) Beweisen Sie dieses Bildungsgesetz mittels Vollständiger Induktion.

Lösung 2.8

a) Die ersten Zahlen aus der rekursiv definierten Folge lauten: $a_1 = 3$, $a_2 = 7$, $a_3 = 15$, $a_4 = 31$, $a_5 = 63$. Es sind die um Eins verminderten Zweierpotenzen $4, 8, 16, 32, 64$. Das Bildungsgesetz der Folge ist daher einfach $a_n = 2^{n+1} - 1$.

b) Für $n = 0$ ergibt sich $a_0 = 2^{0+1} - 1 = 1$ (Induktionsbeginn). Der Induktionsschluss läuft wie folgt: Durch die rekursive Definition erhalten wir: $a_{n+1} = 2a_n + 1$. Die Induktionsvoraussetzung liefert: $a_n = 2^{n+1} - 1$. Also gilt insgesamt: $a_{n+1} = 2a_n + 1 = 2 \cdot (2^{n+1} - 1) + 1 = 2^{n+2} - 2 + 1 = 2^{n+2} - 1$. $a_{n+1} = 2^{n+2} - 1$ ist aber gerade die Induktionsbehauptung.

2.5   Kurzer Verständnistest

(1)   Das 5. Glied der Folge $1, -3, 9, -27, \ldots$ lautet:

    ☐ 36   ☐ 48   ☐ 63   ☐ 81

(2)   Das 6. Glied der Folge $(\frac{1+(-1)^n}{n^2})_{n \in \mathbb{N}_+}$ lautet:

    ☐ 0   ☐ $\frac{1}{8}$ ☐ $\frac{1}{18}$ ☐ $\frac{1}{36}$

(3)   Für die durch $a_n = \frac{1-n^2}{n}$ definierte Folge gilt: $\lim_{n \to \infty} a_n = \ldots$

    ☐ $-\infty$ ☐ ∞ ☐ 0   ☐ 1

(4)   Folgende Folgen sind beschränkt:

    ☐ $((-1)^n)_{n \in \mathbb{N}}$ ☐ $(1/n)_{n \in \mathbb{N}_+}$ ☐ $(-n^3)_{n \in \mathbb{N}}$ ☐ $(2n)_{n \in \mathbb{N}}$

(5)   Für die Folge $(a_n)_{n \in \mathbb{N}_+} := (\frac{(-1)^n}{2n})_{n \in \mathbb{N}_+}$ gilt:

    ☐ (a_n) ist beschränkt   ☐ $-\frac{1}{2}$ ist Infimum

    ☐ $\frac{1}{4}$ ist Supremum   ☐ $\lim_{n \to \infty} a_n = 0$

(6)   Sind zwei Folgen $(a_n), (b_n)$ divergent mit $\lim_{n \to \infty} a_n = \lim_{n \to \infty} b_n = \infty$, dann gilt $\lim_{n \to \infty}(a_n - b_n) = \ldots$

    ☐ ∞ ☐ $-\infty$ ☐ 0   ☐ unbestimmt

(7)   Es sei $(a_n)_{n \in \mathbb{N}}$ eine arithmetische Folge und $s_n = \sum_{i=0}^{n-1} a_i$ die entsprechende arithmetische Reihe. Dann gilt:

    ☐ $a_{n+1} = a_n + k$ ☐ $s_n = a_0 \frac{q^n - 1}{q - 1}$

    ☐ $a_{n+1} = a_n \cdot q$ ☐ $s_n = \frac{n}{2}(a_0 + a_{n-1})$

(8)   Die geometrische Reihe mit $a_0 = 3$ und $a_5 = \frac{3}{32}$ hat den Quotienten $q = \ldots$

    ☐ $\frac{1}{2}$ ☐ $\frac{1}{3}$ ☐ $\frac{1}{4}$ ☐ $\frac{1}{8}$

(9)   Vollständige Induktion wird zum Beweis von Aussagen verwendet, die $\ldots$ gelten.

    ☐ für alle natürlichen Zahlen   ☐ für alle reellen Zahlen

    ☐ für Brüche   ☐ in der Geometrie

(10)   Was ist $8x^2 \cdot (4x^3)^{-1}$?

    ☐ $\frac{2}{x}$ ☐ $32x^5$ ☐ $32x^6$ ☐ $2x^{-1}$

(11)   Das 5. Glied a_4 der durch $a_0 = a_1 = 1$ und $a_{n+1} = a_n + a_{n-1}$ für $n \geq 1$ rekursiv definierten Folge lautet:

    ☐ 1   ☐ 3   ☐ 5   ☐ 8

Lösung: (x $\simeq$ richtig, o $\simeq$ falsch)

1.) ooox, 2.) ooxo, 3.) xooo, 4.) xxoo, 5.) xxxx, 6.) ooox, 7.) xoox, 8.) xooo, 9.) xooo,
10.) xoox, 11.) ooxo

2.6 Anwendungen

2.6.1 Beweise in der Mathematik

Zur Mathematik gehören Beweise – wie das Amen zur Kirche, wie Versuche zur Experimentalphysik, wie Messungen zu den Ingenieurwissenschaften. Dass die Mathematiker es dabei besonders genau nehmen, gibt der folgende Witz gut wieder: Ein Ingenieur, ein Physiker und ein Mathematiker fahren im Zug durch Schottland und sehen ein schwarzes Schaf. Sagt der Ingenieur: „Alle Schafe in Schottland sind schwarz." Sagt der Physiker: „Es gibt in Schottland mindestens ein schwarzes Schaf." Und sagt der Mathematiker: „Es gibt in Schottland mindestens ein Schaf, welches auf mindestens einer Seite schwarz ist."

Beweise sind aber in allen exakten Wissenschaften wirklich wichtig, denn ein bloß intuitives Verständnis kann – das ist auch eine Alltagserfahrung – leicht täuschen. Dabei gibt es auch in der Mathematik ganz unterschiedliche Beweistypen, von denen die im vorliegenden Kapitel diskutierte „Vollständige Induktion" nur in relativ wenigen Fällen angewandt werden kann, nämlich in der Regel dann wenn eine Eigenschaft bewiesen werden soll, die für alle natürlichen Zahlen gilt. „Vollständige Induktion" ist also eher ein Nebendarsteller in einem großen Ensemble von Beweisstrategien.

Mathematische Aussagen haben oft die Gestalt „Wenn A, dann B". In der Logik verwendet man dafür die Abkürzung „$A \Rightarrow B$" und nennt die logische Verknüpfung „Implikation". Aber nicht immer kann man „$A \Rightarrow B$ *direkt* zeigen, d. h. mit Zwischenschritten „$A \Rightarrow Zw_1 \Rightarrow Zw_2 \Rightarrow \ldots \Rightarrow Zw_n \Rightarrow B$" herleiten. Manchmal kommt man auf scheinbaren Umwegen weiter.

Ein solcher vermeintlicher Umweg ist der so genannte „Beweis durch Kontraposition". Hier zeigt man anstelle von „$A \Rightarrow B$" die *Kontraposition* „$\overline{B} \Rightarrow \overline{A}$" (wobei $\overline{A}$ für die Verneinung von A steht). Dass „$A \Rightarrow B$" und „$\overline{B} \Rightarrow \overline{A}$" äquivalent (also logisch gleichwertig) sind, lernt man in der Logik – dort lernt man übrigens auch, dass „$A \Rightarrow B$" etwas ganz anderes als „$B \Rightarrow A$" ist.

Eine andere Möglichkeit, eine Aussage „$A \Rightarrow B$" zu beweisen, ist der so genannte Widerspruchsbeweis. Er funktioniert *indirekt*: Man setzt „$A \wedge \overline{B}$" (A und nicht-B) voraus und leitet daraus einen Widerspruch ab. Ein Glanzstück solcher mathematischer Beweiskunst ist etwa der Beweis Euklids, dass es unendlich viele Primzahlen geben muss: Euklid nahm an, es gebe nur endlich viele Primzahlen und leitete daraus einen Widerspruch her.

Euklid (etwa 3. Jahrhundert v. Chr.) liefert auch das Stichwort für eine weitere wichtige Charakterisierung der Mathematik im Zusammenhang mit Beweisen: die so genannte *axiomatische Vorgehensweise*. Euklid selbst gilt als einer der Urväter der Mathematik, sein 13-bändiges Werk „Elemente" war das am weitesten verbreitete wissenschaftliche Werk überhaupt. Euklid hat in ihm systematisch die Geometrie beschrieben – nicht mit bunten Bildern oder mit genauen Zeichnungen, sondern auf axiomatische Weise: Er postuliert (d. h. fordert) ganz am Anfang Sätze, so genannte Axiome, also Grundannahmen, die einfach als gültig vorausgesetzt werden. Aus ihnen versucht man dann, möglichst viele Folgerungen herzuleiten. Ein Beweis ist in der Mathematik also nicht dem Urknall, einer

Schöpfung aus dem Nichts zu vergleichen, sondern bedeutet ein strenges Herleiten aus vorausgesetzten Axiomen.

„Four colors suffice" (Vier Farben genügen) – das stand auf einem Sonderstempel der Post von Illinois und hatte einen mathematischen Hintergrund, nämlich den Beweis des so genannten *Vierfarbensatzes*. Er besagt, dass vier Farben ausreichen, um auf einer beliebigen Landkarte die Staaten zu kolorieren (derart, dass für streckenweise nebeneinander liegende Staaten verschiedene Farben verwendet werden). Der (erste) Beweis dieses Satzes stammt von zwei Mathematikern – und dem Kollegen Computer, der mit fast zwei Monaten Rechenzeit seinen Anteil beisteuerte. Hier war der Computer nur auf das Durchtesten von vielen Möglichkeiten programmiert worden – Wer aber kann garantieren, so wandten einige Mathematiker ein, dass der Computer keinen Fehler gemacht hat? Im Gegenteil, konterten Informatiker (dort gibt es Fachrichtungen, die sich „Automatisches Beweisen" oder „Künstliche Intelligenz" nennen), in Zukunft wird ein Beweis nur noch gelten, wenn ihn ein Computer überprüft hat... (Skeptiker, die sich bei solchen Äußerungen in Science-Fiction-Romanen wähnen, seien daran erinnert, dass bereits vor einigen Jahren ein Computer, genannt „Deep Blue", über den Schachweltmeister Kasparov siegte.)

Dass mathematische Beweise immer komplizierter werden, ist auch kein Geheimnis. Manchmal kann ein solcher Beweis nur einer größeren Gemeinschaft von Wissenschaftlern gelingen. So waren etwa an der Klassifikation der so genannten endlichen Gruppen (s. auch Abschn. 4.3) mehr als 100 Mathematiker beteiligt. Und es besteht das Gerücht, dass der einzige von ihnen, der den Beweis in seiner vollen Länge verstanden habe, inzwischen verstorben sei.

Andere Beweise sind das Werk einzelner Genies, die dafür aber oft Jahre oder Jahrzehnte gebraucht haben – so etwa der Mathematiker Andrew Wiles von der amerikanischen Universität Princeton für den Beweis des so genannten Fermat'schen Satzes. Dieser Klassiker der Mathematikerzunft hat folgenden Hintergrund: Bekanntlich gibt es Zahlentripel (x, y, z), die die Gleichung $x^2 + y^2 = z^2$ erfüllen, etwa $(3, 4, 5)$ die Gleichung $3^2 + 4^2 = 5^2$. Wie steht es nun mit der Gleichung $x^n + y^n = z^n$? Gibt es andere natürliche Zahlen n, so dass sich entsprechende Zahlentripel mit n als Exponenten finden lassen? Die Antwort ist – nein.

Andrew Wiles ist für den Beweis des Fermat'schen Satzes mit dem Wolfskehl-Preis ausgezeichnet worden. Der Preis wurde Ende des 19. Jahrhunderts von dem deutschen Industriellen Paul Wolfskehl gestiftet – nachdem er, selbst studierter Mathematiker, sich aus Liebeskummer das Leben nehmen wollte und, fasziniert durch den Fermat'schen Satz, wieder Interesse am Weiterleben fand.

Fermat selbst war ein Hobby-Mathematiker des 17. Jahrhunderts, sein täglich Brot verdiente er mit der Juristerei. Er lieferte nur den Fermat'schen Satz, nicht aber seinen Beweis – Fermat bemerkte nur lässig in einer Randnotiz, er habe einen wahrhaft wunderbaren Beweis des Satzes gefunden, aber leider passe dieser nicht auf den Rand der Seite. Dieser Beweis wurde dann jahrhundertelang von Mathematikern gesucht, es wurden wichtige Vorarbeiten geleistet, aber letztlich gelang er erst 1994 Andrew Wiles, der

dafür 8 Jahre seines Lebens investierte. Ein Buch von Simon Singh, „Fermats letzter Satz",
stand als spannender Wissenschaftsthriller monatelang auf den englischen und deutschen
Beststellerlisten.

2.6.2 Börsenkurs und Rendite einer Anleihe

Bankangebote für Kunden zum Kauf von Wertpapieren haben meist die Form

Zins	Anleihenbeschreibung	Kurs	Rendite	Restlaufzeit
7 %	Inhaberschuldverschreibung	96,01	8,00 %	5 Jahre
10 %	Öffentlicher Pfandbrief	105,56	6,93 %	2 Jahre
…	…	…	…	…

Wichtige Entscheidungskriterien für den Käufer sind dabei der *Nominalzins* (oben 7 %
bzw. 10 %), der *Börsenkurs*, die *Rendite* und die *Restlaufzeit*.

Der *Börsenkurs* gibt – wie der Name schon sagt – den jeweiligen Kurs der Anleihe an
der Börse an. So müsste man im obigen Fall für nominal 100 Euro der Inhaberschuldverschreibung nur 96,01 Euro bezahlen, nominal 100 Euro des Pfandbriefes würden aber
105,56 Euro kosten. Wie wird nun dieser Börsenkurs bestimmt? Dazu wollen wir im
Folgenden auf den Zusammenhang der obigen Kennzeichen von Anlagen (Nominalzins,
Kurs, Rendite, Restlaufzeit) eingehen:

- Der *Nominalzins* liefert die für den Anleger zunächst interessanteste Angabe, nämlich
  wie viel Zinsen er für sein angelegtes Geld pro Jahr (= p. a. „pro anno") erhält. Zu
  nominal 100 Euro der obigen Inhaberschuldverschreibung gehören 7 Euro, zu nominal
  10.000 Euro entsprechend 700 Euro, nämlich 7 %. Beim Pfandbrief liegt der Nominalzins entsprechend höher, nämlich bei 10 %.
- Die *Restlaufzeit* gibt an, auf wie viele Jahre das Geld festgelegt (und natürlich auch
  verzinst) wird.

Die oben angebotenen Anlagen lassen sich mathematisch auch als (endliche) Zahlenfolgen auffassen. Wenn Sie eine Anleihe mit jährlicher Zinszahlung K (Kupon) und einer
Laufzeit von n Jahren kaufen, dann entspricht dies der Zahlenfolge

$$(a_0 = 0, \, a_1 = K, \, a_2 = K, \, \ldots, \, a_{n-2} = K, \, a_{n-1} = K, \, a_n = K + T).$$

Das heißt, dass Sie jedes Jahr Ihre Zinszahlung K erhalten und am Ende der Laufzeit natürlich neben der Zinszahlung K auch das eingesetzte Kapital, den sog. *Til-
gungsbetrag* T, zurückbekommen. In unserem Beispiel: Zu nominal 10.000 Euro der
obigen Inhaberschuldverschreibung gehört die Zahlenfolge (0, 700, 700, 700, 700,
700 + 10.000 = 10.700). Und zu nominal 10.000 Euro des Pfandbriefs lautet die Zahlenfolge (0, 1000, 1000 + 10.000 = 11.000).

Jede Anleihe wurde vom Emittenten mit einem *festen Nominalzins*, dem die Zahlungen K entsprechen, versehen. Dieser Zins weicht natürlich in der Regel von der derzeit auf dem Markt erzielbaren *Rendite r* ab. Der *faire Börsenkurs* entspricht daher dem *Barwert BW* der Zahlenfolge unter Zugrundelegung der Rendite r („Was müsste man heute bei der Bank anlegen, um die Zahlenfolge zu realisieren?").

Der Barwert berechnet sich dabei wie folgt: Möchte man etwa nach einem Jahr eine Zahlung von 700 Euro bei einem Zinssatz von 5 % erhalten, so muss man heute 666,67 Euro anlegen. Nach einem Jahr werden dann mit Zinsen 700 Euro ($666{,}67 \cdot 1{,}05 = 700$) ausbezahlt. Will man hingegen *nach zwei Jahren* eine Auszahlung von 700 Euro erhalten, so sind heute 634,92 Euro festzulegen ($634{,}92 \cdot 1{,}05^2 = 700$). Die jeweils berechneten Anlagebeträge nennt man Barwerte. Allgemein ist also der Barwert der Zinszahlung K im Jahre t bei einer Rendite r mit $K \cdot (1 + r)^{-t}$ anzusetzen.

Bei einer Zahlenfolge der Gestalt ($a_0 = 0$, $a_1 = K$, $a_2 = K$, $\ldots$, $a_{n-2} = K$, $a_{n-1} = K, a_n = K + T$) erhält man den Barwert entsprechend als Summe zu

$$BW = \sum_{t=1}^{n} K(1 + r)^{-t} + T(1 + r)^{-n} = K \sum_{t=1}^{n} (1 + r)^{-t} + T(1 + r)^{-n}. \quad (*)$$

Setzt man $q := (1 + r)^{-1}$, so ist $\sum_{t=1}^{n}(1 + r)^{-t} = \sum_{t=1}^{n} q^t$. Die Summanden dieser Reihe bilden eine geometrische Folge ($q^1, q^2, q^3, \ldots, q^n$), da der Quotient benachbarter Elemente konstant gleich q ist. Damit haben wir eine *geometrische Reihe*, deren Wert sich zu (man setze $a_0 = q$ in der Formel in Abschn. 2.3)

$$\sum_{t=1}^{n} q^t = q \frac{q^n - 1}{q - 1} = \frac{1}{1 + r} \cdot \frac{(1 + r)^{-n} - 1}{(1 + r)^{-1} - 1} = \frac{(1 + r)^{-n} - 1}{-r}$$

ergibt. Erweiterung von Zähler und Nenner jeweils mit $(1 + r)^n$ liefert dann

$$\sum_{t=1}^{n} q^t = \frac{((1 + r)^{-n} - 1) \cdot (1 + r)^n}{-r \cdot (1 + r)^n} = \frac{1 - (1 + r)^n}{-r(1 + r)^n} = \frac{1}{r} - \frac{1}{r}(1 + r)^{-n}.$$

Setzt man dieses Ergebnis in Formel $(*)$ ein, so erhält man eine einfache Formel zur Bestimmung des Börsenkurses BW einer Anleihe:

$$BW = \frac{K}{r} + \left(T - \frac{K}{r} \right)(1 + r)^{-n}. \quad (**)$$

Auf unsere Inhaberschuldverschreibung angewandt ergibt sich das Folgende: Sie soll eine Rendite von 8 % p.a. haben. Ihr Kurs BW_{IHS} (für 100 Euro Nennwert und damit Kupon $K = 7$) lässt sich dann folgendermaßen berechnen:

$$BW_{\text{IHS}} = \frac{7}{0{,}08} + \left(100 - \frac{7}{0{,}08} \right)(1{,}08)^{-5} = 96{,}0073.$$

Entsprechend ergibt sich der Kurs des Pfandbriefes BW_{PFB} (für 100 Euro Nennwert und damit Kupon $K = 10$) bei einer Rendite von 6,93 % zu

$$BW_{\text{PFB}} = \frac{10}{0,0693} + \left(100 - \frac{10}{0,0693}\right)(1,0693)^{-2} = 105,5560.$$

Wir haben bisher bei vorgegebener Rendite r den Barwert der Anleihe ermittelt. Umgekehrt ist es natürlich auch möglich, bei vorgegebenem Anleihenkurs BW die Rendite zu berechnen. Multipliziert man Formel ($**$) mit r (Achtung: eine Lösung $r = 0$ kommt fälschlicherweise hinzu!) und $(1 + r)^n$, so erhält man nach Umordnung der Terme

$$BW \cdot r(1 + r)^n - K\left[(1 + r)^n - 1\right] - T \cdot r = 0.$$

Dies ist eine Polynomgleichung $(n + 1)$-ten Grades in r. Die Lösung r kann i.Allg. nicht analytisch berechnet werden. Es muss daher auf gängige Näherungsverfahren (z. B. Sekanten- oder Newtonverfahren, siehe Abschn. 6.6) zurückgegriffen werden.

Ganz analog zu obigem Vorgehen wird übrigens auch bei Hypothekendarlehen die Rendite, die in diesem Zusammenhang als *Effektivzins* bezeichnet wird, berechnet. Die Angabe des Effektivzinses ist den Banken gesetzlich vorgeschrieben. Details der Berechnung regelt in Deutschland die neue seit 01.09.2000 geltende Preisangabenverordnung, abgekürzt PAngVO, die die EU-Richtlinie 98/7/EG umsetzt. Das Verfahren ist unter dem Namen *AIBD-* bzw. *ISMA-Methode* bekannt.

2.7 Zusammenfassung

Folgen

Eine *Folge* ist eine Abbildungsvorschrift $a : \mathbb{N} \to \mathbb{R}$ mit $a(n) = a_n$. Man schreibt: $(a_n)_{n \in \mathbb{N}} = (a_n) = a_0, a_1, a_2, \ldots$ (a_n Folgenglieder)

Bsp. $a_n = a(n) = 2n + 1$, $(a_n)_{n \in \mathbb{N}} = (2n + 1)_{n \in \mathbb{N}} = 1, 3, 5, 7, \ldots$

Konvergenz

Eine Folge (a_n) ist *konvergent* mit dem Grenzwert (Limes) a, falls zu jedem $\varepsilon > 0$ ein $n_0 \in \mathbb{N}$ existiert, so dass für alle $n \geq n_0$, $n \in \mathbb{N}$, $|a_n - a| < \varepsilon$ gilt. Übliche Notation (Limeszeichen oder einfach):

$$\lim_{n \to \infty} a_n = a \quad \text{oder} \quad a_n \to a.$$

Ist $a = 0$, so heißt (a_n) Nullfolge.

Divergenz

Eine Folge, die nicht konvergiert, heißt *divergent*.

Sind für alle $M > 0$ bzw. $M < 0$ fast alle Glieder a_n einer Folge (a_n) größer bzw. kleiner als M, dann nennt man sie bestimmt divergent mit dem uneigentlichen Grenzwert ∞ bzw. $-\infty$. Man schreibt:

$$\lim_{n\to\infty} a_n = \infty \quad \text{bzw.} \quad \lim_{n\to\infty} a_n = -\infty.$$

Bsp. $\left(\frac{1}{n}\right)_{n\in\mathbb{N}_+}$, $\frac{1}{n} \to 0$ bzw. $\lim_{n\to\infty} \frac{1}{n} = 0$,

$a_n = n^3$, $n^3 \to \infty$ bzw. $\lim_{n\to\infty} n^3 = \infty$.

Wichtige Eigenschaften einer Folge (a_n)

- nach oben beschränkt: es gibt ein M_o mit $a_n \leq M_o$,
- nach unten beschränkt: es gibt ein M_u mit $a_n \geq M_u$,
- beschränkt, falls nach oben und unten beschränkt,
- monoton wachsend: $a_{n+1} \geq a_n$,
- monoton fallend: $a_{n+1} \leq a_n$.

Die Aussagen müssen immer für alle $n \in \mathbb{N}$ gelten.

Eine monoton wachsende, nach oben beschränkte bzw. monoton fallende, nach unten beschränkte Folge ist konvergent.

Bsp. $(a_n)_{n\in\mathbb{N}_+}$ mit $a_n = -\frac{1}{2n}$,

monoton wachsend, da $a_{n+1} = -\frac{1}{2(n+1)} > -\frac{1}{2n} = a_n$,

nach oben beschränkt ($a_n < 0$) und damit konvergent.

Euler'sche Zahl e als Grenzwert einer Folge

$$\lim_{n\to\infty} \left(1 + \frac{1}{n}\right)^n = e \approx 2{,}7182818$$

Wichtige Grenzwertregeln

Falls $\lim_{n\to\infty} a_n = a$ und $\lim_{n\to\infty} b_n = b$, dann gilt:

$$\lim_{n\to\infty} (a_n + b_n) = a + b, \quad \lim_{n\to\infty} (a_n - b_n) = a - b,$$

$$\lim_{n\to\infty} (a_n \cdot b_n) = a \cdot b, \quad \lim_{n\to\infty} (c \cdot a_n) = c \cdot a, \quad c = \text{const}, \ c \in \mathbb{R},$$

$$\lim_{n\to\infty} \left(\frac{a_n}{b_n}\right) = \frac{a}{b}, \quad \text{falls } b_n \neq 0, \ b \neq 0.$$

Ist eine der obigen Folgen bestimmt divergent, z. B. $\lim_{n\to\infty} b_n = \infty$, dann gilt ähnlich ($\infty$ ist Symbol, keine Zahl!):

$$\text{,,}a \pm \infty = \pm\infty\text{``}, \quad \text{,,}a \cdot \infty = \pm\infty\text{``} \quad (a \neq 0),$$
$$\text{,,}\frac{a}{\infty} = 0\text{``}, \qquad \text{,,}\frac{\infty}{a} = \pm\infty\text{``} \quad (a \neq 0).$$

Bsp. $\lim\limits_{n\to\infty} \dfrac{4-n}{2n-1} = \lim\limits_{n\to\infty} \left(\dfrac{n}{n}\right) \cdot \dfrac{\lim_{n\to\infty}(4/n) - 1}{2 - \lim_{n\to\infty}(1/n)} = 1 \cdot \dfrac{4 \cdot 0 - 1}{2 - 0} = -\dfrac{1}{2}.$

Wichtige Grenzwerte

$(c, q \in \mathbb{R}, c = \text{const.}, c > 0, |q| < 1)$

$$\lim_{n\to\infty} \sqrt[n]{c} = 1, \quad \lim_{n\to\infty} \sqrt[n]{n!} = \infty,$$
$$\lim_{n\to\infty} \sqrt[n]{n} = 1, \qquad \lim_{n\to\infty} q^n = 0.$$

Definition und Bildungsgesetz für arithmetische und geometrische Folge (a_n)

Arithmetische Folge: $a_{n+1} - a_n = k, a_n = a_0 + n \cdot k$.

Geometrische Folge: $\frac{a_{n+1}}{a_n} = q, a_n = a_0 \cdot q^n$ (alle $a_n \neq 0$).

Der Wert $s_n := \sum_{i=0}^{n-1} a_i = a_0 + a_1 + \ldots + a_{n-1}$ einer endlichen

a) arithmetischen Reihe ist: $s_n = \frac{n}{2}(a_0 + a_{n-1})$,

b) geometrischen Reihe mit Quotient $q := a_{k+1}/a_k \neq 1$ ist: $s_n = a_0 \frac{q^n - 1}{q - 1}$.

Bsp.
- $a_n = \frac{n}{2}$, arithmetische Folge mit $k = \frac{1}{2}$ und $a_0 = 0$, endliche arithm. Reihe: $s_{10} = 0 + \frac{1}{2} + \ldots + \frac{9}{2} = \frac{10}{2}(0 + \frac{9}{2}) = 22{,}5$;
- $a_n = 2^n$, geometrische Folge mit $q = 2$ und $a_0 = 1$, endliche geom. Reihe: $s_{10} = 1 + 2 + \ldots + 2^9 = 1 \cdot \frac{2^{10} - 1}{2 - 1} = 1023$.

Vollständige Induktion

Um die Gültigkeit einer Aussage $A(n)$ für alle natürlichen Zahlen $n \in \mathbb{N}$ zu beweisen, muss man zweierlei zeigen:

- $A(0)$ ist wahr, d. h. die Aussage gilt für $n = 0$ (Induktionsbeginn),
- Aus $A(n)$ folgt $A(n+1)$, d. h. wenn die Aussage für eine beliebige natürliche Zahl n gilt, dann gilt sie auch für die nachfolgende Zahl $n + 1$ (Induktionsschluss).

Dieses Beweisprinzip erinnert an Dominosteine: Wenn der erste Stein in einer Reihe von Dominosteinen fällt und mit jedem Stein auch der nächste Stein, so liegen bald alle Steine in der Reihe am Boden.

Bsp. $1 + 2 + 3 + \ldots + n = \frac{n \cdot (n+1)}{2}$ mit Vollständiger Induktion beweisen:

Induktionsbeginn: Für $n = 1$: $1 = \frac{1 \cdot 2}{2}$,

Induktionsschluss: $1 + 2 + 3 + \ldots + n + (n+1) = \frac{n(n+1)}{2} + (n+1)$

$$= (n+1)\left(\frac{n}{2} + 1\right) = \frac{(n+1)(n+2)}{2}.$$

2.8 Übungsaufgaben

Folgen

1. Geben Sie die Bildungsgesetze für folgende Zahlenfolgen an:
   a) $1, -\frac{1}{2}, \frac{1}{3}, -\frac{1}{4}, \frac{1}{5}, \ldots$
   b) $\frac{1}{2}, \frac{2}{3}, \frac{3}{4}, \frac{4}{5}, \frac{5}{6}, \ldots$
   c) $\sqrt{8}, \sqrt[3]{8}, \sqrt[4]{8}, \sqrt[5]{8}, \ldots$
   Untersuchen Sie diese auf Monotonie und Konvergenz (Grenzwertbestimmung nicht erforderlich).

2. Hat die Folge $(n^5)_{n \in \mathbb{N}}$ ein Supremum oder Infimum? Untersuchen Sie diese auf Konvergenz.

3. Für zwei Folgen (a_n) und (b_n) gelte $\lim_{n \to \infty} a_n = \frac{1}{3}$ und $\lim_{n \to \infty} b_n = -\frac{1}{2}$. Bestimmen Sie:
   a) $\lim_{n \to \infty}(6a_n + 3b_n)$
   b) $\lim_{n \to \infty} a_n b_n$
   c) $\lim_{n \to \infty} \frac{a_n}{b_n}$.

4. Zu untersuchen ist die durch $a_n = \frac{3 + (-1)^n}{n}$, $n \in \mathbb{N}_+$, definierte Zahlenfolge auf Monotonie und Beschränktheit.

5. Gegeben sei die rekursiv definierte Zahlenfolge $a_0 = 1$, $a_{n+1} = \sqrt{5a_n}$ für $n = 0, 1, \ldots$ Wie lauten die Glieder $a_1, \ldots, a_5$? Welchen Limes hat diese Folge?

Endliche arithmetische und geometrische Reihen

1. Zeigen Sie die folgenden Zusammenhänge:
   a) Jedes Element einer arithmetischen Folge (außer dem ersten) ist das *arithmetische Mittel* der beiden Nachbarelemente, d. h. $\frac{a_{n-1} + a_{n+1}}{2} = a_n$.
   b) Jedes Element einer geometrischen Folge (außer dem ersten) ist das *geometrische Mittel* der beiden Nachbarelemente, d. h. $\sqrt{a_{n-1} \cdot a_{n+1}} = a_n$.

2. a) Berechnen Sie $\sum_{i=1}^{5} 5^{i-1}$.
   b) Ermitteln Sie durch geeignete Zerlegung den Wert von $\sum_{i=1}^{n}(2i - 1)$.
   c) Ändern Sie die Summen in a) und b) so ab, dass der Index i mit 0 beginnt.

3. Zeigen Sie, dass der Wert der arithm. Reihe $\sum_{i=0}^{n-1} a_i$ sich zu $\frac{n}{2}(a_0 + a_{n-1})$ ergibt. [Hinweis: Benutzen Sie hierzu die Idee von Klein-Gauß (Abschn. 2.1).]

4. In einem Labor wird eine Bakterienkultur angesetzt. Der Nährboden ist so beschaffen, dass sich die Bakterien nach jeweils einer Stunde verdoppeln. Wie groß ist die Kultur nach 12 Stunden, wenn mit 10 Bakterien gestartet wird?

5. Ein Unternehmen hat derzeit einen Jahresumsatz von 5 Mio. Euro. Während der nächsten 10 Jahre plant es, den Umsatz um jeweils 5 % pro Jahr zu steigern. Wie hoch sind die Einnahmen am Ende des 10. Jahres? Was wurde insgesamt umgesetzt?

Vollständige Induktion

1. Beweisen Sie durch vollständige Induktion für alle $n \in \mathbb{N}_+$: $1^2 + 2^2 + 3^2 + \cdots + n^2 = n(n+1)(2n+1)/6$.

2. Beweisen Sie durch vollständige Induktion für alle $n \in \mathbb{N}_+$: $1 + x + x^2 + \cdots + x^{n-1} = (1 - x^n)/(1 - x)$, $x \neq 1$.

3. Beweisen Sie durch vollständige Induktion die so genannte *Bernoulli'sche Ungleichung*: $(1 + x)^n > 1 + n \cdot x$, $n \in \mathbb{N}$, $n > 1$, $x > -1$, $x \neq 0$.

4. Ein Einwand gegen die Vollständige Induktion ist der folgende: „Setzt man beim Beweis einer Formel nicht gerade in der Induktionsvoraussetzung die zu beweisende Formel voraus? Das wäre doch dann ein kapitaler logischer Fehler!?" Diskutieren Sie diese Argumentation.

2.9 Lösungen

Folgen

1. Die Bildungsgesetze lauten jeweils mit $n \in \mathbb{N}_+$: a) $a_n = (-1)^{n+1} \cdot \frac{1}{n}$, b) $a_n = \frac{n}{n+1}$ und c) $a_n = \sqrt[n+1]{8}$. Zur Monotonie und Konvergenz lässt sich feststellen:

a) Wegen des alternierenden Vorzeichens ist die Folge nicht monoton. Sie ist als Nullfolge ($\lim_{n \to \infty} \frac{1}{n} = 0$) aber konvergent. Monotonie ist für die Konvergenz einer Folge also keine notwendige Eigenschaft.

b) Die Folge ist monoton wachsend. Man zeigt dies, indem man die Gleichung $a_{n+1} \geq a_n$ solange äquivalent umformt, bis sie offensichtlich richtig ist:

$$\frac{n+1}{n+2} \geq \frac{n}{n+1} \iff (n+1)^2 \geq n(n+2) \iff 1 \geq 0.$$

Da die Folge zudem durch 1 nach oben beschränkt ist, konvergiert sie.

c) Die Folge ist monoton fallend, da auch hier aus dem Ansatz $a_{n+1} \leq a_n$ folgt (Skizze der Funktionen und Umkehrfunktionen!)

$$\sqrt[n+2]{8} \leq \sqrt[n+1]{8} \iff 8^{n+1} \leq 8^{n+2} \iff 1 \leq 8.$$

Die Folge konvergiert, da sie zusätzlich durch 0 nach unten beschränkt ist.

2. Die Folge hat bei 0 ein Infimum, welches gleichzeitig Minimum ist. Sie ist bestimmt divergent gegen ∞, d. h. $\lim_{n\to\infty} n^5 = \infty$, denn für jedes beliebig gewählte $M > 0$ sind fast alle Glieder größer als dieses M. Man muss ja nur $n_0 \geq \sqrt[5]{M}$ wählen, dann gilt $a_n > M$ für alle $n > n_0$. (Ist beispielsweise $M = 100.000$ vorgegeben, so wähle man $n_0 = \sqrt[5]{10^5} = 10$. Ab a_{11} sind dann alle Glieder größer als 10^5.) Somit hat sie kein Supremum.

3. Mit Hilfe der Grenzwertregeln erhalten wir

   a) $\lim_{n\to\infty} (6a_n + 3b_n) = 6 \lim_{n\to\infty} a_n + 3 \lim_{n\to\infty} b_n = 6 \cdot \frac{1}{3} + 3 \cdot \left(-\frac{1}{2}\right) = \frac{1}{2}$,

   b) $\lim_{n\to\infty} a_n b_n = \lim_{n\to\infty} a_n \cdot \lim_{n\to\infty} b_n = \frac{1}{3} \cdot \left(-\frac{1}{2}\right) = -\frac{1}{6}$,

   c) $\lim_{n\to\infty} \frac{a_n}{b_n} = \frac{\lim_{n\to\infty} a_n}{\lim_{n\to\infty} b_n} = \frac{1/3}{-1/2} = -\frac{2}{3}$.

4. Einen ersten Überblick über das Verhalten der Folge erhält man durch die Ermittlung einiger Folgenglieder: $2, 2, \frac{2}{3}, 1, \frac{2}{5}, \frac{2}{3}, \frac{2}{7}, \frac{1}{2}, \dots$. Man erkennt nun leicht, dass die Folgenglieder abwechselnd größer und kleiner werden, also keine Monotonie vorliegt. Die Folge ist aber beschränkt, da $0 \leq a_n \leq 2$ gilt.

5. Wiederholtes Einsetzen in die Rekursionsformel liefert:

$$a_1 = \sqrt{5}, \qquad a_2 = \sqrt{5\sqrt{5}}, \qquad a_3 = \sqrt{5\sqrt{5\sqrt{5}}},$$

$$a_4 = \sqrt{5\sqrt{5\sqrt{5\sqrt{5}}}}, \quad a_5 = \sqrt{5\sqrt{5\sqrt{5\sqrt{5\sqrt{5}}}}}.$$

Um das Bildungsgesetz zu finden, schreiben wir $a_1 = 5^{\frac{1}{2}}$, $a_2 = 5^{\frac{3}{4}}$, $a_3 = 5^{\frac{7}{8}}$ und $a_4 = 5^{\frac{15}{16}}$. Nun erkennt man leicht, dass allgemein $a_n = 5^{\frac{2^n-1}{2^n}}$ gilt. Es ist $\lim_{n\to\infty} \frac{2^n-1}{2^n} = \lim_{n\to\infty}(1 - \frac{1}{2^n}) = 1$ und somit $\lim_{n\to\infty} a_n = 5^1 = 5$.

Endliche arithmetische und geometrische Reihen

1. a) Unter Ausnutzung der Definition gilt $a_{n-1} = a_n - k$ und $a_{n+1} = a_n + k$. Daraus folgt
$$\frac{a_{n-1} + a_{n+1}}{2} = \frac{(a_n - k) + (a_n + k)}{2} = a_n.$$

   b) Das Bildungsgesetz liefert $a_{n-1} = a_0 q^{n-1}$ und $a_{n+1} = a_0 q^{n+1}$. Daraus folgt
$$\sqrt{a_{n-1} \cdot a_{n+1}} = \sqrt{a_0 q^{n-1} \cdot a_0 q^{n+1}} = \sqrt{a_0^2 q^{2n}} = a_0 q^n = a_n.$$

2. a) Es ist $\sum_{i=1}^{5} 5^{i-1} = 5^0 + 5^1 + 5^2 + 5^3 + 5^4 = 781$.

   b) Unter Benutzung der Definition des Summenzeichens und der Rechengesetze für „+" und „−" gilt
$$\sum_{i=1}^{n}(2i - 1) = 2\sum_{i=1}^{n} i - \sum_{i=1}^{n} 1 = 2\frac{n(n + 1)}{2} - n = n^2.$$

Man beachte dabei, dass $\sum_{i=1}^{n} 1 = 1_1 + 1_2 + 1_3 + \dots + 1_n = n \cdot 1 = n$ ist!

c) Ändert man den Laufindex einer Summe, so muss man auch die Summanden anpassen:

$$\text{zu a)} \quad \sum_{i=1}^{5} 5^{i-1} = 5^0 + 5^1 + 5^2 + 5^3 + 5^4 = \sum_{i=0}^{4} 5^i,$$

$$\text{zu b)} \quad \sum_{i=1}^{n} (2i - 1) = 1 + 3 + 5 + \ldots + (2n - 1) = \sum_{i=0}^{n-1} (2i + 1).$$

3. Man schreibt die Summanden der Reihe zweimal untereinander, einmal von vorne und einmal von hinten beginnend:

$$s_n = a_0 \quad + a_1 \quad + \ldots + a_{n-2} + a_{n-1}$$
$$s_n = a_{n-1} + a_{n-2} + \ldots + a_1 \quad + a_0$$

Unter Beachtung des Bildungsgesetzes erhalten wir:

$$s_n = a_0 \qquad\qquad + a_0 + k \qquad + \ldots + a_0 + (n-2)k + a_0 + (n-1)k$$
$$s_n = \underbrace{a_0 + (n-1)k} + \underbrace{a_0 + (n-2)k} + \ldots + \underbrace{a_0 + k} \quad + \underbrace{a_0}$$

Da die untereinander stehenden Summanden immer $2a_0 + (n-1)k$ ergeben, folgt $2s_n = n[2a_0 + (n-1)k] = n[a_0 + a_0 + (n-1)k] = n[a_0 + a_{n-1}]$. Division durch 2 liefert jetzt die Behauptung.

4. Es handelt sich um eine geometrische Folge mit $a_0 = 10$ und $q = 2$. Nach 12 Stunden sind $a_{12} = a_0 q^{12} = 10 \cdot 2^{12} = 40.960$ Bakterien vorhanden.

5. Es liegt eine geometrische Reihe mit $a_0 = 5$ und $q = 1{,}05$ vor. Im 10. Jahr liegt der Umsatz bei $a_{10} = a_0 q^{10} = 5(1{,}05)^{10} \approx 8{,}14$ Mio. Euro. Insgesamt wurden $s_{11} = 5 \frac{1{,}05^{11}-1}{1{,}05-1} \approx 71{,}03$ Mio. Euro umgesetzt.

Vollständige Induktion

1. Der Induktionsbeginn für $n = 1$ lautet $1^2 = 1 \cdot 2 \cdot 3/6$. Induktionsvoraussetzung ist

$$1^2 + 2^2 + 3^2 + \cdots + n^2 = \frac{n(n+1)(2n+1)}{6},$$

Induktionsbehauptung analog

$$1^2 + 2^2 + 3^2 + \cdots + n^2 + (n+1)^2 = \frac{(n+1)((n+1)+1)(2(n+1)+1)}{6}.$$

Der Induktionsschluss lautet

$$1^2 + 2^2 + 3^2 + \cdots + n^2 + (n+1)^2 = \frac{n(n+1)(2n+1)}{6} + (n+1)^2$$
$$= \frac{n+1}{6} \cdot [n(2n+1) + 6(n+1)] = \frac{n+1}{6} \cdot [2n^2 + 7n + 6]$$
$$= \frac{n+1}{6} \cdot (n+2)(2n+3).$$

Zugegebenermaßen kommt man auf die letzte Umformung wohl nur, wenn man das Ziel, nämlich die Induktionsbehauptung, vor Augen hat.

2. Der Induktionsbeginn für $n = 1$ lautet $1 = \frac{1-x^1}{1-x}$. Der Induktionsschluss hat die folgende Gestalt:

$$1 + x + x^2 + \cdots + x^{n-1} + x^n = \frac{1-x^n}{1-x} + x^n = \frac{1-x^n + (1-x)x^n}{1-x}$$
$$= \frac{1-x^n + x^n - x^{n+1}}{1-x} = \frac{1-x^{n+1}}{1-x}.$$

3. Für $n = 2$ ergibt sich der Induktionsbeginn zu $(1+x)^2 = 1 + 2x + x^2 > 1 + 2x$. Der Induktionsschluss hat die Gestalt:

$$(1+x)^{n+1} = (1+x) \cdot (1+x)^n$$
$$> (1+x) \cdot (1+nx) = 1 + nx + x + nx^2 = 1 + (n+1)x + nx^2$$
$$> 1 + (n+1)x.$$

Die Einschränkung $x > -1$ wird übrigens benötigt, damit der Klammerausdruck $(1+x)$ positiv ist: Das Ungleichheitszeichen bleibt nur erhalten, weil die Ungleichung $(1+x)^n > 1 + nx$ mit dem positiven Ausdruck $(1+x)$ multipliziert wird.

4. Im Induktionsschluss wird nur *von einem speziellen n* auf dessen Nachfolger $n+1$ geschlossen; keinesfalls wird hier angenommen, dass die Aussage *für alle n* gilt. Wenn Sie die Verwendung der Variable n im Induktionsschluss stört, dann können Sie auch von k auf $k+1$ schließen.

Funktionen

3.1 Einführung

▶ Beispiel einer bijektiven Funktion

Mit Zahlen sind wir groß geworden – und sie begegnen uns immer wieder: sei es im Kaufhaus, in der Bank oder auch in der Hochschule. Hier hat man Ihnen als erste Amtshandlung einen Studentenausweis mit einer Matrikelnummer überreicht. Mathematisch gesprochen steckt eine bijektive Funktion zwischen der Menge aller Studierenden der Hochschule und der Menge der vergebenen Matrikelnummern dahinter. Das Wort „Funktion" beinhaltet dabei, dass Sie genau eine Matrikelnummer bekommen und nicht etwa zwei oder drei verschiedene. Und mit „bijektiv" ist gemeint, dass keineswegs zwei Studierende dieselbe Matrikelnummer erhalten dürfen – das gäbe schließlich ein einziges Chaos, wollte man Prüfungsergebnisse auf Studierende verbuchen.

▶ Umkehrfunktion

Meist werden bei Funktionen aber Zahlen andere Zahlen zugeordnet, so etwa in der Bank, wenn Sie nach einem Jahr bei mageren 2 % Zinsen aus einer Anlage von 100 Euro nun 102 Euro erhalten. Die zugrundeliegende Funktion ist

$$f(x) = 1{,}02 \cdot x,$$

und sie sagt Ihnen sogar, was Ihnen eine *beliebige* Einlage x nach einem Jahr erbringt, nämlich $f(x)$. Sie können diese Funktion im Übrigen auch umkehren, nämlich vom verzinsten Geld auf die ursprüngliche Einlage schließen (durch Division mit 1,02). Man spricht in solchen Fällen von der „Umkehrfunktion".

▶ Stetigkeit

Auch in der Physik finden wir sehr viele durch Funktionen ausgedrückte Zusammenhänge. Die meisten dieser Funktionen lassen sich einfach darstellen, und ihr Graph weist

Y. Stry, R. Schwenkert, *Mathematik kompakt*, DOI 10.1007/978-3-642-24327-1_3,
© Springer-Verlag Berlin Heidelberg 2013

keine Sprünge auf – man kann sie also in einem Zug ohne Absetzen zeichnen. Dass die Natur keine Sprünge macht, hat man jahrhundertelang geglaubt. Die mathematische Entsprechung hierzu bei Funktionen nennt man „Stetigkeit" – sie ist eine sehr wichtige Eigenschaft, und viele der betrachteten Funktionen sind stetig.

▷   Grenzwert

Bei den Funktionen tritt übrigens wieder der wichtige Begriff des Grenzwertes auf, den wir bei den Folgen schon kennen gelernt haben. Wir können den Grenzwert hier einfach als Verallgemeinerung des Grenzwertes von Folgen auffassen. Der Begriff des Grenzwertes kommt sehr häufig in der Mathematik vor und wird besonders wichtig in der Differentialrechnung, beim Ableiten also.

▷   Polynome

Viele Vorgänge im täglichen Leben kann man durch *elementare Funktionen* beschreiben: Wenn Sie n Brötchen kaufen – jedes zu 0,25 Euro –, so zahlen Sie $f(n) = 0,25 \cdot n$ Euro an die Verkäuferin. Und wenn Sie Ihre mühsam gesparten x Euro für 6 Jahre mit 5 % Zinsen festlegen, so bekommen Sie $f(x) = 1,05^6 \cdot x$ Euro ausgezahlt. Die einfachsten Funktionen sind dabei (wie im obigen Beispiel) die Polynome. Mit ihnen ist schon sehr viel anzufangen, man kann sogar mit solchen einfach auszuwertenden Polynomen andere kompliziertere Funktionen annähern.

▷   Horner-Schema

Einfach auszuwerten sind die Polynome insbesondere unter Zuhilfenahme des so genannten Horner-Schemas, welches den meisten Studierenden wohl aus der Schule bekannt ist. Die wenigsten Menschen wissen aber, dass dieses Horner-Schema auch beim Finanzamt zu Ehren kommt. So steht im Einkommensteuergesetz für das Jahr 2004 in §32a, Absatz 3: „Die zur Berechnung der tariflichen Einkommensteuer erforderlichen Rechenschritte sind in der Reihenfolge auszuführen, die sich nach dem Horner-Schema ergibt. Dabei sind die sich aus den Multiplikationen ergebenden Zwischenergebnisse für jeden weiteren Rechenschritt mit 3 Dezimalstellen anzusetzen; die nachfolgenden Dezimalstellen sind fortzulassen. Der sich ergebende Steuerbetrag ist auf den nächsten vollen Euro-Betrag abzurunden." Hintergrund dieser detailreichen Festlegung ist sicherlich, dass bei gleichen Daten in der Steuererklärung einheitlich in Deutschland der gleiche Steuerbetrag errechnet wird und sich die Steuerbescheide der Finanzämter Flensburg und Lindau noch nicht einmal um Cent-Beträge voneinander unterscheiden.

▷   Trigonometrische Funktionen

Wichtig sind auch die trigonometrischen Funktionen, die etwa Schwingungen und Wellen beschreiben. Meist lernt man diese Funktionen – wie Sinus und Cosinus – bereits im

Mathematik-Unterricht der Mittelstufe kennen, nämlich in der Trigonometrie, der Lehre von (rechtwinkligen) Dreiecken. Schon die alten Griechen waren Meister in diesem Fach, schließlich ist ja die gesamte heutige Mathematik aus der Landvermessung und damit der Geometrie in Griechenland ab 600 v. Chr. entstanden.

▷ Exponentialfunktion

Die Exponentialfunktion, eine andere elementare Funktion, und ihre Umkehrung, den Logarithmus, findet man auf jedem Taschenrechner. Exponentielles Wachstum beschreibt ein unglaublich schnelles Ansteigen, wovon die folgende Legende berichtet: Der Erfinder des Schachspiels, ein Weiser namens Sussa ibn Dahir, habe es dem König Shiram geschenkt und, als dieser ihn belohnen wollte, in aller Bescheidenheit Reiskörner erbeten: Eines für das erste Feld, zwei für das zweite, vier für das dritte usw. Wenn man nun alle Reiskörner zusammenzählt, so kommt man auf unvorstellbare $1{,}8 \cdot 10^{19}$ Stück – mehr als je weltweit geerntet wurden! Ein ähnliches Beispiel ist das folgende: Stellen Sie sich vor, Sie haben ein Blatt Papier (etwa 0,1 mm dick), welches Sie nun immer wieder falten sollen. Nach dem ersten Falten ist es 0,2 mm dick, nach dem zweiten Falten 0,4 mm usw. Wenn Sie dieses dünne Papier nun zwanzigmal falten (stellen Sie sich vor, das sei rein technisch machbar), dann ist dieses gefaltete Papier immerhin 105 m hoch, also viel größer als Sie!

Man sieht, wie Funktionen die Beschreibung von Vorgängen vereinfachen, und ist erstaunt, wie schnell manche Funktionen wachsen. Zunächst werden wir in diesem Kapitel einen Überblick über die Grundbegriffe bei Funktionen, insbesondere über Grenzwerte und Stetigkeit, gewinnen. Einige Grundinformationen über elementare Funktionen (Polynome, trigonometrische Funktionen und Arcusfunktionen, Exponential- und Logarithmusfunktionen sowie Hyperbel- und Areafunktionen) sind ebenfalls in diesem Kapitel zusammengefasst.

3.2 Grundbegriffe

Nach der Definition des Funktionsbegriffes werden wir in diesem Abschnitt neben Darstellungsmöglichkeiten von Funktionen durch Wertetabellen und Graphen den wichtigen Begriff der Umkehrfunktion ausführlich erläutern. Abschließend stellen wir Funktionen allgemein charakterisierende Eigenschaften – wie beispielsweise Bijektivität, Monotonie, Periodizizät etc. – vor.

3.2.1 Funktionen und ihre Darstellung

Abbildung, Funktion Unter einer *Abbildung* von einer Menge D in eine Menge W versteht man eine Vorschrift, die jedem Element x von D genau ein Element y von W

Abb. 3.1 Funktion: Zuordnungsvorschrift $D \to W$

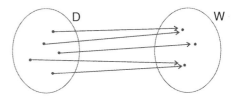

zuordnet. Statt Abbildung sagt man auch *Funktion*, besonders dann, wenn D und W Teil-mengen von $\mathbb{R}^n$, $n \geq 1$, sind. Der Funktionsbegriff spielt eine wichtige Rolle bei der quantitativen Beschreibung der Umwelt. Durch Funktionen lassen sich beispielsweise Zu-sammenhänge zwischen verschiedenen physikalischen oder wirtschaftlichen Größen, wie etwa Geschwindigkeit, Zeit, Weg oder Gewinn, Kapital, Zinsen mathematisch eindeutig beschreiben.

Beispiel 3.1

a) Fährt ein Auto mit konstanter Geschwindigkeit v einen gewissen Zeitraum t, so erhält man die zurückgelegte Wegstrecke durch die einfache Funktionsvorschrift „Ordne t (Zeit in Sekunden) den Weg (in Metern) $v \cdot t$ zu". Man hat also eine Abbildung von $[0, \infty)$ in $[0, \infty)$.

b) Der Kurs k einer Aktie verändert sich im Zeitablauf ständig. Die Gewinnschät-zung g pro Aktie ist dagegen in der Regel für einen längeren Zeitraum (z. B. Quar-tal) konstant. Eine wichtige Kenngröße zur Beurteilung einer Aktie ist daher das sog. *Kurs-Gewinn-Verhältnis* (KGV): $\text{KGV}(k) = \frac{k}{g}$. Dies ist für $k > 0, g > 0$ eine Abbildung von $(0, \infty)$ in $(0, \infty)$. Behält das Unternehmen 50 % der Gewin-ne ein, so ergibt sich eine weitere wichtige Kennziffer, die sog. *Dividendenrendite* aus der Funktion $R(k) = \frac{0,5 \cdot g}{k}$. Eine Aktie zum aktuellen Kurs von 368,40 Euro und einer Gewinnschätzung von 23,37 Euro hat also ein KGV von 15,76 und eine Dividendenrendite von 3,17 %.

Betrachtet man diese Kennziffern über einen längeren Zeitraum, so ist die Gewinn-schätzung nicht mehr konstant, sondern ebenfalls eine Variable. Man erhält dann i. Allg. $\text{KGV}(k, g)$ und $R(k, g)$ von $(0, \infty) \times (0, \infty)$ in $(0, \infty)$.

Eindimensionale, mehrdimensionale Funktionen Die Untersuchung der Abhängigkeit zwischen messbaren Größen der Umwelt führt also meist auf *eindimensionale* Funktionen mit $D \subseteq \mathbb{R}$ bzw. *mehrdimensionale* Funktionen $D \subseteq \mathbb{R}^n$, $n > 1$. Während wir Letztere erst in Abschn. 6.8 behandeln, wollen wir uns nun detailliert mit den eindimensionalen Funktionen beschäftigen:

Abb. 3.2 Graph der Funktion
$f(x) = \frac{1}{x}$

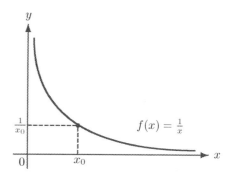

Reelle Funktion

Eine reelle Funktion f ist eine Vorschrift, die jedem Element $x \in D \subseteq \mathbb{R}$ genau ein Element $y \in W \subseteq \mathbb{R}$ zuordnet. Man schreibt dafür

$$x \mapsto y = f(x) \quad \text{oder} \quad f : D \to W.$$

D heißt Definitionsbereich, W nennt man Wertebereich ($\hat{=}$ Menge der Funktionswerte $f(x)$, wenn x den Definitionsbereich D durchläuft). x wird als Argument, unabhängige Variable oder Veränderliche bezeichnet, y als abhängige Variable oder Veränderliche. $f(x_0)$ heißt Funktionswert an der Stelle x_0 oder Bild von x_0.

Graph einer Funktion Einen Überblick über den Verlauf einer reellen Funktion kann man durch ihre *graphische Darstellung* erhalten. Unter dem *Graph* von $f : D \to \mathbb{R}$ versteht man die Menge

$$G_f := \{(x, f(x)) \mid x \in D\} = \{(x, y) \mid x \in D,\ y = f(x)\}.$$

Wertetabelle Andererseits kann man Funktionen auch tabellarisch in Form von *Wertetabellen* darstellen:

unabhängige Veränderliche x	x_1	x_2	$\ldots$	x_n
abhängige Veränderliche $y = f(x)$	$f(x_1)$	$f(x_2)$	$\ldots$	$f(x_n)$

Beispiel 3.2

Wir betrachten die Funktion $f(x) = \frac{1}{x}$ für reelle $x > 0$. Eine mögliche Wertetabelle wäre folgende:

x	0,001	0,01	0,1	1	2	10	1000
$y = f(x)$	1000	100	10	1	0,5	0,1	0,001

Der Graph der Funktion ist in Abb. 3.2 dargestellt. Die Funktion hat den Definitionsbereich $D = \{x \mid x > 0\}$. Durchläuft nun x alle positiven reellen Zahlen, so nimmt auch $\frac{1}{x}$ alle reellen $x > 0$ an. Somit ergibt sich der Wertebereich der Funktion zu $W = D$.

Abb. 3.3 Graph der Betrags-
funktion $f(x) = |x|$

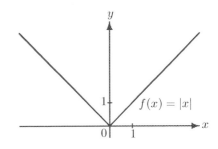

Abb. 3.4 Graph der Signum-
Funktion $f(x) = \mathrm{sgn}(x)$

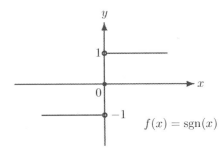

Übung 3.1

Bestimmen Sie den maximalen Definitionsbereich, den Wertebereich sowie den Graphen der

a) Betragsfunktion $f(x) = |x|$, (Definition siehe Abschn. 1.3.2)
b) **Signum-Funktion** (signum, lat.: Vorzeichen), die definiert ist durch

$$\mathrm{sgn}(x) = \begin{cases} 1, & \text{für } x > 0, \\ 0, & \text{für } x = 0, \\ -1, & \text{für } x < 0. \end{cases}$$

Lösung 3.1

a) $f(x) = |x|$ hat den Definitionsbereich $D = \mathbb{R}$ und den Wertebereich $W = [0, \infty)$.
Der Graph ist der Abb. 3.3 zu entnehmen.
b) Für die Signum-Funktion gilt $D = \mathbb{R}$ und $W = \{-1, 0, 1\}$. Ihr Graph ist in Abb. 3.4
skizziert.

3.2.2 Die Umkehrfunktion

Häufig schreibt man Funktionen auch in der Form $f : D \to \tilde{W}$, wobei $\tilde{W}$ eine Obermen-
ge des eigentlichen Wertebereichs W sein kann. Bezüglich der „Art" der Zuordnungsvorschrift haben sich drei wichtige Begriffe eingebürgert:

Abb. 3.5 Nicht-injektive und nicht-surjektive Funktion

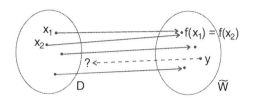

- **Injektive Funktion** Eine Funktion $f : D \to \tilde{W}$ heißt *injektiv*, wenn keine zwei verschiedenen Argumente x_1 und x_2 gleiche Funktionswerte haben. Aus $f(x_1) = f(x_2)$ folgt also stets $x_1 = x_2$. Dies ist genau dann der Fall, wenn jede Parallele zur x-Achse den Graph G_f in *höchstens* einem Punkt schneidet.
- **Surjektive Funktion** Eine Funktion $f : D \to \tilde{W}$ heißt *surjektiv*, wenn jedes Element $y \in \tilde{W}$ auch wenigstens einmal als Bild von f auftritt. Man schreibt dann auch $\tilde{W} = W = f(D)$.
- **Bijektive Funktion** Eine Funktion nennt man *bijektiv*, wenn sie sowohl *injektiv als auch surjektiv* ist. Für eine bijektive Funktion ist also die Gleichung $f(x) = y$ mit $y \in \tilde{W}$ immer eindeutig lösbar.

Da bei einer bijektiven Funktion $f : D \to W$ die Gleichung $f(x) = y$ *eindeutig lösbar* ist, kann man mittels f jedem Element $y \in W$ genau ein Element $x \in D$ zuordnen, nämlich die Lösung der Gleichung $f(x) = y$. Dadurch erhält man eine neue Funktion mit dem Definitionsbereich W, dem Wertebereich D und der Vorschrift: „Löse $f(x) = y$ und nimm das Ergebnis als Funktionswert für y":

Umkehrfunktion, inverse Funktion
Eine Funktion $f : D \to W$ heißt umkehrbar, wenn zu jedem Funktionswert $y \in W$ genau ein Argumentwert $x \in D$ gehört. Die Funktion

$$f^{-1} : W \to D,$$

welche den Elementen von W eindeutig die Elemente von D zuordnet, heißt Umkehrfunktion der Funktion f oder die zu f inverse Funktion.

Umkehrbarkeit ablesbar am Graph von f Die Umkehrbarkeit einer Funktion kann man immer an ihrem Graphen feststellen: f ist umkehrbar, falls jede Parallele zur x-Achse den Graph G_f in *höchstens* einem Punkt schneidet. Abbildung 3.6 zeigt eine nicht umkehrbare Funktion. Für die Schnittpunkte mit der eingezeichneten Parallelen zur x-Achse gilt $f(x_1) = y_1 = f(x_2)$.

Umkehrfunktion als Spiegelung an Winkelhalbierender Die Funktion $y = f(x)$ und die Umkehrfunktion $x = f^{-1}(y)$ besitzen denselben Graphen, nur die Zuordnungsrich-

Abb. 3.6 Nicht umkehrbare
(nicht bijektive) Funktion

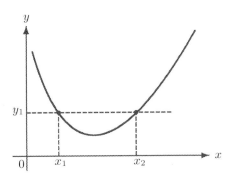

tung ist geändert. Üblicherweise bezeichnet x die unabhängige Variable (Argument). Man vertauscht daher in $x = f^{-1}(y)$ die Symbole x und y und erhält die Umkehrfunktion in der Form $y = f^{-1}(x)$. Durch diese Vertauschung wird der Graph an der *Winkelhalbierenden $y = x$ gespiegelt*, Definitions- und Wertebereich werden vertauscht: $D_{f^{-1}} = W_f$, $W_{f^{-1}} = D_f$. Zur praktischen Bestimmung einer Umkehrfunktion empfiehlt sich daher folgendes Vorgehen:

Bestimmung der Umkehrfunktion
● Löse die Gleichung $y = f(x)$ nach x auf. Dies ergibt $x = f^{-1}(y)$.
● Vertausche x und y. Dies liefert $y = f^{-1}(x)$.

Beispiel 3.3
Die Umkehrfunktion von $y = f(x) = 1/x$ erhält man durch Auflösen der Gleichung $y = 1/x$ nach x: $x = 1/y$. Vertauscht man in der letzten Gleichung x mit y, so erhält man $y = 1/x$. Die Umkehrfunktion lautet also $f^{-1}(x) = 1/x$.

Übung 3.2
Wo ist die Funktion $f(x) = x^2$ umkehrbar? Bestimmen Sie dort ihre Umkehrfunktion.

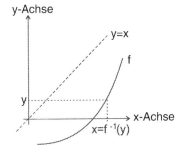
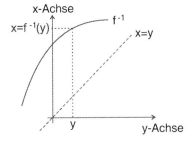

Abb. 3.7 f^{-1} entsteht durch Spiegelung an Winkelhalbierender

Lösung 3.2

Der Graph von $f(x) = x^2$ ist die aus der Schule bekannte quadratische Parabel (siehe auch Abb. 3.9i). Jede Parallele zur x-Achse auf der oberen Halbebene schneidet den Graphen in zwei Punkten. Dem entspricht, dass die Gleichung $y = x^2$ mit reellem $y > 0$ genau zwei Lösungen hat. Die Funktion ist daher auf ihrem Definitionsbereich $D = \mathbb{R}$ nicht umkehrbar. Schränkt man $f(x)$ jedoch auf die Definitionsbereiche $D_- = \{x \mid x \leq 0\}$ oder $D_+ = \{x \mid x \geq 0\}$ ein, so haben alle Parallelen zur x-Achse höchstens einen Schnittpunkt mit dem jeweiligen Graphen. In D_- bzw. D_+ ist die Funktion injektiv und somit umkehrbar. Auflösen obiger Gleichung $y = x^2$ liefert $x = -\sqrt{y}$ bzw. $x = \sqrt{y}$. Nach Vertauschen von x und y ergeben sich die Umkehrfunktionen $f^{-1} : [0, \infty) \to (-\infty, 0]$ mit $f^{-1}(x) = -\sqrt{x}$ bzw. $f^{-1} : [0, \infty) \to [0, \infty)$ mit $f^{-1}(x) = \sqrt{x}$.

3.2.3 Wichtige Eigenschaften von Funktionen

Im Folgenden führen wir weitere wichtige *Eigenschaften zur Charakterisierung von Funktionen* auf:

Monotonie

Eine Funktion $f(x) : D \to W$ heißt in einem Intervall $I \subseteq D$

- monoton wachsend bzw. steigend, falls für alle $x_1, x_2 \in I$ mit $x_1 < x_2$ stets $f(x_1) \leq f(x_2)$ gilt;
- monoton fallend, falls für alle $x_1, x_2 \in I$ mit $x_1 < x_2$ stets $f(x_1) \geq f(x_2)$ folgt.

Gilt in den Ungleichungen strikte Ungleichheit, so spricht man von strenger Monotonie.

Abbildung 3.8 zeigt diverse Monotonie-Intervalle einer Funktion.

Strenge Monotonie $\Longrightarrow$ Umkehrbarkeit Unmittelbar aus der Graphik kann man eine allgemein gültige Regel entnehmen: Eine im ganzen Definitionsbereich D *streng* monoton wachsende oder fallende Funktion ist dort umkehrbar.

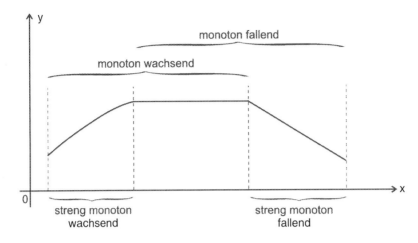

Abb. 3.8 Monotonie-Intervalle einer Funktion

Periodizität

Ist f eine auf $\mathbb{R}$ definierte Funktion und gilt für eine Konstante $p > 0$

$$f(x + p) = f(x)$$

für alle $x \in \mathbb{R}$, so heißt f periodisch mit der Periode p. Auch $2p, 3p, \ldots$ sind dann Perioden.

Beispiel 3.4

In Abschn. 3.5.2 werden wir die trigonometrischen Funktionen vorstellen. Die Funktionen $\sin x$ und $\cos x$ haben die (kleinste) Periode $p = 2\pi$ (z. B. $\sin(x + 2\pi) = \sin x$), während $\tan x$ und $\cot x$ die (kleinste) Periode $p = \pi$ (z. B. $\tan(x + \pi) = \tan x$) aufweisen.

Gerade und ungerade Funktion

Eine Funktion $f : \mathbb{R} \to \mathbb{R}$ heißt

- gerade Funktion, falls $f(-x) = f(x)$,
- ungerade Funktion, falls $f(-x) = -f(x)$

für alle $x \in \mathbb{R}$ gilt. Der Graph einer geraden Funktion ist symmetrisch zur y-Achse, der Graph einer ungeraden Funktion punktsymmetrisch zum Ursprung.

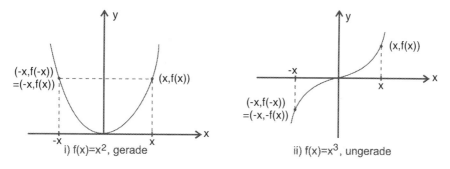

Abb. 3.9 Graph einer geraden bzw. ungeraden Funktion

In Abb. 3.9 findet man auf der linken Seite den Graphen einer geraden Funktion, auf der rechten Seite den Graphen einer ungeraden Funktion.

Beispiel 3.5

Gerade Funktionen sind beispielsweise $f(x) = |x|$, $f(x) = x^2$, und $f(x) = \cos(x)$; ungerade Funktionen z. B. $f(x) = \text{sgn}(x)$, $f(x) = x^3$, und $f(x) = \sin(x)$.

Nullstelle

Eine Stelle x_0 im Definitionsbereich einer Funktion $f(x)$ heißt Nullstelle, wenn $f(x_0) = 0$ gilt.

Nullstellen sind markant: In solchen Punkten schneidet oder berührt der Funktionsgraph die x-Achse.

Beispiel 3.6

Der Graph der Parabel $f(x) = x^2$ hat in $x_0 = 0$ einen *Berührpunkt* mit der x-Achse, der Graph der kubischen Parabel $f(x) = x^3$ schneidet in $x_0 = 0$ die x-Achse (vgl. hierzu auch Abb. 3.9). In beiden Fällen liegt in $x_0 = 0$ eine Nullstelle vor.

Während Summe $\{f + g\}(x) := f(x) + g(x)$ und Produkt $\{f \cdot g\}(x) := f(x) \cdot g(x)$ zweier Funktionen problemlos definierbar sind, bedarf die so genannte *Komposition* einer genaueren Definition:

Kompositon, Verkettung, Hintereinanderschaltung

Mit Hilfe der beiden Funktionen $f : D_f \to W_f$ und $g : D_g \to W_g$ kann eine neue Funktion $h : D_f \to W_g$ definiert werden, wenn der Wertebereich von f im

Tab. 3.1 Geometrische Operationen am Graphen	Ersetzt man $y = f(x)$ durch	so wird der zugehörige Graph
	1. $y = f(x - x_0)$	um x_0 in x-Richtung verschoben,
		falls $x_0 > 0$: nach rechts
		falls $x_0 < 0$: nach links
	2. $y = f(x) + y_0$	um y_0 in y-Richtung verschoben,
		falls $y_0 > 0$: nach oben
		falls $y_0 < 0$: nach unten
	3. $y = -f(x)$	an der x-Achse gespiegelt
	4. $y = f(-x)$	an der y-Achse gespiegelt
	5. $x = f(y)$	an Winkelhalb. $y = x$ gespiegelt
	6. $y = af(x)$, $a > 0$	in y-Richtung mit a gestreckt
	7. $y = f(bx)$, $b > 0$	in x-Richtung mit $\frac{1}{b}$ gestreckt

Definitionsbereich von g enthalten ist ($W_f \subseteq D_g$). Die so definierte Funktion heißt Hintereinanderschaltung, Verkettung oder Komposition von f und g. Man schreibt $h = g \circ f$ bzw. $h(x) = g(f(x))$.

Die Zuordnungsvorschrift lautet: $x \mapsto f(x) \mapsto g(f(x))$, d. h. man wendet zuerst die Vorschrift f auf x und dann die Vorschrift g auf $f(x)$ an. Man kann auch mehr als zwei Funktionen verketten: $h \circ g \circ f$ bedeutet z. B. $h[g(f(x))]$.

Beispiel 3.7

Die Verkettung der Funktionen $f(x) = |x|$ und $g(x) = \mathrm{sgn}(x)$ liefert die Funktion

$$h(x) = g(f(x)) = \mathrm{sgn}|x| = \begin{cases} 1, & \text{für } x \neq 0, \\ 0, & \text{für } x = 0. \end{cases}$$

Z. B.: $x = -5 \mapsto f(-5) = |-5| = 5 \mapsto g(5) = \mathrm{sgn}(5) = 1$.

Geometrische Operationen am Funktionsgraphen In Tab. 3.1 seien abschließend die wichtigsten geometrischen Operationen am Graphen einer Funktion zusammengefasst.

3.3 Grenzwerte bei Funktionen

In Abschn. 2.2 hatten wir Grenzwerte von Folgen definiert. Wir wollen nun mit Hilfe der Folgen den Grenzwertbegriff auf reelle Funktionen verallgemeinern. Andererseits kann man, wie wir sehen werden, den Grenzwertbegriff auch mittels Umgebungen definieren. Es wird sich zeigen, dass für Funktionsgrenzwerte zu Folgen analoge Rechenregeln gelten.

3.3.1 Begriffsdefinition

Sei $(x_n)_{n \in \mathbb{N}_+}$ eine konvergente Folge mit $\lim_{n \to \infty} x_n = x_0$ und $y = f(x)$ eine reelle Funktion, die für alle x_n definiert ist. Dann ist auch $(f(x_n))_{n \in \mathbb{N}_+}$ eine Folge – die so genannte Folge der Bildpunkte – und man definiert:

Grenzwert einer Funktion I

Die Funktion $f : D \to W$ hat in einem Punkt x_0 (der nicht in D liegen muss!) genau dann den Grenzwert a, wenn für alle Folgen $(x_n)_{n \in \mathbb{N}_+}$ mit $x_n \in D$, $x_n \neq x_0$ und $\lim_{n \to \infty} x_n = x_0$ gilt:

$$\lim_{n \to \infty} f(x_n) = a.$$

In diesem Falle sagt man, dass $f(x)$ für $x \to x_0$ gegen a konvergiert und schreibt:

$$\lim_{x \to x_0} f(x) = a.$$

Beispiel 3.8

a) Die Funktion $f(x) = \frac{x^2 - 1}{x - 1}$ hat den Definitionsbereich $D = \mathbb{R} \setminus \{1\}$. In D ergibt sich für $f(x)$ also die Darstellung

$$f(x) = \frac{(x + 1)(x - 1)}{x - 1} = x + 1.$$

Damit gilt aber für beliebige Folgen $(x_n)_{n \in \mathbb{N}_+}$ mit $x_n \in D$ und $\lim_{n \to \infty} x_n = 1$, $x_n \neq 1$ stets $\lim_{n \to \infty} f(x_n) = \lim_{n \to \infty}(x_n + 1) = 1 + 1 = 2$. Also konvergiert $f(x)$ gegen 2 für $x \to 1$, d. h. es ist $\lim_{x \to 1} f(x) = 2$.

b) Gegeben sei die Funktion $f : \mathbb{R} \to \{0, 1\}$ mit

$$f(x) = \begin{cases} 1 & \text{für } x \neq 0 \\ 0 & \text{für } x = 0. \end{cases}$$

Für alle $x_n \to 0$, $x_n \neq 0$ ist also stets $f(x_n) = 1$, d. h. $\lim_{n \to \infty} f(x_n) = 1$ bzw. $\lim_{x \to 0} f(x) = 1$.

Sprungstelle Grundsätzlich hat eine Funktion in einer *Sprungstelle* (= Stelle, an der der Graph der Funktion „springt") keinen Grenzwert. Hat der Graph hingegen nur ein „Loch" (= fehlender Punkt), so gibt es einen Grenzwert, wie Beispiel 3.8a zeigt.

Punktierte Umgebung Mit einer kleinen Variante des in Abschn. 2.2 eingeführten Umgebungsbegriffs lassen sich Grenzwerte für Funktionen analog definieren. Wenn man aus

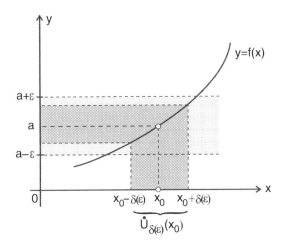

Abb. 3.10 ε-δ-Definition des Grenzwertes einer Funktion

der ε-Umgebung $U_\varepsilon(x_0)$ des Punktes x_0 den Mittelpunkt x_0 herausnimmt, entsteht die so genannte *punktierte Umgebung* von x_0, die mit $\dot{U}_\varepsilon(x_0)$ bezeichnet wird.

Grenzwert einer Funktion II

Sei $f(x)$ eine in einer punktierten Umgebung von x_0 definierte Funktion. Dann hat $f(x)$ in x_0 den Grenzwert a genau dann, falls sich zu jeder (beliebig kleinen) Zahl $\varepsilon > 0$ immer eine weitere Zahl $\delta(\varepsilon) > 0$ derart angeben lässt, dass

$$|f(x) - a| < \varepsilon \quad \text{für alle} \quad x \in \dot{U}_{\delta(\varepsilon)}(x_0).$$

Für alle x aus der punktierten $\delta(\varepsilon)$-Umgebung von x_0 müssen die zugehörigen Funktionswerte $f(x)$ in der ε-Umgebung von a liegen. Es muss möglich sein, ε beliebig klein vorzugeben! Abbildung 3.10 macht die Bedeutung der Definition deutlich.

Nimmt man an, dass a der Grenzwert der Funktion f an der Stelle x_0 ist. Dann muss, wenn man um a einen Parallelstreifen zur x-Achse mit beliebig vorgegebener Breite 2ε (hellgraue Fläche) legt, immer ein Parallelstreifen zur y-Achse mit der Breite $2\delta(\varepsilon)$ auffindbar sein, so dass für alle x-Werte aus letzterem Streifen die zugehörigen $f(x)$-Werte im Parallelstreifen um a liegen (dunkelgraue Fläche).

Beispiel 3.9

Gegeben sei die Funktion $f(x) = \frac{3}{2}x \sin(\frac{\pi}{x})$, die in $x_0 = 0$ nicht definiert ist. Wir zeigen jetzt, dass $\lim_{x\to 0} f(x) = 0$ gilt: Sei also ein (beliebig kleines) $\varepsilon > 0$ vorgegeben, dann müssen wir ein $\delta(\varepsilon)$ angeben, so dass die Ungleichung $|f(x) - 0| < \varepsilon$ erfüllt ist. Es ist

$$|f(x) - 0| = \left| \frac{3}{2}x \sin\left(\frac{\pi}{x}\right) \right| \leq \frac{3}{2}|x| \cdot 1 = \frac{3}{2}|x|$$

Abb. 3.11 Grenzwertverhalten
einer unstetigen Funktion

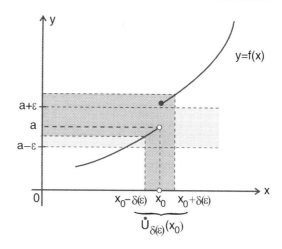

Wählt man also $\delta(\varepsilon) := \frac{2}{3}\varepsilon$, so gilt für alle $x \in \dot{U}_{\frac{2}{3}\varepsilon}(0)$:

$$|f(x) - 0| \le \frac{3}{2}|x| < \frac{3}{2} \cdot \frac{2}{3}\varepsilon = \varepsilon.$$

Damit hat man die geforderte Ungleichung.

Hat nun eine Funktion eine Sprungstelle wie in Abb. 3.11, so sieht man, dass zu der dort vorgegebenen ε-Umgebung keine noch so kleine $\delta(\varepsilon)$-Umgebung existiert, deren $f(x)$-Werte ganz im Parallelstreifen um a liegen. Die Funktion besitzt also in x_0 keinen Grenzwert.

3.3.2 Linksseitiger und rechtsseitiger Grenzwert

Die Grenzwertdefinition I des vorangegangenen Abschnitts fordert die Betrachtung *aller* Folgen, die beliebig gegen einen Punkt x_0 konvergieren. Schränkt man diese Forderung ein, so erhält man:

Linksseitiger Grenzwert für $x \to x_0-$
Sei $f(x)$ definiert auf dem Intervall $(x_0 - b, x_0)$ mit $b > 0$. Man sagt dann, dass $f(x)$ in x_0 den linksseitigen Grenzwert a_L hat, wenn für alle Folgen $(x_n)_{n \in \mathbb{N}_+}$ mit $x_n < x_0$ und $\lim_{n \to \infty} x_n = x_0$ gilt:

$$\lim_{n \to \infty} f(x_n) = a_L.$$

Mögliche Schreibweisen sind $\lim_{x \to x_0-} f(x) = a_L$ oder $\lim_{x \to x_0-0} f(x) = a_L$.

Analog lässt sich festlegen:

Rechtsseitiger Grenzwert für $x \to x_0+$
Sei $f(x)$ definiert auf dem Intervall $(x_0, x_0 + b)$ mit $b > 0$. Man sagt dann, dass $f(x)$ in x_0 den rechtsseitigen Grenzwert a_R hat, wenn für alle Folgen $(x_n)_{n \in \mathbb{N}_+}$ mit $x_n > x_0$ und $\lim_{n \to \infty} x_n = x_0$ gilt:

$$\lim_{n \to \infty} f(x_n) = a_R.$$

Mögliche Schreibweisen sind $\lim_{x \to x_0+} f(x) = a_R$ oder $\lim_{x \to x_0+0} f(x) = a_R$.

Man beachte, dass

a) in obigen Definitionen jeweils nur alle Folgen zu betrachten sind, die von links bzw. rechts gegen x_0 konvergieren.

b) $f(x)$ an der Stelle x_0 genau dann den Grenzwert a hat, wenn a_L, a_R existieren und $a_L = a_R = a$ gilt.

Beispiel 3.10
Für die Funktion $f(x) = \text{sgn}(x)$ gilt $\lim_{x \to 0-} f(x) = -1$, $\lim_{x \to 0+} f(x) = 1$. Es ist $a_L \neq a_R$ und damit $f(x)$ in $x = 0$ nicht konvergent.

Grenzwerte für $x \to \infty$ bzw. $x \to -\infty$ In den Grenzwertdefinitionen dieses Abschnitts darf für x_0 auch ∞ oder $-\infty$ gesetzt werden. Bei $x \to \infty$ gibt es natürlich höchstens einen linksseitigen Grenzwert a_L, bei $x \to -\infty$ höchstens einen rechtsseitigen Grenzwert a_R. In beiden Fällen spricht man von einem Grenzwert schlechthin und schreibt

$$\lim_{x \to \infty} f(x) = a_L \qquad \text{oder} \qquad \lim_{x \to -\infty} f(x) = a_R.$$

Beispiel 3.11
Für die Funktion $f(x) = \frac{1}{x}$ gilt $\lim_{x \to \infty} f(x) = 0$, da mit $x_n \to \infty$ gilt: $\lim_{x \to \infty} f(x) = \lim_{n \to \infty} \frac{1}{x_n} = 0$.

Übung 3.3
a) Untersuchen Sie das Grenzverhalten der Funktion $f(x) = 1/x$ im Punkt $x_0 = 0$. Ist die Funktion konvergent?

b) Konvergiert die Funktion $f(x) = \frac{x(x-5)}{|x-5|}$ in $x_0 = 5$?

Lösung 3.3

a) Offensichtlich ist $\lim_{x\to 0+} f(x) = \infty$ und $\lim_{x\to 0-} f(x) = -\infty$. Rechts- und linksseitiger Grenzwert existieren nicht, daher besitzt $f(x)$ in $x_0 = 0$ keinen Grenzwert, ist dort also nicht konvergent.

b) Da $|x - 5| = x - 5$ für x-Werte rechts von $x_0 = 5$, ergibt sich $\lim_{x\to 5+} f(x) = \lim_{x\to 5+} x = 5$. Andererseits ist $|x - 5| = -(x - 5)$ für x-Werte links von $x_0 = 5$, woraus folgt $\lim_{x\to 5-} f(x) = \lim_{x\to 5-} -x = -5$. Da rechts- und linksseitiger Grenzwert nicht übereinstimmen, besitzt $f(x)$ in $x_0 = 5$ keinen Grenzwert.

3.3.3 Rechenregeln für Funktionsgrenzwerte

Meist ist es recht aufwendig bzw. schwierig, Grenzwerte von Funktionen mit Hilfe der Definitionen aus den Abschn. 3.3.1 und 3.3.2 zu bestimmen. Man verwendet eher bereits bekannte Grenzwerte, Umformungen (wie in Übung 3.3b) oder Grenzwertsätze. Dabei gelten dieselben Rechenregeln wie für die Ermittlung der Grenzwerte von Folgen, da die Grenzwerte von Funktionen ja definiert sind als Folgengrenzwerte:

Rechenregeln für Funktionsgrenzwerte
Wenn $\lim f(x)$ und $\lim g(x)$ (für $x \to x_0$ oder auch für $x \to \pm\infty$) existieren, dann gilt:

a) $\lim[f(x) \pm g(x)] = \lim f(x) \pm \lim g(x)$,

b) $\lim[f(x) \cdot g(x)] = \lim f(x) \cdot \lim g(x)$,
   Spezialfall ($c = $ const): $\lim[c \cdot f(x)] = c \cdot \lim f(x)$,

c) $\lim \frac{f(x)}{g(x)} = \frac{\lim f(x)}{\lim g(x)}$, falls $g(x) \neq 0$,

d) „Sandwichtheorem": Aus der Gültigkeit von $g(x) \leq h(x) \leq f(x)$ und $\lim g(x) = \lim f(x) = a$, folgt $\lim h(x) = a$.
   Spezialfall ($g(x) = -f(x)$, $a = 0$): Gilt $|h(x)| \leq f(x)$ und $\lim f(x) = 0$, so folgt $\lim h(x) = 0$.

Beispiel 3.12

Wir betrachten die Funktion $f(x) = \frac{x^2 + \sin x}{1 + x^2}$ für $x \to \infty$. Ausklammern von x^2 in Zähler und Nenner mit anschließendem Kürzen liefert

$$f(x) = \frac{1 + \frac{\sin x}{x^2}}{\frac{1}{x^2} + 1}.$$

Nun ist wegen Regel b) $\lim_{x\to\infty} \frac{1}{x^2} = \lim_{x\to\infty} \frac{1}{x} \cdot \lim_{x\to\infty} \frac{1}{x} = 0 \cdot 0 = 0$. Daraus folgt aufgrund von $|\frac{\sin x}{x^2}| \leq \frac{1}{x^2}$ nach dem „Sandwichtheorem" $\lim_{x\to\infty} \frac{\sin x}{x^2} = 0$. Unter Beachtung von Regel a) und c) ergibt sich somit $\lim_{x\to\infty} f(x) = \frac{1+0}{0+1} = 1$.

Übung 3.4

Bestimmen Sie folgende Funktionsgrenzwerte G:

a) $G = \lim_{x\to 1} \frac{1-x}{1-\sqrt{x}}$

b) $G = \lim_{x\to\infty}(\sqrt{x^2+2} - \sqrt{x^2+3x})$ [Hinweis: Erweitern Sie mit $\sqrt{x^2+2} + \sqrt{x^2+3x}$ und kürzen Sie dann den entstehenden Bruch.]

Lösung 3.4

a) Der Grenzwert lässt sich leicht durch Umformungen berechnen:

$$G = \lim_{x\to 1} \frac{(1-\sqrt{x})(1+\sqrt{x})}{1-\sqrt{x}} = \lim_{x\to 1}(1+\sqrt{x}) = 1 + 1 = 2.$$

b) Beachtung des Hinweises, abschließendes Ausklammern und Kürzen von x in Zähler und Nenner ergibt:

$$G = \lim_{x\to\infty} \frac{(\sqrt{x^2+2} - \sqrt{x^2+3x})(\sqrt{x^2+2} + \sqrt{x^2+3x})}{\sqrt{x^2+2} + \sqrt{x^2+3x}}$$

$$= \lim_{x\to\infty} \frac{x^2+2-(x^2+3x)}{\sqrt{x^2+2} + \sqrt{x^2+3x}}$$

$$= \lim_{x\to\infty} \frac{x}{x} \cdot \frac{-3 + \overbrace{2/x}^{\to 0}}{\sqrt{1 + \underbrace{2/x^2}_{\to 0}} + \sqrt{1 + \underbrace{3/x}_{\to 0}}} = \frac{-3+0}{\sqrt{1}+\sqrt{1}} = -\frac{3}{2}.$$

3.4 Stetigkeit

Die Graphen vieler in der Praxis auftretender Funktionen haben keine Sprünge, ihr Verlauf ist kontinuierlich. Man kann deren Graphen ohne Abzusetzen zeichnen. Diese Eigenschaft wird als Stetigkeit bezeichnet und in diesem Abschnitt mathematisch präzisiert. Eine für stetige Funktionen wichtige Charakterisierung gibt der so genannte Zwischenwertsatz wieder.

Die Stetigkeit lässt sich mit Hilfe des Grenzwertbegriffs für Funktionen präzisieren:

Stetige Funktion

Eine Funktion $f : D \to W$ heißt in $x_0 \in D$

- stetig, falls $\lim_{x \to x_0} f(x) = f(x_0)$, d. h. der Grenzwert muss existieren und gleich dem Funktionswert in x_0 sein,
- linksseitig stetig, falls $\lim_{x \to x_0-} f(x) = f(x_0)$,
- rechtsseitig stetig, falls $\lim_{x \to x_0+} f(x) = f(x_0)$.

Die Funktion heißt stetig im Intervall I, wenn $f(x)$ für jedes $x \in I$ stetig ist.

Eine auch für praktische Berechnungen wichtige Merkregel besagt, dass bei stetigen Funktionen das Zeichen „lim" und das Funktionssymbol f vertauschbar sind:

Merkregel

$$f \text{ stetig in } x_0 \iff \lim_{x \to x_0} f(x) = f(x_0) = f(\lim_{x \to x_0} x).$$

Da Wurzel- und Exponentialfunktion stetig sind, bedeutet dies beispielsweise, dass Umformungen der Form

$$\lim \sqrt{f(x)} = \sqrt{\lim f(x)} \quad \text{bzw.} \quad \lim e^{f(x)} = e^{\lim f(x)}$$

möglich sind. Man kann also erst das „Grenzverhalten" der (vielleicht einfacheren) Funktion $f(x)$ bestimmen und dieses Ergebnis dann in Wurzel- bzw. Exponentialfunktion einsetzen.

Beispiel 3.13

a) **Unstetigkeit** Wie in Beispiel 3.10 bereits gezeigt, gilt für die Funktion $f(x) = \text{sgn}(x)$: $\lim_{x \to 0-} f(x) = -1$, $\lim_{x \to 0+} f(x) = 1$. Deshalb ist $f(x)$ in $x = 0$ (Sprungstelle!) *unstetig*. In $\mathbb{R} \setminus \{0\}$ ist sie aber stetig. Nur beim Durchlaufen des Nullpunktes muss man beim Zeichnen ihres Graphen absetzen (siehe Abb. 3.4).

b) Die Betragsfunktion ist eine auf ganz $\mathbb{R}$ stetige Funktion (siehe Abb. 3.3).

c) Viele Funktionen, die in diesem Kapitel noch vorgestellt werden, sind in ihrem jeweiligen Definitionsbereich stetig: Polynome, Exponential- und Logarithmusfunktionen, Trigonometrische Funktionen etc.

Übung 3.5

Ist die Funktion $f(x) = \frac{x^2-1}{x-1}$ (vgl. Beispiel 3.8) in $x_0 = 1$ stetig?

Lösung 3.5

Stetig ergänzbare Funktion Da sie in $x_0 = 1$ nicht definiert ist, kann sie dort auch nicht stetig sein. In Beispiel 3.8a wurde aber bereits $\lim_{x\to 1} f(x) = 2$ gezeigt. In diesem Fall sagt man, dass die Funktion in $x_0 = 1$ durch die Vereinbarung $f(1) = 2$ *stetig ergänzbar* ist. Es gilt dann nämlich $\lim_{x\to 1} f(x) = f(1)$. Der Graph der Funktion hat für $x_0 = 1$ lediglich ein „Loch", aber keine Sprungstelle.

Aus stetigen Funktionen zusammengesetzte Funktionen sind wieder stetig:

Kombination stetiger Funktionen

Seien $f(x)$ und $g(x)$ stetige Funktionen in x_0. Dann sind auch folgende Funktionen in x_0 stetig:

$$f(x) \pm g(x), \ f(x) \cdot g(x) \text{ und } \frac{f(x)}{g(x)}, \text{ falls } g(x_0) \neq 0.$$

Diese Aussage gilt auch für die Verkettung von stetigen Funktionen:

Komposition stetiger Funktionen

Ist $f(x)$ stetig in x_0 und $g(u)$ stetig in $u_0 = f(x_0)$, so ist die zusammengesetzte Funktion $y = g(f(x))$ stetig in x_0.

Beispiel 3.14

a) Die Funktion $f(x) = \frac{x}{|x|}$ ist für alle $x \neq 0$ stetig, da $y = x$ und die Betragsfunktion stetig sind.
b) Die Funktion $y = \sqrt{x^2 + 5}$ ist stetig auf $\mathbb{R}$, da $f(x) = x^2+5$ in $\mathbb{R}$ und $g(u) = \sqrt{u}$ für $u \geq 0$ stetig sind.

Wie wir bereits wissen, kann man den Graph einer stetigen Funktion $f(x)$ zeichnen ohne Abzusetzen. Zwischen zwei ungleichen Bildwerten $f(a)$ und $f(b)$ der Funktion kann daher von der y-Achse aus gesehen kein „Loch" (Sprung) auftreten. Daraus ergibt sich unmittelbar folgender Satz, der in Abb. 3.12 veranschaulicht ist:

Abb. 3.12 Zwischenwertsatz

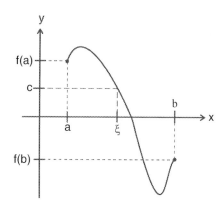

Zwischenwertsatz
Seien $y = f(x)$ stetig auf dem abgeschlossen Intervall $I = [a, b]$ und c eine Zahl
zwischen $f(a)$ und $f(b)$. Dann existiert mindestens ein $\xi \in (a, b)$ mit $f(\xi) = c$.

Dieser Satz hat in der Mathematik große beweistheoretische Bedeutung. Praktischen
Nutzen zieht aber die numerische Mathematik aus einem Spezialfall des Zwischenwert-
satzes, dem so genannten *Nullstellensatz von Bolzano*: Haben die beiden Werte $f(a)$
und $f(b)$ nämlich unterschiedliches Vorzeichen, dann hat die stetige Funktion $f(x)$ im
Intervall $[a, b]$ mindestens eine Nullstelle. Diese Aussage ist die Grundlage für viele
numerische Verfahren zur Bestimmung von Funktions-Nullstellen (z. B. Bisektionsverfahren, siehe Abschn. 6.6.1).

3.5 Die elementaren Funktionen

*Gewisse Typen von Funktionen, die so genannten elementaren Funktionen, spielen in
vielen Anwendungen eine wichtige Rolle. Der einfachste Funktionentyp sind dabei die
Polynome. In den Ingenieurwissenschaften treten – z. B. im Zusammenhang mit Schwingungen und Wellen – trigonometrische Funktionen auf, wie etwa der bekannte Sinus. Zu
den trigonometrischen Funktionen existieren Umkehrfunktionen, die Arcusfunktionen. Äußerst wichtig sind ebenso Exponentialfunktionen sowie Logarithmen. Auf ihnen basieren
auch die Hyperbelfunktionen und deren Umkehrfunktionen, genannt Areafunktionen.*

3.5.1 Polynome

*Wir betrachten im Folgenden Polynome, eine der elementarsten Funktionenklassen über-
haupt. Reelle Zahlen, an denen ein Polynom den Funktionswert Null annimmt, heißen*

Nullstelle des Polynoms. Zu jeder Nullstelle eines Polynoms gehört ein so genannter Linearfaktor, den man (ohne Rest) vom Polynom „abdividieren" kann. Rechnungen an Polynomen (Funktionswert ausrechnen, Polynomdivision ausführen) führt man bei geringem Rechenaufwand am besten mit dem so genannten Horner-Schema durch.

Mit zu den einfachsten Funktionen gehören die Polynome: Sie setzen sich zusammen aus Potenzen von x ($x^0 = 1$, $x^1 = x$, x^2 etc.), die mit irgendwelchen reellen Koeffizienten (etwa a_0 Koeffizient vor x^0, a_1 Koeffizient vor x^1, a_2 Koeffizient vor x^2 etc.) multipliziert und schließlich aufaddiert werden. Setzt man für x eine beliebige reelle Zahl ein, so erhält man den Funktionswert $p(x)$:

Polynom

Für $n \in \mathbb{N}$ und $a_n(\neq 0), a_{n-1}, \ldots, a_1, a_0 \in \mathbb{R}$ heißt die Funktion $p : \mathbb{R} \longrightarrow \mathbb{R}$, $x \longmapsto p(x)$ mit

$$p(x) = a_n x^n + a_{n-1} x^{n-1} + \cdots + a_1 x + a_0$$

Polynom n-ten Grades mit den Koeffizienten a_k, $k = 0, 1, \ldots, n$.

Beispiel 3.15

a) Die Funktion $p(x) = x^2 + x - 12$ ist ein Polynom 2. Grades oder ein so genanntes *quadratisches Polynom*. Der Funktionsgraph hat eine spezielle Form: Es ist eine (noch aus der Schule bekannte) Parabel.

b) Es ist $p(x) = x^4 - x^3 + x^2 + 9x - 10$ ein Polynom 4. Grades. Wenn man z. B. für x die Zahl 2 einsetzt, so erhält man als Funktionswert $p(2) = 2^4 - 2^3 + 2^2 + 9 \cdot 2 - 10 = 20$.

Wichtig für die Betrachtung von Polynomen (wie auch von anderen Funktionen) sind ihre Nullstellen: Dies sind reelle Zahlen, an denen der Funktionswert 0 angenommen wird. Anschaulich gesprochen, schneidet hier der Funktionsgraph die reelle Achse:

Nullstelle eines Polynoms

Die Zahl x_1 heißt Nullstelle des Polynoms $p(x)$, wenn gilt:

$$p(x_1) = 0.$$

Für Polynome gibt es eine Faktor-Schreibweise, die den Vorteil hat, dass man in ihr direkt die Nullstelle ablesen kann:

Linearfaktor

Ist x_1 eine Nullstelle des Polynoms $p(x)$ vom Grade $n > 0$, so kann man den Linearfaktor $(x - x_1)$ ohne Rest abdividieren:

$$p(x) = (x - x_1) \cdot p_{n-1}(x)$$

Dabei ist $p_{n-1}(x)$ ein Polynom $(n - 1)$-ten Grades.

Beispiel 3.16

a) Das Polynom $p(x) = x^2 + x - 12$ hat die beiden Nullstellen $x_1 = 3$ und $x_2 = -4$. Man berechnet sie über die Formel für quadratische Gleichungen (vgl. Abschn. 1.3.2) $x_{1/2} = -\frac{1}{2} \pm \frac{7}{2}$. Zur Nullstelle $x_1 = 3$ gehört der Linearfaktor $(x - 3)$, zur Nullstelle $x_2 = -4$ gehört der Linearfaktor $(x - (-4)) = (x + 4)$. Man kann daher das Polynom wie folgt schreiben: $x^2 + x - 12 = (x - 3) \cdot (x + 4)$.

b) Das Polynom $p(x) = x^4 - x^3 + x^2 + 9x - 10$ hat die Nullstelle $x_1 = 1$ wegen $1^4 - 1^3 + 1^2 + 9 \cdot 1 - 10 = 0$. Der zugehörige Linearfaktor lautet $(x - 1)$. Man kann daher das Polynom $p(x)$ schreiben als $p(x) = (x - 1) \cdot p_3(x)$, wobei $p_3(x)$ ein Polynom 3. Grades ist, welches wir im Folgenden gleich ausrechnen werden.

Polynomdivision Um derartige „Teiler" von einem Polynom abzudividieren, führt man die so genannte (aus der Schule noch bekannte) *Polynomdivision* aus. Wir zeigen dies hier am obigen Beispiel:

$$
\begin{array}{l}
(x^4 - x^3 + x^2 + 9x - 10) : (x - 1) = x^3 + x + 10 \\
\underline{x^4 - x^3} \\
\qquad\qquad x^2 + 9x - 10 \\
\qquad\qquad \underline{x^2\ \ - x} \\
\qquad\qquad\qquad 10x - 10 \\
\qquad\qquad\qquad \underline{10x - 10} \\
\qquad\qquad\qquad\qquad\quad 0
\end{array}
$$

Diese Rechnung zeigt, dass sich das Polynom 4. Grades $p(x) = x^4 - x^3 + x^2 + 9x - 10$ ohne Rest durch den Linearfaktor (= Polynom 1. Grades) $(x - 1)$ dividieren lässt. Das Ergebnis dieser Division ist ein Polynom 3. Grades: $x^3 + x + 10$. Insgesamt: $(x^4 - x^3 + x^2 + 9x - 10) = (x - 1) \cdot (x^3 + x + 10)$.

Die Polynomdivision läuft dabei nach dem gleichen Schema ab wie die Division von reellen Zahlen: Man dividiert – einfach ausgedrückt – immer die höchste Stelle (entsprechend die höchste x-Potenz) des Dividenden durch die höchste Stelle des Divisors (analog die höchste x-Potenz des Divisor-Polynoms):

$$17578:17 = 1034$$

$$
\begin{array}{r}
1\,7 \\ \hline
5 \\
0 \\ \hline
5\,7 \\
5\,1 \\ \hline
6\,8 \\
6\,8 \\ \hline
0
\end{array}
$$

Bei derartigen Divisionen können aber durchaus auch Reste auftreten. Obiger Satz besagt nur, dass bei der Polynomdivision durch einen Linearfaktor, der zu einer Nullstelle gehört, eben kein Rest „übrigbleibt". Man kann natürlich auch durch andere Polynome als durch Linearfaktoren (d. h. Polynome 1. Grades) dividieren.

Beispiel 3.17

Eine Polynomdivision, die nicht „aufgeht", ist etwa die folgende:

$$
\begin{array}{l}
(x^4 \;-x^3 \;+x^2 \;+9x -10):(x^2-5x+1) = x^2+4x+20 \\
\underline{x^4-5x^3 \;+x^2} \\
\qquad\quad 4x^3 \qquad\quad +9x \\
\qquad\quad \underline{4x^3-20x^2 \;+4x} \\
\qquad\qquad\qquad 20x^2 \;+5x-10 \\
\qquad\qquad\qquad \underline{20x^2-100x+20} \\
\qquad\qquad\qquad\qquad\quad 105x-30
\end{array}
$$

Wir erhalten: $(x^4-x^3+x^2+9x-10) = (x^2-5x+1)\cdot(x^2+4x+20)+(105x-30)$. Das Ausgangspolynom 4. Grades wird also als Produkt zweier Polynome 2. Grades plus eines Restes vom Grad 1 dargestellt. Der Rest hat einen kleineren Grad als das Divisor-Polynom.

Horner-Schema Eine andere Möglichkeit, Funktionswerte zu ermitteln bzw. Linearfaktoren abzudividieren, stellt das so genannte Horner-Schema dar.

Beispiel 3.18

Das Polynom $p(x) = x^4-x^3+x^2+9x-10$ hat – wie bereits gezeigt – die Nullstelle $x_1 = 1$. Für $x_1 = 1$ liefert das Horner-Schema

$$
\begin{array}{r|rrrrr}
 & 1 & -1 & 1 & 9 & -10 \\
+ & & 1 & 0 & 1 & 10 \\ \hline
 & 1 & 0 & 1 & 10 & 0
\end{array}
$$

und damit das Ergebnis

$$p(1) = 0 \quad \text{und}$$

$$p(x) = \underbrace{(1 \cdot x^3 + 0 \cdot x^2 + 1 \cdot x + 10)}_{=p_3(x)} \cdot (x - 1).$$

Zur Erklärung: Das Horner-Schema wird von links nach rechts und von oben nach unten abgearbeitet: In der 1. Zeile stehen die Koeffizienten des Polynoms, wobei „fehlende Potenzen" mit „0" eingetragen werden. In der 2. Zeile steht jeweils der Wert $a_l' \cdot x_1$. d. h. voriger Wert aus der 3. Zeile mal Stelle x_1. Die 3. Zeile ergibt sich aus der Addition der 1. und 2. Zeile. Im obigen Beispiel:

Die 3. Zeile liefert schließlich das Ergebnis: Ganz rechts gibt a_0' den Funktionswert an der Stelle x_1 an (falls x_1 Nullstelle, so $a_0' = 0$). Die Einträge links neben a_0' in der 3. Zeile sind die Koeffizienten des Polynoms, welches das Ergebnis der Division des Ausgangspolynoms durch den Linearfaktor $(x - x_1)$ ist.

Dem Horner-Schema liegt keine Magie zugrunde, sondern geschickte Klammerungstechnik. Dadurch kann man Polynome schematisch mit nur wenigen Rechenschritten auswerten: $p(x_0) = (\dots((a_n x_0 + a_{n-1})x_0 + a_{n-2})x_0 + \dots + a_1)x_0 + a_0.$

Übung 3.6

Zeigen Sie, dass $x_2 = -2$ Nullstelle des (verbleibenden) Polynoms $p_3(x) = x^3 + x + 10$ ist. Dividieren Sie den entsprechenden Linearfaktor $(x - x_2)$ von $p_3(x)$ ab. Benutzen Sie alternativ dazu das Hornerschema.

Lösung 3.6

Durch Polynomdivision ergibt sich:

$$
\begin{array}{l}
(x^3 \qquad\quad + x + 10) : (x + 2) = x^2 - 2x + 5 \\
\underline{x^3 + 2x^2} \\
\quad - 2x^2 \\
\quad \underline{- 2x^2 - 4x} \\
\qquad\qquad 5x \\
\qquad\quad \underline{5x + 10} \\
\qquad\qquad\quad 0
\end{array}
$$

Alternativ erhält man mit dem Horner-Schema:

$$
\begin{array}{c|cccc}
 & 1 & 0 & 1 & 10 \\
+ & & -2 & 4 & -10 \\
\hline
 & 1 \;{}_{(-2)\cdot 1} & -2 \;{}_{(-2)\cdot(-2)} & 5 \;{}_{(-2)\cdot 5} & 0
\end{array}
$$

Insgesamt: $p_3(x) = x^3 + x + 10 = (x + 2) \cdot (x^2 - 2x + 5)$.
Im Übrigen ergibt sich damit für $p(x)$ aus Beispiel 3.18:

$$
p(x) = \underbrace{(x^2 - 2x + 5)}_{\text{Polynom 2. Grades}} \cdot \underbrace{(x - 1) \cdot (x + 2)}_{\substack{\text{zu den Nullstellen } x_1 \text{ und} \\ x_2 \text{ gehörige Linearfaktoren}}}.
$$

Die Grundrechenarten sind auch bei Polynomen kein Problem:

Operationen mit Polynomen, rationale Funktionen
Polynome kann man addieren, subtrahieren und multiplizieren. Man erhält dann
wieder ein Polynom.

Die Division von Polynomen funktioniert – wie gesehen – nicht immer ohne
Rest. Man nennt den Quotienten zweier Polynome $f(x)$ und $g(x)$

$$
\frac{f(x)}{g(x)}
$$

eine rationale Funktion. Ihr Definitionsbereich ist ganz $\mathbb{R}$ ohne die Nullstellen
von $g(x)$.

3.5.2 Die trigonometrischen Funktionen und die Arcusfunktionen

*Wir betrachten im Folgenden trigonometrische Funktionen, wie Sinus, Cosinus etc., die
insbesondere in den Ingenieurwissenschaften sehr häufig vorkommen. Die auftretenden
Winkel können im Gradmaß oder im Bogenmaß gemessen werden. Wir wollen die wichtigsten Eigenschaften dieser Funktionen wiederholen und insbesondere die Frage nach
ihren Umkehrfunktionen beantworten.*

Seitenverhältnisse am rechtwinkligen Dreieck Die aus der Schule bekannten trigonometrischen Funktionen (oder Winkelfunktionen) Sinus, Cosinus, Tangens und Cotangens
beschreiben ursprünglich Seitenverhältnisse am rechtwinkligen Dreieck (vgl. Abb. 3.13),
etwa

$$
\text{Sinus}(\alpha) = \frac{\text{Gegenkathete}}{\text{Hypotenuse}}.
$$

Abb. 3.13 Seitenverhältnisse
am rechtwinkligen Dreieck

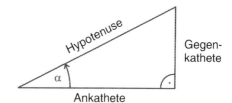

Trigonometrische Funktionen am Einheitskreis Man kann den Verlauf der trigonometrischen Funktionen gut am Einheitskreis ablesen (siehe Abb. 3.14). Die Länge der
markierten Strecken ist jeweils der Sinus, Cosinus, Tangens bzw. Cotangens des gezeich-
neten Winkels α. Dies folgt direkt z. B. aus der Definition des Sinus im rechtwinkligen
Dreiecks, wobei die Länge der Hypotenuse hier gleich 1 ist (Einheitskreis!).

Gradmaß und Bogenmaß Für den Winkel gibt es zwei einander entsprechende Maßein-
heiten, nämlich das (aus der Schule bekannte) *Gradmaß* und das so genannte *Bogenmaß*.
Man stelle sich wiederum einen Kreis mit dem Radius 1 vor. Anstelle des Winkels (in
Grad) kann man auch die Länge des zugehörigen (Kreis-)Bogens, nämlich das Bogenmaß, angeben. Dabei gilt die Umrechnung:

$$\frac{x \text{ (in Bogenmaß)}}{\alpha \text{ (in Grad)}} = \frac{2\pi}{360°} \quad \text{und} \quad x = \frac{\pi}{180°} \cdot \alpha,$$

denn der Umfang des gesamten, 360° umfassenden Einheitskreises (Radius = 1) ist 2π.
Die Einheit des in Bogenmaß angegebenen Winkels heißt Radiant (rad), man lässt sie
meist weg.

Die Funktionsgraphen der trigonometrischen Funktionen sind der Abb. 3.15 zu entnehmen.

Abb. 3.14 Sinus, Cosinus etc.
am Einheitskreis

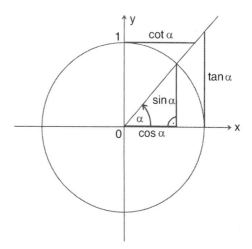

Abb. 3.15 Graphen der trigonometrischen Funktionen

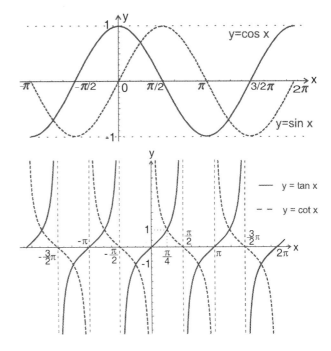

Wichtige Eigenschaften der trigonometrischen Funktionen Wir wollen nun einige Eigenschaften dieser trigonometrischen Funktionen zusammenstellen:

- **Periodizität** Alle Winkelfunktionen sind *periodisch*, d. h. der Kurvenverlauf wiederholt sich: Sinus und Cosinus sind 2π-periodisch, Tangens und Cotangens sind π-periodisch.
- **Komplementärwinkel** Alle Winkelfunktionen lassen sich ineinander umrechnen (vgl. auch entsprechende Tabelle in jeder Formelsammlung). Der Cosinus ist z. B. ein „verschobener" Sinus:

$$\cos\left(\frac{\pi}{2} - x\right) = \sin(x),$$

Definition von Tangens und Cotangens Tangens und Cotangens sind über Sinus und Cosinus definiert:

$$\tan x = \frac{\sin x}{\cos x}, \quad \cot x = \frac{\cos x}{\sin x}.$$

- **Pythagoras** Für den Zusammenhang zwischen Sinus und Cosinus ist auch der Satz von Pythagoras wichtig:

$$\sin^2 x + \cos^2 x = 1.$$

- **Additionstheoreme** Bei der praktischen Anwendung von trigonometrischen Funktionen muss man oft die so genannten *Additionstheoreme* (vgl. Formelsammlung) ver-

Tab. 3.2 Spezielle Sinus- und
Cosinuswerte

Gradmaß	$0°$	$30°$	$45°$	$60°$	$90°$
Bogenmaß	0	$\frac{\pi}{6}$	$\frac{\pi}{4}$	$\frac{\pi}{3}$	$\frac{\pi}{2}$
Sinus	0	$\frac{1}{2}\sqrt{1}$	$\frac{1}{2}\sqrt{2}$	$\frac{1}{2}\sqrt{3}$	$\frac{1}{2}\sqrt{4} = 1$
Cosinus	1	$\frac{1}{2}\sqrt{3}$	$\frac{1}{2}\sqrt{2}$	$\frac{1}{2}\sqrt{1}$	$\frac{1}{2}\sqrt{0} = 0$

wenden, etwa:

$$\sin(x_1 \pm x_2) = \sin x_1 \cdot \cos x_2 \pm \cos x_1 \cdot \sin x_2$$
$$\cos(x_1 \pm x_2) = \cos x_1 \cdot \cos x_2 \mp \sin x_1 \cdot \sin x_2.$$

- **Wertetabelle** Die „Techniker" benötigen häufig die Tab. 3.2 (mit einer „Eselsbrücke"
  zum Merken spezieller Sinus- und Cosinuswerte).

Beispiel 3.19

Wir lösen die trigonometrische Gleichung $\sin 2x - \cos x = 0$. Die Anwendung des
ersten Additionstheorems ergibt $\sin 2x = \sin(x + x) = 2 \sin x \cos x$, also insgesamt
$2 \sin x \cos x - \cos x = 0$ bzw. nach Ausklammern $(2 \sin x - 1) \cdot \cos x = 0$. Einer der
beiden Faktoren muss 0 sein, also

a) $\sin x = 1/2 \Longrightarrow x = \pi/6, x = 5\pi/6$
b) $\cos x = 0 \Longrightarrow x = \pi/2, x = 3\pi/2$

(vgl. Abb. 3.15). Die gefundenen vier Lösungen wiederholen sich 2π-periodisch; z. B.
ist neben $\pi/6$ auch $13\pi/6$ oder $25\pi/6$ Lösung.

Im obigen Beispiel hat man gesehen, dass es manchmal wichtig ist, nicht nur den
Sinus eines Winkels zu berechnen, sondern umgekehrt zum vorgegebenen Sinus-Wert
den zugehörigen Winkel zu bestimmen. Man kann dazu die trigonometrischen Funktionen umkehren – wenn man eine gewisse Vorsicht walten lässt. Einfaches Spiegeln der
Sinus-Funktion an der Winkelhalbierenden des 1. Quadranten führt nämlich auf folgendes merkwürdige Gebilde in Abb. 3.16.

Die Spiegelung des *gesamten* Sinus ist also keine Funktion. Wählt man aber etwa
das Intervall $[-\frac{\pi}{2}, \frac{\pi}{2}]$ aus, so ist der Sinus auf diesem Intervall eine monotone Funktion
und entsprechend existiert eine ebenfalls monotone Umkehrfunktion. Sie heißt Arcussi-
nus (arcsin). Da sich Definitionsbereich und Wertebereich bei einer Funktion und ihrer
Umkehrfunktion umkehren, gilt:

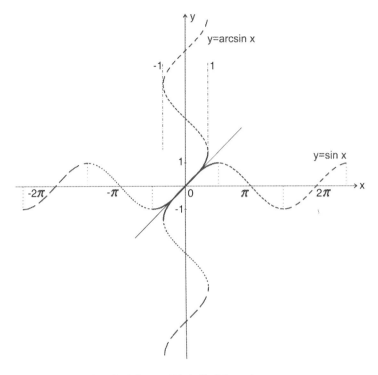

Abb. 3.16 Spiegelung der Sinusfunktion an Winkelhalbierender

Arcussinus, d. h. Umkehrfunktion des Sinus
Die Umkehrfunktion des Sinus auf dem Intervall $[-\frac{\pi}{2}, \frac{\pi}{2}]$ heißt Arcussinus (arcsin).
Es gilt:

$$\arcsin x : [-1, 1] \to \left[-\frac{\pi}{2}, \frac{\pi}{2}\right].$$

Arcusfunktionen, d. h. Umkehrfunktionen der restlichen trigonometrischen Funktionen
Entsprechende Umkehrfunktionen (genannt Arcusfunktionen) existieren auch für die anderen trigonometrischen Funktionen Cosinus, Tangens und Cotangens mit

$$\arccos x : [-1, 1] \to [0, \pi],$$
$$\arctan x : \mathbb{R} \quad\quad \to (-\tfrac{\pi}{2}, \tfrac{\pi}{2}),$$
$$\arccot x : \mathbb{R} \quad\quad \to (0, \pi).$$

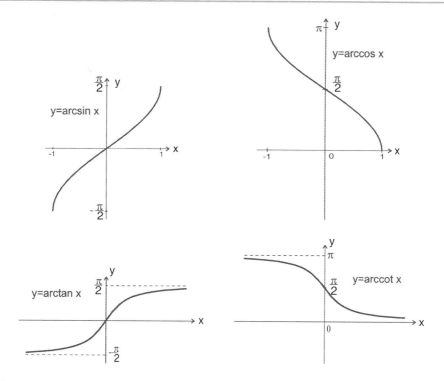

Abb. 3.17 Graphen der Arcusfunktionen

Hauptwert der Umkehrfunktion Man könnte im Prinzip den Definitionsbereich der trigonometrischen Funktionen auch auf ein anderes Intervall einschränken und derart zu anderen so genannten *Zweigen* der Umkehrfunktion gelangen. Dieses Vorgehen ist aber unüblich: Man beschränkt sich – wie in der obigen Definition – auf den *Hauptwert* der Umkehrfunktion.

Die Umkehrfunktionen der trigonometrischen Funktionen, die *Arcusfunktionen*, haben die Graphen aus Abb. 3.17.

Man beachte etwa

$$\lim_{x \to -\infty} \arctan(x) = -\frac{\pi}{2} \quad \text{und} \quad \lim_{x \to \infty} \arctan(x) = \frac{\pi}{2}$$

sowie

$$\operatorname{arccot} x = \frac{\pi}{2} - \arctan x.$$

Auch die übrigen Arcusfunktionen lassen sich ineinander umrechnen. Bei Bedarf konsultiere man eine Formelsammlung.

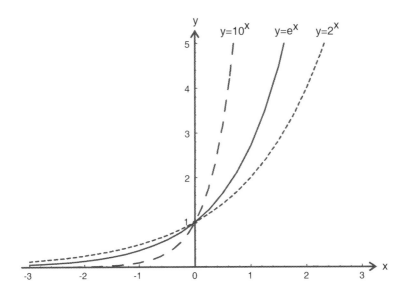

Abb. 3.18 Graphen von Exponentialfunktionen

3.5.3 Die Exponentialfunktionen und die Logarithmen

Wir betrachten im Folgenden allgemeine Exponentialfunktionen, insbesondere die in vielen Anwendungen wichtige Exponentialfunktion e^x *(auch* e*-Funktion genannt). Ihre Umkehrfunktion ist der (natürliche) Logarithmus* $\ln x$. *Die Exponentialfunktion lässt sich verallgemeinern zu* $a^x := e^{x \cdot \ln a}$ *mit der Umkehrfunktion* $\log_a x$. *Ganz besonders wichtig sind die Rechenregeln für Exponentialfunktionen und Logarithmen.*

Potenzen kennt man auch schon aus der Schule: Hier fing alles ganz harmlos an etwa mit den Potenzen von 2, nämlich $2^0 = 1$, $2^1 = 2$, $2^2 = 4$, $2^3 = 8$, $2^4 = 16$, etc. Auch $2^{1/2}$ ist kein Problem, da gilt es einfach, die Quadratwurzel aus 2 zu berechnen. Die Quadratwurzel-Funktion $\sqrt{x}$ hatten wir als Umkehrfunktion der Funktion x^2 ja schon kennen gelernt. Analog wäre $2^{1/3}$ die dritte Wurzel aus 2, die mit Hilfe der Umkehrfunktion von x^3 zu berechnen ist.

Exponentialfunktion, Euler'sche Zahl Man kann nun $f(x) = 2^x$ auch ganz allgemein für reelle Exponenten definieren und erhält eine so genannte *Exponentialfunktion*. Als Basis könnte man natürlich auch andere Werte als 2 wählen, etwa 10 oder die in der Mathematik so beliebte *Euler'sche Zahl* $e \approx 2{,}7182818$. Die zugehörigen Exponentialfunktionen ähneln einander sehr (vgl. Abb. 3.18).

Exponentialfunktion e^x, e-Funktion Am gebräuchlichsten ist sicherlich die Exponentialfunktion $f(x) = e^x$, kurz e-*Funktion* genannt. Sie dient in den Anwendungen meist zur Beschreibung von Wachstums- und Zerfallsprozessen; man sieht ja sehr schön am Funktionsverlauf, wie rasant die Exponentialfunktion ansteigt. Die Eulersche Zahl e haben wir schon als Grenzwert einer Folge kennen gelernt (vgl. Abschn. 2.5):

$$e = \lim_{n \to \infty} \left(1 + \frac{1}{n}\right)^n,$$

analog gilt

$$e^x = \lim_{n \to \infty} \left(1 + \frac{x}{n}\right)^n.$$

Allerdings wird die Exponentialfunktion meist als *unendliche Reihe* (vgl. Abschn. 7.10) eingeführt:

$$e^x = \sum_{k=0}^{\infty} \frac{x^k}{k!} = 1 + x + \frac{x^2}{2!} + \frac{x^3}{3!} + \dots$$

Aus recht tiefliegenden Rechengesetzen für das Produkt unendlicher Reihen und dem Binomialsatz erhält man die für das Rechnen mit Potenzen grundlegende Funktionalgleichung:

Funktionalgleichung der e-Funktion
Für die Exponentialfunktion $e^x : \mathbb{R} \to (0, \infty)$ gilt (für $x_1, x_2 \in \mathbb{R}$):

$$e^{x_1 + x_2} = e^{x_1} \cdot e^{x_2}.$$

In Übereinstimmung mit den bekannten Rechenregeln für Potenzen gelten dann auch die weiteren Rechengesetze:

Rechenregeln für e-Funktion
Es gilt:

$$e^{-x} = \frac{1}{e^x}, \quad (e^x)^y = e^{x \cdot y}, \quad e^0 = 1, \quad e^1 = e.$$

Zur Exponentialfunktion merke man sich auch die folgenden Grenzwerte:

Grenzverhalten der e-Funktion
Es ist:

$$\lim_{x \to -\infty} e^x = 0, \quad \lim_{x \to \infty} e^x = \infty.$$

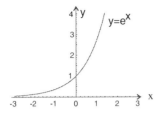 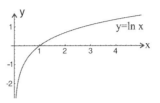

Abb. 3.19 Exponentialfunktion und Logarithmus

Wachstumsverhalten der e-Funktion Bezüglich des Wachstumsverhaltens der Exponentialfunktion lässt sich weiterhin bemerken, dass die Exponentialfunktion sehr rasch ansteigt, und zwar (auf lange Sicht) schneller als jede noch so große Potenz von x, in Formelzeichen $\lim_{x \to \infty} \frac{e^x}{x^n} = \infty$ für beliebiges n. In der Informatik spricht man daher auch von *exponentiellem Wachstum* im Gegensatz zum langsameren *polynomialen Wachstum*.

Da die Exponentialfunktion streng monoton wachsend ist, gehören zu verschiedenen Argumenten x_1 und x_2 auch verschiedene Funktionswerte e^{x_1} und e^{x_2}. Man kann also die Gleichung $e^x = y$ für jedes $y > 0$ (die Exponentialfunktion nimmt nur positive Werte an!) nach x auflösen. Diese Umkehrfunktion der Exponentialfunktion heißt (natürlicher) Logarithmus:

> **(Natürlicher) Logarithmus als Umkehrfunktion der e-Funktion**
> Die Funktion $\ln x : (0, \infty) \to \mathbb{R}$, genannt (natürlicher) Logarithmus, ist die Umkehrfunktion der Exponentialfunktion.

Der Graph von $\ln x$ ergibt sich entsprechend durch Spiegelung der Exponentialfunktion an der Winkelhalbierenden (vgl. Abb. 3.19).

Die Funktionalgleichung für den Logarithmus lautet:

> **Funktionalgleichung des Logarithmus**
> Für den (natürlichen) Logarithmus gilt:
>
> $$\ln(x_1 \cdot x_2) = \ln x_1 + \ln x_2$$
>
> für $x_1, x_2 > 0$.

Dies folgt unmittelbar aus der Funktionalgleichung der Exponentialfunktion und der Eigenschaft, dass Exponentialfunktion und Logarithmus Umkehrfunktionen sind:

Abb. 3.20 Radioaktiver Zerfall

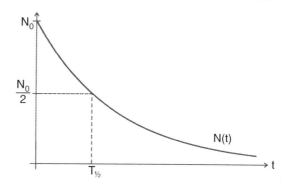

$\mathrm{e}^{\ln x_1 + \ln x_2} = \mathrm{e}^{\ln x_1} \cdot \mathrm{e}^{\ln x_2} = x_1 \cdot x_2 = \mathrm{e}^{\ln(x_1 \cdot x_2)}$. Exponentenvergleich links und rechts liefert das Ergebnis.

Auf obiger Funktionalgleichung basiert übrigens die jahrhundertelange Verwendung von Rechenschiebern, die jetzt allerdings vollständig von Taschenrechnern abgelöst wurden. Solche Rechenschieber multiplizierten Zahlen, indem sie die zugehörigen Strecken im logarithmischen Maßstab addierten.

Weitere wichtige Rechenregeln für Logarithmen sind:

Rechenregeln für den Logarithmus
Es gilt für $x_1, x_2 > 0$:

$$\ln\left(\frac{x_1}{x_2}\right) = \ln x_1 - \ln x_2 \quad \text{und} \quad \ln\left(x_1^{x_2}\right) = x_2 \cdot \ln x_1.$$

Beispiel 3.20
Radioaktiven Zerfall kann man durch die Funktion

$$N(t) = N_0 \cdot \mathrm{e}^{-\lambda t}$$

beschreiben. Dabei bezeichnet $N(t)$ die Anzahl der zur Zeit t vorhandenen (d. h. noch nicht zerfallenen) Atome, N_0 ist die Anzahl der anfänglich (d. h. zur Zeit $t = 0$) vorliegenden Atome und $\lambda > 0$ ist eine dem Material eigene Zerfallskonstante, die angibt, wie schnell (oder wie langsam) der Stoff zerfällt. Unter der *Halbwertszeit* $T_{1/2}$ versteht man nun die Zeit, in der die Zahl anfangs vorhandener (oder zu irgendeiner Zeit vorhandener) Atome auf die Hälfte abgenommen hat (vgl. Abb. 3.20).

Die Halbwertszeit berechnet sich wegen $N(T_{1/2}) = N_0 \cdot e^{-\lambda T_{1/2}}$ zu:

$$N_0 \cdot e^{-\lambda T_{1/2}} = \frac{N_0}{2}$$
$$\Longleftrightarrow \quad e^{-\lambda T_{1/2}} = \frac{1}{2}$$
$$\Longleftrightarrow \quad -\lambda T_{1/2} = \ln(1/2) = \ln 1 - \ln 2 = -\ln 2$$
$$\Longleftrightarrow \quad T_{1/2} = \frac{\ln 2}{\lambda}.$$

Übung 3.7

Radium Ra_{88}^{226} hat eine Halbwertszeit von 1580 Jahren. Nach welcher Zeit liegen von diesem radioaktiven Stoff nur noch 1 % der anfänglich vorhandenen Atome vor?

Lösung 3.7

Wegen $N(T_{0,01}) = N_0 \cdot e^{-\lambda T_{0,01}}$ gilt:

$$N_0 \cdot e^{-\lambda T_{0,01}} = \frac{N_0}{100}$$
$$\Longleftrightarrow \quad e^{-\lambda T_{0,01}} = \frac{1}{100}$$
$$\Longleftrightarrow \quad -\lambda T_{0,01} = -\ln 100$$
$$\Longleftrightarrow \quad T_{0,01} = \frac{\ln 100}{\lambda} = \frac{\ln 100}{\left(\frac{\ln 2}{T_{1/2}}\right)} = \frac{\ln 100}{\ln 2} \cdot T_{1/2}$$
$$\Longleftrightarrow \quad T_{0,01} \approx 6{,}64 \cdot 1580 \text{ Jahre} \approx 10.500 \text{ Jahre.}$$

Es folgt nun nur noch eine geringfügige Verallgemeinerung – und schon stehen uns eine ganze Klasse von Funktionen, nämlich allgemeine Exponentialfunktionen und Logarithmen, zur Verfügung. Bei der Einführung der speziellen Exponentialfunktion e^x haben wir gesehen, dass die Graphen der Funktionen e^x, 2^x oder etwa 10^x sich ähneln. Kennt man eine davon, so kennt man alle. Es ist in der Tat so, denn man definiert ganz allgemein:

Allgemeine Exponentialfunktion
Als allgemeine Exponentialfunktion wird die Funktion

$$a^x := e^{x \cdot \ln a} : \mathbb{R} \to (0, \infty)$$

mit $a > 0$ bezeichnet. Auch hier gilt für $x_1, x_2 \in \mathbb{R}$ die Funktionalgleichung

$$a^{x_1 + x_2} = a^{x_1} \cdot a^{x_2}.$$

Auch die anderen Eigenschaften übertragen sich von der Exponentialfunktion auf die allgemeine Exponentialfunktion: So ist sie stetig, es gilt $a^0 = 1$. Die allgemeine Exponentialfunktion ist auch monoton – und zwar streng monoton wachsend für $a > 1$ und streng monoton fallend für $0 < a < 1$. Entsprechend kann man ebenfalls jede Exponentialfunktion umkehren:

---

a-Logarithmus als Umkehrfunktion der allgemeinen Exponentialfunktion
Die Funktion

$$\log_a x : (0, \infty) \to \mathbb{R}$$

für $a > 0$, $a \neq 1$, genannt a-Logarithmus, ist die Umkehrfunktion der allgemeinen Exponentialfunktion. Auch für den Logarithmus gilt für $x_1, x_2 > 0$ die Funktionalgleichung

$$\log_a(x_1 \cdot x_2) = \log_a x_1 + \log_a x_2.$$

Und genauso wie sich die allgemeine Exponentialfunktion auf die Exponentialfunktion e^x zurückführen lässt, kann man alle Logarithmen durch den (natürlichen) Logarithmus $\ln x$ ausdrücken:

---

a-Logarithmus und natürlicher Logarithmus
Für $a > 0$ und $x > 0$ gilt:

$$\log_a x = \frac{\ln x}{\ln a}.$$

Neben dem (natürlichen) Logarithmus $\ln x = \log_e x$ (also dem Logarithmus zur Basis e) wird auch der duale oder binäre Logarithmus $\operatorname{ld} x = \log_2 x$ (zur Basis 2) und der dekadische bzw. Brigg'sche Logarithmus $\log x = \log_{10} x$ (zur Basis 10) häufig verwendet (vgl. Abb. 3.21).

3.5.4 Die Hyperbel- und die Areafunktionen

Wir betrachten im Folgenden Hyperbelfunktionen, die über Exponentialfunktionen definiert sind. Interessanterweise besitzen solche Hyperbelfunktionen ähnliche Eigenschaften wie die trigonometrischen Funktionen. Auch hier existieren Umkehrfunktionen, genannt Areafunktionen.

Die so genannten Hyperbelfunktionen sind Funktionen, die sich durch Exponentialfunktionen ausdrücken lassen:

Abb. 3.21 Graphen verschiedener Logarithmen

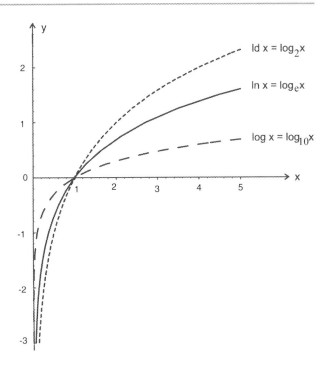

Hyperbelfunktionen

Die Hyperbelfunktionen Sinus Hyperbolicus, Cosinus Hyperbolicus, Tangens Hyperbolicus und Cotangens Hyperbolicus sind wie folgt definiert:

$$\sinh x = \tfrac{1}{2}\left(e^{x} - e^{-x}\right) : \mathbb{R} \qquad \to \mathbb{R},$$
$$\cosh x = \tfrac{1}{2}\left(e^{x} + e^{-x}\right) : \mathbb{R} \qquad \to [1, \infty),$$
$$\tanh x = \tfrac{\sinh x}{\cosh x} \qquad\quad : \mathbb{R} \qquad \to (-1, 1),$$
$$\coth x = \tfrac{\cosh x}{\sinh x} \qquad\quad : \mathbb{R} \setminus \{0\} \to (-\infty, -1) \cup (1, \infty).$$

Die Graphen der Funktionen zeigt Abb. 3.22.

Kettenlinie In der Technik gebräuchlich ist dabei nur der Cosinus Hyperbolicus, die so genannte *Kettenlinie*: Ein vollkommen biegsamer, an zwei Punkten aufgehängter Faden nimmt nämlich aufgrund seines Eigengewichts diese Form an.

Interessant an den Hyperbelfunktionen ist, dass sie sich in mancher Hinsicht analog zu den trigonometrischen Funktionen verhalten. So gelten etwa die Gleichungen:

$$\cosh^{2} x - \sinh^{2} x = 1$$
$$\sinh(x_1 + x_2) = \sinh x_1 \cosh x_2 + \cosh x_1 \sinh x_2.$$

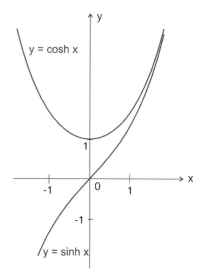
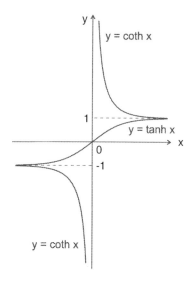

Abb. 3.22 Graphen der Hyperbelfunktionen

Weitere wichtige, zu den trigonometrischen Formeln ähnliche Formeln finden sich bei Bedarf in jeder Formelsammlung.

Beispiel 3.21

Es ist:

$$\cosh^2 x - \sinh^2 x = \left[\frac{1}{2}(e^x + e^{-x})\right]^2 - \left[\frac{1}{2}(e^x - e^{-x})\right]^2$$

$$= \frac{1}{4}\left(e^{2x} + 2 + e^{-2x}\right) - \frac{1}{4}\left(e^{2x} - 2 + e^{-2x}\right) = \frac{1}{4} \cdot 4 = 1.$$

Übung 3.8

Zeigen Sie $\sinh(x_1 + x_2) = \sinh x_1 \cosh x_2 + \cosh x_1 \sinh x_2$.

Lösung 3.8

$$\sinh x_1 \cosh x_2 + \cosh x_1 \sinh x_2$$

$$= \frac{1}{2}(e^{x_1} - e^{-x_1}) \cdot \frac{1}{2}(e^{x_2} + e^{-x_2}) + \frac{1}{2}(e^{x_1} + e^{-x_1}) \cdot \frac{1}{2}(e^{x_2} - e^{-x_2})$$

$$= \frac{1}{4}(e^{x_1+x_2} + e^{x_1-x_2} - e^{-x_1+x_2} - e^{-x_1-x_2})$$

$$\quad + \frac{1}{4}(e^{x_1+x_2} - e^{x_1-x_2} + e^{-x_1+x_2} - e^{-x_1-x_2})$$

$$= \frac{1}{2}(e^{x_1+x_2} - e^{-x_1-x_2})$$

$$= \sinh(x_1 + x_2).$$

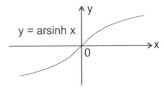
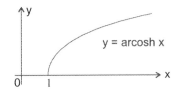

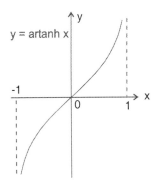
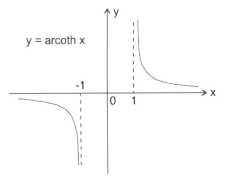

Abb. 3.23 Graphen der Areafunktionen

Umkehrfunktionen der Hyperbelfunktionen Die Hyperbelfunktionen lassen sich
ebenfalls umkehren: Für die streng monoton wachsenden Funktionen $\sinh x$, $\tanh x$ und
$\coth x$ existieren entsprechend streng monoton wachsende Umkehrfunktionen $\operatorname{arsinh} x$,
$\operatorname{artanh} x$ und $\operatorname{arcoth} x$ (gesprochen Area Sinus Hyperbolicus etc.) Für den Cosinus Hyperbolicus gelingt die Umkehrung nur auf einer Einschränkung seines Definitionsbereiches,
z. B. auf dem Monotoniebereich $[0, \infty)$. Die Umkehrfunktionen der Hyperbelfunktionen
werden auch *Areafunktionen* genannt. Die Graphen der Funktionen zeigt Abb. 3.23.

Wie bereits gesehen, lassen sich die Hyperbelfunktionen durch Exponentialfunktionen
ausdrücken. (So haben wir sie ja schließlich definiert!) Kein Wunder, wenn sich dann die
Areafunktionen über Logarithmen schreiben lassen.

Beispiel 3.22

Die Umkehrung der Sinus-Hyperbolicus-Funktion erhält man durch Auflösen von $x = \sinh y = 1/2(e^y - e^{-y})$ nach y: Aus

$$e^y - e^{-y} = 2x$$

ergibt sich nach Multiplikation mit e^y: $e^{2y} - 2x \cdot e^y - 1 = 0$. Wenn man nun $u = e^y$
setzt, so erhält man für u die quadratische Gleichung $u^2 - 2x \cdot u - 1 = 0$. Die Lösungen
dieser quadratischen Gleichung lauten $u_{1/2} = x \pm \sqrt{x^2 + 1}$. Da die Exponentialfunktion nur positive Werte annimmt, lautet die einzige Lösung $u = e^y = x + \sqrt{x^2 + 1}$
bzw. nach y aufgelöst $y = \ln(x + \sqrt{x^2 + 1})$.

Areafunktionen

Die Umkehrfunktionen der Hyperbelfunktionen, auch Areafunktionen (Area Sinus Hyperbolicus etc.) genannt, sind auf folgenden Intervallen definiert:

$$\begin{aligned}
\text{arsinh}\, x &: \mathbb{R} & &\to \mathbb{R}, \\
\text{arcosh}\, x &: [1, \infty) & &\to [0, \infty), \\
\text{artanh}\, x &: (-1, 1) & &\to \mathbb{R}, \\
\text{arcoth}\, x &: (-\infty, -1) \cup (1, \infty) & &\to \mathbb{R} \setminus \{0\}.
\end{aligned}$$

Es gilt:

$$\begin{aligned}
\text{arsinh}\, x &= \ln(x + \sqrt{x^2 + 1}), \\
\text{arcosh}\, x &= \ln(x + \sqrt{x^2 - 1}), \\
\text{artanh}\, x &= \frac{1}{2} \ln\left(\frac{1+x}{1-x}\right), \\
\text{arcoth}\, x &= \frac{1}{2} \ln\left(\frac{x+1}{x-1}\right).
\end{aligned}$$

3.6 Kurven

Eine Verallgemeinerung des Begriffs Funktion ist die Kurve. Bekannte Kurven sind Kreise, Ellipsen, Spiralen, aber z. B. auch Zykloiden. Allerdings lassen sich Kurven nicht mehr so einfach wie Funktionen darstellen: Man unterscheidet hier die Parameterdarstellung, die Polardarstellung sowie die implizite Darstellung.

Schon ein einfacher Kreis um den Nullpunkt mit Radius 1 lässt sich nicht als eine Funktion auffassen: $x^2 + y^2 = 1$. Auflösen nach y liefert nämlich den oberen und den unteren Halbkreis: $y = \pm\sqrt{1 - x^2}$.

Eine andere Möglichkeit ist hier die Darstellung:

$$\vec{r}(t) = \begin{pmatrix} x(t) \\ y(t) \end{pmatrix} = \begin{pmatrix} \cos t \\ \sin t \end{pmatrix} \quad \text{mit } t \in [0, 2\pi].$$

Man kann sich dabei den Parameter t als Zeit vorstellen, wobei $x(t)$ und $y(t)$ die x- und y-Koordinaten des Punktes auf der Kurve zur Zeit t angeben.

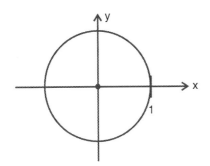
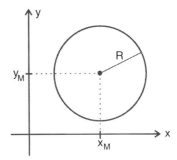

Abb. 3.24 Kreise

Ebene Kurven

Ebene Kurven lassen sich oft auf eine der folgenden Arten darstellen:

- implizite Darstellung: $F(x, y) = 0$,
- explizite Darstellung: $y = f(x)$,
- Parameterdarstellung: $x = x(t)$, $y = y(t)$ mit $t \in [a, b]$.

Beispiel 3.23

Ein Kreis um den Nullpunkt mit Radius 1 (s. Abb. 3.24) hat also die folgenden Darstellungen:

- implizit: $F(x, y) = x^2 + y^2 - 1 = 0$,
- explizit: $y = f_1(x) = \sqrt{1 - x^2}$ oder $y = f_2(x) = -\sqrt{1 - x^2}$,
- mit Parameter: $x(t) = \cos t$, $y(t) = \sin t$ mit $t \in [0, 2\pi]$.

Übung 3.9

Beschreiben Sie auf mehrere Arten einen Kreis vom Radius R um den Mittelpunkt (x_M, y_M) (s. Abb. 3.24).

Lösung 3.9

Ein Kreis um den Mittelpunkt (x_M, y_M) mit Radius R lässt sich darstellen:

- implizit: $F(x, y) = (x - x_M)^2 + (y - y_M)^2 - R^2 = 0$,
- explizit: $y = f_1(x) = y_M + \sqrt{R^2 - (x - x_M)^2}$ oder $y = f_2(x) = y_M - \sqrt{R^2 - (x - x_M)^2}$,
- mit Parameter: $x(t) = x_M + R \cos t$, $y(t) = y_M + R \sin t$ mit $t \in [0, 2\pi]$.

Abb. 3.25 Zykloide

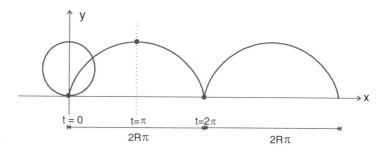

Übung 3.10

Die folgende Kurve in Parameterdarstellung: $x = x(t) = 1 - \frac{1}{2}\cos^2 t$, $y = y(t) = 3\cos t$ soll in impliziter Darstellung angegeben werden.

Lösung 3.10

Man löst die Gleichung für y nach $\cos t = y/3$ auf und setzt in die Gleichung für x ein:

$$x = 1 - \frac{1}{2}\cos^2 t = 1 - \frac{1}{2}\left(\frac{y}{3}\right)^2 = 1 - \frac{y^2}{18}.$$

Also in impliziter Darstellung: $F(x, y) = x + \frac{y^2}{18} - 1 = 0$.

Beispiel 3.24

Eine weitere Kurve, Zykloide genannt, erhält man z. B. beim Abrollen eines Kreises vom Radius R auf einer Geraden (s. Abb. 3.25):

$$\vec{r}(t) = \begin{pmatrix} x(t) \\ y(t) \end{pmatrix} = \begin{pmatrix} R \cdot (t - \sin t) \\ R \cdot (1 - \cos t) \end{pmatrix}, \quad t \in [0, 2\pi].$$

Kurven im Raum Bisher haben wir ebene Probleme besprochen. Kurven können aber natürlich auch im Raum liegen: Ein typisches Beispiel ist die so genannte Schraubenlinie mit dem Radius R und der Ganghöhe h (s. Abb. 3.26):

$$\vec{r}(t) = \begin{pmatrix} x(t) \\ y(t) \\ z(t) \end{pmatrix} = \begin{pmatrix} R\cos t \\ R\sin t \\ \frac{h}{2\pi}t \end{pmatrix}, \quad t \in [0, 2\pi].$$

Aus der Physik sind weitere 3D-Beispiele wie etwa die Bahnkurve eines Geschosses bekannt.

Manche Kurven lassen sich am einfachsten in **Polarform** (vgl. Abschn. 9.3.2, Polarkoordinaten bei komplexen Zahlen) beschreiben. Hier wird der Radius r in Abhängigkeit vom jeweiligen Winkel φ angegeben: $r = r(\varphi)$.

Abb. 3.26 Schraubenlinie

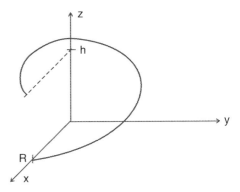

Beispiel 3.25

Eine Archimedische Spirale wird in Polarform angegeben:

$$r = r(\varphi) = a \cdot \varphi$$

Eine Archimedische Spirale erhält man z. B. durch das Aufrollen eines Teppichs, bei Toilettenpapier und Haushaltsrollen oder auch in der Rille einer Schallplatte. Die Größe a beschreibt hier die Dicke z. B. des Teppichs (s. Abb. 3.27).

Abb. 3.27 Archimedische
Spirale für $a = 1$

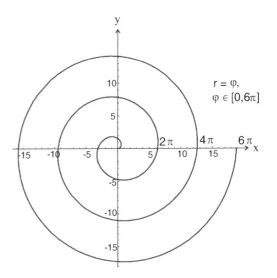

Abb. 3.28 Kardioide

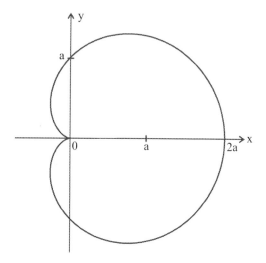

Die Umrechnung von der Polarform in die Parameterdarstellung ist sehr einfach:

Polarform

Eine in Polarform dargestellte Kurve mit der Gleichung $r = r(\varphi)$ lautet in Parameterform

$$x(\varphi) = r(\varphi) \cdot \cos\varphi,$$
$$y(\varphi) = r(\varphi) \cdot \sin\varphi.$$

Übung 3.11

Wie lautet die Parameterform der Kardioide (Herzkurve, s. Abb. 3.28) mit

$$r(\varphi) = a \cdot (1 + \cos\varphi), \quad \varphi \in [0, 2\pi]?$$

Lösung 3.11

Die Parameterform der Kardioide lautet mit $\varphi \in [0, 2\pi]$

$$x(\varphi) = a \cdot (1 + \cos\varphi) \cdot \cos\varphi,$$
$$y(\varphi) = a \cdot (1 + \cos\varphi) \cdot \sin\varphi.$$

3.7   Kurzer Verständnistest

(1) Durch welche der folgenden Vorschriften wird eine Funktion definiert?

☐ Jeder Person wird ihr Gewicht zugeordnet.

☐ Jedem Autor werden seine Werke (jeweils einzeln) zugeordnet.

☐ Bei Rechtecken wird jedem Flächeninhalt ein Rechteckumfang zugeordnet.

☐ Jedem Polynom ungleich 0 wird die Anzahl seiner Nullstellen zugeordnet.

(2) Welche Eigenschaften einer Funktion genügt für deren Umkehrbarkeit?

☐ periodisch   ☐ bijektiv

☐ gerade   ☐ streng monoton

(3) Für die Funktion $f(x) = \frac{1}{x+3}$ gilt:

☐ $\lim_{x \to -3} f(x) = \infty$ ☐ $\lim_{x \to -3-} f(x) = \infty$

☐ $\lim_{x \to -3-} f(x) = -\infty$ ☐ $\lim_{x \to -3+} f(x) = \infty$

(4) Sind f, g auf ganz $\mathbb{R}$ stetige Funktionen, dann gilt:

☐ $\lim(f(x)^{g(x)}) = (\lim f(x))^{g(x)}$ ☐ $\lim(f(x)^{g(x)}) = (f(x))^{\lim g(x)}$

☐ $\lim_{x \to x_0} f(g(x)) = f(\lim_{x \to x_0} g(x))$ ☐ $\lim_{x \to x_0} f(g(x)) = f(g(x_0))$

(5) Gegeben sei das Polynom $p(x) = x^2 - 4$. Was ist richtig?

☐ $p(x) = (x-2)(x+2)$ ☐ $p(x)$ hat zwei Nullstellen

☐ $p(x)$ ist ein Polynom 3. Grades   ☐ $p(0) = 4$

(6) Die Funktion $y(x) = \sin x$ ist

☐ auf $\mathbb{R}$ definiert   ☐ nur auf $[0, 2\pi]$ definiert

☐ π-periodisch   ☐ streng monoton wachsend

(7) Die Funktion $y(x) = \arcsin x$ ist

☐ $\frac{1}{\sin x}$ ☐ die Inverse zu $y(x) = \sin x$

☐ auf $\mathbb{R}$ definiert   ☐ streng monoton wachsend

(8) Der Logarithmus $y(x) = \log_{10} x$ ist die Umkehrfunktion zu

☐ 10^x ☐ e^{10x}

☐ $e^{x \ln 10}$ ☐ $10e^x$

(9) Die Hyperbelfunktionen

☐ sind über Exponentialfunktionen definiert

☐ besitzen Umkehrfunktionen, die so genannten Areafunktionen

☐ haben z. T. ähnliche Eigenschaften wie die trigonometrischen Funktionen

☐ sind periodisch

Lösung: (x $\simeq$ richtig, o $\simeq$ falsch)

1.) xoox, 2.) oxox, 3.) ooxx, 4.) ooxx, 5.) xxoo, 6.) xooo, 7.) oxox, 8.) xoxo, 9.) xxxo

Abb. 3.29 Allokationsproblem in verteilten
Datenbanksystemen

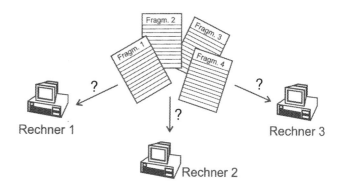

3.8 Anwendungen

3.8.1 Datenallokation in verteilten Datenbanksystemen

Diese Anwendung zeigt, wie Probleme in der Informatik mittels geschickter Definition von Funktionen modelliert und gelöst werden können. Dabei werden wir so genannte *diskrete Funktionen* verwenden, deren Definitionsbereich lediglich aus einzelnen „Werten" besteht.

Viele Firmen benutzen zur Speicherung ihrer Unternehmensdaten ein Datenbanksystem (DB-System), das nicht auf einem zentralen Server läuft, sondern auf mehreren Rechnern mit unterschiedlichen geographischen Standorten verteilt ist. Speichert man in einem solchen *verteilten DB-System* eine große Tabelle mit vielen Daten, so kann man die Tabelle zeilenweise in mehrere Teile aufspalten: man erhält dann so genannte *Fragmente* der Tabelle. Die Informatik stellt hierzu Verfahren bereit, die zu einer anwendungs-adäquaten Aufspaltung $f = 1, \ldots, F$ in F Tabellen-Fragmente führen. Das Problem besteht nun darin, die Fragmente so auf R Rechner ($r = 1, \ldots, R$) zu verteilen, dass die „Effizienz" des Systems optimal wird. Dieses *Allokationsproblem* ist dann gelöst, wenn es uns gelingt, eine „korrekte" Allokationsfunktion $A(r, f)$ (in zwei Veränderlichen!) mit der Semantik

$$A(r, f) = \begin{cases} 1, & \text{falls Fragment } f \text{ auf Rechner r gespeichert wird,} \\ 0, & \text{falls Fragment } f \text{ } nicht \text{ auf Rechner r gespeichert wird,} \end{cases}$$

zu definieren. Um die Effizienz zu optimieren, muss nun der Kommunikationsaufwand zwischen den einzelnen Rechnern minimiert werden, d. h. die *lokalen Fragmentzugriffe sind zu maximieren*. Ideal ist es, wenn auf einem Rechner gestartete DB-Manipulationen nur Daten dieses Rechners oder aber sehr wenige Daten anderer Rechner benötigen. Lokale Zugriffe sind nämlich effizienter als externe DB-Zugriffe.

Üblicherweise werden für eine Anwendung die anfallenden DB-Manipulationen nach T verschiedenen *Transaktionstypen (TAT)* ($t = 1, \ldots, T$) klassifiziert. Die TAT ermöglichen eine Unterscheidung von Bearbeitungsanforderungen (wie z. B. Bestellvorgänge, Gehaltskalkulationen oder nur lesende DB-Aktionen) bzgl. ähnlichem Zugriffsverhaltens. Anhand von Praxisdaten ermittelt man nun eine Funktion L für die *Lastverteilung*: $L(r,t)$ gibt an, wie oft der TAT t pro Sekunde durchschnittlich auf dem Rechner r gestartet wird. Gehen wir beispielsweise von einem System mit 3 Rechnern ($R = 3$) und 3 TAT ($T = 3$) aus, so könnte L durch folgende (linke) Wertetabelle definiert sein (z. B. wird auf Rechner 2 der TAT 1 pro Sekunde durchschnittlich 8-mal aufgerufen):

$L(r,t)$:

r	t 1	2	3
1	7	0	10
2	8	5	0
3	0	6	5

$R(t,f)$:

t	f 1	2	3	4
1	80	0	50	90
2	70	90	0	0
3	0	60	0	60

Ebenfalls anhand von Anwendungsdaten muss nun noch die so genannte *Referenzfunktion* R ermittelt werden. $R(t, f)$ gibt die gemittelte Anzahl von Zugriffen auf das Fragment f an, die eine Ausführung des TAT t benötigt. Gehen wir in unserem Beispiel von 4 Fragmenten ($F = 4$) aus, so könnte sich die durch obige (rechte) Wertetabelle definierte Referenzfunktion ergeben (z. B. benötigt der TAT 1 im Mittel 50 Zugriffe auf Fragment 3).

Mit Hilfe der Lastverteilung und der Referenzfunktion ist es nun möglich, die insgesamt durchschnittlich pro Sekunde anfallenden Zugriffe $Z(f)$ auf Fragment f zu berechnen:

$$Z(f) = \sum_{r=1}^{R} \sum_{t=1}^{T} L(r,t) \cdot R(t,f).$$

In unserem Beispiel ergibt sich für Fragment 4 folgende mittlere Anzahl von Zugriffen $Z(4)$ pro Sekunde:

$$
\begin{aligned}
Z(4) &= \sum_{r=1}^{3} \sum_{t=1}^{3} L(r,t) \cdot R(t,4) \\
&= L(1,1) \cdot R(1,4) + L(1,2) \cdot R(2,4) + L(1,3) \cdot R(3,4) \\
&\quad + L(2,1) \cdot R(1,4) + L(2,2) \cdot R(2,4) + L(2,3) \cdot R(3,4) \\
&\quad + L(3,1) \cdot R(1,4) + L(3,2) \cdot R(2,4) + L(3,3) \cdot R(3,4) \\
&= \underbrace{7 \cdot 90 + 0 \cdot 0 + 10 \cdot 60}_{\text{Rechner 1}} + \underbrace{8 \cdot 90 + 5 \cdot 0 + 0 \cdot 60}_{\text{Rechner 2}} + \underbrace{0 \cdot 90 + 6 \cdot 0 + 5 \cdot 60}_{\text{Rechner 3}} \\
&= 1230 + 720 + 300 = 2250. \qquad\qquad (*)
\end{aligned}
$$

Analog berechnet man $Z(1)$, $Z(2)$ und $Z(3)$ und erhält für $Z(f)$ die Wertetabelle:

f	1	2	3	4
$Z(f)$	1970	1890	750	2250

Von diesen Zugriffen sind die vom Rechner r veranlassten aber nur dann lokal, wenn das Fragment f diesem zugewiesen wurde, d. h. falls $A(r, f) = 1$ gilt. Die lokalen Zugriffe $ZL(f)$ auf Fragment f ergeben sich somit zu

$$ZL(f) = \sum_{r=1}^{R} \sum_{t=1}^{T} L(r, t) \cdot R(t, f) \cdot A(r, f).$$

Jetzt können wir das Allokationsproblem als *ganzzahliges Optimierungsproblem* modellieren: Es ist eine Fragmentzuordnung – genauer eine Funktion $A(r, f)$ – zu finden, für die die Summe der lokalen Fragmentzugriffe maximal wird, d. h.

$$\sum_{f=1}^{F} ZL(f) = \text{Max}!$$

Dabei ist darauf zu achten, dass jedes Fragment genau einem Rechner zugeordnet werden muss, d. h. es muss die Bedingung $\sum_{r=1}^{R} A(r, f) = 1$ für alle $f = 1, \ldots, F$ erfüllt sein. Ferner darf die Auslastung der Rechner deren verfügbare Leistung nicht überschreiten. Man muss also für potentielle Allokationen jeweils die *mittlere Rechner-Auslastung*, die sich aus Fragmentzugriffen und Kommunikationsaufwänden zusammensetzt, berechnen. Die so ermittelte Auslastung darf dann einen vorgegebenen Prozentsatz der CPU-Leistungsgrenze nicht überschreiten.

Die Lösung dieses Problems ist sehr schwierig, so dass in der Praxis Heuristiken angewandt werden, die eine *suboptimale Lösung* liefern:

a) Setze zunächst $A(r, f) = 0$ für alle r, f (keine Allokation von Fragmenten).

b) Bestimme das Zugriffs-maximale, noch nicht allokierte Fragment f_{max} anhand von $Z(f)$.

c) Berechne für jeden Rechner die lokalen Zugriffe $ZL(f_{max})$, die sich durch Allokation von f_{max} an diesem Rechner ergeben würde und die sich daraus ergebende Erhöhung der CPU-Auslastung.

d) Ordne das Fragment dem Rechner mit dem maximalen Anteil an lokalen Zugriffen zu, ohne dass sich dabei eine Überschreitung der vorgegebenen CPU-Auslastung ergibt. $A(r, f)$ ist entsprechend zu ändern.

e) Falls noch weitere Fragmente allokiert werden müssen, so gehe zu Schritt b).

Der erste Schritt zur Lösung unseres Beispielproblems mit Hilfe der Heuristik ist jetzt leicht mit den bereits berechneten Werten durchführbar:

Es ist $f_{max} = 4$ mit $Z(4) = 2250$. Die potentiellen lokalen Zugriffe auf die jeweiligen Rechner kann man der Zeile (∗) entnehmen: $ZL(1) = 1230 > ZL(2) = 720 > ZL(3) = 300$. Gemäß Schritt d) findet damit eine Zuordnung von Fragment 4 auf Rechner 1 statt. Nehmen wir an, dass die Auslastungsgrenzen aller Rechner eingehalten sind, so ist diese Zuordnung korrekt, d. h. es wird $A(1, 4) := 1$ gesetzt.

Man erkennt, dass die Heuristik eine – wenn auch komplexe – Zuordnungsvorschrift für die Funktion $A(r, f)$ darstellt. Unter der Annahme, dass in keinem Schritt der Heuristik eine Überschreitung der vorgegebenen CPU-Auslastung auftritt, erhält man schließlich folgende Allokationsfunktion:

$A(r, f)$:

r	f 1	2	3	4
1	0	0	0	1
2	1	0	1	0
3	0	1	0	0

Dies bedeutet, dass die Fragmente 1 und 3 dem Rechner 2 zugeteilt werden, das Fragment 2 dem Rechner 3. Das Einhalten der Forderung $\sum_{r=1}^{3} A(r, f) = 1$ für alle $f = 1, \ldots, 4$ erkennt man daran, dass in jeder Spalte der Wertetabelle lediglich eine 1 steht.

Die Funktion $A(r, f)$ liefert letztendlich eine DB-System-Konfiguration, die auf die Maximierung lokaler Datenzugriffe abstellt. Möchte man dagegen die Parallelverarbeitung unterstützen, so muss man ein anderes Modell mit geeigneten Funktionen aufstellen.

3.8.2 Mathematische Funktionsauswertungen mittels Taschenrechner

Wenn man die Fachabteilungen Mathematik oder Informatik in Wissenschaftsmuseen (etwa im Deutschen Museum in München) besucht, kann man erst nachvollziehen, wie stark der Taschenrechner unser Leben erleichtert hat. In solchen Mathematik-Abteilungen sind meist komplizierte mechanische Geräte oder aber dicke Bücher mit Listen von Zahlen (z. B. Logarithmen) zu bewundern.

Im Gegensatz dazu besitzt heute fast jeder einen Taschenrechner, und da Taschenrechner als Massenartikel sehr preiswert herstellbar sind, werden meist auch wissenschaftliche Funktionen auf ihnen realisiert. So können etwa alle im vorliegenden Kapitel besprochenen elementaren Funktionen mühelos mit Hilfe des Taschenrechners berechnet werden. Einige Funktionen – wie z. B. der Cotangens – scheinen zu fehlen, aber mit unseren Kenntnissen kann man dieses scheinbare Manko einfach umgehen.

Die *Hauptfehlerquelle* bei der Auswertung der trigonometrischen Funktionen durch den Taschenrechner liegt nun oft ganz banal darin, dass der Benutzer z. B. Gradmaß eingeschaltet hat, die entsprechenden Winkel aber im Bogenmaß eingibt (oder umgekehrt). Auf fast allen Taschenrechnern kann man durch die MODE-Taste oder durch SHIFT DRG spezifizieren, ob man mit DEG (= degree = Gradmaß) oder mit RAD (= radiant = Bogenmaß) rechnet. Die dritte Möglichkeit, GRA (= Neugrad), wird quasi nie verwendet.

Bsp. $\sin(30°) = 0{,}5$; $\sin(\frac{\pi}{6}) = 0{,}5$; $\sin(\frac{\pi}{3}) \approx 0{,}8660254$.

Am obigen Beispiel sieht man auch, dass der Taschenrechner anders als Computer-algebra-Systeme (wie Maple oder Mathematica) nur Näherungswerte (wenn auch etwa auf 7 bis 9 Stellen hinter dem Dezimalpunkt genau) ausgibt, aber nicht den exakten Wert wie etwa $\sin(\frac{\pi}{3}) = \frac{\sqrt{3}}{2}$.

Bei den *trigonometrischen Funktionen* fällt auf, dass zwar Sinus, Cosinus und Tangens durch die entsprechenden Tasten SIN, COS und TAN vorhanden sind, dass aber der Cotangens fehlt. Hier sollte man z. B. die Formel für den Cotangens

$$\cot x = \frac{1}{\tan x}$$

verwenden. Vorsicht ist geboten, da Tangens und Cotangens nicht für alle reellen Zahlen definiert sind. Dann melden viele Taschenrechner „Error" wie z. B. „- E -", etwa bei $\tan(-\frac{\pi}{2})$.

Auch die *Arcusfunktionen* sind auf dem Taschenrechner vorhanden, auch wenn man dies vielleicht auf den ersten Blick nicht erkennt. Dies liegt daran, dass fast alle Tasten auf dem Taschenrechner doppelt belegt sind, wobei man die zweite (meist weniger gebräuchliche) Tastenbelegung über die SHIFT-Taste erhält. So berechnet man etwa Werte des Arcussinus über die beiden Tasten SHIFT und SIN. Die zweite Belegung von Tasten steht meist über der Taste, wobei man hier vorsichtig sein muss: So bedeutet $\sin^{-1}$ keineswegs $\frac{1}{\sin}$, sondern die Umkehrfunktion des Sinus, also den Arcussinus.

Bsp. $\arcsin(\frac{1}{2}) \approx 0{,}5235988$.

Wiederum erhält man im obigen Beispiel nicht den exakten Wert, nämlich $\frac{\pi}{6}$, sondern eben die obige Näherung (wenn man Bogenmaß als „Mode" eingestellt hat!). Der Arcus-cotangens fehlt, aber hier kann man ohne Probleme folgende Beziehung verwenden:

$$\operatorname{arccot} x = \frac{\pi}{2} - \arctan x.$$

Bei den Umkehrfunktionen der trigonometrischen Funktionen stellt sich jedoch ein grundlegendes Problem: Wenn Sie etwa die Gleichung $\sin x = \frac{1}{2}$ lösen wollen, so tippen Sie in Ihren Taschenrechner SHIFT SIN (d. h. Arcussinus) $\frac{1}{2}$ ein und erhalten als Lösung $\arcsin\left(\frac{1}{2}\right) \approx 0{,}5235988$. Dies ist aber nicht die ganze Wahrheit. Denn der Sinus nimmt an unendlich vielen Stellen den Wert $\frac{1}{2}$ an, und nicht etwa nur an der Stelle $x \approx 0{,}5235988 \approx \frac{\pi}{6}$. Dass man die anderen Lösungen von $\sin x = \frac{1}{2}$ nicht erhält, liegt einfach daran, dass in den Definitionen der Arcusfunktionen deren Wertebereiche geeignet eingeschränkt wurden, etwa im Falle des Arcussinus auf das Intervall $[-\frac{\pi}{2}, \frac{\pi}{2}]$. Man könnte aber, um zu den Umkehrfunktionen zu gelangen, die Definitionsbereiche der trigonometrischen Funktionen auch anders beschränken. Denn zum Beispiel hat die Gleichung $\sin x = y$ bei gegebenem $y \in [-1, 1]$, etwa $y = \frac{1}{2}$, in jedem der Intervalle $I_k := [-\frac{\pi}{2} + k\pi, \frac{\pi}{2} + k\pi]$ mit $k \in \mathbb{Z}$ genau eine Lösung. Beschränkt man also den

Definitionsbereich von $y = \sin x$ auf ein solches Intervall I_k, so existiert auch dort eine Umkehrfunktion. Jede dieser Umkehrfunktionen heißt k-ter *Zweig* des Arcussinus, die bereits definierte Umkehrfunktion $\arcsin x$ heißt *Hauptzweig*. Diese Zweige hängen untereinander zusammen. So kann man sich etwa graphisch klarmachen, dass für den k-ten Zweig des Arcussinus gilt:

$$\arcsin_k x = (-1)^k \arcsin x + k\pi.$$

Auf unser Problem $\sin x = \frac{1}{2}$ bezogen heißt dies, dass wir zunächst (über den Hauptzweig des Arcussinus) den Wert $\arcsin\left(\frac{1}{2}\right) \approx 0{,}5235988 \approx \frac{\pi}{6}$ erhalten. Die weiteren Stellen, an denen der Sinus den Wert $\frac{1}{2}$ annimmt, sind dann:

$$\ldots$$
$$k = -2\colon \arcsin_{-2}\left(\tfrac{1}{2}\right) = (-1)^{-2}\arcsin\left(\tfrac{1}{2}\right) - 2\pi = \tfrac{\pi}{6} - 2\pi = -\tfrac{11}{6}\pi,$$
$$k = -1\colon \arcsin_{-1}\left(\tfrac{1}{2}\right) = (-1)^{-1}\arcsin\left(\tfrac{1}{2}\right) - 1\pi = -\tfrac{\pi}{6} - \pi = -\tfrac{7}{6}\pi,$$
$$k = 1\colon \arcsin_{1}\left(\tfrac{1}{2}\right) = (-1)^{1}\arcsin\left(\tfrac{1}{2}\right) + 1\pi = -\tfrac{\pi}{6} + \pi = \tfrac{5}{6}\pi,$$
$$k = 2\colon \arcsin_{2}\left(\tfrac{1}{2}\right) = (-1)^{2}\arcsin\left(\tfrac{1}{2}\right) + 2\pi = \tfrac{\pi}{6} + 2\pi = \tfrac{13}{6}\pi,$$
$$\ldots$$

D. h. *alle* Lösungen der Gleichung $\sin x = \frac{1}{2}$ ergeben sich zu

$$y_k = (-1)^k \underbrace{\arcsin\left(\frac{1}{2}\right)}_{=\,\frac{\pi}{6}} + k\pi, \quad k \in \mathbb{Z}.$$

Analog gilt für die k-ten Zweige der übrigen Arcusfunktionen:

$$\arccos_k x = \arccos((-1)^k x) + k\pi,$$
$$\arctan_k x = \arctan x + k\pi,$$
$$\operatorname{arccot}_k x = \operatorname{arccot} x + k\pi.$$

Auch die *Hyperbelfunktionen* sind auf dem Taschenrechner vorhanden, sie werden z. B. mit HYP SIN für den Sinus Hyperbolicus angewählt. Auch hier fehlt der Cotangens Hyperbolicus. Man kann jedoch einfach die Formel

$$\coth x = \frac{1}{\tanh x}$$

verwenden (Vorsicht: $\coth x$ ist nicht für $x = 0$ definiert!).

Die Umkehrfunktionen der Hyperbelfunktionen, die *Areafunktionen*, sind über Tastenkombinationen wie SHIFT HYP SIN für den Area Sinus Hyperbolicus vorhanden. Man beachte den eingeschränkten Definitionsbereich von arcosh x, artanh x und arcoth x. Der Area Cotangens Hyperbolicus fehlt wiederum, er lässt sich aber durch eine der beiden folgenden Formeln auswerten:

$$\text{arcoth}\, x = \frac{1}{2} \ln\left(\frac{x+1}{x-1}\right) \quad \text{oder} \quad \text{arcoth}\, x = \text{artanh}\left(\frac{1}{x}\right).$$

Bei der *Exponentialfunktion* und den *Logarithmen* sind auf dem Taschenrechner e^x und $\ln x$ vorhanden, außerdem der dekadische Logarithmus $\log x$ und die zugehörige Potenzfunktion 10^x. Daneben gibt es meist eine allgemeine Potenzfunktion x^y (oder y^x), ansonsten verwende man die Formeln

$$a^x = e^{x \ln a} \quad \text{oder} \quad \log_a x = \frac{\ln x}{\ln a}.$$

Hier ist noch die folgende kleine Ergänzung angebracht: Für Potenzen mit rationalem Exponenten $a^{\frac{m}{n}}$ mit $m, n \in \mathbb{N}$ und n ungerade kann man auch $a \in \mathbb{R}$ (und nicht nur $a > 0$) zulassen. Mit anderen Worten: Man kann also ungerade Wurzeln auch aus negativen Zahlen ziehen. Zum Beispiel ist $(-27)^{\frac{1}{3}} = -3$. Viele billige Taschenrechner bringen bei der Auswertung solcher Ausdrücke jedoch eine Fehlermeldung. Dies liegt an deren interner Auswertung, die fälschlicherweise die Formel $(-27)^{-\frac{1}{3}} = e^{\frac{1}{3}\ln(-27)}$ benutzt. Abhilfe schafft hier die Auswertung von $27^{\frac{1}{3}}$ und nachträgliche Berücksichtigung des Minuszeichens.

3.9 Zusammenfassung

Reelle Funktion

Ist eine Vorschrift f, die jedem Element $x \in D \subseteq \mathbb{R}$ *genau ein* Element $y \in W \subseteq \mathbb{R}$ zuordnet, in Zeichen

$$x \mapsto y = f(x) \quad \text{oder} \quad f : D \to W.$$

Bezeichnungen	D	Definitionsbereich,
	W	Wertebereich,
	x	Argument, unabhängige Variable oder Veränderliche,
	y	abhängige Variable oder Veränderliche,
	$f(x_0)$	Funktionswert an der Stelle x_0 oder Bild von x_0.

Umkehrfunktion

Eine Funktion $f : D \to W$ heißt *umkehrbar*, wenn zu jedem Funktionswert $y \in W$ genau ein Argumentwert $x \in D$ gehört. Die Funktion

$$f^{-1} : W \to D,$$

welche den Elementen von W eindeutig die Elemente von D zuordnet, heißt *Umkehr-funktion* der Funktion f oder die zu f *inverse Funktion*.

Bestimmung der Umkehrfunktion von $y = f(x)$

- Löse die Gleichung $y = f(x)$ nach x auf. Dies ergibt $x = f^{-1}(y)$.
- Vertausche x und y. Dies liefert $y = f^{-1}(x)$.

Der Graph der Umkehrfunktion entsteht durch Spiegelung des Graphen von f an der Winkelhalbierenden $y = x$.

Bsp. $y = f(x) = x^2, x \leq 0 \Longrightarrow x = -\sqrt{y}$,
Vertauschen von x und y liefert Umkehrfunktion: $y = f^{-1}(x) = -\sqrt{x}$.

Monotonie

Eine Funktion $f(x) : D \to W$ heißt in einem Intervall $I \subseteq D$ *monoton*

- *wachsend/steigend*, falls für alle $x_1, x_2 \in I$ mit $x_1 < x_2$: $f(x_1) \leq f(x_2)$;
- *fallend*, falls für alle $x_1, x_2 \in I$ mit $x_1 < x_2$: $f(x_1) \geq f(x_2)$.

Gilt in den Ungleichungen strikte Ungleichheit, so spricht man von *strenger Monotonie*.

Bsp. $f(x) = x^2$ streng monoton fallend in $(-\infty, 0]$, wachsend in $[0, \infty)$;
$f(x) = x^3$ streng monoton steigend auf ganz $\mathbb{R}$.

Periodizität

Ist f eine auf $\mathbb{R}$ definierte Funktion und gilt für eine Konstante $p > 0$

$$f(x + p) = f(x)$$

für alle $x \in \mathbb{R}$, so heißt f *periodisch* mit der Periode p. Auch $2p, 3p, \ldots$ sind dann Perioden.

Bsp. $y = \sin x, p = 2\pi \Longrightarrow \sin x = \sin(x + 2\pi) = \sin(x + 4\pi) = \sin(x + 16\pi)$,
$y = \tan x, p = \pi \Longrightarrow \tan x = \tan(x + \pi) = \tan(x + 2\pi) = \tan(x + 7\pi)$.

Symmetrie

Eine Funktion $f : \mathbb{R} \to \mathbb{R}$ heißt

- *gerade Funktion*, falls $f(-x) = f(x)$ (Symmetrie zur y-Achse),
- *ungerade Funktion*, falls $f(-x) = -f(x)$ (Punktsymmetrie zum Ursprung)

für alle $x \in \mathbb{R}$ gilt.

Bsp. Gerade Funktion: $f(x) = |x|$, $f(-x) = |-x| = |x| = f(x)$,
Ungerade Funktion: $f(x) = x^3$, $f(-x) = (-x)^3 = -x^3 = -f(x)$.

Nullstelle

Nullstelle $x_0 \in D$ einer Funktion $f(x) : D \to W$: Es muss $f(x_0) = 0$ gelten.

Hintereinanderschaltung

Gilt $W_f \subseteq D_g$ für $f : D_f \to W_f$ und $g : D_g \to W_g$, dann entsteht durch *Hintereinanderschaltung*, *Verkettung* oder *Komposition* von f und g die neue Funktion $h : D_f \to W_g$:

$$h = g \circ f \quad \text{bzw.} \quad h(x) = g(f(x)).$$

Bsp. $f(x) = x^2 - 5$, $g(u) = u^5$, $k(v) = \sqrt{v}$, $h = k \circ g \circ f$,
$h = k[g(f(x))] = k[g(x^2 - 5)] = k[(x^2 - 5)^5] = \sqrt{(x^2 - 5)^5}$.

Wichtige geometrische Operationen am Graphen einer Funktion

Ersetzt man $y = f(x)$ durch	so wird der zugehörige Graph
1. $y = f(x - x_0)$	um x_0 in x-Richtung verschoben,
	falls $x_0 > 0$: nach rechts
	falls $x_0 < 0$: nach links
2. $y = f(x) + y_0$	um y_0 in y-Richtung verschoben,
	falls $y_0 > 0$: nach oben
	falls $y_0 < 0$: nach unten
3. $y = -f(x)$	an der x-Achse gespiegelt
4. $y = f(-x)$	an der y-Achse gespiegelt
5. $x = f(y)$	an Winkelhalb. $y = x$ gespiegelt
6. $y = af(x)$, $a > 0$	in y-Richtung mit a gestreckt
7. $y = f(bx)$, $b > 0$	in x-Richtung mit $\frac{1}{b}$ gestreckt

Grenzwert einer Funktion (Folgendefinition)

Eine Funktion $f : D \to W$ hat in x_0 den Grenzwert a, in Zeichen

$$\lim_{x \to x_0} f(x) = a,$$

wenn für *alle* Folgen $(x_n)_{n \in \mathbb{N}_+}$ mit $x_n \in D$ und $x_n \neq x_0$, $\lim_{n \to \infty} x_n = x_0$ gilt: $\lim_{n \to \infty} f(x_n) = a$.

Bsp. $f(x) = \frac{x^2 - 1}{x - 1}$, $D = \mathbb{R} \setminus \{1\}$; existiert $\lim_{x \to 1} f(x)$?
$f(x) = \frac{(x+1)(x-1)}{x-1} = x + 1$ in D;
$(x_n)_{n \in \mathbb{N}_+}$ mit $x_n \in D$ und $x_n \neq 1$, $\lim_{n \to \infty} x_n = 1$ gilt:
$\lim_{x \to 1} f(x) = \lim_{n \to \infty} f(x_n) = \lim_{n \to \infty} x_n + 1 = 1 + 1 = 2$.

Grenzwert einer Funktion (Umgebungsdefinition)

Eine in einer punktierten Umgebung von x_0 definierte Funktion $f(x)$ hat in x_0 den Grenzwert a genau dann, wenn sich zu *jeder* Zahl $\varepsilon > 0$ immer eine weitere Zahl $\delta(\varepsilon) > 0$ so angeben lässt, dass

$$|f(x) - a| < \varepsilon \quad \text{für alle} \quad x \in \dot{U}_{\delta(\varepsilon)}(x_0).$$

Links- bzw. rechtsseitiger Grenzwert

*   Ist die Funktion $f(x)$ in $(x_0 - b, x_0)$ mit $b > 0$ definiert, dann hat sie in x_0 den linksseitigen Grenzwert a_L, in Zeichen

$$\lim_{x \to x_0-} f(x) = a_L \quad \text{bzw.} \quad \lim_{x \to x_0-0} f(x) = a_L,$$

    wenn für *alle* Folgen $(x_n)_{n \in \mathbb{N}_+}$ mit $x_n < x_0$ und $\lim_{n \to \infty} x_n = x_0$ gilt: $\lim_{n \to \infty} f(x_n) = a_L$.

*   Ist die Funktion $f(x)$ in $(x_0, x_0 + b)$ mit $b > 0$ definiert, dann hat sie in x_0 den rechtsseitigen Grenzwert a_R, in Zeichen

$$\lim_{x \to x_0+} f(x) = a_R \quad \text{bzw.} \quad \lim_{x \to x_0+0} f(x) = a_R,$$

    wenn für *alle* Folgen $(x_n)_{n \in \mathbb{N}_+}$ mit $x_n > x_0$ und $\lim_{n \to \infty} x_n = x_0$ gilt: $\lim_{n \to \infty} f(x_n) = a_R$.

Bsp. $f(x) = \text{sgn}(x)$; $\lim_{x \to 0-} f(x) = -1$, $\lim_{x \to 0+} f(x) = 1$,
$\implies a_L \neq a_R$, d. h. keine Konvergenz in $x_0 = 0$.

Grenzwert für $x \to \infty$ bzw. $x \to -\infty$

Für $x \to \infty$ bzw. $x \to -\infty$ bezeichnet man den links- bzw. rechtsseitigen Grenzwert schlechthin als Grenzwert und schreibt $\lim_{x \to \infty} f(x) = a_L$ bzw. $\lim_{x \to -\infty} f(x) = a_R$.

Rechenregeln für Funktionsgrenzwerte

Wenn $\lim f(x)$ und $\lim g(x)$ (für $x \to x_0$ bzw. $x \to \pm\infty$) existieren, dann gilt:

a) $\lim[f(x) \pm g(x)] = \lim f(x) \pm \lim g(x)$,
b) $\lim[f(x) \cdot g(x)] = \lim f(x) \cdot \lim g(x)$,
   Spezialfall ($c = \text{const}$): $\lim[c \cdot f(x)] = c \cdot \lim f(x)$,
c) $\lim[f(x)/g(x)] = \lim f(x) / \lim g(x)$, für $g(x) \neq 0$,
d) „Sandwichtheorem": Aus der Gültigkeit von $g(x) \leq h(x) \leq f(x)$ und $\lim g(x) = \lim f(x) = a$, folgt $\lim h(x) = a$.
   Spezialfall ($g(x) = -f(x)$, $a = 0$): Gilt $|h(x)| \leq f(x)$ und $\lim f(x) = 0$, so folgt $\lim h(x) = 0$.

Bsp. $\lim_{x \to -5} \frac{2x^3 - \sqrt{4-x}}{x^2 - 2} = \frac{2 \lim_{x \to -5} x^3 - \lim_{x \to -5} \sqrt{4-x}}{\lim_{x \to -5} x^2 - 2} = \frac{-250 - \sqrt{9}}{25 - 2} = -11$

Stetigkeit

Eine Funktion $f : D \to W$ heißt in $x_0 \in D$

- stetig, falls $\lim_{x \to x_0} f(x) = f(x_0)$, d. h. der Grenzwert muss existieren und gleich dem Funktionswert in x_0 sein,
- linksseitig stetig, falls $\lim_{x \to x_0-} f(x) = f(x_0)$,
- rechtsseitig stetig, falls $\lim_{x \to x_0+} f(x) = f(x_0)$.

Die Funktion heißt stetig im Intervall I, wenn $f(x)$ für jedes $x \in I$ stetig ist.

Merkregel für stetige Funktionen

$$ f \text{ stetig in } x_0 \iff \lim_{x \to x_0} f(x) = f(x_0) = f(\lim_{x \to x_0} x). $$

Kombination stetiger Funktionen

Sind $f(x)$ und $g(x)$ in x_0 stetig, dann sind dort auch folgende Funktionen stetig:

$$ f(x) \pm g(x), \quad f(x) \cdot g(x) \quad \text{und} \quad \frac{f(x)}{g(x)}, \quad \text{falls } g(x_0) \neq 0. $$

Komposition stetiger Funktionen

Ist $f(x)$ stetig in x_0 und $g(u)$ stetig in $u_0 = f(x_0)$, so ist die zusammengesetzte Funktion $y = g(f(x))$ stetig in x_0.

Bsp. $e^x, \sqrt{x}$ stetig in $[0, \infty) \implies f(x) = e^{\sqrt{x}}$ stetig in $[0, \infty)$,
$\lim_{x \to 0} e^{\sqrt{x}} = e^{\lim_{x \to 0} \sqrt{x}} = e^{\sqrt{\lim_{x \to 0} x}} = e^{\sqrt{0}} = 1 = f(0)$.

Zwischenwertsatz

Seien $y = f(x)$ stetig auf dem abgeschlossen Intervall $I = [a, b]$ und c eine Zahl zwischen $f(a)$ und $f(b)$. Dann existiert mindestens ein $\xi \in (a, b)$ mit $f(\xi) = c$.

Polynom

n-ten Grades $(a_n \neq 0)$	$p(x) = a_n x^n + a_{n-1} x^{n-1} + \ldots + a_1 x + a_0$
Nullstelle x_1 von Polynom	$p(x_1) = 0$
Linearfaktor $(x - x_1)$ bei Nullstelle	$p(x) = (x - x_1) \cdot p_{n-1}(x)$ (lässt sich abdividieren, ergibt Polynom nächstkleineren Grades)

Bsp.
$$ p_4(x) = x^4 - x^3 + x^2 + 9x - 10 $$
$$ p_4(1) = 1^4 - 1^3 + 1^2 + 9 - 10 = 0 $$
$$ \underbrace{x^4 - x^3 + x^2 + 9x - 10}_{p_4(x)} = \underbrace{(x - 1)}_{\text{Lin. faktor}} \cdot \underbrace{(x^3 + x + 10)}_{p_3(x)} $$

Rationale Funktion

= Quotient zweier Polynome $f(x)$ und $g(x)$: $\frac{f(x)}{g(x)}$, ihr Definitionsbereich $\mathbb{R}$ ohne Nullstellen von $g(x)$

Trigonometrische Funktionen

Sinus, Cosinus, Tangens, Cotangens

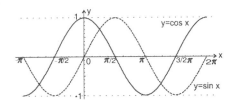

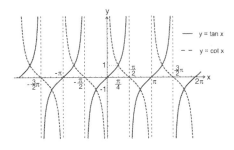

Wichtige Eigenschaften

$$\sin^2 x + \cos^2 x = 1$$

$$\sin(x_1 + x_2) = \sin x_1 \cdot \cos x_2 + \cos x_1 \cdot \sin x_2$$

$$\cos(x_1 + x_2) = \cos x_1 \cdot \cos x_2 - \sin x_1 \cdot \sin x_2.$$

Umkehrfunktionen der trigonometrischen Funktionen: Arcusfunktionen

Arcussinus, Arcuscosinus etc. (nur auf Monotoniebereichen der trigonometrischen Funktionen definiert)

$$\arcsin x : [-1, 1] \to [-\tfrac{\pi}{2}, \tfrac{\pi}{2}]$$

$$\arccos x : [-1, 1] \to [0, \pi]$$

$$\arctan x : \mathbb{R} \to (-\tfrac{\pi}{2}, \tfrac{\pi}{2})$$

$$\operatorname{arccot} x : \mathbb{R} \to (0, \pi)$$

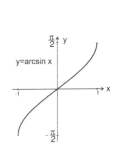

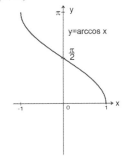

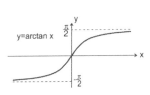

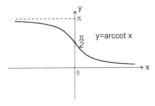

Exponentialfunktion

$e^x : \mathbb{R} \to (0, \infty)$

Funktionalgleichung $e^{x_1 + x_2} = e^{x_1} \cdot e^{x_2}$ für $x_1, x_2 \in \mathbb{R}$

Weitere Eigenschaften $e^{-x} = \frac{1}{e^x}$, $(e^x)^y = e^{x \cdot y}$, $e^0 = 1$, $e^1 = e$

Umkehrfunktion der Exponentialfunktion

(natürlicher) Logarithmus $\ln x : (0, \infty) \to \mathbb{R}$

Funktionalgleichung $\ln(x_1 \cdot x_2) = \ln x_1 + \ln x_2$ für $x_1, x_2 > 0$

Weitere Eigenschaften $\ln(\frac{x_1}{x_2}) = \ln x_1 - \ln x_2$, $\ln(x_1^{x_2}) = x_2 \cdot \ln x_1$ für $x_1, x_2 > 0$

Bsp. $\ln(\frac{5x^3}{4}) = \ln 5 + 3 \cdot \ln x - \ln 4$ für $x > 0$

Graph von Exponentialfunktion und Logarithmus

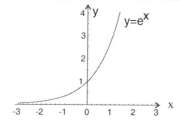
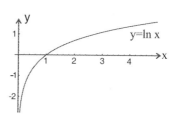

Allgemeine Exponentialfunktion

$a^x = e^{x \cdot \ln a} : \mathbb{R} \to (0, \infty)$ mit $a > 0$

Funktionalgleichung $a^{x_1 + x_2} = a^{x_1} \cdot a^{x_2}$ für $x_1, x_2 \in \mathbb{R}$

Beachte $a^x = e^{x \cdot \ln a}$

Umkehrfunktion der allgemeinen Exponentialfunktion

Logarithmus $\log_a x : (0, \infty) \to \mathbb{R}$ mit $a > 0$, $a \neq 1$

Funktionalgleichung $\log_a(x_1 \cdot x_2) = \log_a x_1 + \log_a x_2$ für $x_1, x_2 > 0$

Beachte $\log_a x = \frac{\ln x}{\ln a}$ für $a > 0$ und $x > 0$

Bsp. $\log_{10} x$ ist Umkehrfunktion von 10^x, $10^x = e^{x \ln 10}$, $\log_{10} x = \frac{\ln x}{\ln 10}$

Hyperbelfunktionen

Sinus Hyperbolicus etc.:

$$\sinh x = \frac{1}{2}(e^x - e^{-x}) \qquad\qquad \tanh x = \frac{\sinh x}{\cosh x}$$

$$\cosh x = \frac{1}{2}(e^x + e^{-x}) \qquad\qquad \coth x = \frac{\cosh x}{\sinh x}$$

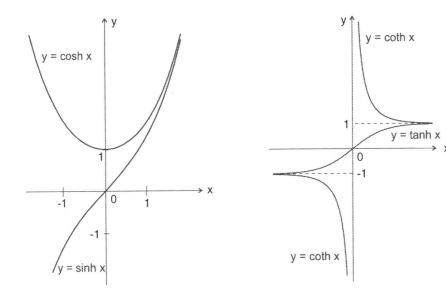

Umkehrfunktionen der Hyperbelfunktionen: Areafunktionen

Area Sinus Hyperbolicus etc.:

$$\operatorname{arsinh} x = \ln(x + \sqrt{x^2 + 1}) \qquad \operatorname{arcosh} x = \ln(x + \sqrt{x^2 - 1})$$

$$\operatorname{artanh} x = \frac{1}{2} \ln\left(\frac{1 + x}{1 - x}\right) \qquad \operatorname{arcoth} x = \frac{1}{2} \ln\left(\frac{x + 1}{x - 1}\right)$$

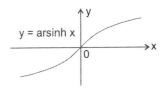
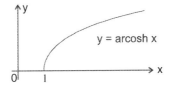

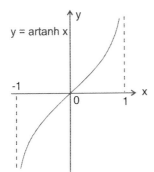
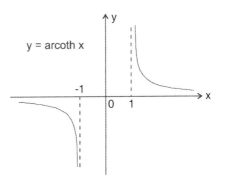

Darstellungsweisen ebener Kurven

implizite Darstellung $F(x, y) = 0$,
explizite Darstellung $y = f(x)$,
Parameterdarstellung $x = x(t), y = y(t)$ mit $t \in [a, b]$,
Polarform $r = r(\varphi)$.

Umrechnung Polarform in Parameterdarstellung

Eine in Polarform dargestellte Kurve $r = r(\varphi)$ lautet in Parameterform

$$x(\varphi) = r(\varphi) \cdot \cos \varphi, \quad y(\varphi) = r(\varphi) \cdot \sin \varphi.$$

3.10 Übungsaufgaben

Grundbegriffe, Umkehrfunktion

1. Gegeben sei die Funktion $f : [1, 4] \to W$ mit $f(x) = (x - 1)(4 - x)$. Berechnen Sie die Funktionswerte $f(0)$, $f(3)$ und $f(f(3))$. Erstellen Sie eine Wertetabelle mit den x-Werten $x_i = 1 + 0{,}5i$, $i = 0, 1, \ldots, 6$. Skizzieren Sie den Graphen der Funktion. Wie lautet ihr Wertebereich W? Welche Monotonie-Intervalle hat die Funktion? Ist $f(x)$ bijektiv und umkehrbar?

2. Die Funktion $f : \mathbb{R} \setminus \{2\} \to \mathbb{R} \setminus \{1\}$ mit $y = f(x) = \frac{x+1}{x-2}$ ist in ihrem Definitionsbereich streng monoton fallend. Bestimmen Sie die Umkehrfunktion $y = f^{-1}(x)$.

3. Gegeben seien die Funktionen $f(x) = x^2 - 1$ und $g(x) = x - 1$. Bestimmen Sie $\{f - g\}(x)$, $\{f \cdot g\}(x)$, $\{f/g\}(x)$ sowie die Kompositionen $f \circ g$ und $g \circ f$.

Funktionsgrenzwerte, Stetigkeit

1. Durch geeignete Umformung und Anwendung der Rechenregeln für Grenzwerte ermittle man:

   a) $\lim_{x \to \infty} \frac{5x^3 - 7x}{1 - 2x^3}$

   b) $\lim_{x \to 0} \frac{\sqrt[3]{1+mx} - 1}{x}$ [Hinweis: Substitution $1 + mx := t^3$]

2. Ermitteln Sie eine Zahl c, für die gilt: $\lim_{x \to -\infty} (\sqrt{x^2 + 2cx} - \sqrt{x^2 + cx}) = 10$.

3. Existiert der Grenzwert der Funktion $f(x) = \frac{x - |x|}{x}$ in $x = 0$?

4. Bestimmen Sie den Parameter A so, dass die folgende Funktion überall stetig ist:

$$f(x) = \begin{cases} x^2/2 & \text{für } |x| < 2 \\ A/x^2 & \text{für } |x| \geq 2. \end{cases}$$

Elementare Funktionen

1. Zeigen Sie, dass $x_1 = -2$ *keine* Nullstelle des Polynoms $p(x) = 2x^3 - 14x + 25$ ist a) durch Einsetzen, b) durch Abdividieren eines entsprechenden Linearfaktors, c) durch das Horner-Schema.

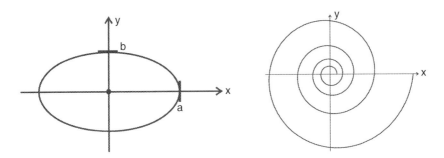

Abb. 3.30 Ellipse und Spirale

2. Lösen Sie: $\sin^2 x - \cos x = 1$.

3. Lösen Sie in $[0, 2\pi]$: $5 \sin x - 3 \cos x = 3$.

4. Drücken Sie $\log_7(\frac{8}{\sqrt[3]{5}})$ durch den natürlichen Logarithmus aus.

5. Bestimmen Sie x aus der Gleichung $3^{x-5} = 7$.

6. Bestimmen Sie x aus der Gleichung $\ln(x^2 - 1) = 1 + \ln x$.

7. Zeigen Sie für die Hyperbelfunktionen: $\cosh x$ ist eine gerade Funktion, $\sinh x$ und $\tanh x$ sind ungerade Funktionen.

8. Zeigen Sie, dass $\operatorname{artanh} x = \frac{1}{2} \ln(\frac{1+x}{1-x})$ gilt. (Hinweis: Lösen Sie dazu $x = \tanh y = \frac{e^y - e^{-y}}{e^y + e^{-y}}$ nach y auf.)

Kurven

1. Eine Ellipse mit den beiden Halbachsen der Länge a und b um den Nullpunkt (s. Abb. 3.30) hat die Gleichung $\frac{x^2}{a^2} + \frac{y^2}{b^2} = 1$. Wie lautet die Parameterdarstellung der Ellipse? (Hinweis: Anschaulich ist eine Ellipse ein abgeplatteter Kreis.)

2. Eine Kurve in Polarform ist gegeben durch $r(\varphi) = e^\varphi$ mit $\varphi \geq 0$. Wie lautet die Parameterdarstellung der Kurve? Welche Kurve liegt vor (s. Abb. 3.30)? Inwiefern unterscheidet sich diese Kurve von der Archimedischen Spirale?

3.11 Lösungen

Grundbegriffe, Umkehrfunktion

1. Da die Funktion den Definitionsbereich $D = [1, 4]$ hat, ist $f(0)$ nicht definiert. Es gilt aber $f(3) = (3-1)(4-3) = 2$, $f(f(3)) = f(2) = 2$. Zur Funktion gehört folgende Wertetabelle:

x	1	1,5	2	2,5	3	3,5	4
$y = f(x)$	0	1,25	2	2,25	2	1,25	0

Den Graphen der Funktion zeigt Abb. 3.31: Da die Funktion alle Werte zwischen 0 und 2,25 annimmt, ergibt sich ihr Wertebereich zu $W = [0; 2,25]$. Offensichtliche

Abb. 3.31 Graph von $f(x) = (x-1)(4-x)$ mit Def.bereich $[1, 4]$

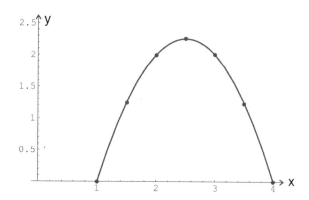

Monotonie-Intervalle sind $[1; 2,5]$ (streng monoton steigend) und $[2,5; 4]$ (streng monoton fallend). Die Funktion ist nicht injektiv und damit auch nicht bijektiv, da es Parallelen zur x-Achse gibt, die den Graphen in mindestens zwei Punkten schneiden (z. B. die Gerade $y = 2$, da $f(2) = f(3) = 2$). Wegen der fehlenden Injektivität bzw. strengen Monotonie ist die Funktion in D auch nicht umkehrbar.

2. Wegen der strengen Monotonie existiert die Umkehrfunktion. Wir setzten $y = \frac{x+1}{x-2}$ und lösen diese Gleichung nach x auf:

$$y(x-2) = x+1 \iff yx - x = 1 + 2y \iff x(y-1) = 1 + 2y \iff x = \frac{1+2y}{y-1}.$$

Vertauschen von x mit y liefert die zu f inverse Funktion $y = f^{-1}(x) = \frac{1+2x}{x-1}$.

3. Es sind $\{f - g\}(x) = x^2 - x$, $\{f \cdot g\}(x) = x^3 - x^2 - x + 1$, $\{f/g\}(x) = x + 1$ (aber $x = 1$ gehört wegen $g(1) = 0$ nicht zum Def.bereich!). Für die Verkettung $f \circ g$ gilt: $f(g(x)) = f(x-1) = (x-1)^2 - 1 = x^2 - 2x$. Andererseits ergibt sich für die Komposition $g \circ f$: $g(f(x)) = g(x^2 - 1) = (x^2 - 1) - 1 = x^2 - 2$. Im Allg. gilt also $f \circ g \neq g \circ f$!

Funktionsgrenzwerte, Stetigkeit

1. a) Division von Zähler und Nenner durch die höchste Potenz von x liefert:

$$\lim_{x \to \infty} \frac{5x^3 - 7x}{1 - 2x^3} = \lim_{x \to \infty} \frac{5 - 7/x^2}{1/x^3 - 2} = \frac{5 - \lim_{x \to \infty}(7/x^2)}{\lim_{x \to \infty}(1/x^3) - 2} = \frac{5 - 0}{0 - 2} = -\frac{5}{2}.$$

b) Benutzt man die Substitution $1 + mx = t^3$ bzw. $x = \frac{1}{m}(t^3 - 1)$, so ist der Grenzübergang $x \to 0$ äquivalent zu $t \to 1$ und man erhält:

$$\lim_{x \to 0} \frac{\sqrt[3]{1 + mx} - 1}{x} = \lim_{t \to 1} \frac{\sqrt[3]{t^3} - 1}{\frac{1}{m}(t^3 - 1)} = \lim_{t \to 1} \frac{m(t-1)}{t^3 - 1} = \lim_{t \to 1} \frac{m}{t^2 + t + 1} = \frac{m}{3}.$$

2. Erweiterung des zu untersuchenden Grenzwertes G in Zähler und Nenner mit $(\sqrt{x^2 + 2cx} + \sqrt{x^2 + cx})$ liefert:

$$G = \lim_{x \to -\infty} \frac{(\sqrt{x^2 + 2cx} - \sqrt{x^2 + cx})(\sqrt{x^2 + 2cx} + \sqrt{x^2 + cx})}{\sqrt{x^2 + 2cx} + \sqrt{x^2 + cx}}$$

$$= \lim_{x \to -\infty} \frac{x^2 + 2cx - (x^2 + cx)}{\sqrt{x^2 + 2cx} + \sqrt{x^2 + cx}} = \lim_{x \to -\infty} \frac{cx}{|x|(\sqrt{1 + 2c/x} + \sqrt{1 + c/x})}$$

$$= \frac{-c}{\sqrt{1 + 0} + \sqrt{1 + 0}} = -\frac{c}{2}.$$

Es muss also gelten $-\frac{c}{2} = 10$. Somit ergibt sich $c = -20$.

3. Wir benutzen $|x| = -x$ für $x < 0$ (linksseitiger Grenzwert), $|x| = x$ für $x > 0$ (rechtsseitiger Grenzwert) und erhalten
   - $\lim_{x \to 0-} \frac{x - |x|}{x} = \lim_{x \to 0-} \frac{x + x}{x} = \lim_{x \to 0-} \frac{2x}{x} = 2$,
   - $\lim_{x \to 0+} \frac{x - |x|}{x} = \lim_{x \to 0+} \frac{x - x}{x} = \lim_{x \to 0+} \frac{0}{x} = 0$.

   Da links- und rechtsseitiger Grenzwert verschieden sind, existiert der Grenzwert nicht.

4. Wir setzen $f_1(x) = \frac{1}{2}x^2$, $f_2(x) = \frac{A}{x^2}$ und untersuchen die Stellen $x = -2$, $x = 2$: Es ist $\lim_{x \to -2} f_1(x) = 2$ und $\lim_{x \to 2} f_1(x) = 2$. Um die Funktion $f(x)$ in $x = \pm 2$ stetig zu ergänzen, muss man fordern: $f_2(\pm 2) = 2$, d. h. $\frac{A}{4} = 2$. Somit ist $A = 8$ zu setzen.

Elementare Funktionen

1. Einsetzen ergibt $p(-2) = 2 \cdot (-2)^3 - 14 \cdot (-2) + 25 = -16 + 28 + 25 = 37$. Durch Polynomdivision erhält man:

$$(2x^3 \qquad - 14x + 25) : (x + 2) = 2x^2 - 4x - 6.$$

$$\underline{2x^3 + 4x^2}$$
$$- 4x^2$$
$$\underline{- 4x^2 \ - 8x}$$
$$- 6x$$
$$\underline{- 6x - 12}$$
$$37$$

Das Horner-Schema liefert:

2	0	-14	25
	-4	8	12
2	-4	-6	37

Insgesamt also $p(x) = (2x^2 - 4x - 6) \cdot (x + 2) + 37$ und $p(-2) = 37$.

2. Mit $\sin^2 x + \cos^2 x = 1$ gilt: $\sin^2 x - \cos x = 1 - \cos^2 x - \cos x = 1$ oder $\cos^2 x + \cos x = 0$, also $\cos x \cdot (\cos x + 1) = 0$. Hier gibt es die Lösungen $\cos x = 0$, d. h. $x_{1/2} = \frac{\pi}{2}, \frac{3}{2}\pi$ und $\cos x = -1$, d. h. $x_3 = \pi$. Die genannten Lösungen können 2π-periodisch fortgesetzt werden.

3. Wegen $\sin^2 x + \cos^2 x = 1$ ersetzt man den Cosinus in der Ausgangsgleichung durch $\pm\sqrt{1-\sin^2 x}$. Man erhält:

$$5\sin x - 3(\pm\sqrt{1-\sin^2 x}) = 3$$
$$\Longleftrightarrow \qquad 5\sin x - 3 = 3(\pm\sqrt{1-\sin^2 x}).$$

Quadrieren liefert:

$$25\sin^2 x - 30\sin x + 9 = 9(1-\sin^2 x)$$
$$\Longleftrightarrow \qquad 34\sin^2 x - 30\sin x = 0$$
$$\Longleftrightarrow \qquad \sin x \cdot (34\sin x - 30) = 0.$$

Die erste Lösung $\sin x = 0$ liefert $x_{1/2} = 0, \pi$. Die zweite Lösung $\sin x = \frac{30}{34}$ liefert die Lösungen $x_3 = \arcsin\left(\frac{30}{34}\right) \approx 1{,}08084$ und $x_4 = -\arcsin\left(\frac{30}{34}\right) + \pi \approx 2{,}06075$ (geometrisch veranschaulichen!). Da durch das Quadrieren der Gleichung evtl. neue Lösungen hinzugekommen sind, ist eine Probe durchzuführen:

$$5\sin 0 - 3\cos 0 = -3 \qquad \neq 3$$
$$5\sin \pi - 3\cos \pi = \quad 3 \qquad = 3 \quad \checkmark$$
$$5\sin 1{,}08084 - 3\cos 1{,}08084 \approx \quad 3 \qquad = 3 \quad \checkmark$$
$$5\sin 2{,}06075 - 3\cos 2{,}06075 \approx \quad 5{,}8235 \neq 3.$$

Lösungen sind also nur $x = \pi$ und $x \approx 1{,}08084$.

4. $\log_7\left(\frac{8}{\sqrt[3]{5}}\right) = \log_7(8) - \log_7(5^{1/3}) = \log_7(8) - \frac{1}{3}\log_7(5) = \frac{\ln 8}{\ln 7} - \frac{1}{3}\frac{\ln 5}{\ln 7}$.

5. Durch Logarithmieren der Gleichung ergibt sich $\log_3 3^{x-5} = \log_3 7$ und daraus

$$(x-5)\cdot\log_3 3 = (x-5)\cdot 1 = \log_3 7$$

und damit $x = 5 + \frac{\ln 7}{\ln 3} \approx 6{,}7712$.

6. Durch Anwenden der Exponentialfunktion erhält man $e^{\ln(x^2-1)} = e^{1+\ln x}$, also $x^2 - 1 = e^1 \cdot e^{\ln x} = e \cdot x$. Die quadratische Gleichung $x^2 - e\cdot x - 1 = 0$ hat nun die beiden Lösungen $x_{1/2} = \frac{1}{2}(e \pm \sqrt{e^2+4})$. Lösung der ursprünglichen Gleichung ist nur $x_1 = \frac{1}{2}(e + \sqrt{e^2+4})$, da $x_2 < 0$ und der Logarithmus nur für positive Zahlen definiert ist.

7. Es gilt:

$$\cosh(-x) = \tfrac{1}{2}(e^{-x} + e^{-(-x)}) = \tfrac{1}{2}(e^{-x} + e^x) \quad = \cosh x,$$
$$\sinh(-x) = \tfrac{1}{2}(e^{-x} - e^{-(-x)}) = -\tfrac{1}{2}(e^x - e^{-x}) = -\sinh x,$$
$$\tanh(-x) = \frac{\sinh(-x)}{\cosh(-x)} \qquad\quad = \frac{-\sinh x}{\cosh x} \qquad\quad = -\tanh x.$$

8. Aus $x = \tanh y = \frac{e^y - e^{-y}}{e^y + e^{-y}}$ folgt $x\cdot(e^y + e^{-y}) = e^y - e^{-y}$. Multiplikation mit e^y liefert $x\cdot(e^{2y} + 1) = e^{2y} - 1$ oder nach e^{2y} aufgelöst $e^{2y} = \frac{1+x}{1-x}$. Damit ist $2y = \ln\left(\frac{1+x}{1-x}\right)$ und insgesamt $y = \frac{1}{2}\ln\left(\frac{1+x}{1-x}\right)$ (Beachte $|x| < 1$ beim artanh x).

Kurven

1. Die Parameterdarstellung der Ellipse lautet:

$$\vec{r}(t) = \begin{pmatrix} x(t) \\ y(t) \end{pmatrix} = \begin{pmatrix} a \cdot \cos t \\ b \cdot \sin t \end{pmatrix}, \quad t \in [0, 2\pi].$$

2. Es liegt eine so genannte logarithmische Spirale vor. Hier wächst der Radius nicht linear (wie bei der Archimedischen Spirale), sondern exponentiell. Die Parameterdarstellung lautet:

$$\vec{r}(\varphi) = \begin{pmatrix} x(\varphi) \\ y(\varphi) \end{pmatrix} = \begin{pmatrix} e^{\varphi} \cdot \cos \varphi \\ e^{\varphi} \cdot \sin \varphi \end{pmatrix}, \quad \varphi \in [0, \infty).$$

Algebra

4

4.1 Einführung

▷ Analysis

Die Mathematik ist – wie andere Wissenschaften auch – in einzelne Disziplinen eingeteilt. In den Ingenieurwissenschaften und in der Physik hat man schon immer vom Teilgebiet der Analysis profitiert – ja, man kann fast sagen, dass die Entwicklung der Technik, dass die Industrielle Revolution ohne die Differential- und Integralrechnung in dieser Weise vielleicht nicht stattgefunden hätte.

▷ Algebra

Ein anderes Teilgebiet der Mathematik ist nun die Algebra, die etwa in der Informatik einen weit höheren Stellenwert als die Analysis besitzt. Algebraische Begriffe werden z. B. bei der Erfassung, Erkennung, Verschlüsselung, Übertragung und Auswertung von Daten (-mengen) benötigt.

▷ Strukturen

Wichtig für die Algebra ist insbesondere das Denken in Strukturen. Wir werden uns hier die wichtigsten Strukturbegriffe anschauen: Relationen, Gruppen, Ringe und Körper (und später, im folgenden Kapitel, Vektorräume).

▷ Galois und Abel

Interessant ist im Zusammenhang mit der Algebra auch ein kurzer Ausflug in ihre Geschichte, denn die Biografien mancher Protagonisten lesen sich wie Abenteuerromane. Evariste Galois (1811–1832) etwa, der mit 15 Jahren schon schwierige mathematische

Y. Stry, R. Schwenkert, *Mathematik kompakt*, DOI 10.1007/978-3-642-24327-1_4,
© Springer-Verlag Berlin Heidelberg 2013

Klassiker las (was ihn jedoch nicht daran hinderte, mit seinen Prüfern in Streit zu geraten und mehrfach durchzufallen), veröffentlichte mehrere seiner Arbeiten in wissenschaftlichen Zeitschriften, wurde aber von den Zeitgenossen in seiner Bedeutung gar nicht erkannt. Er starb nur zwanzigjährig an den Folgen eines Duells, wobei unklar ist, ob dieses Duell aus amourösen oder politischen Verstrickungen heraus stattfand. In der letzten Nacht vor dem Duell hat Galois in ziemlicher Zeitnot noch rasch einige mathematische Ergebnisse aufgeschrieben ... Ein anderer Begründer der klassischen Algebra, der Norweger Niels Henrik Abel (1802–1829), starb ebenfalls sehr jung, letztlich an seiner Armut, die ihn an „Schwindsucht" (so nannte man damals Tuberkulose) erkranken ließ.

▷   Nullstellen von Polynomen

Eines der wichtigsten Ergebnisse von Abel und Galois ist, dass es für Gleichungen fünften oder höheren Grades keine allgemeine Auflösungsformel geben kann, die ausschließlich arithmetische Operationen und Wurzeln enthält. Was ist damit gemeint? Nun, Sie können sich sicherlich noch an die Formel für die Nullstellen von quadratischen Polynomen erinnern: „$x1$, $x2$ gleich minus p halbe plusminus Wurzel aus ..." (Wenn Sie sich nicht mehr daran erinnern können, so ist diese sehr nützliche Formel im Abschn. 1.3.2 nachzulesen.) Vielleicht haben Sie auch in der Schule davon gehört, dass ein italienischer Mathematiker namens Cardano bereits 1545 eine Lösungsformel für kubische Gleichungen veröffentlichte, die natürlich komplizierter ist als obige Formel für die Nullstellen von Polynomen 2. Grades. Die Frage war, kann man solche Formeln für Gleichungen beliebigen Grades finden. Fast dreihundert Jahre lang ist man bei Polynomen 5. Grades erfolglos geblieben, bis Abel und Galois zeigten, dass es solche Formeln gar nicht geben kann. Die zugrunde liegende mathematische Theorie – die Galois-Theorie – basiert auf einer Beziehung der zu untersuchenden Lösungen von Gleichungen zu gewissen Gruppen, so genannten Galois-Gruppen.

Wir werden uns im Folgenden zwar nicht mit den epochalen Entdeckungen dieser früh verstorbenen Mathematik-Genies Galois und Abel beschäftigen können, aber wir wollen versuchen, in diesem Kapitel die wichtigsten Strukturbegriffe wie Relation, Gruppe, Ring und Körper – auch anhand von Beispielen – zu verstehen.

4.2 Relationen

Relationen werden im gewöhnlichen Sprachgebrauch als Beziehungen zwischen verschiedenen Objekten verstanden. Die formalisierte Sprache der Mathematik fasst (2-stellige) Relationen als Teilmengen der Produktmenge zweier Mengen auf. Derartige Relationen können verschiedene Eigenschaften besitzen – die wichtigsten davon sind Reflexivität, Symmetrie, Antisymmetrie und Transitivität. Die gebräuchlichsten Relationentypen sind Ordnungsrelationen und Äquivalenzrelationen.

Geordnetes Paar Wir haben uns bisher schon mit Mengen beschäftigt, in denen es auf die Reihenfolge der Elemente nicht ankam, so z. B. $\{x_1, x_2\} = \{x_2, x_1\}$. Dies ist ganz anders bei Folgen, wo ja die einzelnen Folgenglieder quasi durchnummeriert werden. Ähnliche Gebilde wollen wir im Folgenden definieren: Mit dem Symbol (x_1, x_2) bezeichnet man das *geordnete Paar* von x_1 und x_2; hier ist im Allgemeinen $(x_1, x_2) \neq (x_2, x_1)$ (außer bei $x_1 = x_2$).

Produktmenge, n-Tupel

Unter der Produktmenge $A_1 \times A_2$ von A_1 und A_2 versteht man die Menge aller geordneten Paare (x_1, x_2) mit $x_1 \in A_1, x_2 \in A_2$:

$$A_1 \times A_2 := \{(x_1, x_2) \mid x_1 \in A_1, x_2 \in A_2\}.$$

Analog ist

$$A_1 \times A_2 \times \ldots \times A_n := \{(x_1, x_2, \ldots, x_n) \mid x_k \in A_k \text{ für } k = 1, 2, \ldots, n\}$$

die Menge aller geordneten n-Tupel $(x_1, x_2, \ldots, x_n)$ und heißt Produktmenge von $A_1, A_2, \ldots$ und A_n.

Gilt $A_1 = A_2 = \cdots = A_n = A$, so schreibt man kurz $A^n := A \times A \times \cdots \times A$.

Kartesisches Produkt Man kann die Produktmenge auch *Kartesisches Produkt* nennen. Diese Begriffe sind schon aus der Analytischen Geometrie der Schule bekannt: So ist etwa $(-3, 4) \in \mathbb{R} \times \mathbb{R} = \mathbb{R}^2$ ein Punkt der Ebene, während ein Punkt des Raums durch sein *Koordinaten-Tripel* („3-Tupel") (x, y, z) repräsentiert wird. Man kann also $\mathbb{R}^3 = \mathbb{R} \times \mathbb{R} \times \mathbb{R} = \{(x, y, z) \mid x, y, z \in \mathbb{R}\}$ mit den Punkten des dreidimensionalen Raums identifizieren. Normalerweise interessiert uns jedoch nicht der gesamte Raum, sondern etwa eine Gerade, eine Ebene oder vielleicht ein Würfel. Die Punkte im Raum, die auf einer Ebene E liegen, stehen in einer ganz bestimmten *Relation* zueinander, etwa $E = \{(x, y, z) \in \mathbb{R}^3 \mid 2x + 3y - z = 5\} \subseteq \mathbb{R}^3$. Ganz abstrakt wollen wir eine beliebige Relation einfach als Teilmenge einer Produktmenge auffassen:

Relation

Unter einer (n-stelligen) Relation R versteht man eine Teilmenge der Produktmenge $A_1 \times A_2 \times \cdots \times A_n$:

$$R \subseteq A_1 \times A_2 \times \cdots \times A_n.$$

Gilt $A_1 = A_2 = \cdots = A_n = A$, so spricht man von einer n-stelligen Relation auf A.

Abb. 4.1 Relationsgraph

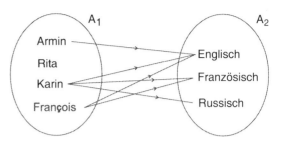

Von besonderer Bedeutung sind 2-stellige Relationen:

Beispiel 4.1

Es sei A_1 = {Armin, Rita, Karin, François} eine Menge von Studierenden und A_2 = {Englisch, Französisch, Russisch} eine Menge von Fremdsprachen. Die Produktmenge $A_1 \times A_2$ besteht dann aus $4 \cdot 3 = 12$ (daher der Name „Produktmenge") Elementen der Form (Student, Fremdsprache).

Nun wird aber nicht unbedingt jeder Student jede Fremdsprache beherrschen. Nehmen wir etwa an, dass Armin Englisch spricht, Rita gar keine Fremdsprache beherrscht, „Sprachgenie" Karin alle drei Fremdsprachen Englisch, Französisch und Russisch kann und schließlich François sich in Englisch und Französisch auskennt. Die Sprachkenntnisse unserer Studenten lassen sich dann als (zweistellige) Relation $R \subseteq A_1 \times A_2$ dokumentieren: R = {(Armin, Englisch), (Karin, Englisch), (Karin, Französisch), (Karin, Russisch), (François, Englisch), (François, Französisch)}.

Relationsgraph Bei 2-stelligen Relationen ist eine Veranschaulichung mit Hilfe von Pfeilen in einem Relationsgraphen möglich. Dabei können – anders als bei Funktionen – von einem Element mehrere Pfeile ausgehen (oder gar keine!).

Beispiel 4.2

Im obigen Beispiel erhalten wir den in Abb. 4.1 dargestellten Relationsgraphen.

Umkehrrelation Wenn man die Richtung der Pfeile im Relationsgraphen umkehrt, so erhält man übrigens die so genannte *Umkehrrelation* $R^{-1} = \{(y, x) \mid (x, y) \in R\}$. Falls $R \subseteq A_1 \times A_2$, so ist $R^{-1} \subseteq A_2 \times A_1$.

Beispiel 4.3

Im obigen Beispiel erhalten wir nun R^{-1} = {(Englisch, Armin), (Englisch, Karin), (Französisch, Karin), (Russisch, Karin), (Englisch, François), (Französisch, François)}.

Infix-Schreibweise: xRy Mit (mathematischen) Relationen hat man übrigens schon in der Grundschule zu tun: Ein Beispiel wäre die „Kleinerrelation", mit der Zahlen verglichen werden. Wenn Sie allerdings zwei Zahlen vergleichen, so schreiben Sie kurz

„$-3 < 5$" und nicht etwa in aufgeblähter Form „$(-3, 5) \in$ Kleinerrelation". Man nennt diese Schreibweise bei 2-stelligen Relationen Infix-Schreibweise: Hier wird das Relationszeichen einfach zwischen die beiden Elemente gesetzt. Man sagt „zwischen x und y besteht die Relation R" oder „x in Relation R zu y" und schreibt $x R y$ anstelle von $(x, y) \in R$.

Unter Verwendung dieser Infixschreibweise wollen wir nun einige besondere Typen 2-stelliger Relationen auf einer Menge A kennen lernen:

Ordnungsrelation

Eine Relation R heißt Ordnungsrelation auf einer Menge A, falls für beliebige $x, y, z \in A$ gilt:

Für alle $x \in A : x R x$.   (Reflexivität)
Aus $x R y$ und $y R x$ folgt $x = y$.   (Antisymmetrie)
Aus $x R y$ und $y R z$ folgt $x R z$.   (Transitivität)

Man nennt A dann eine durch die Relation R geordnete Menge.

Beispiel 4.4

Die Relation „$\leq$" ist eine Ordnungsrelation auf der Menge $\mathbb{R}$ der reellen Zahlen, denn es gilt: Für alle $x \in \mathbb{R}: x \leq x$ (Reflexivität). Aus $x \leq y$ und $y \leq x$ folgt $x = y$ für alle $x, y \in \mathbb{R}$ (Antisymmetrie). Aus $x \leq y$ und $y \leq z$ folgt $x \leq z$ für alle $x, y, z \in \mathbb{R}$ (Transitivität).

Bei der Ordnungsrelation „$\leq$" gilt übrigens noch zusätzlich, dass je zwei reelle Zahlen x, y stets "vergleichbar" sind, d. h. es ist immer $x \leq y$ oder $y \leq x$.

Übung 4.1

Zeigen Sie: Die Inklusionsrelation „$\subseteq$" ist eine Ordnungsrelation auf der Potenzmenge (= Menge aller Teilmengen) einer Grundmenge G. Sind je zwei Teilmengen „vergleichbar"?

Lösung 4.1

Es gilt für beliebige Teilmengen A, B und C einer Grundmenge G: $A \subseteq A$ (Reflexivität). Aus $A \subseteq B$ und $B \subseteq A$ folgt $A = B$ (Antisymmetrie). Aus $A \subseteq B$ und $B \subseteq C$ folgt $A \subseteq C$ (Transitivität).

Je zwei Teilmengen von G müssen nicht „vergleichbar" sein, z. B. gilt für die Teilmengen $\{a, b\}$ und $\{b, c\}$ der Grundmenge $\{a, b, c\}$ weder $\{a, b\} \subseteq \{b, c\}$ noch $\{b, c\} \subseteq \{a, b\}$.

Den Unterschied der beiden Ordnungsrelationen „$\leq$" und „$\subseteq$" kann man der Abb. 4.2 entnehmen.

Abb. 4.2 „⊆" auf
{a, b, c} und „≤" auf
{..., $-2, -1, 0, 1, 2, ...$}

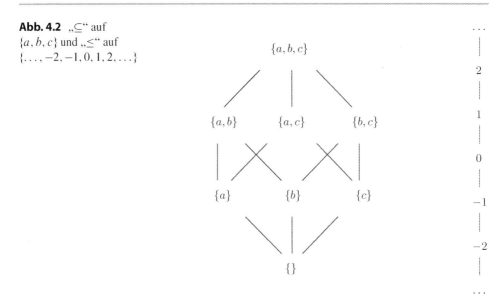

Lineare Ordnungsrelation Man nennt eine Ordnungsrelation R *linear* oder *vollständig geordnet*, wenn für alle $x, y \in A$ stets gilt: $x R y$ oder $y R x$ (d. h. wenn je zwei $x, y \in A$ „vergleichbar" sind).

Die Relation „<" ist übrigens im Gegensatz zu „≤" keine Ordnungsrelation. Aber auch für Relationen wie „<" hat man einen Begriff geprägt, nämlich den der „strengen Ordnung", auf den wir hier nicht näher eingehen wollen.

Ein weiterer sehr wichtiger Typ einer 2-stelligen Relation auf einer Menge G ist die so genannte *Äquivalenzrelation*:

Äquivalenzrelation
Eine Relation R heißt eine Äquivalenzrelation auf einer Menge A, falls für beliebige $x, y, z \in A$ gilt:

Für alle $x \in A$: $x R x$.   (Reflexivität)
Aus $x R y$ folgt $y R x$.   (Symmetrie)
Aus $x R y$ und $y R z$ folgt $x R z$.   (Transitivität)

Beispiel 4.5

Der Prototyp einer Äquivalenzrelation auf jeder(!) nicht-leeren Menge ist die Gleichheit, denn trivialerweise gilt: $x = x$ für alle x (Reflexivität). Wenn $x = y$, dann auch $y = x$ (Symmetrie). Wenn $x = y$ und $y = z$, dann auch $x = z$ (Transitivität).

Auch bei anderen Beispielen für Äquivalenzrelationen tritt der Begriff „gleich" auf: „x hat die gleiche Größe wie y", „x ist gleichaltrig zu y", x hat bei Division durch 5 den gleichen Rest wie y" etc.

Abb. 4.3 Äquivalenzklassen, Partition

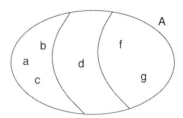

Äquivalenzrelationen haben den großen Vorteil, dass sie eine Einteilung einer Menge in so genannte *Äquivalenzklassen* induzieren: Dies heißt beispielsweise einfach, dass die Äquivalenzrelation „x hat die gleiche Größe wie y" die Einteilung aller Menschen in Äquivalenzklassen von Menschen gleicher Größe erzeugt. Da jeder Mensch eine gewisse eindeutige (nach Personalausweis gemessen in cm) Größe hat, ist er in genau einer Äquivalenzklasse enthalten. Äquivalenzklassen sind nicht leer: Laut „Guiness-Buch der Rekorde" gibt es z. B. keine Äquivalenzklasse von Menschen der Größe 300 cm.

Äquivalenzklassen, Repräsentanten
Für jede Äquivalenzrelation auf einer Menge $A \neq \emptyset$ gilt: A ist die Vereinigung paarweise disjunkter nicht-leerer Äquivalenzklassen. (Man spricht auch von Zerlegung, Klasseneinteilung oder Partition der Menge A).
  Jedes Element einer Äquivalenzklasse kann diese repräsentieren. Nimmt man aus jeder Äquivalenzklasse genau einen Repräsentanten, so erhält man ein vollständiges Repräsentanten-System.

Wir fassen also genau die Elemente $x \in A$ zusammen, die zu einem bestimmten $a \in A$ „äquivalent" sind, nämlich in die Äquivalenzklasse $R_a = \{x \in A \mid xRa\}$. Das Element a ist dann der (oder besser: ein) Repräsentant von R_a.

Beispiel 4.6
In einer Menge von Studierenden $A = \{a, b, c, d, e, f\}$ seien a, b und c 170 cm groß, d habe die Körpergröße 175 cm und e und f seien beide 180 cm groß. Mit der Äquivalenzrelation R („x hat die gleiche Größe wie y") gilt: $R = \{(a, a), (a, b), (a, c), (b, a), (b, b), (b, c), (c, a), (c, b), (c, c), (d, d), (e, e), (e, f), (f, e), (f, f)\}$.
  Durch R wird die Menge A in drei Äquivalenzklassen, nämlich $\{a, b, c\}$, $\{d\}$ und $\{e, f\}$, disjunkt zerlegt. Die Äquivalenzklasse $\{a, b, c\}$ hat beispielsweise den Repräsentanten c: $R_c = \{a, b, c\}$. Aber auch b wäre ein möglicher Repräsentant dieser Äquivalenzklasse: $R_b = R_c = \{a, b, c\}$. Ein vollständiges Repräsentantensystem wäre z. B. $\{a, d, f\}$. Die Partition von A zeigt Abb. 4.3.

4.3 Gruppen

Gruppen sind Mengen, in denen eine Verknüpfung (z. B. Addition oder Multiplikation) definiert ist mit ganz bestimmten Eigenschaften: Es existiert ein so genanntes neutrales Element. Zu jedem Element gibt es ein inverses Element. Schließlich muss das Assoziativgesetz für die Verknüpfung gelten. Gruppen, die sich bis auf „Umbenennung" identisch verhalten, heißen isomorph.

Wenn man zwei reelle Zahlen addiert, so erhält man wiederum eine reelle Zahl; wenn man zwei Teilmengen einer Grundmenge schneidet, so erhält man wiederum eine Teilmenge dieser Grundmenge: Man sagt, die jeweiligen *Operationen* führen nicht aus der Menge selbst heraus, sie sind „abgeschlossen".

> **Operation, Verknüpfung**
> Unter einer (zweistelligen) Operation bzw. Verknüpfung $*$ auf M versteht man eine Abbildung
> $$* : M \times M \to M,$$
> die je zwei Elementen $a, b \in M$ eindeutig ein $a * b \in M$ zuordnet.

Wir haben die Operation hier bewusst mit dem Kürzel $*$ abgekürzt, denn $*$ kann – wie das nächste Beispiel zeigt – vieles bedeuten.

Beispiel 4.7

a) Die Addition $+$ und die Multiplikation $\cdot$ sind Operationen auf $\mathbb{N}$, $\mathbb{Z}$, $\mathbb{Q}$ und $\mathbb{R}$. Dagegen ist die Subtraktion $-$ keine Operation auf $\mathbb{N}$ (etwa $5 - 7 = -2 \notin \mathbb{N}$), wohl aber auf $\mathbb{Z}$, $\mathbb{Q}$ und $\mathbb{R}$. Ebenso ist die Division keine Operation auf $\mathbb{N}$ bzw. $\mathbb{Z}$, wohl aber auf $\mathbb{Q} \setminus \{0\}$ und $\mathbb{R} \setminus \{0\}$. (Beachte: Durch „0" darf man nicht teilen!)

b) Die aus der Mengenlehre bekannten Verknüpfungen $\cap$, $\cup$ sowie $\setminus$ (Schnittmenge, Vereinigungsmenge und Differenzbildung) sind Operationen auf der Potenzmenge einer Grundmenge G.

Übung 4.2

Geben Sie die Verknüpfungstafel für die Operation $\cup$ auf der Potenzmenge von $\{a, b\}$ an!

Lösung 4.2

$\cup$	$\{\ \}$	$\{a\}$	$\{b\}$	$\{a, b\}$
$\{\ \}$	$\{\ \}$	$\{a\}$	$\{b\}$	$\{a, b\}$
$\{a\}$	$\{a\}$	$\{a\}$	$\{a, b\}$	$\{a, b\}$
$\{b\}$	$\{b\}$	$\{a, b\}$	$\{b\}$	$\{a, b\}$
$\{a, b\}$	$\{a, b\}$	$\{a, b\}$	$\{a, b\}$	$\{a, b\}$

„Alte Bekannte" (vgl. Abschn. 1.3.1) sind die beiden folgenden Gesetze: Das *Kommutativgesetz* erlaubt das Vertauschen der Operanden, das *Assoziativgesetz* gestattet es, Klammern einfach wegzulassen.

Kommutativgesetz
Eine Operation $*$ auf M heißt kommutativ, falls für alle $a, b \in M$ gilt:

$$a * b = b * a \quad \text{(Kommutativgesetz)}.$$

Assoziativgesetz
Eine Operation $*$ auf M heißt assoziativ, falls für alle $a, b, c \in M$ gilt:

$$a * (b * c) = (a * b) * c \quad \text{(Assoziativgesetz)}.$$

Für manche Operationen gibt es *neutrale Elemente*, die bei Verknüpfung, von links oder rechts, mit jedem beliebigen Element a dieses unverändert lassen:

Neutrales Element
Ein $e \in M$ heißt neutrales Element der Operation $*$ auf M, wenn für alle $a \in M$ gilt:

$$a * e = e * a = a.$$

Beispiel 4.8
Für die Operation $+$ auf $\mathbb{N}$, $\mathbb{Z}$, $\mathbb{Q}$ oder $\mathbb{R}$ ist das Element 0 neutrales Element.

Übung 4.3
Bestimmen Sie das neutrale Element für die Operationen a) $\cdot$ auf $\mathbb{R}$, b) $\cup$ auf der Potenzmenge einer Grundmenge G und c) $\cap$ auf der Potenzmenge einer Grundmenge G.

Lösung 4.3
a) Neutrales Element für die Multiplikation auf $\mathbb{R}$ ist die 1.
b) Neutrales Element für die Operation $\cup$ auf der Potenzmenge einer Grundmenge G ist die Menge $\{\ \}$, denn $A \cup \{\ \} = \{\ \} \cup A = A$.
c) Neutrales Element für die Operation $\cap$ auf der Potenzmenge einer Grundmenge G ist die Menge G, denn $A \cap G = G \cap A = A$.

Eindeutigkeit des neutralen Elements Auffällig ist, dass man (wenn überhaupt) nur ein einziges neutrales Element in einer Menge finden kann. Nehmen wir einmal an, es gäbe zwei neutrale Elemente e und $\tilde{e}$. Dann gilt: $e = e * \tilde{e} = \tilde{e}$. Also müssen die beiden neutralen Elemente gleich sein! Wir werden daher im Folgenden nur noch von *dem* neutralen Element reden.

Bei der Addition reeller Zahlen stehen je zwei Elemente a und $-a$ in einer besonderen Beziehung zueinander, denn ihre Summe ergibt gerade das neutrale Element 0 der Addition: $a + (-a) = (-a) + a = 0$. Bei der Multiplikation hingegen gilt: $a \cdot \frac{1}{a} = \frac{1}{a} \cdot a = 1$ für alle $a \neq 0$. Man nennt solche Elemente *inverse Elemente* und definiert allgemein:

Inverses Element

In einer Menge M mit einer Operation $*$ und dem neutralen Element e verstehen wir unter dem inversen Element bzw. der Inversen a^{-1} eines Elements $a \in M$ ein Element mit

$$a^{-1} * a = a * a^{-1} = e.$$

Selbst inverses Element Wenn a^{-1} inverses Element zu a ist, dann ist natürlich auch a inverses Element zu a^{-1}. Speziell für das neutrale Element gilt: $e * e = e$, also ist es zu sich *selbst invers*. Auch das inverse Element a^{-1} eines Elementes a ist eindeutig bestimmt (wie bereits das neutrale Element einer Menge eindeutig feststand). Gebräuchlich sind die Abkürzungen

$$\underbrace{a * a * \ldots * a}_{n\text{-mal}} = a^n, \quad \underbrace{a^{-1} * a^{-1} * \ldots * a^{-1}}_{n\text{-mal}} = a^{-n}, \quad a^0 = e.$$

Beispiel 4.9

a) Für die Operation $+$ auf $\mathbb{Z}$, $\mathbb{Q}$ oder $\mathbb{R}$ ist $-a$ das zu a inverse Element.

b) Für die Operation $\cdot$ auf $\mathbb{Q} \setminus \{0\}$ oder $\mathbb{R} \setminus \{0\}$ ist $1/a$ das zu a inverse Element. (Beachte: Wir müssen hier die „0" aus der Menge jeweils ausnehmen, denn „$0 \cdot ? = 1$" hat keine Lösung.)

c) Für die Operation $\cdot$ auf $\mathbb{N}$ gibt es nur zu 1 ein inverses Element, nämlich 1 selbst. Aber „$2 \cdot ? = 1$"? (Beachte: $1/2 \notin \mathbb{N}$.)

d) In der Potenzmenge einer Grundmenge G gibt es bei der Operation $\cap$ zu einer echten Teilmenge von G kein inverses Element: So ist etwa für $G = \{a, b, c\}$ die Gleichung „$\{a, b\} \cap ? = G$" nicht lösbar. (Beachte: G ist das neutrale Element der Operation $\cap$ auf G.)

e) Bei der Operation $\cup$ gibt es zu keiner nicht-leeren Menge ein inverses Element: So ist etwa für $G = \{a, b, c\}$ die Gleichung „$\{a, b\} \cup ? = \emptyset$" nicht lösbar. (Beachte: $\emptyset$ ist das neutrale Element der Operation $\cup$ auf G.)

Übung 4.4

Gegeben sei die Verknüpfungstafel

$*$	a	b	c	d
a	c	a	d	b
b	a	b	c	d
c	d	c	b	a
d	b	d	a	c

Gibt es ein neutrales Element? Gibt es jeweils zueinander inverse Elemente? Sind Elemente zu sich selbst invers?

Lösung 4.4

Das Element b ist neutrales Element. Die Elemente a und d sind zueinander invers (wegen $a * d = d * a = b$), das Element c ist zu sich selbst invers (wegen $c * c = b$). Ebenso ist das neutrale Element b zu sich selbst invers (wegen $b * b = b$).

Besonders interessant sind Mengen mit einer Verknüpfung, in denen (neben der Gültigkeit der bereits genannten Rechengesetze) durchgängig zu jedem Element ein inverses gebildet werden kann:

Gruppe
Eine Menge G mit einer Verknüpfung $*$, geschrieben $(G, *)$, heißt eine Gruppe, falls die folgenden Eigenschaften erfüllt sind:

- Abgeschlossenheit der Verknüpfung,
- Gültigkeit des Assoziativgesetzes,
- Existenz eines neutralen Elements,
- Existenz eines inversen Elements zu jedem Element der Menge.

Kommutative oder abelsche Gruppe Die Operation $*$ in einer Gruppe G muss nicht kommutativ sein. Gilt aber zusätzlich noch das *Kommutativgesetz*, so nennt man die Gruppe *kommutativ* oder (nach dem berühmten Mathematiker Abel) *abelsch*.

Beispiel 4.10

a) $(\mathbb{Z}, +)$, $(\mathbb{Q}, +)$ und $(\mathbb{R}, +)$ sind kommutative Gruppen mit dem neutralen Element 0 und den zu a Inversen $-a$.

b) $(\mathbb{Q} \setminus \{0\}, \cdot)$ und $(\mathbb{R} \setminus \{0\}, \cdot)$ sind kommutative Gruppen mit dem neutralen Element 1 und den zu a Inversen $1/a$.

Wichtige Gruppeneigenschaften   Recht einfach zu zeigen sind folgende Gruppeneigenschaften:

- Es gibt genau ein neutrales Element.
- Zu jedem Element gibt es genau ein inverses.
- Gleichungen der Form $a * x = b$ und $y * a = b$ (a und b gegeben, x und y unbekannt) sind immer eindeutig lösbar (mit $x = a^{-1} * b$ bzw. $y = b * a^{-1}$).
- Aus $a * b = a * c$ folgt $b = c$, aus $b * a = c * a$ analog $b = c$.
- Man erhält sämtliche Elemente einer endlichen Gruppe genau einmal, wenn man alle mit einem festen Gruppenelement a von links bzw. von rechts multipliziert. Daraus folgt, dass in jeder Zeile bzw. jeder Spalte der Verknüpfungstafel einer Gruppe jedes Element genau einmal auftritt.

Beispiel 4.11

Gegeben seien die beiden Verknüpfungstafeln

$*$	a	b	c	d
a	c	a	d	b
b	a	b	c	d
c	d	c	b	a
d	b	d	a	c

und

$*$	e	a	a^2	a^3
e	e	a	a^2	a^3
a	a	a^2	a^3	e
a^2	a^2	a^3	e	a
a^3	a^3	e	a	a^2

Die erste Verknüpfungstafel haben wir bereits in Übung 4.4 besprochen. Hier liegt eine Gruppe mit b als neutralem Element, a und d zueinander inversen Elementen sowie zu sich selbst inversem c vor. In jeder Zeile und Spalte der Verknüpfungstafel kommt jedes Gruppenelement genau einmal vor. Das Assoziativgesetz gilt ebenfalls, wie man nachprüfen kann.

Zyklische Gruppe   Auch in der zweiten Verknüpfungstafel wird eine Gruppe beschrieben, die so genannte *zyklische Gruppe der Ordnung 4* (d. h. mit vier Elementen der Form a, $a^2 = a * a$, a^3 und $a^4 = e$). Hier ist $e = a^4$ das neutrale Element, a und a^3 sind zueinander invers, a^2 ist zu sich selbst invers.

Isomorph   Beide Gruppen sind abelsch. In der mathematischen Fachsprache nennt man sie *isomorph*. Stellen Sie sich vor, Sie (= Gerhard) und Ihre Schwester Friedegard wandern nach Australien aus. Da sich die Australier mit den deutschen Namen schwer tun, beschließen Sie, sich umzubenennen: „Gerhard" wird zu „Gerald" und „Friedegard" zu „Jane". Natürlich gelten dann in Australien die gleichen Verwandtschaftsbeziehungen, auch wenn man diese dort mit „is sister of" statt durch „ist Schwester von" ausdrückt. Bis auf Umbenennung hat sich also nichts geändert. Genauso könnte man bei den beiden Gruppen oben umbenennen: $a \simeq a$, $b \simeq e$, $c \simeq a^2$ und $d \simeq a^3$. Bis auf besagte Umbenennung ist dann alles gleich.

Übung 4.5

Gegeben sei die Verknüpfungstafel

$*$	e	a	b	c
e	e	a	b	c
a	a	e	c	b
b	b	c	e	a
c	c	b	a	e

Liegt eine Gruppe vor?

Ist auch diese Gruppe isomorph (gleich bis auf Umbenennung) zu den beiden Gruppen in Beispiel 4.11?

Lösung 4.5

Es liegt eine Gruppe vor mit e als neutralem Element. Alle Elemente sind zu sich selbst invers, und das Assoziativgesetz prüft man leicht – allerdings mit einigem Aufwand – nach. Die Gruppe ist sogar kommutativ, was man der Symmetrie zur Diagonalen in der Verknüpfungstafel entnehmen kann. Da die (isomorphen) Gruppen in Beispiel 4.11 im Gegensatz zur hier vorliegenden Gruppe nur zwei Selbstinverse aufweisen (nämlich b und c bzw. $e = a^4$ und a^2), können sie nicht isomorph zur hier untersuchten Gruppe sein.

Die Isomorphie („gleich bis auf Umbenennung") ist im Übrigen eine Äquivalenzrelation auf der Menge aller Gruppen.

4.4 Ringe und Körper

Oft sind auf Mengen nicht nur eine Verknüpfung, sondern gleich mehrere definiert. Beispielsweise kann man auf den Zahlenbereichen $\mathbb{N}$, $\mathbb{Z}$, $\mathbb{Q}$ und $\mathbb{R}$ sowohl addieren als auch multiplizieren. Sind gewisse Gruppeneigenschaften erfüllt und gelten gleichzeitig die Distributivgesetze, dann spricht man in diesem Zusammenhang von Ringen oder Körpern. So bilden etwa die Brüche $\mathbb{Q}$ bzw. die reellen Zahlen $\mathbb{R}$ mit der Addition und der Multiplikation einen Körper. Das Standardbeispiel für einen Ring ist dagegen $(\mathbb{Z}, +, \cdot)$: Hier „fehlt" quasi nur die Inversenbildung bzgl. der Multiplikation, denn die Division durch eine ganze Zahl führt in der Regel zu Brüchen, also aus dem Zahlbereich $\mathbb{Z}$ heraus.

Distributivgesetze Wir haben in den vorherigen Kapiteln immer wieder die uns vertrauten Zahlen $\mathbb{R}$ bzw. $\mathbb{R} \setminus \{0\}$ mit den Operationen $+$ bzw. $\cdot$ als Beispiele für die Begriffe „Operation", „Assoziativgesetz", „Gruppe" etc. verwendet. (Die Grundrechenarten $-$ und $/$ beschreiben dann die inversen Operationen.) Die Operationen $+$ und $\cdot$ stehen jedoch nicht beziehungslos nebeneinander, sondern es gelten die vertrauten *Distributivgesetze*. In der Mathematik sind nun an vielen Stellen Mengen mit zwei Verknüpfungen $+$ und $\cdot$, die unsere vom Rechnen mit Zahlen gewohnten Rechengesetze erfüllen, von besonderer Bedeutung. Man hat solchen Gebilden allgemein die Bezeichnung „*Körper*" gegeben.

Körper

Eine Menge K mit zwei Operationen $+$ und $\cdot$, geschrieben $(K, +, \cdot)$, heißt Körper, falls gilt:

a) $(K, +)$ ist eine kommutative Gruppe, die so genannte additive Gruppe, mit dem neutralen Element „0", genannt Nullelement.

b) $(K \setminus \{0\}, \cdot)$ ist ebenfalls eine kommutative Gruppe, die so genannte multiplikative Gruppe, mit dem neutralen Element „1", genannt Einselement.

c) Für beliebige $a, b, c \in K$ gelten die Distributivgesetze

$$a \cdot (b + c) = (a \cdot b) + (a \cdot c),$$
$$(a + b) \cdot c = (a \cdot c) + (b \cdot c).$$

Beispiel 4.12

$(\mathbb{Q}, +, \cdot)$ und $(\mathbb{R}, +, \cdot)$, d. h. die rationalen bzw. die reellen Zahlen mit den Operationen Addition „$+$" und Multiplikation „$\cdot$", sind Körper.

Im Gegensatz dazu ist etwa $(\mathbb{Z}, +, \cdot)$ kein Körper, denn hier lassen sich keine Inversen bzgl. der Multiplikation bilden. Da auch solche „abgespeckten Körper" häufiger als Struktur in der Mathematik vorkommen, hat man auch ihnen einen eigenen Namen, nämlich die Bezeichnung „*Ring*", gegeben:

Ring

Eine Menge R mit zwei Operationen $+$ und $\cdot$, geschrieben $(R, +, \cdot)$, heißt Ring, falls gilt:

a) $(R, +)$ ist eine kommutative Gruppe.

b) Für die Operation $\cdot$ gilt das Assoziativgesetz.

c) Für beliebige $a, b, c \in R$ gelten die Distributivgesetze:

$$a \cdot (b + c) = (a \cdot b) + (a \cdot c),$$
$$(a + b) \cdot c = (a \cdot c) + (b \cdot c).$$

Beispiel 4.13

a) $(\mathbb{Z}, +, \cdot)$ ist ein kommutativer Ring mit Einselement 1. Von den Körpereigenschaften „fehlen" letztlich nur die Inversen bzgl. der Multiplikation.

b) Eine besondere Rolle spielt in der Informatik der Körper mit nur zwei Elementen, nämlich der „0" und der „1". Mit ihm kann man *binär rechnen*. Die Verknüpfungstafeln lauten:

$$
\begin{array}{c|cc}
+ & 0 & 1 \\
\hline
0 & 0 & 1 \\
1 & 1 & 0
\end{array}
\quad \text{und} \quad
\begin{array}{c|cc}
\cdot & 0 & 1 \\
\hline
0 & 0 & 0 \\
1 & 0 & 1
\end{array}
$$

Man kann das Rechnen mit „0" und „1" auch als Rechnen mit „Resten" auffassen, nämlich als Rechnen mit den Resten bzgl. der Division durch 2. Solches Rechnen wird auch „Rechnen modulo 2" oder „Rechnen mit Restklassen bzgl. 2" genannt. Wir erläutern dieses Modulo-Rechnen allgemein in einer der Anwendungen. Man erhält damit eine Fülle von Beispielen für (endliche) Körper oder Ringe.

4.5 Kurzer Verständnistest

(1) Die Relation „$x \geq y$" auf der Menge $\mathbb{N}$ ist

    ☐ eine Teilmenge von $\mathbb{N}$ ☐ eine Ordnungsrelation auf $\mathbb{N}$

    ☐ eine Teilmenge von $\mathbb{N} \times \mathbb{N}$ ☐ sogar eine lineare Ordnung auf $\mathbb{N}$

    ☐ eine 3-stellige Relation auf $\mathbb{N}$ ☐ eine Äquivalenzrelation auf $\mathbb{N}$

(2) Gegeben sei die Relation R „x ist Kind von y" auf der Menge aller Menschen M. Wie lautet dann die Umkehrrelation R^{-1}?

    ☐ „x ist Vater von y"   ☐ „x ist Mutter von y"

    ☐ „x ist Vorfahr von y"   ☐ „x ist Elternteil von y"

(3) Gegeben sei die Relation „x ist Schwester von y" (keine Halbschwester!) auf der Menge aller Menschen. Diese Relation ist

    ☐ reflexiv   ☐ symmetrisch

    ☐ antisymmetrisch   ☐ transitiv

(4) Äquivalenzrelationen

    ☐ sind immer reflexiv   ☐ sind immer antisymmetrisch

    ☐ sind immer transitiv   ☐ induzieren eine Einteilung in Äquivalenzklassen

(5) Beispiele für Ordnungsrelationen sind

    ☐ „$x < y$" auf $\mathbb{N}$

    ☐ „$x \leq y$" auf $\mathbb{R}$

    ☐ „x ist Teiler von y" auf $\mathbb{N}$

    ☐ „x ist älter oder gleichalt y" auf der Menge aller Menschen

(6) Die folgenden Mengen mit Verknüpfungen sind Gruppen

    ☐ $(\mathbb{N}, +)$ ☐ $(\mathbb{Z}, +)$

    ☐ $(\mathbb{Q}, \cdot)$ ☐ $(\mathbb{R} \setminus \{0\}, \cdot)$

(7) In Gruppen gilt immer

    ☐ das Kommutativgesetz   ☐ $(a^{-1})^{-1} = a$

    ☐ das Assoziativgesetz   ☐ Existenz eines eindeutigen neutralen Elements

(8) Beispiele für Ringe sind

    ☐ $(\mathbb{N}, +, \cdot)$ ☐ $(\mathbb{Z}, +, \cdot)$

    ☐ $(\mathbb{Q}, +, \cdot)$ ☐ $(\mathbb{R}, +, \cdot)$

Lösung: (x $\simeq$ richtig, o $\simeq$ falsch)

1.) oxxxoo, 2.) ooox, 3.) ooox, 4.) xoxx, 5.) oxxx, 6.) oxox, 7.) oxxx, 8.) oxxx

Abb. 4.4 Artikel aus Men's Health

4.6 Anwendungen

4.6.1 Küchenkräuter in Männermagazinen

Äquivalenzrelationen und andere Relationen kommen durchaus häufig im Alltag vor. Als Beispiel wollen wir folgenden Artikel „Wer geht mit wem?" aus Men's Health (Ausgabe vom Dezember 2000, S. 38) betrachten (Abb. 4.4)

Dieser Artikel, der uns botanisch-kulinarisch auf die Sprünge helfen soll, lässt sich in der Sprache der Mathematik wie folgt wiedergeben: Die Relation R, von der in dem Artikel die Rede ist, lautet ganz einfach: „x kann mit y im gleichen Blumentopf auf der Fensterbank gezüchtet werden". Diese Relation ist auf einer Menge von Küchenkräutern K erklärt: K = {Basilikum, Dill, Estragon, Majoran, Minze, Petersilie, Rosmarin, Salbei, Schnittlauch, Thymian}. Wir können nun die Tabelle aus Men's Health auch als Relation wie folgt schreiben: R = {(Basilikum, Basilikum), (Basilikum, Dill), (Basilikum, Majoran), ..., (Thymian, Schnittlauch), (Thymian, Thymian)}. Dabei bedeutet (Basilikum, Basilikum), dass Basilikum und Basilikum im gleichen Topf wachsen, ebenso Basilikum und Dill – ausgedrückt durch das geordnete Paar (Basilikum, Dill). Da etwa Basilikum und Estragon (laut Tabelle) nicht im Blumentopf harmonieren, gehört (Basilikum, Estragon) nicht zur Relation R.

Mit den Eigenschaften „Reflexivität", „Symmetrie" und „Transitivität" ist es auch ganz einfach: Jedes Küchenkraut gedeiht mit einem Pflänzchen der gleichen Art im Topf („Reflexivität"). Wenn Pflänzchen x mit Pflänzchen y im gleichen Topf harmoniert, dann auch y mit x („Symmetrie"). Und wenn x mit y wächst und y mit z gedeiht, dann können wir auch beruhigt x und z zusammenpflanzen („Transitivität").

Und automatisch kommt man auf den Begriff der Äquivalenzklasse: Das sind diejenigen Küchenkräuter zusammengefasst, die miteinander können. In unserem Beispiel gibt es zwei Äquivalenzklassen, nämlich {Basilikum, Dill, Majoran, Petersilie, Schnittlauch, Thymian} und {Estragon, Minze, Rosmarin, Salbei}.

Interessanter ist es vielleicht, eine (2-stellige) Relation R „x kann mit y" auf der Menge aller Menschen zu betrachten. Bei den Menschen geht es nicht so gesittet zu wie bei den Küchenkräutern: Diese Relation ist nämlich keineswegs reflexiv – und davon lebt der Großteil aller im „Psychogewerbe" Tätigen. Die Relation ist auch nicht symmetrisch, aber das wissen diejenigen, die schon einmal unglücklich verliebt waren, ganz genau. Transitiv ist die Relation auch nicht – denken Sie an die klassische Schwiegermutter-Konstellation Ehemann, Ehefrau und deren Mutter.

Man sieht, mit welchem ausgesprochenem Praxisbezug die Mathematik der Beschreibung botanischer und menschlicher Verhältnisse dient.

4.6.2 Warum gilt „Minus mal Minus ergibt Plus"?

Vielleicht haben Sie sich in der Schule auch schon gewundert, warum Minus mal Minus urplötzlich Plus ergibt?

$$(-3) \cdot (-4) = 12$$

Warum ergibt -4 mal -3 etwas Positives, nämlich $+12$? Anschaulich ist das Ganze auf keinen Fall! Da hatte man nach den natürlichen Zahlen $\mathbb{N}$ die ganzen Zahlen $\mathbb{Z}$ kennengelernt, wobei unter -4 ja so etwas wie Minusgrade beim Thermometer oder Schulden auf der Bank vorstellbar waren, aber die Multiplikationsregeln wie

Minus	mal	Plus	ergibt	Minus
Plus	mal	Minus	ergibt	Minus
Minus	mal	Minus	ergibt	Plus

wirkten irgendwie erfunden. Vielleicht könnte etwas ganz anderes gelten? Dass dies *nicht* der Fall sein kann, lehrt uns die Algebra. Wir haben gesehen, dass $(\mathbb{Z}, +, \cdot)$ ein kommutativer Ring mit Einselement ist: 0 ist das neutrale Element der Addition, $(-a)$ ist das zu a inverse Element der Addition, 1 ist das neutrale Element bzgl. Multiplikation usw.

Man kann nun in Ringen einige Rechengesetze zeigen, die immer gelten müssen, beispielsweise

$$0 \cdot a = 0.$$

Dies erscheint uns trivial, da wir an das Rechnen mit reellen Zahlen gewohnt sind. Dahinter steckt aber etwas viel Allgemeineres: In jedem Ring ergibt die Multiplikation des neutralen Elements bzgl. Addition mit einem beliebigen Element aus dem Ring wiederum das neutrale Element bzgl. Addition. Man kann dies ganz allgemein (d. h. nur unter Kenntnis der Rechengesetze in Ringen, ohne zu wissen, in welchem speziellen Ring man rechnet) nachweisen (vgl. Übungsaufgabe 4 unter „Gruppen, Ringe, Körper" und deren Lösung).

Wir wollen hier zunächst beweisen, dass Minus mal Plus Minus ergibt. In der Terminologie von Ringen ausgedrückt:

$$(-a) \cdot b = -(a \cdot b).$$

Dazu ist zu zeigen, dass $(-a) \cdot b$ *das inverse Element bzgl. Addition zu* $(a \cdot b)$ ist. Wir formen also $(-a) \cdot b + (a \cdot b)$ um, bis wir 0 als Ergebnis erhalten:

$$
\begin{aligned}
(-a) \cdot b + a \cdot b &= [(-a) + a] \cdot b \\
&= \qquad 0 \qquad \cdot b \\
&= 0.
\end{aligned}
$$

Hinter der Umformung der ersten Zeile steckt das Distributivgesetz, in der zweiten Zeile wurde ausgenutzt, dass a und $(-a)$ invers zueinander bzgl. Addition sind, und zur dritten Zeile wurde $0 \cdot b = 0$ verwendet.

Jetzt kann man analog „Minus mal Minus ergibt Plus" zeigen. Wie oben erhalten wir:

$$
\begin{aligned}
(-a) \cdot b + (-a) \cdot (-b) &= (-a) \cdot [b + (-b)] \\
&= (-a) \cdot \qquad 0 \\
&= 0.
\end{aligned}
$$

Also ist $(-a) \cdot (-b)$ invers zu $(-a) \cdot b$, Letzteres war invers zu $(a \cdot b)$. Da Inverse eindeutig sind, muss $(-a) \cdot (-b)$ gleich $(a \cdot b)$ sein. Also: „Minus mal Minus ergibt Plus"!

4.6.3 Modulo-Rechnung

Wir wollen im Folgenden mit Resten rechnen, so wie sie beim Dividieren von natürlichen Zahlen durch andere natürliche Zahlen entstehen: Beispielsweise fallen bei der Division durch 5 die möglichen Reste 0, 1, 2, 3 und 4 an. Wir können sogar eine Äquivalenzrelation erklären – „x hat bei Division durch 5 denselben Rest wie y" – und erreichen damit eine Einteilung aller natürlichen Zahlen in Äquivalenzklassen, nämlich die Zahlen, die bei Division durch 5 den Rest 0 haben, die Zahlen, die bei Division durch 5 den Rest 1 haben, etc. Wir wollen diese so genannten Restklassen modulo 5 mit $\bar{0}$, $\bar{1}$, $\bar{2}$, $\bar{3}$ und $\bar{4}$ bezeichnen und erhalten:

$$
\begin{aligned}
\bar{0} &= \{0, 5, 10, 15, 20, \ldots\}, \\
\bar{1} &= \{1, 6, 11, 16, 21, \ldots\}, \\
\bar{2} &= \{2, 7, 12, 17, 22, \ldots\}, \\
\bar{3} &= \{3, 8, 13, 18, 23, \ldots\}, \\
\bar{4} &= \{4, 9, 14, 19, 24, \ldots\}.
\end{aligned}
$$

Die Zahlen 0, 1, 2, 3 und 4 sind ein vollständiges Repräsentanten-System dieser Rest-klassen – daher auch die Bezeichnungen $\overline{0}$, $\overline{1}$ etc. für die Restklassen. Man könnte aber natürlich auch genauso gut in diesem Zusammenhang 10, 21, 2, 18 und 109 wählen: $\overline{10} = \overline{0}$, $\overline{21} = \overline{1}$, denn etwa 10 und 0 sowie 21 und 1 sind in derselben Restklasse.

Man kann nun nicht nur alle natürlichen Zahlen $\mathbb{N}$, sondern sogar alle ganzen Zahlen $\mathbb{Z}$ in derartige Restklassen einteilen. Es ist leicht ersichtlich, dass z. B. alle Zahlen in der Restklasse $\overline{2}$ ausgehend von 2 selbst durch Addition von Vielfachen von 5 entstehen: $2 + 5 = 7$, $2 + 10 = 12$, $2 + 15 = 17$ etc. Man könnte natürlich auch solche Vielfache von 5 subtrahieren ($2 - 5 = -3$, $2 - 10 = -8$ etc.) und würde damit alle ganzen Zahlen $\mathbb{Z}$ in Restklassen modulo 5 einteilen:

$$\overline{0} = \{\dots, -15, -10, -5, 0, 5, 10, 15, 20, \dots\},$$
$$\overline{1} = \{\dots, -14, -9, -4, 1, 6, 11, 16, 21, \dots\},$$
$$\overline{2} = \{\dots, -13, -8, -3, 2, 7, 12, 17, 22, \dots\},$$
$$\overline{3} = \{\dots, -12, -7, -2, 3, 8, 13, 18, 23, \dots\},$$
$$\overline{4} = \{\dots, -11, -6, -1, 4, 9, 14, 19, 24, \dots\}.$$

Man verwendet in der Mathematik häufig für die Relation „x hat bei Division durch 5 denselben Rest wie y" oder „$x - y$ ist durch 5 teilbar" eine andere Sprechweise und sagt: „x und y sind kongruent modulo 5". Die Menge aller Restklassen modulo 5 bezeichnet man mit $\mathbb{Z}/[5] := \{\overline{0}, \overline{1}, \overline{2}, \overline{3}, \overline{4}\}$.

Natürlich ist die Zahl 5 in keiner Weise etwas Besonderes: Ebenso könnte man ir-gendeine natürliche Zahl $n > 1$ nehmen, die Äquivalenzrelation „x und y sind kongruent modulo n" betrachten und erhielte dann insgesamt n Restklassen $\mathbb{Z}/[n] = \{\overline{0}, \overline{1}, \overline{2} \dots \overline{n-2}, \overline{n-1}\}$.

Interessant ist nun insbesondere, dass man mit derartigen Restklassen sogar rechnen kann! Dazu definieren wir:

$$\overline{a} \oplus \overline{b} = \overline{a + b}.$$

Was ist damit gemeint? Ganz einfach: Man addiert zwei Restklassen, indem man die Re-präsentanten ganz gewöhnlich (wie Zahlen) addiert und dann (durch Modulo-Rechnen) die zugehörige Restklasse ermittelt. Im Beispiel modulo 5: $\overline{4} \oplus \overline{3} = \overline{4 + 3} = \overline{7} = \overline{2}$. Das Ganze funktioniert, da man anstelle von 4 und 3 auch beliebige andere Repräsentanten der jeweiligen Restklassen nehmen könnte: beispielsweise 24 anstelle von 4 (wegen $\overline{4} = \overline{24}$) und -7 anstelle von 3 (wegen $\overline{3} = \overline{-7}$). Es ergibt sich damit: $\overline{24} \oplus \overline{-7} = \overline{24 - 7} = \overline{17} = \overline{2}$. Man kann dies allgemein zeigen: Die obige Definition ist unabhängig davon, welche Zahl man als Repräsentanten einer Äquivalenzklasse nimmt.

Die Restklassen-Addition kann man sich auch an einer Uhr veranschaulichen – al-lerdings an einer ungewöhnlichen Uhr mit genau 5 Einteilungen (siehe Abb. 4.5). Wenn man z. B. $\overline{4}$ und $\overline{3}$ addiert, so würde man zunächst auf die Einteilung $\overline{4}$ der Uhr gehen und dann im Uhrzeigersinn 3 Einheiten weiterrücken. (Subtrahieren könnte man übrigens einfach, indem man im Gegenuhrzeigersinn weiterrückt.) Man könnte aber auch, startend

Abb. 4.5 Modulo-Arithmetik

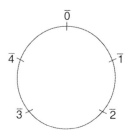

bei $\overline{0}$ (neutrales Element!), 24 Einheiten im Uhrzeigersinn und 7 im Gegenuhrzeigersinn rücken – wieder käme man bei $\overline{24} \oplus \overline{-7} = \overline{2}$ an. Dies liegt, wie bereits bemerkt, daran, dass die Definition der Restklassenaddition unabhängig von den Repräsentanten der Restklassen ist. Im Englischen nennt man solches Restklassenaddieren übrigens manchmal „clock arithmetic", also etwa Uhren-Arithmetik.

Die Verknüpfungstafel für die (Restklassen-) Addition für die Restklassen $\overline{0}$, $\overline{1}$, $\overline{2}$, $\overline{3}$ und $\overline{4}$ hat insgesamt die folgende Gestalt:

$\oplus$	$\overline{0}$	$\overline{1}$	$\overline{2}$	$\overline{3}$	$\overline{4}$
$\overline{0}$	$\overline{0}$	$\overline{1}$	$\overline{2}$	$\overline{3}$	$\overline{4}$
$\overline{1}$	$\overline{1}$	$\overline{2}$	$\overline{3}$	$\overline{4}$	$\overline{0}$
$\overline{2}$	$\overline{2}$	$\overline{3}$	$\overline{4}$	$\overline{0}$	$\overline{1}$
$\overline{3}$	$\overline{3}$	$\overline{4}$	$\overline{0}$	$\overline{1}$	$\overline{2}$
$\overline{4}$	$\overline{4}$	$\overline{0}$	$\overline{1}$	$\overline{2}$	$\overline{3}$

Hier liegt eine (zyklische) Gruppe vor: $\overline{0}$ ist das neutrale Element, jeweils $\overline{1}$ und $\overline{4}$ sowie $\overline{2}$ und $\overline{3}$ sind zueinander invers. Man erhält beispielsweise alle Restklassen, indem man sukzessive $\overline{1}$ auf ein beliebiges Element, etwa $\overline{1}$, addiert: $\overline{1} \oplus \overline{1} = \overline{2}$, $\overline{1} \oplus \overline{1} \oplus \overline{1} = \overline{3}$, $\overline{1} \oplus \overline{1} \oplus \overline{1} \oplus \overline{1} = \overline{4}$ und schließlich $\overline{1} \oplus \overline{1} \oplus \overline{1} \oplus \overline{1} \oplus \overline{1} = \overline{0}$.

Analog zur Restklassen-Addition lässt sich eine Restklassen-Multiplikation definieren:

$$\overline{a} \otimes \overline{b} = \overline{a \cdot b}.$$

Im Beispiel modulo 5 etwa: $\overline{2} \otimes \overline{3} = \overline{2 \cdot 3} = \overline{6} = \overline{1}$. Die gesamte Verknüpfungstafel hat dann die Gestalt:

$\otimes$	$\overline{0}$	$\overline{1}$	$\overline{2}$	$\overline{3}$	$\overline{4}$
$\overline{0}$	$\overline{0}$	$\overline{0}$	$\overline{0}$	$\overline{0}$	$\overline{0}$
$\overline{1}$	$\overline{0}$	$\overline{1}$	$\overline{2}$	$\overline{3}$	$\overline{4}$
$\overline{2}$	$\overline{0}$	$\overline{2}$	$\overline{4}$	$\overline{1}$	$\overline{3}$
$\overline{3}$	$\overline{0}$	$\overline{3}$	$\overline{1}$	$\overline{4}$	$\overline{2}$
$\overline{4}$	$\overline{0}$	$\overline{4}$	$\overline{3}$	$\overline{2}$	$\overline{1}$

Dieser Verknüpfungstafel für die Restklassen-Multiplikation modulo 5 kann man etwa entnehmen, dass $\bar{1}$ neutrales Element ist: $\bar{1} \otimes \bar{a} = \overline{1 \cdot a} = \bar{a}$. Wegen $\bar{2} \otimes \bar{3} = \bar{1}$ sind $\bar{2}$ und $\bar{3}$ zueinander inverse Elemente. Insgesamt liegt auch eine multiplikative Gruppe vor und – da die Distributivgesetze gelten – ist $(\mathbb{Z}/[5], \oplus, \otimes)$ ein Körper.

Wir wollen uns im Folgenden auch einmal die Verknüpfungstafeln für Restklassen bzgl. eines anderen n (etwa für $n = 6$) ansehen:

$\oplus$	$\bar{0}$	$\bar{1}$	$\bar{2}$	$\bar{3}$	$\bar{4}$	$\bar{5}$		$\otimes$	$\bar{0}$	$\bar{1}$	$\bar{2}$	$\bar{3}$	$\bar{4}$	$\bar{5}$
$\bar{0}$	$\bar{0}$	$\bar{1}$	$\bar{2}$	$\bar{3}$	$\bar{4}$	$\bar{5}$		$\bar{0}$	$\bar{0}$	$\bar{0}$	$\bar{0}$	$\bar{0}$	$\bar{0}$	$\bar{0}$
$\bar{1}$	$\bar{1}$	$\bar{2}$	$\bar{3}$	$\bar{4}$	$\bar{5}$	$\bar{0}$		$\bar{1}$	$\bar{0}$	$\bar{1}$	$\bar{2}$	$\bar{3}$	$\bar{4}$	$\bar{5}$
$\bar{2}$	$\bar{2}$	$\bar{3}$	$\bar{4}$	$\bar{5}$	$\bar{0}$	$\bar{1}$	und	$\bar{2}$	$\bar{0}$	$\bar{2}$	$\bar{4}$	$\bar{0}$	$\bar{2}$	$\bar{4}$
$\bar{3}$	$\bar{3}$	$\bar{4}$	$\bar{5}$	$\bar{0}$	$\bar{1}$	$\bar{2}$		$\bar{3}$	$\bar{0}$	$\bar{3}$	$\bar{0}$	$\bar{3}$	$\bar{0}$	$\bar{3}$
$\bar{4}$	$\bar{4}$	$\bar{5}$	$\bar{0}$	$\bar{1}$	$\bar{2}$	$\bar{3}$		$\bar{4}$	$\bar{0}$	$\bar{4}$	$\bar{2}$	$\bar{0}$	$\bar{4}$	$\bar{2}$
$\bar{5}$	$\bar{5}$	$\bar{0}$	$\bar{1}$	$\bar{2}$	$\bar{3}$	$\bar{4}$		$\bar{5}$	$\bar{0}$	$\bar{5}$	$\bar{4}$	$\bar{3}$	$\bar{2}$	$\bar{1}$

Wenn man diese Verknüpfungstafeln studiert, so fällt zunächst bei der Restklassen-Addition $\oplus$ nichts auf. Wieder liegt eine zyklische Gruppe vor, wieder kann man „uhrweise" addieren und subtrahieren. Interessant wird es erst bei der Restklassen-Multiplikation! Das neutrale Element der Multiplikation ist $\bar{1}$, aber gewisse inverse Elemente fehlen: Wenn man sich die Zeile (oder Spalte) von $\bar{2}$ ansieht, so ist in dieser Zeile (oder Spalte) kein $\bar{1}$ zu entdecken – mit anderen Worten: Die Gleichung „$\bar{2} \otimes \bar{?} = \bar{1}$" hat keine Lösung. Also gibt es kein inverses Element zu $\bar{2}$. Man hat in diesem Fall keinen Körper, sondern nur einen kommutativen Ring mit Einselement vorliegen.

In der Tabelle bzgl. der Restklassen-Multiplikation modulo 6 findet man ein weiteres ungewohntes Phänomen: $\bar{2} \otimes \bar{3} = \bar{0}$. Man sagt auch, dass $\bar{2}$ und $\bar{3}$ *Nullteiler* sind. Von den reellen Zahlen her ist uns derartiges nicht geläufig: Ein Produkt ist nur dann gleich Null, wenn mindestens einer der Faktoren gleich Null ist. Derartige Nullteiler können nicht in Körpern, wohl aber in Ringen vorkommen.

Wir haben gesehen, dass die Restklassen modulo 5 mit Restklassen-Addition und -Multiplikation $(\mathbb{Z}/[5], \oplus, \otimes)$ einen Körper bilden, die Restklassen modulo 6 mit Restklassen-Addition und -Multiplikation $(\mathbb{Z}/[6], \oplus, \otimes)$ allerdings nur einen kommutativen Ring mit Einselement. Bei der Rechnung modulo 6 „fehlen" schlicht gewisse inverse Elemente bzgl. der Multiplikation. Man kann ganz allgemein zeigen, dass immer wenn n eine Primzahl ist, ein Körper vorliegt, und ansonsten nur ein Ring. Die Körper $(\mathbb{Z}/[p], \oplus, \otimes)$ mit p prim nennt man übrigens „Galois-Felder" zu Ehren von Evariste Galois. „Feld" ist eine nicht ganz korrekte Anlehnung an das Englische: Deutsche „Körper" heißen dort „fields" (bitte nicht „body" oder gar „corpse" verwenden!), deutsche „Ringe" werden aber ganz gewohnt im Englischen mit „rings" übersetzt.

4.7 Zusammenfassung

Relationen

Produktmenge (von geordneten Paaren) $A_1 \times A_2 := \{(x_1, x_2) \mid x_1 \in A_1, x_2 \in A_2\}$

Abk.: $A^2 := A \times A$, $A^3 := A \times A \times A$ etc.

(2-stellige) Relation R	ist Teilmenge der Produktmenge: $R \subseteq A_1 \times A_2$
Umkehrrelation R^{-1}	$R^{-1} = \{(y, x) \mid (x, y) \in R\} \subseteq A_2 \times A_1$
(2-stellige) Relation R *auf* A	$R \subseteq A \times A$

Schreibweise: $(x, y) \in R$ oder in Infixschreibweise: xRy

Bsp. (2-stellige) Relation R „x teilt y" auf $A = \{1, 2, 4\}$

$R = \{(1,1), (1,2), (1,4), (2,2), (2,4), (4,4)\} \subseteq A \times A$

Umkehrrelation R^{-1}: „x ist Vielfaches von y"

Eigenschaften von Relationen $R \subseteq A \times A$:

Reflexivität	Für alle $x \in A$ gilt xRx.
Symmetrie	Aus xRy folgt yRx für alle $x, y \in A$.
Antisymmetrie	Aus xRy und yRx folgt $x = y$ für alle $x, y \in A$.
Transitivität	Aus xRy und yRz folgt xRz für alle $x, y, z \in A$.

Spezielle Relationen $R \subseteq A \times A$:

Ordnungsrelation	ist reflexiv, antisymmetrisch, transitiv;
lineare Ordnung	zusätzlich sogar xRy oder yRx für alle $x, y \in A$;
Äquivalenzrelation	ist reflexiv, symmetrisch, transitiv; durch Äquivalenzrelation erfolgt Zerlegung einer Menge A in disjunkte Äquivalenzklassen.

Bsp. a) Relation „x teilt y" auf $\mathbb{N}$ ist Ordnungsrelation,

b) Relation „$x \leq y$" auf $\mathbb{R}$ ist lineare Ordnung,

c) Relation „x ist gleich groß y" auf der Menge aller Menschen ist Äquivalenzrelation.

Gruppe

Eine Menge G mit einer Verknüpfung $*$, geschrieben $(G, *)$, heißt eine *Gruppe*, falls gilt:

Abgeschlossenheit	Je zwei $a, b \in G$ ist eindeutig ein $a * b \in G$ zugeordnet.
Assoziativgesetz	Für alle $a, b, c \in G$ gilt: $a * (b * c) = (a * b) * c$.
Neutrales Element	Es existiert ein neutrales Element $e \in G$, so dass für alle $a \in G$ gilt: $e * a = a * e = a$.
Inverse Elemente	Zu jedem $a \in G$ gibt es ein inverses Element $a^{-1} \in G$, so dass gilt: $a * a^{-1} = a^{-1} * a = e$.

Bsp. $(\mathbb{Z}, +)$ und $(\mathbb{Q} \setminus \{0\}, \cdot)$ sind Gruppen.

Beachte in Gruppen   Neutrales Element e ist eindeutig bestimmt.

Inverses Element a^{-1} zu a ist eindeutig bestimmt.

Körper

Eine Menge K mit zwei Operationen $+$ und $\cdot$, geschrieben $(K, +, \cdot)$, heißt *Körper*, falls gilt:

a) $(K, +)$ ist eine kommutative Gruppe, die so genannte additive Gruppe, mit dem neutralen Element „0", dem Nullelement.

b) $(K \setminus \{0\}, \cdot)$ ist ebenfalls eine kommutative Gruppe, die so genannte multiplikative Gruppe, mit dem neutralen Element „1", dem Einselement.

c) Für beliebige $a, b, c \in K$ gelten die Distributivgesetze

$$a \cdot (b + c) = (a \cdot b) + (a \cdot c),$$
$$(a + b) \cdot c = (a \cdot c) + (b \cdot c).$$

Ring

Eine Menge R mit zwei Operationen $+$ und $\cdot$, geschrieben $(R, +, \cdot)$, heißt *Ring*, falls gilt:

a) $(R, +)$ ist eine kommutative Gruppe.

b) Für die Operation $\cdot$ gilt das Assoziativgesetz.

c) Für beliebige $a, b, c \in R$ gelten die Distributivgesetze:

$$a \cdot (b + c) = (a \cdot b) + (a \cdot c),$$
$$(a + b) \cdot c = (a \cdot c) + (b \cdot c).$$

Bsp. $(\mathbb{Z}, +, \cdot)$ ist Ring,

$(\mathbb{Q}, +, \cdot)$ und $(\mathbb{R}, +, \cdot)$ sind Körper,

Jeder Körper ist auch ein Ring, aber nicht jeder Ring ist ein Körper.

4.8 Übungsaufgaben

Relationen

1. Gegeben sei die Relation R „x ist Teiler von y" auf $A = \{1, 2, 3, 4, 5, 6\}$.
    a) Geben Sie R als Teilmenge der Produktmenge $A \times A$ an!
    b) Ist R eine (lineare) Ordnungsrelation?
    c) Wie lautet die Umkehrrelation R^{-1} in Worten?

2. Die Menge $A = \{1, 2, 3, 4, 5\}$ werde durch eine Äquivalenzrelation R in die beiden disjunkten Äquivalenzklassen $\{1, 2, 3\}$ und $\{4, 5\}$ zerlegt. Geben Sie R als Teilmenge der Produktmenge $A \times A$ an!

3. Auf der Menge $A = \{1, 2, 3, 4\}$ sei eine 2-stellige Relation R wie folgt (in Infix-Schreibweise) definiert: $1\,R\,1$, $1\,R\,2$, $3\,R\,2$, $2\,R\,4$.

   a) Warum liegt keine Ordnungsrelation vor?

   b) Welche Relationspaare $x\,R\,y$ müsste man ergänzen, damit R zur Ordnungsrelation wird?

Gruppen, Ringe, Körper

1. Wir definieren auf $\mathbb{Z}$ eine „alternative" Addition (im Zeichen: $\oplus$) der Form: $a \oplus b := a + b + 3$. Zeigen Sie, dass $(\mathbb{Z}, \oplus)$ eine kommutative Gruppe ist!

2. Zeigen Sie, dass in Gruppen immer gilt: $(a * b)^{-1} = b^{-1} * a^{-1}$. Für welche Gruppen gilt: $(a * b)^{-1} = a^{-1} * b^{-1}$?

3. Zeigen Sie, dass in Gruppen aus $a * b = a * c$ immer $b = c$ folgt!

4. Zeigen Sie, dass in Ringen immer gilt: $a \cdot 0 = 0$. (Dabei steht 0 für das neutrale Element bzgl. der Addition.)

4.9 Lösungen

Relationen

1. a) $R = \{(1, 1),\ (1, 2),\ (1, 3),\ (1, 4),\ (1, 5),\ (1, 6),\ (2, 2),\ (2, 4),\ (2, 6),\ (3, 3),\ (3, 6),$
   $(4, 4),\ (5, 5),\ (6, 6)\}$

   b) R ist reflexiv (jede Zahl teilt sich selbst). R ist antisymmetrisch (wenn x y teilt und ebenfalls y x, dann müssen x und y gleich sein). R ist transitiv (wenn x y teilt und y z, dann teilt auch x z). R ist damit auf $\mathbb{N}$ eine Ordnungsrelation, wenn auch keine lineare (weder teilt 2 die 5, noch teilt 5 die 2).

   c) Die Umkehrrelation R^{-1} lautet in Worten „x ist Vielfaches von y".

2. $R = \{(1, 1),\ (1, 2),\ (1, 3),\ (2, 1),\ (2, 2),\ (2, 3),\ (3, 1),\ (3, 2),\ (3, 3),\ (4, 4),\ (4, 5),$
   $(5, 4),\ (5, 5)\}$. Jeweils alle Elemente aus $\{1, 2, 3\}$ und alle Elemente aus $\{4, 5\}$ stehen in Relation R zueinander.

3. a) Die Relation R ist nicht reflexiv: Z. B. fehlt $2\,R\,2$. Die Relation R ist nicht transitiv: $1\,R\,2$ und $2\,R\,4$, aber $1\,R\,4$ fehlt.

   b) Man müsste R ergänzen um: $2\,R\,2$, $3\,R\,3$, $4\,R\,4$, $1\,R\,4$, $3\,R\,4$.

Gruppen, Ringe, Körper

1. Wir zeigen die einzelnen Gruppenaxiome:

   a) Es liegt eine Operation vor: Wenn $a, b \in \mathbb{Z}$, so ist auch $a \oplus b := a + b + 3$ eine ganze Zahl.

b) Das Assoziativgesetz ist erfüllt: $a \oplus (b \oplus c) = (a \oplus b) \oplus c$, denn es ist:

$$a \oplus (b \oplus c) = a \oplus (b + c + 3) = a + (b + c + 3) + 3 = a + b + c + 6$$
$$(a \oplus b) \oplus c = (a + b + 3) \oplus c = (a + b + 3) + c + 3 = a + b + c + 6.$$

c) Das neutrale Element ist -3: $a \oplus (-3) = a + (-3) + 3 = a$

d) Das zu a inverse Element lautet: $-a - 6$: $a \oplus (-a - 6) = a + (-a - 6) + 3 = -3$ (neutrales Element!)

e) Das Kommutativgesetz ist erfüllt: $a \oplus b = b \oplus a$ wegen $a \oplus b = a + b + 3 = b + a + 3 = b \oplus a$.

2. Es ist

$$(a * b) * (b^{-1} * a^{-1}) = a * (b * b^{-1}) * a^{-1}$$
$$= a * \quad e \quad * a^{-1}$$
$$= a * \quad\quad\quad a^{-1} = e,$$

also $(a * b) * (b^{-1} * a^{-1}) = e$. Analog lässt sich zeigen: $(b^{-1} * a^{-1}) * (a * b) = e$. Demnach ist $(b^{-1} * a^{-1})$ das zu $(a * b)$ inverse Element, geschrieben: $(a * b)^{-1} = b^{-1} * a^{-1}$.

Für *kommutative* Gruppen gilt immer: $(a * b)^{-1} = b^{-1} * a^{-1} = a^{-1} * b^{-1}$.

3. Aus $a * b = a * c$ erhalten wir durch Verknüpfung mit dem inversen Element a^{-1} von links:

$$a^{-1} * (a * b) = a^{-1} * (a * c)$$
$$(a^{-1} * a) * b = (a^{-1} * a) * c$$
$$e \quad * b = \quad e \quad * c$$
$$b \quad\quad = \quad\quad c$$

4. Es gilt: $a \cdot 0 = a \cdot (0 + 0) = a \cdot 0 + a \cdot 0$ (Beachte: 0 ist das neutrale Element bzgl. $+$. Es gilt das Distributivgesetz). Wegen $a \cdot 0 = a \cdot 0 + a \cdot 0$ muss $a \cdot 0$ das neutrale Element der Addition sein, also $a \cdot 0 = 0$.

Lineare Algebra

5

5.1 Einführung

▷ Vektoren in der Analytischen Geometrie

Der Begriff des Vektors (und oft auch der von Vektorräumen) wird schon in der Schule vermittelt – in der *Analytischen Geometrie*, wo mit Begeisterung Geraden mit Geraden, Geraden mit Ebenen, Ebenen mit Ebenen usw. geschnitten werden. Vektoren fasst man dabei einfach als Verschiebungspfeile auf und benutzt sie, etwa um Geraden durch die Angabe eines Punktes und eines solchen Verschiebungspfeils zu beschreiben.

Es fällt nun auf, dass derartige Gebilde, also Vektoren, gewisse Gesetze erfüllen. Z. B. ist die Addition von Vektoren immer kommutativ. (Also gilt für Vektoren, wie etwa schon für reelle Zahlen: $a+b = b+a$, oder in Vektorschreibweise: $\vec{a}+\vec{b} = \vec{b}+\vec{a}$.) Die Physiker, die Vektoren häufig verwenden, veranschaulichen dies am Kräfteparallelogramm.

▷ Axiomatische Vorgehensweise

Am Beispiel der Vektoren lässt sich nun schön die so genannte *axiomatische Vorgehensweise* der Mathematik beschreiben. Man trägt zunächst Gesetze zusammen, die diese „Verschiebungspfeile" erfüllen – und kehrt nun den Spieß um: Ab jetzt werden alle Gebilde, die diesen Gesetzen gehorchen, Vektoren genannt, es müssen nicht länger solche „Verschiebungspfeile" sein. Die zugrunde liegenden Grundsätze (griech. Axiom) heißen dann Axiome, im Falle von Vektoren etwa Vektorraumaxiome.

▷ Euklid, Euklidischer Vektorraum

Die axiomatische Vorgehensweise ist übrigens keine Erfindung der Neuzeit: Sie geht zurück auf den griechischen Mathematiker Euklid (5. Jahrhundert v. Chr.), der die Geometrie in axiomatischer Form formulierte. Euklid ging dabei aus von Axiomen, für ihn unmittelbar in der Anschauung gegebene Sätze, deren Richtigkeit nicht weiter hinterfragt

Y. Stry, R. Schwenkert, *Mathematik kompakt*, DOI 10.1007/978-3-642-24327-1_5,
© Springer-Verlag Berlin Heidelberg 2013

wird. Aus diesen Axiomen leitete er streng logisch alle weiteren Sätze her, ohne etwa auf die Anschauung, auf seine Intuition oder was auch immer zurückzugreifen.

In den so genannten *Euklidischen Vektorräumen* kann man noch etwas Weiterführendes tun, man kann sozusagen Maß nehmen, also Längen, Abstände und Winkel einführen. Hier spielen die Begriffe „Skalarprodukt" und „Norm" die zentrale Rolle.

▷   Matrix

Ein anderer Begriff der Mathematik, der in vielen Zusammenhängen vorkommt, ist der der „Matrix". In der Mathematik versteht man darunter ein rechteckiges Zahlenschema. Denken Sie einfach an einen guten alten Kinosaal (oder etwa an eine Aufführung des Films „Die Matrix"?): Wenn Sie eine Eintrittskarte lösen, so steht auf dieser z. B. Reihe 17 Sitz 5, und Sie wissen genau, an welcher Stelle in dem Rechteck an KinosITzen Sie Platz nehmen dürfen.

▷   Lineare Gleichungssysteme

Solche Matrizen, die im Übrigen auch die Vektorraumaxiome erfüllen, haben in verschiedene Anwendungen der Mathematik Einzug gehalten. Wir wollen uns hier nur mit einer der wichtigsten, der Lösung von linearen Gleichungssystemen, beschäftigen. Lineare Gleichungssysteme sind in Technik und Wirtschaft sehr häufig anzutreffen. Die grundlegende Methode, sie zu lösen, lernt man schon in der Schule: Gemeint ist der Gauß'sche Algorithmus, der mit der Reduktion des Gleichungssystems auf eine Zeilenstufenform arbeitet.

Im folgenden Kapitel sollen nun ausgehend von den Grundbegriffen in Vektorräumen Matrizen und lineare Gleichungssysteme behandelt werden.

5.2 Grundbegriffe

Das gängigste Beispiel für Vektoren sind „Verschiebungspfeile" in der Ebene oder im Raum. Man kann aber ganz allgemein die Rechengesetze, denen solche Verschiebungspfeile gehorchen, zusammenstellen und von Vektorräumen sprechen. Wichtige Begriffe in diesem Zusammenhang sind „Linearkombination", „lineare Abhängigkeit" bzw. „lineare Unabhängigkeit" sowie „Basis" und „Dimension".

Skalare und Vektoren Schon in der Schul-Physik lernt man zwei Arten von physikalischen Größen kennen: die so genannten Skalare und die Vektoren. Ein Skalar ist dabei einfach eine reelle Zahl (in der entsprechenden Maßeinheit), wie etwa die Temperatur (z. B. 25 °C). Bei Vektoren kommt noch eine Richtung hinzu: Beispielsweise hat eine durch Vektoren repräsentierte Geschwindigkeit nicht nur einen Wert (z. B. 3 m/s), sondern auch eine Bewegungsrichtung. (Die einzige Ausnahme gilt für „coach potatoes": Der Nullvektor hat keine Richtung.)

Abb. 5.1 Vektoren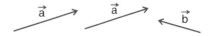

Vektoren veranschaulicht man sich gewöhnlich als Verschiebungspfeile:

Vektor
Unter einem Vektor versteht man eine gerichtete Strecke. Man bezeichnet Vektoren
mit $\vec{a}, \vec{b}, \ldots$ Zwei Vektoren heißen gleich, wenn sie sich durch Parallelverschiebung
ineinander überführen lassen.

Bei Vektoren kommt es also nur auf Richtung und Länge an – der Anfangspunkt ist
egal (vgl. Abb. 5.1).

Ebene und räumliche Vektoren, Kartesisches Koordinatensystem, Spaltenvektor
In vielen Anwendungen hat man es mit ebenen oder mit räumlichen Vektoren zu tun:
Dabei identifizieren wir den $\mathbb{R}^2$ mit den Punkten der Ebene und ordnen jedem Punkt
$(x_1, x_2) \in \mathbb{R}^2$ einen (zweidimensionalen) Vektor $\vec{x}$ zu: Bei beliebigem Anfangspunkt
gehe man x_1 Einheiten nach rechts (bei *negativem* x_1 entsprechend nach links) in x-
Richtung und x_2 Einheiten in y-Richtung eines *Kartesischen Koordinatensystems*. Man
beachte, dass bei Vektoren das Zahlenpaar üblicherweise als Spalte (Spaltenvektor) geschrieben wird:

$$\vec{x} = \begin{pmatrix} x_1 \\ x_2 \end{pmatrix}.$$

Zeilenvektor, transponierter Vektor Will man – etwa um Platz zu sparen – in einem
durchgängigen Text Vektoren als Zeilen (Zeilenvektoren) schreiben, so benutzt man den
transponierten Vektor:

$$\vec{x} = (x_1, x_2)^T.$$

Analoges gilt für räumliche Vektoren des $\mathbb{R}^3$. Man kann sogar ganz allgemein definieren:

Vektor im $\mathbb{R}^n$
Einen Vektor $\vec{a}$ des $\mathbb{R}^n$ stellt man dar als

$$\vec{a} = \begin{pmatrix} a_1 \\ a_2 \\ \ldots \\ a_n \end{pmatrix} = (a_1, a_2, \ldots, a_n)^T$$

mit $a_i \in \mathbb{R}$ für alle $i = 1, \ldots, n$. Der Vektor $(0, 0, \ldots, 0)^T$ heißt Nullvektor.

Vektoren kann man bekanntermaßen addieren und mit einem Skalar multiplizieren:

Vektoraddition und Skalarmultiplikation im $\mathbb{R}^n$

Jeweils zwei Vektoren $\vec{a} = (a_1, a_2, \ldots, a_n)^T$ und $\vec{b} = (b_1, b_2, \ldots, b_n)^T$ des $\mathbb{R}^n$ kann man (komponentenweise) addieren:

$$\vec{a} + \vec{b} := (a_1 + b_1, a_2 + b_2, \ldots, a_n + b_n)^T$$

bzw. einen Vektor $\vec{a}$ mit einem Skalar $\lambda \in \mathbb{R}$ multiplizieren:

$$\lambda\vec{a} := (\lambda a_1, \lambda a_2, \ldots, \lambda a_n)^T.$$

Kommutativgesetz der Vektoraddition Für die beiden Operationen „Vektoraddition" und „Skalarmultiplikation" gelten nun einige einfache Rechengesetze, etwa

$$\vec{a} + \vec{b} = \vec{b} + \vec{a} \quad \text{für alle } \vec{a}, \vec{b} \in \mathbb{R}^n.$$

Dies ist ganz einfach der Fall, weil jeweils komponentenweise für die reellen Zahlen das Kommutativgesetz gilt: $a_i + b_i = b_i + a_i$. Veranschaulichen kann man sich dieses Rechengesetz am so genannten Kräfteparallelogramm.

Übung 5.1

Welche der folgenden Rechengesetze gelten für Vektoren? (Dabei seien $\vec{a}$ und $\vec{b}$ Vektoren des $\mathbb{R}^n$ und λ und μ Skalare aus $\mathbb{R}$.)

a) $\vec{a} + \lambda = \lambda + \vec{a}$,
b) $\lambda(\vec{a} + \vec{b}) = \lambda\vec{a} + \lambda\vec{b}$,
c) $\vec{a} \cdot \vec{b} = \vec{b} \cdot \vec{a}$,
d) $(\lambda + \mu)\vec{a} = \lambda\vec{a} + \mu\vec{a}$,
e) $\vec{a} + \vec{0} = \vec{a}$,
f) $0\vec{a} = \vec{0}$.

Lösung 5.1

Es gelten die Rechengesetze b), d), e) und f). Im Ausdruck a) werden verbotenerweise *Vektoren und Skalare addiert*, was überhaupt nicht definiert ist. Im Ausdruck c) werden Vektoren multipliziert (und *nicht* ein Skalar mit einem Vektor), was erst im Abschn. 5.3 als Skalarprodukt definiert wird.

$\mathbb{R}^n$ mit Vektoraddition ist kommutative Gruppe Für die Vektoraddition gelten Gesetze, die wir im Zusammenhang mit Gruppen (vgl. Abschn. 4.3) bereits kennen gelernt haben. So ist die Summe zweier Vektoren wiederum ein Vektor; es gibt ein *neutrales Element*, den Nullvektor $\vec{0}$, mit $\vec{a} + \vec{0} = \vec{a}$; zu jedem Vektor $\vec{a}$ gibt es einen *inversen Vektor* $-\vec{a}$ (mit den Komponenten $-a_i$ anstelle von a_i); außerdem gelten das Kommutativgesetz und das Assoziativgesetz. Derartige Mengen (hier $\mathbb{R}^n$) mit einer entsprechenden Verknüpfung (hier die Vektoraddition) heißen kommutative (oder abelsche) Gruppen. Nimmt man nun noch die Skalarmultiplikation hinzu mit den unten aufgeführten Gesetzen, so spricht man von einem Vektorraum:

Vektorraum

Eine Menge V bildet einen Vektorraum über $\mathbb{R}$, wenn folgende Axiome gelten:

a) Die Menge V mit der Vektoraddition $+$, also $(V, +)$, ist eine abelsche Gruppe.
b) Zwischen einem Skalar $\lambda \in \mathbb{R}$ und einem Vektor $\vec{a} \in V$ ist eindeutig ein Produkt $\lambda\vec{a} \in V$ erklärt. Dabei gelten für $\lambda, \mu \in \mathbb{R}$ und $\vec{a}, \vec{b} \in V$ die folgenden Rechengesetze:

$$\lambda(\vec{a} + \vec{b}) = \lambda\vec{a} + \lambda\vec{b}, \qquad (\lambda\mu)\vec{a} = \lambda(\mu\vec{a}),$$
$$(\lambda + \mu)\vec{a} = \lambda\vec{a} + \mu\vec{a}, \qquad 1\vec{a} = \vec{a}.$$

Das Interessante hierbei ist nun, dass es nicht mehr um die Gestalt von Vektoren (etwa geometrisch: Verschiebungspfeile) geht, sondern nur noch um Rechengesetze. Auch ganz andere mathematische Objekte, die nichts mehr mit „Pfeilen" zu tun haben, heißen Vektoren, wenn für sie obige Rechenvorschriften gelten.

Beispiel 5.1

Wir betrachten etwa die Menge aller reellwertigen Funktionen auf dem Intervall $[0, 1]$. Offenbar kann man zwei Funktionen f und g addieren und die Summenfunktion $f + g$ ist definiert durch $(f + g)(x) := f(x) + g(x)$ für alle $x \in [0, 1]$. Ähnlich funktioniert die Multiplikation einer Funktion f mit einer reellen Zahl λ: $(\lambda f)(x) := \lambda \cdot f(x)$ für alle $x \in [0, 1]$. Mit diesen beiden Operationen ist die Menge aller reellwertigen Funktionen auf dem Intervall $[0, 1]$ ein Vektorraum.

Übung 5.2

Wie lauten in Beispiel 5.1 der Nullvektor und wie der zum Vektor $f = \sin x$ inverse Vektor?

Lösung 5.2

Der Nullvektor ist hier ganz einfach die Funktion $f \equiv 0$, die *jedem* $x \in [0, 1]$ den Funktionswert 0 zuordnet. Der zu $f(x) = \sin x$ inverse Vektor ist $-f(x) = -\sin x$, denn $f(x) + (-f)(x) = \sin x + (-\sin x) = 0$, also gleich der Funktion, die konstant den Wert 0 ergibt. (Von der Umkehrfunktion $\arcsin x$ sprechen wir in einem ganz anderen Zusammenhang!)

Die Begriffe „Linearkombination", „lineare Abhängigkeit" bzw. „lineare Unabhängigkeit" sowie „Basis" und „Dimension" lassen sich ganz allgemein für beliebige Vektorräume (und nicht nur für die anschaulichen Verschiebungspfeile im $\mathbb{R}^2$ oder $\mathbb{R}^3$) erklären. Im $\mathbb{R}^2$ beispielsweise können wir aus den beiden Vektoren $\vec{a} = (1,4)^T$ und $\vec{b} = (-2,5)^T$ die *Linearkombination* $2\vec{a} - 0{,}5\vec{b} = (3; 5{,}5)^T$ erzeugen. Allgemein definiert man:

Linearkombination
Einen Vektor $\vec{b}$ der Form

$$\vec{b} = \lambda_1 \vec{a}_1 + \lambda_2 \vec{a}_2 + \ldots + \lambda_n \vec{a}_n$$

mit $\lambda_i \in \mathbb{R}$ für $i = 1, \ldots, n$ nennt man eine Linearkombination der Vektoren $\vec{a}_1, \vec{a}_2, \ldots, \vec{a}_n$.

Übung 5.3
Stellen Sie, falls möglich, den (Zeilen-)Vektor $(-1, 5)$ jeweils als Linearkombination der folgenden Vektoren dar:

a) $(1,0), (0,1)$;
b) $(1,2), (-4,-1)$;
c) $(1,2), (2,4)$;
d) $(-1,5), (2,-10)$;
e) $(1,2)$;
f) $(2,-10)$;
g) $(1,0), (0,1), (1,1)$.

In welchen Fällen ist dies evtl. sogar auf mehrere Arten möglich?

Lösung 5.3
a) Es gilt: $(-1,5) = (-1) \cdot (1,0) + 5 \cdot (0,1)$.
b) Hier ist: $(-1,5) = 3 \cdot (1,2) + 1 \cdot (-4,-1)$.
c) Es ist unmöglich, $(-1,5)$ als Linearkombination von $(1,2)$ und $(2,4)$ darzustellen.
d) Es gilt z. B. $(-1,5) = 1 \cdot (-1,5) + 0 \cdot (2,-10)$ oder auch $(-1,5) = 7 \cdot (-1,5) + 3 \cdot (2,-10)$.
e) Es ist unmöglich, $(-1,5)$ als Linearkombination von $(1,2)$ darzustellen.

f) Natürlich ist $(-1, 5) = (-0, 5) \cdot (2, -10)$.

g) Hier ist z. B. $(-1, 5) = (-1) \cdot (1, 0) + 5 \cdot (0, 1) + 0 \cdot (1, 1)$ oder $(-1, 5) = 2 \cdot (1, 0) + 8 \cdot (0, 1) + (-3) \cdot (1, 1)$.

In den Fällen d) und g) gibt es jeweils sogar unendlich viele Möglichkeiten, $(-1, 5)$ als Linearkombination der angegebenen Vektoren zu schreiben.

Nicht eindeutige Darstellung eines Vektors als Linearkombination von Vektoren In den Fällen, in denen die Darstellung eines Vektors als Linearkombination von vorgegebenen Vektoren $\vec{a}_1, \vec{a}_2, \ldots, \vec{a}_n$ *nicht eindeutig* ist, ist wenigstens einer dieser Vektoren „überflüssig". Die Vektoren $\vec{a}_1, \vec{a}_2, \ldots, \vec{a}_n$ heißen linear abhängig, wenn man (mindestens) einen der Vektoren als Linearkombination der restlichen Vektoren darstellen kann. Damit man nun nicht umständlich herumprobieren muss, welcher Vektor sich evtl. als Linearkombination der übrigen schreiben lässt, wird allgemein die folgende Definition bevorzugt:

Lineare Unabhängigkeit, lineare Abhängigkeit
Die Vektoren $\vec{a}_1, \vec{a}_2, \ldots, \vec{a}_n$ heißen linear unabhängig, wenn aus der Gleichung

$$\lambda_1 \vec{a}_1 + \lambda_2 \vec{a}_2 + \ldots + \lambda_n \vec{a}_n = \vec{0} \qquad (*)$$

folgt, dass alle Koeffizienten $\lambda_1, \lambda_2, \ldots, \lambda_n$ gleich Null sind:

$$\lambda_1 = \lambda_2 = \ldots = \lambda_n = 0.$$

Gibt es hingegen Koeffizienten $\lambda_1, \lambda_2, \ldots, \lambda_n$, die nicht alle gleich 0 sind, für die aber $(*)$ erfüllt ist, so heißen die Vektoren $\vec{a}_1, \vec{a}_2, \ldots, \vec{a}_n$ linear abhängig.

Übung 5.4
Welche der in Übung 5.3 angegebenen Vektoren sind linear unabhängig?

Lösung 5.4
Die Vektoren unter a), b), e) und f) sind linear unabhängig, alle anderen sind jeweils linear abhängig.

In Übung 5.3 war die Darstellung des (Zeilen-) Vektors $(-1, 5)$ als Linearkombination der beiden Vektoren $(1, 0)$, $(0, 1)$ am einfachsten, denn hier musste man überhaupt nicht rechnen. Es lässt sich sogar allgemein für Vektoren des $\mathbb{R}^2$ zeigen:

$$\begin{pmatrix} a_1 \\ a_2 \end{pmatrix} = a_1 \begin{pmatrix} 1 \\ 0 \end{pmatrix} + a_2 \begin{pmatrix} 0 \\ 1 \end{pmatrix} = a_1 \vec{e}_1 + a_2 \vec{e}_2.$$

Die Vektoren $\vec{e}_1 := (1,0)^T$ und $\vec{e}_2 := (0,1)^T$ nennt man *Basisvektoren* des $\mathbb{R}^2$. Aber die Vektoren $(1,2)$ und $(-4,-1)$ bilden ebenfalls eine so genannte *Basis* des Vektorraums $\mathbb{R}^2$, denn auch hier lässt sich jeder Vektor des $\mathbb{R}^2$ eindeutig als Linearkombination dieser beiden Vektoren schreiben.

Basis

Die Vektoren $\vec{a}_1, \vec{a}_2, \ldots, \vec{a}_n$ eines Vektorraums bilden eine Basis, wenn sie linear unabhängig sind und wenn sich jeder Vektor $\vec{x}$ des Vektorraums (eindeutig) als Linearkombination dieser Basisvektoren mit geeigneten $\lambda_i \in \mathbb{R}$ darstellen lässt:

$$\vec{x} = \lambda_1 \vec{a}_1 + \lambda_2 \vec{a}_2 + \ldots + \lambda_n \vec{a}_n.$$

Übung 5.5

Welche der in Übung 5.3 angegebenen Vektoren bilden eine Basis des $\mathbb{R}^2$?

Lösung 5.5

Nur die Vektoren in a) und b) bilden jeweils eine Basis. Die Vektoren in c), d) und g) sind nicht linear unabhängig. Die Vektoren in e) und f) sind zwar linear unabhängig, aber nicht jeder Vektor des $\mathbb{R}^2$ lässt sich als Linearkombination (hier: als Vielfaches) der angegebenen Vektoren darstellen.

Mit Hilfe der Anzahl der Basisvektoren (die bei allen Basen identisch ist) lässt sich mathematisch der Begriff der Dimension definieren. Natürlich gilt dann, dass die Dimension des $\mathbb{R}^2$ gleich 2, die Dimension des $\mathbb{R}^3$ gleich 3 und die Dimension des $\mathbb{R}^n$ gleich n ist.

Dimension

Die (endliche) Anzahl n der Vektoren in einer Basis eines Vektorraums ist immer gleich. Man sagt, dass der Vektorraum die Dimension n hat.

5.3   Das Skalarprodukt

Wichtige Eigenschaften von Vektoren, wie etwa die Länge oder der Winkel, den zwei Vektoren einschließen, sind sehr einfach mit Norm bzw. Skalarprodukt berechenbar. Mit dem Skalarprodukt lassen sich auch aufeinander senkrecht stehende Vektoren, die man als orthogonale Vektoren bezeichnet, klassifizieren.

Abb. 5.2 Länge eines Vektors

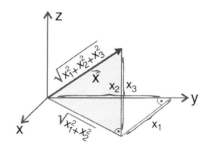

Länge eines Vektors Wie man die Länge eines Vektors berechnet, lässt sich anschaulich sehr gut an Vektoren $\vec{x} = (x_1, x_2, x_3)^T \in \mathbb{R}^3$ erläutern (siehe Abb. 5.2).

Nach dem Lehrsatz von Pythagoras hat zunächst die senkrechte Projektion von $\vec{x}$ in die xy-Ebene die Länge $\sqrt{x_1^2 + x_2^2}$ (rechtwinkliges Dreieck!). Eine weitere Anwendung des Pythagoräischen Lehrsatzes auf das grau unterlegte (rechtwinklige) Dreieck liefert dann die Vektorlänge $\sqrt{\left(\sqrt{x_1^2 + x_2^2}\right)^2 + x_3^2} = \sqrt{x_1^2 + x_2^2 + x_3^2}$. Formal gelten diese Überlegungen auch im $\mathbb{R}^n$, so dass man definiert:

Betrag bzw. Norm eines Vektors

Die Länge eines Vektors $\vec{x} = (x_1, x_2, \ldots, x_n)^T \in \mathbb{R}^n$ nennt man Betrag oder Norm von $\vec{x}$. Sie ist gegeben durch

$$\|\vec{x}\| := \sqrt{x_1^2 + x_2^2 + \ldots + x_n^2}.$$

Vektoren mit $\|\vec{x}\| = 1$ heißen Einheitsvektoren.

Übung 5.6

a) Bestimmen Sie alle Vektoren, die den Betrag 0 haben.

b) Welche Norm hat der Vektor $\vec{x} = (2, 4, 4)^T$? Bestimmen Sie einen Einheitsvektor, der dieselbe Richtung wie $\vec{x}$ hat.

Lösung 5.6

a) Es ist $\|\vec{x}\| \overset{!}{=} 0$ äquivalent zu $\sqrt{x_1^2 + x_2^2 + \ldots + x_n^2} \overset{!}{=} 0$, also zu $x_1 = x_2 = \ldots = x_n = 0$. Der einzige Vektor mit Länge 0 ist also der Nullvektor.

b) **Einheitsvektor konstruieren** Es ist $\|\vec{x}\| = \sqrt{2^2 + 4^2 + 4^2} = \sqrt{36} = 6$. Aus jedem Vektor $\vec{x} \neq \vec{0}$ lässt sich mittels $\vec{y} = \vec{x}/\|\vec{x}\|$ ein Einheitsvektor konstruieren. Hier gilt $\vec{y} = \frac{1}{6}(2, 4, 4)^T = \left(\frac{1}{3}, \frac{2}{3}, \frac{2}{3}\right)^T$.

Man kann nun jeweils die entsprechenden Komponenten a_i, b_i zweier Vektoren $\vec{a}, \vec{b} \in \mathbb{R}^n$ miteinander multiplizieren und anschließend aufsummieren und erhält einen Skalar:

Skalarprodukt, inneres Produkt

Für zwei Vektoren $\vec{a} = (a_1, a_2, \ldots, a_n)^T \in \mathbb{R}^n$ und $\vec{b} = (b_1, b_2, \ldots, b_n)^T \in \mathbb{R}^n$ ist das Skalarprodukt bzw. innere Produkt von $\vec{a}$ und $\vec{b}$, bezeichnet mit $\vec{a} \cdot \vec{b}$ oder $\vec{a}^T \vec{b}$, definiert als die reelle Zahl

$$\vec{a} \cdot \vec{b} := a_1 b_1 + a_2 b_2 + \ldots + a_n b_n.$$

Beispiel 5.2

Wir berechnen das Skalarprodukt der Vektoren $\vec{a} = (\sqrt{12}, 1, 6)^T$ und $\vec{b} = (0, 1, 1)^T$:
$\vec{a} \cdot \vec{b} = \sqrt{12} \cdot 0 + 1 \cdot 1 + 6 \cdot 1 = 7.$

Wichtige Rechenregeln für das Skalarprodukt ergeben sich unmittelbar aus dessen Definition:

Rechenregeln für Skalarprodukte

Für Vektoren $\vec{a}, \vec{b}, \vec{c} \in \mathbb{R}^n$ und Skalare $\lambda \in \mathbb{R}$ gilt:

a) $\vec{a} \cdot \vec{a} \geq 0, \quad \vec{a} \cdot \vec{a} = 0 \Longleftrightarrow \vec{a} = \vec{0},$
b) $\|\vec{a}\| = \sqrt{\vec{a} \cdot \vec{a}},$
c) $\vec{a} \cdot \vec{b} = \vec{b} \cdot \vec{a},$
d) $(\lambda \vec{a}) \cdot \vec{b} = \vec{a} \cdot (\lambda \vec{b}) = \lambda (\vec{a} \cdot \vec{b}),$
e) $\vec{a} \cdot (\vec{b} + \vec{c}) = \vec{a} \cdot \vec{b} + \vec{a} \cdot \vec{c}.$

Beispiel 5.3

Für zwei Vektoren $\vec{a}, \vec{b} \in \mathbb{R}^n$ berechnen wir $\|\vec{b} - \vec{a}\|^2$. Unter Anwendung obiger Rechenregeln b), c) und e) ergibt sich:

$$\|\vec{b} - \vec{a}\|^2 = (\vec{b} - \vec{a}) \cdot (\vec{b} - \vec{a}) = \vec{b} \cdot (\vec{b} - \vec{a}) - \vec{a} \cdot (\vec{b} - \vec{a})$$
$$= \vec{b} \cdot \vec{b} - \vec{b} \cdot \vec{a} - \vec{a} \cdot \vec{b} + \vec{a} \cdot \vec{a} = \|\vec{a}\|^2 + \|\vec{b}\|^2 - 2\vec{a} \cdot \vec{b}.$$

Mit Hilfe des Skalarproduktes kann man auch Winkel α zwischen zwei Vektoren $\vec{a}$ und $\vec{b}$ bestimmen (siehe Abb. 5.3).

Abb. 5.3 Winkel α zwischen
zwei Vektoren

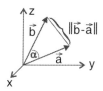

Kosinussatz Das durch die beiden Vektoren $\vec{a}$ und $\vec{b}$ aufgespannte Dreieck hat die Seitenlängen $\|\vec{a}\|$, $\|\vec{b}\|$ und $\|\vec{b} - \vec{a}\|$. Den Winkel α kann man mit dem *Kosinussatz für schiefwinklige Dreiecke* (siehe Formelsammlung!) berechnen:

$$\|\vec{b} - \vec{a}\|^2 = \|\vec{a}\|^2 + \|\vec{b}\|^2 - 2\|\vec{a}\|\|\vec{b}\|\cos\alpha.$$

Wegen $\|\vec{b} - \vec{a}\|^2 = \|\vec{a}\|^2 + \|\vec{b}\|^2 - 2\vec{a} \cdot \vec{b}$ (siehe Beispiel 5.3!) ist obige Gleichung aber äquivalent zu

$$\|\vec{a}\|^2 + \|\vec{b}\|^2 - 2\vec{a} \cdot \vec{b} = \|\vec{a}\|^2 + \|\vec{b}\|^2 - 2\|\vec{a}\|\|\vec{b}\|\cos\alpha.$$

Kürzen gemeinsamer Terme und Auflösen der Gleichung nach α liefert das wichtige Ergebnis:

Winkel zwischen zwei Vektoren
Für den Winkel α mit $0 \leq \alpha \leq \pi$ zwischen zwei Vektoren $\vec{a} \neq \vec{0}$, $\vec{b} \neq \vec{0}$ gilt
$\vec{a} \cdot \vec{b} = \|\vec{a}\|\|\vec{b}\|\cos\alpha$ bzw.

$$\alpha = \arccos\left(\frac{\vec{a} \cdot \vec{b}}{\|\vec{a}\|\|\vec{b}\|}\right).$$

Übung 5.7
Berechnen Sie den Winkel α zwischen den Vektoren $\vec{a} = (\sqrt{12}, 1, 6)^T$ und $\vec{b} = (0, 1, 1)^T$.

Lösung 5.7
Es ist $\vec{a} \cdot \vec{b} = 7$ (siehe Beispiel 5.2) und $\|\vec{a}\| = \sqrt{12 + 1 + 36} = 7$, $\|\vec{b}\| = \sqrt{0 + 1 + 1} = \sqrt{2}$. Damit gilt $\cos\alpha = \frac{7}{7 \cdot \sqrt{2}}$, also $\alpha = \arccos(\frac{1}{\sqrt{2}}) = \frac{\pi}{4}$. Die beiden Vektoren bilden daher einen 45°-Winkel.

Orthogonale Vektoren Man bezeichnet Vektoren, die aufeinander senkrecht stehen (im Zeichen $\vec{a} \perp \vec{b}$), also einen 90°-Winkel bilden, als *orthogonale Vektoren*. Da für $\alpha \in [0, \pi]$

gilt: $\cos\alpha = 0 \iff \alpha = \frac{\pi}{2}$, liefert das Skalarprodukt ein einfaches Kriterium für die Orthogonalität von Vektoren:

$$\vec{a} \perp \vec{b} \iff \vec{a} \cdot \vec{b} = 0.$$

5.4 Matrizen

Matrizen sind nützliche Objekte, z. B. zur Beschreibung so genannter linearer Abbildungen. Um mit ihnen arbeiten zu können, werden wir Rechengesetze – etwa zur Matrixaddition, Matrixmultiplikation etc. – kennen lernen. Häufig werden in der Mathematik spezielle Matrizen benötigt: transponierte, quadratische und symmetrische Matrizen. Rang und Determinanten von Matrizen sind wichtige beweistheoretische Hilfsmittel.

5.4.1 Grundlegende Definitionen

Bisher haben wir lediglich ein- bzw. mehrdimensionale Funktionen $f : \mathbb{R}^n \to \mathbb{R}$ mit $n \geq 1$ betrachtet (siehe Abschn. 3.2 und 6.8). Wir können uns nun aber auch zwei Vektorräume – etwa $\mathbb{R}^n, \mathbb{R}^m$ – vorgeben und einem Vektor $\vec{x}$ des ersten Raumes einen Vektor $\vec{z}$ des zweiten zuordnen. Interessant sind in diesem Zusammenhang spezielle Funktionen, so genannte *lineare Abbildungen*, die zusätzlich bestimmte (lineare) Eigenschaften erfüllen und üblicherweise mit φ bezeichnet werden:

Lineare Abbildung
Eine Abbildung $\varphi : \mathbb{R}^n \to \mathbb{R}^m$ heißt lineare Abbildung, wenn für alle $\vec{x}, \vec{y} \in \mathbb{R}^n$ und $c \in \mathbb{R}$ gilt:

$$\varphi(\vec{x} + \vec{y}) = \varphi(\vec{x}) + \varphi(\vec{y}), \quad \varphi(c\vec{x}) = c\,\varphi(\vec{x}).$$

Beispiel 5.4
Setzt man $\vec{x} = \begin{pmatrix} x_1 \\ x_2 \\ x_3 \end{pmatrix}$ und $\vec{z} = \begin{pmatrix} z_1 \\ z_2 \end{pmatrix}$, dann ist durch

$$
\begin{aligned}
z_1 &= 3x_1 + x_2 + 5x_3 \\
z_2 &= -2x_1 + 8x_3
\end{aligned}
$$

offensichtlich eine lineare Abbildung $\varphi : \mathbb{R}^3 \to \mathbb{R}^2$ gegeben. Jedem Vektor $\vec{x} \in \mathbb{R}^3$ wird ein Vektor $\vec{z} \in \mathbb{R}^2$ zugeordnet. Im Prinzip ist die Abbildung durch die Gleichungskoeffizienten definiert. Daher kann man diese auch beschreiben, indem man die

Koeffizienten zu einem Schema zusammenfasst:

$$\begin{pmatrix} z_1 \\ z_2 \end{pmatrix} = \begin{pmatrix} 3 & 1 & 5 \\ -2 & 0 & 8 \end{pmatrix} \begin{pmatrix} x_1 \\ x_2 \\ x_3 \end{pmatrix}.$$

Das Koeffizientenschema $\begin{pmatrix} 3 & 1 & 5 \\ -2 & 0 & 8 \end{pmatrix}$ nennt man *Matrix*.

Allgemein ist eine lineare Abbildung $\varphi : \mathbb{R}^n \to \mathbb{R}^m$ gegeben durch

$$
\begin{aligned}
z_1 &= a_{11}x_1 + a_{12}x_2 + \ldots + a_{1n}x_n \\
z_2 &= a_{21}x_1 + a_{22}x_2 + \ldots + a_{2n}x_n \\
\cdots \quad & \cdots \qquad \cdots \qquad \cdots \qquad \cdots \\
z_m &= a_{m1}x_1 + a_{m2}x_2 + \ldots + a_{mn}x_n.
\end{aligned}
\qquad (*)
$$

Jedem Vektor $\vec{x} \in \mathbb{R}^n$ wird ein Vektor $\vec{z} \in \mathbb{R}^m$ zugeordnet. In Matrix-Schreibweise lauten die Gleichungen dann:

$$
\begin{pmatrix} z_1 \\ z_2 \\ \vdots \\ z_m \end{pmatrix} = \begin{pmatrix} a_{11} & a_{12} & \cdots & a_{1n} \\ a_{21} & a_{22} & \cdots & a_{2n} \\ \vdots & \vdots & \vdots & \vdots \\ a_{m1} & a_{m2} & \cdots & a_{mn} \end{pmatrix} \begin{pmatrix} x_1 \\ x_2 \\ \vdots \\ x_n \end{pmatrix}
$$

Wir definieren daher:

Matrix

Ein rechteckiges Zahlenschema aus m Zeilen und n Spalten nennt man eine Matrix vom Typ (m, n):

$$
A = \begin{pmatrix}
a_{11} & a_{12} & \cdots & a_{1k} & \cdots & a_{1n} \\
a_{21} & a_{22} & \cdots & a_{2k} & \cdots & a_{2n} \\
\vdots & \vdots & & \vdots & & \vdots \\
a_{i1} & a_{i2} & \cdots & a_{ik} & \cdots & a_{in} \\
\vdots & \vdots & & \vdots & & \vdots \\
a_{m1} & a_{m2} & \cdots & a_{mk} & \cdots & a_{mn}
\end{pmatrix}.
$$

Die Zahlen a_{ik} heißen Elemente der Matrix. Das Element a_{ik} steht in der i-ten Zeile und k-ten Spalte. Daher heißt i Zeilenindex und k Spaltenindex.

Matrix · Vektor Die Operation „Matrix · Vektor" ist natürlich so zu definieren, dass sich die Berechnungsvorschrift (∗) ergibt. Die Gleichungen können dann abkürzend geschrieben werden als

$$\vec{z} = A\vec{x}.$$

Skalarprodukte bilden! Die i-te Komponente z_i des Vektors $\vec{z}$ ergibt sich immer als *Skalarprodukt* aus der i-ten Matrixzeile und dem Vektor $\vec{x}$:

$$z_i = (a_{i1}, a_{i2}, \ldots, a_{in}) \cdot \vec{x}.$$

Übung 5.8

Wie lauten die Gleichungen von $\vec{z} = A\vec{x}$ mit $A = \left(\begin{smallmatrix} 2 & 0 & 4 & 7 \\ -5 & 1 & 3 & 0 \end{smallmatrix} \right)$ ausgeschrieben? Welches Bild $\vec{z}$ ergibt sich für $\vec{x}^T = (1, 2, 3, 4)$?

Lösung 5.8

Der $(2, 4)$-Matrix A entnimmt man, dass $a_{11} = 2$, $a_{12} = 0$, $a_{13} = 4$, $a_{14} = 7$ (1. Zeile) und $a_{21} = -5$, $a_{22} = 1$, $a_{23} = 3$, $a_{24} = 0$ (2. Zeile) ist. Somit lauten die Gleichungen:

$$z_1 = \quad 2x_1 + 0x_2 + 4x_3 + 7x_4$$
$$z_2 = -5x_1 + 1x_2 + 3x_3 + 0x_4$$

Konkret ergibt sich $z_1 = 2 \cdot 1 + 0 \cdot 2 + 4 \cdot 3 + 7 \cdot 4 = 42$ und $z_2 = -5 \cdot 1 + 1 \cdot 2 + 3 \cdot 3 + 0 \cdot 4 = 6$.

Notation des Typs Matrizen notiert man üblicherweise mit großen Buchstaben: $A, B, C, \ldots$ Möchte man auch den Typ aufführen, so schreibt man kurz $A_{(m,n)}$ für eine (m, n)-Matrix. Gebräuchlich ist auch die Schreibweise $(a_{ik}), (b_{ik}), (c_{ik}), \ldots$, wenn man notieren möchte, wie das allgemeine Element der jeweiligen Matrix in Position (i, k) definiert ist. Weitere wichtige Begriffe bzw. Sonderfälle sind folgende:

* **Quadratische Matrix, Hauptdiagonale, Ordnung** Eine Matrix A mit gleich vielen Zeilen und Spalten, d. h. eine (m, m)-Matrix, nennt man *quadratisch*. Ihre Elemente $a_{11}, a_{22}, \ldots, a_{mm}$ bilden die so genannte *Hauptdiagonale*. Ihren Typ, auch *Ordnung* genannt, notiert man abkürzend zu A_m.
* **Diagonalmatrix** Eine quadratische (m, m)-Matrix D_m, bei der alle Elemente außerhalb der Hauptdiagonalen verschwinden ($d_{ik} = 0$ für $i \neq k$), heißt *Diagonalmatrix*. Abkürzend schreibt man auch $D_m = \text{diag}(d_{11}, d_{22}, \ldots, d_{mm})$.
* **Untere, obere Dreiecksmatrix** Eine quadratische Matrix, die nur auf und oberhalb bzw. unterhalb der Hauptdiagonalen von Null verschiedene Elemente haben darf, heißt *obere Dreicksmatrix* bzw. *untere Dreiecksmatrix*.
* **Einheitsmatrix** Eine quadratische (m, m)-Matrix, die in der Hauptdiagonalen nur „1", sonst „0" stehen hat, nennt man *Einheitsmatrix* der Ordnung m. Üblicherweise bezeichnet man sie mit I_m oder I (I für Identität).

- **Nullmatrix** Eine (m, n)-Matrix, deren Elemente alle 0 sind, heißt *Nullmatrix*, bezeichnet mit 0 bzw. $0_{(m,n)}$.
- **Spalten- bzw. Zeilenvektor** Ein Spezialfall ist die $(m, 1)$-Matrix, sie besteht nur aus einer Spalte und ist unser üblicher *Spaltenvektor*. Eine $(1, n)$-Matrix besteht dagegen nur aus einer Zeile und wird *Zeilenvektor* genannt.

Beispiel 5.5

$$D_4 = \begin{pmatrix} 7 & 0 & 0 & 0 \\ 0 & 2 & 0 & 0 \\ 0 & 0 & 0 & 0 \\ 0 & 0 & 0 & 5 \end{pmatrix}, \quad I_3 = \begin{pmatrix} 1 & 0 & 0 \\ 0 & 1 & 0 \\ 0 & 0 & 1 \end{pmatrix}, \quad O_{(3,2)} = \begin{pmatrix} 0 & 0 \\ 0 & 0 \\ 0 & 0 \end{pmatrix}$$

$D_4 = \mathrm{diag}\,(7, 2, 0, 5)$ ist eine Diagonalmatrix der Ordnung 4, I_3 ist die Einheitsmatrix der Ordnung 3 und $O_{(3,2)}$ ist die $(3, 2)$-Nullmatrix.

5.4.2 Operationen und Rechenregeln für Matrizen

Gleichheit von Matrizen: $A = B$ Zunächst halten wir fest, dass zwei Matrizen A, B genau dann *gleich* sind (im Zeichen $A = B$), wenn sie vom gleichen Typ sind *und* elementweise übereinstimmen ($a_{ik} = b_{ik}$ für alle i, k). Im Folgenden werden wir nun die wichtigsten Rechenregeln für Matrizen aufführen.

Skalarmultiplikation Eine Matrix A wird mit einem Skalar λ multipliziert, indem man *alle* Elemente von A mit λ multipliziert:

$$\lambda A = \lambda \cdot (a_{ik}) = (\lambda \cdot a_{ik}).$$

Beispiel 5.6

$$A = \begin{pmatrix} -1 & 2 & 3 \\ 4 & 5 & 0 \end{pmatrix} \implies 3A = \begin{pmatrix} -3 & 6 & 9 \\ 12 & 15 & 0 \end{pmatrix}$$

Matrixaddition/-subtraktion Zwei Matrizen $A = (a_{ik})$ und $B = (b_{ik})$ des *gleichen Typs* werden addiert bzw. subtrahiert, indem man ihre entsprechenden Elemente addiert bzw. subtrahiert:

$$A \pm B = (a_{ik}) \pm (b_{ik}) = (a_{ik} \pm b_{ik}).$$

Beispiel 5.7

$$\begin{pmatrix} 1 & 2 \\ 3 & 4 \end{pmatrix} + \begin{pmatrix} -1 & 5 \\ 6 & -7 \end{pmatrix} = \begin{pmatrix} 1-1 & 2+5 \\ 3+6 & 4-7 \end{pmatrix} = \begin{pmatrix} 0 & 7 \\ 9 & -3 \end{pmatrix}$$

Rechenregeln für Addition, Skalarmultiplikation Für Matrizen gelten die üblichen Rechenregeln (Kommutativ-, Assoziativ- und Distributivgesetze); sie bilden daher bezüglich der Addition und Skalarmultiplikation einen Vektorraum. Man kann mit Matrizen also genau so rechnen, wie man es von den reellen Zahlen her gewohnt ist (siehe Aufgabe 1 in „Matrizen, Determinanten", Abschn. 5.12)!

Transponierte von A: A^T Vertauscht man in einer Matrix A Zeilen mit Spalten, so entsteht die Transponierte von A: A^T. Für die Elemente von $A = (a_{ik})$ und $A^T = (a_{ik}^T)$ gilt

$$a_{ik}^T = a_{ki} \text{ für alle } i \text{ und } k.$$

Beispiel 5.8

$$A = \begin{pmatrix} 1 & 2 \\ 3 & 4 \\ 5 & 6 \end{pmatrix} \implies A^T = \begin{pmatrix} 1 & 3 & 5 \\ 2 & 4 & 6 \end{pmatrix}$$

Rechenregeln für Transponierte Für transponierte Matrizen folgen unmittelbar aus der Definition die Rechengesetze:

$$(A + B)^T = A^T + B^T \quad \text{und} \quad (A^T)^T = A.$$

Übung 5.9
Vereinfachen Sie den Ausdruck $(A^T + B)^T - A$.

Lösung 5.9
$(A^T + B)^T - A = (A^T)^T + B^T - A = A + B^T - A = B^T.$

Symmetrische Matrix In vielen Anwendungen treten übrigens so genannte *symmetrische Matrizen* auf, bei denen die Elemente spiegelsymmetrisch zur Hauptdiagonalen angeordnet sind, d. h. es gilt

$$a_{ik} = a_{ki} \text{ für alle } i \text{ und } k \text{ bzw. } A^T = A.$$

5.4.3   Die Matrizenmultiplikation

Hintereinanderschaltung linearer Abbildungen Wir erinnern uns, dass man eine Matrix auch als lineare Abbildung zwischen zwei Vektorräumen interpretieren kann. Die Multiplikation zweier Matrizen A und B wird nun so definiert, dass sie der Hintereinanderschaltung der zugehörigen Abbildungen entspricht. Wir betrachten hierzu zunächst ein Beispiel: Gegeben seien die zwei Abbildungen

$$\vec{y} = B\vec{x}, \qquad \text{d. h.} \qquad \begin{pmatrix} y_1 \\ y_2 \end{pmatrix} = \begin{pmatrix} b_{11} & b_{12} & b_{13} \\ b_{21} & b_{22} & b_{23} \end{pmatrix} \begin{pmatrix} x_1 \\ x_2 \\ x_3 \end{pmatrix}$$

und

$$\vec{z} = A\vec{y}, \qquad \text{d. h.} \qquad \begin{pmatrix} z_1 \\ z_2 \end{pmatrix} = \begin{pmatrix} a_{11} & a_{12} \\ a_{21} & a_{22} \end{pmatrix} \begin{pmatrix} y_1 \\ y_2 \end{pmatrix}.$$

Gesucht ist nun die zusammengesetzte Abbildung $\vec{z} = C\vec{x}$, die $\vec{z}$ direkt in Abhängigkeit von $\vec{x}$ darstellt. Dazu berechnen wir

$$\begin{aligned} z_1 &= a_{11}y_1 + a_{12}y_2 \\ &= a_{11}(b_{11}x_1 + b_{12}x_2 + b_{13}x_3) + a_{12}(b_{21}x_1 + b_{22}x_2 + b_{23}x_3) \\ &= \underbrace{(a_{11}b_{11} + a_{12}b_{21})}_{=:c_{11}} x_1 + \underbrace{(a_{11}b_{12} + a_{12}b_{22})}_{=:c_{12}} x_2 + \underbrace{(a_{11}b_{13} + a_{12}b_{23})}_{=:c_{13}} x_3 \end{aligned}$$

und

$$\begin{aligned} z_2 &= a_{21}y_1 + a_{22}y_2 \\ &= a_{21}(b_{11}x_1 + b_{12}x_2 + b_{13}x_3) + a_{22}(b_{21}x_1 + b_{22}x_2 + b_{23}x_3) \\ &= \underbrace{(a_{21}b_{11} + a_{22}b_{21})}_{=:c_{21}} x_1 + \underbrace{(a_{21}b_{12} + a_{22}b_{22})}_{=:c_{22}} x_2 + \underbrace{(a_{21}b_{13} + a_{22}b_{23})}_{=:c_{23}} x_3 \end{aligned}$$

c_{ik} **sind Skalarprodukte!** Man erkennt, dass sich die c_{ik} jeweils als *Skalarprodukt* der i-ten Zeile von A und k-ten Spalte von B ergeben! Es gilt einerseits

$$\vec{z} = C\vec{x} \quad \text{mit} \quad C = \begin{pmatrix} c_{11} & c_{12} & c_{13} \\ c_{21} & c_{22} & c_{23} \end{pmatrix},$$

andererseits aber $\vec{z} = A\vec{y} = AB\vec{x}$. Man definiert daher C als Produkt: $C = A \cdot B$.

Matrizenmultiplikation
Für zwei Matrizen A und B ist das Produkt $A \cdot B$ genau dann definiert, wenn die Spaltenzahl von A gleich der Zeilenzahl von B ist. Es gilt dann

$$A_{(m,n)} \cdot B_{(n,s)} = C_{(m,s)}$$

$$\begin{pmatrix} a_{11} & a_{12} & \dots & a_{1n} \\ \vdots & \vdots & & \vdots \\ \boxed{a_{i1} \quad a_{i2} \quad \dots \quad a_{in}} \\ \vdots & \vdots & & \vdots \\ a_{m1} & a_{m2} & \dots & a_{mn} \end{pmatrix} \cdot \begin{pmatrix} b_{11} & \dots & \boxed{b_{1k}} & \dots & b_{1s} \\ & \vdots & \vdots & & \vdots \\ b_{n1} & \dots & \boxed{b_{nk}} & \dots & b_{ns} \end{pmatrix} = \begin{pmatrix} c_{11} & \dots & c_{1k} & \dots & c_{1s} \\ \vdots & & \vdots & & \vdots \\ c_{i1} & \dots & \boxed{c_{ik}} & \dots & c_{is} \\ \vdots & & \vdots & & \vdots \\ c_{m1} & \dots & c_{mk} & \dots & c_{ms} \end{pmatrix}$$

Abb. 5.4 Matrixmultiplikation – Berechnung von c_{ik}

Die Elemente c_{ik} $(i = 1, \dots, m;\ k = 1, \dots, s)$ von C sind definiert als Skalarprodukte der i-ten Zeile von A und der k-ten Spalte von B:

$$c_{ik} = a_{i1}b_{1k} + a_{i2}b_{2k} + \dots + a_{in}b_{nk}.$$

Typcheck Ob ein Produkt $A \cdot B$ definiert ist, lässt sich leicht überprüfen, wenn man den Typ notiert: $A_{(m,n)} \cdot B_{(r,s)} = C_{(m,s)}$. Die inneren Elemente n, r der beiden „Typ-Paare" müssen gleich sein: $n = r$. In diesem Fall kann man den Typ der Produktmatrix ablesen: Er entspricht den beiden äußeren Elementen, d. h. ergibt sich zu (m, s).

Die Berechnung des Elementes c_{ik} der Produktmatrix lässt sich einfach durchführen, wenn man die Matrizen nebeneinander schreibt und das Skalarprodukt aus der i-ten Zeile von A mit der k-ten Spalte von B bildet (siehe Abb. 5.4).

Übung 5.10

Berechnen Sie das Produkt $C = A \cdot B$ der Matrizen

$$A_{(2,3)} = \begin{pmatrix} 0 & 1 & 2 \\ 3 & 4 & 0 \end{pmatrix} \quad \text{und} \quad B_{(3,2)} = \begin{pmatrix} 5 & 6 \\ 1 & 7 \\ 0 & -8 \end{pmatrix}.$$

Ist auch das Produkt $B \cdot A$ definiert? Von welchem Typ ist es?

Lösung 5.10

Falk-Schema Das Produkt $C = A_{(2,3)} \cdot B_{(3,2)}$ ist wegen der Gleichheit der inneren Elemente $(3 = 3)$ definiert. Es hat den (an den äußeren Elementen abzulesenden) Typ $(2, 2)$ und ergibt sich durch folgende Skalarproduktbildungen, die anhand des so genannten *Falk-Schemas* veranschaulicht sind:

			5	6
			-1	7
			0	-8
0	1	2	$0 \cdot 5 - 1 \cdot 1 + 2 \cdot 0 = -1$	$0 \cdot 6 + 1 \cdot 7 - 2 \cdot 8 = -9$
3	4	0	$3 \cdot 5 - 4 \cdot 1 + 0 \cdot 0 = 11$	$3 \cdot 6 + 4 \cdot 7 - 0 \cdot 8 = 46$

Die Produktmatrix C lautet also $C = \begin{pmatrix} -1 & -9 \\ 11 & 46 \end{pmatrix}$. Das Produkt $B_{(3,2)} \cdot A_{(2,3)}$ ist wegen $2 = 2$ (innere Elemente) ebenfalls definiert und vom Typ $(3,3)$ (äußere Elemente).

Rechenregeln für Matrixmultiplikation Auch bei der Multiplikation von Matrizen gelten viele, von den reellen Zahlen her bekannte, Rechengesetze:

- Assoziativgesetz: $(AB)C = A(BC)$,
- Distributivgesetze: $A(B + C) = AB + AC$, $(A + B)C = AC + BC$,
- Speziell gilt: $AI = IA = A$ (I: Einheitsmatrix),
- $(\lambda A)B = A(\lambda B) = \lambda(AB)$,
- $(AB)^T = B^T A^T$.

Die letzte (nicht unmittelbar einsichtige) Regel wird in Aufgabe 2 (in „Matrizen, Determinanten", Abschn. 5.12) verifiziert.

Übung 5.11

a) Gegeben seien die Matrizen A, B und $C = AB$ aus Übung 5.10. Berechnen Sie möglichst einfach das Produkt ABC.

b) Vereinfachen Sie den Ausdruck $(C + I)^T D^T - (DC)^T$.

Lösung 5.11

a) Es ist nach Assoziativgesetz

$$ABC = (AB)C = CC$$

$$= \begin{pmatrix} -1 \cdot (-1) - 9 \cdot 11 & -1 \cdot (-9) - 9 \cdot 46 \\ 11 \cdot (-1) + 46 \cdot 11 & 11 \cdot (-9) + 46 \cdot 46 \end{pmatrix} = \begin{pmatrix} -98 & -405 \\ 495 & 2017 \end{pmatrix}.$$

b) Es ist $(C + I)^T D^T - (DC)^T = C^T D^T + I^T D^T - C^T D^T = I D^T = D^T$.

Kein Kommutativgesetz: $AB \neq BA$ im Allg.! Im Gegensatz zur kommutativen Multiplikation von reellen Zahlen ist bei der Multiplikation von Matrizen die Reihenfolge der Faktoren wichtig: Das *Kommutativgesetz* gilt also *nicht*! So existiert beispielsweise das Produkt $A_{(m,n)} \cdot B_{(n,s)} = C_{(m,s)}$. Jedoch existiert das vertauschte Produkt $B_{(n,s)} \cdot A_{(m,n)}$ nur im Spezialfall $s = m$, da die Spaltenzahl von B und die Zeilenzahl von A übereinstimmen müssen. In diesem Fall ist aber

$$A_{(m,n)} \cdot B_{(n,m)} = (AB)_{(m,m)}, \quad B_{(n,m)} \cdot A_{(m,n)} = (BA)_{(n,n)}.$$

Jetzt existieren zwar die beiden Produkte AB und BA, sie können aber nur dann identisch sein, wenn $m = n$ gilt. Aber auch in diesem Fall gilt im Allg. $AB \neq BA$, wie das folgende Beispiel zeigt: Aus den Matrizen

$$A = \begin{pmatrix} 1 & 1 \\ 0 & 1 \end{pmatrix}, \quad B = \begin{pmatrix} 1 & 0 \\ 0 & -1 \end{pmatrix}$$

erhält man die Produkte

$$AB = \begin{pmatrix} 1 & -1 \\ 0 & -1 \end{pmatrix}, \quad BA = \begin{pmatrix} 1 & 1 \\ 0 & -1 \end{pmatrix}.$$

Es gilt also tatsächlich $AB \neq BA$.

Matrizenring Dies ist auch der Grund, warum Matrizen eines bestimmten Typs *keinen Körper* bilden: Bezüglich der Matrizenaddition liegt zwar eine kommutative Gruppe vor (siehe Rechengesetze aus Abschn. 5.4.2, die Nullmatrix ist neutrales Element, invers zu A ist die Matrix $-A$). Aber bezüglich der Multiplikation kann keine abelsche Gruppe vorliegen, da eben das Kommutativgesetz nicht für alle Matrizen erfüllt ist. Weil die Multiplikation assoziativ ist und – wie oben aufgeführt – die Distributivgesetze gelten, liegt jedoch ein *Ring* (vgl. Abschn. 4.4) vor.

VORSICHT: $AB = 0 \not\Rightarrow A = 0$ **oder** $B = 0$! Beim Rechnen mit Matrizen sei abschließend vor einem weiteren Fehler gewarnt: Aus der reellen Analysis kennt man die Aussage: „Ein Produkt ist genau dann Null, wenn mindestens einer der beiden Faktoren Null ist". Diese Aussage gilt für Matrizenprodukte *nicht*, wie das nachfolgende Beispiel zeigt: Mit

$$A = \begin{pmatrix} 1 & 1 \\ 2 & 2 \end{pmatrix}, \quad B = \begin{pmatrix} -1 & 1 \\ 1 & -1 \end{pmatrix}$$

folgt offensichtlich $AB = \begin{pmatrix} 0 & 0 \\ 0 & 0 \end{pmatrix} = 0$ (Nullmatrix). D. h. aus $AB = 0$ folgt im Allg. eben *nicht* $A = 0$ oder $B = 0$.

5.4.4 Rang einer Matrix

In der Lösungstheorie linearer Gleichungssysteme (siehe Abschn. 5.6.2) ist ein weiterer Begriff im Zusammenhang mit Matrizen wichtig:

Rang einer Matrix
Die Maximalzahl linear unabhängiger Spalten einer Matrix A heißt Spaltenrang von A, die Maximalzahl linear unabhängiger Zeilen heißt Zeilenrang von A. Da immer „Zeilenrang = Spaltenrang" gilt, spricht man vom Rang der Matrix schlechthin:

$$\text{Rang von } A := \text{Rg}(A).$$

Die obige Feststellung „Zeilenrang = Spaltenrang" lässt sich natürlich mathematisch beweisen, was wir hier aber nicht nachvollziehen wollen.

Beispiel 5.9

Die Matrix $A = \begin{pmatrix} 1 & 2 & 3 \\ 1 & 2 & 3 \\ 1 & 2 & 3 \end{pmatrix}$ hat die Spalten $\vec{a}_1^T = (1,1,1)$, $\vec{a}_2^T = (2,2,2)$, $\vec{a}_3^T = (3,3,3)$. Offensichtlich besteht die Menge $\{\vec{a}_1, \vec{a}_2, \vec{a}_3\}$ lediglich aus einem linear unabhängigen Vektor, also ist $\text{Rg}(A) = 1$. Dagegen gilt, dass alle Spalten der Matrix $B = \begin{pmatrix} 1 & 0 & 0 \\ 0 & 1 & 0 \\ 0 & 0 & 1 \end{pmatrix}$ linear unabhängig sind, also ist $\text{Rg}(B) = 3$.

Speziell für quadratische Matrizen ist eine weitere Definition wichtig:

Nichtsinguläre bzw. reguläre Matrix

Eine quadratische (n,n)-Matrix A heißt nichtsingulär oder regulär, falls $\text{Rg}(A) = n$ gilt. Ist $\text{Rg}(A) < n$, wird sie singulär genannt.

Bei einer nichtsingulären Matrix sind also alle n Spalten (und damit auch Zeilen) linear unabhängig.

5.5 Die Determinante

Die Determinante, die nur für quadratische Matrizen A definiert wird, ist eine reelle Zahl, die nach gewissen Regeln aus den Elementen von A zu berechnen ist. Determinanten haben vor allem theoretische Bedeutung, da man sie zur Beschreibung der Lösbarkeit linearer Gleichungssysteme und zur Untersuchung der Invertierbarkeit von Matrizen einsetzen kann. Außerhalb der Linearen Algebra ist die Determinante in der Differential- und Integralrechnung mehrdimensionaler Funktionen wichtig: beispielsweise bei der Aufstellung hinreichender Kriterien für Extremwerte. In Abschn. 6.8.6 werden wir in diesem Zusammenhang kurz die Determinante der so genannten Hessematrix ansprechen.

Eine quadratische $(1,1)$-Matrix A besteht nur aus einem einzigen Element a_{11}. Dieses ist gleichzeitig auch der Wert der Determinante von A. Für $(2,2)$-Matrizen definieren wir:

Zweireihige Determinante

Ist $A = \begin{pmatrix} a_{11} & a_{12} \\ a_{21} & a_{22} \end{pmatrix}$ eine $(2,2)$-Matrix, dann heißt

$$\det(A) = \begin{vmatrix} a_{11} & a_{12} \\ a_{21} & a_{22} \end{vmatrix} = a_{11}a_{22} - a_{21}a_{12}$$

zweireihige Determinante von A.

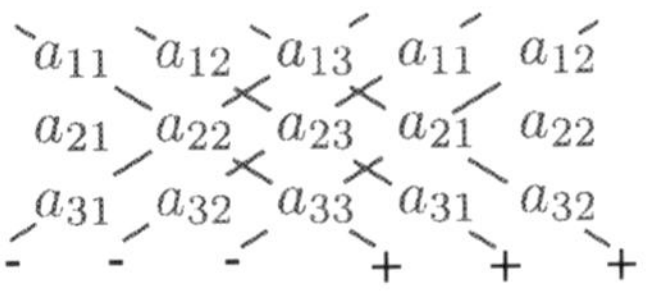

Abb. 5.5 Regel von Sarrus

$$\begin{array}{ccccc} \grave{a}_{11} & \grave{a}_{12} & \grave{a}_{13} & a_{11} & a_{12} \\ a_{21} & a_{22} & a_{23} & a_{21} & a_{22} \\ a_{31} & a_{32} & a_{33} & a_{31} & a_{32} \\ - & - & - & + & + & + \end{array}$$

Statt die vielen Indices in obiger Formel auswendig zu lernen, empfiehlt sich das Merken der Berechnungsregel in folgender Symbolik:

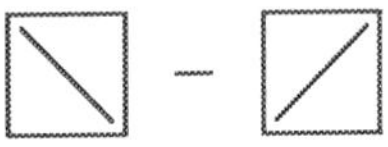

$$\boxed{\diagdown} - \boxed{\diagup}$$

Beispiel 5.10

Für die Determinante der Matrix $A = \left(\begin{smallmatrix} 1 & 2 \\ 3 & 4 \end{smallmatrix} \right)$ gilt:

$$\det(A) = \begin{vmatrix} 1 & 2 \\ 3 & 4 \end{vmatrix} = 1 \cdot 4 - 2 \cdot 3 = -2.$$

Regel von Sarrus Auch die Berechnung von dreireihigen Determinanten für $(3,3)$-Matrizen lässt sich ähnlich einfach mit der so genannten *Regel von Sarrus* durchführen:

$$\begin{vmatrix} a_{11} & a_{12} & a_{13} \\ a_{21} & a_{22} & a_{23} \\ a_{31} & a_{32} & a_{33} \end{vmatrix} = \begin{array}{l} a_{11}a_{22}a_{33} + a_{12}a_{23}a_{31} + a_{13}a_{21}a_{32} \\ - a_{31}a_{22}a_{13} - a_{32}a_{23}a_{11} - a_{33}a_{21}a_{12}. \end{array}$$

Diese Formel lässt sich schematisiert sehr leicht merken und anwenden (siehe Abb. 5.5): Die Determinante wird erweitert, indem man die beiden ersten Spalten nochmals rechts neben die Determinante schreibt. Die Produkte längs der nach rechts abfallenden Linien gehen dann als positive Summanden, die Produkte längs der nach rechts aufsteigenden Linien als negative Summanden in die Determinantenberechnung ein.

Übung 5.12

Berechnen Sie die 3-reihige Determinante $\det(A) = \begin{vmatrix} 2 & 9 & 5 \\ 2 & -3 & 4 \\ 1 & 2 & 2 \end{vmatrix}$.

Lösung 5.12

Nach obiger Vorschrift erhalten wir das folgende Rechenschema:

$$\begin{vmatrix} 2 & 9 & 5 \\ 2 & -3 & 4 \\ 1 & 2 & 2 \end{vmatrix} \begin{matrix} 2 & 9 \\ 2 & -3 \\ 1 & 2 \end{matrix} .$$

Damit ergibt sich:

$$\det(A) = 2 \cdot (-3) \cdot 2 + 9 \cdot 4 \cdot 1 + 5 \cdot 2 \cdot 2 - 1 \cdot (-3) \cdot 5 - 2 \cdot 4 \cdot 2 - 2 \cdot 2 \cdot 9 = 7.$$

VORSICHT! Man beachte, dass für n-reihige Determinanten mit $n > 3$ eine entsprechende Regel *nicht* mehr gilt. Diese lassen sich aber mit dem so genannten *Laplace'schen Entwicklungssatz* berechnen. Da – wie bereits erwähnt – Determinanten zwar große theoretische Bedeutung haben, numerisch jedoch in der Regel unbrauchbar sind, sei für deren Berechnung auf die Spezialliteratur verwiesen.

Ohne Beweis weisen wir noch auf folgenden wichtigen Zusammenhang hin:

Determinante und Rang
Für eine (n, n)-Matrix A gilt folgende Äquivalenz:

$$\det(A) \neq 0 \iff \mathrm{Rg}(A) = n$$

5.6 Lineare Gleichungssysteme

Zur Lösung linearer Gleichungsysteme hat sich ein numerischer Algorithmus, der Matrizen benutzt, etabliert: das so genannte Gauß'sche Eliminationsverfahren. Zur Klärung der Existenz von Lösungen ohne deren Ermittlung ist der Begriff des Ranges einer Matrix hilfreich. Ein weiterer wichtiger Algorithmus ist das Gauß-Jordan-Verfahren; es dient der Bestimmung von so genannten inversen Matrizen.

5.6.1 Das Gauß'sche Eliminationsverfahren

Wir betrachten ein (m, n)-System von m linearen Gleichungen mit n Unbekannten ($m < n$ stets!):

$$a_{11}x_1 + a_{12}x_2 + \ldots + a_{1n}x_n = b_1$$
$$a_{21}x_1 + a_{22}x_2 + \ldots + a_{2n}x_n = b_2$$
$$\cdots \qquad \cdots \quad \cdots \qquad \cdots \quad \cdots$$
$$a_{m1}x_1 + a_{m2}x_2 + \cdots + a_{mn}x_n = b_m.$$

Mit der Koeffizientenmatrix $A = (a_{ik})$ ($i = 1, \ldots, m$, $k = 1, \ldots, n$) und den Vektoren $\vec{x}^T = (x_1, \ldots x_n)$, $\vec{b}^T = (b_1, \ldots, b_m)$ lautet das System in Matrixschreibweise $A\vec{x} = \vec{b}$. Wir definieren:

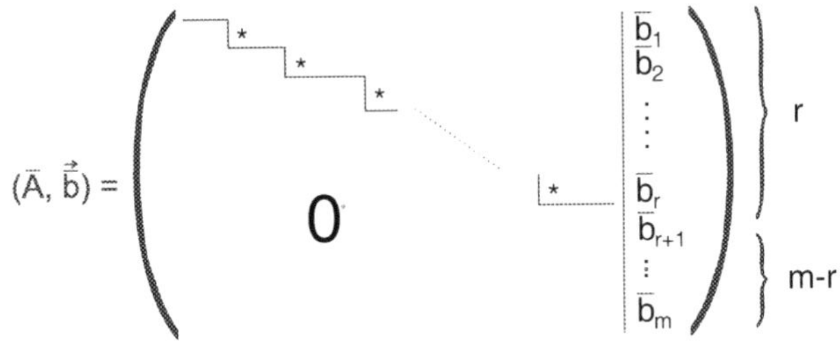

Abb. 5.6 Zeilenstufenform
von $(A, \vec{b})$

Inhomogene, (zugehörige) homogene Gleichungssysteme
Ein lineares Gleichungssystem

$$A\vec{x} = \vec{b}$$

heißt homogen, wenn $\vec{b} = \vec{0}$. Andernfalls nennt man es inhomogen. Ist $\vec{b} \neq \vec{0}$, so heißt $A\vec{x} = \vec{0}$ das zugehörige homogene System.

Lösungsmenge $L(A, \vec{b})$, erweiterte Koeffizientenmatrix Die Lösungsmenge $L(A, \vec{b}) := \{\vec{x} \in \mathbb{R}^n \mid A\vec{x} = \vec{b}\}$ des Systems $A\vec{x} = \vec{b}$ (bestehend aus der Menge aller Vektoren $\vec{x}$, die das System lösen), lässt sich nun mit dem *Gauß'schen Eliminationsverfahren* ermitteln, das die so genannte *erweiterte Koeffizientenmatrix* benutzt:

$$(A|\vec{b}) = \begin{pmatrix} a_{11} & a_{12} & \dots & a_{1n} & b_1 \\ a_{21} & a_{22} & \dots & a_{2n} & b_2 \\ \vdots & \vdots & & \vdots & \vdots \\ a_{m1} & a_{m2} & \dots & a_{mn} & b_m \end{pmatrix}.$$

Elementare Zeilenumformungen Das Verfahren arbeitet mit *elementaren Zeilenumformungen* an der erweiterten Koeffizientenmatrix, welche die Lösungsmenge des Systems offenbar nicht ändern:

- Vertauschung zweier Zeilen,
- Addition des λ-fachen einer Zeile zu einer anderen Zeile,
- Multiplikation einer Zeile mit einer Zahl $\lambda \neq 0$.

WARNUNG: Kein Spaltentausch! Die letzte Umformung werden wir erst in Abschn. 5.7 benötigen. Spaltenvertauschungen sollte man nicht in Betracht ziehen, da dies einer Indexänderung bei den Unbekannten entspräche und sehr fehleranfällig ist. Die Zeilenumformungen werden nun benutzt, um die Koeffizientenmatrix in die so genannte *Zeilenstufenform* $(\bar{A}, \vec{b})$ (siehe Abb. 5.6) zu bringen.

Zeilenstufenform, Pivotelemente, Pivotzeile In dieser Form müssen alle Einträge, die mit „*" gekennzeichnet sind, ungleich Null sein. Man nennt diese *Pivotelemente*, die Zeile entsprechend *Pivotzeile*. Unterhalb der skizzierten „Stufenlinie" dürfen in $\bar{A}$ nur Nullen stehen. Der durch die Umformungen ebenfalls geänderte Vektor $\vec{b}$ kann beliebige Komponenten haben.

Eliminationsfaktor Um nun beispielsweise in der k-ten Spalte unterhalb des Pivots – bezeichnen wir es mit p – Nullen zu erzeugen, müssen wir die entsprechenden Elemente der darunter liegenden Zeilen mittels Addition des λ-fachen (so genannter Eliminationsfaktor) der Pivotzeile zur jeweiligen Zeile zu Null machen. Sind $(0, \ldots, 0, p, \ldots)$ die Pivotzeile und $(0, \ldots, 0, a, \ldots)$ eine Zeile, in der das Element a zu Null werden muss, dann ergibt sich der *Eliminationsfaktor* λ durch die Forderung

$$a + \lambda p \stackrel{!}{=} 0, \text{ also zu } \lambda = -\frac{a}{p}.$$

Ist die Zeilenstufenform aus Abb. 5.6 erreicht, so können nun im Falle der Lösbarkeit des Systems durch „Rückwärtsauflösen" die entsprechenden Variablenwerte ermittelt werden.

Beispiel 5.11

Das Verfahren sei an folgendem linearen Gleichungssystem verdeutlicht:

$$3x_1 - 3x_2 + 6x_3 = 9$$
$$2x_1 \qquad + 3x_3 = 6$$
$$x_1 + \ x_2 + 2x_3 = 4$$

Tableau Die erweiterte Koeffizientenmatrix dieses Systems schreiben wir als *Tableau*, d. h. ohne die runden Klammern, auf:

$$
\begin{array}{cccc|c}
(1) & ③ & -3 & 6 & 9 \\
(2) & 2 & 0 & 3 & 6 \\
(3) & 1 & 1 & 2 & 4.
\end{array}
$$

Zur Rechenerleichterung könnte man die erste Tableauzeile um den Faktor 3 kürzen. Aus systematischen Gründen machen wir dies hier aber nicht. Im *1. Schritt* ist das Pivotelement die „eingekreiste" 3 in der 1. Spalte. Darunter müssen nun zwei Nullen erzeugt werden. Da die Pivotzeile die Form $(3, -3, 6, 9)$ hat und die darunterliegende Zeile $(2, 0, 3, 6)$ lautet, bestimmt sich der erste Eliminationsfaktor aus $2 + \lambda \cdot 3 \stackrel{!}{=} 0$ zu $\lambda = -\frac{2}{3}$, der zweite analog zu $\lambda = -\frac{1}{3}$. Bezeichnen wir mit z_i die Zeile (i) des Tableaus, so sind die elementaren Umformungen $z_{2'} = z_2 - \frac{2}{3}z_1$ und $z_{3'} = z_3 - \frac{1}{3}z_1$ (jeweils elementweise!) durchzuführen. Dies ergibt ein neues Tableau, bei dem im *2. Schritt* nun in der zweiten Spalte unterhalb des neuen Pivotelements 2 (wieder

„eingekreist") Nullen erzeugt werden müssen. Hierzu wird mit der *Eliminationszeile* (2′) die Umformung $z_{3''} = z_{3'} - z_{2'}$ ausgeführt.

$$
\begin{array}{lrrr|r}
(1') & 3 & -3 & 6 & 9 \\
(2') & 0 & ② & -1 & 0 \\
(3') & 0 & 2 & 0 & 1
\end{array}
\xrightarrow{\text{2. Schritt}}
\begin{array}{lrrr|r}
(1'') & 3 & -3 & 6 & 9 \\
(2'') & 0 & 2 & -1 & 0 \\
(3'') & 0 & 0 & 1 & 1.
\end{array}
$$

Gestaffeltes System „rückwärts auflösen" Jetzt liegt ein *gestaffeltes System* vor. Die Lösung kann bei solchen Systemen immer durch „Rückwärtsauflösen" aus den Gleichungen ermittelt werden: $x_3 = 1$, $x_2 = \frac{1}{2}(0 + x_3) = \frac{1}{2}$ und schließlich $x_1 = \frac{1}{3}(9 + 3x_2 - 6x_3) = \frac{3}{2}$.

Im Beispiel hatten wir ein eindeutig lösbares inhomogenes System betrachtet. Wie Sie vielleicht noch aus der Schule wissen, können solche Gleichungssysteme aber auch unlösbar sein.

Übung 5.13

Wenden Sie das Gauß'sche Verfahren auf folgendes System an:

$$
\begin{aligned}
3x_1 - 3x_2 + 6x_3 &= 9 \\
2x_1 + 3x_3 &= 6 \\
x_1 + x_2 + x_3 &= 4
\end{aligned}
$$

Lösung 5.13

Das System entspricht bis auf eine Änderung in der dritten Gleichung ($a_{33} = 2$ wird zu $a_{33} = 1$) dem Gleichungssystem von Beispiel 5.11. Mit denselben elementaren Umformungen wie oben erhält man daher die Tableaufolge:

$$
\begin{array}{lrrr|r}
(1) & 3 & -3 & 6 & 9 \\
(2) & 2 & 0 & 3 & 6 \\
(3) & 1 & 1 & 1 & 4
\end{array}
\rightarrow
\begin{array}{lrrr|r}
(1') & 3 & -3 & 6 & 9 \\
(2') & 0 & 2 & -1 & 0 \\
(3') & 0 & 2 & -1 & 1
\end{array}
\rightarrow
\begin{array}{lrrr|r}
(1'') & 3 & -3 & 6 & 9 \\
(2'') & 0 & 2 & -1 & 0 \\
(3'') & 0 & 0 & 0 & 1.
\end{array}
$$

Der letzten Zeile (3″) des Endtableaus entspricht nun die Gleichung $0 \cdot x_1 + 0 \cdot x_2 + 0 \cdot x_3 = 1$. Dies ist offensichtlich ein Widerspruch. Somit hat das System *keine Lösung*.

Unlösbares System Die *Unlösbarkeit* eines inhomogenen Gleichungssystems erkennt man also daran, dass es in der Zeilenstufenform aus Abb. 5.6 mindestens ein $b_i \neq 0$ mit $(r + 1) \le i \le m$ gibt, bei dem die restliche (linke) Zeile aus lauter Nullen besteht.

Freie Parameter Jetzt fehlt uns nur noch der Fall unendlich vieler Lösungen mit frei wählbaren Unbekannten, die man dann *freie Parameter* nennt.

Beispiel 5.12

Wir betrachten das System aus Übung 5.13, ändern aber die rechte Seite $\vec{b}^T = (9, 6, 4)$ ab in $\vec{b}^T = (9, 7, 4)$. Analoge Zeilenumformungen liefern dann die Tableaufolge

(1)	3	−3	6	9		(1′)	3	−3	6	9		(1″)	3	−3	6	9
(2)	2	0	3	7	→	(2′)	0	2	−1	1	→	(2″)	0	2	−1	1
(3)	1	1	1	4		(3′)	0	2	−1	1		(3″)	0	0	0	0.

Jetzt entspricht die letzte Zeile (3″) der Gleichung $0 \cdot x_1 + 0 \cdot x_2 + 0 \cdot x_3 = 0$, die offensichtlich stets erfüllt ist. Sie kann daher weggelassen werden. Damit reduziert sich das System auf zwei Gleichungen für drei Unbekannte. Also kann eine Unbekannte (zweckmäßigerweise x_3) frei gewählt werden: Wir setzen $x_3 = t$ mit $t \in \mathbb{R}$ beliebig. Wieder ergeben sich die restlichen Unbekannten durch „Rückwärtsauflösen" zu $x_2 = \frac{1}{2}(1 + x_3) = \frac{1}{2}(1 + t)$, $x_1 = \frac{1}{3}(9 + 3x_2 - 6x_3) = \frac{1}{2}(7 - 3t)$. Mit $\vec{u} = (\frac{7}{2}, \frac{1}{2}, 0)^T$ und $\vec{v}^T = (-\frac{3}{2}, \frac{1}{2}, 1)$ lässt sich die Lösungsmenge auch in Parameterform zu $\vec{x} = \vec{u} + t \cdot \vec{v}$ angeben.

Unendlich viele Lösungen, freie Variablen in Spalten mit horizontalen Stufen Im Allgemeinen erkennt man an der Zeilenstufenform von Abb. 5.6, wie viele Parameter frei gewählt werden können: Ist r die Anzahl der nicht aus lauter Nullen bestehenden Zeilen, so sind $n - r$ Unbekannte frei wählbar. Diese fungieren dann als Parameter und die Lösungsmenge kann in *Parameterform* angegeben werden. Nicht immer sind die Parameter – im Gegensatz zu Beispiel 5.12 – beliebig wählbar: Man kann aber stets die Variablen nehmen, bei denen in den zugehörigen Spalten ein *horizontaler* Verlauf der „Stufen" beginnt bzw. fortgesetzt wird (siehe hierzu Aufgabe 1 unter „Lineare Gleichungssysteme, Rangbegriff, Inverse"). Aufgabe 1 zeigt auch, wie man durch geeigneten Zeilentausch ein von Null verschiedenes Pivotelement erhält. Wir können die bisherigen Ergebnisse folgendermaßen zusammenfassen:

Gauß'sches Eliminationsverfahren

Das Gauß'sche Eliminationsverfahren zur Lösung von $A_{(m,n)} \cdot \vec{x} = \vec{b}$ besteht aus folgenden Schritten:

a) Man erstelle die erweiterte Koeffizientenmatrix $(A \mid \vec{b})$ in Tableauform.

b) Man bringe die Matrix A mittels elementarer Zeilenumformungen auf „Zeilenstufenform", wobei auch die Spalte $\vec{b}$ mit umgeformt werden muss. Ergebnis: $(\bar{A} \mid \vec{\bar{b}})$.

c) Aus $(\bar{A}, \vec{\bar{b}})$ ermittle man die Anzahl r der von Null verschiedenen Zeilen von $\bar{A}$ und stelle durch Überprüfung von $\vec{\bar{b}}$ fest, ob Lösungen existieren.

d) Falls ja ($r = m$ oder $r < m$ und $\bar{b}_i = 0$ für alle $r + 1 \leq i \leq m$), ermittle man durch „Rückwärtsauflösen" die Lösung. Diese hat immer $n - r$ frei wählbare Parameter.

5.6.2 Lösungstheorie mittels Rangbegriff

Die Anwendung des Gauß'schen Eliminationsverfahrens auf die Matrix A liefert eine Matrix $\bar{A}$ in „Zeilenstufenform" wie in Abb. 5.6. Offensichtlich sind die ersten r Zeilen von $\bar{A}$ linear unabhängig. Die dabei benutzten elementaren Zeilenumformungen ändern aber nicht die lineare Ab- bzw. Unabhängigkeit der Ausgangszeilen (aus A). Man kann den Rang der Matrix A also direkt am Endtableau des Gauß-Verfahrens ablesen:

Rangbestimmung mittels Gauß-Verfahren
Ist r die Anzahl der von Null verschiedenen Zeilen von $\bar{A}$ im Endtableau des Gauß-Verfahrens, dann gilt:

$$\mathrm{Rg}(A) = r.$$

Betrachtet man nun die erweiterte Koeffizientenmatrix $(\bar{A} \mid \vec{b})$, so unterscheidet sich deren Rang von $\mathrm{Rg}(\bar{A})$ genau dann, wenn $r < m$ und mindestens ein $\bar{b}_i \neq 0$ mit $r + 1 \leq i \leq m$ existiert, das System also unlösbar ist. Da aber $\mathrm{Rg}(A) = \mathrm{Rg}(\bar{A})$ und $\mathrm{Rg}((A \mid \vec{b})) = \mathrm{Rg}((\bar{A} \mid \vec{b}))$ gilt, können wir festhalten:

Lösbarkeit von (m, n)-Gleichungssystemen
Ein lineares (m, n)-Gleichungssystem $A\vec{x} = \vec{b}$ ist genau dann lösbar, wenn der Rang $r = \mathrm{Rg}(A)$ der Koeffizientenmatrix A mit dem Rang der erweiterten Koeffizientenmatrix $(A|\vec{b})$ übereinstimmt, d. h. wenn gilt

$$\mathrm{Rg}(A) = \mathrm{Rg}((A|\vec{b})).$$

Die Lösung enthält dann $n - r$ freie Parameter.

Homogenes System hat stets triviale Lösung $\vec{x} = \vec{0}$ Ein homogenes Gleichungssystem $A\vec{x} = \vec{0}$ besitzt wegen $A\vec{0} = \vec{0}$ stets die so genannte *triviale Lösung* $\vec{x} = \vec{0}$, ist also immer lösbar. Dieser Sachverhalt folgt übrigens auch aus der obigen Lösbarkeitsbedingung, es gilt nämlich $\mathrm{Rg}(A) = \mathrm{Rg}((A|\vec{0}))$ in jedem Fall.

Das zu einem inhomogenen (m,n)-System $A\vec{x} = \vec{b}$ mit $\mathrm{Rg}(A) = r$ gehörende homogene System $A\vec{x} = \vec{0}$ ist also stets lösbar: die Lösungsmenge $L(A,\vec{0}) \neq \emptyset$ enthält $n - r$ freie Parameter. Wir nehmen nun an, dass $A\vec{x} = \vec{b}$ lösbar ist. Ist dann $\vec{x}_{IH}$ eine beliebige spezielle Lösung des inhomogenen Systems und $\vec{x}_H \in L(A,\vec{0})$, so gilt:

$$A(\vec{x}_{IH} + \vec{x}_H) = A\vec{x}_{IH} + A\vec{x}_H = \vec{b} + \vec{0} = \vec{b}.$$

Es ist also $\vec{x}_{IH} + \vec{x}_H$ eine Lösung des inhomogen Systems. Die Menge $\{\vec{x}_{IH} + \vec{x}_H \mid \vec{x}_H \in L(A,\vec{0})\}$ hat aber ebenfalls $n - r$ freie Parameter, stellt also die gesamte Lösungsmenge des inhomogenen Systems dar. Wir halten fest:

Lösungsstruktur inhomogenes/zugehöriges homogenes System
Die allgemeine Lösung eines lösbaren inhomogenen Gleichungssystems $A\vec{x} = \vec{b}$ erhält man durch Addition einer beliebigen speziellen Lösung $\vec{x}_{IH}$ des inhomogen Systems und der allgemeinen Lösung des zugehörigen homogenen Systems $A\vec{x} = \vec{0}$:

$$L(A,\vec{b}) = \vec{x}_{IH} + L(A,\vec{0}).$$

Beispiel 5.13

Zum inhomogenen Gleichungssystem aus Beispiel 5.12 gehört die spezielle Lösung $\vec{x} = (2,1,1)^T$ (für $t = 1$). Das zugehörige homogene System lässt sich mittels Gauß-Verfahren und analogen Zeilenumformungen lösen:

$$
\begin{array}{rrrr|r}
(1) & 3 & -3 & 6 & 0 \\
(2) & 2 & 0 & 3 & 0 \\
(3) & 1 & 1 & 1 & 0
\end{array}
\;\rightarrow\;
\begin{array}{rrrr|r}
(1') & 3 & -3 & 6 & 0 \\
(2') & 0 & 2 & -1 & 0 \\
(3') & 0 & 2 & -1 & 0
\end{array}
\;\rightarrow\;
\begin{array}{rrrr|r}
(1'') & 3 & -3 & 6 & 0 \\
(2'') & 0 & 2 & -1 & 0 \\
(3'') & 0 & 0 & 0 & 0.
\end{array}
$$

Parameterdarstellung „Rückwärtsauflösen" liefert $L(A,\vec{0}) = \{t \cdot (-\frac{3}{2}, \frac{1}{2}, 1)^T \mid t \in \mathbb{R}\}$, falls man $x_3 = t$ setzt. Die triviale Lösung $\vec{0}$ ist für $t = 0$ dabei. Die allgemeine Lösung des inhomogenen Systems erhält man zu

$$\vec{x} = \begin{pmatrix} x_1 \\ x_2 \\ x_3 \end{pmatrix} = \begin{pmatrix} 2 \\ 1 \\ 1 \end{pmatrix} + t \begin{pmatrix} -3/2 \\ 1/2 \\ 1 \end{pmatrix}, \quad t \in \mathbb{R}.$$

Wählt man hier $t = -1$, so erhält man die spezielle Lösung $\vec{u} = (\frac{7}{2}, \frac{1}{2}, 0)^T$. Die Lösungsmenge kann also auch in der Form $\vec{x} = \vec{u} + t \cdot \vec{v}$ geschrieben werden (vgl.

Beispiel 5.12). Dies sind lediglich Darstellungen ein und derselben Geraden in Parameterform. Geometrisch entsprechen dem System drei Ebenen, die eine gemeinsame Schnittgerade besitzen.

5.7 Die Inverse einer Matrix

Beim Rechnen mit reellen Zahlen existiert zu jeder reellen Zahl $x \neq 0$ genau eine Zahl $x^{-1} = \frac{1}{x}$, so daß $x \cdot x^{-1} = 1$ gilt. Deshalb wird x^{-1} auch als das zu x inverse Element bzgl. der Multiplikation bezeichnet. Bei der Matrizenmultiplikation gibt es für reguläre Matrizen A ein Analogon, die so genannte inverse Matrix A^{-1}. *Die Rolle der Eins übernimmt die Einheitsmatrix I.*

5.7.1 Definition und Rechenregeln

Lösung von n Gleichungssystemen Ist A eine reguläre (n, n)-Matrix, dann gilt per definitionem (siehe Abschn. 5.4.4) $\mathrm{Rg}(A) = n$. Es stellt sich nun die Frage, ob es eine Matrix X gibt, für die $AX = I$ gilt. Bezeichnen wir mit $\vec{e}_i$ die i-te Spalte der Einheitsmatrix $I = (\vec{e}_1, \ldots, \vec{e}_n)$, dann sind wegen $\mathrm{Rg}(A) = n$ die folgenden Gleichungssysteme *eindeutig lösbar* (siehe Abschn. 5.6.2):

$$A\vec{x}_1 = \vec{e}_1, \; A\vec{x}_2 = \vec{e}_2, \; \ldots, \; A\vec{x}_n = \vec{e}_n.$$

Mit Lösungsvektoren Inverse bilden Wir können daher eine Matrix X definieren, deren Spalten den n *eindeutigen* Lösungen $\vec{x}_1, \vec{x}_2, \ldots, \vec{x}_n$ dieser Systeme entspechen:

$$X := (\vec{x}_1, \vec{x}_2, \ldots, \vec{x}_n).$$

Offensichtlich gilt dann

$$AX = (A\vec{x}_1, A\vec{x}_2, \ldots, A\vec{x}_n) = (\vec{e}_1, \vec{e}_2 \ldots, \vec{e}_n) = I.$$

Diese Konstruktion ist für jede beliebige reguläre Matrix möglich. Daher definieren wir:

Inverse A^{-1} einer regulären Matrix A
Zu jeder regulären Matrix A existiert genau eine Matrix X, für die $AX = I$ gilt. Man nennt X zu A invers oder die zu A inverse Matrix und schreibt $X = A^{-1}$. Es gilt damit stets

$$AA^{-1} = A^{-1}A = I.$$

Die Regularität ist dabei für die Existenz einer solchen Matrix notwendige Voraussetzung, wie Aufgabe 4 in „Lineare Gleichungssysteme, Rangbegriff, Inverse", Abschn. 5.12 zeigt.

Auch A^{-1} ist wieder regulär und es gelten folgende Rechenregeln, die wir nicht beweisen wollen:

Rechenregeln für inverse Matrizen

Für den Umgang mit Inversen sind folgende Rechenregeln wichtig:

a) $(A^{-1})^{-1} = A$,
b) $(A^{-1})^T = (A^T)^{-1}$,
c) $(AB)^{-1} = B^{-1}A^{-1}$,
d) $(\lambda A)^{-1} = \frac{1}{\lambda}A^{-1}$ ($\lambda \neq 0$).

Beispiel 5.14

Wir können jetzt die Lösung eines linearen (n, n)-Systems $A\vec{x} = \vec{b}$ mit regulärer Matrix A mittels der Inversen berechnen. Das System ist nämlich äquivalent zu $A^{-1}A\vec{x} = A^{-1}\vec{b}$, woraus wegen $A^{-1}A = I$ sofort

$$\vec{x} = A^{-1}\vec{b}$$

folgt. Kennt man also die Inverse A^{-1}, so lässt sich die Lösung des Systems sofort angeben. Dies ist von Vorteil, wenn für verschiedene rechte Seiten $\vec{b}$ Lösungen gesucht sind. Bei einer rechten Seite bedenke man, dass die praktische Berechnung von A^{-1} (siehe Abschn. 5.7.2) wesentlich aufwendiger ist als die einmalige Durchführung des Gauß-Verfahrens.

Übung 5.14

Gegeben seien die regulären Matrizen A, B. Vereinfachen Sie den Ausdruck $\left(2AB^{-1}\right)^{-1}\left(B^{-1}A^T\right)^T$ unter der Annahme, dass B symmetrisch ist, soweit wie möglich.

Lösung 5.14

Für den ersten Faktor gilt $(2AB^{-1})^{-1} = \frac{1}{2}(B^{-1})^{-1}A^{-1} = \frac{1}{2}BA^{-1}$. Der zweite Faktor vereinfacht sich wegen der Symmetrie von B zu $(B^{-1}A^T)^T = (A^T)^T(B^{-1})^T = A(B^T)^{-1} = AB^{-1}$. Insgesamt ergibt sich also

$$(2AB^{-1})^{-1}(B^{-1}A^T)^T = \frac{1}{2}B(A^{-1}A)B^{-1} = \frac{1}{2}BB^{-1} = \frac{1}{2}I.$$

5.7.2   Das Gauß-Jordan-Verfahren

Zur Bestimmung der Inversen gibt es ein numerisches Verfahren, das so genannte *Gauß-Jordan-Verfahren*. Es lässt sich am besten anhand eines Beispiels erläutern.

Beispiel 5.15

Simultane Lösung der Systeme mittels Gauß-Verfahren Wir geben uns nun die reguläre Matrix $A = \begin{pmatrix} 3 & -3 & 6 \\ 2 & 0 & 3 \\ 1 & 1 & 2 \end{pmatrix}$ des Systems aus Beispiel 5.11 vor. Wie die Überlegungen des letzten Abschnitts zeigen, müssen zur Bestimmung der Inversen die 3 Gleichungssysteme $A\vec{x}_i = \vec{e}_i$, $i = 1, 2, 3$ gelöst werden. Am geringsten ist der Rechenaufwand, wenn man alle Systeme *simultan* mit dem Gauß-Verfahren löst: Hierzu schreibt man in das Starttableau auf die rechte Seite alle drei Vektoren $\vec{e}_i$, also die Matrix I. Auf diese wendet man gleichzeitig die benötigten elementaren Umformungen an, um A auf *obere Dreiecksgestalt* (dies ist wegen der Regularität von A die einzig mögliche Zeilenstufenform!) zu bringen. Mit den Umformungen aus Beispiel 5.11 ergibt dies:

$$
\begin{array}{llrrr|rrr}
(1) & 3 & -3 & 6 & & 1 & 0 & 0 \\
(2) & 2 & 0 & 3 & & 0 & 1 & 0 \\
(3) & 1 & 1 & 2 & & 0 & 0 & 1
\end{array}
\longrightarrow
\begin{array}{llrrr|rrr}
(1') & 3 & -3 & 6 & & 1 & 0 & 0 \\
(2') & 0 & 2 & -1 & & -\frac{2}{3} & 1 & 0 \\
(3') & 0 & 0 & 1 & & \frac{1}{3} & -1 & 1
\end{array}
$$

Obere Dreiecksmatrix in Einheitsmatrix überführen Man könnte nun die drei Lösungen jeweils durch „Rückwärtsauflösen" bestimmen. Dies gelingt uns aber wesentlich effizienter, indem wir die obere Dreiecksmatrix auf der linken Tableauseite mittels elementarer Umformungen in die Einheitsmatrix überführen. Hierzu erzeugen wir – zunächst in der letzten Spalte der Dreiecksmatrix – oberhalb der Hauptdiagonalen Nullen ($z_{1''} = z_{1'} - 6z_{3'}$, $z_{2''} = z_{2'} + z_{3'}$, danach in der mittleren Spalte $z_{1'''} = z_{1''} + \frac{3}{2} z_{2''}$):

$$
\begin{array}{llrrr|rrr}
(1'') & 3 & -3 & 0 & & -1 & 6 & -6 \\
(2'') & 0 & 2 & 0 & & -\frac{1}{3} & 0 & 1 \\
(3'') & 0 & 0 & 1 & & \frac{1}{3} & -1 & 1
\end{array}
\longrightarrow
\begin{array}{rrr|rrr}
3 & 0 & 0 & -\frac{3}{2} & 6 & -\frac{9}{2} \\
0 & 2 & 0 & -\frac{1}{3} & 0 & 1 \\
0 & 0 & 1 & \frac{1}{3} & -1 & 1
\end{array}
$$

Division durch Diagonalelemente Abschließend müssen wir lediglich alle Zeilen durch das entsprechende Diagonalelement (dies ist die dritte elementare Umformung in Abschn. 5.6.1!) dividieren und erhalten:

$$
\begin{array}{rrr|rrr}
1 & 0 & 0 & -\frac{1}{2} & 2 & -\frac{3}{2} \\
0 & 1 & 0 & -\frac{1}{6} & 0 & \frac{1}{2} \\
0 & 0 & 1 & \frac{1}{3} & -1 & 1
\end{array}
$$

Die Lösungen der drei Systeme können jetzt abgelesen werden: die 1. Spalte auf der rechten Seite ist $\vec{x}_1$, die 2. Spalte ist $\vec{x}_2$ und die 3. Spalte entspricht $\vec{x}_3$. D. h. die zu A inverse Matrix A^{-1} ergibt sich zu

$$A^{-1} = \begin{pmatrix} -\frac{1}{2} & 2 & -\frac{3}{2} \\ -\frac{1}{6} & 0 & \frac{1}{2} \\ \frac{1}{3} & -1 & 1 \end{pmatrix}.$$

Um Rechenfehler auszuschließen, empfiehlt sich abschließend eine Probe: $AA^{-1} = I$.

Wir formulieren das am Beispiel vorgestellte Verfahren nun allgemein:

Gauß-Jordan-Verfahren zur Bestimmung der Inversen

Das Gauß-Jordan-Verfahren zur Bestimmung der Inversen A^{-1} einer regulären (n, n)-Matrix A lautet:

a) Bilde ein Tableau, bestehend aus der Matrix A (linke Seite) und der Einheitsmatrix $I = I_n$ (rechte Seite).
b) Führe A mittels Gauß-Verfahren in eine obere Dreiecksmatrix über.
c) Wende auf beide Seiten elementare Umformungen (beginnend mit der letzten Spalte der linken Tableauseite) an, so dass aus der Dreiecksmatrix eine Diagonalmatrix wird.
d) Dividiere alle Elemente jeder Zeile des Tableaus durch das entsprechende Diagonalelement, so dass aus der Diagonalmatrix die Einheitsmatrix wird.

Die rechte Tableauseite entspricht nun der gesuchten Inversen A^{-1}.

Übung 5.15

Welche Lösungen hat das System $A\vec{x} = \vec{b}$ mit der Matrix A aus Beispiel 5.15 für a) $\vec{b} = \vec{0}$, b) $\vec{b} = (1, 1, 1)^T$?

Lösung 5.15

Da wir die Inverse A^{-1} in Beispiel 5.15 bereits berechnet haben, können wir die Lösung des Systems als $\vec{x} = A^{-1}\vec{b}$ schreiben. Damit ist:

a) $\vec{x} = A^{-1}\vec{0} = \vec{0}$. Die triviale Lösung ist also die einzige Lösung des homogenen Systems.

b) $\vec{x} = A^{-1} \begin{pmatrix} 1 \\ 1 \\ 1 \end{pmatrix} = \begin{pmatrix} 0 \\ 1/3 \\ 1/3 \end{pmatrix}$.

5.8   Eigenwerte und Eigenvektoren

Charakteristisch für quadratische Matrizen bzw. für entsprechende lineare Abbildungen sind gewisse spezielle Vektoren, so genannte Eigenvektoren, sowie zugehörige Skalare, so genannte Eigenwerte. Eigenvektoren werden geometrisch gesprochen auf Vielfache ihrer selbst abgebildet. Bei zahlreichen technischen Anwendungen spielen symmetrische Matrizen und ihre Eigenvektoren (mit speziellen Eigenschaften) eine große Rolle.

Lineare Abbildungen werden im Allgemeinen durch Matrizen beschrieben. Wenn man eine quadratische Matrix mit einem Vektor multipliziert, so erhält man wiederum einen Vektor der gleichen Dimension, der aber in den meisten Fällen gar nichts mit dem Ausgangsvektor gemeinsam hat:

$$\begin{pmatrix} 1 & 4 \\ 1 & -2 \end{pmatrix} \cdot \begin{pmatrix} 1 \\ 2 \end{pmatrix} = \begin{pmatrix} 9 \\ -3 \end{pmatrix}.$$

In anderen sehr speziellen Fällen ist der Bildvektor ein Vielfaches des Ausgangsvektors:

$$\begin{pmatrix} 1 & 4 \\ 1 & -2 \end{pmatrix} \cdot \begin{pmatrix} 4 \\ 1 \end{pmatrix} = \begin{pmatrix} 8 \\ 2 \end{pmatrix} = 2 \cdot \begin{pmatrix} 4 \\ 1 \end{pmatrix}.$$

Trivialerweise wird der Nullvektor unter einer linearen Abbildung immer auf sich selbst abgebildet:

$$\begin{pmatrix} 1 & 4 \\ 1 & -2 \end{pmatrix} \cdot \begin{pmatrix} 0 \\ 0 \end{pmatrix} = \begin{pmatrix} 0 \\ 0 \end{pmatrix}.$$

(Das Studium des Nullvektors ist also völlig uninteressant; er kann bei den folgenden Betrachtungen vernachlässigt werden.)

Wir werden im Folgenden eine Methode vorstellen, wie man Vektoren identifiziert, die unter einer linearen Abbildung auf Vielfache von sich selbst überführt werden: Soll $A \cdot \vec{x} = \lambda \cdot \vec{x}$ erfüllt sein, so lässt sich diese Gleichung umschreiben auf $A \cdot \vec{x} - \lambda \cdot \vec{x} = \vec{0}$ bzw. durch Einfügen der Einheitsmatrix $A \cdot \vec{x} - \lambda I \cdot \vec{x} = \vec{0}$ bzw. $(A - \lambda I) \cdot \vec{x} = \vec{0}$. Wenn wir nicht-triviale Lösungen ($\vec{x} \neq \vec{0}$) dieses homogenen linearen Gleichungssystems erhalten wollen, so muss gelten: $\det(A - \lambda I) = 0$ (vgl. Übungsaufgabe).

Gesucht sind also Vektoren $\vec{x} \neq \vec{0}$, die durch die lineare Abbildung/Matrix A auf das λ-fache ihrer selbst abgebildet werden: $A \cdot \vec{x} = \lambda \cdot \vec{x}$. Solche Vektoren $\vec{x}$ werden Eigenvektoren, die zugehörigen Zahlen λ werden Eigenwerte genannt.

Eigenwerte und Eigenvektoren
Ein Vektor $\vec{x} \neq \vec{0}$, der bei Anwendung der Matrix A auf sein λ-faches übergeht, heißt Eigenvektor von A zum Eigenwert λ:

$$A \cdot \vec{x} = \lambda \cdot \vec{x}.$$

Eigenwerte λ sind dabei die Lösungen des so genannten charakteristischen Polynoms

$$\det(A - \lambda I) = 0.$$

Eigenvektoren $\vec{x}$ zum Eigenwert λ sind die nicht-trivialen Lösungen des linearen Gleichungssystems

$$(A - \lambda I) \cdot \vec{x} = \vec{0}.$$

Das charakteristische Polynom ist bei Vorliegen einer (n, n)-Matrix A ein Polynom vom Grade n. Nach dem Hauptsatz der Algebra hat ein Polynom n-ten Grades n (möglicherweise komplexe, evtl. auch zusammenfallende) Lösungen.

Hat man einen Eigenwert λ gefunden, so erhält man wegen $\det(A - \lambda I) = 0$ auch immer zumindest eine nicht-triviale Lösung des Gleichungssystems $(A - \lambda I) \cdot \vec{x} = \vec{0}$. Dies bedeutet, dass man zu jedem Eigenwert mindestens einen Eigenvektor findet.

Wenn man einen Eigenvektor $\vec{x}$ zu einem Eigenwert λ der Matrix A gefunden hat (also $A \cdot \vec{x} = \lambda \cdot \vec{x}$), so sind selbstverständlich alle Vielfache dieses Eigenvektors $a \cdot \vec{x}$ ebenfalls Eigenvektoren zum Eigenwert λ der Matrix A wegen

$$A \cdot (a\vec{x}) = a A\vec{x} = a\lambda\vec{x} = \lambda \cdot (a\vec{x}).$$

Bei mehrfachen Eigenwerten kann es mehrere linear unabhängige Eigenvektoren zu einem Eigenwert geben oder auch nur einen einzigen.

Beispiel 5.16

Wir ermitteln die Eigenwerte zur Matrix

$$A = \begin{pmatrix} 1 & 4 \\ 1 & -2 \end{pmatrix}.$$

Dazu stellen wir das charakteristische Polynom auf:

$$\det(A - \lambda I) = \det\begin{pmatrix} 1 - \lambda & 4 \\ 1 & -2 - \lambda \end{pmatrix} = (1 - \lambda) \cdot (-2 - \lambda) - 4 = \lambda^2 + \lambda - 6 = 0.$$

Das charakteristische Polynom $\lambda^2 + \lambda - 6 = 0$ hat die beiden Lösungen $\lambda_1 = 2$ und $\lambda_2 = -3$. Diese beiden Zahlen sind also die Eigenwerte der Matrix A.

Wir suchen zunächst die Eigenvektoren zum Eigenwert $\lambda_1 = 2$ Wegen $(A - \lambda_1 I) \cdot \vec{x} = \vec{0}$ folgt:

$$\begin{pmatrix} 1 - 2 & 4 \\ 1 & -2 - 2 \end{pmatrix} \cdot \begin{pmatrix} x_1 \\ x_2 \end{pmatrix} = \begin{pmatrix} 0 \\ 0 \end{pmatrix} \quad \text{bzw.} \quad \begin{pmatrix} -1 & 4 \\ 1 & -4 \end{pmatrix} \cdot \begin{pmatrix} x_1 \\ x_2 \end{pmatrix} = \begin{pmatrix} 0 \\ 0 \end{pmatrix}$$

und damit das lineare Gleichungssystem: $-x_1 + 4x_2 = 0$. Lösungen dieses linearen Gleichungssystems sind:

$$\begin{pmatrix} x_1 \\ x_2 \end{pmatrix} = a \cdot \begin{pmatrix} 4 \\ 1 \end{pmatrix}, \quad a \in \mathbb{R}.$$

Die Probe bestätigt:

$$\begin{pmatrix} 1 & 4 \\ 1 & -2 \end{pmatrix} \cdot \begin{pmatrix} 4 \\ 1 \end{pmatrix} = \begin{pmatrix} 8 \\ 2 \end{pmatrix} = 2 \cdot \begin{pmatrix} 4 \\ 1 \end{pmatrix}.$$

Wir bestimmen nun die Eigenvektoren zum Eigenwert $\lambda_2 = -3$ Wegen $(A - \lambda_2 I) \cdot \vec{x} = \vec{0}$ folgt:

$$\begin{pmatrix} 1 - (-3) & 4 \\ 1 & -2 - (-3) \end{pmatrix} \cdot \begin{pmatrix} x_1 \\ x_2 \end{pmatrix} = \begin{pmatrix} 0 \\ 0 \end{pmatrix} \quad \text{bzw.} \quad \begin{pmatrix} 4 & 4 \\ 1 & 1 \end{pmatrix} \cdot \begin{pmatrix} x_1 \\ x_2 \end{pmatrix} = \begin{pmatrix} 0 \\ 0 \end{pmatrix}$$

und damit das lineare Gleichungssystem: $x_1 + x_2 = 0$. Lösungen dieses linearen Gleichungssystems sind:

$$\begin{pmatrix} x_1 \\ x_2 \end{pmatrix} = a \cdot \begin{pmatrix} 1 \\ -1 \end{pmatrix}, \quad a \in \mathbb{R}.$$

Die Probe liefert:

$$\begin{pmatrix} 1 & 4 \\ 1 & -2 \end{pmatrix} \cdot \begin{pmatrix} 1 \\ -1 \end{pmatrix} = \begin{pmatrix} -3 \\ 3 \end{pmatrix} = (-3) \cdot \begin{pmatrix} 1 \\ -1 \end{pmatrix}.$$

Insgesamt Die Matrix $A = \begin{pmatrix} 1 & 4 \\ 1 & -2 \end{pmatrix}$ besitzt zwei Eigenwerte: $\lambda_1 = 2$ und $\lambda_2 = -3$. Zum Eigenwert $\lambda_1 = 2$ gehören die Eigenvektoren $(x_1, x_2)^T = a \cdot (4, 1)^T$ mit $a \in \mathbb{R} \setminus \{0\}$. Zum Eigenwert $\lambda_2 = -3$ gehören die Eigenvektoren $(x_1, x_2)^T = a \cdot (1, -1)^T$ mit $a \in \mathbb{R} \setminus \{0\}$.

Übung 5.16

Ermitteln Sie alle Eigenwerte und Eigenvektoren zur Matrix

$$A = \begin{pmatrix} 3 & 1 \\ -1 & 5 \end{pmatrix}.$$

Lösung 5.16

Das charakteristische Polynom lautet:

$$\det(A - \lambda I) = \det \begin{pmatrix} 3 - \lambda & 1 \\ -1 & 5 - \lambda \end{pmatrix} = (3 - \lambda) \cdot (5 - \lambda) + 1$$

$$= \lambda^2 - 8\lambda + 16 = (\lambda - 4)^2 = 0.$$

Abb. 5.7 Spiegelung an der $x = y$-Ebene

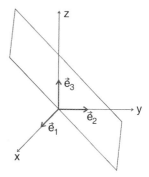

Das charakteristische Polynom hat die doppelte Nullstelle $\lambda_1 = \lambda_2 = 4$. Die Eigenvektoren berechnen sich über:

$$\begin{pmatrix} 3-4 & 1 \\ -1 & 5-4 \end{pmatrix} \cdot \begin{pmatrix} x_1 \\ x_2 \end{pmatrix} = \begin{pmatrix} 0 \\ 0 \end{pmatrix} \quad \text{bzw.} \quad \begin{pmatrix} -1 & 1 \\ -1 & 1 \end{pmatrix} \cdot \begin{pmatrix} x_1 \\ x_2 \end{pmatrix} = \begin{pmatrix} 0 \\ 0 \end{pmatrix}.$$

Das lineare Gleichungssystem lautet $-x_1 + x_2 = 0$. Eigenvektoren sind also:

$$\begin{pmatrix} x_1 \\ x_2 \end{pmatrix} = a \cdot \begin{pmatrix} 1 \\ 1 \end{pmatrix}, \quad a \in \mathbb{R} \setminus \{0\}.$$

Zum *doppelten* Eigenwert $\lambda = 4$ gibt es in diesem Fall nur *einen* linear unabhängigen Eigenvektor $(x_1, x_2)^T = (1, 1)^T$ und seine Vielfachen.

Beispiel 5.17

Wir betrachten nun ein Beispiel aus dem dreidimensionalen Raum, nämlich die Spiegelung an der Ebene $x = y$. Diese lineare Abbildung wird durch die folgende Matrix wiedergegeben:

$$A = \begin{pmatrix} 0 & 1 & 0 \\ 1 & 0 & 0 \\ 0 & 0 & 1 \end{pmatrix},$$

denn durch die Spiegelung gehen die Einheitsvektoren in folgende Bildvektoren über: $\vec{e}_1 \mapsto \vec{e}_2, \vec{e}_2 \mapsto \vec{e}_1, \vec{e}_3 \mapsto \vec{e}_3$ (s. Abb. 5.7). Es gibt aber auch bei der Spiegelung an der Ebene $x = y$ Vektoren, die auf Vielfache ihrer selbst abgebildet werden:

$$\begin{pmatrix} 0 & 1 & 0 \\ 1 & 0 & 0 \\ 0 & 0 & 1 \end{pmatrix} \cdot \begin{pmatrix} 1 \\ 1 \\ 0 \end{pmatrix} = \begin{pmatrix} 1 \\ 1 \\ 0 \end{pmatrix} = 1 \cdot \begin{pmatrix} 1 \\ 1 \\ 0 \end{pmatrix},$$

$$\begin{pmatrix} 0 & 1 & 0 \\ 1 & 0 & 0 \\ 0 & 0 & 1 \end{pmatrix} \cdot \begin{pmatrix} 1 \\ -1 \\ 0 \end{pmatrix} = \begin{pmatrix} -1 \\ 1 \\ 0 \end{pmatrix} = (-1) \cdot \begin{pmatrix} 1 \\ -1 \\ 0 \end{pmatrix},$$

$$\begin{pmatrix} 0 & 1 & 0 \\ 1 & 0 & 0 \\ 0 & 0 & 1 \end{pmatrix} \cdot \begin{pmatrix} 0 \\ 0 \\ 1 \end{pmatrix} = \begin{pmatrix} 0 \\ 0 \\ 1 \end{pmatrix} = 1 \cdot \begin{pmatrix} 0 \\ 0 \\ 1 \end{pmatrix}.$$

Auch hier liegen also Eigenwerte und Eigenvektoren vor: Zum Eigenwert $\lambda = 1$ gehören die Eigenvektoren $(1, 1, 0)^T$ und $(0, 0, 1)^T$, die durch die Spiegelung nicht verändert werden. Zum Eigenwert $\lambda = -1$ gehört der Eigenvektor $(1, -1, 0)^T$, der eben gerade gespiegelt (d. h. auf sein Negatives übergeführt) wird.

Die Ermittlung der Eigenwerte und Eigenvektoren erfolgt analog zum zweidimensionalen Fall. Das charakteristische Polynom kann mit der Regel von Sarrus (vgl. Abb. 5.5 zu Determinanten) bestimmt werden:

$$\det(A - \lambda I) = \det \begin{pmatrix} 0 - \lambda & 1 & 0 \\ 1 & 0 - \lambda & 0 \\ 0 & 0 & 1 - \lambda \end{pmatrix}$$

$$= (-\lambda) \cdot (-\lambda) \cdot (1 - \lambda) - 1 \cdot 1 \cdot (1 - \lambda) = (1 - \lambda) \cdot (\lambda^2 - 1) = 0.$$

Die Nullstellen dieses charakteristischen Polynoms sind: $\lambda_1 = \lambda_2 = 1, \lambda_3 = -1$.

Die Eigenvektoren zum Eigenwert $\lambda_1 = \lambda_2 = 1$ berechnen sich über:

$$\begin{pmatrix} -1 & 1 & 0 \\ 1 & -1 & 0 \\ 0 & 0 & 0 \end{pmatrix} \cdot \begin{pmatrix} x_1 \\ x_2 \\ x_3 \end{pmatrix} = \begin{pmatrix} 0 \\ 0 \\ 0 \end{pmatrix}$$

und damit aus dem linearen Gleichungssystem: $-x_1 + x_2 = 0$. Lösungen sind hier die linear unabhängigen Eigenvektoren:

$$\vec{x}_1 = \begin{pmatrix} 1 \\ 1 \\ 0 \end{pmatrix} \quad \text{und} \quad \vec{x}_2 = \begin{pmatrix} 0 \\ 0 \\ 1 \end{pmatrix}.$$

Die Eigenvektoren zum Eigenwert $\lambda_3 = -1$ berechnen sich über:

$$\begin{pmatrix} 1 & 1 & 0 \\ 1 & 1 & 0 \\ 0 & 0 & 2 \end{pmatrix} \cdot \begin{pmatrix} x_1 \\ x_2 \\ x_3 \end{pmatrix} = \begin{pmatrix} 0 \\ 0 \\ 0 \end{pmatrix}$$

und damit aus dem linearen Gleichungssystem: $x_1 + x_2 = 0, 2x_3 = 0$. Lösung ist hier der Eigenvektor:

$$\vec{x}_3 = \begin{pmatrix} 1 \\ -1 \\ 0 \end{pmatrix}.$$

Ermitteln Sie alle Eigenwerte und Eigenvektoren zur Matrix

$$A = \begin{pmatrix} 2 & -2 & -2 \\ -2 & 5 & -1 \\ -2 & -1 & 5 \end{pmatrix}.$$

Das charakteristische Polynom kann wiederum mit der Regel von Sarrus berechnet werden. Es ergibt sich

$$\det(A - \lambda I) = -\lambda^3 + 12\lambda^2 - 36\lambda = -\lambda \cdot (\lambda - 6)^2 = 0.$$

Die Eigenwerte lauten $\lambda_1 = 0$ und $\lambda_2 = \lambda_3 = 6$.

Die Eigenvektoren zum Eigenwert $\lambda_1 = 0$ sind Lösungen des linearen Gleichungssystems

$$\begin{pmatrix} 2 & -2 & -2 \\ -2 & 5 & -1 \\ -2 & -1 & 5 \end{pmatrix} \cdot \begin{pmatrix} x_1 \\ x_2 \\ x_3 \end{pmatrix} = \begin{pmatrix} 0 \\ 0 \\ 0 \end{pmatrix}.$$

Um dieses lineare Gleichungssystem zu lösen, muss man zunächst die Matrix mittels Gauss-Algorithmus auf obere Dreiecksgestalt (vgl. Abschn. 5.6.1 über lineare Gleichungssysteme) überführen. Man erhält:

$$
\begin{array}{rrr}
2 & -2 & -2 \\
-2 & 5 & -1 \\
-2 & -1 & 5 \\
\hline
2 & -2 & -2 \\
0 & 3 & -3 \\
0 & -3 & 3 \\
\hline
2 & -2 & -2 \\
0 & 3 & -3 \\
0 & 0 & 0
\end{array}
$$

und damit das lineare Gleichungssystem: $x_1 - x_2 - x_3 = 0$, $x_2 - x_3 = 0$. Lösung ist der Eigenvektor:

$$\vec{x}_1 = \begin{pmatrix} 2 \\ 1 \\ 1 \end{pmatrix}.$$

Die Eigenvektoren zum Eigenwert $\lambda_2 = \lambda_3 = 6$ sind Lösungen des linearen Gleichungssystems

$$\begin{pmatrix} -4 & -2 & -2 \\ -2 & -1 & -1 \\ -2 & -1 & -1 \end{pmatrix} \cdot \begin{pmatrix} x_1 \\ x_2 \\ x_3 \end{pmatrix} = \begin{pmatrix} 0 \\ 0 \\ 0 \end{pmatrix},$$

d. h. von $-2x_1 - x_2 - x_3 = 0$. Lösungen sind hier die Eigenvektoren:

$$\vec{x}_2 = \begin{pmatrix} -1 \\ 2 \\ 0 \end{pmatrix} \quad \text{und} \quad \vec{x}_3 = \begin{pmatrix} -1 \\ 0 \\ 2 \end{pmatrix}.$$

Im letzten Beispiel und in der letzten Übung haben wir Eigenwerte und Eigenvektoren von symmetrischen Matrizen berechnet. Alle Eigenwerte waren reell. Gab es mehrfache Eigenwerte, so existierten auch entsprechend viele linear unabhängige Eigenvektoren. Außerdem besaßen die Eigenvektoren eine interessante Eigenschaft: Eigenvektoren zu verschiedenen Eigenwerten stehen sogar senkrecht aufeinander. Wir prüfen dies bei obiger Übung nach: $(2, 1, 1) \cdot (-1, 2, 0)^T = 0$ und $(2, 1, 1) \cdot (-1, 0, 2)^T = 0$. Dies ist kein Zufall, sondern:

Eigenwerte und Eigenvektoren einer symmetrischen Matrix
Für die Eigenwerte und Eigenvektoren einer symmetrischen (n, n)-Matrix gilt insbesondere:

- Alle Eigenwerte sind reell.
- Es gibt insgesamt genau n linear unabhängige Eigenvektoren.
- Eigenvektoren, die zu verschiedenen Eigenvektoren gehören, stehen senkrecht aufeinander.

Linear unabhängige Eigenvektoren, die zum gleichen Eigenwert gehören, kann man „orthogonalisieren" (also so wählen, dass sie orthogonal zueinander sind). Normiert man alle Eigenvektoren noch auf Länge 1, so erhält man insgesamt bei symmetrischen (n, n)-Matrizen eine so genannte Orthonormalbasis des $\mathbb{R}^n$ bestehend aus Eigenvektoren.

In vielen physikalisch-technischen Anwendungen kommen symmetrische Matrizen vor. Ein Beispiel sind gekoppelte Schwingungen, die durch Systeme von Differentialgleichungen beschrieben werden. Für die auftretenden symmetrischen Matrizen lassen sich Eigenwerte und Eigenvektoren bestimmen, welche die so genannten Normalschwingungen des gekoppelten Systems beschreiben. Ein anderes Beispiel wäre die Hauptachsentransformation. Eine Ellipse um den Nullpunkt ist einfach zu beschreiben. Eine Ellipse irgendwo in der Ebene ist schwieriger zu beschreiben, es sei denn, man kennt die beiden

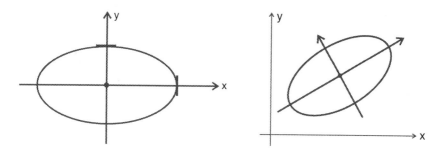

Abb. 5.8 Hauptachsentransformation

orthogonalen Hauptachsen (Eigenvektoren der zugehörigen Matrix) und verwendet ein diesen angepasstes Koordinatensystem (vgl. Abb. 5.8).

5.9 Kurzer Verständnistest

(1) Die Vektoren $(1, 2)^T$, $(0, 3)^T$ des $\mathbb{R}^2$ sind

    ☐ linear unabhängig   ☐ linear abhängig

    ☐ eine Basis des $\mathbb{R}^2$ ☐ ein Vektorraum

(2) Die Länge eines Vektors $\vec{x} = (x_1, x_2, x_3)^T$ ist gegeben durch:

    ☐ $\sqrt{x_1^2 + x_2^2 + x_3^2}$ ☐ $\|\vec{x}\|^2$ ☐ $\sqrt{x_1^2 \cdot x_2^2 \cdot x_3^2}$ ☐ $\sqrt{\vec{x} \cdot \vec{x}}$

(3) Zwei Vektoren $\vec{a}, \vec{b}$ sind parallel und entgegengesetzt orientiert, wenn gilt:

    ☐ $\vec{a} \cdot \vec{b} = \|\vec{a}\|\|\vec{b}\|$ ☐ $\vec{a} \cdot \vec{b} = 0$ ☐ $\vec{a} \cdot \vec{b} = -\|\vec{a}\|\|\vec{b}\|$ ☐ $\vec{a} \cdot \vec{b} = 1$

(4) Welche der folgenden Vektorpaare sind orthogonal?

    ☐ $(1, 0, 0)^T$, $(0, 1, 0)^T$ ☐ $(2, 5)^T$, $(-5, 2)^T$

    ☐ $(1, 1, 1)^T$, $(-1, 1, -1)^T$ ☐ $(1, 1, 0, 0)^T$, $(-1, 1, 1, -1)^T$

(5) Seien $A_{(2,3)}$ und $B_{(4,2)}$ zwei Matrizen. Welche Aussagen sind korrekt?

    ☐ AB ist vom Typ $(2, 2)$.   ☐ BA ist vom Typ $(4, 3)$.

    ☐ $A^T B^T$ ist vom Typ $(3, 4)$.   ☐ $A^T B$ ist vom Typ $(3, 2)$.

(6) Für „geeignete" Matrizen A, B gelten allgemein folgende Rechenregeln:

    ☐ $A + B = B + A$ ☐ $AB = BA$

    ☐ $(AB)^T = A^T B^T$ ☐ $(AB)^{-1} = B^{-1} A^{-1}$

(7) Ist $\vec{b}$ eine der Spalten von A, dann gilt für das System $A\vec{x} = \vec{b}$:

    ☐ Es ist stets lösbar.   ☐ Es ist immer unlösbar.

    ☐ Nur $\vec{0}$ ist Lösung.   ☐ Lösbarkeit ist abhängig von $\vec{b}$.

(8) Sei A eine (n, n)-Matrix. Welche der folgenden Aussagen ist äquivalent zur *eindeutigen* Lösbarkeit von $A\vec{x} = \vec{b}$?

    ☐ A^{-1} existiert   ☐ $\det(A) = 0$

    ☐ $\det(A) \neq 0$ ☐ $\mathrm{Rg}(A) = n$

(9) Das System $A\vec{x} = \vec{b}$, $\vec{b} \neq \vec{0}$, habe genau eine Lösung. Sei (H) das zugehörige homogene System. Dann gilt:

    ☐ (H) ist unlösbar.   ☐ (H) hat genau eine Lösung.

    ☐ (H) hat mehrere Lösungen.   ☐ $\mathrm{Rg}(A \mid \vec{b}) = \mathrm{Rg}(A \mid \vec{0})$

(10) Welche der folgenden Aussagen sind korrekt (s. Gauß-Jordan-Verfahren!)?

    ☐ Die Inverse einer Diagonalmatrix ist wieder eine Diagonalmatrix.

    ☐ Die Inverse einer oberen Dreiecksmatrix ist eine obere Dreiecksmatrix.

    ☐ Ist $A = \mathrm{diag}\,(a, b, c)$, dann ist $A^{-1} = \mathrm{diag}\,(-a, -b, -c)$.

    ☐ Ist $A = \mathrm{diag}\,(a, b, c)$, dann ist $A^{-1} = \mathrm{diag}\,(\frac{1}{a}, \frac{1}{b}, \frac{1}{c})$ für $a, b, c \neq 0$.

Lösung: (x $\simeq$ richtig, o $\simeq$ falsch)

1.) xoxo, 2.) xoox, 3.) ooxo, 4.) xxox, 5.) oxxo, 6.) xoox, 7.) xooo, 8.) xoxx, 9.) oxox, 10.) xxox

5.10 Anwendungen

5.10.1 Der Hamming-Abstand

Wir hatten im Abschn. 5.3 die Länge $\|\vec{x}\|$ eines Vektors $\vec{x} \in \mathbb{R}^n$ (auch Norm genannt) und davon ausgehend den Abstand $\|\vec{x} - \vec{y}\|$ zweier Vektoren $\vec{x}$ und $\vec{y}$ eingeführt. Als Norm hatten wir dabei die übliche „Euklidische Norm" gewählt:

$$\|\vec{x}\| = \|(x_1, x_2, \ldots, x_n)^T\| := \sqrt{x_1^2 + x_2^2 + \ldots + x_n^2}.$$

Nun haben wir im Abschnitt über Vektorräume aber gesehen, dass in der Mathematik Begriffe (wie etwa „Verschiebungspfeile" als Vektoren) gerne verallgemeinert werden, indem man einfach die wichtigsten Rechenregeln zu ihrer neuen Definition zusammenfasst (wie die „Vektorraumaxiome" zur Definition von Vektorräumen).

Genau dies kann man mit dem Begriff der Norm auch durchführen. Die wichtigsten Rechenregeln für Normen lauten:

a) $\|\vec{x}\| \geq 0$; $\|\vec{x}\| = 0$ genau dann, wenn $\vec{x} = \vec{0}$,
b) $\|\lambda \vec{x}\| = |\lambda| \cdot \|\vec{x}\|$ für alle $\lambda \in \mathbb{R}$,
c) $\|\vec{x} + \vec{y}\| \leq \|\vec{x}\| + \|\vec{y}\|$.

Wenn man nun unter einer Norm einfach eine Vorschrift versteht, die jedem Vektor $\vec{x}$ eine reelle Zahl $\|\vec{x}\|$ zuordnet, so dass die genannten drei Rechenregeln erfüllt sind, gibt es plötzlich auch noch weitere Kandidaten. Ein Beispiel wäre die (zugegebenermaßen etwas ungewöhnliche) Norm

$$\|\vec{x}\|_\infty := \max_{i=1,..,n} |x_i|.$$

Hier hätte etwa der Vektor $(-1, 0, 2)^T$ die uns zunächst gänzlich unvertraute „Länge" $\|(-1, 0, 2)^T\|_\infty = \max\{|-1|, |0|, |2|\} = 2$ und *nicht* die für uns gebräuchliche Länge $\|(-1, 0, 2)^T\| = \sqrt{(-1)^2 + 0^2 + 2^2} = \sqrt{5}$.

Ähnlich zur Norm kann man beim Abstand zweier Vektoren $\|\vec{x} - \vec{y}\|$, auch *Metrik* $d(\vec{x}, \vec{y})$ genannt, vorgehen. Wiederum stellt man die wichtigsten Rechengesetze zusammen und fasst nun als Metrik *jedes* $d(\vec{x}, \vec{y})$ auf, welches sie erfüllt. Die Rechenregeln für Metriken (oder Abstände) lauten:

a) $d(\vec{x}, \vec{y}) \geq 0$; $d(\vec{x}, \vec{y}) = 0$ genau dann, wenn $\vec{x} = \vec{y}$,
b) $d(\vec{x}, \vec{y}) = d(\vec{y}, \vec{x})$,
c) $d(\vec{x}, \vec{y}) \leq d(\vec{x}, \vec{z}) + d(\vec{z}, \vec{y})$ für beliebiges $\vec{z}$.

Wir wollen nun eine spezielle Metrik aus der *Codierungstheorie*, den so genannten *Hamming-Abstand*, kennen lernen. Bekanntlich kann es bei der Übertragung von Daten über Computer- oder Telefonnetze, aber auch bei der Übertragung und Speicherung von

Daten auf Disketten, CDs oder Festplatten zu Fehlern aufgrund von (zufälligen) Störungen kommen. Einen Tippfehler wie etwa im Satz „Eine Mitrik $d(\vec{x}, \vec{y})$ ordnet zwei Vektoren $\vec{x}$ und $\vec{y}$ eine reelle Zahl zu ..." kann man recht einfach entdecken und korrigieren: Offenbar muss es hier „Metrik" (anstelle von „Mitrik") heißen. Die deutsche Sprache enthält viele Redundanzen, d. h. mehr Informationen als zum Verständnis unbedingt erforderlich sind, so dass man in vielen Fällen auch gestörte Nachrichten verstehen kann.

Betrachten wir ein anderes Beispiel: Nehmen wir an, ein Sender (Quelle) codiert eine Nachricht, die Nachricht wird übermittelt und dabei evtl. gestört. Der Empfänger muss nun die erhaltene Nachricht decodieren. Nehmen wir gleichzeitig an, dass die zulässigen *Codewörter* aus allen 3-Tupeln über den Binärzahlen $\{0, 1\}$ bestehen, dass also die Codewörter

$$000, \ 001, \ 010, \ 011, \ 100, \ 101, \ 110 \quad \text{und} \quad 111$$

erlaubt sind. Wenn nun das Codewort 000 versandt wurde, aber aufgrund einer Störung beim Empfänger das Wort 001 ankam, so wird dieser *nicht* erkennen können, dass eine Störung vorliegt, denn 001 ist ja auch ein zulässiges Codewort.

Dies ist anders, wenn etwa nur die Teilmenge

$$000, \ 011, \ 101 \quad \text{und} \quad 110$$

obiger Codewörter zulässig wäre. Würde man nun das Signal 001 empfangen, so könnte man sofort erkennen, dass es *kein* zulässiges Codewort ist. Man könnte die empfangene Nachricht aber nicht korrigieren: Selbst wenn man davon ausgeht, dass nur ein einziges Bit gestört wurde, gibt es doch mehrere Möglichkeiten. Das Ausgangssignal könnte 000, 011 oder 101 sein, während bei 110 ganze drei Fehler gegenüber 001 aufgetreten wären. Wir können hier ganz naheliegend einen Abstand (Metrik) zwischen Codewörtern definieren: Der Hamming-Abstand zweier Codewörter $\vec{x} = (x_1, x_2, \ldots, x_n)^T$ und $\vec{y} = (y_1, y_2, \ldots, y_n)^T$ über den Binärzahlen $\{0, 1\}$ ist die Anzahl der Stellen, an denen sich $\vec{x}$ und $\vec{y}$ unterscheiden:

$$d(\vec{x}, \vec{y}) := |\{i \mid x_i \neq y_i, i = 1, \ldots, n\}|.$$

Z. B. gilt $d(000, 011) = 2$, $d(010, 011) = 1$, $d(000, 111) = 3$ und $d(010, 010) = 0$.

Beim ersten Code mit den acht Codewörtern hatte der Hamming-Abstand $d(\vec{x}, \vec{y})$ für gewisse $\vec{x} \neq \vec{y}$ den Wert 1. Dagegen haben die vier Codewörtern 000, 011, 101, 110 für $\vec{x} \neq \vec{y}$ immer den Hamming-Abstand $d(\vec{x}, \vec{y}) = 2$. Man erkennt hier zwar einfache Fehler, kann sie aber nicht korrigieren.

Die Fähigkeit zur Fehlerkorrektur wäre nur in Codes mit größerem Hamming-Abstand der Codewörter voneinander der Fall. Dabei kommt es auf die *Minimaldistanz* des Codes an, d. h. auf das Minimum aller Hamming-Abstände zwischen Codewörtern. In der Informatik zeigt man: Ein Code ist *t-fehlererkennend* (er erkennt also, dass t Fehler bei der Übertragung aufgetreten sind), wenn die Minimaldistanz größer oder gleich $t + 1$ ist. Ein Code ist *t-fehlerkorrigierend*, wenn die Minimaldistanz größer oder gleich

Abb. 5.9 Messungen für CT-Bild eines Hirn-Querschnittes

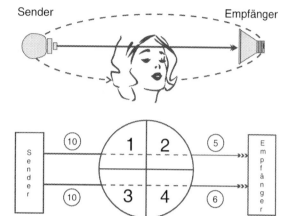

Abb. 5.10 Messvorrichtung von oben (schematisch)

$2t + 1$ ist. In unserem Beispiel war der zweite Code bestehend aus den vier Codewörtern 1-fehlererkennend, da seine Minimaldistanz gleich 2 war. Allerdings war er nicht 1-fehlerkorrigierend, denn dazu bedarf es einer Minimaldistanz von mindestens $2 \cdot 1 + 1 = 3$.

5.10.2 Computer-Tomographie und lineare Gleichungssysteme

Im Jahre 1973 entstand eine Technik, welche die durch Organüberlagerungen verursachten Schwächen herkömmlicher Röntgenbilder beseitigte: die *Computer-Tomographie*, abgekürzt CT.

Bei Röntgenbildern werden *Röntgenstrahlen* durch den Körper geschickt und hinterher auf Fotopapier festgehalten. Beim Durchqueren von Knochen, Organen und Gewebeteilen des Körpers werden sie unterschiedlich stark abgeschwächt: Ein Knochen absorbiert beispielsweise wesentlich mehr Strahlung als ein Organ. Auf dem Röntgenbild erscheinen Knochen also hell, weil die schwache Strahlung das Fotopapier nur wenig schwärzen kann. Die Grundlagen dieser Technik wurden übrigens schon 1895 in Würzburg von W.C. Röntgen entdeckt.

Auch die CT beruht auf Röntgenstrahlung. CT-Bilder geben aber einen Querschnitt durch den menschlichen Körper wieder und vermeiden so die oben angesprochene Organüberlagerung. Diese Bilder werden jedoch anders hergestellt als Röntgenbilder, sie entstehen nämlich aufgrund von Messungen mit Hilfe von Computern. Abbildung 5.9 zeigt die Messvorrichtung zur Berechnung eines Querschnitts durch das menschliche Hirn.

Ein Röntgenstrahl wird von einem Sender ausgestrahlt und durchquert die vorgegebene Hirnschicht. Nach Verlassen des Körpers trifft er auf einen Strahlenempfänger, der misst, wie stark der Strahl jetzt noch ist. Tatsächlich sendet die Strahlenquelle aber nicht nur einen Strahl, sondern viele parallele Strahlen aus. Der Empfänger misst demzufolge für jeden parallelen Strahl die Stärke seiner Abschwächung. Abbildung 5.10 zeigt diesen

Abb. 5.11 Messvorrichtung
gedreht

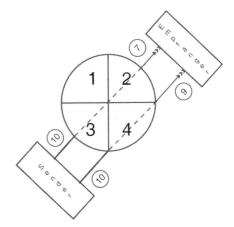

Sachverhalt vereinfacht für eine Aufteilung des Hirn-Querschnittes in 4 Teile und zwei
parallele Strahlen.

Wir gehen nun davon aus, dass alle Strahlen den Sender mit einer Stärke von 10
Einheiten verlassen. Der obere Strahl wird beim Durchqueren der Hirnteile 1 und 2 abgeschwächt: um x_1 Einheiten im Teil 1, um x_2 Einheiten im Teil 2. Die Stärke des Strahl
nach dem Austreten aus dem Körper wird vom Strahlenempfänger schließlich zu 5 Einheiten gemessen. Diese sukzessive Abschwächung lässt sich nun durch folgende Gleichung
beschreiben:

$$10 - x_1 - x_2 = 5 \Longleftrightarrow x_1 + x_2 = 5.$$

Analog wird der zweite Strahl beim Durchqueren der Hirnteile 3 und 4 um x_3 und x_4
Einheiten von 10 auf 6 Einheiten abgeschwächt. Daraus ergibt sich die Gleichung

$$10 - x_3 - x_4 = 6 \Longleftrightarrow x_3 + x_4 = 4.$$

Die beiden Messungen ergeben ein Gleichungssystem mit 2 Gleichungen, aber 4 Unbekannten $x_i, i = 1, \ldots, 4$. Wir wissen aus der Lösungstheorie linearer Gleichungssysteme,
dass sich die Unbekannten aus diesem System nicht eindeutig bestimmen lassen. Deshalb
wird die Messvorrichtung – wie in Abb. 5.9 angedeutet – in Pfeilrichtung gedreht. Jetzt
kann, wie Abb. 5.11 zeigt, eine neue Messung durchgeführt werden.

Der obere Strahl führt nun auf die Gleichung $10 - x_3 - x_2 = 7$ bzw. $x_2 + x_3 = 3$. Der
untere Strahl liefert die Gleichung $10 - x_4 = 9$ bzw. $x_4 = 1$. Insgesamt ergibt sich damit
das folgende Gleichungssystem:

$$\begin{aligned} x_1 + x_2 \quad\quad &= 5 \\ x_3 + x_4 &= 4 \\ x_2 + x_3 \quad &= 3 \\ x_4 &= 1. \end{aligned}$$

Abb. 5.12 Grautonskala

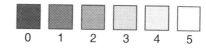

Abb. 5.13 Grautonskala

Dieses System hat genau eine Lösung: $x_1 = 5$, $x_2 = 0$, $x_3 = 3$ und $x_4 = 1$. Diese besagt, dass Teil 1 den Strahl um 5 Einheiten, Teil 2 um 0 Einheiten usw. abschwächt. Zum CT-Bild kommt man jetzt, wenn man diese Lösungszahlen mittels einer *Grautonskala* (vgl. Abb. 5.12) umsetzt.

Teil 1 unseres vereinfachten CT-Bildes wird also mit dem Grauton Nummer 5, Teil 2 mit dem Ton Nummer 0 etc. eingefärbt. So entsteht das in Abb. 5.13 dargestellte CT-Bild.

Damit haben wir das Prinzip der Computer-Tomographie verstanden. Um medizinisch verwertbare Bilder zu erhalten, müssen natürlich sehr viele Messungen durchgeführt werden. Richtige CT-Bilder bestehen aus Tausenden von Quadraten, die in unterschiedlichen Grautönen gefärbt sind. Jedem Quadrat entspricht eine Unbekannte x_i. Die Konstruktion eines solchen Bildes bedingt daher die Lösung großer linearer Gleichungssysteme mit Tausenden von Gleichungen und Unbekannten. Wie Sie vielleicht bereits an der Struktur unseres kleinen Beispielsystems erahnen können, beinhaltet die zugehörige Koeffizientenmatrix sehr viele Nullen, ist also eine so genannte *dünn besetzte Matrix*. Für Systeme mit solchen Matrizen gibt es spezielle effektive numerische Lösungsverfahren.

Die Entdecker der CT, G.N. Hounsfield und A.M. Cormack, erhielten übrigens 1979 dafür den Nobelpreis. Es soll hier aber nicht verschwiegen werden, dass die CT leider einen entscheidenden Nachteil hat: Die Strahlungsdosis, die der Patient hinnehmen muss, ist um ein Mehrfaches höher als bei einem gewöhnlichen Röntgenbild. Eine weitaus bessere Alternative ist heutzutage die so genannte *Kernspin-Tomographie*, die auf Magnetfeldern beruht und ganz ohne Röntgenstrahlen auskommt, aber erheblich teurer ist.

5.11 Zusammenfassung

Vektor als Verschiebungspfeil

Unter einem Vektor versteht man eine gerichtete Strecke. Man bezeichnet Vektoren mit $\vec{a}$, $\vec{b}$, ... Zwei Vektoren heißen gleich, wenn sie sich durch Parallelverschiebung ineinander überführen lassen.

Vektor des $\mathbb{R}^n$

$$\vec{a} = \begin{pmatrix} a_1 \\ a_2 \\ \cdots \\ a_n \end{pmatrix} = (a_1, a_2, \ldots, a_n)^T \quad \text{mit } a_i \in \mathbb{R} \text{ für alle } i = 1, \ldots, n.$$

Vektoraddition und Skalarmultiplikation

$$\vec{a} + \vec{b} = \begin{pmatrix} a_1 \\ a_2 \\ \cdots \\ a_n \end{pmatrix} + \begin{pmatrix} b_1 \\ b_2 \\ \cdots \\ b_n \end{pmatrix} := \begin{pmatrix} a_1 + b_1 \\ a_2 + b_2 \\ \cdots \\ a_n + b_n \end{pmatrix}, \quad \lambda \vec{a} = \lambda \begin{pmatrix} a_1 \\ a_2 \\ \cdots \\ a_n \end{pmatrix} := \begin{pmatrix} \lambda a_1 \\ \lambda a_2 \\ \cdots \\ \lambda a_n \end{pmatrix}.$$

Bsp. $\vec{a} = \begin{pmatrix} 1 \\ 2 \end{pmatrix}, \vec{b} = \begin{pmatrix} -1 \\ 4 \end{pmatrix}, 3\vec{a} - \vec{b} = 3\begin{pmatrix} 1 \\ 2 \end{pmatrix} - \begin{pmatrix} -1 \\ 4 \end{pmatrix} = \begin{pmatrix} 4 \\ 2 \end{pmatrix}.$

Vektorraum

Menge V bildet Vektorraum über $\mathbb{R}$, falls:

a) V mit Vektoraddition $+$, also $(V, +)$, ist kommutative Gruppe.
b) Zwischen Skalar $\lambda \in \mathbb{R}$ und Vektor $\vec{a} \in V$ ist eindeutig Produkt $\lambda\vec{a} \in V$ erklärt.
   Dabei gelten für $\lambda, \mu \in \mathbb{R}$ und $\vec{a}, \vec{b} \in V$:

$$\lambda(\vec{a} + \vec{b}) = \lambda\vec{a} + \lambda\vec{b}, \quad (\lambda\mu)\vec{a} = \lambda(\mu\vec{a}),$$
$$(\lambda + \mu)\vec{a} = \lambda\vec{a} + \mu\vec{a}, \quad 1\vec{a} = \vec{a}.$$

Linearkombination

$\vec{b} = \lambda_1\vec{a}_1 + \lambda_2\vec{a}_2 + \ldots + \lambda_n\vec{a}_n$ für gewisse $\lambda_i \in \mathbb{R}$, d. h. Vektor $\vec{b}$ ist Linearkombination der Vektoren $\vec{a}_1, \vec{a}_2, \ldots, \vec{a}_n$.

Bsp. $\begin{pmatrix} 4 \\ 2 \end{pmatrix} = 3\begin{pmatrix} 1 \\ 2 \end{pmatrix} - \begin{pmatrix} -1 \\ 4 \end{pmatrix}, \begin{pmatrix} 4 \\ 2 \end{pmatrix}$ ist Lin.komb. von $\begin{pmatrix} 1 \\ 2 \end{pmatrix}$ und $\begin{pmatrix} -1 \\ 4 \end{pmatrix}$.

Lineare Unabhängigkeit, lineare Abhängigkeit

lineare Unabhängigkeit
   Vektoren $\vec{a}_1, \vec{a}_2, \ldots, \vec{a}_n$ heißen linear unabhängig, wenn aus

$$\lambda_1\vec{a}_1 + \lambda_2\vec{a}_2 + \ldots + \lambda_n\vec{a}_n = \vec{0} \qquad\qquad (*)$$

folgt, dass alle Koeffizienten gleich Null sind: $\lambda_1 = \lambda_2 = \ldots = \lambda_n = 0$.

lineare Abhängigkeit

    Gibt es hingegen Koeffizienten $\lambda_1, \lambda_2, \ldots, \lambda_n$, die nicht alle gleich 0 sind, für die aber (∗) erfüllt ist, so heißen die Vektoren $\vec{a}_1, \vec{a}_2, \ldots, \vec{a}_n$ linear abhängig.

Bsp. $\begin{pmatrix} 1 \\ 2 \end{pmatrix}, \begin{pmatrix} -1 \\ 4 \end{pmatrix}$ linear unabhängig; $\begin{pmatrix} 1 \\ 2 \end{pmatrix}, \begin{pmatrix} -2 \\ -4 \end{pmatrix}$ linear abhängig.

Basis

Vektoren $\vec{a}_1, \vec{a}_2, \ldots, \vec{a}_n$ eines Vektorraums, wobei gilt:

a) Vektoren $\vec{a}_1, \vec{a}_2, \ldots, \vec{a}_n$ linear unabhängig,
b) jeder Vektor $\vec{x}$ des Vektorraums lässt sich (eindeutig) als Linearkombination dieser Basisvektoren mit geeigneten $\lambda_i \in \mathbb{R}$ darstellen: $\vec{x} = \lambda_1 \vec{a}_1 + \lambda_2 \vec{a}_2 + \ldots + \lambda_n \vec{a}_n$.

Bsp. $\begin{pmatrix} 1 \\ 2 \end{pmatrix}, \begin{pmatrix} -1 \\ 4 \end{pmatrix}$ bilden Basis; $\begin{pmatrix} 1 \\ 2 \end{pmatrix}, \begin{pmatrix} -2 \\ -4 \end{pmatrix}$ bilden keine Basis.

Dimension

(Endliche) Anzahl n der Vektoren in einer Basis eines Vektorraums. Diese Anzahl ist immer gleich.

Bsp.   Die Dimension des $\mathbb{R}^2$ ist 2, die Dimension des $\mathbb{R}^n$ ist n.

Betrag bzw. Norm eines Vektors

Für $\vec{x} = (x_1, x_2, \ldots, x_n)^T \in \mathbb{R}^n$ gilt: $\|\vec{x}\| := \sqrt{x_1^2 + x_2^2 + \ldots + x_n^2}$.
$\|\vec{x}\|$ ist *Länge* des Vektors.
Vektoren mit $\|\vec{x}\| = 1$ heißen *Einheitsvektoren*.

Skalarprodukt, inneres Produkt

Definiert für zwei Vektoren $\vec{a} = (a_1, a_2, \ldots, a_n)^T$, $\vec{b} = (b_1, b_2, \ldots, b_n)^T$ als reelle Zahl(!) durch:

$$\vec{a} \cdot \vec{b} = \vec{a}^T \vec{b} := a_1 b_1 + a_2 b_2 + \ldots + a_n b_n.$$

Rechenregeln für Skalarprodukte

Für Vektoren $\vec{a}, \vec{b}, \vec{c} \in \mathbb{R}^n$ und Skalare $\lambda \in \mathbb{R}$ gilt:

- $\vec{a} \cdot \vec{a} \geq 0, \vec{a} \cdot \vec{a} = 0 \iff \vec{a} = \vec{0}$,
- $\|\vec{a}\| = \sqrt{\vec{a} \cdot \vec{a}}$,
- $\vec{a} \cdot \vec{b} = \vec{b} \cdot \vec{a}$,
- $(\lambda \vec{a}) \cdot \vec{b} = \vec{a} \cdot (\lambda \vec{b}) = \lambda(\vec{a} \cdot \vec{b})$,
- $\vec{a} \cdot (\vec{b} + \vec{c}) = \vec{a} \cdot \vec{b} + \vec{a} \cdot \vec{c}$.

Winkel zwischen zwei Vektoren

Winkel α, $0 \leq \alpha \leq \pi$, zwischen zwei Vektoren $\vec{a} \neq \vec{0}$, $\vec{b} \neq \vec{0}$:

$$\vec{a} \cdot \vec{b} = \|\vec{a}\| \|\vec{b}\| \cos \alpha \quad \text{bzw.} \quad \alpha = \arccos \left(\frac{\vec{a} \cdot \vec{b}}{\|\vec{a}\| \|\vec{b}\|} \right).$$

Orthogonale Vektoren: $\vec{a} \perp \vec{b} \iff \vec{a} \cdot \vec{b} = 0$.

Bsp. $\vec{a} = (3, 4, -5)^T$, $\vec{b} = (-1, 2, 1)^T$
$\|\vec{a}\| = \sqrt{3^2 + 4^2 + (-5)^2} = \sqrt{50} = 5\sqrt{2}$,
$\vec{a} \cdot \vec{b} = 3 \cdot (-1) + 4 \cdot 2 + (-5) \cdot 1 = 0 \implies \vec{a} \perp \vec{b}$,
$\vec{a} \cdot (\vec{b} + \vec{a}) = \vec{a} \cdot \vec{b} + \vec{a} \cdot \vec{a} = 0 + \|\vec{a}\|^2 = 50$.

Matrix vom Typ (m, n)

Zahlenschema aus m Zeilen und n Spalten, d. h.

$$A_{(m,n)} = \begin{pmatrix} a_{11} & \cdots & a_{1k} & \cdots & a_{1n} \\ \vdots & & \vdots & & \vdots \\ a_{i1} & \cdots & a_{ik} & \cdots & a_{in} \\ \vdots & & \vdots & & \vdots \\ a_{m1} & \cdots & a_{mk} & \cdots & a_{mn} \end{pmatrix}.$$

a_{ik} heißen Matrixelemente, i heißt Zeilenindex, k Spaltenindex.
Übliche Notation mit großen Buchstaben: $A, B, C, \ldots$

Operation „Matrix · Vektor"

$\vec{z} = A\vec{x}$ i-te Komponente z_i = Skalarprodukt aus i-ter Matrixzeile und Vektor $\vec{x}$:
$z_i = (a_{i1}, a_{i2}, \ldots, a_{in}) \cdot \vec{x}$.

Bsp. $\vec{z} = A\vec{x}$ mit $A = \begin{pmatrix} 2 & 0 & 4 & 7 \\ -5 & 1 & 3 & 0 \end{pmatrix}$, $\vec{x} = (x_1, x_2, x_3, x_4)^T$

$$\text{Komponenten von } z: \quad z_1 = 2x_1 + 0x_2 + 4x_3 + 7x_4,$$
$$z_2 = -5x_1 + 1x_2 + 3x_3 + 0x_4.$$

Operationen für Matrizen

Skalarmultiplikation $\lambda A = \lambda \cdot (a_{ik}) = (\lambda \cdot a_{ik})$, $\lambda \in \mathbb{R}$,
Addition/Subtraktion (Typgleichheit!) $A \pm B = (a_{ik}) \pm (b_{ik}) = (a_{ik} \pm b_{ik})$,
Transponierte von A A^T aus A durch Vertauschen von Zeilen und
                                         Spalten.

- $A + B = B + A$, $(A + B) + C = A + (B + C)$,
- $\lambda(\mu A) = (\lambda\mu)A$, $\lambda(A + B) = \lambda A + \lambda B$, $(\lambda + \mu)A = \lambda A + \mu A$,
- $(A + B)^T = A^T + B^T$, $(A^T)^T = A$.

Bsp. $A = \begin{pmatrix} -1 & 2 & 3 \\ 4 & 5 & 0 \end{pmatrix} \Longrightarrow 3A = \begin{pmatrix} -3 & 6 & 9 \\ 12 & 15 & 0 \end{pmatrix}$,

$\begin{pmatrix} 1 & 2 \\ 3 & 4 \end{pmatrix} + \begin{pmatrix} -1 & 5 \\ 6 & -7 \end{pmatrix} = \begin{pmatrix} 1-1 & 2+5 \\ 3+6 & 4-7 \end{pmatrix} = \begin{pmatrix} 0 & 7 \\ 9 & -3 \end{pmatrix}$,

$(A^T + B)^T - A = (A^T)^T + B^T - A = A + B^T - A = B^T$.

Matrizenmultiplikation

Produkt $A \cdot B$ definiert, wenn Spaltenzahl von A = Zeilenzahl von B ist.

Es gilt dann: $A_{(m,n)} \cdot B_{(n,s)} = C_{(m,s)} = (c_{ik})$.

Element c_{ik} = Skalarprodukt i-te Zeile von A mit k-ter Spalte von B:

$$c_{ik} = a_{i1}b_{1k} + a_{i2}b_{2k} + \ldots + a_{in}b_{nk}.$$

$\begin{pmatrix} a_{11} & a_{12} & \ldots & a_{1n} \\ \vdots & \vdots & & \vdots \\ a_{i1} & a_{i2} & \ldots & a_{in} \\ \vdots & \vdots & & \vdots \\ a_{m1} & a_{m2} & \ldots & a_{mn} \end{pmatrix} \cdot \begin{pmatrix} b_{11} & \ldots & b_{1k} & \ldots & b_{1s} \\ \vdots & & \vdots & & \vdots \\ b_{n1} & \ldots & b_{nk} & \ldots & b_{ns} \end{pmatrix} = \begin{pmatrix} c_{11} & \ldots & c_{1k} & \ldots & c_{1s} \\ \vdots & & \vdots & & \vdots \\ c_{i1} & \ldots & c_{ik} & \ldots & c_{is} \\ \vdots & & \vdots & & \vdots \\ c_{m1} & \ldots & c_{mk} & \ldots & c_{ms} \end{pmatrix}$

Bsp. $\begin{pmatrix} 1 & 2 \\ 3 & 4 \end{pmatrix} \cdot \begin{pmatrix} 5 & 6 \\ 7 & 8 \end{pmatrix} = \begin{pmatrix} 1\cdot5+2\cdot7 & 1\cdot6+2\cdot8 \\ 3\cdot5+4\cdot7 & 3\cdot6+4\cdot8 \end{pmatrix} = \begin{pmatrix} 19 & 22 \\ 43 & 50 \end{pmatrix}$.

Rechenregeln für Matrizenmultiplikation

- $(AB)C = A(BC)$, $A(B + C) = AB + AC$, $(A + B)C = AC + BC$,
- $(\lambda A)B = A(\lambda B) = \lambda(AB)$, $\lambda \in \mathbb{R}$, $(AB)^T = B^T A^T$,
- Speziell: $AI = IA = A$ (I: Einheitsmatrix),
- Im Allgemeinen: $AB \neq BA$ (!!),
- Im Allgemeinen: $AB = 0 \nRightarrow A = 0$ oder $B = 0$ (!!)

Bsp. $\left(\frac{1}{4}B^T(8A)^T + 2I\right)^T = \frac{1}{4} \cdot 8(A^T)^T(B^T)^T + 2I^T = 2(AB + I)$

Rang einer Matrix

In Zeichen: $\mathrm{Rg}(A)$ = Maximalzahl linear unabhängiger Spalten (Spaltenrang) bzw. Zeilen (Zeilenrang) von A (stets gilt: Zeilenrang = Spaltenrang).

Nichtsinguläre bzw. reguläre Matrix

Eine (n,n)-Matrix A heißt nichtsingulär oder regulär, falls $\mathrm{Rg}(A) = n$ gilt. Ist $\mathrm{Rg}(A) < n$, wird sie singulär genannt.

Determinanten

Determinante der Matrix A in Zeichen: $\det(A)$ bzw. $|A|$

zweireihige Determinante

$$\det(A) = \begin{vmatrix} a_{11} & a_{12} \\ a_{21} & a_{22} \end{vmatrix} = a_{11}a_{22} - a_{21}a_{12},$$

dreireihige Determinante (Regel von Sarrus)

$$\begin{vmatrix} a_{11} & a_{12} & a_{13} \\ a_{21} & a_{22} & a_{23} \\ a_{31} & a_{32} & a_{33} \end{vmatrix} = \begin{aligned} & a_{11}a_{22}a_{33} + a_{12}a_{23}a_{31} + a_{13}a_{21}a_{32} \\ & - a_{31}a_{22}a_{13} - a_{32}a_{23}a_{11} - a_{33}a_{21}a_{12}. \end{aligned}$$

Determinante und Rang (Äquivalenzaussage)

$$\det(A) \neq 0 \iff \mathrm{Rg}(A) = n$$

Bsp. $A = \begin{pmatrix} 1 & 2 \\ 3 & t \end{pmatrix}$, $\det(A) = 1 \cdot t - 2 \cdot 3 = t - 6$, $\det(A) = 0 \iff t = 6$;

$B = \begin{pmatrix} 1 & 2 \\ 3 & 4 \end{pmatrix}$ regulär, $\mathrm{Rg}(B) = 2$; $C = \begin{pmatrix} 1 & 2 \\ 3 & 6 \end{pmatrix}$ singulär, $\mathrm{Rg}(C) = 1$.

Homogene, (zugehörige) inhomogene Gleichungssysteme

Inhomogenes Gleichungssystem	$A\vec{x} = \vec{b}, \vec{b} \neq \vec{0}$;
(Zugehöriges) homogenes System	$A\vec{x} = \vec{0}$,
Lösungsmenge	$L(A, \vec{b}) = \{\vec{x} \in \mathbb{R}^n \mid A\vec{x} = \vec{b}\}$.

Elementare Zeilenumformungen

- Vertauschung zweier Zeilen,
- Addition des λ-fachen einer Zeile zu einer anderen Zeile,
- Multiplikation einer Zeile mit einer Zahl $\lambda \neq 0$.

Gauß'sches Eliminationsverfahren zur Lösung von $A_{(m,n)}\vec{x} = \vec{b}$

a) Erweiterte Koeffizientenmatrix $(A \mid \vec{b})$ in Tableauform erstellen:

$$
\begin{array}{cccc|c}
a_{11} & a_{12} & \cdots & a_{1n} & b_1 \\
a_{21} & a_{22} & \cdots & a_{2n} & b_2 \\
\vdots & \vdots & & \vdots & \vdots \\
a_{m1} & a_{m2} & \cdots & a_{mn} & b_m
\end{array}
$$

b) Matrix A mittels elementarer Zeilenumformungen auf „Zeilenstufenform" $(\bar{A} \mid \vec{b})$ bringen, dabei auch $\vec{b}$ mit umformen:

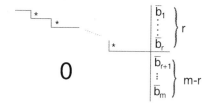

c) In „Zeilenstufenform" Anzahl r der Zeilen $\neq 0$ ablesen. Gibt es links Nullzeilen, unmittelbar rechts daneben aber ein Element $\bar{b}_i \neq 0$, dann ist System unlösbar.

d) Falls System lösbar, durch „Rückwärtsauflösen" die Lösung (hat immer $n - r$ frei wählbare Parameter) ermitteln.

Rangbestimmung mittels Gauß-Verfahren

Ist r die Anzahl der Zeilen $\neq 0$ von $\bar{A}$ im Endtableau des Gauß-Verfahrens, dann ist $\mathrm{Rg}(A) = r$.

Bsp. Tableaufolge:

$$
\begin{array}{l}
(1) \\
(2) \\
(3)
\end{array}
\begin{array}{rrr|r}
3 & -3 & 6 & 9 \\
2 & 0 & 3 & 6 \\
1 & 1 & 1 & 4
\end{array}
\xrightarrow{\text{1. Schritt}}
\begin{array}{l}
(1') \\
(2') \\
(3')
\end{array}
\begin{array}{rrr|r}
3 & -3 & 6 & 9 \\
0 & 2 & -1 & 0 \\
0 & 2 & -1 & 1
\end{array}
\xrightarrow{\text{2. Schritt}}
\begin{array}{l}
(1'') \\
(2'') \\
(3'')
\end{array}
\begin{array}{rrr|r}
3 & -3 & 6 & 9 \\
0 & 2 & -1 & 0 \\
0 & 0 & 0 & 1.
\end{array}
$$

Elementare Umformungen:

1. Schritt: $z_{2'} = z_2 - \frac{2}{3}z_1$ und $z_{3'} = z_3 - \frac{1}{3}z_1$;
2. Schritt: $z_{3''} = z_{3'} - z_{2'}$.

Nullzeile links trifft rechts auf Element $1 \neq 0 \implies$ System unlösbar. $\mathrm{Rg}(A) = 2$.

Lösbarkeit von (m, n)-Gleichungssystemen

(m, n)-System $A\vec{x} = \vec{b}$ ist genau dann lösbar, wenn $r = \mathrm{Rg}(A) = \mathrm{Rg}((A \mid \vec{b}))$.

Die Lösung enthält dann $n - r$ freie Parameter.

Lösungsstruktur inhomogenes/zugehöriges homogenes System

Ist $\vec{x}_{IH}$ eine spezielle Lösung des inhomogen Systems $A\vec{x} = \vec{b}$, dann gilt

$$L(A, \vec{b}) = \vec{x}_{IH} + L(A, \vec{0}).$$

Dabei ist $L(A, \vec{0})$ die allgemeine Lösung des zugehörigen homogenen Systems.

Inverse A^{-1} einer regulären Matrix A

Zu regulärer Matrix A existiert *genau eine* Matrix X mit $AX = I$. $X := A^{-1}$ heißt zu A inverse Matrix bzw. Inverse von A. Es gilt stets $AA^{-1} = A^{-1}A = I$.

Rechenregeln für inverse Matrizen

- $(A^{-1})^{-1} = A$,
- $(AB)^{-1} = B^{-1}A^{-1}$,
- $(A^{-1})^T = (A^T)^{-1}$,
- $(\lambda A)^{-1} = \frac{1}{\lambda}A^{-1}$ ($\lambda \neq 0$).

Bsp. $(2AB^{-1})^{-1}(B^{-1}A^T)^T = ?$, B symmetrisch
$(2AB^{-1})^{-1} = \frac{1}{2}(B^{-1})^{-1}A^{-1} = \frac{1}{2}BA^{-1}$,
$(B^{-1}A^T)^T = (A^T)^T(B^{-1})^T = A(B^T)^{-1} = AB^{-1}$,
$\implies (2AB^{-1})^{-1}(B^{-1}A^T)^T = \frac{1}{2}B(A^{-1}A)B^{-1} = \frac{1}{2}BB^{-1} = \frac{1}{2}I$.

Gauß-Jordan-Verfahren

zur Bestimmung der Inversen A^{-1} einer regulären (n,n)-Matrix A

a) Bilde ein Tableau, bestehend aus der Matrix A (linke Seite) und der Einheitsmatrix $I = I_n$ (rechte Seite).

b) Überführe A mittels Gauß-Verfahren in eine obere Dreiecksmatrix.

c) Wende auf beide Seiten elementare Umformungen (beginnend mit der letzten Spalte der linken Tableauseite) an, so dass aus der Dreiecksmatrix eine Diagonalmatrix wird.

d) Dividiere alle Elemente jeder Zeile des Tableaus durch das entsprechende Diagonalelement, so dass aus der Diagonalmatrix die Einheitsmatrix wird.

Die rechte Tableauseite entspricht nun der gesuchten Inversen A^{-1}.

Bsp. Tableaufolge:

$$
\begin{array}{lccc|ccc}
(1) & 4 & 4 & 4 & 1 & 0 & 0 \\
(2) & 0 & 2 & 2 & 0 & 1 & 1 \\
(3) & 0 & 0 & 1 & 0 & 0 & 1
\end{array}
\xrightarrow{\text{1. Schritt}}
\begin{array}{lccc|ccc}
(1') & 4 & 4 & 0 & 1 & 0 & -4 \\
(2') & 0 & 2 & 0 & 0 & 1 & -2 \\
(3') & 0 & 0 & 1 & 0 & 0 & 1
\end{array}
\xrightarrow{\text{2. Schritt}}
\begin{array}{lccc|ccc}
(1'') & 4 & 0 & 0 & 1 & -2 & 0 \\
(2'') & 0 & 2 & 0 & 0 & 1 & -2 \\
(3'') & 0 & 0 & 1 & 0 & 0 & 1
\end{array}
$$

Elementare Umformungen:

1. Schritt: $z_{1'} = z_1 - 4z_3$ und $z_{2'} = z_2 - 2z_3$;
2. Schritt: $z_{1''} = z_{1'} - 2z_{2'}$.

Abschließende Division der Zeilen jeweils durch ihre Diagonalelemente liefert

$$A^{-1} = \begin{pmatrix} \frac{1}{4} & -\frac{1}{2} & 0 \\ 0 & \frac{1}{2} & -1 \\ 0 & 0 & 1 \end{pmatrix}.$$

Eigenvektor, Eigenwert, charakteristisches Polynom

Ein Vektor $\vec{x} \neq \vec{0}$, der bei Anwendung der Matrix A auf sein λ-faches übergeht, heißt Eigenvektor von A zum Eigenwert λ:

$$A \cdot \vec{x} = \lambda \cdot \vec{x}.$$

Eigenwerte λ sind dabei die Lösungen des so genannten charakteristischen Polynoms

$$\det(A - \lambda I) = 0.$$

Eigenvektoren $\vec{x}$ zum Eigenwert λ sind die nicht-trivialen Lösungen des linearen Gleichungssystems

$$(A - \lambda I) \cdot \vec{x} = \vec{0}.$$

Eigenwerte und Eigenvektoren symmetrischer Matrizen

- Alle Eigenwerte sind reell.
- Es gibt insgesamt genau n linear unabhängige Eigenvektoren.
- Eigenvektoren, die zu verschiedenen Eigenvektoren gehören, stehen senkrecht aufeinander.

5.12 Übungsaufgaben

Vektoren, Skalarprodukte

1. Gegeben seien die drei Vektoren $\vec{a}_1 = (1, 0, 0)^T$, $\vec{a}_2 = (1, -1, 0)^T$ und $\vec{a}_3 = (1, 1, 1)^T$ des $\mathbb{R}^3$. Bilden diese drei Vektoren eine Basis des $\mathbb{R}^3$? Auf welche Weise kann man den Vektor $(2, 0, 1)^T$ als Linearkombination von $\vec{a}_1$, $\vec{a}_2$ und $\vec{a}_3$ darstellen?
2. Zeigen Sie: Die Vektoren 1, x und x^2 sind eine Basis des Vektorraums aller Polynome mit dem Grad kleiner oder gleich 2.
3. Gegeben seien $\vec{a} = (3, 2)^T$ und $\vec{b} = (-1, 4)^T$. Berechnen Sie $\vec{a} \cdot \vec{a}$, $\vec{a} \cdot \vec{b}$ und $\vec{a} \cdot (\vec{a} + \vec{b})$.
4. Bestimmen Sie die Komponente a_2 so, dass die Vektoren $\vec{a} = (-3, a_2, 1)^T$ und $\vec{b} = (2, 3, -3)^T$ orthogonal sind. Wie groß ist der Abstand $\|\vec{b} - \vec{a}\|$ zwischen ihnen?

Matrizen, Determinanten

1. Gegeben seien die Matrizen gleichen Typs A, B mit $B = \mathrm{diag}(1/3, 1/3)$ und $C = \frac{2}{3}A - 2B$. Vereinfachen Sie den Ausdruck $2A - 3B - 3C$.
2. Zeigen Sie die Gültigkeit der Rechenregel: $(AB)^T = B^T A^T$.
3. Gegeben seien die Matrizen

$$A = \begin{pmatrix} 1 & -1 & 2 \\ 0 & 3 & 4 \end{pmatrix}, \quad B = \begin{pmatrix} 4 & 0 & -3 \\ -1 & -2 & 3 \end{pmatrix}, \quad C = \begin{pmatrix} 2 & -3 & 0 & 1 \\ 5 & -1 & -4 & 2 \\ -1 & 0 & 0 & 3 \end{pmatrix}$$

und $D = \begin{pmatrix} 2 & -1 & 3 \end{pmatrix}^T$. Man berechne, falls möglich, folgende Ausdrücke:
a) $3A - 4B$, b) $A + C$, c) AB, d) AC, e) AD, f) BC, g) BD, h) CD, i) A^T, j) $A^T C$,
k) $D^T A^T$, l) $B^T A$, m) $D^T D$, n) DD^T, o) B^2.
4. Berechnen Sie $\det(A)$ für $A = \begin{pmatrix} 1 & 2 & 3 \\ 4 & 5 & 6 \\ 5 & 7 & t \end{pmatrix}$. Für welche t ist die Matrix regulär?

Lineare Gleichungssysteme, Rangbegriff, Inverse

1. Ermitteln Sie die Lösung des folgenden Gleichungssystems mittels Gauß-Verfahren:

$$\begin{aligned}
x_1 + 2x_2 + 3x_3 + 4x_4 &= 2 \\
x_1 + 2x_2 + 3x_3 + 5x_4 &= 2 \\
x_1 + 3x_2 + 4x_3 + 5x_4 &= 5 \\
3x_1 + 7x_2 + 10x_3 + 13x_4 &= 9.
\end{aligned}$$

   Beschaffen Sie sich die Pivotelemente $\neq 0$, falls nötig, durch Zeilentausch!
2. Gegeben sei die Matrix $A = \begin{pmatrix} 5 & -6 & 1 \\ 0 & -1 & 1 \\ 6 & -6 & 1 \end{pmatrix}$. Bestimmen Sie die Lösung des homogenen Systems $A\vec{x} = \vec{0}$. Wie lautet die Lösung, wenn man das Element $a_{33} = 1$ auf $a_{33} = 0$ ändert?
3. Gegeben sei die Matrix aus Aufgabe 4 unter „Matrizen, Determinanten" mit $t = 9$ ($\det(A) = 0$). Ermitteln Sie ohne Benutzung des Gauß-Verfahrens nur durch Rangbetrachtungen die Lösungsstruktur des Gleichungssystems $A\vec{x} = \vec{b}$ für die rechten Seiten: a) $\vec{b}^T = (1, 2, 3)$, b) $\vec{b}^T = (1, 2, 0)$ und c) $\vec{b} = \vec{0}$.
4. Zeigen Sie, dass es zur singulären Matrix $A = \begin{pmatrix} 1 & 0 \\ 1 & 0 \end{pmatrix}$ keine Matrix X geben kann mit $AX = I$.
5. Bestimmen Sie die Inverse der Matrix $A = \begin{pmatrix} 1 & 0 & 1 & 1 \\ 1 & 1 & 2 & 1 \\ 0 & -1 & 0 & 1 \\ 1 & 0 & 0 & 2 \end{pmatrix}$.

Eigenwerte und Eigenvektoren

1. Zeigen Sie, dass $A \cdot \vec{x} = \lambda \cdot \vec{x}$ genau dann nicht-triviale Lösungen $\vec{x} \neq \vec{0}$ besitzt, wenn $\det(A - \lambda I) = 0$ gilt.
2. Berechnen Sie das charakteristische Polynom, Eigenwerte und zugehörige Eigenvektoren zu den folgenden $(2, 2)$-Matrizen:

a) $\begin{pmatrix} 4 & 3 \\ 8 & 2 \end{pmatrix}$, b) $\begin{pmatrix} 8 & -3 \\ 3 & 2 \end{pmatrix}$, c) $\begin{pmatrix} -4 & 0 \\ 0 & -4 \end{pmatrix}$, d) $\begin{pmatrix} 0 & 1 \\ -1 & 0 \end{pmatrix}$.

3. Berechnen Sie das charakteristische Polynom, Eigenwerte und zugehörige Eigenvektoren zu den folgenden $(3,3)$-Matrizen

$$a) \begin{pmatrix} 1 & 1 & 0 \\ 0 & 2 & -6 \\ 0 & -1 & 3 \end{pmatrix}, \quad b) \begin{pmatrix} 2 & 1 & -1 \\ -1 & 0 & 1 \\ 1 & 1 & 0 \end{pmatrix}, \quad c) \begin{pmatrix} 1 & 1 & 0 \\ 0 & 1 & 0 \\ 0 & 0 & 2 \end{pmatrix}.$$

4. Es seien $\vec{x}_1$ und $\vec{x}_2$ zwei Eigenvektoren zum Eigenwert λ einer Matrix A:

$$A \cdot \vec{x}_1 = \lambda \cdot \vec{x}_1 \quad \text{sowie} \quad A \cdot \vec{x}_2 = \lambda \cdot \vec{x}_2.$$

Zeigen Sie: Alle Linearkombinationen der Eigenvektoren $\vec{x}_1$ und $\vec{x}_2$ sind wiederum Eigenvektoren zum Eigenwert λ der Matrix A.

5. Berechnen Sie das charakteristische Polynom, Eigenwerte und zugehörige Eigenvektoren zu den folgenden symmetrischen Matrizen

$$a) \begin{pmatrix} 4 & 2 \\ 2 & 1 \end{pmatrix}, \quad b) \begin{pmatrix} 0 & -1 & 1 \\ -1 & 2 & 1 \\ 1 & 1 & 2 \end{pmatrix}, \quad c) \begin{pmatrix} 2 & -1 & -1 \\ -1 & 2 & -1 \\ -1 & -1 & 2 \end{pmatrix}.$$

Verifizieren Sie, dass Eigenvektoren zu verschiedenen Eigenwerten senkrecht aufeinander stehen.

5.13 Lösungen

Vektoren, Skalarprodukte

1. Wir lösen zunächst das lineare Gleichungssystem

$$\begin{pmatrix} \alpha_1 \\ \alpha_2 \\ \alpha_3 \end{pmatrix} = \lambda_1 \begin{pmatrix} 1 \\ 0 \\ 0 \end{pmatrix} + \lambda_2 \begin{pmatrix} 1 \\ -1 \\ 0 \end{pmatrix} + \lambda_3 \begin{pmatrix} 1 \\ 1 \\ 1 \end{pmatrix}$$

für beliebiges $\alpha_1, \alpha_2, \alpha_3 \in \mathbb{R}$. Es ergeben sich die drei Gleichungen

$$\begin{aligned} \alpha_1 &= \lambda_1 + \lambda_2 + \lambda_3, \\ \alpha_2 &= \quad\ - \lambda_2 + \lambda_3, \\ \alpha_3 &= \qquad\quad + \lambda_3. \end{aligned}$$

Als Koeffizienten berechnen sich von unten nach oben: $\lambda_3 = \alpha_3$, $\lambda_2 = \alpha_3 - \alpha_2$ und $\lambda_1 = \alpha_1 + \alpha_2 - 2\alpha_3$. Es lässt sich also jeder Vektor $(\alpha_1, \alpha_2, \alpha_3)^T \in \mathbb{R}^3$ als Linearkombination der angegebenen Vektoren $\vec{a}_1, \vec{a}_2$ und $\vec{a}_3$ schreiben.

Für den Nullvektor $(\alpha_1, \alpha_2, \alpha_3)^T = (0,0,0)^T$ ergibt sich $\lambda_1 = \lambda_2 = \lambda_3 = 0$. Die Vektoren $\vec{a}_1$, $\vec{a}_2$ und $\vec{a}_3$ sind also linear unabhängig.

Für den Vektor $(\alpha_1, \alpha_2, \alpha_3)^T = (2,0,1)^T$ erhält man: $\lambda_3 = 1$, $\lambda_2 = 1 - 0 = 1$ und $\lambda_1 = 2 + 0 - 2 \cdot 1 = 0$, also

$$\begin{pmatrix} 2 \\ 0 \\ 1 \end{pmatrix} = 0 \begin{pmatrix} 1 \\ 0 \\ 0 \end{pmatrix} + 1 \begin{pmatrix} 1 \\ -1 \\ 0 \end{pmatrix} + 1 \begin{pmatrix} 1 \\ 1 \\ 1 \end{pmatrix} = 0\vec{a}_1 + 1\vec{a}_2 + 1\vec{a}_3.$$

2. Jedes Polynom $a_2 x^2 + a_1 x + a_0$ lässt sich (trivialerweise) eindeutig als Linearkombination von 1, x und x^2 schreiben: $a_2 x^2 + a_1 x + a_0 = a_2 \cdot x^2 + a_1 \cdot x + a_0 \cdot 1$.

3. Es ist $\vec{a} \cdot \vec{a} = 3 \cdot 3 + 2 \cdot 2 = 13$ und $\vec{a} \cdot \vec{b} = 3 \cdot (-1) + 2 \cdot 4 = 5$. Mit Formel e) folgt jetzt $\vec{a} \cdot (\vec{a} + \vec{b}) = \vec{a} \cdot \vec{a} + \vec{a} \cdot \vec{b} = 13 + 5 = 18$.

4. Für die Orthogonalität ist erforderlich: $0 \stackrel{!}{=} \vec{a} \cdot \vec{b} = (-3) \cdot 2 + a_2 \cdot 3 + 1 \cdot (-3)$, also $-6 + 3a_2 - 3 = 0$ bzw. $a_2 = 3$. Der gesuchte Vektor ist $\vec{a} = (-3, 3, 1)^T$. Wegen $\vec{a} \cdot \vec{b} = 0$ folgt aus Beispiel 5.3 $\|\vec{b} - \vec{a}\|^2 = \|\vec{a}\|^2 + \|\vec{b}\|^2 = 19 + 22 = 41$. Der Abstand $\|\vec{b} - \vec{a}\|$ beträgt somit $\sqrt{41}$.

Matrizen, Determinanten

1. Unter Benutzung der in Vektorräumen geltenden Rechengesetze folgt:

$$2A - 3B - 3C = 2A - 3(B + C) = 2A - 3\left(B + \frac{2}{3}A - 2B\right)$$

$$= 2A - 3\left(\frac{2}{3}A - B\right) = 2A - 2A + 3B = 3B = I_2.$$

2. Wir können diese Rechenregel folgendermaßen verifizieren: Ist $AB = C = (c_{ik})$ mit $c_{ik} = a_{i1}b_{1k} + a_{i2}b_{2k} + \ldots + a_{in}b_{nk}$. Dann ist $(AB)^T = C^T = (c_{ki})$ mit

$$c_{ki} = a_{k1}b_{1i} + a_{k2}b_{2i} + \ldots + a_{kn}b_{ni}$$

$$= b_{1i}a_{k1} + b_{2i}a_{k2} + \ldots + b_{ni}a_{kn}$$

$$= (i\text{-te Spalte von } B) \cdot (k\text{-te Zeile von } A)$$

$$= (i\text{-te Zeile von } B^T) \cdot (k\text{-te Spalte von } A^T),$$

d. h. aber, dass sich die Elemente c_{ki} aus dem Matrixprodukt $B^T A^T$ ergeben.

3. Durch einen Typcheck stellen wir zunächst fest, dass folgende Ausdrücke nicht definiert sind: b), c), h), j) und o). Für die anderen erhält man:

a) $\begin{pmatrix} -13 & -3 & 18 \\ 4 & 17 & 0 \end{pmatrix}$,   d) $\begin{pmatrix} -5 & -2 & 4 & 5 \\ 11 & -3 & -12 & 18 \end{pmatrix}$,   e) $\begin{pmatrix} 9 \\ 9 \end{pmatrix}$,

f) $\begin{pmatrix} 11 & -12 & 0 & -5 \\ -15 & 5 & 8 & 4 \end{pmatrix}$, g) $\begin{pmatrix} -1 \\ 9 \end{pmatrix}$, i) $\begin{pmatrix} 1 & 0 \\ -1 & 3 \\ 2 & 4 \end{pmatrix}$, k) $\begin{pmatrix} 9 & 9 \end{pmatrix}$,

l) $\begin{pmatrix} 4 & -7 & 4 \\ 0 & -6 & -8 \\ -3 & 12 & 6 \end{pmatrix}$, m) (14), n) $\begin{pmatrix} 4 & -2 & 6 \\ -2 & 1 & -3 \\ 6 & -3 & 9 \end{pmatrix}$.

4. Es ist $\det(A) = 1 \cdot 5 \cdot t + 2 \cdot 6 \cdot 5 + 3 \cdot 4 \cdot 7 - 5 \cdot 5 \cdot 3 - 7 \cdot 6 \cdot 1 - t \cdot 4 \cdot 2 = 5t + 60 + 84 - 75 - 42 - 8t = 27 - 3t$. Nur für $t = 9$ ist $\det(A) = 0$. Für alle $t \neq 9$ ist daher $\text{Rg}(A) = 3$, die Matrix also regulär.

Lineare Gleichungssysteme, Rangbegriff, Inverse

1. Das Gauß-Verfahren erzeugt folgende Tableaufolge (elementare Umformungen im 1. Schritt: $z_{2'} = z_2 - z_1$, $z_{3'} = z_3 - z_1$ und $z_{4'} = z_4 - 3z_1$; im 2. Schritt: 2. und 3. Zeile werden vertauscht!; 3. Schritt: von der 4. Zeile $z_{4'}$ ist nun die 2. Zeile $z_{3'}$ zu subtrahieren):

$$
\begin{array}{llrrrr|r}
(1) & 1 & 2 & 3 & 4 & 2 \\
(2) & 1 & 2 & 3 & 5 & 2 \\
(3) & 1 & 3 & 4 & 5 & 5 \\
(4) & 3 & 7 & 10 & 13 & 9
\end{array}
\rightarrow
\begin{array}{llrrrr|r}
(1') & 1 & 2 & 3 & 4 & 2 \\
(2') & 0 & 0 & 0 & 1 & 0 \\
(3') & 0 & 1 & 1 & 1 & 3 \\
(4') & 0 & 1 & 1 & 1 & 3
\end{array}
\rightarrow
\begin{array}{llrrrr|r}
(1') & 1 & 2 & 3 & 4 & 2 \\
(3') & 0 & 1 & 1 & 1 & 3 \\
(2') & 0 & 0 & 0 & 1 & 0 \\
(4') & 0 & 1 & 1 & 1 & 3
\end{array}
\rightarrow
\begin{array}{rrrr|r}
\mathbf{1} & 2 & 3 & 4 & 2 \\
0 & \mathbf{1} & 1 & 1 & 3 \\
0 & 0 & 0 & \mathbf{1} & 0 \\
0 & 0 & 0 & 0 & 0
\end{array}.
$$

Da $n = 4$ und $r = 3$, ist $n - r = 4 - 3 = 1$ Parameter frei wählbar. Im Endtableau ist die „Zeilenstufe" durch die fett gedruckten Einträge angedeutet. Ihr horizontaler Verlauf beginnt in der 2. Spalte und endet in der 3. Spalte, d. h. x_2 ist frei wählbar: $x_2 = t$ mit $t \in \mathbb{R}$. Insgesamt finden wir durch „Rückwärtsauflösen": $x_4 = 0$, $x_3 = 3 - x_2 - x_4 = 3 - t$ und $x_1 = 2 - 2x_2 - 3x_3 - 4x_4 = t - 7$. (Analog hätte man x_3 frei wählen können.)

2. Mit den Umformungen $z_{3'} = z_3 - \frac{6}{5}z_1$ und $z_{3''} = z_{3'} + \frac{6}{5}z_{2'}$ liefert das Gauß-Verfahren folgende Tableaufolge:

$$
\begin{array}{lrrr|r}
(1) & 5 & -6 & 1 & 0 \\
(2) & 0 & -1 & 1 & 0 \\
(3) & 6 & -6 & 1 & 0
\end{array}
\rightarrow
\begin{array}{lrrr|r}
(1') & 5 & -6 & 1 & 0 \\
(2') & 0 & -1 & 1 & 0 \\
(3') & 0 & 6/5 & -1/5 & 0
\end{array}
\rightarrow
\begin{array}{lrrr|r}
(1'') & 5 & -6 & 1 & 0 \\
(2'') & 0 & -1 & 1 & 0 \\
(3'') & 0 & 0 & 1 & 0
\end{array}
$$

„Rückwärtsauflösen" zeigt, dass $\vec{0}$ die einzige Lösung ist. Ändert man a_{33} auf $a_{33} = 0$, so ergibt sich mit analogen Umformungen lediglich eine Änderung im Endtableau: die letzte Zeile ist jetzt eine Nullzeile. „Rückwärtsauflösen" ergibt jetzt $x_3 = t$ (t freier Parameter), $x_2 = t$ und $x_1 = t$.

3. Da die dritte Zeile von A sich als Summe der beiden ersten ergibt, also von diesen linear abhängig ist, gilt $\text{Rg}(A) = 2 < 3 = n$. Damit folgt:
   a) Es ist $\text{Rg}(A \mid \vec{b}) = 2 = \text{Rg}(A)$. Das System hat unendliche viele Lösungen mit $3 - 2 = 1$ freiem Parameter.

b) Es ist $\mathrm{Rg}(A \mid \vec{b}) = 3 > \mathrm{Rg}(A)$. Das System ist unlösbar.

c) Es ist $\mathrm{Rg}(A \mid \vec{b}) = 2 = \mathrm{Rg}(A)$. Das System hat unendliche viele Lösungen mit $3 - 2 = 1$ freiem Parameter. Die triviale Lösung $\vec{x} = \vec{0}$ ist dabei.

4. Setzen wir allgemein $X = \begin{pmatrix} w & x \\ y & z \end{pmatrix}$, dann folgt aus der Forderung $AX = I$ bzw.

$$\begin{pmatrix} 1 & 0 \\ 1 & 0 \end{pmatrix} \begin{pmatrix} w & x \\ y & z \end{pmatrix} = \begin{pmatrix} 1 & 0 \\ 0 & 1 \end{pmatrix}$$

sofort $w = 1, x = 0$, aber auch $w = 0, x = 1$. Dies ist jedoch ein Widerspruch, d. h. es gibt keine Matrix X, so dass $AX = I$ gilt.

5. Wir bestimmen die Inverse mittels Gauß-Jordan-Verfahren. Im Starttableau subtrahieren wir von der 2. und 4. Zeile jeweils die 1. Zeile und erhalten:

$$
\begin{array}{cccc|cccc}
1 & 0 & 1 & 1 & 1 & 0 & 0 & 0 \\
1 & 1 & 2 & 1 & 0 & 1 & 0 & 0 \\
0 & -1 & 0 & 1 & 0 & 0 & 1 & 0 \\
1 & 0 & 0 & 2 & 0 & 0 & 0 & 1
\end{array}
\rightarrow
\begin{array}{cccc|cccc}
1 & 0 & 1 & 1 & 1 & 0 & 0 & 0 \\
0 & 1 & 1 & 0 & -1 & 1 & 0 & 0 \\
0 & -1 & 0 & 1 & 0 & 0 & 1 & 0 \\
0 & 0 & -1 & 1 & -1 & 0 & 0 & 1
\end{array}
$$

Jetzt addieren wir zur 3. Zeile die 2. Zeile. In einem weiteren Schritt addieren wir dann zur 4. Zeile die 3. Zeile, um obere Dreiecksgestalt zu erreichen:

$$
\begin{array}{cccc|cccc}
1 & 0 & 1 & 1 & 1 & 0 & 0 & 0 \\
0 & 1 & 1 & 0 & -1 & 1 & 0 & 0 \\
0 & 0 & 1 & 1 & -1 & 1 & 1 & 0 \\
0 & 0 & -1 & 1 & -1 & 0 & 0 & 1
\end{array}
\rightarrow
\begin{array}{cccc|cccc}
1 & 0 & 1 & 1 & 1 & 0 & 0 & 0 \\
0 & 1 & 1 & 0 & -1 & 1 & 0 & 0 \\
0 & 0 & 1 & 1 & -1 & 1 & 1 & 0 \\
0 & 0 & 0 & 2 & -2 & 1 & 1 & 1
\end{array}
$$

Nun werden die Nullen oberhalb der Diagonalen eliminiert. Von der 1. und 3. Zeile wird jeweils die Hälfte der 4. Zeile subtrahiert. In einem weiteren Schritt wird dann von der 1. und 2. Zeile jeweils die 3. Zeile subtrahiert. Dividiert man die 4. Zeile noch durch 2, so kann man die Inverse A^{-1} ablesen:

$$
\begin{array}{cccc|cccc}
1 & 0 & 1 & 0 & 2 & -\frac{1}{2} & -\frac{1}{2} & -\frac{1}{2} \\
0 & 1 & 1 & 0 & -1 & 1 & 0 & 0 \\
0 & 0 & 1 & 0 & 0 & \frac{1}{2} & \frac{1}{2} & -\frac{1}{2} \\
0 & 0 & 0 & 2 & -2 & 1 & 1 & 1
\end{array}
\rightarrow
\begin{array}{cccc|}
1 & 0 & 0 & 0 \\
0 & 1 & 0 & 0 \\
0 & 0 & 1 & 0 \\
0 & 0 & 0 & 1
\end{array}
\begin{pmatrix}
2 & -1 & -1 & 0 \\
-1 & \frac{1}{2} & -\frac{1}{2} & \frac{1}{2} \\
0 & \frac{1}{2} & \frac{1}{2} & -\frac{1}{2} \\
-1 & \frac{1}{2} & \frac{1}{2} & \frac{1}{2}
\end{pmatrix} = A^{-1}.
$$

Eigenwerte und Eigenvektoren

1. Der Ausdruck $A \cdot \vec{x} = \lambda \cdot \vec{x}$ ist äquivalent zu $(A - \lambda I) \cdot \vec{x} = \vec{0}$. Dies ist ein homogenes lineares Gleichungssystem.

   Im Abschn. 5.6.2 über lineare Gleichungssysteme hatten wir gesehen, dass homogene lineare Gleichungssysteme immer die Lösung $\vec{0}$ besitzen. Die Lösungsgesamtheit enthält insgesamt $n - r$ freie Parameter, wobei n die Dimension der Matrix $A - \lambda I$ bezeichnet und r ihren Rang.

Im Abschn. 5.5 über Determinanten hatten wir notiert, dass die Determinante einer quadratischen Matrix genau dann ungleich 0 ist, wenn ihr Rang n beträgt (wenn also alle Zeilen linear unabhängig sind). Umgekehrt: Genau dann wenn $\det(A - \lambda I) = 0$ gilt, muss der Rang r der Matrix $A - \lambda I$ kleiner als n sein. Dann ist aber $n - r$ mindestens gleich 1 und wir erhalten mindestens eine nicht-triviale Lösung des homogenen linearen Gleichungssystems.

2. a) Das charakteristische Polynom lautet $\lambda^2 - 6\lambda - 16 = 0$. Zum Eigenwert $\lambda_1 = 8$ gehört der Eigenvektor $(3, 4)^T$, zum Eigenwert $\lambda_2 = -2$ gehört der Eigenvektor $(1, -2)^T$.

   b) Das charakteristische Polynom lautet $\lambda^2 - 10\lambda + 25 = 0$. Zum Eigenwert $\lambda_1 = \lambda_2 = 5$ gehört der Eigenvektor $(1, 1)^T$.

   c) Das charakteristische Polynom lautet $\lambda^2 + 8\lambda + 16 = 0$. Zum Eigenwert $\lambda_1 = \lambda_2 = -4$ gehören die Eigenvektoren $(1, 0)^T$ und $(0, 1)^T$.

   d) Das charakteristische Polynom lautet $\lambda^2 + 1 = 0$. Es existieren keine reellen Eigenwerte bzw. Eigenvektoren. Komplexe Rechnung ergibt: Zum Eigenwert $\lambda_1 = i$ gehört der Eigenvektor $(1, i)^T$, zum Eigenwert $\lambda_2 = -i$ gehört der Eigenvektor $(i, 1)^T$.

3. a) Das charakteristische Polynom lautet $\lambda^3 - 6\lambda^2 + 5\lambda = 0$. Zum Eigenwert $\lambda_1 = 5$ gehört der Eigenvektor $(-1, -4, 2)^T$, zum Eigenwert $\lambda_2 = 1$ gehört der Eigenvektor $(1, 0, 0)^T$ und zum Eigenwert $\lambda_3 = 0$ gehört der Eigenvektor $(-3, 3, 1)^T$.

   b) Das charakteristische Polynom lautet $\lambda^3 - 2\lambda^2 + \lambda = 0$. Zum Eigenwert $\lambda_1 = 0$ gehört der Eigenvektor $(1, -1, 1)^T$, zum Eigenwert $\lambda_2 = \lambda_3 = 1$ gehören die Eigenvektoren $(-1, 1, 0)^T$ und $(1, 0, 1)^T$.

   c) Das charakteristische Polynom lautet $\lambda^3 - 4\lambda^2 + 5\lambda - 2 = 0$. Zum Eigenwert $\lambda_1 = 2$ gehört der Eigenvektor $(0, 0, 1)^T$, zum Eigenwert $\lambda_2 = \lambda_3 = 1$ gehört nur ein Eigenvektor, nämlich $(1, 0, 0)^T$.

4. Wegen $A \cdot \vec{x}_1 = \lambda \cdot \vec{x}_1$ und $A \cdot \vec{x}_2 = \lambda \cdot \vec{x}_2$ gilt:

$$A(a\vec{x}_1 + b\vec{x}_2) = A(a\vec{x}_1) + A(b\vec{x}_2) = a(A\vec{x}_1) + b(A\vec{x}_2)$$
$$= a(\lambda\vec{x}_1) + b(\lambda\vec{x}_2) = \lambda(a\vec{x}_1 + b\vec{x}_2).$$

Dies bedeutet, dass $a\vec{x}_1 + b\vec{x}_2$ Eigenvektor zum Eigenwert λ der Matrix A ist.

5. a) Das charakteristische Polynom lautet $\lambda^2 - 5\lambda = 0$. Zum Eigenwert $\lambda_1 = 0$ gehört der Eigenvektor $(-1, 2)^T$, zum Eigenwert $\lambda_2 = 5$ gehört der Eigenvektor $(2, 1)^T$. Das Skalarprodukt der beiden Eigenvektoren $(-1, 2)^T$ und $(2, 1)^T$ ergibt 0, die beiden Eigenvektoren stehen also senkrecht aufeinander.

   b) Das charakteristische Polynom lautet $\lambda^3 - 4\lambda^2 + \lambda + 6 = 0$. Zum Eigenwert $\lambda_1 = 3$ gehört der Eigenvektor $(0, 1, 1)^T$, zum Eigenwert $\lambda_2 = 2$ gehört der Eigenvektor $(1, -1, 1)^T$ und zum Eigenwert $\lambda_3 = -1$ gehört der Eigenvektor $(-2, -1, 1)^T$. Das Skalarprodukt der beiden Eigenvektoren $(0, 1, 1)^T$ und $(1, -1, 1)^T$ ergibt 0, die beiden Eigenvektoren stehen also senkrecht aufeinander (analoges gilt für die übrigen Skalarprodukte).

c) Das charakteristische Polynom lautet $\lambda^3 - 6\lambda^2 + 9\lambda = 0$. Zum Eigenwert $\lambda_1 = 0$ gehört der Eigenvektor $(1, 1, 1)^T$, zum Eigenwert $\lambda_2 = \lambda_3 = 3$ gehören die Eigenvektoren $(-1, 0, 1)^T$ und $(-1, 1, 0)^T$.

Das Skalarprodukt der beiden Eigenvektoren $(1, 1, 1)^T$ und $(-1, 0, 1)^T$ ergibt 0, die beiden Eigenvektoren stehen also senkrecht aufeinander, analoges gilt für $(1, 1, 1)^T$ und $(-1, 1, 0)^T$.

Anstelle der beiden Eigenvektoren $(-1, 0, 1)^T$ und $(-1, 1, 0)^T$, die den Eigenvektorraum zum Eigenwert 3 aufspannen, hätte man auch die beiden Vektoren $(-1, 0, 1)^T$ und $(1, -2, 1)^T$ wählen können, die die gleiche Ebene charakterisieren und gleichzeitig aber auch noch senkrecht aufeinander stehen.

Differentialrechnung

6

6.1 Einführung

▷ Newton und Leibniz

Die Differentialrechnung wurde von Newton (1643–1727) und von Leibniz (1646–1716) unabhängig voneinander begründet. Zusammen mit der Integralrechnung wird sie „Infinitesimalrechnung" oder auf Englisch „calculus" genannt. Newton benötigte diese Art der Mathematik zur Beschreibung und Lösung von Problemen aus der Mechanik.

▷ Ableitung

Der wichtigste Begriff der Differentialrechnung ist nun offensichtlich der des „Differentials" oder, wie man heute sagen würde, der der „Ableitung". In der Newtonschen Mechanik haben wir etwa die Geschwindigkeit als (erste) Ableitung der Strecke nach der Zeit und die Beschleunigung entsprechend als Ableitung der Geschwindigkeit nach der Zeit (oder als zweite Ableitung der Strecke nach der Zeit) kennen gelernt.

▷ Maxima und Minima

In der Schule wird meist ein zumindest oberflächlicher Ableitungsbegriff erarbeitet, und auch die Ableitungsregeln gehören zum Standardrepertoire der Absolventen weiterführender Bildungseinrichtungen. Nun ist der Ableitungsbegriff aber keineswegs ein Selbstzweck, sondern er leistet beste Dienste etwa im Auffinden von besonders großen oder kleinen Werten, den so genannten Maxima oder Minima.

▷ Newton'sches Verfahren

Eine weitere Anwendung der Ableitung ist z. B. im Newton'schen Verfahren gegeben: Mit diesem Verfahren löst man *nicht* lineare Gleichungen und Gleichungssysteme.

Y. Stry, R. Schwenkert, *Mathematik kompakt*, DOI 10.1007/978-3-642-24327-1_6,
© Springer-Verlag Berlin Heidelberg 2013

Nicht lineare Gleichungen sind wesentlich komplizierter als lineare, mit denen wir uns ja schon im letzten Abschnitt beschäftigt hatten. Solche nichtlinearen Gleichungen kann man oft nur näherungsweise lösen, wobei natürlich an einer allzu genauen Lösung (sehr viele Stellen nach dem Dezimalkomma) kaum jemand Interesse hat. Entsprechende Verfahren (Algorithmen) werden auf dem Gebiet der Numerischen Mathematik bereitgestellt.

▶   Satz von Taylor

Eine ebenfalls wichtige Anwendung, die Ableitungen benötigt, ist der Satz von Taylor, der die Approximation von Funktionen durch Polynome formuliert. Von diesem Satz profitieren letzlich unsere Taschenrechner: Komplizierte Funktionen werden durch einfache Polynome angenähert, so dass der damit begangene Fehler sehr klein ist. Der Taschenrechner wertet dann eben nicht die e-Funktion, sondern ihre Annäherung durch ein Polynom aus – und hier bei dem Polynom kommen nur noch Grundrechenarten vor.

▶   Funktionen in mehreren Veränderlichen

Im Allgemeinen ist unsere Welt nicht monokausal, d. h. eine Wirkung hängt nicht nur von einer einzigen Ursache ab. Aber genau dies liegt unserem bisherigen Funktionsbegriff zugrunde: $y = f(x)$, d. h. y ist Funktion (nur) von x. Ganz offensichtlich wird dies den Ereignissen unserer Welt, die eben von vielen Parametern abhängen, nicht gerecht. Wir werden uns daher auch mit Funktionen in mehreren Veränderlichen, also $y = f(x_1, x_2, \ldots, x_n)$, beschäftigen. Interessant ist dabei, dass wir viele Eigenschaften der uns bisher vertrauten Funktionen in einer Veränderlichen nun auch auf mehrere Veränderliche übertragen können.

In diesem Kapitel werden wir uns also mit der Differentialrechnung, dem Ableiten von Funktionen in einer oder mehr Veränderlichen und allem, was damit zusammenhängt, beschäftigen.

6.2   Der Ableitungsbegriff

Um die Steigung einer Funktion $y = f(x)$ berechnen zu können, werden wir im Folgenden die Ableitung $y' = f'(x)$ dieser Funktion definieren. Man nennt Funktionen, für die diese Definition sinnvoll ist, differenzierbar. Ableitungen stellen eine lokale Approximation von differenzierbaren Funktionen durch Geraden dar. Anwendungen in der Fehlerrechnung zeigen die praktische Bedeutung des Ableitungsbegriffes, für den wir unterschiedliche Schreibweisen kennenlernen werden. Der Zusammenhang zwischen Stetigkeit und Differenzierbarkeit ist wichtig: eine differenzierbare Funktion ist immer stetig, die Umkehrung gilt aber nicht.

Abb. 6.1 Steigung einer Straße

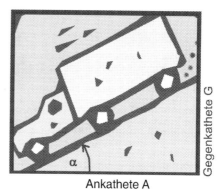

Steigung α : $\tan \alpha = G / A$

6.2.1 Geometrische Bedeutung und Definition der Ableitung

Steigung im Dreieck, Schulgeometrie Jeder „Brummi"-Fahrer muss sich bei Erreichen gewisser Straßensteigungen an vorgeschriebene Geschwindigkeiten halten. Dabei wird vom Gesetzgeber die i. Allg. „holprige" Straße als idealisierte Gerade angenommen. Setzt man die überwundene Höhe ins Verhältnis zur zurückgelegten Strecke, so erhält man ein rechtwinkliges Dreieck. Die Steigung der Straße ist nun durch den Winkel α des Dreiecks gegeben (siehe Abb. 6.1). Aus der ebenen Trigonometrie (Schule!) ist bekannt, dass sich der Tangens des Winkels α aus dem Verhältnis der Gegenkathete zur Ankathete des rechtwinkligen Dreiecks ergibt.

In vielen praktischen Anwendungen hat man nun aber das Problem, nicht Steigungen von Geraden berechnen zu müssen, sondern „Steigungen" von allgemeineren Funktionen. Gegeben sei daher jetzt eine Funktion $y = f(x)$. In Abb. 6.2 untersuchen wir ihr *Steigungsverhalten* im Punkt $P_0 = (x_0, f(x_0))$.

Abb. 6.2 Steigung von $y = f(x)$ im Punkt P_0

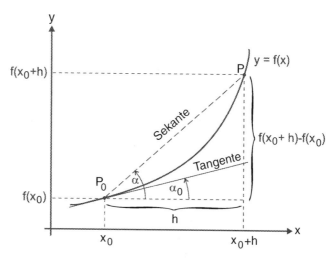

Sekantensteigung, Differenzenquotient, Differentialquotient Die *Steigung der Sekante* (als Sekante bezeichnet man i. Allg. eine Gerade, die eine Funktion schneidet) ergibt sich offensichtlich aus dem so genannten *Differenzenquotienten*

$$\tan \alpha = \frac{f(x_0 + h) - f(x_0)}{h},$$

bei dem im Nenner die Differenz der beiden Argumente und im Zähler die Differenz der zugehörigen Funktionswerte steht. Lässt man h gegen Null und damit P gegen P_0 laufen, so geht die Sekante in der Grenzlage in eine Tangente über (so nennt man eine Gerade, die eine Funktion in einem Punkt berührt). Die *Steigung der Tangente* ergibt sich aus dem so genannten *Differentialquotienten*

$$\tan \alpha_0 = \lim_{h \to 0} \frac{f(x_0 + h) - f(x_0)}{h}.$$

Da sich die Tangente in P_0 offensichtlich an die Funktion „anschmiegt", ist es sinnvoll, deren Steigung als Steigung der Funktion in P_0 zu definieren:

Differentialquotient – Ableitung einer Funktion
Falls der folgende Grenzwert (Differentialquotient) existiert, heißt

$$f'(x_0) := \lim_{h \to 0} \frac{f(x_0 + h) - f(x_0)}{h}$$

Ableitung von f im Punkt x_0. f heißt dann in x_0 differenzierbar.

Man kann nun jedem Punkt x aus dem Definitionsbereich von $f(x)$ den Wert $f'(x)$ (falls existent!) zuordnen. Durch diese Zuordnungsvorschrift erhält man wieder eine Funktion:

Ableitungsfunktion
Die durch die Zuordnung $x \longmapsto f'(x)$ erklärte Funktion heißt (erste) Ableitungsfunktion bzw. kurz (erste) Ableitung.

Ableitungssymbole Für die Ableitung $f'(x_0)$ haben sich die folgenden völlig äquivalenten Schreibweisen eingebürgert:

$$y'(x_0), \quad y'|_{x=x_0}, \quad \frac{dy}{dx}\bigg|_{x=x_0}, \quad \frac{df}{dx}\bigg|_{x=x_0}.$$

Die Größen dy bzw. df und dx in den beiden letzten Schreibweisen nennt man auch *Differentiale*. Dies erklärt den Namen Differentialquotient für $f'(x_0)$. Benutzt man andere „Bezeichner" für Variable und Funktion, wie zum Beispiel $s = s(t)$, so schreibt man analog $s'(t_0)$ oder $ds/dt|_{t=t_0}$. In der Physik wird mit $s(t)$ der Weg in Abhängigkeit von der Zeit bezeichnet. Solche Ableitungen nach der Zeit werden dann üblicherweise mit einem Punkt symbolisiert: $\dot{s}(t_0)$.

Manchmal ist es praktischer, den Differentialquotienten in einer anderen Form zu benutzten. Hierzu setzt man $x = x_0 + h$. Dann ist $h = x - x_0$ und $h \to 0$ äquivalent zu $x \to x_0$:

Zweite Form des Differentialquotienten
Die Ableitung lässt sich auch durch folgenden Differentialquotienten berechnen:

$$f'(x_0) = \lim_{x \to x_0} \frac{f(x) - f(x_0)}{x - x_0}.$$

Beispiel 6.1

a) Wir wollen die Ableitung des Polynoms $y = ax^n$ mit $n \in \mathbb{N}$, $a \neq 0$ für beliebiges $x_0 \in \mathbb{R}$ ermitteln:

$$\lim_{x \to x_0} \frac{f(x) - f(x_0)}{x - x_0} = \lim_{x \to x_0} \frac{a(x^n - x_0^n)}{x - x_0}$$

$$= \lim_{x \to x_0} \frac{a(x - x_0)(x^{n-1} + x^{n-2}x_0 + \ldots + xx_0^{n-2} + x_0^{n-1})}{x - x_0}$$

$$= anx_0^{n-1}.$$

Damit ist $f'(x_0) = anx_0^{n-1}$ und die (erste) Ableitung(sfunktion) ergibt sich zu $f'(x) = anx^{n-1}$.

b) Legt unser „Brummi"-Fahrer abhängig von der Zeit $t \geq 0$ die Entfernung $s(t)$ zurück, so errechnet sich seine Durchschnittsgeschwindigkeit (in der Physik: *mittlere Geschwindigkeit*) im Zeitintervall $[t_0, t]$ ($t > t_0$) aus dem Differenzenquotienten

$$\frac{s(t) - s(t_0)}{t - t_0}.$$

Momentangeschwindigkeit Lässt man die Länge des Zeitintervalls gegen Null gehen ($t \to t_0$), so erhält man die auf dem Tachometer ablesbare *Momentangeschwindigkeit* aus dem Differentialquotienten

$$\lim_{t \to t_0} \frac{s(t) - s(t_0)}{t - t_0} = \dot{s}(t_0).$$

Übung 6.1

a) Berechnen Sie mit Hilfe des Differentialquotienten die Ableitung $f'(x_0)$ der Funktion $f(x) = 1/x$. [Tipp: Differenzen auf Hauptnenner bringen!]

b) Ist beim freien Fall eines schweren Massenpunktes (im Vakuum) seit Beginn des Falles eine Zeit von t Sekunden vergangen, so gilt für den in dieser Zeit zurückgelegten Weg $s(t)$ die aus der Schulphysik bekannte Formel

$$s(t) = \frac{g}{2}t^2 \quad \text{mit} \quad g = 9{,}81\,\frac{\text{m}}{\text{s}^2} \quad \text{(Fallbeschleunigung)}.$$

Welche *Momentangeschwindigkeit* hat der Punkt zu einem beliebigen Zeitpunkt $t_0 > 0$?

Lösung 6.1

a) Benutzt man die erste Form des Differentialquotienten, so erhält man

$$f'(x_0) = \lim_{h \to 0} \frac{f(x_0 + h) - f(x_0)}{h} = \lim_{h \to 0} \frac{\frac{1}{x_0+h} - \frac{1}{x_0}}{h}.$$

Der Zähler des großen Bruches wird nun auf den Hauptnenner gebracht:

$$f'(x_0) = \lim_{h \to 0} \frac{\frac{x_0 - x_0 - h}{x_0(x_0+h)}}{h} = \lim_{h \to 0} \frac{-1}{x_0(x_0 + h)} = -\frac{1}{x_0^2}.$$

Benutzt man die zweite Form des Differentialquotienten, so erhält man

$$f'(x_0) = \lim_{x \to x_0} \frac{f(x) - f(x_0)}{x - x_0} = \lim_{x \to x_0} \frac{\frac{1}{x} - \frac{1}{x_0}}{x - x_0}$$

$$= \lim_{x \to x_0} \frac{\frac{x_0 - x}{x x_0}}{x - x_0} = \lim_{x \to x_0} \frac{-1}{x x_0} = -\frac{1}{x_0^2}.$$

b) Wie in Teil b) von Beispiel 6.1 ergibt sich die Momentangeschwindigkeit zu

$$\dot{s}(t_0) = \lim_{t \to t_0} \frac{s(t) - s(t_0)}{t - t_0} = \lim_{t \to t_0} \frac{\frac{1}{2}g(t^2 - t_0^2)}{t - t_0}.$$

Unter Beachtung von $t^2 - t_0^2 = (t - t_0)(t + t_0)$ erhält man daraus

$$\dot{s}(t_0) = \lim_{t \to t_0} \frac{1}{2}g(t + t_0) = g t_0.$$

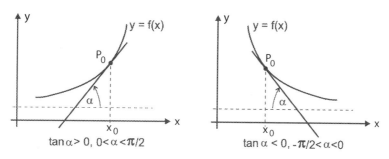

Abb. 6.3 Tangente an steigende und fallende Funktion

6.2.2 Tangente und Differential

Aus der Definition der Ableitung ergibt sich folgende wichtige geometrische Eigenschaft:

Geometrische Deutung

$f'(x_0)$ ist der Tangens des Steigungswinkels α der Tangente an die Funktion $f(x)$ im Punkt x_0:

$$f'(x_0) = \tan \alpha.$$

Abbildung 6.3 veranschaulicht nochmals die geometrische Eigenschaft der Ableitung: Eine steigende Funktion hat eine positive Ableitung, eine fallende Funktion besitzt eine negative Ableitung. Es ist daher möglich, mit der Ableitung das Monotonieverhalten differenzierbarer Funktionen zu beschreiben:

Monotonieverhalten

Gilt für alle x aus einem Intervall I $f'(x) > 0$ bzw. $f'(x) < 0$, so ist $f(x)$ in I streng monoton wachsend bzw. fallend.

Es stellt sich nun die Frage, wie man die *Gleichung der Tangente* $t(x)$ erhält: Die Tangente geht durch den *Punkt* $P_0 = (x_0, f(x_0))$ und hat dort definitionsgemäß die *Steigung* $f'(x_0)$. Damit lautet die *Tangentengleichung* offensichtlich:

Gleichung der Tangente

$$t(x) = f(x_0) + f'(x_0)(x - x_0).$$

Abb. 6.4 Tangente an Funktion $y = f(x)$

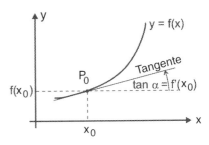

Da eine Gerade durch einen Punkt und ihre Steigung in diesem Punkt eindeutig bestimmt ist, verifiziert sich obige Formel wegen $t(x_0) = f(x_0)$ und $t'(x_0) = f'(x_0)$ sofort.

Ableitungsdefinition mit Tangente Schreibt man nun die Identität

$$\lim_{x \to x_0} \frac{f(x) - f(x_0)}{x - x_0} = f'(x_0) = \lim_{x \to x_0} f'(x_0)$$

als

$$\lim_{x \to x_0} \left(\frac{f(x) - f(x_0)}{x - x_0} - f'(x_0) \right) = 0$$

bzw. auf den Hauptnenner gebracht als

$$\lim_{x \to x_0} \frac{f(x) - [f(x_0) + f'(x_0)(x - x_0)]}{x - x_0} = 0, \qquad (*)$$

so erkennt man, dass im Zähler des obigen Quotienten die Differenz zwischen Funktionswert $f(x)$ und Tangentenwert $t(x)$ steht:

$$\lim_{x \to x_0} \frac{f(x) - t(x)}{x - x_0} = 0.$$

Man kann diesen Grenzwert auch anschaulich wie folgt formulieren: Die Funktion $f(x)$ nähert sich der Tangente $t(x)$ schneller als der Wert x dem Wert x_0. Dies ist eine äquivalente Schreibweise zur Definition der Ableitung, die wir später bei der Definition der so genannten *totalen Differenzierbarkeit* von Funktionen mehrerer Veränderlicher benutzen werden.

Wir interessieren uns nun für die Differenz ε der Zuwächse zwischen der Funktion und der Tangente, wenn das Argument sich von x_0 auf x ändert. Hierzu betrachten wir in Abb. 6.5:

- Argumentzuwachs: $dx = x - x_0$,

Abb. 6.5 Zuwächse zwischen
Funktion und Tangente

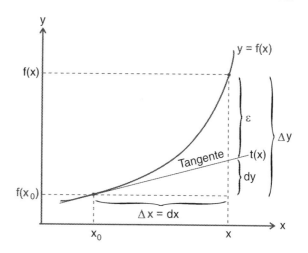

- Zuwachs längs Funktion: $\Delta y = f(x) - f(x_0)$,
- Zuwachs längs Tangente: $dy = t(x) - t(x_0) = f'(x_0)(x - x_0) = f'(x_0)\,dx$,
- Zuwachsdifferenz von f und Tangente t: $\varepsilon = \Delta y - dy$.

Unter Beachtung der Äquivalenz von $x \to x_0$ und $dx \to 0$ lässt sich Gleichung $(*)$ mit den eben eingeführten Abkürzungen auch schreiben als

$$
\begin{aligned}
0 &= \lim_{x \to x_0} \frac{(f(x) - f(x_0)) - f'(x_0)(x - x_0)}{x - x_0} \\
&= \lim_{dx \to 0} \frac{\Delta y - dy}{dx} = \lim_{dx \to 0} \frac{\varepsilon}{dx}.
\end{aligned}
\qquad (**)
$$

In Abb. 6.5 können wir nun aber feststellen, dass gilt

$$
\begin{aligned}
f(x) &= f(x_0) + dy + \varepsilon = f(x_0) + f'(x_0)dx + \varepsilon \\
&= f(x_0) + dx \left(f'(x_0) + \frac{\varepsilon}{dx} \right).
\end{aligned}
$$

Wegen $\lim_{dx \to 0} \varepsilon/dx = 0$ (siehe $(**)$) kann man die Summe $f'(x_0) + \varepsilon/dx$ für *genügend kleine* $|dx|$ allein durch $f'(x_0)$ ersetzen, ohne eine gegebene Genauigkeitsschranke für $f(x)$ zu verletzen. Auf diese Weise erhält man zur Berechnung des Funktionswertes $f(x)$ einer in x_0 differenzierbaren Funktion f die *Näherungsformel*:

Lineare Approximation

$$
f(x) \approx f(x_0) + f'(x_0) \cdot dx.
$$

Abb. 6.6 Fehler ε bei linearer
Approximation

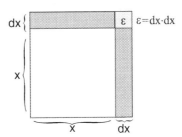

Wenn man die Näherungsformel anwendet, so ersetzt man die Funktion f *in der Nähe
von* x_0 durch ihre Tangente, also durch eine lineare Funktion (Gerade). Man spricht daher
auch von *lokaler linearer Approximation* der Funktion f.

Differential einer Funktion
Man nennt die Größen dx Differential der unabhängigen Variablen x bzw. $dy = f'(x_0) \cdot dx$ Differential der Funktion f an der Stelle x_0.

Achtung! Viele Bücher bezeichnen Differentiale als unendlich kleine Größen. Dies ist
nicht korrekt: Differentiale sind in der Tat endliche, von Null verschiedene Größen, die
für einen vorgegebenen Genauigkeitsgrad hinreichend klein gewählt werden müssen.

Beispiel 6.2
Gegeben sei ein Quadrat mit der Länge $x_0 = 5$ und dem Flächeninhalt $f(x_0) = 25$.
Jetzt vergrößern wir die Seiten des Quadrats um $dx = 0{,}005$ und berechnen den neuen
Flächeninhalt mit der Näherungsformel: Wegen $f(x) = x^2$, $f'(x) = 2x$ lautet diese

$$f(x_0 + dx) \approx x_0^2 + 2x_0 \cdot dx.$$

Wir setzen $x_0 = 5$ und $dx = 0{,}005$ und erhalten

$$f(5{,}005) \approx 5^2 + 10 \cdot 0{,}005 = 25{,}05.$$

Man beachte, dass wegen $(x_0 + dx)^2 = x_0^2 + 2x_0 \cdot dx + (dx)^2$, also $\varepsilon = (dx)^2 =
0{,}000025$ die beiden Ziffern nach dem Komma richtig sind. Der korrekte Flächeninhalt
würde sich zu $25{,}050025$ ergeben. Abbildung 6.6 verdeutlicht den Fehler ε.

Übung 6.2

a) Gegeben sei ein Kreis mit Radius $r = 3$ und Flächeninhalt $A = \pi r^2 = 28{,}2743$. Berechnen Sie eine Approximation des Flächeninhalts, wenn der Radius des Kreises auf $r = 3{,}0075$ geändert wird. Wie groß ist der Fehler?

b) In Beispiel 6.1b beschreibt $s(t), t > t_0$ die von unserem „Brummi"-Fahrer im Zeitintervall $[t_0, t]$ zurückgelegte Fahrstrecke. Berechnen Sie das Differential von $s(t)$ in t_0 und interpretieren Sie es als Wegstrecke!

Lösung 6.2

a) Es ist $dr = 0{,}0075$ und damit $A = \pi(3+0{,}0075)^2 \approx \pi(3^2 + 6 \cdot 0{,}0075) = 28{,}4157$. Der Fehler ergibt sich zu $\varepsilon = \pi \cdot 0{,}0075^2 = 0{,}0002$. Der korrekte Wert wäre also $A = 28{,}4159$.

b) Das Differential lautet $ds = \dot{s}(t_0) \cdot dt$ mit $dt = t - t_0$. Es ist der Weg, den der Fahrer zurücklegen würde, wenn er seine Momentangeschwindigkeit $\dot{s}(t_0)$ unverändert beibehält. Für ein kurzes Zeitintervall ist dies eine gute Näherung, da sich in diesem Fall nur sehr geringe Geschwindigkeitsänderungen ergeben können.

6.2.3 Differentielle Fehleranalyse

In der Praxis sind nun häufig Größen y_0 zu berechnen, die in einem funktionalen Zusammenhang mit gemessenen Ausgangsgrößen x_0 stehen: $y_0 = f(x_0)$. Ist dabei x_0 mit einem Messfehler dx behaftet, so stellt sich die Frage, wie sich dieser auf die zu berechnende Größe y_0 auswirkt. Hierzu benutzt man die *differentielle Fehleranalyse*. Sie liefert eine Näherung für den auftretenden Berechnungsfehler $\Delta y = f(x_0 + dx) - f(x_0)$ durch Anwendung unserer Näherungsformel. Dieser kann auf zwei Arten berechnet werden:

- **Absoluter Fehler**
$$|\Delta y| \approx |dy| = |f'(x_0) \cdot dx|,$$

- **Relativer oder prozentualer Fehler**
$$\left| \frac{\Delta y}{y} \right| \approx \left| \frac{dy}{y} \right| = \left| \frac{f'(x_0) \cdot dx}{f(x_0)} \right| = \left| \frac{f'(x_0) x_0}{f(x_0)} \right| \cdot \left| \frac{dx}{x_0} \right|.$$

Beispiel 6.3

Unser „Brummi"-Fahrer ist an einer $100\,\text{km/h}$-Stelle in eine Radarfalle geraten. Das Radargerät misst die Zeitdifferenz t zwischen zwei auf der Straße fixierten Punkten und berechnet dann die gefahrene Geschwindigkeit durch die Funktion $v(t) = 150 - 150t^2, 0 < t < 1$, wobei bei der Zeitdifferenzmessung eine Ungenauigkeit von bis zu $dt = \pm 0{,}02$ nicht auszuschließen ist. Der Fahrer erhält eine Strafe, wenn nach Abzug

Abb. 6.7 Kurventangenten
einer quadratischen Parabel

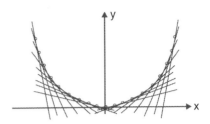

des potentiellen Messfehlers seine Geschwindigkeit über 110 km/h liegt. Erwartet den
Fahrer eine Strafe, wenn das Gerät 112,50 km/h anzeigt?

Die Lösung der quadratischen Gleichung $150 - 150t^2 = 112{,}50$ ist offensichtlich
$t_0 = 0{,}5$. Wir ermitteln (nicht notwendigerweise) beide Fehlerarten:

a) absoluter Fehler: $\Delta v \approx dv = v'(t_0)\,dt = -300\,t_0\,dt = -300 \cdot 0{,}5 \cdot (\pm 0{,}02) = \mp 3$,
b) relativer Fehler: $|\Delta v/v| \approx |\mp 3/112{,}50| = 0{,}02\overline{6}$.

Der relative Fehler beträgt also $2{,}\overline{6}\%$. Die tatsächliche Geschwindigkeit kann daher
mit absoluter Sicherheit nur im Intervall $[112{,}5 - \Delta v, 112{,}5 + \Delta v] \approx [109{,}5, 115{,}5]$
fixiert werden. Der Fahrer geht somit straffrei aus.

Wichtig ist es, zu wissen, dass die differentielle Fehleranalyse alle Berechnungen mit
den *Funktionstangenten anstelle der Funktion* durchführt. Bei vielen Funktionen ist das
möglich, da die Tangenten die Funktion sehr gut annähern. Dies zeigt auch Abb. 6.7: Hier
wurden nur die Tangenten an eine quadratische Parabel gezeichnet und dennoch denkt
man beim Betrachten der Abbildung, dass die Kurve selbst gezeichnet wurde.

6.2.4   Stetigkeit und Differenzierbarkeit

Abschließend untersuchen wir noch den wichtigen Zusammenhang zwischen Stetigkeit
und Differenzierbarkeit. Hier gilt zunächst die Eigenschaft:

Stetigkeit differenzierbarer Funktionen
Ist die Funktion f an der Stelle x_0 differenzierbar, so ist sie an dieser Stelle auch
stetig.

Betrachten wir nun die Betragsfunktion, so folgt, dass die Umkehrung nicht gilt. Eine
stetige Funktion muss *nicht überall differenzierbar* sein: Für $f(x) = |x|$ gilt in $x_0 = 0$

$$\lim_{h \to 0+} \frac{f(0 + h) - f(0)}{h} = \lim_{h \to 0+} \frac{h - 0}{h} = 1$$

Abb. 6.8 Betragsfunktion mit
Steigung $\alpha_- = -45°$ und
$\alpha_+ = 45°$

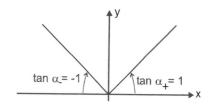

und

$$\lim_{h \to 0-} \frac{f(0+h) - f(0)}{h} = \lim_{h \to 0+} \frac{-h - 0}{h} = -1.$$

Links- und rechtsseitiger Grenzwert stimmen nicht überein, d. h. der Grenzwert existiert nicht. Also ist die in $x_0 = 0$ stetige Funktion $|x|$ dort nicht differenzierbar. Sie hat hier eine Knickstelle, da die Steigung $\alpha_- = -45°$ sofort in die Steigung $\alpha_+ = 45°$ übergeht. Anschaulich gesprochen gilt:

Graph einer stetigen oder differenzierbaren Funktion
Hat der Graph einer Funktion keine Sprünge, so ist sie stetig; hat ihr Graph zudem keine Knickstellen, so ist sie differenzierbar.

Stetige, nirgends differenzierbare Funktion Es gibt sogar *stetige, nirgends differenzierbare* Funktionen. Das berühmteste Beispiel hierfür ist wohl die abgewandelte *Sägezahnfunktion*, die für $x \in [-1/2, 1/2]$ mit der Betragsfunktion übereinstimmt und periodisch auf ganz $\mathbb{R}$ fortgesetzt wird. Diese Funktion hat genau an den Stellen $k/2$, $k \in \mathbb{Z}$, Knickstellen. Wie Abb. 6.9 zeigt, kann man diese Funktion nun so „verdichten", dass unendlich viele, dicht beieinander liegende Knickstellen auftreten. Diese neue Funktion hat also überall Knickstellen, d. h. sie ist nirgendwo differenzierbar.

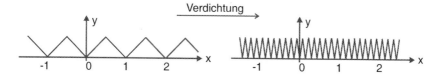

Abb. 6.9 Konstruktionsprinzip der Sägezahnfunktion

Tab. 6.1 Ableitung elementarer Funktionen

Funktion $y = f(x)$	Ableitung $y' = f'(x)$
$x^\alpha, \alpha \in \mathbb{R}$	$\alpha x^{\alpha-1}$
e^x	e^x
$\ln x$	$\dfrac{1}{x}$
$\sin x$	$\cos x$
$\cos x$	$-\sin x$
$\tan x$	$\dfrac{1}{\cos^2 x}$
$\cot x$	$-\dfrac{1}{\sin^2 x}$
$\arcsin x$	$\dfrac{1}{\sqrt{1-x^2}}$
$\arccos x$	$-\dfrac{1}{\sqrt{1-x^2}}$
$\arctan x$	$\dfrac{1}{1+x^2}$
$\text{arccot}\, x$	$-\dfrac{1}{1+x^2}$
$|x|, x \neq 0$	$\text{sgn}\, x, x \neq 0$

6.3   Ableitung elementarer Funktionen und höhere Ableitungen

Die Lösung praktischer Probleme mit Hilfe von Ableitungen erfordert Kenntnis über die Ableitungen der elementaren Funktionen. Diese sind weitgehend aus der Schulmathematik bekannt und werden daher nur kurz vorgestellt. Die Ableitung einer Funktion ist wieder eine Funktion. Wenn die Ableitungsfunktion sogar differenzierbar ist, können wir diese auch wieder differenzieren und erhalten eine so genannte „Höhere Ableitung".

6.3.1   Ableitung der elementaren Funktionen

Die Tab. 6.1 listet die Ableitungen der wichtigsten elementaren Funktionen auf.

Man erhält diese durch Berechnung der entsprechenden Grenzwerte, so wie wir das für Polynome $y = ax^n$ in Beispiel 6.1 bereits durchgeführt haben. Die Ableitungen der seltener vorkommenden Hyperbelfunktionen haben wir hier nicht vorgestellt, man findet diese aber in jeder mathematischen Formelsammlung.

Beispiel 6.4

Die Ableitung der Funktion $y(x) = \sqrt{x} = x^{1/2}$ ergibt sich mit $\alpha = 1/2$ aus der ersten Ableitungsregel in obiger Tabelle zu $y'(x) = 1/2 \, x^{-1/2}$, d. h. $(\sqrt{x})' = 1/(2\sqrt{x})$.

Übung 6.3

Berechnen Sie die Ableitung von $y(x) = \sqrt[3]{x}$.

Lösung 6.3

Mit $y(x) = x^{1/3}$ und $\alpha = 1/3$ folgt $y'(x) = 1/3 \, x^{-2/3}$.

6.3.2 Höhere Ableitungen

Symbole Wenn die Ableitung $y' = f'(x)$ einer differenzierbaren Funktion $y = f(x)$ ebenfalls wieder differenzierbar ist, so spricht man von der *zweiten Ableitung* $y'' = f''(x)$ von f. Analog werden Ableitungen höherer Ordnung definiert. Folgende Notationen sind üblich:

$$1.\ \text{Ableitung:} \quad y' = f'(x) = \frac{dy}{dx} = \frac{df}{dx}$$

$$2.\ \text{Ableitung:} \quad y'' = f''(x) = \frac{d^2 y}{dx^2} = \frac{d^2 f}{dx^2}$$

$$3.\ \text{Ableitung:} \quad y''' = f'''(x) = \frac{d^3 y}{dx^3} = \frac{d^3 f}{dx^3}$$

$$\vdots \qquad \vdots \qquad \vdots \qquad \vdots \qquad \vdots$$

$$n.\ \text{Ableitung:} \quad y^{(n)} = f^{(n)}(x) = \frac{d^n y}{dx^n} = \frac{d^n f}{dx^n}$$

Beispiel 6.5

Die Ableitungen der Funktion $f(x) = x^4$ ergeben sich der Reihe nach zu

$$f'(x) = 4x^3, \quad f''(x) = 12x^2, \quad f'''(x) = 24x, \quad f^{(4)}(x) = 24$$

und $f^{(n)}(x) = 0$ für $n \geq 5$.

Übung 6.4

Berechnen Sie die ersten vier Ableitungen der Funktion $f(x) = \cos x$.

Lösung 6.4

Mit Hilfe von Tab. 6.1 ermittelt man $f'(x) = -\sin x$, $f''(x) = -\cos x$, $f'''(x) = \sin x$ und $f^{(4)}(x) = \cos x$.

6.4 Ableitungstechniken

In der Praxis ist eine effektive und leichte Ermittlung von Ableitungen notwendig, ohne die in der Ableitungsdefinition verlangte Grenzwertbildung durchführen zu müssen. In diesem Abschnitt sind daher Ableitungsregeln zusammengefasst, die es gestatten, Ableitungen von Funktionen mit Hilfe der Ableitungen elementarer Funktionen aus Abschn. 6.3.1 zu berechnen. Die bekannten Regeln von Bernoulli-L'Hospital erlauben sogar eine einfache Berechnung von vielen Grenzwerten.

6.4.1 Ableitungsregeln

Die nachfolgenden Regeln gestatten die Bildung der Ableitung von Funktionen, die aus elementaren Funktionen aufgebaut sind:

Faktorregel, Summenregel, Produktregel, Quotientenregel
Unter der Voraussetzung, dass die Funktionen $f(x)$ und $g(x)$ differenzierbar sind, gilt:

$$y = cf(x) \qquad \Longrightarrow \qquad y' = cf'(x), \ c = const,$$
$$y = f(x) \pm g(x) \quad \Longrightarrow \quad y' = f'(x) \pm g'(x),$$
$$y = f(x) \cdot g(x) \quad \Longrightarrow \quad y' = f'(x) \cdot g(x) + f(x) \cdot g'(x),$$
$$y = \frac{f(x)}{g(x)} \qquad \Longrightarrow \qquad y' = \frac{f'(x)g(x) - f(x)g'(x)}{g^2(x)}$$

Diese Regeln sind leicht zu beherrschen, wenn man sie sich einmal verbal klar gemacht und an Beispielen nachvollzogen hat:

Summen- und Differenzenregel Mittels Summe und/oder Differenz zusammengesetzte Funktionen dürfen immer *gliedweise* abgeleitet werden:

Beispiel 6.6
  a) Die Ableitung des Polynoms $p(x) = 5x^8 - 3x^3 + 4x - 2$ ergibt sich zu $p'(x) = (5x^8)' - (3x^3)' + (4x)' - (2)' = 40x^7 - 9x^2 + 4,$
  b) Die Ableitung von $y(x) = 4x^7 + 3e^x + \ln x, \ x > 0$, erhält man durch Ableiten einzelner Terme zu $y'(x) = 28x^6 + 3e^x + 1/x.$

Produktregel Besteht eine Funktion aus dem Produkt zweier Funktionen, so bildet man zwei neue Terme: Man leitet immer eine der beiden Funktionen ab und lässt die andere

Funktion unverändert multiplikativ daneben stehen. Die gesuchte Ableitung erhält man dann durch Addition der beiden derart berechneten Terme.

Beispiel 6.7

a) Gegeben sei die Funktion $y(x) = x^3 \cdot \ln x$, $x > 0$. Die Ableitungen von $f(x) = x^3$ bzw. $g(x) = \ln x$ sind $3x^2$ bzw. $1/x$. Die beiden neuen Terme ergeben sich also zu $(x^3)' \cdot \ln x = 3x^2 \cdot \ln x$ und $x^3 \cdot (\ln x)' = x^3 \cdot 1/x$. Somit lautet die Ableitung von $y(x)$ nun

$$y'(x) = 3x^2 \cdot \ln x + x^3 \cdot \frac{1}{x} = x^2(3\ln x + 1).$$

b) Durch wiederholte Anwendung der Produktregel erhält man zum Beispiel für die Ableitung eines Produktes von drei Funktionen f, g, h:

$$y = f \cdot g \cdot h \implies y' = [f \cdot (g \cdot h)]'$$
$$= f' \cdot (g \cdot h) + f \cdot (g \cdot h)'$$
$$= f' \cdot g \cdot h + f \cdot (g' \cdot h + g \cdot h')$$
$$= f' \cdot g \cdot h + f \cdot g' \cdot h + f \cdot g \cdot h'$$

Quotientenregel Auch die Anwendung der Quotientenregel ist nicht schwer: Die Ableitung eines „Bruches" Z/N ist ebenfalls ein Bruch. Der Zähler des „Ableitungsbruches" ergibt sich folgendermaßen: Ableitung von Z mal N minus Z mal Ableitung von N. Der neue Nenner ist einfach der alte Nenner zum Quadrat. Gültig ist diese Regel natürlich nur für einen Nenner, der ungleich Null ist.

Beispiel 6.8

a) Wir betrachten die Funktion $y(x) = e^x/x$, $x \neq 0$. Es ist $Z = e^x$, $N = x$ und damit $Z' = e^x$, $N' = 1$. Daher gilt Z' mal N ist $e^x \cdot x$ und Z mal N' ist $e^x \cdot 1$. Die Differenz von erstem minus zweitem Term ergibt den Zähler des „Ableitungsbruches". Der Nenner ergibt sich zu $N^2 = x^2$. Es gilt also

$$y'(x) = \frac{e^x \cdot x - e^x \cdot 1}{x^2} = e^x\left(\frac{x-1}{x^2}\right).$$

b) Gegeben sei nun die Funktion $y(x) = (x + \ln x)/e^x$, $x > 0$. Es ist $Z' \cdot N = (1 + 1/x) \cdot e^x$, $Z \cdot N' = (x + \ln x) \cdot e^x$ und $N^2 = (e^x)^2 = e^{2x}$. Die Ableitung ergibt sich daher zu

$$y' = \frac{(1 + \frac{1}{x})e^x - (x + \ln x)e^x}{e^{2x}} = \frac{x + 1 - x(x + \ln x)}{xe^x}.$$

Übung 6.5

Berechnen Sie die Ableitungen folgender Funktionen:

a) $p(x) = 10x^{11} - 4x^5 + 2x^2 - 45$,

b) $f(x) = \arctan x \cdot \ln x - 1/x^4$, $x > 0$,

c) $y(x) = \tan x = \sin x / \cos x$, $\cos x \neq 0$.

Lösung 6.5

a) $p'(x) = 110x^{10} - 20x^4 + 4x$,

b) Am einfachsten schreibt man $1/x^4 = x^{-4}$ und erhält dann $(x^{-4})' = -4x^{-5}$ (der Exponent wird multiplikativ neben die Funktion geschrieben und selbst um 1 erniedrigt). Es ergibt sich dann:

$$f'(x) = (\arctan x)' \cdot \ln x + \arctan x \cdot (\ln x)' - (x^{-4})'$$

$$= \frac{1}{1+x^2} \cdot \ln x + \arctan x \cdot \frac{1}{x} + 4x^{-5},$$

c) Unter Benutzung der Quotientenregel und der Identität $\cos^2 x + \sin^2 x = 1$ gilt

$$y'(x) = \frac{\cos x \cdot \cos x - \sin x \cdot (-\sin x)}{\cos^2 x} = \frac{1}{\cos^2 x}.$$

Funktionen werden häufig auch durch „Hintereinanderschalten" zweier Funktionen, einer *inneren Funktion* $u = g(x)$ und einer *äußeren Funktion* $y = f(u)$, definiert: $y = f(g(x))$. Für diesen Fall gibt es eine weitere Ableitungsregel:

Kettenregel

Sind $y = f(u)$ und $u = g(x)$ differenzierbar, dann ist auch $y(x) = f(g(x))$ differenzierbar und es gilt

$$y'(x) = f'(g(x)) \cdot g'(x) \quad \text{bzw.} \quad \frac{dy}{dx} = \frac{dy}{du} \cdot \frac{du}{dx}.$$

Die Bildung des Faktors $g'(x) = du/dx$ bezeichnet man als „Nachdifferenzieren"; manchmal wird die Kettenregel auch als „äußere Ableitung (Ableitung der äußeren Funktion $f(u)$) mal innere Ableitung (Ableitung der inneren Funktion $g(x)$)" formuliert.

Beispiel 6.9

Gegeben sei $y(x) = \sqrt[5]{x^3 + 7x + 5}$. Wir setzen $f(u) = \sqrt[5]{u} = u^{1/5}$ und $u = g(x) = x^3 + 7x + 5$. Dann gilt

$$f'(u) = \frac{1}{5}u^{\frac{1}{5}-1} = \frac{1}{5}u^{-\frac{4}{5}} = \frac{1}{5\sqrt[5]{u^4}}$$

und $g'(x) = 3x^2 + 7$, woraus nach Kettenregel folgt:

$$y'(x) = \frac{1}{5 \sqrt[5]{(x^3 + 7x + 5)^4}} \cdot (3x^2 + 7).$$

Übung 6.6

Bilden Sie die ersten Ableitungen folgender Funktionen

a) $y(x) = a^x = e^{x \ln a} = e^u$ mit $u(x) = x \ln a$,
b) $y(x) = \ln(2^x + 1)$.

Lösung 6.6

In beiden Fällen liefert eine Anwendung der Kettenregel die Lösung

a) $y'(x) = (e^{u(x)})' \cdot u(x)' = e^{x \ln a} \cdot \ln a = a^x \ln a$.
b) Mit $u(x) = 2^x + 1$ folgt für die Ableitung von $y = \ln(u(x)) = \ln(2^x + 1)$ (Ableitung von $u(x)$ nach Teil a)!)

$$\frac{dy}{dx} = \frac{dy}{du} \cdot \frac{du}{dx} = \frac{1}{u} \cdot 2^x \ln 2 = \frac{1}{2^x + 1} \cdot 2^x \ln 2.$$

Mehrfache Anwendung der Kettenregel Oftmals ist eine wiederholte Anwendung der Kettenregel notwendig, so ergibt sich zum Beispiel die Ableitung von $y = f\{g[h(x)]\}$ zu

$$y' = \frac{df}{dg} \cdot \frac{dg}{dh} \cdot \frac{dh}{dx}.$$

Beispiel 6.10

Um die Ableitung von $y(x) = \ln[\sin^2(x)]$, $x \neq k\pi$ für $k \in \mathbb{Z}$, zu bilden, zerlegen wir y in $h(x) = \sin x$, $g(h) = h^2$ und $f(g) = \ln g$. Mit den Ableitungen

$$f'(g) = \frac{1}{g}, \qquad g'(h) = 2h \quad \text{und} \quad h'(x) = \cos x$$

ergibt sich

$$y' = \frac{1}{g} \cdot 2h \cdot \cos x = \frac{2h \cos x}{h^2} = \frac{2 \cos x}{\sin x} = 2 \cot x.$$

Das Ergebnis lässt sich einfach verifizieren, indem man die äquivalente Darstellung $y(x) = 2 \ln[\sin(x)]$ ableitet.

Übung 6.7

Ermitteln Sie die Ableitung von $y = \ln(x + \sqrt{x^2 + 1})$.

Lösung 6.7

Zunächst bilden wir die Ableitung der inneren Funktion $g(x) = x + \sqrt{x^2 + 1}$. Dazu benötigen wir $(\sqrt{x^2 + 1})'$. Mit $h(x) = x^2 + 1$ folgt nach Kettenregel

$$(\sqrt{x^2 + 1})' = (\sqrt{h})' \cdot h'(x) = \frac{1}{2\sqrt{h}} \cdot h'(x) = \frac{2x}{2\sqrt{x^2 + 1}}$$

und daraus nach Summenregel $g'(x) = 1 + x/\sqrt{x^2 + 1}$. Setzen wir jetzt $y = \ln g$, dann liefert nochmalige Anwendung der Kettenregel

$$y' = \frac{1}{g} \cdot g' = \frac{1 + \frac{x}{\sqrt{x^2 + 1}}}{x + \sqrt{x^2 + 1}} = \frac{\sqrt{x^2 + 1} + x}{\sqrt{x^2 + 1}(x + \sqrt{x^2 + 1})} = \frac{1}{\sqrt{x^2 + 1}}.$$

In vielen Problemen arbeitet man auch mit der Umkehrfunktion einer vorgegebenen Funktion. Um deren Ableitung zu bestimmen, gibt es ebenfalls eine einfache Regel:

Ableitung der Umkehrfunktion

Es sei f^{-1} die Umkehrfunktion der umkehrbaren Funktion f. Dann gilt für deren Ableitung:

$$(f^{-1})'(x) = \frac{1}{f'(f^{-1}(x))}, \quad f'(f^{-1}(x)) \neq 0.$$

Beispiel 6.11

Wir betrachten die Umkehrfunktion $f^{-1}(x) = \ln x$ von $f(y) = e^y$. Es ist $f'(y) = e^y$. Damit ergibt sich die Ableitung von $\ln x$ nach obiger Formel zu

$$(\ln x)' = \frac{1}{f'(\ln x)} = \frac{1}{e^{\ln x}} = \frac{1}{x}.$$

Übung 6.8

Ermitteln Sie mit Hilfe der Funktion $f(y) = y^n$ die Ableitung von $f^{-1}(x) = \sqrt[n]{x}$.

Lösung 6.8

Wegen $f'(y) = ny^{n-1}$ gilt

$$(\sqrt[n]{x})' = \frac{1}{f'(\sqrt[n]{x})} = \frac{1}{n(\sqrt[n]{x})^{n-1}} = \frac{1}{n\sqrt[n]{x^{n-1}}}.$$

6.4.2 Grenzwertregeln von Bernoulli-L'Hospital

In diesem Abschnitt stellen wir ein Verfahren vor, das die Berechnung von Grenzwerten der Form

$$\lim_{x \to x_0} \frac{f(x)}{g(x)} \quad \text{und} \quad \lim_{x \to \pm\infty} \frac{f(x)}{g(x)},$$

ermöglicht, bei denen Zähler und Nenner gemeinsam entweder den Grenzwert 0 annehmen oder gegen $\pm\infty$ streben (hierfür schreiben wir symbolisch „0/0" bzw. „∞/∞").

Regeln von Bernoulli-L'Hospital (kurz: Regel von L'Hospital)

Wenn der Grenzwert $\lim_{x \to x_0} f(x)/g(x)$ die Form „0/0" oder „∞/∞" hat, aber andererseits der Grenzwert $\lim_{x \to x_0} f'(x)/g'(x)$ existiert, dann gilt

$$\lim_{x \to x_0} \frac{f(x)}{g(x)} = \lim_{x \to x_0} \frac{f'(x)}{g'(x)}.$$

Diese Formel kann man anstelle von $x \to x_0$ auch für $x \to \infty$ oder $x \to -\infty$ anwenden.

Beispiel 6.12

Wir betrachten $\lim_{x \to 0} \sin x / x$. Dieser Grenzwert besitzt die Form „0/0". Mit $f(x) = \sin x$, $g(x) = x$ und den Ableitungen $(\sin x)' = \cos x$, $(x)' = 1$ ergibt sich

$$\lim_{x \to x_0} \frac{f'(x)}{g'(x)} = \lim_{x \to 0} \frac{\cos x}{1} = \frac{1}{1} = 1.$$

Es folgt daher

$$\lim_{x \to 0} \frac{\sin x}{x} = \lim_{x \to 0} \frac{\cos x}{1} = 1.$$

Man beachte aber, dass die Regel von L'Hospital nicht immer (auch nicht durch wiederholte Anwendung) zu einem Ergebnis führt, selbst wenn der zu untersuchende Grenzwert existiert. In diesem Fall müssen andere Grenzwertregeln benutzt werden.

Übung 6.9

a) Ermitteln Sie den Grenzwert $\lim_{x \to \infty} \frac{\ln x}{e^x}$.

b) Bestimmen Sie durch zweimalige (!) Anwendung der Regel von L'Hospital den Grenzwert

$$\lim_{x \to 1} \frac{1 + \cos(\pi x)}{x^2 - 2x + 1}.$$

Lösung 6.9

a) Der gesuchte Grenzwert hat zunächst die Form „∞/∞". Die Regel von L'Hospital darf deshalb angewandt werden:

$$\lim_{x\to\infty} \frac{\ln x}{e^x} = \lim_{x\to\infty} \frac{(\ln x)'}{(e^x)'} = \lim_{x\to\infty} \frac{1/x}{e^x} = \lim_{x\to\infty} \frac{1}{xe^x} = 0.$$

b) Der gesuchte Grenzwert hat zunächst die Form „$0/0$" mit $f(x) = 1 + \cos(\pi x)$ und $g(x) = x^2 - 2x + 1$. Anwendung der Regel von L'Hospital liefert daher

$$\lim_{x\to 1} \frac{f'(x)}{g'(x)} = \lim_{x\to 1} \frac{-\pi \sin(\pi x)}{2x - 2},$$

also wieder einen Grenzwert der Form „$0/0$". Erneute Anwendung der Regel auf letzteren Grenzwert ergibt jetzt

$$\lim_{x\to 1} \frac{f''(x)}{g''(x)} = \lim_{x\to 1} \frac{-\pi^2 \cos(\pi x)}{2} = \frac{\pi^2}{2}.$$

Durch zweimalige Anwendung der Regel von L'Hospital erhält man daher

$$\lim_{x\to 1} \frac{1 + \cos(\pi x)}{x^2 - 2x + 1} = \lim_{x\to 1} \frac{f'(x)}{g'(x)} = \lim_{x\to 1} \frac{f''(x)}{g''(x)} = \frac{\pi^2}{2}.$$

Regeln von L'Hospital für weitere unbestimmte Formen Die Regel von L'Hospital kann also wiederholt angewandt werden. Natürlich müssen die Voraussetzungen bei jeder einzelnen Anwendung erfüllt sein! Eine Anwendung der Regel auf weitere zunächst unbestimmte Formen (z. B. „$0 \cdot \infty$", „$\infty - \infty$") ist ebenfalls möglich. Diese muss man durch geeignete Umformungen auf eine der Formen „$0/0$" bzw. „∞/∞" zurückführen.

6.5 Extrema und Kurvendiskussion

In der Praxis ist die Ermittlung von Extremwerten eine wichtige Aufgabe: man denke beispielsweise nur an Gewinnmaximierung oder Zeitminimierung. Extremwertstellen gehören genauso wie Wendepunkte, die Auskunft über das Krümmungsverhalten geben, zu den wichtigsten Charakteristika einer Funktion. Durch Ableitungsuntersuchungen können diese Punkte recht einfach ermittelt werden. Den wesentlichen Verlauf einer Funktion kann man mit relativ wenig Aufwand durch eine elementare Kurvendiskussion, zu der neben den oben genannten Punkten auch die Bestimmung von Nullstellen, Monotonie und Asymptoten gehört, herausfinden.

Abb. 6.10 Globale und lokale
Extremwerte

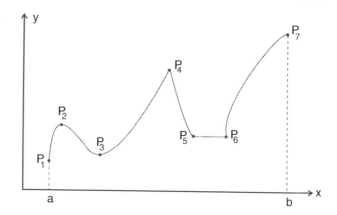

6.5.1 Extremwerte

Zunächst muss der Begriff „Extremwert" exakt definiert werden:

Extremwerte einer Funktion
Eine Funktion $y = f(x)$ mit dem Definitionsbereich D hat an der Stelle $x_0 \in D$
ein globales Maximum bzw. globales Minimum, wenn für alle $x \in D$ gilt

$$f(x) \leq f(x_0) \quad \text{bzw.} \quad f(x) \geq f(x_0).$$

Ist eine der beiden obigen Ungleichungen nur für Argumente x aus einer Umgebung von x_0 erfüllt, dann spricht man von einem relativen Maximum bzw. relativen
Minimum. Ein relatives Extremum bezeichnet man auch als lokales Extremum (lokales Maximum bzw. lokales Minimum).
   Gilt in den Ungleichungen für kein $x \neq x_0$ Gleichheit, so heißen die Extrema
streng.

Abbildung 6.10 verdeutlicht diese Definitionen: Strenge relative Extrema liegen in den
Punkten P_1, P_3 (Minima), P_2, P_4 und P_7 (Maxima) vor, während alle Punkte zwischen
P_5 und P_6 nicht strenge relative Minima sind. In P_1 und P_7 treten zudem globale Extrema
auf. Unmittelbar aus der Abbildung ersichtlich ist:

Abb. 6.11 Horizontale Tangenten und Extremwerte

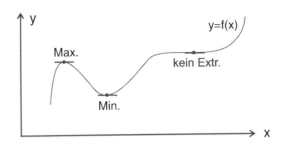

Potentielle Extremwertstellen
Mögliche Kanditaten für relative Extrema sind

- Randpunkte des Definitionsbereichs D,
- „Nichtdifferenzierbarkeits"-Stellen,
- Stellen mit horizontaler Tangente.

Bei Extrema in Differenzierbarkeitsstellen müssen die Tangenten *notwendigerweise* immer horizontal verlaufen. Es lässt sich daher festhalten:

Notwendiges Extremwertkriterium
Wenn die Funktion $f(x)$ in x_0 differenzierbar und x_0 ein Extremwert von $f(x)$ ist, dann muss gelten:
$$f'(x_0) = 0.$$

Diese Bedingung ist jedoch nur *notwendig*, aber *nicht hinreichend*. So hat beispielsweise die Funktion aus Abb. 6.11 drei horizontale Tangenten, aber nur zwei Extrema. Man benötigt daher ein zusätzliches *hinreichendes Kriterium*. Das hier vorgestellte hinreichende Kriterium benutzt höhere Ableitungen von $f(x)$:

Hinreichendes Extremwertkriterium
Wenn für die in x_0 differenzierbare Funktion
$$f'(x_0) = f''(x_0) = \ldots = f^{(n-1)}(x_0) = 0$$
und $f^{(n)}(x_0) \neq 0$ für ein gerades $n \in \mathbb{N}$ gilt, dann hat $f(x)$ in x_0 ein strenges relatives Extremum; genauer ein

- strenges relatives Maximum, falls $f^{(n)}(x_0) < 0$,
- strenges relatives Minimum, falls $f^{(n)}(x_0) > 0$.

Abb. 6.12 Tangentensteigungen im Maximum bzw.
Minimum

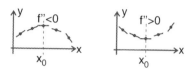

Häufig angewandt wird der – aus dem Schulunterricht bekannte – Fall $n = 2$, d. h.

$$
\left.\begin{array}{l} f'(x_0) = 0 \quad \text{und} \\ f''(x_0) < 0 \end{array}\right\} \implies x_0 \text{ ist strenges relatives Maximum,}
$$

$$
\left.\begin{array}{l} f'(x_0) = 0 \quad \text{und} \\ f''(x_0) > 0 \end{array}\right\} \implies x_0 \text{ ist strenges relatives Minimum.}
$$

Tangentensteigung und zweite Ableitung Dieser Spezialfall ist auch geometrisch ein-
sichtig: Die zweite Ableitung $f''(x)$ kann auch als erste Ableitung von $f'(x)$ interpretiert
werden. Ist $f''(x) < 0$, so fällt die erste Ableitung monoton, d. h. die Steigungen der
Funktionstangenten durch verschiedene Punkte (von links nach rechts in einer Umgebung
von x_0) werden immer kleiner. Umgekehrt werden bei $f''(x) > 0$ die Tangentensteigungen immer größer. Aus Abb. 6.12 wird die Art des Extremums daher sofort deutlich.

Hat man mit Hilfe obiger Kriterien alle relativen Extrema ermittelt, kann man jetzt
auch die *Bestimmung der globalen Extrema* angehen:

Bestimmung globaler Extrema
Zur Bestimmung der globalen Extrema muss man

- die zu relativen Extrema gehörigen Funktionswerte vergleichen,
- das Verhalten der Funktion für $x \to \pm\infty$ und in eventuell vorhandenen Unend-
  lichkeitsstellen untersuchen.

Beispiel 6.13

a) Die Funktion $f(x) = x^4$ hat folgende Ableitungen:

$$
f'(x) = 4x^3, \ f''(x) = 12x^2, \ f'''(x) = 24x, \ f^{(4)}(x) = 24.
$$

Es folgt $f'(0) = f''(0) = f'''(0) = 0$ und $f^{(4)}(0) > 0$. Das hinreichende Kriterium liefert daher ein relatives Minimum in $x_0 = 0$. Da $\lim_{x\to\pm\infty} x^4 = \infty$, besitzt
die Funktion kein globales Maximum, aber $x_0 = 0$ ist globales Minimum.

b) **Untersuchung von Differenzierbarkeitsstellen** Gegeben sei die Funktion $f(x) =$
$x^3 \sqrt{7 - x}$ mit dem Definitionsbereich $D_f = (-\infty, 7]$. Zunächst untersuchen wir

Abb. 6.13 Funktionsgraph zu
Beispiel 6.13b

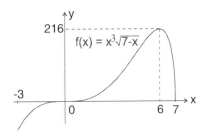

die Differenzierbarkeitsstellen:

$$f'(x) = 3x^2\sqrt{7-x} - \frac{x^3}{2\sqrt{7-x}} = \frac{42x^2 - 7x^3}{2\sqrt{7-x}} = \frac{7x^2(6-x)}{2\sqrt{7-x}}.$$

Der Definitionsbereich von f' ergibt sich zu $D_{f'} = D_f \setminus \{7\}$. Wir prüfen die Stellen $x_1 = 0$, $x_2 = 6$ mit horizontaler Tangente ($f'(x) = 0$!):

* $x_1 = 0$: Da $f'(x) > 0$ für $x \in (-\infty, 6)$, ist f im Intervall $(-\infty, 6)$ streng monoton wachsend. x_1 kann also kein Extremum sein.
* $x_2 = 6$: Es ist $f'(x) > 0$ für $x \in (0, 6)$ und $f'(x) < 0$ für $x \in (6, 7)$. Die Funktion ist links von x_2 monoton steigend, rechts davon aber monoton fallend. In x_2 besitzt f also ein strenges relatives Maximum. Die aufwendig zu berechnende zweite Ableitung hätte sich zu $f''(6) = -126 < 0$ ergeben. Damit hätten wir $x = 6$ mit dem hinreichenden Kriterium ebenfalls als Maximum identifizieren können.

Untersuchung von Nichtdifferenzierbarkeitsstellen Jetzt muss noch die Nichtdifferenzierbarkeitsstelle $x_3 = 7$, die gleichzeitig auch Randpunkt des Definitionsbereichs ist, überprüft werden: Es ist $f(x_3) = 0$ und $f(x) > 0$ für $x \in (0, 7)$. Also liegt in x_3 ein strenges relatives Minimum vor.

Ein Vergleich der zu den relativen Extrema gehörigen Funktionswerte $f(6) = 216$ und $f(7) = 0$ und die Beachtung von $\lim_{x \to -\infty} f(x) = -\infty$ zeigt, dass in x_2 ein globales Maximum vorliegt, während ein globales Minimum nicht existiert (siehe auch Abb. 6.13).

6.5.2 Wendepunkte und Krümmungsverhalten

Da die Steigung der Tangente einer Funktion $y = f(x)$ im Punkt x_0 durch $f'(x_0)$ gegeben ist und die Ableitung einer Funktion deren Wachstum charakterisiert, ist die zweite Ableitung $f''(x_0)$ offensichtlich ein Maß für die *Änderung der Tangentensteigung*. Wie Abb. 6.14 zeigt, wird durch diese das *Krümmungsverhalten* des Graphen von f beschrieben.

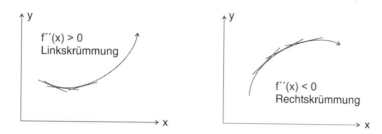

Abb. 6.14 Krümmungsverhalten und Tangentensteigungen

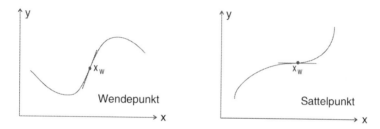

Abb. 6.15 Wendepunkt bzw. Sattelpunkt

Linkskrümmung, konvexe Funktion, Rechtskrümmung, konkave Funktion Ist $f''(x) > 0$ in einem Intervall I, so nimmt $f'(x)$ dort streng monoton zu, d. h. die Tangentensteigung wächst ständig. Ein Fahrzeug, das man sich längs der Kurve f fahrend denkt, durchläuft eine Linkskurve. Man spricht in diesem Fall von *Linkskrümmung* und nennt die Funktion *konvex*. Analog erhält man für $f''(x) < 0$ ständig fallende Tangentensteigungen und damit eine *Rechtskrümmung (konkave Funktion)*.

Die Krümmung ändert sich nun offensichtlich in Punkten, in denen steigende Tangenten in fallende (oder umgekehrt) übergehen. Dies sind aber genau die Punkte, für die die erste Ableitung Extremwerte annimmt. Daher definiert man:

Wendepunkt, Sattelpunkt

Ein Punkt x_w, an dem die erste Ableitung f' einer differenzierbaren Funktion f ein relatives Extremum besitzt, heißt Wendepunkt von f. Ein Wendepunkt mit horizontaler Tangente (zusätzlich $f'(x_w) = 0$) heißt Sattelpunkt.

Um Wende- und Sattelpunkte zu finden, sind die Extremwertkriterien aus Abschn. 6.5.1 nicht auf f, sondern auf die Funktion f' anzuwenden. Das liefert folgendes Kriterium:

Hinreichendes Wendepunkt-Kriterium

Hinreichend dafür, dass in x_w ein Wendepunkt vorliegt, ist

$$f''(x_w) = 0 \quad \text{und} \quad f'''(x_w) \neq 0 \,.$$

Übung 6.10

Gegeben sei das Polynom $p(x) = x^4/4 - 5x^3 + 8$. Bestimmen Sie Extremwerte, Wendepunkte und das Krümmungsverhalten.

Lösung 6.10

Die ersten drei Ableitungen von $p(x)$ lauten: $p'(x) = x^3 - 15x^2 = x^2(x - 15)$, $p''(x) = 3x^2 - 30x = 3x(x - 10)$ und $p'''(x) = 6x - 30$. Mögliche Kandidaten für Extremwerte sind die Nullstellen der ersten Ableitung: $x_1 = 15$, $x_2 = 0$. Da $p''(15) = 225 > 0$, liegt hier ein relatives Minimum vor. Die Nullstellen der zweiten Ableitung ergeben sich zu: $x_2 = 0$, $x_3 = 10$. Ferner ist $p'''(0) = -30 \neq 0$ und $p'''(10) = 30 \neq 0$. Deshalb ist x_2 kein Extremwert, sondern ein Sattelpunkt (wegen $p'(0) = 0$). Auch x_3 ist ein Wendepunkt. Durch die Wendepunkte werden die Intervalle mit unterschiedlichem Krümmungsverhalten abgegrenzt: In $(-\infty, 0)$ und $(10, \infty)$ ist das Polynom linksgekrümmt (da dort $p''(x) > 0$ stets) und in $(0, 10)$ rechtsgekrümmt (da dort $p''(x) < 0$ stets). Da $\lim_{x \to \pm\infty} p(x) = \infty$ ist das relative Mimimum auch global, ein globales Maximum existiert nicht.

6.5.3 Elementare Kurvendiskussion

Mit einer elementaren Kurvendiskussion kann man sich mit recht geringem Arbeitsaufwand einen Überblick über den Graphen einer gegebenen Funktion $y = f(x)$ verschaffen. Empfehlenswert ist dabei die Bestimmung/Ermittlung von

a) Polstellen, Asymptoten und Verhalten am Rand des Definitionsbereichs,
b) Symmetrie (Achsen oder Ursprung) und Periodizität,
c) Nullstellen der Funktion,
d) Stetigkeits- und Differenzierbarkeitsintervalle,
e) Extrema, Wendepunkte mit Krümmungsintervallen,
f) und letztlich die Skizzierung des Funktionsgraphen.

Übung 6.11

Gegeben sei die Funktion $f(x) = \mathrm{e}^{-1/x}$. Führen Sie eine elementare Kurvendiskussion durch.

Abb. 6.16 Graph der Funktion
$f(x) = e^{-1/x}$

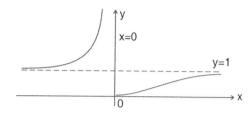

Polstelle, Asymptote Zunächst stellt man fest, dass die Funktion den Definitionsbereich $D = \mathbb{R} \setminus \{0\}$ hat. Interessant ist daher das Verhalten der Funktion am Rand des Definitionsbereichs:

$$\lim_{x \to 0+} e^{-1/x} = 0 \quad \text{und} \quad \lim_{x \to 0-} e^{-1/x} = \infty.$$

Aus dem letzten Grenzwert folgt, dass 0 eine Polstelle ist und die Gerade $x = 0$ vertikale Asymptote ist. Weiterhin hat man

$$\lim_{x \to \pm\infty} e^{-1/x} = 1,$$

also die horizontale Asymptote $y = 1$.

Symmetrie, Nullstellen Die Funktion besitzt offensichtlich keine Symmetrieeigenschaften. Da die e-Funktion nie Null wird, hat sie auch keine Nullstellen. Die Ableitungen von $f(x)$ ergeben sich zu

$$f'(x) = \frac{1}{x^2} e^{-1/x} \quad \text{und} \quad f''(x) = \frac{1}{x^4} e^{-1/x}(1 - 2x).$$

Extrema, Wendepunkte Mit Ausnahme der Polstelle ist die Funktion überall differenzierbar (und damit auch stetig). Da $f'(x) \neq 0$ stets, gibt es keine Extrema. Es ist $f''(1/2) = 0$. Die dritte Ableitung ergibt sich zu $f'''(x) = (1/x^6)e^{-1/x}(6x^2 - 6x - 1)$, woraus $f'''(1/2) \neq 0$ folgt. $x = 1/2$ ist nach dem hinreichenden Wendepunktkriterium also ein Wendepunkt. Den Graphen von $f(x)$ zeigt Abb. 6.16.

6.6 Numerische Lösung nichtlinearer Gleichungen

Viele Gleichungen lassen sich algebraisch nicht lösen, obwohl man in der Praxis deren Lösungen bis auf eine gewisse vorgegebene Genauigkeit benötigt. Man benutzt deshalb numerische Verfahren, die die gesuchten Lösungen approximieren. Bisektions-, Sekantenverfahren und die Regula falsi sind ableitungsfreie Verfahren und können auch auf nichtdifferenzierbare Funktionen angewandt werden. Schneller ist jedoch das so genannte Newton-Verfahren, welches allerdings die einfache Berechenbarkeit von Ableitungen voraussetzt. Dafür lässt es sich aber als einziges der genannten Verfahren auf mehrere Dimensionen verallgemeinern.

Lösung einer Gleichung entspricht Bestimmung von Nullstellen einer Funktion
Gleichungen lassen sich immer so umformen, dass auf der rechten Seite eine Null steht. Die linke Seite kann man dann als Funktion auffassen. Damit ist die Lösung einer Gleichung äquivalent zur Bestimmung von Nullstellen von Funktionen. Die nachfolgend dargestellten Methoden sind daher Iterationsverfahren zur Nullstellenbestimmung von Funktionen.

6.6.1 Bisektions- und Sekantenverfahren, Regula falsi

Das *Bisektionsverfahren* kann Nullstellen von stetigen Funktionen $f(x)$ ermitteln. Zum Start benötigt man zwei Werte $a < b$ (in der Praxis meist leicht ermittelbar!), an denen die Funktion verschiedene Vorzeichen hat (im Zeichen $\operatorname{sgn} f(a) \neq \operatorname{sgn} f(b)$). Dann liegt die gesuchte Nullstelle offensichtlich im Intervall $[a, b]$. Nun wertet man die Funktion am Intervallmittelpunkt $m = (a + b)/2$ aus. Gilt $f(m) = 0$, dann hat man sogar eine exakte Lösung gefunden. Andernfalls hat mindestens eines der beiden Intervalle $[a, m]$ bzw. $[m, b]$ an den Endpunkten Funktionswerte mit unterschiedlichen Vorzeichen, enthält also nach dem *Zwischenwertsatz* (siehe Abschn. 3.4) die gesuchte Nullstelle. Mit diesem (um die Hälfte kleineren!) Intervall fährt man nun fort, d. h. man berechnet dessen Mittelpunkt usw. Das Verfahren endet, wenn die Länge des aktuellen Intervalls eine *vorgegebene Genauigkeit* ε unterschreitet. Mathematisch lässt sich das Verfahren folgendermaßen beschreiben:

Bisektionsverfahren
Berechne ausgehend von Werten $a_0 = a$, $b_0 = b$ mit $a < b$ und $\operatorname{sgn} f(a) \neq \operatorname{sgn} f(b)$ für $k = 0, 1, 2, \ldots$ den Mittelpunkt $m_k = (a_k + b_k)/2$ des Intervalls $[a_k, b_k]$ und setze (falls $f(m_k) \neq 0$)

$$[a_{k+1}, b_{k+1}] := \begin{cases} [a_k, m_k], & \text{falls } \operatorname{sgn} f(a_k) \neq \operatorname{sgn} f(m_k) \\ [m_k, b_k], & \text{sonst} \end{cases}$$

STOP, wenn $b_{k+1} - a_{k+1} < \varepsilon$.

Die sehr (programmier-)technische Anweisung ist leicht verständlich, wenn man sie am Beispiel von Abb. 6.17 nachvollzieht.

Abb. 6.17 Bisektionsverfahren

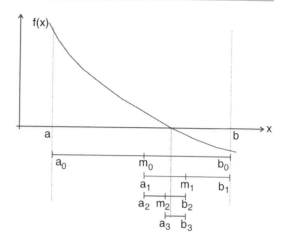

Tab. 6.2 Intervalle für ausgewählte Iterationsschritte

k	$[a_k; b_k]$
0	$[0; 1]$
1	$[0{,}5; 1]$
2	$[0{,}5; 0{,}75]$
3	$[0{,}5; 0{,}625]$
4	$[0{,}5625; 0{,}625]$
$\vdots$	
17	$[0{,}602249146; 0{,}602256775]$
18	$[0{,}602249146; 0{,}602252960]$
19	$[0{,}602249146; 0{,}602251053]$
20	$[0{,}602249146; 0{,}602250099]$

Beispiel 6.14

Start mit $a_0 = 0$, $b_0 = 1$ Gegeben sei $p(x) = 3x^3 - 4x^2 - 2x + 2$. Die drei Nullstellen dieses Polynoms liegen bei $x_1^* \approx 0{,}602249$, $x_2^* \approx 1{,}48$ und $x_3^* \approx -0{,}75$. Um beispielsweise die Nullstelle x_1^* zu ermitteln, starten wir das Bisektionsverfahren mit $a_0 = 0 < 1 = b_0$ (es gilt dann $f(0) = 2$ und $f(1) = -1$!). Die Tab. 6.2 zeigt für ausgewählte Iterationsschritte k die ermittelten Intervalle.

Genauigkeit nach 20 Iterationen Es gilt $b_{20} - a_{20} = 0{,}953 \cdot 10^{-6}$. Nach 20 Iterationen hat man erst eine Genauigkeit von 5 Nachkommastellen erreicht.

Beim *Sekantenverfahren* berechnet man eine Näherung x_2 der gesuchten Nullstelle einer Funktion f aus dem Schnitt der Sekante durch zwei bereits vorgegebene Punkte $(x_0, f(x_0))$ und $(x_1, f(x_1))$ mit der x-Achse. Die nächste Näherung x_3 ergibt sich dann als Nullstelle der Sekante, die durch $(x_2, f(x_2))$ und $(x_1, f(x_1))$ geht. Abbildung 6.18 verdeutlicht dieses Vorgehen.

Abb. 6.18 Sekantenverfahren

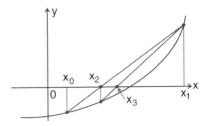

Sekantengleichung Im Allgemeinen lautet die Gleichung der Sekante durch die beiden Punkte $(x_k, f(x_k))$ und $(x_{k+1}, f(x_{k+1}))$

$$y(x) = \frac{f(x_{k+1}) - f(x_k)}{x_{k+1} - x_k}(x - x_k) + f(x_k)$$

(da $y(x_k) = f(x_k)$ und $y(x_{k+1}) = f(x_{k+1})$). Der neue Wert x_{k+2} ergibt sich nun aus der Forderung $y(x_{k+2}) = 0$. Man hat daher folgenden Algorithmus:

Sekantenverfahren
Berechne ausgehend von zwei beliebig gewählten Startwerten x_0 und x_1 für $k = 0, 1, 2, \ldots$

$$x_{k+2} := \frac{x_k f(x_{k+1}) - x_{k+1} f(x_k)}{f(x_{k+1}) - f(x_k)}.$$

STOP, wenn $|x_{k+2} - x_{k+1}| < \varepsilon$ oder Nenner $= 0$.

Beispiel 6.15
Um die Nullstelle $x_1^* \approx 0{,}602249$ von $p(x) = 3x^3 - 4x^2 - 2x + 2$ (vgl. Beispiel 6.14) zu ermitteln, wird das Sekantenverfahren mit den Werten $x_0 = 0$ und $x_1 = 1$ gestartet. Die erste Näherung x_2 ergibt sich nach obiger Formel zu

$$x_2 = \frac{0 \cdot f(1) - 1 \cdot f(0)}{f(1) - f(0)} = \frac{2}{3}.$$

Tabelle 6.3 zeigt die Ergebnisse weiterer Iterationsschritte des Verfahrens, wobei mit dem tatsächlichen Wert übereinstimmende Nachkommastellen unterstrichen sind.
    Bereits nach 5 Iterationen hat man eine Genauigkeit von 7 Nachkommastellen.

Regula Falsi Die *Regula Falsi* ist dem Bisektionsverfahren sehr ähnlich. Man startet ebenfalls mit einem Intervall $[x_0, x_1]$, wobei $f(x_0)$ und $f(x_1)$ verschiedene Vorzeichen haben. Das Intervall enthält also mindestens eine Nullstelle von f. Der einzige Unterschied besteht nun darin, dass man nicht den Intervallmittelpunkt, sondern – wie oben –

Tab. 6.3 Iterationen des Se-
kantenverfahrens

k	x_k
2	0,666666667
3	0,571428571
4	0,603112840
5	0,602259045
6	0,602249187

die Nullstelle der Sekante x_2 benutzt. Man berechnet jetzt $f(x_2)$ und setzt das Verfahren gemäß den Regeln des Bisektionsverfahrens mit einem der beiden Intervalle $[x_0, x_2]$ bzw. $[x_2, x_1]$, das die Nullstelle enthält, fort.

6.6.2 Newton'sches Iterationsverfahren

Funktion muss differenzierbar sein Ein recht einfaches, aber sehr effektives Iterationsverfahren ist das *Newton-Verfahren*, welches die Differenzierbarkeit der Funktion f voraussetzt. Es kann daher zur Bestimmung der Nullstelle x^* anstelle von Sekanten die Tangenten an f benutzen. Zunächst sucht man eine gute Näherung x_0 für x^*, die man beispielsweise aus einer Skizze oder Funktionstabelle gewinnen kann. Im Punkt $(x_0, f(x_0))$ stellt man nun die Tangentengleichung auf (vgl. Abschn. 6.2.2):

$$t(x) = f(x_0) + f'(x_0)(x - x_0).$$

Nullstelle der Tangente Da die Tangente eine gute Näherung der gegebenen Funktion f darstellt, ist zu erwarten, dass die einfach zu berechnende Nullstelle x_1 von t eine bessere Näherung von x^* ist als x_0:

$$x_1 = x_0 - \frac{f(x_0)}{f'(x_0)}.$$

Nun setzen wir das Verfahren mit dem neuen Näherungswert x_1 fort. Dies liefert $x_2 = x_1 - f(x_1)/f'(x_1)$. Wiederholte Anwendung (Iteration) – natürlich nur für $f'(x_k) \neq 0$ – liefert:

Newton-Verfahren
Wähle x_0 und berechne die Folge (x_k) mittels

$$x_{k+1} := x_k - \frac{f(x_k)}{f'(x_k)}, \quad k = 0, 1, 2, \dots.$$

STOP, falls $|x_{k+1} - x_k| < \varepsilon$ oder Nenner $= 0$.

Abb. 6.19 Newtonverfahren

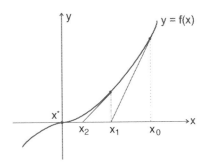

Tab. 6.4 Iterierte des Newton-verfahrens

k	x_k
0	0,0100000000
1	0,9621441970
2	0,2627451476
3	0,6226741590
4	0,6020648709
5	0,6022491765
6	0,6022491900

Lokale Konvergenz Wie aus Abb. 6.19 ersichtlich, ist in vielen Fällen eine Konvergenz der Näherungswerte x_k gegen x^* gegeben, d. h. $x_k \to x^*$. In der Numerischen Mathematik wird gezeigt, dass das Newton-Verfahren unter gewissen Voraussetzungen, die in der Praxis häufig erfüllt sind, konvergiert, wenn man einen *Startwert* nimmt, der *hinreichend nahe* bei der gesuchten Nullstelle liegt (*lokale Konvergenz*). Dagegen konvergieren das Bisektionsverfahren und die Regula Falsi aber stets; man sagt, sie sind *global konvergent*.

Quadratische Konvergenz Das Newton-Verfahren ist jedoch sehr einfach und – wie gerade bemerkt – häufig konvergent. Deshalb ist es in der Praxis sehr verbreitet. Es konvergiert i. Allg. „schneller" als die anderen Verfahren: die Zahl der gültigen Nachkommastellen *verdoppelt* sich in der Endphase beim Newton-Verfahren in der Regel sogar von Iterationsschritt zu Iterationsschritt („*quadratische Konvergenz*").

Beispiel 6.16

Gegeben sei nochmals das Polynoms $p(x) = 3x^3 - 4x^2 - 2x + 2$. Man wählt nun einen Startpunkt x_0 hinreichend nahe bei x_1^*. Für $x_0 = 0{,}01$ ergeben sich die Iterierten aus Tab. 6.4. Bei jeder Iterierten sind die gültigen Ziffern unterstrichen. Man erkennt daran deutlich die quadratische Konvergenz. Bereits nach 6 Iterationen sind 10 Nachkommastellen korrekt. Nimmt man einen „besseren" Startwert, z. B. $x_0 = 0{,}1$, so erreicht man 10 gültige Nachkommastellen bereits nach 5 Iterationen.

Übung 6.12

Benutzen Sie zur Lösung der Gleichung $x^2 - 10x + \ln x = 0$ das Newtonverfahren mit dem Startwert $x_0 = 9$. Ermitteln Sie die Lösung bis auf 4 Nachkommastellen genau.

Lösung 6.12

Setzt man $f(x) = x^2 - 10x + \ln x$, dann ist $f'(x) = 2x - 10 + 1/x$ und die erste Näherung x_1 ergibt sich aus $x_1 = 9 - f(9)/f'(9) = 9{,}83870$. Analog ergeben sich $x_2 = 9{,}76719$, $x_3 = 9{,}76666$ und $x_4 = 9{,}76666$. Die beiden letzten Iterierten unterscheiden sich in den geforderten Nachkommastellen nicht mehr, also lautet die gesuchte Lösung $9{,}7667$.

6.7 Taylorpolynome

Ausreichend oft differenzierbare Funktionen lassen sich durch Polynome approximieren. Wie gut diese so genannten Taylorpolynome eine Funktion approximieren, kann man mit dem Taylor'schen Restglied berechnen. Ein Spezialfall der Formel von Taylor liefert den in der Mathematik wichtigen Mittelwertsatz der Differentialrechnung.

Lineare Approximation von $f(x)$ um x_0 In Abschn. 6.2.2 wurde gezeigt, dass man eine Funktion $f(x)$ in der Nähe eines Punktes x_0 *linear approximieren* kann (man beachte, dass $dx = x - x_0$ gilt):

$$f(x) \approx f(x_0) + f'(x_0)(x - x_0) =: p_1(x).$$

Verbesserung der Approximation von $f(x)$ um x_0 Beim Gebrauch dieser Formel verwendet man also anstelle der (evtl. aufwendigen) Funktion f die leicht berechenbare Ersatzfunktion $p_1(x)$, die ein Polynom 1. Grades ist. $p_1(x)$ hat im Punkt x_0 denselben Funktions- und Ableitungswert wie f: $p_1(x_0) = f(x_0)$ und $p_1'(x_0) = f'(x_0)$. Kennt man auch die zweite Ableitung von f, so sucht man eine „bessere" Ersatzfunktion $p_2(x)$ mit $p_2(x_0) = f(x_0)$, $p_2'(x_0) = f'(x_0)$ und $p_2''(x_0) = f''(x_0)$. Die zusätzlich geforderte Übereinstimmung in der zweiten Ableitung lässt eine höhere Approximationsgenauigkeit erwarten. Man verifiziert leicht, dass das Polynom zweiten Grades

$$p_2(x) = f(x_0) + f'(x_0)(x - x_0) + \frac{f''(x_0)}{2}(x - x_0)^2$$

die geforderten Eigenschaften erfüllt.

Beispiel 6.17

Zu approximieren sei die Funktion $f(x) = \mathrm{e}^x$. Da $f(x) = f'(x) = f''(x) = \mathrm{e}^x$ und $f(0) = f'(0) = f''(0) = 1$, ergeben sich die Polynome zu $p_1(x) = 1 + x$, $p_2(x) = 1 + x + x^2/2$. Die Güte der Approximationen wird aus Abb. 6.20 deutlich.

Abb. 6.20 Polynom-
Approximationen für $y = e^x$

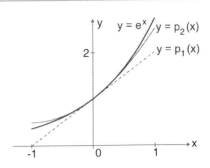

Kennt man nun die Ableitungen von f bis zur n-ten Ordnung, so sucht man ein Polynom $p_n(x)$ n-ten Grades mit der Eigenschaft $p_n(x_0) = f(x_0)$ und $p_n^{(k)}(x_0) = f^{(k)}(x_0)$
für $k = 1, \ldots n$. Die Lösung dieser Aufgabe liefert das so genannte Taylorpolynom.

Taylorpolynom bzw. Taylorentwicklung von $f(x)$ in x_0
Das Taylorpolynom n-ten Grades von f in x_0 (auch Taylorentwicklung von f um
x_0 bis zum Grad n genannt) lautet (mit $f^{(0)}(x_0) := f(x_0)$):

$$p_n(x) := \sum_{k=0}^{n} \frac{f^{(k)}(x_0)}{k!}(x - x_0)^k$$

$$= f(x_0) + \frac{f'(x_0)}{1!}(x - x_0) + \frac{f''(x_0)}{2!}(x - x_0)^2$$

$$+ \ldots + \frac{f^{(n)}(x_0)}{n!}(x - x_0)^n.$$

Diese Formel ist eigentlich leicht zu merken, da sich die auftretenden Summanden sehr
ähnlich sind. Man geht davon aus, dass alle Taylorpolynome für x-Werte aus einer hinreichend kleinen Umgebung von x_0 gute Näherungswerte für $f(x)$ liefern. Diese Näherung
ist in der Praxis aber nur dann verwertbar, wenn wir Abschätzungen für den Approximationsfehler $R_n(x) = f(x) - p_n(x)$ angeben können. Hierfür gibt es die Taylor'sche
Formel.

Taylor'sche Formel
Ist die Funktion $f(x)$ in einer Umgebung des Punktes x_0 genügend oft differenzierbar, dann gilt in dieser Umgebung

$$f(x) = \sum_{k=0}^{n} \frac{f^{(k)}(x_0)}{k!}(x - x_0)^k + R_n(x)$$

mit dem so genannten Lagrange'schen Restglied (Approximationsfehler)

$$R_n(x) = \frac{f^{(n+1)}(\xi)}{(n+1)!}(x - x_0)^{n+1}.$$

Dabei ist ξ eine Zahl zwischen x_0 und x ($x_0 < \xi < x$ bzw. $x < \xi < x_0$), die i. Allg. nicht bekannt ist.

Auch das Lagrange'sche Restglied ist einfach zu merken, da es sich vom nächsten Term ($k = n + 1$) in der Taylorformel nur durch das Argument ξ unterscheidet. Die Güte der Taylorentwicklungen hängt von der Größe der Restglieder $R_n(x)$ ab. Da von der Stelle ξ nur bekannt ist, dass sie zwischen x_0 und x liegt, ist es i. Allg. nicht möglich, den Fehler genau zu berechnen. Aber bei Kenntnis der Funktion $f^{(n+1)}(x)$ kann man deren Werte für alle Argumente zwischen ξ und x nach oben abschätzen und dadurch eine (möglichst genaue) Schranke für den Fehler $R_n(x)$ gewinnen.

Beispiel 6.18

Gegeben sei die Funktion $f(x) = e^x$. Wegen $f^{(k)}(x) = e^x$ und damit $f^{(k)}(0) = 1$, für alle $k = 0, 1, 2, \ldots$, ergibt sich ihr Taylorpolynom n-ten Grades um den Punkt $x_0 = 0$ zu

$$\sum_{k=0}^{n} \frac{f^{(k)}(0)}{k!}(x - 0)^k = \sum_{k=0}^{n} \frac{x^k}{k!}.$$

Auch das Lagrange'sche Restglied wird sehr einfach ($0 < \xi < x$ bzw. $x < \xi < 0$):

$$R_n(x) = \frac{f^{(n+1)}(\xi)}{(n+1)!}(x - 0)^{n+1} = \frac{e^\xi}{(n+1)!}x^{n+1}.$$

Um nun eine Approximation der Zahl e zu gewinnen, muss man das Taylorpolynom an der Stelle $x = 1$ auswerten: $e = e^1 \approx 1^0/0! + 1^1/1! + 1^2/2! + \ldots$. Wie groß ist nun aber n zu wählen, um e z. B. mit einer Genauigkeit von 10^{-4} bestimmen zu können? Da man bereits weiß, dass $e^1 < 3$ gilt und die e-Funktion monoton steigt (siehe Abschn. 3.5.3), gelingt folgende Abschätzung des Restgliedes (Elimination der unbekannten Größe $0 < \xi < 1$):

$$R_n(1) = \frac{e^\xi}{(n+1)!} < \frac{3}{(n+1)!}.$$

Es muss also $3/(n+1)! < 10^{-4}$ gelten, was bereits für $n = 7$ erfüllt ist. Damit ergibt sich die Approximation $e \approx 1 + 1/1! + 1/2! + 1/3! + 1/4! + 1/5! + 1/6! + 1/7! = 2,718253968$.

Übung 6.13

a) Ermitteln Sie die Taylorentwicklung von $f(x) = \ln x$ um $x_0 = 1$ bis zum Grad n.

b) Wie lautet das Lagrange'sche Restglied?

c) Welche Entwicklung ergibt sich für $\ln 2$? Ist dieses Polynom sinnvoll, um $\ln 2$ bis auf einen Fehler von 10^{-3} exakt zu berechnen?

d) Wie viele Summanden benötigt man zur Approximation von $\ln(3/2)$ bis auf einen Fehler von 10^{-3}?

Lösung 6.13

Die Ableitungen der Funktion $f(x) = \ln(x)$ sind $f'(x) = 1/x$, $f''(x) = -1/x^2$, $f'''(x) = 2/x^3$, $f^{(4)}(x) = -(2 \cdot 3)/x^4$ und allgemein

$$f^{(k)}(x) = \frac{(-1)^{k+1}(k-1)!}{x^k}.$$

Somit gilt

$$f^{(k)}(1) = \frac{(-1)^{k+1}(k-1)!}{1^k} = (-1)^{k+1}(k-1)! = -(-1)^k(k-1)!$$

a) Es ergibt sich die folgende Taylorentwicklung von $y = \ln x$ um $x_0 = 1$ bis zum Grad n:

$$\ln(x) = \ln(1) - \frac{(-1)^1 \cdot 0!}{1!}(x-1) - \frac{(-1)^2 \cdot 1!}{2!}(x-1)^2$$
$$- \frac{(-1)^3 \cdot 2!}{3!}(x-1)^3 - \ldots - \frac{(-1)^n \cdot (n-1)!}{n!}(x-1)^n$$
$$= -\sum_{k=1}^{n} \frac{(1-x)^k}{k}. \qquad (*)$$

b) Das Lagrange'sche Restglied ergibt sich zu ($1 < \xi < x$ bzw. $x < \xi < 1$):

$$R_n(x) = \frac{(-1)^{n+2} \cdot n!}{\xi^{n+1} \cdot (n+1)!}(x-1)^{n+1} = \frac{-(1-x)^{n+1}}{\xi^{n+1} \cdot (n+1)}.$$

Für $x > 1$ gilt $\xi > 1 \Longleftrightarrow \xi^{n+1} > 1 \Longleftrightarrow \frac{1}{\xi^{n+1}} < 1$ (Elimination der unbekannten Größe ξ) und daraus ergibt sich die Abschätzung

$$|R_n(x)| < \frac{|1-x|^{n+1}}{n+1}.$$

Abb. 6.21 Geometrische Interpretation des Mittelwert-satzes

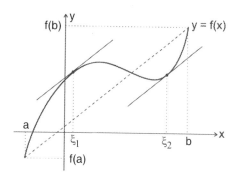

c) Um die Entwicklung von $\ln 2$ zu erhalten, muss man in $(*)$ $x = 2$ setzen und erhält

$$-\sum_{k=1}^{n} \frac{(1-2)^k}{k} = 1 - \frac{1}{2} + \frac{1}{3} - \frac{1}{4} \pm \dots .$$

Dieses theoretisch interessante Ergebnis ist numerisch leider nicht brauchbar, da für den Fehler (vgl. Teil b)) gilt: $|R_n(2)| < 1/(n+1)$. Aus der Forderung $1/(n+1) < 10^{-3}$ ergibt sich $n = 1000$. Für die erwünschte Genauigkeit sind viel zu viele Summanden zu berechnen.

d) Für die Berechnung von $\ln(3/2)$ gilt:

$$\left| R_n\left(\frac{3}{2}\right) \right| < \frac{1}{n+1} \left(\frac{3}{2} - 1\right)^{n+1} = \frac{1}{n+1} \cdot \frac{1}{2^{n+1}}.$$

Bereits für $n = 7$ ist dieser Ausdruck kleiner als 10^{-3}. Dies ist numerisch brauchbar, man ist jetzt auch viel näher am Entwicklungspunkt $x_0 = 1$ als in Teil c) dieser Aufgabe.

Abschließend sei noch ein Spezialfall der Taylorformel hervorgehoben. Für $n = 0$ ($x = b$ und $x_0 = a$) erhält man den wichtigen und bekannten *Mittelwertsatz der Differentialrechnung*:

Mittelwertsatz der Differentialrechnung
Sei $f(x)$ stetig auf $[a, b]$ und differenzierbar auf (a, b). Dann gibt es ein $\xi \in (a, b)$ mit

$$\frac{f(b) - f(a)}{b - a} = f'(\xi).$$

Geometrisch besagt dieser Satz, dass es wenigstens eine Tangente an den Graphen von f gibt, die parallel zur Geraden durch die Punkte $f(a)$ und $f(b)$ liegt.

6.8 Funktionen in mehreren Veränderlichen

Nur in ganz wenigen Fällen lassen sich technische und ökonomische Probleme durch eine einzige Variable charakterisieren. In der Regel treten in mathematischen Modellen mehrere Variablen auf, es müssen also funktionale Zusammenhänge mit mehreren Veränderlichen betrachtet werden. Analog zu eindimensionalen Funktionen werden in diesem Abschitt für mehrdimensionale Funktionen die Begriffe Grenzwert, Stetigkeit und Differenzierbarkeit definiert. Der letzte Begriff ist im Mehrdimensionalen komplexer: die geometrische Bedeutung wird aus der Richtungsableitung klar, die Ableitungen nach den verschiedenen Variablen nennt man partielle Ableitungen; diese fasst man wiederum zu einem Vektor, dem so genannten Gradienten zusammen.
Die nachfolgenden Betrachtungen werden sich im wesentlichen auf die zwei- und dreidimensionalen reellen Räume $\mathbb{R}^2$ und $\mathbb{R}^3$ beschränken, da hier die nötigen mathematischen Grundbegriffe anschaulich dargestellt werden können. So wird aus der Funktionstangente im $\mathbb{R}^2$ beispielsweise eine Tangentialebene. Auch die Bedingungen für potentielle Extrema lassen sich dann geometrisch veranschaulichen. Der dabei entwickelte Formalismus lässt sich auf höherdimensionale Problemstellungen in der Regel analog anwenden.

6.8.1 Definitionen und Beispiele

Funktionen mit mehreren Veränderlichen (und Anwendungen dazu) traten mit der *linearen Abbildung* bereits in Abschn. 5.4.1 auf. Jetzt werden Funktionen, deren Bild nur aus einem Wert besteht (Einschränkung) betrachtet, wobei jedoch nichtlineare funktionale Zusammenhänge (Erweiterung) zugelassen sind. In vielen Anwendungen hat man es genau mit diesem Funktionstyp zu tun.

Beispiel 6.19

a) **Produktionsfunktion** Ein Unternehmen produziert Mengeneinheiten y eines Gutes aus zwei Rohstoffen r_1 und r_2. Dann gibt die Produktionsfunktion $y = y(r_1, r_2) = 4 \cdot r_1^{0,8} \cdot r_2^{0,4}$ die Ausbringungsmenge (Output) y in Abhängigkeit von den Einsatzmengen der beiden Produktionsfaktoren r_1 und r_2 an.

b) Beim Internet-Shopping stellt sich ein Konsument einen Warenkorb mit n Artikeln zusammen. Von Artikel $i = 1, 2, \ldots, n$ kauft er x_i Mengeneinheiten. Der zugehörige Vektor $\vec{x} = (x_1, \ldots, x_n)^T$ heißt *Güterbündel*. Bezeichen wir mit p_i den Preis (pro Einheit) von Artikel i, so erhalten wir den Gesamtpreis zu $P(\vec{x}) = P(x_1, \ldots, x_n) = p_1 x_1 + p_2 x_2 + \ldots + p_n x_n$.

Funktion mehrerer Veränderlicher

Eine reellwertige Funktion f mit n unabhängigen Variablen ist eine Zuordnung, die jedem n-Tupel $(x_1, x_2, \ldots, x_n) \in D$ genau eine reelle Zahl z zuordnet:

$$(x_1, x_2, \ldots, x_n) \longmapsto z = f(x_1, x_2, \ldots, x_n)$$

Dabei heißen D Definitionsbereich, $x_1, x_2, \ldots, x_n$ Argumente (bzw. unabhängige Veränderliche oder unabhängige Variable). z ist die abhängige Veränderliche oder abhängige Variable, $f(x_1, x_2, \ldots, x_n)$ der Funktionswert an der Stelle $(x_1, x_2, \ldots, x_n)$. Die Menge aller Bilder heißt Wertebereich W.

$\mathbb{R}^1, \mathbb{R}^2, \mathbb{R}^3$ Die Menge aller n-Tupel $(x_1, x_2, \ldots, x_n)$ mit $x_i \in \mathbb{R}$ für $i = 1, \ldots, n$ wird mit $\mathbb{R}^n$ bezeichnet. $\mathbb{R}^1$ ist also die Zahlengerade (d. h. die Menge aller reellen Zahlen $\mathbb{R}$), $\mathbb{R}^2$ ist die zweidimensionale Ebene und $\mathbb{R}^3$ der dreidimensionale Raum.

Beispiel 6.20

a) Eine Ebene im $\mathbb{R}^3$ kann durch die Gleichung $ax + by + cz - d = 0$ dargestellt werden. Falls $c \neq 0$, ist diese nach z auflösbar: $z = (-ax - by + d)/c = f(x, y)$. Eine Ebene ist also auch durch eine Funktion mit zwei unabhängigen Variablen x, y darstellbar. Für diese gilt $D = \mathbb{R}^2$ und $W = \mathbb{R}$, falls $a \neq 0$ oder $b \neq 0$.

b) Das Volumen eines Quaders mit Kantenlängen x, y, z läßt sich durch folgende Funktion mit drei unabhängigen Variablen x, y, z angeben: $V = xyz = f(x, y, z)$. Hier ist die Definition $D = \{(x, y, z) \in \mathbb{R}^3 \mid x \geq 0, y \geq 0, z \geq 0\}$ sinnvoll, was zu $W = \{v \in \mathbb{R} \mid v \geq 0\}$ führt.

c) Die Funktion $z = f(x, y) = \sqrt{a^2 - x^2} + \sqrt{b^2 - y^2}$ mit $a > 0, b > 0$ ist eine Funktion mit zwei unabhängigen Variablen x, y. Sie hat $D = \{(x, y) \mid -a \leq x \leq a, -b \leq y \leq b\}$ als Definitionsbereich und $W = \{z \mid 0 \leq z \leq a + b\} = [0, a + b]$ als Wertebereich.

Graph als Fläche im Raum Wie bereits erwähnt, kann man Funktionen zweier unabhängiger Variablen $z = f(x, y)$ – im Gegensatz zu höherdimensionalen Funktionen – geometrisch anschaulich darstellen, nämlich als Fläche im Raum: Man interpretiert (x, y, z) mit $z = f(x, y)$ als kartesische Koordinaten eines Punktes im Raum ($\mathbb{R}^3$). Die so erhaltene Fläche wird auch als *Funktionsgraph* bezeichnet.

Schnittkurven mit Ebenen Hilfsmittel zur Veranschaulichung der in obigem Sinn erzeugten „Funktionsfläche" sind nun Schnitte mit speziellen Ebenen, die auf folgende Schnittkurven führen:

Abb. 6.22 Konstruktion eines Punktes des Graphen von $f(x, y)$

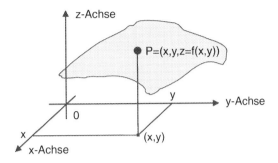

- Schnittkurve mit Ebene $x = x_0$: $z = f(x_0, y)$, $x = x_0$
- Schnittkurve mit Ebene $y = y_0$: $z = f(x, y_0)$, $y = y_0$
- Schnittkurve mit Ebene $z = c$: $f(x, y) = c$, $z = c$

Höhenlinie, Niveaulinie Die letzte Schnittkurve ist eine Kurvengleichung in impliziter Form. Sie wird auch als *Höhenlinie* oder *Niveaulinie* bezeichnet, da ihre senkrechte Projektion in die (x, y)-Ebene der geometrische Ort aller Punkte (x, y) mit gleichem Funktionswert c ist. Mathematisch ist die Niveaulinie charakterisiert durch die Menge $I_c = \{(x_1, x_2) \in D \mid f(x_1, x_2) = c\}$. Das folgende Beispiel zeigt, wie man mit Hilfe der Schnittkurven die Funktionsflächen visualisieren kann:

Beispiel 6.21
Gegeben sei die Funktion $z = x^2 + y^2$, $D = \mathbb{R}^2$. Es ergibt sich:

a) Schnittkurve mit (y, z)-Ebene ($x = 0$):
   $z = y^2$, $x = 0$: Parabel $z = y^2$ in der (y, z)-Ebene
b) Schnittkurve mit (x, z)-Ebene ($y = 0$):
   $z = x^2$, $y = 0$: Parabel $z = x^2$ in der (x, z)-Ebene
c) Schnittkurve mit der Ebene $z = c$, $c \geq 0$:
   $x^2 + y^2 = c$, $z = c$: Kreis in der Ebene $z = c$ mit Radius $\sqrt{c}$ und dem Mittelpunkt $(0, 0)$ (Niveaulinie).
   Insbesondere: $c = 0$: Punkt $(0, 0, 0)$.

Als Fläche ergibt sich daher ein *Rotationsparaboloid* (siehe Abb. 6.23).

Übung 6.14
Gegeben ist die Funktion $z = \sqrt{1 - x^2 - y^2}$, $D = \{(x, y) \mid x^2 + y^2 \leq 1\}$, $W = [0, 1]$. Skizzieren Sie die Fläche des Funktionsgraphen mit Hilfe der Schnittkurven.

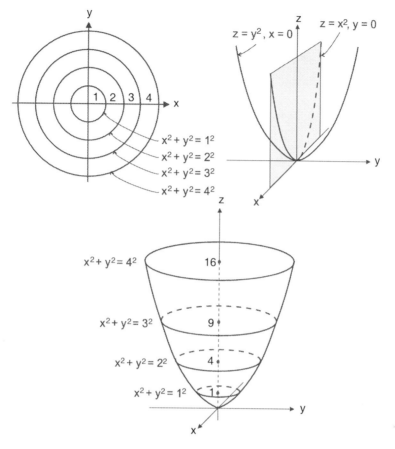

Abb. 6.23 Rotationsparaboloid $z = x^2 + y^2$

Lösung 6.14

Man ermittelt folgende Schnittkurven:

- Schnittkurve mit (y, z)-Ebene ($x = 0$):

$$z = \sqrt{1 - y^2}, x = 0 \iff y^2 + z^2 = 1, z \geq 0, \ x = 0$$

Oberer Halbkreisbogen in der (y, z)-Ebene

- Schnittkurve mit (x, z)-Ebene ($y = 0$):

$$z = \sqrt{1 - x^2}, y = 0 \iff x^2 + z^2 = 1, z \geq 0, \ y = 0$$

Oberer Halbkreisbogen in der (x, z)-Ebene

Abb. 6.24 Fläche der Funktion $z = \sqrt{1 - x^2 - y^2}$

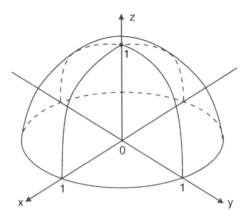

- Schnittkurve mit der Ebene $z = c$ $(0 \leq c \leq 1)$:

$$\sqrt{1 - x^2 - y^2} = c, z = c \quad \Longleftrightarrow \quad x^2 + y^2 = 1 - c^2, z = c$$

Kreis in der Ebene $z = c$ mit Radius $\sqrt{1 - c^2}$ und Mittelpunkt $(0, 0)$ (Niveaulinie).

Die Fläche entspricht der oberen Hälfte der Einheitskugel (siehe Abb. 6.24). Dies sieht man auch durch Quadrieren der Gleichung $z = \sqrt{1 - x^2 - y^2}$. Die so erhaltene implizite Flächengleichung $x^2 + y^2 + z^2 = 1$ beschreibt ja gerade die Kugel mit Radius 1 und Mittelpunkt im Ursprung.

Während bei einer Funktion $y = f(x)$ auf der Zahlengeraden nur zwei Möglichkeiten der Annäherung an einen Punkt $x = x_0$ existieren (nämlich von links $x \to x_0-$ bzw. von rechts $x \to x_0+$), gibt es in der Ebene natürlich *unendlich* viele Möglichkeiten der Annäherung.

Grenzwertbegriff
Eine Funktion $z = f(x, y)$ hat an der Stelle (x_0, y_0) den Grenzwert G, falls sich bei beliebiger Annäherung (also auf allen möglichen Wegen) an den Punkt (x_0, y_0) stets der Grenzwert G ergibt. Man schreibt dann $G = \lim_{(x,y)\to(x_0,y_0)} f(x, y)$.

Beispiel 6.22
a) Gegeben sind $z = f(x, y) = x + y$ und $(x_0, y_0) = (2, 5)$.
   Dann gilt: $\lim_{(x,y)\to(2,5)} x + y = \lim_{x\to 2} x + \lim_{y\to 5} y = 2 + 5 = 7$.
b) Zu betrachten ist $f(x, y) = \sin(x^2 + y^2)/(x^2 + y^2)$ (siehe Abb. 6.25) im Punkt $(x_0, y_0) = (0, 0)$: Setze $v := x^2 + y^2$, dann gilt $\lim_{(x,y)\to(0,0)} v = 0$. Also folgt für den Grenzwert: $\lim_{(x,y)\to(0,0)} \sin(x^2 + y^2)/(x^2 + y^2) = \lim_{v\to 0} \sin v/v = 1$ (L'Hospital!).

Abb. 6.25 Graph von $z = \frac{\sin(x^2+y^2)}{x^2+y^2}$, $-3 \le x, y \le 3$.

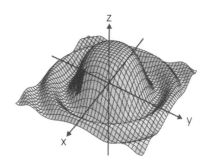

c) Zu untersuchen ist $f(x, y) = x^2/(x^2 + y^2)$ (siehe Abb. 6.26) in $(x_0, y_0) = (0, 0)$. Bei Annäherung längs der x-Achse ($y = 0$) gilt: $\lim_{x \to 0} f(x, 0) = \lim_{x \to 0} x^2/x^2 = 1$. Bei Annäherung längs der y-Achse ($x = 0$) ergibt sich aber: $\lim_{y \to 0} f(0, y) = \lim_{y \to 0} 0^2/(0^2 + y^2) = 0 \ne 1$. Da die Grenzwerte auf den beiden Wegen nicht übereinstimmen, folgt die Nichtexistenz des Grenzwertes.

Nachdem nun der Grenzwertbegriff geklärt ist, kann mit dessen Hilfe analog zum $\mathbb{R}^1$ die Stetigkeit definiert werden.

Stetigkeit

Eine Funktion $z = f(x, y)$ heißt stetig an der Stelle (x_0, y_0), falls

$$\lim_{(x,y) \to (x_0, y_0)} f(x, y) = f(x_0, y_0).$$

Wie man beispielsweise in Abb. 6.25 feststellen kann, hat der Graph einer stetigen Funktion („Mexikaner-Hut") keine „Bruchstellen". Die Funktion aus Beispiel 6.22b) ist nämlich im Punkt $(0, 0)$ mit $f(0, 0) = 1$ stetig ergänzbar. Die Funktion aus Beispiel 6.22c) („Steilklippe", Abb. 6.26) ist im Punkt $(0, 0)$ nicht stetig ergänzbar.

Abb. 6.26 Graph von $z = \frac{x^2}{x^2+y^2}$, $-1 \le x, y \le 1$.

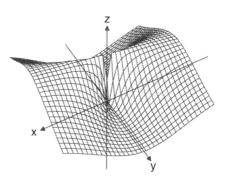

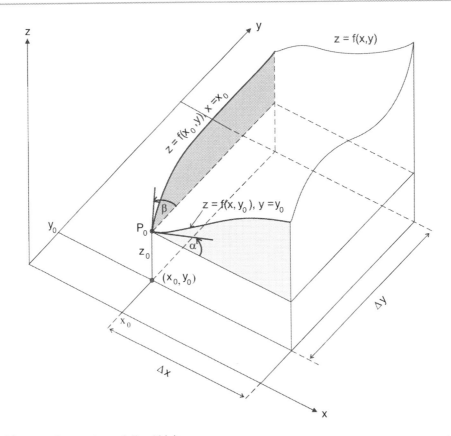

Abb. 6.27 Geometrie partieller Ableitungen

6.8.2 Partielle Ableitungen 1. Ordnung

Steigung in x-Richtung Gegeben sei die Funktion zweier Veränderlicher $z = f(x, y)$. Schneidet man die Fläche $z = f(x, y)$ mit der Ebene $y = y_0$, so erhält man die Schnittkurve $z = f(x, y_0)$, $y = y_0$ (siehe Abb. 6.27). Die Funktion $z = f(x, y_0) = g(x)$ ist nun eine Funktion in nur einer Variablen (nämlich x). Ihre Ableitung (nach x) für $x = x_0$ gibt die Steigung der Tangente an die Schnittkurve im Punkt $P_0 = (x_0, y_0, z_0 = f(x_0, y_0))$ an, d. h.

$$\tan \alpha = \lim_{\Delta x \to 0} \frac{f(x_0 + \Delta x, y_0) - f(x_0, y_0)}{\Delta x} .$$

Steigung in y-Richtung Ebenso ergibt sich für $x = x_0$ die Schnittkurve $z = f(x_0, y)$, $x = x_0$. Die Funktion $z = f(x_0, y) = h(y)$ ist ebenfalls eine Funktion in nur einer Variablen (nämlich y). Ihre Ableitung (nach y) für $y = y_0$ gibt die Steigung der Tangente an die Schnittkurve im Punkt $(x_0, y_0, z_0 = f(x_0, y_0))$ an, d. h.

$$\tan \beta = \lim_{\Delta y \to 0} \frac{f(x_0, y_0 + \Delta y) - f(x_0, y_0)}{\Delta y} .$$

Partielle Ableitungen 1. Ordnung

Als partielle Ableitungen (1. Ordnung) der Funktion $z = f(x, y)$ nach x bzw. nach y an der Stelle (x_0, y_0) definiert man die Grenzwerte

$$\lim_{\Delta x \to 0} \frac{f(x_0 + \Delta x, y_0) - f(x_0, y_0)}{\Delta x} =: f_x(x_0, y_0)$$

bzw.

$$\lim_{\Delta y \to 0} \frac{f(x_0, y_0 + \Delta y) - f(x_0, y_0)}{\Delta y} =: f_y(x_0, y_0).$$

Für $f_x(x_0, y_0)$ bzw. $f_y(x_0, y_0)$ sind auch die Symbole $\partial f / \partial x|_{(x_0, y_0)}$ bzw. $\partial f / \partial y|_{(x_0, y_0)}$ üblich. Die durch die Zuordnungsvorschrift $(x, y) \longmapsto f_x(x, y)$ bzw. $(x, y) \longmapsto f_y(x, y)$ gegebene Funktion heißt partielle Ableitung(sfunktion) nach x bzw. y.

Man beachte, dass bei einer Funktion $y = f(x)$ das Symbol df/dx benutzt wird. Bei Funktionen mehrerer Veränderlicher hingegen ist $\partial f / \partial x$ gebräuchlich. In letzterem Fall kann man auch nicht f' schreiben, da dann nicht klar ist, nach welcher Variablen abgeleitet werden soll.

Praktische Ermittlung der partiellen Ableitungen Aufgrund der Definitionen empfiehlt sich in der Praxis folgendes Vorgehen zur Ermittlung partieller Ableitungen:

a) Bildung von f_x: Behandle y als Konstante und differenziere nach x.
b) Bildung von f_y: Behandle x als Konstante und differenziere nach y.

Man bedenke aber, dass obiges Vorgehen nur dann möglich ist, wenn die jeweils zu betrachtenden Funktionen einer unabhängigen Variablen selbst differenzierbar sind.

Beispiel 6.23

Die partiellen Ableitungen von $f(x, y) = e^{-x} \cos y$ ergeben sich zu $f_x(x, y) = -e^{-x} \cos y$ (y und damit $\cos y$ wurde als konstant angesehen) und $f_y(x, y) = -e^{-x} \sin y$ (x und damit e^{-x} wurde als konstant angesehen).

Übung 6.15

Berechnen Sie die partiellen Ableitungen der Funktionen:

a) $f(x, y) = 2e^x + \ln(y) + 5x^3 y, \ y > 0$,
b) $f(x, y) = \sqrt{1 - x^2 - y^2}, \ x^2 + y^2 \leq 1$.

Abb. 6.28 Tangentialebene an
Funktionsgraph

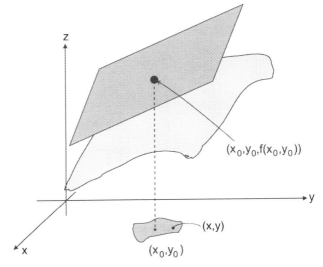

Lösung 6.15

a) $f_x(x, y) = 2e^x + 15x^2 y$, $f_y(x, y) = 1/y + 5x^3$,

b) $f_x(x, y) = 1/(2\sqrt{1 - x^2 - y^2}) \cdot (-2x)$,

   $f_y(x, y) = 1/(2\sqrt{1 - x^2 - y^2}) \cdot (-2y)$.

6.8.3   Tangentialebene, totale Differenzierbarkeit

Tangentialebene Im $\mathbb{R}^1$ haben wir die Steigung der Tangente zur Definition der Ableitung einer Funktion $y = f(x)$ benutzt. Im $\mathbb{R}^2$ wollen wir jetzt die in Abschn. 6.8.2 eingeführten partiellen Ableitungen zur Definition der *totalen Differenzierbarkeit* einer Funktion $y = f(x, y)$ verwenden. Diese geben ja gerade die Steigungen der Tangenten an einen beliebigen Flächenpunkt P_0 bzgl. zweier spezieller Schnittkurven, die parallel zur x- bzw. y-Achse verlaufen, wieder. Nun spannen diese beiden Tangenten im $\mathbb{R}^3$ natürlich eine Ebene auf. Wenn der Graph von f im Punkt $(x_0, y_0, f(x_0, y_0))$ genügend „glatt" ist (d. h. keine „Knicke" aufweist), dann ist diese Ebene, wie Abb. 6.28 zeigt, offensichtlich tangential zur Funktionsfläche und man nennt sie *Tangentialebene*.

Wir wollen nun die Gleichung der Tangentialebene an die Fläche $z = f(x, y)$ im Punkt (x_0, y_0, z_0) mit $z_0 = f(x_0, y_0)$ aufstellen: Als Ansatz für die Tangentialebene wählen wir die übliche Ebenendarstellung $z = l(x, y) = ax + by + c$. Die folgenden Forderungen dienen der Bestimmung von a, b, c:

a) Die Steigungen der Ebene in x- und y-Richtung müssen mit den Steigungen der Funktion bzgl. dieser Richtungen identisch sein, d. h. $f_x(x_0, y_0) = l_x(x_0, y_0) = a$ und $f_y(x_0, y_0) = l_y(x_0, y_0) = b$.

b) Der Punkt (x_0, y_0, z_0) muss natürlich in der Ebene liegen, d. h. $f(x_0, y_0) = l(x_0, y_0)$. Damit gilt $l(x_0, y_0) = ax_0 + by_0 + c$ und somit $c = f(x_0, y_0) - ax_0 - by_0$.

Gleichung der Tangentialebene

Die Gleichung der Tangentialebene (falls sie existiert) an die Fläche $z = f(x, y)$ im Flächenpunkt $P_0 = (x_0, y_0, z_0)$ mit $z_0 = f(x_0, y_0)$ lautet:

$$z = f(x_0, y_0) + f_x(x_0, y_0)(x - x_0) + f_y(x_0, y_0)(y - y_0).$$

Beispiel 6.24

Um die Tangentialebene der Funktion $f(x, y) = xy$ im Punkt $(x_0, y_0) = (1, -1)$ zu berechnen, ermittelt man zunächst die partiellen Ableitungen: $f_x(x, y) = y$, $f_y(x, y) = x$. Damit gilt $f_x(1, -1) = -1$, $f_y(1, -1) = 1$. Ferner ist $f(1, -1) = -1$ und man erhält die Tangentialebene zu $z = -1 + (-1) \cdot (x - 1) + 1 \cdot (y - (-1))$, d. h. $z = y - x + 1$.

Übung 6.16

Berechnen Sie die Tangentialebene der Funktion $f(x, y) = x/y$ im Punkt $(x_0, y_0) = (1, -1)$.

Lösung 6.16

Die partiellen Ableitungen ergeben sich zu $f_x(x, y) = 1/y$, $f_y(x, y) = -x/y^2$. Damit gilt $f_x(1, -1) = -1$, $f_y(1, -1) = -1$. Ferner ist $f(1, -1) = -1$ Die Tangentialebene lautet: $z = -1 + (-1) \cdot (x - 1) + (-1) \cdot (y - (-1))$, d. h. $z = -x - y - 1$.

Differenzierbarkeit im $\mathbb{R}^1$ Im $\mathbb{R}^1$ ist die Differenzierbarkeit einer Funktion im Punkt x_0 mit Hilfe eines Quotienten definiert, in dessen Zähler die Differenz zwischen Funktionswert $f(x)$ und Wert $t(x) = f(x_0) + f'(x_0)(x - x_0)$ der in x_0 errichteten Tangente steht (siehe hierzu Formel $(*)$ in Abschn. 6.2.2):

$$\lim_{x \to x_0} \frac{f(x) - [f(x_0) + f'(x_0)(x - x_0)]}{x - x_0} = 0. \qquad (*)$$

Die Gleichung besagt also, dass der Zähler schneller kleiner wird als der Nenner. Da der Nenner die Entfernung des Punktes x vom Punkt x_0 misst, lässt sich festhalten: die Funktion $f(x)$ nähert sich der Tangente schneller als das Argument x dem Punkt x_0. Diese geometrische Eigenschaft einer im $\mathbb{R}^1$ differenzierbaren Funktion überträgt man nun in den $\mathbb{R}^2$: Man verlangt, dass in der Nähe des Punktes (x_0, y_0) die Funktion $f(x, y)$ sehr gut durch ihre Tangentialebene approximiert wird. Beachtet man dabei, dass in der xy-Ebene die Entfernung eines Punktes (x, y) vom Punkt (x_0, y_0) durch die Formel

$\sqrt{(x-x_0)^2+(y-y_0)^2}$ gegeben ist, so erhält man in Analogie zu Formel (∗) für den $\mathbb{R}^2$ die folgende Definition der Differenzierbarkeit, die man total nennt, um eine Unterscheidung zum Begriff der partiellen Ableitungen zu haben:

Totale Differenzierbarkeit
Die Funktion $z = f(x, y)$ heißt total differenzierbar oder linear approximierbar im Punkt (x_0, y_0), falls die partiellen Ableitungen $f_x(x_0, y_0)$, $f_y(x_0, y_0)$ existieren und gilt

$$\lim_{(x,y)\to(x_0,y_0)} \frac{|f(x,y)-t(x,y)|}{\sqrt{(x-x_0)^2+(y-y_0)^2}} = 0.$$

Dabei ist $t(x,y) = f(x_0, y_0) - f_x(x_0, y_0)(x-x_0) - f_y(x_0, y_0)(y-y_0)$ die Tangentialebene in (x_0, y_0).

Für praktische Berechnungen sind die folgenden Eigenschaften wichtig:

Stetigkeit und totale Differenzierbarkeit
Die folgenden Zusammenhänge gelten allgemein:

a) $z = f(x, y)$ ist in (x_0, y_0) total differenzierbar, falls die partiellen Ableitungen f_x und f_y existieren und in einer Umgebung des Punktes (x_0, y_0) stetig sind.
b) Ist $z = f(x, y)$ in (x_0, y_0) total differenzierbar, dann ist f in (x_0, y_0) auch stetig.

Vorsicht!! Man beachte aber, dass aus der bloßen Existenz der partiellen Ableitungen i. Allg. nicht die totale Differenzierbarkeit folgt. Ebenso lässt sich aus der totalen Differenzierbarkeit i. Allg. nicht die Stetigkeit der partiellen Ableitungen folgern.

6.8.4 Das totale Differential

Im $\mathbb{R}^1$ hat man bei der linearen Approximation einer Funktion $f(x)$ mit dem *Differential* $dy = f'(x_0)\,dx$ gearbeitet. Es stellt den Zuwachs längs der Funktionstangente dar (siehe Abschn. 6.2.2). Analog dazu benutzt man im $\mathbb{R}^2$ den Zuwachs längs der Tangentialebene, um ausgehend von einem Punkt $P_0 = (x_0, y_0)$ einen neuen Funktionswert $f(x, y)$ einer in P_0 total differenzierbaren Funktion f zu approximieren. Der Zuwachs dz längs der in P_0 errichteten Tangentialebene ergibt sich (siehe Formel in Abschn. 6.8.3) aber zu:

$$dz = f_x(x_0, y_0)\,dx + f_y(x_0, y_0)\,dy.$$

Totales Differential

Das totale Differential von $z = f(x, y)$ an der Stelle (x_0, y_0) (zu den Zuwächsen dx, dy) ist definiert durch

$$dz := f_x(x_0, y_0)\, dx + f_y(x_0, y_0)\, dy \,.$$

Analog nennt man $dz = f_x\, dx + f_y\, dy$ totales Differential von $z = f(x, y)$ an der (laufenden) Stelle (x, y). In einer hinreichend kleinen Umgebung von (x_0, y_0) ist das totale Differential dz eine gute Näherung für den Funktionszuwachs

$$\Delta z := f(x_0 + dx, y_0 + dy) - f(x_0, y_0).$$

Beispiel 6.25

a) Die Funktion $z = f(x, y) = xy$ läßt sich geometrisch deuten: Sie misst die Fläche des Rechtecks mit den Seitenlängen x und y. Änderungen von x um dx und y um dy liefern den Funktionszuwachs $\Delta z = (x + dx)(y + dy) - xy = y\, dx + x\, dy + dx\, dy$. Das totale Differential ergibt sich zu $dz = f_x\, dx + f_y\, dy = y\, dx + x\, dy$, woraus für den Unterschied $\varepsilon = \Delta z - dz = dx\, dy$ folgt. Man sagt daher auch, der Approximationsfehler ist klein von zweiter Ordnung (siehe auch Abb. 6.6).

b) In der Fehlerrechnung möchte man wissen, wie sich bei der Produktbildung $x \cdot y$ relative Fehler (vgl. Abschn. 6.2.3) der Faktoren auswirken. Mit $z = f(x, y) = xy$ hat man wieder das totale Differential $dz = y\, dx + x\, dy$, woraus sich folgende Approximation für den relativen Fehler des Produktes ergibt:

$$\left|\frac{dz}{z}\right| = \left|\frac{y\, dx}{xy} + \frac{x\, dy}{xy}\right| \leq \left|\frac{dx}{x}\right| + \left|\frac{dy}{y}\right|.$$

Die Regel lautet also: Der maximale relative Fehler eines Produktes ist gleich der Summe der beiden maximalen relativen Fehler der Faktoren.

Übung 6.17

Wie groß ist der maximale relative Fehler bei der Division x/y?

Lösung 6.17

Man betrachtet die Funktion $z = f(x, y) = x/y$. Mit den partiellen Ableitungen aus Lösung 6.16 ergibt sich das totale Differential zu $dz = (1/y)dx + (-x/y^2)dy$. Für den relativen Fehler des Quotienten x/y gilt dann

$$\left|\frac{dz}{z}\right| = \left|\frac{dx}{y}\frac{y}{x} - \frac{x\, dy}{y^2}\frac{y}{x}\right| \leq \left|\frac{dx}{x}\right| + \left|\frac{dy}{y}\right|.$$

Die Regel lautet deshalb: Der maximale relative Fehler eines Quotienten ist gleich der Summe der maximalen relativen Fehler von Zähler und Nenner.

6.8.5 Gradient und Richtungsableitung

In diesem Abschnitt wird neben der bisher üblichen Notation $f(x, y)$ nun auch die äquivalente (vektorielle) Schreibweise $f(\vec{x})$ mit $\vec{x} = (x, y)^T$ verwendet.

Beispiel 6.26

Sei $f(x, y) = 2x^2 - 3y$ und $\vec{x} = (2, 3)^T$, dann sind die Schreibweisen $f(2, 3) = -1$ und $f(\vec{x}) = -1$ völlig äquivalent.

Nun werden die partiellen Ableitungen einer total differenzierbaren Funktion zu einem Vektor zusammengefasst:

Gradient

Der zweidimensionale Spaltenvektor

$$\operatorname{grad} f(x, y) = \nabla f(x, y) := \left(\frac{\partial f}{\partial x}(x, y), \frac{\partial f}{\partial y}(x, y) \right)^T$$

heißt Gradient von f an der Stelle (x, y). Für $\vec{x} = (x, y)^T$ wird er auch $\nabla f(\vec{x})$ geschrieben.

Beispiel 6.27

Der Gradient der Funktion $z = f(x, y) = x^2 y^2 + y + 1$ ergibt sich zu

$$\nabla f(x, y) = \left(\frac{\partial f}{\partial x}(x, y), \frac{\partial f}{\partial y}(x, y) \right)^T = (2xy^2, 2x^2 y + 1)^T.$$

Damit gilt beispielsweise $\nabla f(0, 0) = (0, 1)^T$.

Seien jetzt $f : \mathbb{R}^2 \mapsto \mathbb{R}$ eine total differenzierbare Funktion und $\vec{x}, \vec{v} \in \mathbb{R}^2$ zwei fest gewählte Vektoren. Dann betrachte man die Funktion $h : \mathbb{R} \mapsto \mathbb{R}$, die durch $h(t) := f(\vec{x} + t\vec{v})$ definiert ist. Die Menge aller Punkte der Form $\vec{x} + t\vec{v}$, $t \in \mathbb{R}$ ist offensichtlich die Gerade g durch den Punkt $\vec{x}$ parallel zum Vektor $\vec{v}$ (siehe Abb. 6.29). Daher stellt die Funktion h die Funktion f eingeschränkt auf die Gerade g dar. Der Graph von h ergibt sich als Schnitt der „Funktionsfläche" von f mit einer zur xy-Ebene senkrechten, durch g gehenden Ebene. Von Interesse ist nun, wie stark sich die Funktionswerte von f

Abb. 6.29 Richtungsableitung

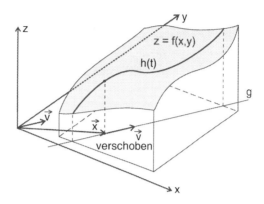

längs der Geraden g im Punkt $\vec{x}$ ändern. Auskunft darüber erhält man aber, wie aus der eindimensionalen Differentialrechnung bekannt, durch die Ableitung $h'(t)$ an der Stelle $t = 0$.

Richtungsableitung

Für eine total differenzierbare Funktion $f : \mathbb{R}^2 \mapsto \mathbb{R}$ ist die Richtungsableitung von f im Punkt $\vec{x}$ in Richtung des Einheitsvektors $\vec{v}$ (d. h. $\|\vec{v}\| = 1$) gegeben durch

$$\frac{d}{dt} f(\vec{x} + t\vec{v})|_{t=0}.$$

Da $h(t) := f(\vec{x} + t\vec{v})$ eine Funktion der *einen* Veränderlichen t ist, kann man deren Ableitung natürlich nach Einsetzen des Argumentes durch Ableiten bzgl. t berechnen. Es gibt aber auch eine Formel, die die Berechnung mittels Gradienten gestattet und meist weniger aufwendig ist.

Formel für Richtungsableitung

Für die Richtungsableitung im Punkt $\vec{x}$ in Richtung $\vec{v} = (v_1, v_2)^T$, $\|\vec{v}\| = 1$, gilt:

$$\frac{d}{dt} f(\vec{x} + t\vec{v})|_{t=0} = \nabla f^T(\vec{x}) \cdot \vec{v} = f_x(\vec{x}) \cdot v_1 + f_y(\vec{x}) \cdot v_2.$$

Die Richtungsableitung ergibt sich aus dem Skalarprodukt von Gradient und Richtungsvektor.

Abb. 6.30 Richtung des
steilsten Abstiegs

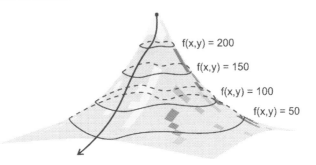

f(x,y) = 200

f(x,y) = 150

f(x,y) = 100

f(x,y) = 50

Beispiel 6.28

Zu bestimmen sei die Richtungsableitung der Funktion $z = f(x, y) = x^2 y^2 + y + 1$
in $\vec{x} = (0,0)^T$ in Richtung $\vec{v} = (\frac{1}{\sqrt{2}}, \frac{1}{\sqrt{2}})^T$. Hierfür gibt es zwei Möglichkeiten:

a) Man stellt die Funktion $h(t)$ auf und differenziert nach t: $h(t) = f(\vec{x} + t\vec{v}) = f(t/\sqrt{2}, t/\sqrt{2}) = t^4/4 + t/\sqrt{2} + 1$. Es ergibt sich $h'(t) = t^3 + 1/\sqrt{2}$ und daraus
die Richtungsableitung $h'(0) = 1/\sqrt{2}$.

b) Man berechnet die Richtungsableitung mittels Gradient nach obiger Formel (vgl.
Beispiel 6.27):

$$\nabla f^T(\vec{x}) \cdot \vec{v} = (0, 1) \cdot \begin{pmatrix} \frac{1}{\sqrt{2}} \\ \frac{1}{\sqrt{2}} \end{pmatrix} = \frac{1}{\sqrt{2}}.$$

Eindeutigkeit der Richtungsableitung Ließe man in der Definition der Richtungsableitung alle Vektoren $\vec{v}$ zu, so würde diese nicht nur von einem Punkt $\vec{x}$ und einer Richtung
abhängig sein, sondern zusätzlich noch von der *Länge* des Richtungsvektors. Durch die
Einschränkung auf „Einheitsrichtungen" erhält man aber eine *eindeutige* Definition.

Der Gradient hat zwei wesentliche Eigenschaften, die nachfolgend aufgeführt sind:

Richtung des steilsten Anstiegs
Für den Gradienten gilt:

a) Falls $\nabla f(\vec{x}) \neq \vec{0}$, dann zeigt $\nabla f(\vec{x})$ in die Richtung, längs der die Funktion f
am schnellsten ansteigt.

b) Falls $\nabla f(\vec{x}) \neq \vec{0}$ und $\vec{x}$ auf einer Niveaulinie C von f liegt, dann ist $\nabla f(\vec{x})$
senkrecht zur Tangente an die Niveaulinie C im Punkt $\vec{x}$.

Jedem Wanderer, der schon einmal senkrecht zu den Höhenlinien (= Niveaulinien)
seiner topographischen Karte einen Alpengipfel erklommen hat, dürfte dieser Sachverhalt bekannt sein. Diese Eigenschaften lassen sich gut an einem „bergförmigen" Graphen
(s. Abb. 6.30 und 6.31) veranschaulichen. Die Höhenlinien des Berges sind die Niveau-

Abb. 6.31 Niveaulinien und Gradient

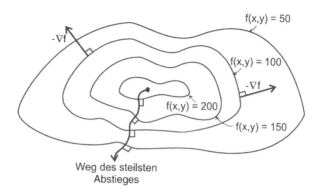

Abb. 6.32 Graph von $f(x, y) = (x^2 + 3y^2)e^{1-x^2-y^2}$

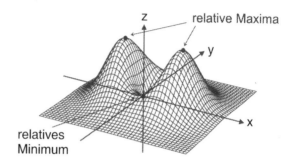

linien der Funktion. Die Gradienten stehen immer senkrecht zu gedachten Tangenten an diese Niveaulinien. ∇f weist in die Richtung des steilsten Anstiegs, während $-\nabla f$ die Richtung des steilsten Abstiegs angibt. Die Geometrie ist jedem Wanderer bekannt: um am schnellsten zum Gipfel zu kommen, muss man senkrecht zu den Höhenlinien laufen.

6.8.6 Bestimmung von Extremwerten, höhere Ableitungen

Minima und Maxima Der Begriff *Extremwert* lässt sich im $\mathbb{R}^2$ leicht aus der Definition für Funktionen einer Variablen verallgemeinern. Gilt

$$f(\vec{x}_0) \leq f(\vec{x}) \quad \text{bzw.} \quad f(\vec{x}_0) \geq f(\vec{x})$$

in einer hinreichend kleinen Umgebung von $\vec{x}_0$, dann heißt $\vec{x}_0$ *lokales Minimum* bzw. *lokales Maximum* von f. Strenge und globale Extremwerte sind analog zum $\mathbb{R}^1$ definiert. Die Abb. 6.32 zeigt drei Extrema der Funktion $f(x, y) = (x^2 + 3y^2)e^{1-x^2-y^2}$. Bei differenzierbaren Funktionen $h : \mathbb{R} \mapsto \mathbb{R}$ ist das Verschwinden der ersten Ableitung $h'(t_0) = 0$ ein notwendiges Kriterium für ein lokales Extremum in t_0 (siehe Abschn. 6.5.1). Es lässt sich folgendermaßen auf den $\mathbb{R}^2$ verallgemeinern: Falls $\vec{x}_0$ ein lokales Extremum von $f(\vec{x})$ ist, dann hat die durch $h(t) = f(\vec{x}_0 + t\vec{v})$ ($\vec{v}$ beliebig!) definierte Funktion h in $t = 0$ ein lokales Extremum. Notwendigerweise muss daher $h'(0) = 0$ gelten, d. h.

$0 = h'(0) = \nabla f^T(\vec{x}_0) \cdot \vec{v}$ für alle $\vec{v} \in \mathbb{R}^2$. Also steht der Vektor $\nabla f(\vec{x}_0)$ auf allen Vektoren $\vec{v} \in \mathbb{R}^2$ senkrecht. Dies ist aber nur für den Nullvektor möglich, d.h $\nabla f(\vec{x}_0) = \vec{0}$. Geometrisch bedeutet dies, dass die Tangentialebene in $\vec{x}_0$ *parallel* zur xy-Ebene verläuft.

Notwendiges Kriterium
Falls $\vec{x}_0$ ein lokales Extremum einer total differenzierbaren Funktion ist, dann gilt: $\nabla f(\vec{x}_0) = \vec{0}$, d. h. die partiellen Ableitungen müssen verschwinden: $f_x(\vec{x}_0) = f_y(\vec{x}_0) = 0$.

Beispiel 6.29

a) **Extremum vorhanden** Man betrachte das Rotationsparaboloid $f(x,y) = x^2 + y^2$: Nach dem notwendigen Kriterium ergeben sich mögliche Kandidaten für Extremwerte als Lösung der Gleichungen

$$\frac{\partial f}{\partial x} = 2x = 0 \quad \text{und} \quad \frac{\partial f}{\partial y} = 2y = 0.$$

Der einzig mögliche Punkt ist daher $(x,y) = (0,0)$. Da $f(x,y) \geq 0$ überall (vgl. Abb. 6.23), ist dieser Punkt tatsächlich ein relatives Minimum.

b) **Keine Extrema** Gegeben sei die Funktion $f(x,y) = x^2y^2 + y + 1$. Diese hat den Gradienten $\nabla f(x,y) = (2xy^2, 2x^2y + 1)$ (siehe Beispiel 6.27). Nach dem notwendigen Kriterium muss das Gleichungssystem

$$\frac{\partial f}{\partial x} = 2xy^2 = 0, \quad \frac{\partial f}{\partial y} = 2x^2y + 1 = 0$$

gelöst werden. Aus der ersten Gleichung folgt $x = 0$ oder $y = 0$. In beiden Fällen ist dann aber $2x^2y + 1 = 1 \neq 0$. Das System besitzt deshalb keine Lösung. Damit hat f keine Extrema.

c) **Sattelpunkt, Kriterium notwendig, aber nicht hinreichend** Wendet man das notwendige Kriterium auf die Funktion $f(x,y) = x^2 - y^2$ an, so muss das Gleichungssystem

$$\frac{\partial f}{\partial x} = 2x = 0, \quad \frac{\partial f}{\partial y} = -2y = 0$$

gelöst werden. Der einzig mögliche Kandidat für ein Extremum ist auch hier $(x,y) = (0,0)$ mit $f(0,0) = 0$. Da aber $f(x,0) \geq f(0,0)$ und $f(0,y) \leq f(0,0)$ für beliebig kleine x,y gilt, kann der Ursprung kein Extremum sein. Tatsächlich haben wir im Ursprung einen *Sattelpunkt*, wie aus Abb. 6.33 hervorgeht. Das notwendige Kriterium ist also *nicht hinreichend*.

Abb. 6.33 Graph von
$f(x, y) = x^2 - y^2$

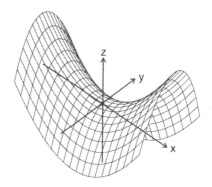

Übung 6.18

Bestimmen Sie mögliche Kandidaten für Extremwerte der Funktion $p(x, y) = -9/4\,x^2 - 17/4\,y^2 + 28x + 20y - 1/2\,xy - 14$.

Lösung 6.18

Das notwendige Kriterium ergibt (nach Bestimmung der partiellen Ableitungen) das Gleichungssystem

$$p_x(x, y) = -\frac{9}{2}x + 28 - \frac{1}{2}y = 0, \quad p_y(x, y) = -\frac{17}{2}y + 20 - \frac{1}{2}x = 0.$$

Die einzige Lösung dieses Gleichungssystems ist $(x, y) = (6, 2)$, wie man durch Einsetzen leicht verifiziert. Da das benutzte Kriterium nur notwendig ist, kann nicht entschieden werden, ob es sich hierbei tatsächlich um einen Extremwert handelt.

Partielle Ableitungen 2. Ordnung, Gemischte partielle Ableitungen Um entscheiden zu können, ob ein Punkt $\vec{x}_0$ mit $\nabla f(\vec{x}_0) = \vec{0}$ ein Extremum ist, benötigt man ein *hinreichendes Kriterium*. Im $\mathbb{R}^1$ sind bei zweimal differenzierbaren Funktionen h $h'(t_0) = 0$ und $h''(t_0) \neq 0$ hinreichende Bedingungen (siehe Abschn. 6.5.1). Nun ist die zweite Ableitung einer Funktion $f : \mathbb{R}^2 \mapsto \mathbb{R}$ ein etwas kompliziertes mathematisches Objekt. Daher wird zunächst der Begriff der partiellen Ableitungen 2. Ordnung eingeführt: Für eine gegebene Funktion $z = f(x, y)$ berechnet man die partiellen Ableitungen (1. Ordnung): f_x und f_y. Beide Ableitungen sind wieder Funktionen zweier Variabler x, y. Wenn diese ebenfalls partielle Ableitungen haben, dann sagt man, dass f *zweimal partiell differenzierbar* ist. Die Ableitungen

$$\frac{\partial^2 f}{\partial x^2} = \frac{\partial}{\partial x}\left(\frac{\partial f}{\partial x}\right), \qquad \frac{\partial^2 f}{\partial y^2} = \frac{\partial}{\partial y}\left(\frac{\partial f}{\partial y}\right)$$

und

$$\frac{\partial^2 f}{\partial x \partial y} = \frac{\partial}{\partial x}\left(\frac{\partial f}{\partial y}\right), \qquad \frac{\partial^2 f}{\partial y \partial x} = \frac{\partial}{\partial y}\left(\frac{\partial f}{\partial x}\right)$$

heißen *partielle Ableitungen 2. Ordnung*, die beiden letzten Ableitungen speziell *gemischte partielle Ableitungen*. In Analogie zur Notation f_x, f_y für die partiellen Ableitungen 1. Ordnung sind hier die Abkürzungen f_{xx}, f_{yy}, $f_{yx} = (f_y)_x$ und $f_{xy} = (f_x)_y$ üblich.

Beispiel 6.30

a) Für $f(x, y) = xy + (x + 2y)^2$ gilt $f_x = y + 2(x + 2y)$, $f_y = x + 4(x + 2y)$. Die partiellen Ableitungen 2. Ordnung ergeben sich nun zu $f_{xx} = 2$, $f_{yy} = 8$ und $f_{xy} = f_{yx} = 5$.

b) Für $f(x, y) = x^2 y^2 + y + 1$ gilt $f_x = 2xy^2$, $f_y = 2x^2 y + 1$ und damit $f_{xx} = 2y^2$, $f_{yy} = 2x^2$ und $f_{xy} = f_{yx} = 4xy$.

In den beiden Beispielen fällt auf, dass die gemischten Ableitungen jeweils gleich sind. Diese Eigenschaft gilt allgemein:

Satz von Schwarz

Falls die gemischten partiellen Ableitungen stetig sind, so ist die Reihenfolge der Ableitungen vertauschbar, d. h. es gilt stets $f_{xy} = f_{yx}$.

Die partiellen Ableitungen 2. Ordnung fasst man nun üblicherweise zu einer Matrix zusammen:

Hessematrix

Sei $f(x, y)$ eine Funktion zweier unabhängiger Variabler mit stetigen partiellen Ableitungen 2. Ordnung. Dann heißt die Matrix

$$H(x_0, y_0) := \begin{pmatrix} f_{xx}(x_0, y_0) & f_{xy}(x_0, y_0) \\ f_{yx}(x_0, y_0) & f_{yy}(x_0, y_0) \end{pmatrix}$$

Hessematrix von f im Punkt (x_0, y_0).

Durch ähnliche Untersuchungen wie im $\mathbb{R}^1$ erhält man mit Hilfe dieser Matrix nun hinreichende Bedingungen für Extremwerte. Dabei nutzt man aus, dass sich die Determinante der Hessematrix H nach dem Satz von Schwarz ($f_{xy} = f_{yx}$!) zu $\det H(x_0, y_0) = f_{xx}(x_0, y_0) f_{yy}(x_0, y_0) - f_{xy}^2(x_0, y_0)$ ergibt (siehe Abschn. 5.5).

Hinreichendes Kriterium

Der Punkt (x_0, y_0) ist ein

a) relatives Minimum von f, falls die folgenden drei Bedingungen erfüllt sind:
  (i) $f_x(x_0, y_0) = f_y(x_0, y_0) = 0$,
  (ii) $f_{xx}(x_0, y_0) > 0$,
  (iii) $f_{xx}(x_0, y_0)f_{yy}(x_0, y_0) - f_{xy}^2(x_0, y_0) > 0$.
b) relatives Maximum von f, falls die folgenden drei Bedingungen erfüllt sind:
  (i) $f_x(x_0, y_0) = f_y(x_0, y_0) = 0$,
  (ii) $f_{xx}(x_0, y_0) < 0$,
  (iii) $f_{xx}(x_0, y_0)f_{yy}(x_0, y_0) - f_{xy}^2(x_0, y_0) > 0$.
c) Sattelpunkt von f, falls gilt:
  (i) $f_x(x_0, y_0) = f_y(x_0, y_0) = 0$,
  (ii) $f_{xx}(x_0, y_0)f_{yy}(x_0, y_0) - f_{xy}^2(x_0, y_0) < 0$.

Keine Entscheidung bei det $H = 0$ Falls det $H(x_0, y_0) = f_{xx}(x_0, y_0)f_{yy}(x_0, y_0) - f_{xy}^2(x_0, y_0) = 0$, dann ist mit Hilfe der Hessematrix *keine Entscheidung* möglich, ob ein Extremum vorliegt oder nicht. In diesem Fall müssen aufwendigere Untersuchungen durchgeführt werden.

Beispiel 6.31

a) Gegeben sei die Funktion $f(x, y) = x^2 + y^2$, für die in Beispiel 6.29a) bereits der Punkt $(x_0, y_0) = (0, 0)$ als möglicher Kandidat ($f_x(0, 0) = f_y(0, 0) = 0$) ermittelt wurde. Wegen $f_x(x, y) = 2x$, $f_y(x, y) = 2y$ folgt $f_{xx}(x, y) = 2$, $f_{xy}(x, y) = f_{yx}(x, y) = 0$ und $f_{yy}(x, y) = 2$. Somit gilt $f_{xx}(0, 0) = 2 > 0$ und $f_{xx}(0, 0)f_{yy}(0, 0) - f_{xy}^2(0, 0) = 4 > 0$. Daher ist der Ursprung nach dem hinreichenden Kriterium (Teil a)) ein Minimum.

b) Für die Funktion $f(x, y) = x^2 - y^2$ wurde in Beispiel 6.29c) ebenfalls der Punkt $(x_0, y_0) = (0, 0)$ als möglicher Kandidat ermittelt. Wegen $f_x(x, y) = 2x$, $f_y(x, y) = -2y$, folgt $f_{xx}(x, y) = 2$, $f_{xy}(x, y) = f_{yx}(x, y) = 0$ und $f_{yy}(x, y) = -2$. Somit gilt $f_{xx}(0, 0)f_{yy}(0, 0) - f_{xy}^2(0, 0) = -4 < 0$. Nach dem hinreichenden Kriterium (Teil c)) ist der Punkt $(0, 0)$ deshalb ein Sattelpunkt.

Übung 6.19

Welche Extremwerte hat die Funktion $p(x, y) = -9/4\,x^2 - 17/4\,y^2 + 28x + 20y - 1/2\,xy - 14$? (vgl. Übung 6.18)

Lösung 6.19

In Übung 6.18 wurde bereits $p_x(x, y) = -9/2\,x - 1/2\,y + 28$ und $p_y(x, y) = -17/2\,y - 1/2\,x + 20$ berechnet. Der einzig mögliche Kandidat für einen Extremwert wurde zu $(x_0, y_0) = (6, 2)$ ermittelt. Es ergibt sich $p_{xx}(6, 2) = -4{,}5$, $p_{yy}(6, 2) = -8{,}5$ und $p_{xy}(6, 2) = p_{yx}(6, 2) = -0{,}5$. Wegen $p_{xx}(6, 2) = -4{,}5 < 0$ und $p_{xx}(6, 2) p_{yy}(6, 2) - p_{xy}^2(6, 2) = (-4{,}5) \cdot (-8{,}5) - (-0{,}5)^2 = 38 > 0$ ist $(x_0, y_0) = (6, 2)$ nach dem hinreichenden Kriterium (Teil b)) lokales Maximum mit dem Funktionswert $p(6, 2) = 90$.

6.8.7 Verallgemeinerung auf den $\mathbb{R}^n$

Partielle Ableitungen nach allen n Variablen Sei jetzt $z = f(x_1, x_2, \ldots, x_n)$ eine Funktion von n unabhängigen Variablen x_i, $i = 1, \ldots, n$. Dann werden deren partielle Ableitungen 1. Ordnung durch

$$\frac{\partial f}{\partial x_1}, \ \frac{\partial f}{\partial x_2}, \ \ldots, \ \frac{\partial f}{\partial x_n} \quad \text{bzw.} \quad f_{x_1}, \ f_{x_2}, \ \ldots, \ f_{x_n}$$

bezeichnet. Die Ableitung nach x_i ergibt sich, indem man mit Ausnahme von x_i alle Variablen als konstant betrachtet und die Funktion nach x_i differenziert. Es gibt nun natürlich n^2 partielle Ableitungen 2. Ordnung: $f_{x_i x_j}$, $i, j = 1, \ldots, n$.

Totales Differential im $\mathbb{R}^n$ Sinngemäß gelten alle Aussagen der vorangegangenen Abschnitte. So erhält man beispielsweise in Analogie zum $\mathbb{R}^2$ das *totale Differential*

$$dz = \frac{\partial f}{\partial x_1} dx_1 + \frac{\partial f}{\partial x_2} dx_2 + \ldots + \frac{\partial f}{\partial x_n} dx_n.$$

Auch im $\mathbb{R}^n$ ist das totale Differential in einer hinreichend kleinen Umgebung eine gute Näherung für den Funktionszuwachs.

(n, n)-Gleichungssystem zur Bestimmung von Extrema Zur Bestimmung potentieller Extremwertstellen muss man nun ein Gleichungssystem von n Gleichungen mit den n Unbekannten $x_1, \ldots, x_n$ lösen:

$$f_{x_1} = 0, \ f_{x_2} = 0, \ \ldots, \ f_{x_n} = 0.$$

Im $\mathbb{R}^3$ setzt man häufig $x_1 = x, x_2 = y$ und $x_3 = z$ und betrachtet dann Funktionen $f(x, y, z)$. Zur Bestimmung von Extremwertkandidaten ist dann $f_x = 0, f_y = 0, f_z = 0$ zu lösen.

6.9 Steigung von Kurven

Bei Bahnkurven in der Technik interessieren häufig die physikalischen Begriffe der Momentangeschwindigkeit und der Momentanbeschleunigung. In der Mathematik spricht man von der Steigung und der Krümmung einer Kurve.

Bahnkurve, Momentangeschwindigkeit, -beschleunigung
Wird eine Bahnkurve $\vec{r}(t)$ mit der Zeit t durchlaufen, so bezeichnet $\dot{\vec{r}}(t)$ die Momentangeschwindigkeit und $\ddot{\vec{r}}(t)$ die Momentanbeschleunigung. Die Ableitung der Vektoren erfolgt komponentenweise.

Beispiel 6.32

Bahnkurve, Momentangeschwindigkeit und Momentanbeschleunigung eines Kreises vom Radius R um den Nullpunkt lauten:

$$\vec{r}(t) = \begin{pmatrix} x(t) \\ y(t) \end{pmatrix} = \begin{pmatrix} R\cos t \\ R\sin t \end{pmatrix}, \quad t \in [0, 2\pi],$$

$$\dot{\vec{r}}(t) = \begin{pmatrix} \dot{x}(t) \\ \dot{y}(t) \end{pmatrix} = \begin{pmatrix} -R\sin t \\ R\cos t \end{pmatrix},$$

$$\ddot{\vec{r}}(t) = \begin{pmatrix} \ddot{x}(t) \\ \ddot{y}(t) \end{pmatrix} = \begin{pmatrix} -R\cos t \\ -R\sin t \end{pmatrix}.$$

Übung 6.20

Geben Sie Bahnkurve, Momentangeschwindigkeit und Momentanbeschleunigung einer Zykloide an.

Lösung 6.20

Bahnkurve, Momentangeschwindigkeit und Momentanbeschleunigung einer Zykloide lauten:

$$\vec{r}(t) = \begin{pmatrix} x(t) \\ y(t) \end{pmatrix} = \begin{pmatrix} R(t - \sin t) \\ R(1 - \cos t) \end{pmatrix}, \quad t \geq 0,$$

$$\dot{\vec{r}}(t) = \begin{pmatrix} \dot{x}(t) \\ \dot{y}(t) \end{pmatrix} = \begin{pmatrix} R(1 - \cos t) \\ R\sin t \end{pmatrix},$$

$$\ddot{\vec{r}}(t) = \begin{pmatrix} \ddot{x}(t) \\ \ddot{y}(t) \end{pmatrix} = \begin{pmatrix} R\sin t \\ R\cos t \end{pmatrix}.$$

Auch für Kurven stellt sich die Frage nach ihrer Steigung, nach der 1. Ableitung $y'(x)$ also. Die Schwierigkeit ist hier, dass bei Kurven in Parameterdarstellung sich zwar die Ableitungen $\dot{x}(t)$ und $\dot{y}(t)$ ermitteln lassen, man aber nicht unbedingt den Parameter t eliminieren kann und eine explizite Darstellung $y(x)$ erhält. Für die Ableitung einer Kurve in Parameterdarstellung folgt aber:

$$y'(x) = \frac{dy}{dx} = \frac{\frac{dy}{dt}}{\frac{dx}{dt}} = \frac{\dot{y}}{\dot{x}}.$$

Abb. 6.34 Steigungen beim
Kreis

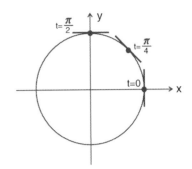

Ableitung einer Kurve in Parameterdarstellung
Für die Ableitung einer Kurve in Parameterdarstellung gilt:

$$y'(x) = \frac{\dot{y}}{\dot{x}}.$$

Beispiel 6.33
Die Steigung der Tangenten an einen Kreis berechnet sich demnach (vgl. Beispiel 6.32)
zu:

$$y' = \frac{\dot{y}}{\dot{x}} = \frac{R\cos t}{-R\sin t} = -\cot t.$$

Man erhält etwa (vgl. Abb. 6.34):

$$\text{Für } t = 0: \quad y' = -\cot 0 = \infty.$$
$$\text{Für } t = \frac{\pi}{4}: \quad y' = -\cot \frac{\pi}{4} = -1.$$
$$\text{Für } t = \frac{\pi}{2}: \quad y' = -\cot \frac{\pi}{2} = 0.$$

Übung 6.21
Geben Sie die Steigung einer Zykloide für $t_0 = 0$, $t_0 = \frac{\pi}{4}$ und $t_0 = \pi$ an.

Lösung 6.21
Für die Steigung einer Zykloide erhalten wir (vgl. Übung 6.20):

$$y' = \frac{\dot{y}}{\dot{x}} = \frac{R\sin t}{R(1-\cos t)} = \frac{\sin t}{1-\cos t}.$$

Abb. 6.35 Steigungen bei der
Zykloiden

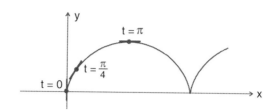

Damit (vgl. Abb. 6.35):

$$\text{Für } t = 0: \quad y' = \frac{\sin 0}{1 - \cos 0} = \infty.$$

$$\text{Für } t = \frac{\pi}{4}: \quad y' = \frac{\sin \frac{\pi}{4}}{1 - \cos \frac{\pi}{4}} = \frac{1/\sqrt{2}}{1 - 1/\sqrt{2}} \approx 2,41421.$$

$$\text{Für } t = \pi: \quad y' = \frac{\sin \pi}{1 - \cos \pi} = 0.$$

Oft interessiert man sich für horizontale (waagerechte) bzw. für vertikale (senkrechte) Tangenten. Bei horizontalen Tangenten muss die Ableitung y' gleich Null werden. Dies gilt, wenn im Bruch $y' = \dot{y}/\dot{x}$ der Zähler gleich Null (und der Nenner ungleich Null) ist.

Horizontale und vertikale Tangenten
Für Kurven in Parameterdarstellung $x = x(t)$, $y = y(t)$ liegen

- bei $\dot{x} \neq 0$ und $\dot{y} = 0$ horizontale Tangenten,
- bei $\dot{x} = 0$ und $\dot{y} \neq 0$ vertikale Tangenten vor.

Der Fall bei $\dot{x} = 0$ und $\dot{y} = 0$ ist gesondert zu untersuchen (Grenzwertsatz von L'Hospital!).
Ist die Steigung einer Kurve in einem Punkt bekannt, so lässt sich auch die Gleichung der Tangente in diesem Punkt einfach berechnen. Die Gleichung der Tangente an eine Funktion $y = f(x)$ an der Stelle x_0 lautet $y = f(x_0) + f'(x_0) \cdot (x - x_0)$. Ist die Kurve in der Parameterdarstellung $x = x(t)$, $y = y(t)$ gegeben, so erhalten wir:

$$y(t) = y(t_0) + \frac{\dot{y}(t_0)}{\dot{x}(t_0)} \cdot (x(t) - x(t_0)).$$

Umformung dieser Gleichung liefert:

Gleichung der Tangente einer Kurve in Parameterdarstellung
Die Gleichung der Tangente an eine Kurve in Parameterdarstellung $x = x(t)$, $y = y(t)$ für $t = t_0$ lautet:

$$\frac{y - y(t_0)}{x - x(t_0)} = \frac{\dot{y}(t_0)}{\dot{x}(t_0)}.$$

Beispiel 6.34
Die Tangentengleichung lautet für einen Kreis (vgl. Beispiel 6.32):

$$\frac{y - R\sin t_0}{x - R\cos t_0} = \frac{R\cos t_0}{-R\sin t_0} = -\cot t_0.$$

Für $t_0 = \frac{\pi}{4}$ ergibt sich:

$$\frac{y - R\sin\frac{\pi}{4}}{x - R\cos\frac{\pi}{4}} = -\cot\frac{\pi}{4}, \quad \text{also} \quad \frac{y - R\frac{1}{\sqrt{2}}}{x - R\frac{1}{\sqrt{2}}} = -1$$

bzw. $y = -x + \sqrt{2}R$.

Übung 6.22
Geben Sie die Tangentengleichung einer Zykloide an für $t_0 = \frac{\pi}{4}$.

Lösung 6.22
Die Tangentengleichung lautet für eine Zykloide (vgl. Übung 6.20):

$$\frac{y - R(1 - \cos t_0)}{x - R(t_0 - \sin t_0)} = \frac{R\sin t_0}{R(1 - \cos t_0)}.$$

Für $t_0 = \frac{\pi}{4}$ ergibt sich:

$$\frac{y - R(1 - \cos\frac{\pi}{4})}{x - R(\frac{\pi}{4} - \sin\frac{\pi}{4})} = \frac{R\sin\frac{\pi}{4}}{R(1 - \cos\frac{\pi}{4})}.$$

Wegen $\sin\frac{\pi}{4} = \cos\frac{\pi}{4} = \frac{1}{\sqrt{2}}$ erhalten wir:

$$y = \frac{1}{\sqrt{2} - 1}x - R\frac{\pi}{4}\frac{1}{\sqrt{2} - 1} + 2R.$$

6.10 Implizite Funktionen

Oft lassen sich kompliziertere Gleichungen in x und y nicht nach y auflösen und als Funktion schreiben. Auch wenn dies nicht möglich ist, kann man Aussagen über die zugrunde liegende Kurve treffen.

Nicht immer lässt sich eine Kurve aus der impliziten Form $F(x, y) = 0$ nach y in die explizite Form auflösen. Aber auch ohne diese Möglichkeit der Auflösbarkeit erhält man (Differenzierbarkeit vorausgesetzt) durch Anwendung der (mehrdimensionalen) Kettenregel auf $0 = F(x, y)$:

$$0 = \frac{d}{dt}F(x(t), y(t)) = \frac{dF}{dx} \cdot \frac{dx}{dt} + \frac{dF}{dy} \cdot \frac{dy}{dt} = F_x \cdot \dot{x} + F_y \cdot \dot{y}$$

und somit

$$y' = \frac{\dot{y}}{\dot{x}} = -\frac{F_x}{F_y}.$$

Es gilt sogar folgender allgemeiner Satz über implizite Funktionen:

Satz über implizite Funktionen
Es sei $F : \mathbb{R}^2 \to \mathbb{R}$ stetig partiell differenzierbar. Der Punkt (x_0, y_0) gehöre zur Kurve $F(x, y) = 0$ und es gelte $F_y(x_0, y_0) \neq 0$.
   Dann lässt sich die Kurve lokal eindeutig um (x_0, y_0) durch eine Funktion darstellen.
   Für die Steigung dieser Funktion im Punkt (x_0, y_0) gilt:

$$y'\big|_{(x_0,y_0)} = -\frac{F_x(x_0, y_0)}{F_y(x_0, y_0)}.$$

Beispiel 6.35
Wir betrachten den Einheitskreis $F(x, y) = x^2 + y^2 - 1 = 0$ mit $F_x = 2x$, $F_y = 2y$. Es gilt $F_y = 0$ für $y = 0$, d. h. für die beiden Punkte $(1, 0)$ und $(-1, 0)$. An diesen beiden Punkten kann man den Kreis nicht lokal durch eine Funktion beschreiben (anschaulich gesprochen erhielte man zwei Funktionen, den oberen und den unteren Halbkreis). Die Steigung einer Kreiskurve berechnet sich zu

$$y' = -\frac{F_x}{F_y} = -\frac{2x}{2y} = -\frac{x}{y}.$$

An speziellen Punkten erhalten wir:

Für $(x_0, y_0) = (1/\sqrt{2}, 1/\sqrt{2})$: $y' = -\dfrac{1/\sqrt{2}}{1/\sqrt{2}} = -1.$

Für $(x_0, y_0) = (0, 1)$: $y' = -0/1 = 0.$

Dies sind die gleichen Ergebnisse wie in Beispiel 6.33.

6.11   Kurzer Verständnistest

(1) Für die Steigung α von $f(x)$ in x_0 gilt

☐ $f'(x_0) = \alpha$ ☐ $f'(x_0) = \cot\alpha$

☐ $f'(x_0) = \tan\alpha$ ☐ $f'(x_0) = 0$

(2) Für das Differential dy einer Funktion $y = f(x)$ in x_0 gilt mit $y_0 = f(x_0)$:

☐ $dy = 0$ ☐ $dy = y - y_0$

☐ $dy = f'(x_0) \cdot dx$ ☐ $dy \approx \Delta y := y - y_0$

(3) Die Ableitung von $y(x) = 5x^8 + 45$ ist gleich

☐ $40x^7$ ☐ $40x^9$ ☐ $5x^7$ ☐ $5x^9$

(4) Wie lautet die Ableitung von $\cos(\omega t)$?

☐ $\sin(\omega t)$ ☐ $-\sin(\omega t)$ ☐ $-\omega\sin(\omega t)$ ☐ $-\omega t\sin(\omega t)$

(5) Welchen Grenzwert hat $\lim_{x \to 0}(\frac{\sin x}{x})$?

☐ $-\infty$ ☐ 0 ☐ 1 ☐ ∞

(6) Was muss gelten, damit x_0 ein Maximum von $f(x)$ ist?

☐ $f'(x_0) = 0$ ☐ $f''(x_0) = 0$ ☐ $f''(x_0) < 0$ ☐ $f''(x_0) > 0$

(7) Gilt $f'(x_0) = f''(x_0) = 0$ und $f'''(x_0) > 0$, dann ist x_0

☐ ein Minimum   ☐ ein Wendepunkt

☐ ein Sattelpunkt   ☐ weder/noch

(8) Welche Aussagen sind für das Newton-Verfahren richtig?

☐ global konvergent   ☐ quadratisch konvergent

☐ benötigt Ableitungen   ☐ langsamer als Bisektion

(9) Die partiellen Ableitungen von $z = f(x, y) = e^{y^2 + xy}$ lauten

☐ $f_x = y\,e^{y^2 + xy}$ ☐ $f_x = x\,e^{y^2 + xy}$

☐ $f_y = (2x + y)\,e^{y^2 + xy}$ ☐ $f_y = (2y + x)\,e^{y^2 + xy}$

(10) Für das Taylorpolynom $p_n(x)$ von $f(x)$ um x_0 gilt

☐ $p_n(x)$ nähert $f(x)$ an   ☐ $p_n(x) = \sum_{k=0}^{n} \frac{f^{(k)}(x_0)}{k!}(x - x_0)^k$

☐ $p_n(x) = f(x)$ ☐ $p_n(x) = \sum_{k=0}^{n} f^{(k)}(x_0) \cdot x^k$

(11) Für eine Funktion $f(x, y)$ sei an der Stelle (x_0, y_0) erfüllt: $f_x = 0$, $f_y = 0$, $f_{xx} > 0$ und $f_{xx}f_{yy} - f_{xy}^2 > 0$. Was folgt daraus?

☐ (x_0, y_0) ist rel. Minimum   ☐ (x_0, y_0) ist rel. Maximum

☐ (x_0, y_0) ist Sattelpunkt   ☐ weder/noch

Lösung: (x $\simeq$ richtig, o $\simeq$ falsch)

1.) ooxo, 2.) ooxx, 3.) xooo, 4.) ooxo, 5.) ooxo, 6.) xoxo, 7.) oxxo, 8.) oxxo, 9.) xoox,

10.) xxoo, 11.) xooo

6.12 Anwendungen

6.12.1 Ökonomie: Preiselastizität der Nachfrage

Viele Gebiete der Betriebswirtschaftlehre, wie etwa Produktions- und Kostentheorie, Preis- und Absatztheorie, Investionstheorie etc., benötigen die Differentialrechnung, um beispielsweise Gewinnmaxima und Break-Even-Points (Gewinnschwellen) ermitteln oder die Rentabilität von Investitionsvorhaben beurteilen zu können. Dieser Abschnitt stellt exemplarisch ein Analyse-Instrument der betriebswirtschaftlichen *Absatztheorie* vor.

Untersucht man auf einem „Markt" den Absatz eines bestimmten Gutes in Abhängigkeit von dessen Preis, so ergibt sich häufig ein funktionaler Zusammenhang. Dieser lässt sich durch eine sog. *Nachfragefunktion* $y = N(p)$ angeben, wobei y die nachgefragte Menge des Gutes und p der Produktpreis ist. Solche Funktionen werden in der Regel von Ökonomen geschätzt, haben oft die Form $y = cp^\alpha$ mit Konstanten $c, \alpha \in \mathbb{R}$ und sind differenzierbar.

Eine wichtige Fragestellung ist nun die Sensitivität der Nachfrage $y = N(p)$: Um welchen Prozentsatz ändert sich diese, wenn der Preis ausgehend vom aktuellen Niveau p_0 um $x\%$ steigt oder fällt? Da die gesuchte Änderung dem relativen Fehler entspricht, liefert Anwendung der bekannten Formel aus Abschn. 6.2.3 hierfür

$$\left| \frac{\Delta y}{y} \right| \approx \left| \frac{N'(p_0)p_0}{N(p_0)} \right| \cdot \left| \frac{dp}{p_0} \right|.$$

Die Kennzahl

$$\varepsilon(N, p_0) := \frac{N'(p_0)p_0}{N(p_0)}$$

heißt *Preiselastizität der Nachfrage*. Diese gibt näherungsweise an, um wie viel Prozent sich die Nachfrage bei einer 1%-Preismodifikation ändert. Mit Hilfe der Preiselastizität lassen sich nun ökonomische Sachverhalte ermitteln:

- *Unelastische Preisnachfrage:*
  Dieser Fall gilt für $|\varepsilon| < 1$. Die Nachfrage reagiert kaum auf Preisänderungen. Dieses Verhalten zeigt sich bei Produkten, die den Grundbedarf der Marktteilnehmer decken und nicht substituierbar sind (z. B. Grundnahrungsmittel, Energie, Kraftstoff).
- *Elastische Preisnachfrage:*
  Diesen Fall hat man für $|\varepsilon| > 1$. Die Nachfrage reagiert relativ stark auf (auch kleine) Preisänderungen. Das gilt vor allem für Luxusgüter wie z. B. Parfüm, Urlaubsreisen, Elektroartikel etc.
- *Vollkommen elastische bzw. unelastische Nachfrage:*
  Diese beiden Grenzfälle ergeben sich für $|\varepsilon| \to \infty$ bzw. $\varepsilon = 0$. Im ersten Fall bewirken sogar ganz geringe Preisänderungen sehr starke Nachfrageänderungen. Es kann sich dann um Güter handeln, die durch andere Produkte ersetzt werden können. Im zweiten Fall reagiert die Nachfrage nicht auf Preisänderungen. Denkbar ist dieses Verhalten

für Güter, mit denen Existenzbedürfnisse befriedigt werden müssen (z. B. Medikamente) oder bei Monopolprodukten (z. B. Reisepass, GEZ-Gebühr), bei denen der einzige Anbieter den Preis diktiert.

Aus Unternehmersicht ist folgende Fragestellung interessant: Welche Preissenkung ist nötig, wenn ausgehend vom derzeitgen Absatz $y_0 = N(p_0)$ die Nachfrage um x % wachsen soll? Da die Nachfragefunktion in der Regel invertierbar ist, kann der Unternehmer nun aus $y = N(p)$ die Umkehrfunktion $p = P(y) = N^{-1}(y)$ (*Preisabsatzfunktion*) bestimmen und wie oben deren Elastizität $\varepsilon(P, y_0) := \frac{P'(y_0)y_0}{P(y_0)}$, die sog. *Preisflexibilität der Nachfrage*, berechnen. Es geht mit den uns bekannten Mitteln der Differentialrechnung aber auch einfacher! Benutzt man nämlich die Formel für die Ableitung der Umkehrfunktion (siehe Abschn. 6.4.1), dann gilt:

$$\frac{1}{\varepsilon(N, p_0)} = \frac{N(p_0)}{N'(p_0)p_0} = \frac{1}{N'(p_0)} \cdot \frac{1}{p_0} \cdot N(p_0) = P'(y_0) \cdot \frac{1}{P(y_0)} \cdot y_0 = \varepsilon(P, y_0).$$

Die Preisflexibilität ergibt sich also als der reziproke Wert der Preiselastizität.

Realistischere Nachfragefunktionen hängen meistens nicht nur von einer Variablen ab. Neben dem Preis p spielt natürlich auch das durchschnittlich verfügbare Einkommen e der potentiellen Kunden eine große Rolle: $y = N(p, e)$. Empirisch ermittelte Funktionen haben dabei häufig die Form $N(p, e) = c p^{-\alpha} e^{\beta}$ mit konstantem $c \in \mathbb{R}$ und reellen Größen $\alpha > 0, \beta > 0$. An der Gestalt der Funktion erkennt man eine Gesetzmäßigkeit des Marktes: In der Regel ist die Größe der Nachfrage umgekehrt proportional zur Höhe des Preises – je teurer ein Produkt, desto weniger Konsumenten können es sich leisten. Mit Hilfe der partiellen Ableitungen lassen sich nun analog zum Eindimensionalen *partielle Elastizitäten* bilden.

6.12.2 Optimierung von Aktienportfolios

„Lege nie alle Eier in einen Korb. Dann verlierst Du nicht alles, wenn der Korb zu Boden fällt". Das ist ein Zitat des bekannten Nobelpreisträgers für Wirtschaftswissenschaften H.W. Markowitz. Er erhielt 1990 den Nobelpreis für seine Forschungsergebnisse auf dem Gebiet der sog. *Portfolio-Theorie* (veröffentlicht 1952–59). Diese wird heute von vielen Banken und Fondsmanagern angewandt und hätte ohne Differentialrechnung nie entwickelt werden können.

Im Zentrum seiner Idee steht die Beziehung zwischen der Rendite-Erwartung einer Wertpapieranlage und deren Risiko. Im Idealfall möchten Investoren natürlich eine möglichst hohe Rendite bei geringstem Risiko erzielen. Diese Ziele sind leider konträr: so haben Aktien ungleich höhere Chancen als Anleihen – aber eben auch größere Risiken.

Vorgestellt wird hier eine Weiterentwicklung der Markowitz-Ideen, an der hochrangige Wirtschaftswissenschaftler wie J. Tobin (Nobelpreis 1981) und W. Sharpe (Nobelpreis 1990) beteiligt waren: das *Capital Asset Pricing Modell (CAPM)*. Im Wesentlichen

Abb. 6.36 Portfolios im Risiko/Rendite-Raum

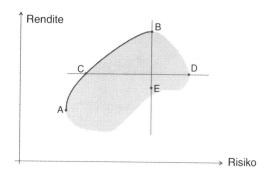

unterstellt es, dass alle Investoren unter Berücksichtigung von Rendite und Risiko rational handeln („vollkommener Kapitalmarkt"). Ziel ist dann eine *Portfolio-Optimierung*: verschiedene Anlagen mit unterschiedlichem Risiko werden so miteinander kombiniert (*Markowitz-Diversifikation*), dass das Wertpapierdepot bei möglichst geringem Risiko eine hohe Rendite erzielt.

Aus Vereinfachungsgründen betrachten wir nun lediglich Anlagen in Aktien. Jede Aktie A_i wird durch zwei Zahlen charakterisiert:

erwartete *Rendite* R_i und geschätztes *Risiko* σ_i.

In der Praxis gibt es hier sehr viele Ansätze, diese Zahlen zu ermitteln. Die Rendite ist der geschätzte Kursgewinn bzw. Kursverlust der Aktie im Betrachtungszeitraum. Sie kann beispielsweise statistisch aus historischen Daten berechnet (Erwartungswert), aber auch durch Analystenschätzung quantifiziert werden. Analog kann man das Risiko ebenfalls statistisch kalkulieren (Standardabweichung), die Finanzwelt spricht dann von Volatilität; ein bekanntes Risikomaß ist aber auch der sog. Beta-Faktor, der für die DAX-Werte beispielsweise regelmäßig in Handelsblatt und FAZ veröffentlicht wird.

Wir gehen nun davon aus, dass zur Anlage höchstens N Aktien in Frage kommen. Ein zu konstruierendes mögliches Portfolio P besteht dann aus jeweils x_i Anteilen an Aktie A_i, wobei $x_1 + \ldots + x_N = 1$ gelten muss. Die zugehörige *Portfolio-Rendite* ergibt sich mit $\vec{x} = (x_1, \ldots, x_N)^T \in \mathbb{R}^N$ offensichtlich zu

$$R_P(\vec{x}) = \sum_{i=1}^{N} x_i R_i.$$

Auch das *Portfolio-Risiko* $\sigma_P(\vec{x})$ lässt sich mit Hilfe einer mathematischen Formel leicht bestimmen. Das Portfolio ist somit durch das Zahlenpaar (σ_P, R_P) charakterisiert und als ein Punkt im sog. *Risiko/Rendite-Raum* visualisierbar. Mathematische Untersuchungen haben gezeigt, dass die Visualisierung aller möglichen Portfolios auf eine Form wie die der schraffierten Fläche in Abb. 6.36 führt.

Abb. 6.37 Optimalportfolio
im Risiko/Rendite-Raum

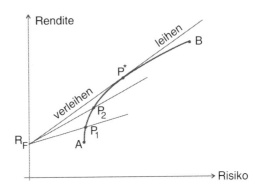

Ein rationaler Investor wird jetzt natürlich Portfolios suchen, die

- bei gleichem Risiko eine größere Rendite erwarten lassen (B ist besser als E),
- bei gleicher Rendite ein geringeres Risiko aufweisen (C ist besser als D).

Offensichtlich liegen alle interessanten, d. h. *risiko-effizienten Portfolios* auf der konkaven Begrenzungskurve von A nach B. Sie verbindet das Portfolio mit dem geringsten Risiko (A) und das Portfolio mit der größten Rendite (B). Für die Portfolios auf dieser Kurve gilt:

- bei gegebener Rendite existiert kein Portefeuille mit geringerem Risiko,
- bei gegebenem Risiko existiert kein Portefeuille mit höherer Rendite.

Das CAPM nimmt nun die Existenz eines *risikolosen Investments* F zum *risikolosen Zinssatz* R_F an. Es ist charakterisiert durch $(0, R_F)$. In der Realität kann ein Investor natürlich Kapital „*verleihen*", indem er ein sicheres Wertpapier (z. B. Bundesschatzbrief, Geldmarktfond o. Ä.) kauft. Andererseits kann er sich durch Aufnahme eines Wertpapierdarlehens auch Kapital „*leihen*" und die Darlehenssumme zusätzlich in Aktien investieren. Wir gehen hier der Einfachheit halber von genau einem Zinssatz R_F aus. Die nachfolgenden Überlegungen gelten prinzipiell auch für (realitätsnähere) unterschiedliche risikolose Zinssätze.

Kombiniert man nun ein beliebiges risiko-effizientes Portfolio P (z. B. P_1, P_2, P^*) mit dem risikolosen „Portfolio" F, dann liegen alle möglichen Kombinationen (y Anteile von P und $1 - y$ Anteile von F) auf der Geraden durch die Punkte $(0, R_F)$ und (σ_P, R_P). Diesen Sachverhalt zeigt Abb. 6.37. Offensichtlich werden Kombinationen auf $R_F P_2$ denen auf $R_F P_1$ vorgezogen, da sie bei gleichem Risiko höhere Renditen erwarten lassen. Die optimalsten Kombinationen erhält man also dann, wenn die Gerade durch $(0, R_F)$ die Kurve risiko-effizienter Portfolios tangiert. Wegen der Konkavität der Kurve geschieht dies in genau einem Punkt P^*. Die Gerade $R_F P^*$ bezeichnet man als *Kapitalmarktlinie*, das optimale (riskante) Portfolio P^* als *Marktportfolio*. Jeder Investor hat

Abb. 6.38 Maximum M von $f(x, y)$ unter $g(x, y) = c$

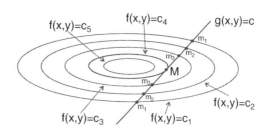

also lediglich in Abhängigkeit seiner individuellen Risikoaversion in unterschiedlichem Ausmaß zwei Anlagen zu kombinieren, nämlich das Marktportfolio mit dem risikolosen Investment. Dieser Sachverhalt ist in der Finanzszene als *Two-Fund-Theorem* bzw. *Separationstheorem* bekannt.

Die Steigung der Geraden für ein beliebiges risiko-effizientes Portfolio P kann man – was wir hier aber nicht tun wollen – mathematisch herleiten. Sie ergibt sich zu $(R_P - R_F)/\sigma_P$. Das Marktportfolio P^* findet man, indem man die *Steigung* dieser Geraden *maximiert* und dabei darauf achtet, dass man die Kurve der risiko-effizienten Portfolios noch berührt. Diese Vorgaben führen nun auf folgendes *Extremwertproblem mit Nebenbedingungen*:

$$\text{maximiere} \quad \frac{R_P(\vec{x}) - R_F}{\sigma_P(\vec{x})} \quad \text{unter} \quad \sum_{i=1}^{N} x_i = 1. \tag{$*$}$$

Die Nebenbedingung stellt sicher, dass jede Lösung des Problems als mögliches Aktienportfolio (d. h. als Punkt der schraffierten Fläche) interpretiert werden kann.

Zur Lösung dieses Problems benötigen wir nun die mehrdimensionale Differentialrechnung: Es lässt sich mit ihr nämlich zeigen, dass jede Lösung des Maximumproblems mit Nebenbedingungen der Form

$$\text{maximiere} \quad f(\vec{x}) \quad \text{unter} \quad g(\vec{x}) = c \tag{$**$}$$

auch Lösung des folgenden Gleichungssystems (*Kuhn-Tucker-Gleichungen*) sein muss:

$$\nabla f(\vec{x}) - \lambda \nabla g(\vec{x}) = \vec{0}, \quad g(\vec{x}) = 0.$$

Den Parameter $\lambda \in \mathbb{R}$ nennt man *Lagrange-Multiplikator*. Diese so genannte *Methode der Langrange-Multiplikatoren* zur Lösung des Problems $(**)$ kann man sich im $\mathbb{R}^2$ recht einfach plausibel machen:

Die Abb. 6.38 zeigt einige Niveaulinien $f(x, y) = c_i$, $i = 1, \dots 5$ der Funktion $f(x, y)$. Wir nehmen an, dass $c_1 < c_2 < \dots < c_5$ gilt. Ferner ist auch ein Teil der Nebenbedingung $g(x, y) = c$, gemäß unserem Ausgangsproblem $(*)$, speziell als Gerade eingezeichnet. Durchläuft man nun die Gerade – nur hier befinden sich ja die zulässigen Punkte für die Maximierung – so gelangt man von m_1, m_2 über m_3 zum Punkt M, der sich auf der Niveaulinie mit dem höchsten Funktionswert befindet. In diesem Punkt liegt also offensichtlich das gesuchte Maximum. Der Punkt M zeichnet sich dadurch aus, dass die Gerade eine Niveaulinie von $f(x, y)$ *berührt, ohne* sie zu schneiden, wie das z. B. in den Punkten m_1, m_2, m_3 der Fall ist. Dies impliziert aber, dass im Punkt M die Steigung der Tangente an die Nebenbedingung $g(x, y) = c$ gleich der Steigung der Tangente an die Niveaulinie von $f(x, y)$ ist. Da aber bekannterweise die Gradienten ∇g und ∇f senkrecht zu den Tangenten sind (siehe Abschn. 6.8.5), verlaufen sie parallel zueinander und unterscheiden sich höchstens in Richtung und Länge. D. h. aber, dass in $M = (x, y)$ mit einem $\lambda \in \mathbb{R}$ gelten muss: $\nabla f(x, y) = \lambda \nabla g(x, y)$. Dies und die zu fordernde Gültigkeit der Nebenbedingung im Optimalpunkt führt aber gerade auf die oben vorgestellten Kuhn-Tucker-Gleichungen.

Löst man die Kuhn-Tucker-Gleichungen mit $f(\vec{x}) = (R_P(\vec{x}) - R_F)/\sigma_P(\vec{x})$, $g(\vec{x}) = \sum_{i=1}^{N} x_i$ und $c = 1$, so hat man das in $(*)$ gesuchte Maximum gefunden. Wegen einer speziellen Eigenschaften der Funktion $f(\vec{x})$ ist das Erfülltsein des Gleichungssystems sogar hinreichend und es gibt nur eine eindeutige Lösung, nämlich das gesuchte Marktportfolio P^*.

Falls Sie dieses Verfahren für den eigenen Vermögensaufbau benutzen wollen, sollten Sie bedenken, dass das berechnete Marktportfolio selbstverständlich von der geschätzten Rendite-Risiko-Struktur der betrachteten Aktien abhängt. Nur wenn diese Strukturprognose hinreichend gut ist, werden Sie Erfolg haben.

Es sei auch nicht die Schwäche des CAPM verschwiegen, die darin besteht, dass es von rationalen Märkten mit fairen Kursen ausgeht. Dass dies nicht immer so sein muss, zeigte in der Vergangenheit der Neue Markt. Fraglich ist zudem, ob die häufig benutzte Volatilität stets das adäquate Risikomaß ist. Man denke hier nur an die geringe Volatilität japanischer Aktien in den Achtzigerjahren. Der bekannte Kurssturz und die lang anhaltende Baisse des japanischen Aktienmarktes zeigten aber, dass eine geringe Volatilität nicht unbedingt auch geringes Risiko bedeutet.

6.13   Zusammenfassung

Differentiation

Differentialquotient in x_0 $\quad f'(x_0) := \lim_{h \to 0} \dfrac{f(x_0 + h) - f(x_0)}{h} = \lim_{x \to x_0} \dfrac{f(x) - f(x_0)}{x - x_0}$

Tangentengleichung in x_0 $\quad t(x) = f(x_0) + f'(x_0)(x - x_0)$,

Steigung in x_0 $\quad \tan \alpha = f'(x_0)$.

Bsp. $\quad f(x) = e^x(x^2 + 1)$, $x_0 = 0$; $f'(x) = e^x(x^2 + 2x + 1)$, $f'(0) = 1$,

$t(x) = 1 + 1 \cdot (x - 0) = 1 + x$,

$\alpha = \arctan f'(0) = \arctan 1 = \frac{\pi}{4}$.

Lineare Approximation

Näherungsformel $\quad f(x) \approx f(x_0) + f'(x_0) \cdot dx,$

Absoluter Fehler $\quad |\Delta y| \approx |dy| = |f'(x_0) \cdot dx|,$

Relativer Fehler $\quad \left|\dfrac{\Delta y}{y}\right| \approx \left|\dfrac{dy}{y}\right| = \left|\dfrac{f'(x_0)x_0}{f(x_0)}\right| \cdot \left|\dfrac{dx}{x_0}\right|,$

Differentiale $\quad dx = x - x_0, \; dy = f'(x_0)\,dx.$

Bsp. $\quad f(x) = e^x(x^2 + 1), \; x_0 = 1, \; x = 1{,}1, \; dx = 0{,}1,$

$\qquad f(1{,}1) \approx f(1) + f'(1) \cdot dx = 2e + 4e \cdot 0{,}1 = 6{,}5239,$

$\qquad |\Delta y| \approx |f'(1) \cdot dx| = 4e \cdot 0{,}1 = 1{,}0873,$

$\qquad \left|\dfrac{\Delta y}{y}\right| \approx \left|\dfrac{f'(1)x_0}{f(1)}\right| \cdot \left|\dfrac{dx}{x_0}\right| = \left|\dfrac{4e \cdot 1}{2e}\right| \cdot \left|\dfrac{0{,}1}{1}\right| = 0{,}2.$

Monotonie, Stetigkeit, Differenzierbarkeit

- $f'(x) > 0$: $f(x)$ streng monoton wachsend,
- $f'(x) < 0$: $f(x)$ streng monoton fallend,
- $f(x)$ differenzierbar in $x_0 \implies f(x)$ stetig in x_0.

Anschaulich:

$\qquad$ keine Sprünge im Graph von $f(x) \implies f(x)$ stetig,

$\qquad$ keine Knickstellen im Graph von $f(x) \implies f(x)$ differenzierbar.

Ableitungen elementarer Funktionen

$$(x^\alpha)' = \alpha x^{\alpha-1} \qquad\qquad (e^x)' = e^x \qquad\qquad (\ln x)' = \frac{1}{x},$$

$$(\sin x)' = \cos x \qquad\qquad (\cos x)' = -\sin x \qquad\qquad (\tan x)' = \frac{1}{\cos^2 x},$$

$$(\cot x)' = -\frac{1}{\sin^2 x} \qquad (\arcsin x)' = \frac{1}{\sqrt{1 - x^2}} \qquad (\arccos x)' = -\frac{1}{\sqrt{1 - x^2}},$$

$$(\arctan x)' = \frac{1}{1 + x^2} \qquad (\text{arccot}\, x)' = -\frac{1}{1 + x^2}.$$

Bsp. $\quad \left(\frac{1}{x^2}\right)' = (x^{-2})' = -2x^{-3} = -\frac{2}{x^3}, \; \left(\frac{1}{x^3}\right)' = (x^{-3})' = -3x^{-4} = -\frac{3}{x^4}.$

Elementare Ableitungsregeln

$$y(x) = cf(x) \qquad\qquad \implies \quad y'(x) = cf'(x), \quad c = const,$$

$$y(x) = f(x) \pm g(x) \quad \implies \quad y'(x) = f'(x) \pm g'(x),$$

$$y(x) = f(x) \cdot g(x) \qquad \implies \quad y'(x) = f'(x) \cdot g(x) + f(x) \cdot g'(x),$$

$$y(x) = \frac{f(x)}{g(x)} \qquad\qquad \implies \quad y'(x) = \frac{f'(x)g(x) - f(x)g'(x)}{g^2(x)}, \quad g(x) \neq 0,$$

$$y(x) = f(g(x)) \qquad\quad \implies \quad y'(x) = f'(g(x)) \cdot g'(x).$$

Bsp. $(5 \ln x)' = 5(\ln x)' = 5 \cdot \frac{1}{x}$,

$(\ln x + \sin x)' = (\ln x)' + (\sin x)' = \frac{1}{x} + \cos x$,

$(e^x(x^2 + 1))' = (e^x)' \cdot (x^2 + 1) + e^x \cdot (x^2 + 1)' = e^x(x^2 + 2x + 1)$,

$(\tan x)' = \frac{(\sin x)' \cdot \cos x - \sin x \cdot (\cos x)'}{\cos^2 x} = \frac{\cos x \cdot \cos x - \sin x \cdot (-\sin x)}{\cos^2 x} = \frac{1}{\cos^2 x}$,

$(e^{\cos x})' = e^{\cos x} \cdot (\cos x)' = -e^{\cos x} \cdot \sin x$.

Ableitung der Umkehrfunktion

$$(f^{-1})'(x) = \frac{1}{f'(f^{-1}(x))}, \quad f'(f^{-1}(x)) \neq 0.$$

Bsp. $f(y) = e^y$, $f'(y) = e^y$, $f^{-1}(x) = \ln x$, $(\ln x)' = \frac{1}{f'(\ln x)} = \frac{1}{e^{\ln x}} = \frac{1}{x}$.

Regeln von Bernoulli-L'Hospital

Grenzwert $\lim_{x \to x_0} f(x)/g(x)$ der Form „0/0" oder „∞/∞":

$$\lim_{x \to x_0} \frac{f(x)}{g(x)} = \lim_{x \to x_0} \frac{f'(x)}{g'(x)},$$

$x \to x_0$ ist auch durch $x \to \infty$ oder $x \to -\infty$ ersetzbar.

Bsp. $f(x) = e^x(x^2 + 1) - 1$, $g(x) = x$, $x_0 = 0$, „0/0",

$\lim_{x \to 0} \frac{e^x(x^2+1)-1}{x} = \lim_{x \to 0} \frac{e^x(x^2+2x+1)}{1} = 1$.

Extremwerte

Mögliche *Kandidaten für relative Extrema* von $f(x)$ im Def.bereich D
- Randpunkte von D, „Nichtdifferenzierbarkeits"-Stellen,
- Stellen x_0 mit horizontaler Tangente, d. h. $f'(x_0) = 0$.

Hinreichendes Extremwert-Kriterium

$f'(x_0) = f''(x_0) = \ldots = f^{(n-1)}(x_0) = 0$ und für ein gerades $n \in \mathbb{N}$ (häufig $n = 2$) gilt:
- $f^{(n)}(x_0) < 0 \implies x_0$ ist strenges relatives Maximum,
- $f^{(n)}(x_0) > 0 \implies x_0$ ist strenges relatives Minimum.

Bsp. $p(x) = 2x^3 - 3x^2 - 36x$,

$p'(x) = 6x^2 - 6x - 36$, $p''(x) = 12x - 6$,

$0 = 6x^2 - 6x - 36$,   Nullstellen: $x_1 = 3$, $x_2 = -2$,

$p''(3) = 30 > 0 \implies$ Min., $p''(-2) = -30 < 0 \implies$ Max.

Hinreichendes Wendepunkt-Kriterium

$f''(x_w) = 0$ und $f'''(x_w) \neq 0 \implies x_w$ ist Wendepunkt,

gilt zusätzlich: $f'(x_w) = 0 \implies x_w$ ist Sattelpunkt.

Bsp. $f(x) = e^x(x^2 + 1),$

$$f'(x) = e^x(x^2 + 2x + 1), \quad f''(x) = e^x(x^2 + 4x + 3),$$

$$f'''(x) = e^x(x^2 + 6x + 7), \quad f'(-1) = f''(-1) = 0,$$

$$f'''(-1) = 2e^{-1} \neq 0 \implies x_w = -1 \text{ ist Sattelpunkt.}$$

Elementare Kurvendiskussion

Überblick über Graph von $y = f(x)$ durch Bestimmung/Ermittlung von

- Polstellen, Asymptoten und Verhalten am Rand des Definitionsbereichs,
- Symmetrie (Achsen oder Ursprung) und Periodizität,
- Nullstellen der Funktion,
- Stetigkeits- und Differenzierbarkeitsintervalle,
- Extrema, Wendepunkte mit Krümmungsintervallen,
- und letztlich die Skizzierung des Funktionsgraphen.

Newton-Verfahren (mit Startwert x_0)

$$x_{k+1} := x_k - \frac{f(x_k)}{f'(x_k)}, \quad k = 0, 1, 2, \ldots$$

STOP, falls $|x_{k+1} - x_k| < \varepsilon$ (Fehlerschranke).

Taylorpolynom

Taylorentwicklung n-ten Grades von f um x_0

$$p_n(x) := \sum_{k=0}^{n} \frac{f^{(k)}(x_0)}{k!}(x - x_0)^k$$

$$= f(x_0) + \frac{f'(x_0)}{1!}(x - x_0) + \ldots + \frac{f^{(n)}(x_0)}{n!}(x - x_0)^n.$$

Taylor'sche Formel $f(x) = \sum_{k=0}^{n} \frac{f^{(k)}(x_0)}{k!}(x - x_0)^k + R_n(x),$

Lagrange'sches Restglied $R_n(x) = \frac{f^{(n+1)}(\xi)}{(n+1)!}(x - x_0)^{n+1}$

mit $x_0 < \xi < x$ bzw. $x < \xi < x_0$ (dabei ξ im Allg. nicht bekannt).

Bsp. $f(x) = e^x, x_0 = 0,$
$p_n(x) = 1 + x + \frac{x^2}{2!} + \frac{x^3}{3!} + \ldots + \frac{x^n}{n!}, R_n(x) = \frac{e^\xi}{(n+1)!}x^{n+1}.$

Stetigkeit

bei Funktionen zweier Veränderlicher in (x_0, y_0):

$$\lim_{(x,y)\to(x_0,y_0)} f(x, y) = f(x_0, y_0),$$

Grenzwert muss für beliebige Annäherung (auf allen möglichen Wegen) an (x_0, y_0) existieren.

Partielle Ableitungen 1. Ordnung

$$f_x(x_0, y_0) := \lim_{\Delta x \to 0} \frac{f(x_0 + \Delta x, y_0) - f(x_0, y_0)}{\Delta x},$$

$$f_y(x_0, y_0) := \lim_{\Delta y \to 0} \frac{f(x_0, y_0 + \Delta y) - f(x_0, y_0)}{\Delta y}.$$

Berechnung der Ableitungen

$f_x(x, y)$: Behandle y als Konstante und differenziere nach x,

$f_y(x, y)$: Behandle x als Konstante und differenziere nach y.

Gleichung der Tangentialebene an $z = f(x, y)$ in (x_0, y_0)

$$z = f(x_0, y_0) + f_x(x_0, y_0)(x - x_0) + f_y(x_0, y_0)(y - y_0).$$

Bsp. $\quad f(x, y) = e^{-2x}(y^2 + 1), \qquad (x_0, y_0) = (0, 1),$

$\quad f_x(x, y) = -2e^{-2x}(y^2 + 1), \qquad f_y(x, y) = e^{-2x} \cdot 2y,$

$\quad f_x(0, 1) = -4, \quad f_y(0, 1) = 2, \quad f(0, 1) = 2,$

$\quad z = 2 + (-4)(x - 0) + 2(y - 1) \quad \Longrightarrow \quad z = 2y - 4x.$

Totale Differenzierbarkeit in (x_0, y_0)

$$\lim_{(x,y)\to(x_0,y_0)} \frac{|f(x, y) - t(x, y)|}{\sqrt{(x - x_0)^2 + (y - y_0)^2}} = 0$$

mit $t(x, y)$ Tangentialebene von $f(x, y)$ in (x_0, y_0).

Gilt bzgl. eines Punktes (x_0, y_0)

$f_x(x, y)$ und $f_y(x, y)$ stetig $\Longrightarrow$ f dort total differenzierbar,

$f(x, y)$ total differenzierbar $\Longrightarrow$ f dort auch stetig.

Totales Differential von $z = f(x, y)$ an der Stelle (x_0, y_0) (zu Zuwächsen dx, dy)

$$dz := f_x(x_0, y_0)\, dx + f_y(x_0, y_0)\, dy,$$

Gute Näherung für: $\Delta z = f(x_0 + dx, y_0 + dy) - f(x_0, y_0)$.

Bsp. $\quad f(x, y) = e^{-2x}(y^2 + 1), \qquad (x_0, y_0) = (0, 1),$

$$f_x(0, 1) = -4, \quad f_y(0, 1) = 2, \quad f(0, 1) = 2,$$

$$dz = (-4) \, dx + 2 \, dy, \qquad dx = 0{,}1, \, dy = -0{,}1,$$

$$dz = (-4) \cdot 0{,}1 + 2 \cdot (-0{,}1) = -0{,}6,$$

$$\Delta z = f(0{,}1, 0{,}9) - f(0, 1) = -0{,}5181.$$

Gradient und Richtungsableitung

Gradient von f an der Stelle $\vec{x} = (x, y)^T$

$$\mathrm{grad} \; f(x, y) = \nabla f(\vec{x}) := \big(f_x(x, y), f_y(x, y)\big)^T .$$

Richtungsableitung von f in $\vec{x}$ in Richtung $\vec{v}, \|\vec{v}\| = 1$

$$\frac{d}{dt} f(\vec{x} + t\vec{v})|_{t=0} = \nabla f^T(\vec{x}) \cdot \vec{v} = f_x(\vec{x}) \cdot v_1 + f_y(\vec{x}) \cdot v_2.$$

Richtungsableitung = Skalarprodukt von Gradient und Richtungsvektor.

Bsp. $\qquad f(x, y) = e^{-2x}(y^2 + 1), \quad \vec{x} = (0, 1)^T,$

$$\nabla f(x, y) = (-2e^{-2x}(y^2 + 1), 2ye^{-2x})^T,$$

$$\nabla f(0, 1) = (-4, 2)^T, \qquad \vec{v} = (1/\sqrt{2}, 1/\sqrt{2})^T,$$

$$\frac{d}{dt} f(\vec{x} + t\vec{v})|_{t=0} = (-4, 2) \cdot (1/\sqrt{2}, 1/\sqrt{2})^T = -\sqrt{2}.$$

Gradientenrichtung = Richtung des steilsten Anstiegs von f,
Gradient ist stets senkrecht zur Tangente an Niveaulinie (= Höhenlinie) von f.

Notwendiges Extremwert-Kriterium

$\vec{x}_0$ lokales Extremum $\Longrightarrow \nabla f(\vec{x}_0) = \vec{0}$ bzw. $f_x(\vec{x}_0) = f_y(\vec{x}_0) = 0$.

Bsp. $\quad f(x, y) = e^{-2x}(y^2 + 1),$

$f_x(x, y) = -2e^{-2x}(y^2 + 1) \overset{!}{=} 0, \; f_y(x, y) = e^{-2x} \cdot 2y \overset{!}{=} 0,$
System $\{y^2 + 1 = 0, 2y = 0\}$ hat keine Lösung
$\Longrightarrow$ Notw. Krit. *nicht* erfüllt, f hat *keine* Extrema.

Satz von Schwarz

Für *stetige* partielle Ableitungen 2. Ordnung gilt:

$$f_{xy}(x, y) = f_{yx}(x, y).$$

Hinreichendes Extremwert-Kriterium

Sei $D := f_{xx}(x_0, y_0) f_{yy}(x_0, y_0) - f_{xy}^2(x_0, y_0)$

- $f_x(x_0, y_0) = f_y(x_0, y_0) = 0$, $f_{xx}(x_0, y_0) > 0$, $D > 0$
  $\implies (x_0, y_0)$ ist relatives Minimum,
- $f_x(x_0, y_0) = f_y(x_0, y_0) = 0$, $f_{xx}(x_0, y_0) < 0$, $D > 0$
  $\implies (x_0, y_0)$ ist relatives Maximum,
- $f_x(x_0, y_0) = f_y(x_0, y_0) = 0$, $D < 0$
  $\implies (x_0, y_0)$ ist Sattelpunkt.

Bsp. $f(x, y) = x^2 y + x^2 + y^2$,
$f_x(x, y) = 2x(y + 1) \overset{!}{=} 0$, $f_y(x, y) = x^2 + 2y \overset{!}{=} 0$,
Kandidaten: $(0,0)$, $(\pm\sqrt{2}, -1)$,
$f_{xx}(x, y) = 2y + 2$, $f_{yy}(x, y) = 2$, $f_{xy}(x, y) = 2x$,
$(0,0)$: $f_{xx}(0,0) = 2 > 0$, $f_{xy}(0,0) = 0$,
            $D = 2 \cdot 2 - 0^2 = 4 > 0 \implies (0,0)$ ist Minimum,
$(\pm\sqrt{2}, -1)$: $f_{xx}(\pm\sqrt{2}, -1) = 0$, $f_{xy}(\pm\sqrt{2}, -1) = \pm 2\sqrt{2}$,
            $D = 0 \cdot 2 - (\pm 2\sqrt{2})^2 = -8 < 0 \implies (\pm\sqrt{2}, -1)$ Sattelpunkte.

Momentangeschwindigkeit und -beschleunigung von Bahnkurven

Wird eine Bahnkurve $\vec{r}(t)$ mit der Zeit t durchlaufen, so bezeichnet $\dot{\vec{r}}(t)$ die Momentangeschwindigkeit und $\ddot{\vec{r}}(t)$ die Momentanbeschleunigung. Die Ableitung der Vektoren erfolgt komponentenweise.

Ableitung einer Kurve in Parameterdarstellung

$$y'(x) = \frac{\dot{y}}{\dot{x}}.$$

Horizontale und vertikale Tangenten

Für Kurven in Parameterdarstellung $x = x(t)$, $y = y(t)$ liegen

- bei $\dot{x} \neq 0$ und $\dot{y} = 0$ horizontale Tangenten,
- bei $\dot{x} = 0$ und $\dot{y} \neq 0$ vertikale Tangenten vor.

Tangentengleichung

Die Gleichung der Tangente an eine Kurve in Parameterdarstellung $x = x(t)$, $y = y(t)$ für $t = t_0$ lautet:

$$\frac{y - y(t_0)}{x - x(t_0)} = \frac{\dot{y}(t_0)}{\dot{x}(t_0)}.$$

> ### Implizite Funktionen
>
> Es sei $F : \mathbb{R}^2 \to \mathbb{R}$ stetig partiell differenzierbar. Der Punkt (x_0, y_0) gehöre zur Kurve $F(x, y) = 0$ und es gelte $F_y(x_0, y_0) \neq 0$.
>
> Dann lässt sich die Kurve lokal eindeutig um (x_0, y_0) durch eine Funktion darstellen. Für die Steigung dieser Funktion im Punkt (x_0, y_0) gilt:
>
> $$y'\big|_{(x_0, y_0)} = -\frac{F_x(x_0, y_0)}{F_y(x_0, y_0)}.$$

6.14 Übungsaufgaben

Differentialquotient, Tangentengleichung und Fehleranalyse

1. Gegeben sei $f(x) = \frac{3+x}{3-x}$, $x \neq 3$. Berechnen Sie $f'(2)$
   a) mit Hilfe des Differentialquotienten und
   b) mittels Quotientenregel.
2. Wie lautet die Gleichung der Tangente an die Funktion $f(x) = 2x^3$ im Punkt $x_0 = 2$?
3. Der Durchmesser q einer Kugel wird mit einem relativem Fehler von max. 2 % gemessen. Approximieren Sie den max. relativen Fehler des mittels $V(q) = \frac{\pi}{6}q^3$ berechneten Kugelvolumens.

Ableitungstechniken, L'Hospital und Kurvendiskussion

1. Bestimmen Sie Definitionsbereich und 1. Ableitung für die Funktionen:
   a) $f(x) = \frac{x^3}{\sqrt{x - x^2}}$,
   b) $f(x) = x^3 \ln[(e^x - x)^2]$.
2. Wie lautet die n-te Ableitung folgender Funktionen:
   a) $y(x) = (cx - d)^m$, $m > n$,
   b) $f(x) = e^{-x} \cos x$ für $n = 4$.
3. Ermitteln Sie die Ableitung von $y(x) = \arcsin x$ mittels Umkehrfunktion!
4. Berechnen Sie die folgenden Grenzwerte:
   a) $\lim_{x \to 0} \frac{e^x - e^{-x} - 2x}{x - \sin x}$,
   b) $\lim_{x \to \infty} x^{-m} a^x$, $m \in \mathbb{N}, a > 1$.
5. Führen Sie eine elementare Kurvendiskussion für die Funktion $f(x) = e^{-2x^2}$ durch.

Newtonverfahren und Taylorentwicklung

1. Mit Hilfe des Newtonverfahrens bestimme man ausgehend von $x_0 = 1$ die Nullstelle der Gleichung $3 \cos x - x = 0$ mit einer Genauigkeit von 5 Nachkommastellen.
2. Ermitteln Sie die Taylorentwicklung von $p(x) = 2x^3 + 3x^2 + 5$ in a) $x_0 = 0$ und b) $x_0 = 1$ bis zum Grad 3. Wie lautet das Lagrange'sche Restglied?
3. Berechnen Sie die Taylorentwicklung von $f(x) = \sin x$ um $x_0 = 0$ vom Grad 8. Es ist eine möglichst genaue Abschätzung für den Approximationsfehler im Intervall $[-\frac{\pi}{6}, \frac{\pi}{6}]$ anzugeben.

Abb. 6.39 Epizykloide und
Kardioide

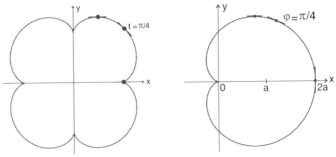

Funktionen mehrerer Veränderlicher

1. Bestimmen Sie die Steigungen der Kurven, die im Schnitt der Fläche $z = 3x^2 + 4y^2 - 6$ mit den Ebenen durch den Punkt $(1, 1, 1)$ parallel zur xz-Ebene bzw. yz-Ebene entstehen.

2. Berechnen Sie die partiellen Ableitungen 1. Ordnung der Funktionen:
   a) $f(x, y) = \frac{x^2}{y} + \frac{y^2}{x}$,
   b) $f(x, y) = \ln(\tan(\frac{x}{y}))$,
   c) $f(x, y) = x^y$.

3. Berechnen Sie im Punkt $(1, -3, 2)$ die Gleichung der Tangentialebene an die Funktion $f(x, y) = \sqrt{x - y}$.

4. Die Leistung P, die in einem elektrischen Widerstand R bei Anliegen einer Spannung U verbraucht wird, ist durch $P(U, R) = U^2/R$ Watt gegeben. Es gelte $U = 220$ V und $R = 10\,\Omega$. Wie stark ändert sich die Leistung, wenn U um 10 V und R um $0{,}5\,\Omega$ abnehmen (im Sinne einer differentiellen Fehleranalyse)?

5. Bestimmen Sie den Gradienten von $f(x, y) = ye^x$ im Punkt $(0, 5)$. Wie lautet dort die Richtungsableitung von f in Richtung $\vec{v} = (1/\sqrt{2}, 1/\sqrt{2})$ (d. h. $45°$)?

6. Man bestimme Minima, Maxima und Sattelpunkte von
   a) $f(x, y) = \ln(x^2 + y^2 + 1)$,
   b) $f(x, y) = x^5y + xy^5 + xy$.

Steigung von Kurven

1. Bei einer Epizykloiden rollt ein Kreis (z. B. vom Radius 1) auf einem festen Kreis (z. B. vom Radius 4) ab (s. Abb. 6.39). Die Parameterform dieser Epizykloide ist gegeben durch $x(t) = 5\cos t - \cos(5t)$, $y(t) = 5\sin t - \sin(5t)$, $t \in [0, 2\pi]$.
   a) Berechnen Sie die Steigung der Kurve für $t = \pi/4$.
   b) Berechnen Sie die Gleichung der Tangenten für $t = \pi/4$.
   c) Für welche $t \in [0, \pi/2]$ liegt eine horizontale Tangente vor?

2. Bei der Kardioiden $x(\varphi) = a \cdot (1 + \cos\varphi) \cdot \cos\varphi$, $y(\varphi) = a \cdot (1 + \cos\varphi) \cdot \sin\varphi$ ist a) die Steigung für $t = \pi/4$ zu berechnen. Für welche $t \in [0, \pi/2]$ liegen b) horizontale bzw. c) vertikale Tangenten vor (s. Abb. 6.39)?

Implizite Funktionen

1. Eine Kurve ist implizit gegeben durch $e^y + y + x^2 - x - 3 = 0$.
   a) Bestimmen Sie die zu $y_0 = 0$ gehörigen Kurvenpunkte!
   b) Bestimmen Sie Steigung und Tangentengleichung an diesen Punkten!
   c) Ist die Kurve an diesen Punkten lokal eindeutig als Funktion darstellbar?
   d) An welchem Kurvenpunkt liegt eine horizontale Tangente vor?

6.15 Lösungen

Differentialquotient, Tangentengleichung und Fehleranalyse

1. a) Es gilt $f'(2) = \lim_{h \to 0} \frac{f(2+h)-f(2)}{h} = \lim_{h \to 0} \frac{1}{h}\left(\frac{5+h}{1-h} - 5\right)$. Auf den Hauptnenner bringen und h kürzen liefert $f'(2) = \lim_{h \to 0} \frac{6}{1-h} = 6$.

   Alternative Lösung mittels: $f'(2) = \lim_{x \to 2} \frac{f(x)-f(2)}{x-2} = \frac{(3+x)/(3-x)-5}{x-2} = \lim_{x \to 2} \frac{3+x-5(3-x)}{(3-x)(x-2)} = \frac{6x-12}{(3-x)(x-2)} = \lim_{x \to 2} \frac{6}{3-x} = 6$.

   b) Quotientenregel: $f'(x) = \frac{(3-x)\cdot 1 - (3+x)\cdot(-1)}{(3-x)^2} = \frac{6}{(3-x)^2}$, also $f'(2) = 6$.

2. Es ist $f'(x) = 6x^2$ und $f'(2) = 24$. Für die Tangentengleichung gilt damit $y = f(2) + f'(2)(x-2) = 16 + 24(x-2)$, also $y = 24x - 32$.

3. Für den relativen Eingangsfehler gilt $|dq/q| \le 2\,\%$. Es ist $V'(q) = \frac{\pi}{2}q^2$. Somit gilt für den relativen Ausgangsfehler:

$$\left|\frac{\Delta V}{V}\right| \approx \left|\frac{dV}{V}\right| = \left|\frac{V'(q)\,dq}{V}\right| = \left|\frac{\frac{\pi}{2}q^2 \cdot q}{\frac{\pi}{6}q^3}\right| \cdot \left|\frac{dq}{q}\right| = 3\left|\frac{dq}{q}\right| \le 3 \cdot 2\,\% = 6\,\%.$$

Ableitungstechniken, L'Hospital und Kurvendiskussion

1. a) Es gilt $D = \{x \in \mathbb{R} \mid x > 0 \text{ und } x \ne 1\}$. Quotientenregel:

$$f'(x) = \frac{3x^2(\sqrt{x} - x^2) - x^3\left(\frac{1}{2\sqrt{x}} - 2x\right)}{(\sqrt{x} - x^2)^2} = \frac{6x^3 - 6x^4\sqrt{x} - x^3 + 4x^4\sqrt{x}}{2\sqrt{x}(\sqrt{x} - x^2)^2}$$

$$= \frac{5x^2\sqrt{x} - 2x^4}{2(\sqrt{x} - x^2)^2}.$$

   b) Es ist $D = \mathbb{R}$. Wegen $e^x > x$ gilt $f(x) = 2x^3 \ln(e^x - x)$. Produktregel: $f(x) = 6x^2 \cdot \ln(e^x - x) + 2x^3 \cdot \frac{e^x - 1}{e^x - x}$.

2. a) Es ist $y'(x) = cm(cx-d)^{m-1}$, $y''(x) = c^2 m(m-1)(cx-d)^{m-2}$ und allgemein $y^{(n)}(x) = c^n m(m-1) \cdot \ldots \cdot (m-n+1)(cx-d)^{m-n} = \frac{m!}{(m-n)!}c^n(cx-d)^{m-n}$.

   b)
   $$f'(x) = -e^{-x}\cos x - e^{-x}\sin x = -e^{-x}(\cos x + \sin x),$$
   $$f''(x) = e^{-x}(\cos x + \sin x) - e^{-x}(-\sin x + \cos x) = 2e^{-x}(\sin x),$$
   $$f'''(x) = -2e^{-x}\sin x + 2e^{-x}\cos x = -2e^{-x}(\sin x - \cos x),$$
   $$f^{(4)}(x) = 2e^{-x}(\sin x - \cos x) - 2e^{-x}(\cos x + \sin x) = -4e^{-x}\cos x.$$

Abb. 6.40 Graph von
$f(x, y) = \mathrm{e}^{-2x^2}$

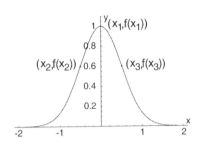

3. Mit $f^{-1}(x) = \arcsin x$ ist $f(y) = \sin y$ die Umkehrfunktion. Also folgt $(\arcsin x)' = \frac{1}{f'(\arcsin x)} = \frac{1}{\cos(\arcsin x)}$. Aus $\sin^2 x + \cos^2 x = 1$, d. h. $\cos x = \sqrt{1 - \sin^2 x}$ (da $\cos y \geq 0$ für den Hauptzweig $[-\pi/2, \pi/2]$ der arcsin-Funktion) ergibt sich jetzt $(\arcsin x)' = \frac{1}{\sqrt{1 - \sin^2(\arcsin x)}} = \frac{1}{\sqrt{1 - x^2}}$.

4. a) Da der Ausdruck die Form „0/0" hat, wird die Regel von L'Hospital angewandt: $\lim_{x \to 0} \frac{(\mathrm{e}^x - \mathrm{e}^{-x} - 2x)'}{(x - \sin x)'} = \lim_{x \to 0} \frac{\mathrm{e}^x + \mathrm{e}^{-x} - 2}{1 - \cos x}$. Auch dieser Ausdruck hat die Form „0/0". Nochmalige Anwendung der Regel liefert: $\lim_{x \to 0} \frac{(\mathrm{e}^x + \mathrm{e}^{-x} - 2)'}{(1 - \cos x)'} = \lim_{x \to 0} \frac{\mathrm{e}^x - \mathrm{e}^{-x}}{\sin x}$. Wieder ergibt sich die Form „0/0". Eine weitere Anwendung der Regel führt jetzt zum Ziel:

$$\lim_{x \to 0} \frac{(\mathrm{e}^x - \mathrm{e}^{-x})'}{(\sin x)'} = \lim_{x \to 0} \frac{\mathrm{e}^x + \mathrm{e}^{-x}}{\cos x} = \frac{2}{1} = 2.$$

   b) Der Grenzwert $\lim_{x \to \infty} \frac{a^x}{x^m}$ hat die Form „∞/∞". Wir setzen $f(x) = a^x$ und $g(x) = x^m$. Dann gilt für deren m-te Ableitungen $f^{(m)}(x) = a^x (\ln a)^m$ und $g^{(m)}(x) = m!$. Die m-malige Anwendung der Regel von L'Hospital führt daher zu $\lim_{x \to \infty} \frac{f^{(m)}(x)}{g^{(m)}(x)} = \lim_{x \to \infty} \frac{a^x (\ln a)^m}{m!} = \infty$.

5. Es gilt $D = \mathbb{R}$. Wegen $f(-x) = f(x)$ ist die Funktion symmetrisch zur y-Achse. Die Funktion hat keine Nullstellen. Zur Bestimmung möglicher Extrema und Wendepunkte werden folgende Ableitungen berechnet: $f'(x) = -4x\mathrm{e}^{-2x^2}$, $f''(x) = \frac{16x^2 - 4}{\mathrm{e}^{2x^2}}$, $f'''(x) = \frac{48x - 64x^3}{\mathrm{e}^{2x^2}}$. Für die einzige Nullstelle $x_1 = 0$ von $f'(x)$ gilt $f''(0) = -4 < 0$. Es handelt sich daher um ein Maximum mit $f(0) = 1$. Äquivalent zu $f''(x) = 0$ ist $16x^2 - 4 = 0$. Mögliche Wendepunkte sind also $x_2 = -1/2$ bzw. $x_3 = 1/2$. Wegen der Achsensymmetrie genügt es einen dieser Kandidaten zu untersuchen: $f'''(1/2) \approx 9{,}71 \neq 0$. Die Funktion hat also Wendepunkte in $(-0{,}5, 0{,}61)$ und $(0{,}5, 0{,}61)$. Es gibt somit drei „Krümmungsintervalle": $K_1 = (-\infty, -0{,}5)$, $K_2 = (-0{,}5, 0{,}5)$ und $K_3 = (0{,}5, \infty)$. Wegen z. B. $f''(-1) > 0$, $f''(1) > 0$ ist f in K_1, K_3 linksgekrümmt, in K_2 jedoch rechtsgekrümmt (z. B. $f''(0) < 0$). Für das „Grenzverhalten" gilt: $\lim_{x \to \pm\infty} \frac{1}{\mathrm{e}^{2x^2}} = 0$. Es gibt daher keine globalen Minima, aber $x_1 = 0$ ist globales Maximum. Den nun einfach zu zeichnenden Graph entnimmt man der Abb. 6.40.

Newtonverfahren und Taylorentwicklung

1. Mit $f(x) = 3\cos x - x$ ist $f'(x) = -3\sin x - 1$. Damit ergibt sich $x_1 = x_0 - \frac{3\cos x_0 - x_0}{-3\sin x_0 - 1} = 1 - \frac{3\cos 1 - 1}{-3\sin 1 - 1} = 1{,}17617$. Analog berechnet man $x_2 = 1{,}17013$, $x_3 = 1{,}17012$ und $x_4 = 1{,}17012$. Damit ist die geforderte Genauigkeit erreicht ($f(x_4) \approx 0{,}0000036$).

2. Zunächst werden die relevanten Ableitungen ermittelt: $p'(x) = 6x^2 + 6x$, $p''(x) = 12x + 6$, $p'''(x) = 12$ und $p^{(4)}(x) = 0$.

   a) Damit gilt $p'(0) = 0$, $p''(0) = 6$ und $p'''(0) = 12$, sowie $p(0) = 5$. Folglich ergibt sich:

   $$
   p_3(x) = p(0) + \frac{p'(0)}{1!}x^1 + \frac{p''(0)}{2!}x^2 + \frac{p'''(0)}{3!}x^3
   $$
   $$
   = 5 + 0 \cdot x^1 + \frac{6}{2}x^2 + \frac{12}{6}x^3 = p(x).
   $$

   b) Wegen $p'(1) = 12$, $p''(1) = 18$ und $p'''(1) = 12$, sowie $p(1) = 10$ gilt:

   $$
   p_3(x) = p(1) + \frac{p'(1)}{1!}(x-1)^1 + \frac{p''(1)}{2!}(x-1)^2 + \frac{p'''(1)}{3!}(x-1)^3
   $$
   $$
   = 10 + 12(x-1) + \frac{18}{2}(x-1)^2 + \frac{12}{6}(x-1)^3 = p(x).
   $$

   Für das Lagrange'sche Restglied gilt wegen $p^{(4)}(\xi) = 0$ in beiden Fällen natürlich $R_3 = 0$. Ausgangspolynom und Taylorpolynom sind also identisch!

3. Für die benötigten Ableitungen gilt: $f'(x) = f^{(5)}(x) = \cos x$, $f''(x) = f^{(6)}(x) = -\sin x$, $f'''(x) = f^{(7)}(x) = -\cos x$ und $f^{(4)}(x) = f^{(8)}(x) = \sin x$. Daraus folgt $f'(0) = f^{(5)}(0) = 1$, $f''(0) = f^{(4)}(0) = f^{(6)}(0) = f^{(8)}(0) = 0$ und $f'''(0) = f^{(7)}(0) = -1$. Die Taylorentwicklung lautet ($f(0) = 0$): $p_8(x) = 0 + \frac{1}{1!} \cdot x + \frac{0}{2!} \cdot x^2 + \frac{-1}{3!} \cdot x^3 + \frac{0}{4!} \cdot x^4 + \frac{1}{5!} \cdot x^5 + \frac{0}{6!} \cdot x^6 + \frac{-1}{7!} \cdot x^7 + \frac{0}{8!} \cdot x^8$. Somit ist $p_8(x) = x - \frac{1}{3!}x^3 + \frac{1}{5!}x^5 - \frac{1}{7!}x^7$. Die gesuchte Abschätzung erhält man mit dem Lagrange'schen Restglied: Es gilt $|\sin x - p_8(x)| = |R_8(x)|$. Wegen $|f^{(9)}(\xi)| = |\cos \xi| \le 1$ für $\xi \in [-\pi/6, \pi/6]$ folgt $|R_8(x)| = |\frac{\cos \xi}{9!}x^9| \le \frac{|x^9|}{9!} \le \frac{(\pi/6)^9}{9!} \approx 8 \cdot 10^{-9}$.

Funktionen mehrerer Veränderlicher

1. Die Schnittkurve parallel zur xz-Ebene ($y \equiv 1$) lautet $z = 3x^2 - 2$. Es ist $z_x(x, y) = 6x$. Setzt man hier $x = 1$, so erhält man die Steigung 6. Andererseits lautet die Schnittkurve parallel zur yz-Ebene ($x \equiv 1$) $z = 4y^2 - 3$. Es ist $z_y(x, y) = 8y$ und für $y = 1$ ergibt sich die Steigung 8.

2. a) $f_x(x, y) = \frac{2x}{y} - \frac{y^2}{x^2}$, $f_y(x, y) = \frac{-x^2}{y^2} + \frac{2y}{x}$.

   b) $f_x(x, y) = \frac{1}{\tan(x/y)} \cdot \frac{1}{\cos^2(x/y)} \cdot \frac{1}{y} = \frac{1}{y \sin(x/y)\cos(x/y)}$.
   $f_y(x, y) = \frac{1}{\tan(x/y)} \cdot \frac{1}{\cos^2(x/y)} \cdot \left(\frac{-x}{y^2}\right) = \frac{-x}{y^2 \sin(x/y)\cos(x/y)}$.

   c) $f_x(x, y) = yx^{y-1}$, $f_y(x, y) = x^y \ln x$ (man beachte: $(a^x)' = a^x \ln a$).

3. Für die partiellen Ableitungen gilt $f_x(x, y) = \frac{1}{2\sqrt{x-y}}$ und $f_y(x, y) = \frac{-1}{2\sqrt{x-y}}$. Es folgt $f_x(1, -3) = 1/4$ und $f_y(1, -3) = -1/4$. Die Tangentialebene lautet $z = 2 + \frac{1}{4}(x - 1) - \frac{1}{4}(y + 3)$, d. h. vereinfacht $z = \frac{1}{4}(x - y) + 1$.

4. Die zu berücksichtigenden Änderungen sind $dU = -10$ und $dR = -0,5$. Die partiellen Ableitungen von $P(U, R)$ sind $P_U = \frac{2U}{R}$ und $P_R = \frac{-U^2}{R^2}$. Das totale Differential ergibt sich damit zu

$$dP = \frac{2U}{R} \cdot dU - \frac{U^2}{R^2} \cdot dR = \frac{2 \cdot 220}{10} \cdot (-10) - \frac{220^2}{10^2} \cdot (-0,5) = -198.$$

Die Leistung ist also um annähernd 198 W verringert.

5. Aus $f_x(x, y) = ye^x$ und $f_y(x, y) = e^x$ ergibt sich der Gradient $\nabla f(x, y) = (ye^x, e^x)^T$ und damit $\nabla f(0, 5) = (5, 1)^T$. Für die Richtungsableitung gilt $\nabla f^T(0, 5) \cdot \vec{v} = 5 \cdot \frac{1}{\sqrt{2}} + 1 \cdot \frac{1}{\sqrt{2}} = 3\sqrt{2}$.

6. a) Notwendig ist $f_x(x, y) = \frac{2x}{x^2+y^2+1} = 0$ und $f_y(x, y) = \frac{2y}{x^2+y^2+1} = 0$. Einzige Lösung dieses Gleichungssystems ist $(x, y) = (0, 0)$. Die zweiten Ableitungen ergeben sich zu $f_{xx}(x, y) = \frac{-2x^2+2y^2+2}{(x^2+y^2+1)^2}$, $f_{yy}(x, y) = \frac{2x^2-2y^2+2}{(x^2+y^2+1)^2}$ und $f_{xy}(x, y) = f_{yx}(x, y) = \frac{-4xy}{(x^2+y^2+1)^2}$. Nun muss das hinreichende Kriterium überprüft werden:

$$f_{xx}(0, 0) = 2 > 0, \quad f_{xx}(0, 0)f_{yy}(0, 0) - f_{xy}^2(0, 0) = 2 \cdot 2 - 0^2 = 4 > 0.$$

In $(0, 0)$ liegt also ein lokales Minimum vor.

b) Notwendiges Kriterium ist: $f_x(x, y) = y(5x^4 + y^4 + 1) = 0$ und $f_y(x, y) = x(x^4 + 5y^4 + 1) = 0$. Einzige Lösung dieses Gleichungssystems ist $(x, y) = (0, 0)$. Die zweiten Ableitungen ergeben sich zu $f_{xx}(x, y) = 20x^3 y$ sowie $f_{yy}(x, y) = 20xy^3$ und $f_{xy}(x, y) = f_{yx}(x, y) = 5x^4 + 5y^4 + 1$. Damit gilt:

$$f_{xx}(0, 0)f_{yy}(0, 0) - f_{xy}^2(0, 0) = 0 \cdot 0 - 1^2 = -1 < 0.$$

Nach dem hinreichenden Kriterium ist $(0, 0)$ daher ein Sattelpunkt.

Steigung von Kurven

1. a) Mit $\dot{x}(t) = -5\sin t + 5\sin(5t)$ und $\dot{y}(t) = 5\cos t - 5\cos(5t)$ folgt für die Steigung

$$y' = \frac{\dot{y}}{\dot{x}} = \frac{5\cos t - 5\cos(5t)}{-5\sin t + 5\sin(5t)}.$$

Setzt man $t = \pi/4$, so erhält man für die Steigung an dieser Stelle

$$y'\big|_{t=\pi/4} = \frac{5\cos \pi/4 - 5\cos(5\pi/4)}{-5\sin \pi/4 + 5\sin(5\pi/4)} = \frac{5/\sqrt{2} - 5(-1/\sqrt{2})}{-5/\sqrt{2} + 5(-1/\sqrt{2})} = -1.$$

b) Mit $x(\pi/4) = 5\cos\pi/4 - \cos(5\pi/4) = 5 \cdot 1/\sqrt{2} - (-1/\sqrt{2}) = 6/\sqrt{2}$ und analog $y(\pi/4) = 6/\sqrt{2}$ folgt als Tangentengleichung

$$\frac{y - y(\pi/4)}{x - x(\pi/4)} = \frac{y - 6/\sqrt{2}}{x - 6/\sqrt{2}} = -1, \quad \text{also } y = -x + 12/\sqrt{2}.$$

c) Zur Ermittlung von horizontalen Tangenten im Winkelbereich von $[0, \pi/2]$ ist der Zähler der Steigung gleich Null zu setzen: Die Gleichung

$$\dot{y} = 5\cos t - 5\cos(5t) = 0$$

hat die Lösungen $t = 0$ und $t = \pi/3$.
Im Falle von $t = \pi/3$ ist der Nenner von y' ungleich Null:

$$\dot{x}(\pi/3) = -5\sin(\pi/3) + 5\sin(5\pi/3) = -5\sqrt{3}.$$

Im Falle von $t = 0$ gilt $\dot{x}(0) = 0$. Mit dem Grenzwertsatz von L'Hospital folgt

$$y'\big|_{t=0} = \frac{\dot{y}(0)}{\dot{x}(0)} = \frac{0}{0} = \lim_{t \to 0} \frac{-5\sin t + 25\sin(5t)}{-5\cos t + 25\cos(5t)} = \frac{0}{20} = 0.$$

Also liegen horizontale Tangenten bei $t = 0$ und bei $t = \pi/3$ vor.

2. Die Steigung der Kardioide berechnet sich zu:

$$y' = \frac{\dot{y}}{\dot{x}} = \frac{(-a\sin\varphi) \cdot \sin\varphi + a(1 + \cos\varphi) \cdot \cos\varphi}{(-a\sin\varphi) \cdot \cos\varphi - a(1 + \cos\varphi) \cdot \sin\varphi} = \frac{-\sin^2\varphi + \cos\varphi + \cos^2\varphi}{-2\sin\varphi\cos\varphi - \sin\varphi}.$$

a) Für $\varphi = \frac{\pi}{4}$ erhalten wir:

$$y' = \frac{-(1/\sqrt{2})^2 + (1/\sqrt{2}) + (1/\sqrt{2})^2}{-2(1/\sqrt{2}) \cdot (1/\sqrt{2}) - (1/\sqrt{2})} = \frac{(1/\sqrt{2})}{-1 - (1/\sqrt{2})} \approx -0{,}41421.$$

b) Horizontale Tangenten sind gekennzeichnet durch $\dot{y} = 0$:

$$-\sin^2\varphi + \cos\varphi + \cos^2\varphi = 0,$$
$$-(1 - \cos^2\varphi) + \cos\varphi + \cos^2\varphi = 0,$$
$$2\cos^2\varphi + \cos\varphi - 1 = 0.$$

Die quadratische Gleichung $2x^2 + x - 1$ hat die Lösungen $x_1 = 1/2$ und $x_2 = -1$. Wir erhalten mit $\cos\varphi = x$: $\cos\varphi = \frac{1}{2}$ (d. h. $\varphi = \frac{\pi}{3}$) und $\cos\varphi = -1$ (d. h. $\varphi = \pi$). An der Stelle $\varphi = \frac{\pi}{3}$ aus dem gesuchten Intervall gilt zudem $\dot{x}(\pi/3) = -\sqrt{3} \neq 0$, also liegt eine horizontale Tangente vor.

Abb. 6.41 Implizite Funktion
$$e^y + y + x^2 - x - 3 = 0$$

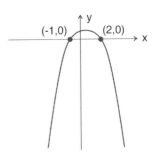

c) Vertikale Tangenten sind gekennzeichnet durch $\dot{x} = 0$:

$$-2\sin\varphi\cos\varphi - \sin\varphi = 0, \quad \text{bzw.} \quad -\sin\varphi(2\cos\varphi + 1) = 0.$$

Aus $\sin\varphi = 0$ folgt $\varphi = 0$, während $\cos\varphi = -1/2$ im Intervall $[0, \pi/2]$ nicht erfüllt ist. Wegen $\dot{y}(0) \neq 0$ liegt an $\varphi = 0$ eine senkrechte Tangente vor.

Implizite Funktionen

1. a) Die zu $y_0 = 0$ gehörigen Kurvenpunkte erfüllen die Gleichung $e^0 + 0 + x^2 - x - 3 = 0$ bzw. $x^2 - x - 2 = 0$. Diese quadratische Gleichung hat die Lösungen $x_0 = -1$ und $x_0 = 2$. Die gesuchten Kurvenpunkte sind also $(-1, 0)$ und $(2, 0)$.

   b) Mit

   $$y' = -\frac{F_x}{F_y} = -\frac{2x - 1}{e^y + 1}$$

   erhält man $y'|_{(-1,0)} = -(2 \cdot (-1) - 1)/(e^0 + 1) = 1{,}5$ und $y'|_{(2,0)} = -(2 \cdot 2 - 1)/(e^0 + 1) = -1{,}5$. Die Tangentengleichung erhält man durch Einsetzen in die Formel

   $$\frac{y - y_0}{x - x_0} = y',$$

   also

   $$\frac{y - 0}{x - (-1)} = \frac{3}{2}, \text{ d.h. } y = \frac{3}{2}x + \frac{3}{2} \quad \text{bzw.} \quad \frac{y - 0}{x - 2} = -\frac{3}{2}, \text{ d.h. } y = -\frac{3}{2}x + 3.$$

   c) Wegen $F_y = e^y + 1 > 0$ ist die Kurve sogar an *allen* Kurvenpunkten lokal eindeutig als Funktion darstellbar. *Formal* ist die Gleichung $F(x, y) = e^y + y + x^2 - x - 3 = 0$ allerdings *nicht* nach y auflösbar.

   d) Für horizontale Tangenten muss gelten: $y' = -F_x/F_y = 0$, also $F_x = 2x - 1 = 0$. Wir erhalten den Wert $x = 1/2$. Der zugehörige y-Wert ist Lösung von $e^y + y + 0{,}5^2 - 0{,}5 - 3 = 0$. Mit Hilfe z. B. des Newton-Verfahrens erhält man die Näherung $y_0 \approx 0{,}86796$.

Die Kurve und die berechneten Punkte findet man in Abb. 6.41.

7.1 Einführung

▶ Satz von Taylor

Einen gewissen Einblick in Reihen und Taylorreihen haben wir schon im Kapitel über Differentialrechnung erhalten, nämlich beim Satz von Taylor. Hier wird eine (differenzierbare) Funktion durch ein (Taylor-) Polynom n-ten Grades angenähert. Wir stellen uns nun einfach vor, den Grad n dieses Polynoms immer größer zu wählen – so dass wir keine *endliche* Summe, sondern eine *unendliche* Summe erhalten. Am Beispiel der e-Funktion würden wir also von

$$e^x = \underbrace{1 + x + \frac{x^2}{2!} + \frac{x^3}{3!} + \ldots + \frac{x^n}{n!}}_{\text{Taylorpolynom}} + \underbrace{R_n(x)}_{\text{Restglied}}$$

zu

$$e^x = \underbrace{1 + x + \frac{x^2}{2!} + \frac{x^3}{3!} + \ldots + \frac{x^n}{n!} + \ldots}_{\text{Taylorreihe}}$$

übergehen.

▶ Historisches Beispiel

Das klingt nun wirklich mysteriös! Dubios waren solche Reihen (= unendliche Summen) auch sehr lange Zeit in der Mathematik. So beschäftigte sich der italienische Mönch Guido Grandi 1703 mit der Reihe

$$\frac{1}{1+x} = 1 - x + x^2 - x^3 + x^4 \mp \ldots,$$

Y. Stry, R. Schwenkert, *Mathematik kompakt*, DOI 10.1007/978-3-642-24327-1_7,
© Springer-Verlag Berlin Heidelberg 2013

setzte $x = 1$ und erhielt

$$\frac{1}{2} = 1 - 1 + 1 - 1 + 1 \mp \dots$$

Durch Einfügen von Klammern ergab sich

$$\frac{1}{2} = (1 - 1) + (1 - 1) + \dots = 0 + 0 + \dots = 0,$$

also $\frac{1}{2} = 0$. Für unseren Mönch war das der Beweis für die Schöpfung der Welt aus dem Nichts! Im 19. Jahrhundert wurden dann die Grundlagen der Analysis etwa von Bolzano, Cauchy, Riemann und Weierstraß geklärt, und durch klare Definitionen wurde fauler Zauber wie durch Grandi ad absurdum geführt. Wir werden im Folgenden sehen, warum (und wo) die Funktion $\frac{1}{1+x}$ durch Taylorpolynome $p_0(x) = 1$, $p_1(x) = 1 - x$, $p_2(x) = 1 - x + x^2$, $p_4(x) = 1 - x + x^2 - x^3$ etc. angenähert werden kann und wie man daraus die *Taylorreihe* $1 - x + x^2 - x^3 + \dots$ erhält. Allerdings darf man gerade nicht $x = 1$ einsetzen, da hier die Reihe *divergiert*. Und Klammern setzen darf man bei diesen Ausdrücken auch nicht immer so einfach…

▶   Beispiele, Anwendungen

Aber zugegeben – Reihen haben zunächst etwas Unerklärliches, etwas Mystisches: So kann man streng beweisen, dass

$$1 + \frac{1}{2} + \frac{1}{4} + \frac{1}{8} + \dots = 2.$$

Also obwohl wir, anschaulich gesprochen, immer wieder etwas (wenn auch kleines) hinzuaddieren, so nähert sich die Summe dennoch immer mehr der 2 an. Diese Summe aus *unendlich* vielen Summanden hat also einen *endlichen* Wert. Das muss aber nicht so sein, denn andererseits ist die so genannte harmonische Reihe

$$1 + \frac{1}{2} + \frac{1}{3} + \frac{1}{4} + \dots$$

divergent, d. h. obwohl immer kleiner werdende winzige Brüche hinzuaddiert werden, wächst die Summe (wenn man nur lange genug addiert) über jede vorgegebene Schranke hinaus. Anwendungen haben Reihen genug – etwa die geometrische Reihe in der Wirtschaftsmathematik oder ganz allgemein die Taylorreihen bei der Auswertung von Funktionen im Taschenrechner.

Wie man genau Reihen definiert, wann Reihen konvergieren oder divergieren, welche Eigenschaften eine spezielle Art von Reihen, nämlich Potenzreihen, haben, wollen wir nun im Folgenden untersuchen.

Abb. 7.1 Beschränkte unendliche Summe

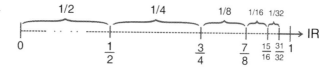

7.2 Konvergenz unendlicher Reihen

Endliche Summen haben wir bereits in Abschn. 2.3 betrachtet. Diese waren mit den geltenden Rechengesetzen für reelle Zahlen problemlos zu berechnen. Eine „Summe von unendlich vielen Zahlen" zu definieren, macht allerdings nur Sinn, wenn man mathematisch exakt erklärt, was man darunter verstehen will. Dies wird uns mit Hilfe von „Folgen" gelingen. Der für Folgen eingeführte Konvergenzbegriff lässt sich nämlich auf sog. konvergente Reihen übertragen.

Betrachtet man die „unendliche Reihe" (siehe Abb. 7.1)

$$\frac{1}{2} + \frac{1}{4} + \frac{1}{8} + \frac{1}{16} + \frac{1}{32} + \frac{1}{64} + \dots,$$

so stellt man fest, dass jeder Summand stets um die Hälfte kleiner ist als sein Vorgänger. Die auf der Zahlengeraden hinzukommenden Stücke werden also immer kleiner, bis sie wegen ihrer „Winzigkeit" nicht mehr sichtbar sind. Je länger man den Additionsvorgang fortsetzt, desto näher kommt man der eins, sie wird aber in der Summe nie übersprungen werden.

Untersuchen wir andererseits die Reihe

$$\frac{1}{2} + \frac{1}{3} + \frac{1}{4} + \frac{1}{5} + \frac{1}{6} + \frac{1}{7} + \frac{1}{8} + \dots,$$

so können wir zunächst festhalten, dass für die

- Glieder 1 bis 2 der Reihe: $\frac{1}{2} + \frac{1}{3} > \frac{1}{4} + \frac{1}{4} = \frac{1}{2}$,
- Glieder 3 bis 6 der Reihe: $\frac{1}{4} + \frac{1}{5} + \frac{1}{6} + \frac{1}{7} > 4 \cdot \frac{1}{8} = \frac{1}{2}$,

gilt, usw. Eine bestimmte (zwar immer größer werdende) Anzahl von Summanden, die wir *Teilsumme* nennen wollen, ergibt stets einen Summenwert größer als $1/2$:

$$\underbrace{\frac{1}{2} + \frac{1}{3}}_{>\frac{1}{2}} + \underbrace{\frac{1}{4} + \dots + \frac{1}{7}}_{>\frac{1}{2}} + \underbrace{\frac{1}{8} + \dots + \frac{1}{15}}_{>8 \cdot \frac{1}{16} = \frac{1}{2}} + \underbrace{\frac{1}{16} + \dots + \frac{1}{31}}_{>16 \cdot \frac{1}{32} = \frac{1}{2}} + \frac{1}{32} + \dots$$

Schon die Addition der ersten vier Teilsummen ergibt einen Wert größer als Zwei. Fährt man mit dem Addieren fort, so kommen beliebig viele Teilsummen mit einem Wert, der jeweils größer als $1/2$ ist, hinzu. Die Summe wird also „unendlich groß", obwohl – wie im ersten Beispiel – die einzelnen Summanden auch hier immer kleiner werden.

Diese bisher mehr heuristischen Überlegungen wollen wir nun mit Hilfe des Folgenbegriffs mathematisch präzisieren:

(Unendliche) Reihe, Partialsumme

Ist $(a_n)_{n \in \mathbb{N}} = a_0, a_1, a_2, \cdots$ eine Zahlenfolge, dann heißt die durch die Vorschrift

$$s_n := \sum_{k=0}^{n-1} a_k = a_0 + a_1 + \cdots + a_{n-1}, \quad n \in \mathbb{N}_+,$$

neu gebildete Folge $(s_n)_{n \in \mathbb{N}_+}$ (die aus (a_n) gebildete) unendliche Reihe. Statt $\lim_{n \to \infty} s_n$ schreibt man $\sum_{k=0}^{\infty} a_k$. Die Glieder s_n dieser Folge werden Partialsummen genannt.

Man beachte, dass die n-te Partialsumme gemäß unserer Definition stets aus n Summanden besteht: $s_1 = a_0$, $s_2 = a_0 + a_1$, $s_3 = a_0 + a_1 + a_2$, usw.

Beispiel 7.1

Der Reihe $\frac{1}{2} + \frac{1}{4} + \frac{1}{8} + \frac{1}{16} + \ldots$ liegt die Folge $(\frac{1}{2^{n+1}})_{n \in \mathbb{N}}$ zugrunde. Die Partialsummen ergeben sich zu $s_n = \frac{2^n - 1}{2^n}$. Anstelle der „Grenzwertnotation" $\lim_{n \to \infty} \frac{2^n - 1}{2^n}$ schreibt man $\sum_{k=0}^{\infty} \frac{1}{2^{k+1}}$.

Übung 7.1

Durch welche Folge wird die Reihe $\frac{1}{2} + \frac{1}{3} + \frac{1}{4} + \frac{1}{5} + \ldots$ definiert?

Lösung 7.1

Die unendliche Reihe wird durch die Folge $(\frac{1}{n+2})_{n \in \mathbb{N}}$ definiert. Man kann sie in der Form $(\sum_{k=0}^{n-1} \frac{1}{k+2})_{n \in \mathbb{N}_+}$ schreiben.

Die „Reihenkonvergenz" lässt sich nun direkt auf die Konvergenz von Folgen zurückführen:

Konvergenz und Divergenz unendlicher Reihen

Eine unendliche Reihe $(s_n)_{n \in \mathbb{N}_+}$ heißt konvergent, wenn die Folge ihrer Partialsummen konvergent ist, d. h. wenn

$$\sum_{k=0}^{\infty} a_k = \lim_{n \to \infty} s_n = s$$

gilt. Der Grenzwert s heißt Summe oder Summenwert der unendlichen Reihe. Existiert s nicht, so nennt man die Reihe divergent.

Reihensymbol Eigentlich steht das Symbol $\sum_{k=0}^{\infty} a_k$ für die Summe einer konvergenten Reihe. Üblicherweise benutzt man es aber auch zur Bezeichnung der (nicht notwendigerweise konvergenten) Folge von Partialsummen $(s_n = \sum_{k=0}^{n-1} a_k)_{n \in \mathbb{N}_+}$ selbst.

Beispiel 7.2

a) Zu untersuchen ist, ob die Reihe $\sum_{k=0}^{\infty} (-1)^k$ konvergent ist. Für die Folge der Partialsummen erhält man $s_1 = (-1)^0 = 1, s_2 = s_1 + (-1)^1 = 0, s_3 = s_2 + (-1)^2 = 1$, usw., d. h. diese ist alternierend: $1, 0, 1, 0, \ldots$ Daher divergiert die Reihe.

b) **Harmonische Reihe, Divergenz** Die sog. *harmonische Reihe* $\sum_{k=0}^{\infty} \frac{1}{k+1}$ stimmt bis auf den ersten Summanden mit der Reihe $\sum_{k=0}^{\infty} \frac{1}{k+2}$ überein. Letztere wird unendlich groß, was wir bereits festgestellt haben. Dies trifft natürlich auch für die harmonische Reihe zu. Man sagt, sie ist *divergent* gegen ∞ und schreibt $\sum_{k=0}^{\infty} \frac{1}{k+1} = \infty$.

Übung 7.2

Bestimmen Sie $\sum_{k=0}^{\infty} \frac{1}{2^{k+1}}$.

Lösung 7.2

Mit Beispiel 7.1 erhält man $\sum_{k=0}^{\infty} \frac{1}{2^{k+1}} = \lim_{n \to \infty} \frac{2^n - 1}{2^n} = \lim_{n \to \infty} (1 - \frac{1}{2^n}) = 1$.

Unendliche geometrische Reihe In Abschn. 2.3 hatten wir endliche geometrische Reihen der Form $\sum_{i=0}^{n-1} a_0 q^i = a_0 \sum_{i=0}^{n-1} q^i$ betrachtet. Jetzt können wir die Konvergenz der *unendlichen geometrischen Reihe* $\sum_{k=0}^{\infty} q^k$ untersuchen: Dazu betrachten wir die Partialsummen

$$s_n = 1 + q + q^2 + \ldots + q^{n-1}.$$

Für $q = 1$ ist $s_n = n$. Wegen $\lim_{n \to \infty} n = \infty$ hat man bestimmte Divergenz mit dem uneigentlichen Grenzwert ∞. Für $q \neq 1$ ergibt sich aus der Formel für die endliche geometrische Reihe (vgl. Abschn. 2.3) $s_n = \frac{q^n - 1}{q - 1}$. Daraus folgt

$$\lim_{n \to \infty} s_n = \lim_{n \to \infty} \frac{q^n - 1}{q - 1} = \frac{\lim_{n \to \infty} q^n - 1}{q - 1}.$$

Für $|q| < 1$ konvergiert die Reihe mit dem Summenwert $\frac{1}{1-q}$, da bekanntlich $\lim_{n \to \infty} q^n = 0$. Für $|q| > 1$ hat man wegen $\lim_{n \to \infty} q^n = \pm \infty$ Divergenz. Für $q = -1$ sei auf Beispiel 7.2a verwiesen. Zusammenfassend halten wir fest:

Wert der geometrischen Reihe

Falls $|q| < 1$, dann gilt für die geometrische Reihe

$$a_0(1 + q + q^2 + q^3 + \ldots) = a_0 \sum_{k=0}^{\infty} q^k = a_0 \frac{1}{1-q}.$$

In allen anderen Fällen liegt Divergenz vor.

Beispiel 7.3

Die bereits bekannte Reihe $(\sum_{k=0}^{n-1} \frac{1}{2^{k+1}})_{n \in \mathbb{N}_+}$ ist natürlich eine geometrische Reihe mit $a_0 = 1/2$ und dem konstanten Quotienten $q = 1/2$. Es ergibt sich damit (vgl. auch Übung 7.2): $\sum_{k=0}^{\infty} \frac{1}{2^{k+1}} = \frac{1}{2} \sum_{k=0}^{\infty} (\frac{1}{2})^k = \frac{1}{2} \cdot \frac{1}{1-1/2} = 1$.

Übung 7.3

Berechnen Sie die Summe der geom. Reihe $1 - \frac{3}{4} + \frac{9}{16} - \frac{27}{64} + \cdots$

Lösung 7.3

Für diese geometrische Reihe gilt $a_0 = 1$ und $q = -3/4$. Obige Formel liefert somit $\sum_{k=0}^{\infty} (-\frac{3}{4})^k = \frac{1}{1-(-3/4)} = \frac{4}{7}$.

Da eine Reihe lediglich eine in besonderer Weise geschriebene Folge ist, gelten zu den Folgen analoge Rechenregeln:

Rechenregeln für konvergente Reihen

Ist $\sum_{k=0}^{\infty} a_k = a$, $\sum_{k=0}^{\infty} b_k = b$ und $c = \text{const}$, so gilt:

$$\sum_{k=0}^{\infty} (a_k + b_k) = a + b, \quad \sum_{k=0}^{\infty} c a_k = c \sum_{k=0}^{\infty} a_k = ca.$$

Abhängigkeit von der Reihenfolge der Summanden, alternierende harmonische Reihe Wegen des *Kommutativgesetzes* ist die Summe endlich vieler Zahlen immer unabhängig von der Reihenfolge der Summanden. Die Summe einer konvergenten unendlichen Reihe ist mittels der Folge ihrer Partialsummen definiert. In diese geht aber die Reihenfolge der Summanden wesentlich ein, so dass man i.Allg. die Unabhängigkeit des Summenwertes von der Summationsreihenfolge nicht erwarten kann. Das folgende Beispiel illustriert diesen Sachverhalt: Aus Übung 6.13c geht hervor, dass die sog. *alternierende harmonische Reihe* gegen den Grenzwert ln 2 konvergiert:

$$\sum_{k=0}^{\infty} \frac{(-1)^k}{k+1} = 1 - \frac{1}{2} + \frac{1}{3} - \frac{1}{4} + \frac{1}{5} - \frac{1}{6} + \frac{1}{7} - \frac{1}{8} + \frac{1}{9} - \frac{1}{10} + \dots = \ln 2.$$

Wenn wir diese Reihe nun so umordnen, dass auf einen positiven Summanden stets zwei negative folgen, so ergibt sich durch Zusammenziehen bestimmter Teilsummen (siehe Klammerung!):

$$\left(1 - \frac{1}{2}\right) - \frac{1}{4} + \left(\frac{1}{3} - \frac{1}{6}\right) - \frac{1}{8} + \left(\frac{1}{5} - \frac{1}{10}\right) - \frac{1}{12} + \left(\frac{1}{7} - \frac{1}{14}\right) - \dots$$

$$= \frac{1}{2} - \frac{1}{4} + \frac{1}{6} - \frac{1}{8} + \frac{1}{10} - \frac{1}{12} + \frac{1}{14} - \dots$$

$$= \frac{1}{2}\left(1 - \frac{1}{2} + \frac{1}{3} - \frac{1}{4} + \frac{1}{5} - \frac{1}{6} + \frac{1}{7} - \dots\right) = \frac{1}{2}\ln 2.$$

Die umgeordnete Reihe hat also einen anderen Summenwert ($\ln 2 \neq \frac{\ln 2}{2}$). Viele Reihen sind jedoch auch nach beliebiger Umordnung wieder mit demselben Summenwert konvergent. In diesem Zusammenhang ist der Begriff „absolute Konvergenz" wichtig:

Absolut konvergente Reihe

Die Reihe $\sum_{k=0}^{\infty} a_k$ heißt absolut konvergent, wenn die Reihe der „absoluten Summanden" $\sum_{k=0}^{\infty} |a_k|$ konvergiert.

Bei absolut konvergenten Reihen darf man die Summanden *beliebig umordnen*, die Reihe konvergiert dann immer noch gegen denselben Summenwert. Die Reihe $\sum_{k=0}^{\infty} \frac{(-1)^k}{k+1}$ ist *nicht* absolut konvergent, da die zugehörige Reihe mit den „absoluten Summanden" auf die harmonische Reihe $\sum_{k=0}^{\infty} \frac{1}{k+1}$ führt und diese divergiert (vgl. Beispiel 7.2b).

7.3 Konvergenzkriterien

Die Untersuchung der Konvergenz von Reihen mit Hilfe von Partialsummen ist oftmals aufwendig und schwierig. Es gibt jedoch viele handliche Kriterien, mit deren Hilfe man Konvergenz bzw. Divergenz einer Reihe sehr schnell feststellen kann. Die wichtigsten, nämlich Leibniz-, Vergleichs-, Wurzel- und Quotientenkriterium werden in diesem Abschnitt vorgestellt. Am Anfang des Abschnitts steht jedoch ein einfaches notwendiges Konvergenzkriterium, dessen Nichterfülltsein sofort auf die Divergenz der Reihe schließen lässt.

Bildet man aus der Folge (a_n) die Reihe $\sum_{k=0}^{\infty} a_k$, so lässt sich jedes Folgenglied auch als Differenz zweier aufeinander folgender Partialsummen s_{n+1}, s_n schreiben: $a_n = \sum_{k=0}^{n} a_k - \sum_{k=0}^{n-1} a_k = s_{n+1} - s_n$. Wenn man nun annimmt, dass die Reihe gegen die Summe s konvergiert, dann muss natürlich gelten: $\lim_{n\to\infty} a_n = \lim_{n\to\infty} s_{n+1} - \lim_{n\to\infty} s_n = s - s = 0$. Wir halten dieses wichtige Ergebnis fest:

Notwendiges Konvergenzkriterium

Wenn eine Reihe $\sum_{k=0}^{\infty} a_k$ konvergiert, dann ist die Folge der einzelnen Summanden (a_k) eine Nullfolge.

Umgekehrt: Wenn $\lim_{k\to\infty} a_k \neq 0$, dann divergiert die Reihe $\sum_{k=0}^{\infty} a_k$.

Man beachte, dass dieses Kriterium *nicht hinreichend* ist, wie das Beispiel der harmonischen Reihe zeigt: Deren Glieder $a_k = \frac{1}{k+1}$ bilden zwar eine Nullfolge, die Reihe ist aber erstaunlicherweise divergent.

Beispiel 7.4

a) Die Reihe $\sum_{k=0}^{\infty} (-1)^k$ divergiert, da die a_k entweder 1 oder -1 sind, also keine Nullfolge bilden.

b) Die Summanden der Reihe $\sum_{k=0}^{\infty} \frac{1}{2^{k+1}}$ bilden eine Nullfolge. Da das Kriterium aber nicht hinreichend ist, kann man nicht entscheiden, ob die Reihe konvergiert oder nicht. Hierzu sind andere Kriterien nötig.

Alternierende Reihen Dem notwendigen Kriterium sehr ähnlich ist ein hinreichendes Kriterium für sog. *alternierende Reihen*, deren Summanden abwechselndes Vorzeichen haben ($a_{2k} > 0$, $a_{2k+1} < 0$ oder umgekehrt). Wir stellen dieses hier ohne Beweis vor:

Leibniz-Kriterium

Eine alternierende Reihe ist konvergent, wenn die Absolutbeträge der Summanden eine monoton fallende Nullfolge bilden.

Mit Hilfe von Abb. 7.2 kann man sich das Leibniz-Kriterium auch plausibel machen: Man sieht, wie die Partialsummenfolge s_n immer „weniger alterniert" und gegen einen Grenzwert s konvergiert.

Beispiel 7.5

Die alternierende harmonische Reihe $\sum_{k=0}^{\infty} \frac{(-1)^k}{k+1}$ konvergiert nach Leibniz-Kriterium, da $\left(\frac{1}{k+1}\right)$ eine monoton fallende Nullfolge ist.

Abb. 7.2 Alternierende
Reihe/Leibniz-Kriterium

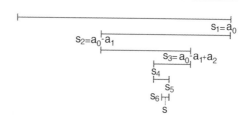

Übung 7.4

Konvergiert die Reihe $1 - \frac{1}{3} + \frac{1}{5} - \frac{1}{7} + \frac{1}{9} - \frac{1}{11} \pm \dots$?

Lösung 7.4

Es handelt sich hier um die sog. *Leibniz'sche Reihe* $\sum_{k=0}^{\infty} \frac{(-1)^k}{2k+1}$. Da $\left(\frac{1}{2k+1}\right)$ eine monotone Nullfolge ist, konvergiert diese nach Leibniz-Kriterium. Ihr Summenwert, den wir hier aber nicht ermitteln wollen, ergibt sich interessanterweise zu $\frac{\pi}{4}$.

Wichtig sind Kriterien für die absolute Konvergenz einer Reihe $\sum_{k=0}^{\infty} a_k$. Die Summanden der Reihe $\sum_{k=0}^{\infty} |a_k|$ sind alle nichtnegativ, daher bilden die zugehörigen Partialsummen eine monoton wachsende Folge. Diese Partialsummenfolge und damit $\sum_{k=0}^{\infty} |a_k|$ konvergiert also, falls sie nach oben beschränkt ist (vgl. auch Abschn. 2.2). Auf diesem Sachverhalt beruht das folgende Kriterium:

Vergleichskriterium, Majorantenkriterium

Ist die Reihe $\sum_{k=0}^{\infty} c_k$ absolut konvergent und gilt für fast alle Summanden der Reihe $\sum_{k=0}^{\infty} a_k$

$$|a_k| \leq |c_k|,$$

dann ist auch diese absolut konvergent.

Die absolute Konvergenz von $\sum_{k=0}^{\infty} a_k$ ergibt sich sofort: Die monoton wachsende Partialsummenfolge $\left(\sum_{k=0}^{n-1} |a_k|\right)_{n \in \mathbb{N}_+}$ ist prinzipiell ja durch $\sum_{k=0}^{\infty} |c_k|$ nach oben beschränkt.

Beispiel 7.6

Wir untersuchen die Konvergenz von $\sum_{k=0}^{\infty} \frac{3^k}{4^k+5}$. Zunächst stellen wir fest, dass für alle Summanden $a_k := \frac{3^k}{4^k+5} < \frac{3^k}{4^k} = \left(\frac{3}{4}\right)^k := c_k$ gilt. Für die geometrische Reihe $\sum_{k=0}^{\infty} c_k$ gilt aber $\sum_{k=0}^{\infty} \left(\frac{3}{4}\right)^k = \frac{1}{1-3/4} = 4$. Da diese absolut konvergiert, folgt nach dem Majorantenkriterium auch die absolute Konvergenz unserer zu untersuchenden Reihe.

Da – wie wir gerade gesehen haben – die Reihe $\sum_{k=0}^{\infty} |c_k|$ quasi so etwas wie eine obere Schranke für die Reihe $\sum_{k=0}^{\infty} |a_k|$ ist, nennt man erstere auch *Majorante*, entsprechend das Kriterium eben *Majorantenkriterium*. Nun kann man umgekehrt natürlich auch untere Schranken für gewisse Reihen angeben, so genannte *Minoranten*. Mit diesen erhält man ein ähnliches Vergleichskriterium, das *Minorantenkriterium*:

Vergleichskriterium, Minorantenkriterium

Ist die Reihe $\sum_{k=0}^{\infty} c_k$ divergent und gilt für fast alle k die Abschätzung

$$a_k \geq c_k \geq 0,$$

dann ist auch die Reihe $\sum_{k=0}^{\infty} a_k$ divergent.

Übung 7.5

Ist die Reihe $1 + \frac{1}{\sqrt{2}} + \frac{1}{\sqrt{3}} + \frac{1}{\sqrt{4}} + \frac{1}{\sqrt{5}} + \frac{1}{\sqrt{6}} + \ldots$ konvergent?

Lösung 7.5

Wegen $k \geq \sqrt{k} \geq 0$ folgt sofort $a_k := \frac{1}{\sqrt{k}} \geq \frac{1}{k} =: c_k$. Deshalb ist $\sum_{k=1}^{\infty} c_k = \sum_{k=1}^{\infty} \frac{1}{k}$ eine divergente Minorante für $\sum_{k=1}^{\infty} \frac{1}{\sqrt{k}}$. Diese Reihe divergiert also ebenfalls.

Besonders hilfreich als „Vergleichsreihe" ist die geometrische Reihe. Sie liefert folgendes Kriterium:

Wurzelkriterium

Die Reihe $\sum_{k=0}^{\infty} a_k$ ist absolut konvergent, wenn für ein positives $q < 1$ gilt:

$$\sqrt[k]{|a_k|} \leq q \quad \text{für fast alle } k.$$

Gilt hingegen $\sqrt[k]{|a_k|} \geq 1$ bzw. $|a_k| \geq 1$ für fast alle k, so divergiert die Reihe.

Da aus $\sqrt[k]{|a_k|} \leq q$ sofort $|a_k| \leq q^k$ folgt, ist die geometrische Reihe $\sum_{k=0}^{\infty} q^k$ offenbar eine Majorante für $\sum_{k=0}^{\infty} a_k$. Diese konvergiert absolut, weil für $|q| < 1$ die geometrische Reihe absolut konvergent ist. Die Divergenzaussage ist offensichtlich.

Beispiel 7.7

Für die Reihe $\sum_{k=0}^{\infty} \frac{1}{(3+(-1)^k)^k} = 1 + \frac{1}{2} + \frac{1}{4^2} + \frac{1}{2^3} + \frac{1}{4^4} + \ldots$ gilt mit $k \geq 1$

$$\sqrt[k]{|a_k|} = \frac{1}{|3 + (-1)^k|} \leq \frac{1}{2}(=:q).$$

Nach dem Wurzelkriterium ist die Reihe daher konvergent.

Übung 7.6

Ist die Reihe $\sum_{k=0}^{\infty} \frac{5^k}{(3+(-1)^k)^k}$ konvergent?

Lösung 7.6

Mit $k \geq 1$ gilt die Abschätzung $\sqrt[k]{|a_k|} = \frac{5}{|3+(-1)^k|} \geq \frac{5}{4} \geq 1$. Also ist die Reihe nach dem Wurzelkriterium divergent.

Aus dem Wurzelkriterium kann man ein weiteres Kriterium folgern, das wir ohne Beweis vorstellen:

Quotientenkriterium

Die Reihe $\sum_{k=0}^{\infty} a_k$ ist absolut konvergent, wenn für ein positives $q < 1$ gilt:

$$\left| \frac{a_{k+1}}{a_k} \right| \leq q \quad \text{für fast alle } k.$$

Gilt hingegen $\left| \frac{a_{k+1}}{a_k} \right| \geq 1$ für fast alle k, so divergiert die Reihe.

Beispiel 7.8

Um die Konvergenz der Reihe $\sum_{k=1}^{\infty} \frac{2^k}{k^5} = 2 + \frac{1}{8} + \frac{8}{243} + \frac{1}{64} + \ldots$ zu bestimmen, ermittelt man den Quotienten

$$\left| \frac{a_{k+1}}{a_k} \right| = \left| \frac{2^{k+1} \cdot k^5}{(k+1)^5 \cdot 2^k} \right| = 2\left(\frac{k}{k+1} \right)^5.$$

Für fast alle k, nämlich für $k \geq 7$, gilt aber $2(\frac{k}{k+1})^5 \geq 1{,}02$. Somit ist die Reihe divergent.

Übung 7.7

Entscheiden Sie mit dem Quotientenkriterium, ob die Reihe $\sum_{k=0}^{\infty} \frac{1}{k!}$ konvergent ist.

Lösung 7.7

Es gilt $\left| \frac{a_{k+1}}{a_k} \right| = \frac{k!}{(k+1)!} = \frac{1}{k+1} \leq \frac{1}{2}$ für $k > 0$. Damit folgt die Konvergenz der Reihe.

Vorsicht! In beiden Kriterien ist die Bedingung $q < 1$ sehr wichtig. Gilt nämlich nur $\sqrt[k]{|a_k|} \leq 1$ bzw. $\left|\frac{a_{k+1}}{a_k}\right| \leq 1$ für fast alle k, dann kann man keine Entscheidung treffen. Die Reihe kann konvergieren, wie beispielsweise $\sum_{k=1}^{\infty} \frac{1}{k^2}$ (siehe Aufgabe 3b unter Konvergenzkriterien in Abschn. 7.8), aber auch divergieren, wie zum Beispiel $\sum_{k=1}^{\infty} \frac{1}{k}$.

Leichter zu handhaben als das Wurzelkriterium, dafür aber nicht so weitreichend, ist das Quotientenkriterium. Ist speziell die Folge $(\frac{a_{k+1}}{a_k})_{k \in \mathbb{N}}$ konvergent, so genügt eine *Grenzwertuntersuchung*:

Quotientenkriterium – einfache Version

Die Reihe $\sum_{k=0}^{\infty} a_k$ ist dann absolut konvergent bzw. divergent, wenn gilt:

$$\lim_{k \to \infty} \left|\frac{a_{k+1}}{a_k}\right| = q < 1 \quad \text{bzw.} \quad \lim_{k \to \infty} \left|\frac{a_{k+1}}{a_k}\right| = q > 1.$$

7.4   Potenzreihen und Taylorreihen

Die Summanden einer unendlichen Reihe kann man mit geeigneten Potenzen einer Variablen versehen. Solche Reihen bezeichnet man als Potenzreihen. Wichtig sind Aussagen über deren Konvergenzbereich. Lässt man andererseits den Grad eines Taylorpolynoms von $f(x)$ gegen Unendlich gehen, so entsteht eine spezielle Potenzreihe. Diese Reihe, die man auch Taylorreihe nennt, stellt unter bestimmten Voraussetzungen die Funktion $f(x)$ dar.

7.4.1   Potenzreihen

Bekanntlich konvergiert die geometrische Reihe $\sum_{k=0}^{\infty} q^k$ für beliebige $|q| < 1$ gegen $\frac{1}{1-q}$. Anders ausgedrückt kann man also – anstelle von q verwenden wir jetzt die Variable $x \in \mathbb{R}$ – sagen, dass für $|x| < 1$ die Funktion $f(x) = \frac{1}{1-x}$ durch eine unendliche Reihe dargestellt wird. Es gilt schließlich

$$\frac{1}{1-x} = \sum_{k=0}^{\infty} x^k \quad \text{für } |x| < 1.$$

Die Summanden dieser Reihe sind Potenzen von x. Man nennt solche Reihen daher *Potenzreihen*. Diese werden allgemein folgendermaßen definiert:

Abb. 7.3 Konvergenzbereich
von Potenzreihen

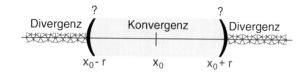

Potenzreihe

Gegeben seien eine Folge (a_k) und eine fixe reelle Zahl x_0. Dann bezeichnet man
für $x \in \mathbb{R}$ die Reihe

$$\sum_{k=0}^{\infty} a_k (x - x_0)^k$$

als Potenzreihe. Die a_k heißen Koeffizienten und x_0 nennt man Entwicklungspunkt.

Konvergenzverhalten Mit Hilfe der Konvergenzkriterien aus Abschn. 7.3 kann man nun
überprüfen, für welche x-Werte eine Reihe konvergiert: Es gibt Potenzreihen, die für alle
$x \in \mathbb{R}$ konvergieren, solche die nur im Punkt x_0 konvergieren und andere, die dann konvergieren, wenn x Werte aus einem Intervall der Form $(x_0 - r, x_0 + r)$ mit reellem $r > 0$
annimmt. Wir halten daher fest:

Konvergenzradius und -intervall

Für jede Potenzreihe, die nicht nur im Entwicklungspunkt x_0 konvergiert, existiert
eine reelle Zahl $r > 0$, so dass die Potenzreihe überall im Intervall

$$|x - x_0| < r \quad \text{(Konvergenzintervall)}$$

konvergiert und für $|x - x_0| > r$ divergiert. Die Zahl r nennt man Konvergenzradius.
Konvergiert die Reihe für alle $x \in \mathbb{R}$, so setzt man $r = \infty$.

Ob eine Potenzreihe auch an den Randstellen des Konvergenzintervalls, d. h. für $x = x_0 \pm r$, konvergiert, muss jeweils gesondert untersucht werden. Abbildung 7.3 veranschaulicht das Konvergenzverhalten von Potenzreihen.

Der Begriff „Konvergenzradius" kommt übrigens aus der „Komplexen Analysis": Man
kann in einer Potenzreihe anstelle der reellen Variablen x auch eine komplexe Variable
$z \in \mathbb{C}$ zulassen. In diesem Falle ist der Konvergenzbereich dann ein Kreis mit Radius r.

Beispiel 7.9

a) Die am Anfang des Abschnitts vorgestellte Potenzreihe $\sum_{k=0}^{\infty} x^k$ hat den Entwick-lungspunkt $x_0 = 0$ und den Konvergenzradius $r = 1$. Das Konvergenzintervall ergibt sich zu $(-1, +1)$. In den Rändern divergiert die Reihe bekanntlich.

b) Gegeben sei die Potenzreihe $\sum_{k=0}^{\infty} \frac{x^k}{k!}$. Mit $a_k = \frac{x^k}{k!}$ gilt für festes, aber beliebi-ges x

$$\lim_{k \to \infty} \left| \frac{a_{k+1}}{a_k} \right| = \lim_{k \to \infty} \left| \frac{x^{k+1}}{(k+1)!} \cdot \frac{k!}{x^k} \right| = \lim_{k \to \infty} \left| \frac{x}{k+1} \right| = 0 < 1.$$

Aus der „einfachen Version" des Quotientenkriteriums (siehe Abschn. 7.3) folgt daher die Konvergenz der Reihe für beliebige reelle x. Die Reihe hat den Konver-genzradius $r = \infty$ und das Konvergenzintervall $(-\infty, \infty)$.

Übung 7.8

a) Welchen Konvergenzradius hat $\sum_{k=0}^{\infty} (-1)^k \frac{x^{2k+1}}{(2k+1)!}$?

b) Bestimmen Sie Konvergenzintervall und -radius der Reihe $\sum_{k=0}^{\infty} k! \, x^k$.

Lösung 7.8

a) Es ist

$$\lim_{k \to \infty} \left| \frac{x^{2k+3}}{(2k+3)!} \middle/ \frac{x^{2k+1}}{(2k+1)!} \right| = \lim_{k \to \infty} \frac{x^2}{(2k+2)(2k+3)} = 0,$$

also kleiner 1 für festes, aber beliebiges x. Die Reihe konvergiert damit nach Quo-tientenkriterium für alle reellen x. Man sagt, dass sie den Konvergenzradius $r = \infty$ hat.

b) Wir setzen $a_k := k! \, x^k$ und benutzen das Quotientenkriterium:

$$\lim_{k \to \infty} \left| \frac{a_{k+1}}{a_k} \right| = \lim_{k \to \infty} \left| \frac{(k+1)! \, x^{k+1}}{k! \, x^k} \right| = \lim_{k \to \infty} |(k+1)x| = \infty$$

für beliebige $x \neq 0$. Die Reihe konvergiert nur für $x = 0$. Das Konvergenzinter-vall besteht damit lediglich aus dem Punkt $x = 0$. Man sagt, dass die Reihe den Konvergenzradius $r = 0$ hat.

7.4.2 Taylorreihen

Betrachten wir eine beliebig oft differenzierbare Funktion $y = f(x)$ und deren Taylorent-wicklung um x_0 vom Grad n (vgl. Abschn. 6.7, $R_n(x)$ ist das Lagrange'sche Restglied)

$$f(x) = \sum_{k=0}^{n} \frac{f^{(k)}(x_0)}{k!} (x - x_0)^k + R_n(x),$$

so können wir den Grenzübergang $n \to \infty$ vornehmen und erhalten eine spezielle Potenzreihe:

Taylorreihe von $f(x)$ in x_0

Die Taylorreihe der Funktion $y = f(x)$ bzgl. der Stelle x_0 ist definiert durch

$$T(x) = \sum_{k=0}^{\infty} \frac{f^{(k)}(x_0)}{k!}(x - x_0)^k.$$

Auch Taylorreihen haben natürlich einen Konvergenzradius. Es stellt sich allerdings die Frage, ob die Funktion $T(x)$, die durch sie definiert wird, im Konvergenzintervall mit der Ausgangsfunktion $f(x)$ übereinstimmt. Da die n-te Partialsumme der Taylorreihe das n-te Taylorpolynom ist, erhält man aus der Taylorformel (siehe Abschn. 6.7) sofort:

Übereinstimmungs-Kriterium

Eine notwendige und hinreichende Bedingung dafür, dass $f(x)$ durch die zugehörige Taylorreihe $T(x)$ im Konvergenzintervall dargestellt wird, ist:

$$\lim_{n\to\infty} R_n(x) = \lim_{n\to\infty} \frac{f^{(n+1)}(\xi)}{(n+1)!}(x - x_0)^{n+1} = 0$$

mit $x_0 < \xi < x$ bzw. $x < \xi < x_0$.

Beispiel 7.10

Für $f(x) = e^x$ gilt $f^{(k)}(x) = e^x$ und somit $f^{(k)}(0) = 1$ für $k \in \mathbb{N}$. Daher ergibt sich die *Taylorreihe der Exponentialfunktion* bzgl. $x_0 = 0$ zu

$$T(x) = \sum_{k=0}^{\infty} \frac{x^k}{k!}.$$

Diese Reihe hat den Konvergenzradius $r = \infty$ (siehe Beispiel 7.9b). Fraglich ist noch, ob sie mit der e-Funktion übereinstimmt. Mit geeignetem ξ und $e^{\xi} \leq M$ (x fest!) gilt

$$\lim_{n\to\infty} R_n(x) = \lim_{n\to\infty} e^{\xi} \cdot \frac{x^{n+1}}{(n+1)!} \leq M \cdot \lim_{n\to\infty} \frac{x^{n+1}}{(n+1)!} = 0,$$

da natürlich auch die Reihe $\sum_{k=0}^{\infty} \frac{x^{k+1}}{(k+1)!}$ überall konvergiert, deren Summanden also notwendigerweise eine Nullfolge bilden (vgl. Abschn. 7.3). Die Taylorreihe stimmt daher mit der Exponentialfunktion überein:

Potenzreihenentwicklung von e^x

$$e^x = \sum_{k=0}^{\infty} \frac{x^k}{k!} = 1 + x + \frac{x^2}{2!} + \frac{x^3}{3!} + \frac{x^4}{4!} + \ldots$$

Obige Gleichung wird auch als *Potenzreihenentwicklung der Exponentialfunktion* bezeichnet.

Übung 7.9

Ermitteln Sie die Taylorreihe $T(x)$ der Funktion $y = \sin x$ in $x_0 = 0$. Für welche Werte von x konvergiert diese Reihe?

Lösung 7.9

Für die Funktion $f(x) = \sin x$ und deren Ableitungen gilt:

$$
\begin{aligned}
f(x) &= \sin x, & f(0) &= 0, \\
f^{(1)}(x) &= \cos x, & f^{(1)}(0) &= 1, \\
f^{(2)}(x) &= -\sin x, & f^{(2)}(0) &= 0, \\
f^{(3)}(x) &= -\cos x, & f^{(3)}(0) &= -1, \\
f^{(4)}(x) &= \sin x, & f^{(4)}(0) &= 0, \quad \text{usw.}
\end{aligned}
$$

Die Ableitungswerte von $f(x)$ in $x_0 = 0$ ergeben sich also zyklisch zu $0, 1, 0, -1$. Somit gilt:

$$T(x) = 0 + 1 \cdot x + \frac{0}{2!}x^2 + \frac{-1}{3!}x^3 + \frac{0}{4!}x^4 + \frac{1}{5!}x^5 + \ldots$$

Beachtet man, dass die geraden x-Potenzen verschwinden und das Vorzeichen der restlichen Summanden alterniert, so erwartet man die Gültigkeit von:

Potenzreihenentwicklung von $\sin x$

$$\sin x = \sum_{k=0}^{\infty} (-1)^k \frac{x^{2k+1}}{(2k+1)!} = x - \frac{x^3}{3!} + \frac{x^5}{5!} - \frac{x^7}{7!} \pm \ldots$$

Diese Vermutung lässt sich leicht verifizieren: Bereits in Übung 7.8a haben wir gezeigt, dass das Konvergenzintervall dieser Reihe $(-\infty, \infty)$ ist. Zudem stellt sie

Abb. 7.4 $y = \sin x$ und zugeh. Taylorpolynome

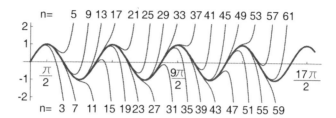

$f(x) = \sin x$ dar, da mit geeignetem ξ unter Beachtung von $|f^{(n+1)}(\xi)| \leq 1$ folgt:

$$\lim_{n \to \infty} |R_n(x)| \leq \lim_{n \to \infty} \left| \frac{x^{n+1}}{(n+1)!} \right| = 0.$$

Die Abb. 7.4 zeigt die Sinus-Funktion und ihre zugehörigen Taylorpolynome der ungeraden Ordnungen $n = 3, 5, \ldots, 61$. Man sieht sehr schön, wie mit zunehmender Ordnung n die Funktion $y = \sin(x)$ immer genauer approximiert wird – und zwar nicht nur in der Nähe von Null, sondern auch auf ganz $\mathbb{R}$.

Auf ähnliche Weise erhält man auch die Potenzreihenentwicklung von $f(x) = \cos x$ (siehe Aufgabe 3 unter Potenz- und Taylorreihen, Abschn. 7.8):

Potenzreihenentwicklung von $\cos x$

$$\cos x = \sum_{k=0}^{\infty} (-1)^k \frac{x^{2k}}{(2k)!} = 1 - \frac{x^2}{2!} + \frac{x^4}{4!} - \frac{x^6}{6!} \pm \ldots$$

7.5   Kurzer Verständnistest

(1) Zur Folge $(n)_{n\in\mathbb{N}}$ gehört die Partialsummenfolge $(s_n)_{n\in\mathbb{N}_+}$ mit

   ☐ $s_n = 0 + 1 + 2 + \ldots + (n-1)$ ☐ $s_n = 0 + 1 + 2 + 3 + \ldots + n$

   ☐ $s_n = 1 + 2 + 3 + \ldots + n$ ☐ $s_n = n + n + n + \ldots + n$

(2) Folgende Reihen divergieren:

   ☐ $\sum_{k=0}^{\infty} \frac{1}{k!}$ ☐ $\sum_{k=1}^{\infty} \frac{1}{k}$ ☐ $\sum_{k=1}^{\infty} \frac{1}{\sqrt{k}}$ ☐ $\sum_{k=0}^{\infty} (-1)^k$

(3) Eine geometrische Reihe $\sum_{k=0}^{\infty} a_0 q^k$ konvergiert, falls ...

   ☐ $|a_0 q| < 1$ ☐ $q < 1$ ☐ $|q| < 1$ ☐ $|q| \leq 1$

(4) Ist $\sum_{k=0}^{\infty} a_k = 5$, $\sum_{k=0}^{\infty} b_k = -2$, dann gilt $2 \sum_{k=0}^{\infty} (a_k + 3b_k) = \ldots$

   ☐ 3 ☐ 6 ☐ -1 ☐ -2

(5) Die Reihe $\sum_{k=1}^{\infty} \frac{(-1)^k}{k}$ bzw. ihre Summanden haben folgende Eigenschaften:

   ☐ Sie ist alternierend   ☐ (a_k) monoton fallend

   ☐ $(|a_k|)$ monoton fallend   ☐ Sie ist konvergent

(6) Eine Reihe $\sum_{k=0}^{\infty} a_k$ divergiert sicher dann, wenn ...

   ☐ (a_k) nicht monoton fallend   ☐ (a_k) keine Nullfolge

   ☐ $\sum_{k=0}^{\infty} |a_k|$ divergiert   ☐ $a_k > \frac{1}{k}$ für $k \geq 125$

(7) Eine Reihe $\sum_{k=0}^{\infty} a_k$ konvergiert absolut, wenn für fast alle k ...

   ☐ $\left|\frac{a_{k+1}}{a_k}\right| \leq \frac{1}{2}$ ☐ $\left|\frac{a_{k+1}}{a_k}\right| \geq 1$ ☐ $|a_k| \leq \frac{1}{2}$ ☐ $|a_k| \leq \left(\frac{1}{2}\right)^k$

(8) Eine Potenzreihe mit Entw.punkt x_0 kann (reelles $r \geq 0$ geeignet) ...

   ☐ in ganz $\mathbb{R}$ divergieren   ☐ in ganz $\mathbb{R}$ konvergieren

   ☐ nur in $(x_0, x_0 + r)$ konvergieren   ☐ für $|x - x_0| > r$ divergieren

(9) Für die Taylorreihe $T(x)$ von $f(x)$ mit Taylor-Restglied $R_n(x)$ gilt:

   ☐ Sie stellt $f(x)$ immer im gesamten Def.bereich von f dar

   ☐ Immer gilt $\lim_{n\to\infty} R_n(x) = 0$ für alle x aus dem Konvergenzintervall

   ☐ Sie stellt $f(x)$ für x-Werte mit $\lim_{n\to\infty} R_n(x) = 0$ dar

   ☐ Im Entwicklungspunkt gilt immer: $T(x_0) = f(x_0)$

(10) Durch welche unendliche Reihe wird die Funktion $f(x) = e^x$ dargestellt?

   ☐ $\sum_{k=0}^{\infty} (-1)^k \frac{x^{2k}}{(2k)!}$ ☐ $\sum_{k=0}^{\infty} \frac{x^k}{k!}$

   ☐ $\sum_{k=0}^{\infty} (-1)^k \frac{x^k}{k!}$ ☐ $\sum_{k=0}^{\infty} (-1)^k \frac{x^{2k+1}}{(2k+1)!}$

Lösung: (x $\simeq$ richtig, o $\simeq$ falsch)

1.) xooo, 2.) oxxx, 3.) ooxo, 4.) ooox, 5.) xoxx, 6.) oxox, 7.) xoox, 8.) oxox, 9.) ooxx, 10.) oxoo

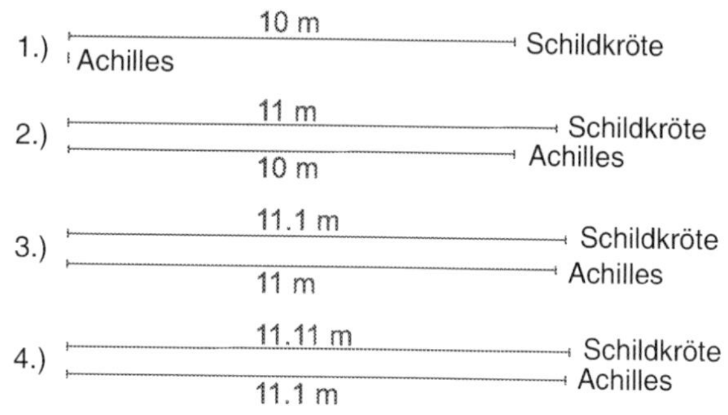

Abb. 7.5 Wettlauf zwischen Achilles und Schildkröte

1.) Achilles |——— 10 m ———| Schildkröte

2.) |——— 11 m ———| Schildkröte
    |——— 10 m ———| Achilles

3.) |——— 11.1 m ———| Schildkröte
    |——— 11 m ———| Achilles

4.) |——— 11.11 m ———| Schildkröte
    |——— 11.1 m ———| Achilles

7.6 Anwendungen

7.6.1 Achilles und die Schildkröte

Im 5. vorchristlichen Jahrhundert lebte im damals griechischen Süditalien Zenon von Elea, der durch die nach ihm benannten Paradoxien viel Verwirrung stiftete. Zenon muss ein sehr scharfsinniger und spitzfindiger Querdenker gewesen sein, der gerne die Position seines Diskussionspartners annahm, um daraus logisch absurde Folgerungen zu ziehen. Wie sein Lehrer Parmenides bestritt er die Existenz von Zeit, Raum, Bewegung, Stetigkeit oder versuchte zumindest zu zeigen, dass aus der Annahme der Existenz von Bewegung ziemlich seltsame Konsequenzen folgen.

Zenons berühmtestes Paradoxon ist das von Achilles und der Schildkröte. Der Held Achilles war als besonders schneller Läufer bekannt und gab deshalb einer (sagen wir 10-mal langsameren) Schildkröte einen Vorsprung von 10 m. Zenon überlegte nun, dass Achilles trotzdem die Schildkröte niemals einholen werde. Warum? Nun, wenn Achilles den anfänglichen Vorsprung der Schildkröte durchlaufen hat, ist diese 1 m vorgerückt. Wenn Achilles diesen 1 m zurücklegt, ist die Schildkröte wiederum ein Stück (nämlich 10 cm) weiter. Und wenn Achilles auch diesen Vorsprung einholt, so hat die Schildkröte 1 cm gut gemacht. Usw. Immer wenn Achilles den vorigen Vorsprung der Schildkröte eingeholt hat, ist diese wieder ein kleines Stückchen weiter. Also holt er sie nie ein.

Das klingt sehr logisch! Dennoch widerspricht es jeglicher Alltagserfahrung: Schnellere Läufer überholen langsamere, auch wenn diese einen Vorsprung hatten. Der heranpreschende Porsche wird auf der Autobahn am langsameren Polo ohne Probleme vorbeiziehen.

Mathematisch gesehen steckt hinter Zenons Paradoxon von Achilles und der Schildkröte der Reihenbegriff und insbesondere die Tatsache, dass die Summe von unendlich vielen Teilen endlich sein kann (in unserer Terminologie: es gibt konvergente Reihen). Wenn wir nämlich die oben genannten Strecken des Achilles zusammenzählen, so erhalten wir die konvergente geometrische Reihe

$$10 + 1 + \frac{1}{10} + \frac{1}{100} + \frac{1}{1000} + \ldots = 10 + \sum_{n=0}^{\infty} \left(\frac{1}{10}\right)^n$$

$$= 10 + \frac{1}{1 - 1/10} = 10 + \frac{10}{9} = 11{,}11111\ldots = 11{,}\overline{1}.$$

Den Wert $11{,}\overline{1}$ erhalten wir auch durch folgende einfache Überlegung. Wenn die Geschwindigkeit der Schildkröte v beträgt, dann ist die Geschwindigkeit von Achilles $10v$. Der Weg s, den Achilles bzw. die Schildkröte in der Zeit t zurücklegen, ist

$$s_{\text{Achilles}} = 10v \cdot t$$
$$\text{bzw.} \quad s_{\text{Schildkröte}} = v \cdot t + 10.$$

Die beiden Läufer treffen einander, wenn beide Wege gleich sind:

$$10v \cdot t = v \cdot t + 10.$$

Diese einfache Gleichung ergibt $9vt = 10$ bzw. nach t aufgelöst: $t = \frac{10}{9v}$. In eine der beiden Strecken s_{Achilles} oder $s_{\text{Schildkröte}}$ eingesetzt erhalten wir:

$$s = 10v \cdot \frac{10}{9v} = \frac{100}{9} = 11{,}11111\ldots = 11{,}\overline{1}.$$

Also: Bei der Marke $11{,}\overline{1}$ m hat Achilles die Schildkröte eingeholt. Dies ist gerade die (endliche) Summe obiger konvergenter geometrischer Reihe.

Es gibt übrigens noch eine subtilere Form der Paradoxie von Achilles und der Schildkröte: Danach kann Achilles überhaupt nicht starten. Denn bevor er den Vorsprung der Schildkröte zurückgelegt hätte, müsste er ja erst die halbe Strecke durchlaufen haben, vor der Hälfte müsse er ein Viertel passiert haben, davor ein Achtel, davor ein Sechzehntel … Also käme er überhaupt nicht zum Loslaufen!

Ein weiteres Paradoxon des Zenon ist das von der Unmöglichkeit von Bewegung: „Ein fliegender Pfeil bewegt sich nicht." Denn wenn der Pfeil in einem Augenblick in Bewegung ist, so müsste er in gerade diesem Augenblick gleichzeitig an mehr als einem Ort sein (was widersprüchlich ist). Aber wäre der Pfeil zu einem gegebenen Moment nur an einer einzigen Stelle – wie könnte man ihn dann von einem stillstehenden Pfeil unterscheiden?! Auch hierzu ließe sich mathematisch einiges sagen: Man denke an den Differentialquotienten und den Begriff der Momentangeschwindigkeit aus Abschn. 6.1.

7.6.2 Wie wertet der Taschenrechner z. B. die e-Funktion aus?

Sicherlich haben Sie sich auch schon einmal gefragt, wie eigentlich der Taschenrechner die Funktionswerte von z. B. der e-Funktion oder des Sinus ausrechnet. Bei der e-Funktion geht es um Potenzen einer merkwürdigen Zahl e, die keiner so ganz genau kennt, beim Sinus gar um Seitenverhältnisse im rechtwinkligen Dreieck, die ja nicht durch fleißige Heinzelmännchen im Taschenrechner aufgezeichnet und ausgemessen werden können.

Grob gesagt sind mathematisch und für den Taschenrechner die genannten Funktionen über ihre *Taylorreihe* definiert und werden durch Auswertung eines *Taylor-Polynoms* mit kleinem Restglied näherungsweise berechnet. Für die e-Funktion wird etwa die folgende Taylorreihenentwicklung benutzt:

$$e^x = \sum_{k=0}^{\infty} \frac{x^k}{k!} = 1 + x + \frac{x^2}{2!} + \frac{x^3}{3!} + \frac{x^4}{4!} + \dots$$

bzw.

$$e^x = \underbrace{1 + x + \frac{x^2}{2!} + \frac{x^3}{3!} + \dots + \frac{x^n}{n!}}_{\text{Taylorpolynom}} + \underbrace{R_n(x)}_{\text{Restglied}}$$

mit dem Lagrange'schen Restglied $R_n(x) = \frac{e^\xi}{(n+1)!} x^{n+1}$ mit $0 < \xi < x$ bzw. $x < \xi < 0$.

Ein üblicher Taschenrechner hat etwa 8 Stellen im Display und rechnet intern mit 10 Stellen Genauigkeit. Um also dem vom Taschenrechner berechneten Wert trauen zu können, muss eine Genauigkeit von $\varepsilon = 0{,}5 \cdot 10^{-11}$ (wegen Auf- bzw. Abrunden) erzielt werden, d. h. das Restglied $R_n(x)$ muss kleiner als ε werden.

Dazu betrachten wir zunächst den Bereich $-0{,}1 < x < 0{,}1$. Das Restglied können wir dann mit $|R_n| \leq \frac{e^{0,1}}{(n+1)!} \cdot 0{,}1^{n+1}$ abschätzen. Für $n = 5$ ergibt sich für das Restglied $|R_5| \leq 1{,}53 \cdot 10^{-9}$ und bereits für $n = 6$ erhalten wir $|R_6| \leq 2{,}19 \cdot 10^{-11} < \varepsilon$. D. h. wir sind auf der sicheren Seite, wenn wir im Bereich von $-0{,}1 < x < 0{,}1$ die e-Funktion durch das Taylorpolynom 6-ten Grades

$$1 + x + \frac{x^2}{2!} + \frac{x^3}{3!} + \frac{x^4}{4!} + \frac{x^5}{5!} + \frac{x^6}{6!}$$

annähern.

Wir haben nun das Problem der Annäherung der e-Funktion im Bereich $-0{,}1 < x < 0{,}1$, also nahe am Entwicklungspunkt 0 der Potenzreihe, gelöst. Leider liefert obiges Taylorpolynom 6-ten Grades nur nahe am Entwicklungspunkt 0 eine derart gute Approximation. Wollten wir mit der gleichen Genauigkeit (10 Stellen) im Bereich $-1 < x < 1$ rechnen, so müssten wir sehr viel mehr Terme der Taylorentwicklung, nämlich insgesamt ganze 13 Stück, auswerten. Und im Bereich $-10 < x < 10$ könnten wir bei der geforderten Genauigkeit ε erst beim Taylorpolynom 36-ten Grades sicher sein. (Dieses Phänomen haben Sie schon im Plot in Abschn. 7.4 bei der Approximation der Sinus-Funktion durch Taylorpolynome kennen gelernt: Je weiter Sie vom Nullpunkt entfernt sind, desto mehr Terme müssen Sie in der Taylorentwicklung berücksichtigen.)

Ein weiteres Problem stellt die Auswertung der Taylorreihe für $x < 0$ dar. Denn die einzelnen Terme x, $\frac{x^2}{2!}$, $\frac{x^3}{3!}$, $\frac{x^4}{4!}$ usw. wechseln für negative x-Werte ständig das Vorzeichen, man addiert bzw. subtrahiert abwechselnd. Für größere $|x|$ werden die einzelnen

Terme zunächst ziemlich groß. Ein Rechner mit begrenzter Genauigkeit kann solches
abwechselnde Addieren und Subtrahieren großer Zahlen nicht bewältigen. Aber für negative x-Werte kann man dieses Problem ganz elegant durch die Formel

$$e^{-x} = \frac{1}{e^x}$$

umgehen und sozusagen die Auswertung für negative x auf die Auswertung für positive x
und Kehrwertbildung zurückführen.

Was passiert aber nun für $x \gg 0$? Hier gibt es mehrere Möglichkeiten. Man kann z. B.
die x-Werte mit $x > 0{,}1$ in den Bereich $0 < x < 0{,}1$ transformieren. Wegen

$$(e^{\frac{x}{2^m}})^{2^m} = e^x$$

suche man zunächst eine Zahl m, so dass $\tilde{x} = \frac{x}{2^m} < 0{,}1$, werte $e^{\tilde{x}}$ aus über das Taylorpolynom 6-ten Grades, dann quadriere man m-mal (wegen hoch 2^m).

Eine andere Möglichkeit wäre es, die Zahl $x > 0{,}1$ in einen ganzzahligen Anteil, in
einen Anteil zwischen $0{,}1$ und 1 und in einen Anteil kleiner $0{,}1$ zu zerlegen, also etwa
$23{,}421 = 23 + 0{,}4 + 0{,}021$. Dann ist

$$e^{23{,}421} = e^{23} \cdot e^{0{,}4} \cdot e^{0{,}021}.$$

Die Auswertung von $e^{0{,}021}$ erfolgt über das Taylorpolynom 6-ten Grades, $e^{0{,}4}$ entnehme
man einer Tabelle mit allen Werten von $e^{0{,}1}$, $e^{0{,}2}$, ... bis $e^{0{,}9}$ – Speicherplatz ist schließlich billig in Rechnern! Auch für e^{23} kann man Tabellen benutzen, etwa solche, welche
die Werte von e^1, e^2, e^5, e^{10} etc. beinhalten. Oder man werte anstelle von e^x die Funktion
10^x aus – dann ist Multiplikation mit 10^{23} nur noch eine Stellenwertkorrektur (falls man
im Dezimalsystem rechnet).

Auch für das Taylorpolynom 6-ten Grades lassen sich noch Verbesserungen finden.
Zunächst sollte man es mit dem Horner-Schema auswerten:

$$1 + x + \frac{x^2}{2!} + \frac{x^3}{3!} + \frac{x^4}{4!} + + \frac{x^5}{5!} + \frac{x^6}{6!}$$
$$= \left(\left(\left(\left(\left(\frac{1}{6!}x + \frac{1}{5!}\right)x + \frac{1}{4!}\right)x + \frac{1}{3!}\right)x + \frac{1}{2!}\right)x + 1\right)x + 1.$$

Die Fakultäten kann man wiederum als Konstanten im Speicher ablegen. Es werden dann
für die Auswertung obigen Polynoms nur 6 Multiplikationen (und weitere 6 nicht ins Gewicht fallende Additionen) benötigt. Aber selbst hier kann man die Zahl der benötigten
Multiplikationen/Divisionen noch reduzieren – allerdings unter Zuhilfenahme etwas fort-
geschrittener Mathematik. Man kann grob gesagt obiges Taylorpolynom auch durch eine
rationale Funktion ausdrücken:

$$1 + x + \frac{x^2}{2!} + \frac{x^3}{3!} + \frac{x^4}{4!} + + \frac{x^5}{5!} + \frac{x^6}{6!} \approx \frac{x^3 + 12x^2 + 60x + 120}{-x^3 + 12x^2 - 60x + 120}.$$

Man gewinnt diesen Ausdruck durch die so genannte *Padé-Approximation*, einer Erweiterung der Taylor'schen Polynomnäherung auf rationale Funktionen. Den erhaltenen Bruch kann man dann noch durch sukzessive Polynomdivision in einen *Kettenbruch* überführen – im obigen Beispiel erhielte man:

$$\frac{x^3 + 12x^2 + 60x + 120}{-x^3 + 12x^2 - 60x + 120} = -1 + \frac{24}{-x + 12 - \frac{50}{x + \frac{10}{x}}}.$$

Der Vorteil bei der Auswertung dieses Kettenbruchs liegt darin, dass hier nur noch 3 Divisionen (und einige nicht weiter ins Gewicht fallende Additionen) auszuführen sind. Es geht also doppelt so schnell wie beim Einsetzen in obiges Horner-Polynom – schließlich wollen Sie nicht lange auf das Ergebnis einer Funktionsauswertung Ihres Taschenrechners warten!

Sie sehen also, die Auswertung der Funktionen auf dem Taschenrechner geschieht über die Auswertung der Taylorreihen der Funktionen bis zu einem gewissen Term, so dass das Restglied entsprechend klein ist. Weiterhin werden eine Menge Tricks benutzt, um nur möglichst wenige Multiplikationen/Divisionen auszuführen und um damit die Rechenzeit gering zu halten. Da Speicherplatz eher preiswert ist, versucht man außerdem, durch das Speichern von vorausberechneten Konstanten im Rechner den Rechenaufwand weiter zu reduzieren.

Die vorgestellen Ansätze zeigen lediglich einige Möglichkeiten zur praxisrelevanten Lösung auf, sie müssen von den Herstellern der Taschenrechner selbstverständlich detailliert umgesetzt werden.

7.7 Zusammenfassung

Unendliche Reihe

Mittels $(a_n)_{n \in \mathbb{N}} = a_0, a_1, a_2, \cdots$ gebildete Zahlenfolge

$$s_n := \sum_{k=0}^{n-1} a_k = a_0 + a_1 + \cdots + a_{n-1}, \quad n \in \mathbb{N}_+.$$

Statt $\lim_{n \to \infty} s_n$ schreibt man $\sum_{k=0}^{\infty} a_k$. Die s_n werden Partialsummen genannt.

Konvergenz und Divergenz unendlicher Reihen

Eine unendliche Reihe $(s_n)_{n \in \mathbb{N}_+}$ heißt *konvergent*, wenn

$$\sum_{k=0}^{\infty} a_k = \lim_{n \to \infty} s_n = s.$$

Der Grenzwert s heißt Summe oder Summenwert. Existiert s nicht, so nennt man die Reihe *divergent*.

Bsp.   Aus $(\frac{1}{2^{n+1}})_{n \in \mathbb{N}}$ gebildete Reihe: $\sum_{k=0}^{\infty} \frac{1}{2^{k+1}} = \frac{1}{2} + \frac{1}{4} + \frac{1}{8} + \dots$,

Partialsumme: $s_n = \frac{1}{2} + \frac{1}{4} + \dots + \frac{1}{2^n} = \frac{2^n - 1}{2^n}$,

$\lim_{n \to \infty} s_n = \lim_{n \to \infty} \frac{2^n - 1}{2^n} = \lim_{n \to \infty}(1 - \frac{1}{2^n}) = 1$, d.h. $\sum_{k=0}^{\infty} \frac{1}{2^{k+1}} = 1$.

Geometrische Reihe

Falls $|q| < 1$, dann gilt

$$a_0(1 + q + q^2 + q^3 + \dots) = a_0 \sum_{k=0}^{\infty} q^k = a_0 \frac{1}{1-q}.$$

In allen anderen Fällen liegt Divergenz vor.

Bsp. $\sum_{k=0}^{\infty} \frac{1}{2^{k+1}} = \frac{1}{2} \sum_{k=0}^{\infty} (\frac{1}{2})^k$ ist geom. Reihe mit $a_0 = \frac{1}{2}, q = \frac{1}{2}$,

$\sum_{k=0}^{\infty} \frac{1}{2^{k+1}} = \frac{1}{2} \cdot \frac{1}{1 - 1/2} = 1$.

Rechenregeln für konvergente Reihen

Ist $\sum_{k=0}^{\infty} a_k = a$, $\sum_{k=0}^{\infty} b_k = b$ und $c = $ const, so gilt:

$$\sum_{k=0}^{\infty} (a_k + b_k) = a + b, \quad \sum_{k=0}^{\infty} c a_k = c \sum_{k=0}^{\infty} a_k = ca.$$

Bsp.
$$\sum_{k=0}^{\infty} \left[3 \left(\frac{1}{2}\right)^k - 7 \left(\frac{-3}{4}\right)^k \right] = 3 \sum_{k=0}^{\infty} \left(\frac{1}{2}\right)^k - 7 \sum_{k=0}^{\infty} \left(\frac{-3}{4}\right)^k$$
$$= 3 \cdot \frac{1}{1 - 1/2} - 7 \cdot \frac{1}{1 - (-3/4)} = 6 - 4 = 2.$$

Absolute Konvergenz

Die Reihe $\sum_{k=0}^{\infty} a_k$ heißt *absolut konvergent*, wenn $\sum_{k=0}^{\infty} |a_k|$ konvergiert. Bei absolut konvergenten Reihen kann man die Summanden umordnen.

Notwendiges Konvergenzkriterium

Wenn $\sum_{k=0}^{\infty} a_k$ konvergiert, dann ist (a_k) eine Nullfolge.

Umgekehrt: Wenn $\lim_{k \to \infty} a_k \neq 0$ oder nicht existiert, dann divergiert $\sum_{k=0}^{\infty} a_k$.

Bsp. $\sum_{k=0}^{\infty} (-1)^k$ divergiert, da $(a_k)_{k \in \mathbb{N}}$ mit $a_k = (-1)^k$ keine Nullfolge ist.

Leibniz-Kriterium

Eine alternierende Reihe ist konvergent, wenn die Absolutbeträge der Summanden eine monoton fallende Nullfolge bilden.

Bsp. $\sum_{k=0}^{\infty} \frac{(-1)^k}{k+1}$ konvergiert, da $(\frac{1}{k+1})_{k \in \mathbb{N}}$ monoton fallende Nullfolge ist.

Vergleichs- bzw. Majorantenkriterium

Ist $\sum_{k=0}^{\infty} c_k$ absolut konvergent, dann ist auch $\sum_{k=0}^{\infty} a_k$ absolut konvergent, wenn $|a_k| \le |c_k|$ für fast alle k gilt.

Bsp. $R = \sum_{k=0}^{\infty} \frac{3^k}{4^k+5} : |a_k| = \frac{3^k}{4^k+5} < (\frac{3}{4})^k = |c_k|$,

Reihe R konvergiert, da $\sum_{k=0}^{\infty} (\frac{3}{4})^k = 4$ konvergente Majorante.

Vergleichs- bzw. Minorantenkriterium

Ist die Reihe $\sum_{k=0}^{\infty} c_k$ divergent und gilt für fast alle k die Abschätzung $a_k \ge c_k \ge 0$, dann ist auch die Reihe $\sum_{k=0}^{\infty} a_k$ divergent.

Bsp. $\bar{R} = \sum_{k=1}^{\infty} \frac{1}{\sqrt{k}} : a_k = \frac{1}{\sqrt{k}} \ge \frac{1}{k} = c_k \ge 0$,

Reihe $\bar{R}$ divergiert, da $\sum_{k=1}^{\infty} \frac{1}{k}$ divergente Minorante.

Wurzelkriterium

Die Reihe $\sum_{k=0}^{\infty} a_k$ ist absolut konvergent, wenn für ein positives $q < 1$ gilt:

$$\sqrt[k]{|a_k|} \le q \quad \text{für fast alle } k.$$

Gilt hingegen $\sqrt[k]{|a_k|} \ge 1$ bzw. $|a_k| \ge 1$ für fast alle k, so divergiert die Reihe.

Bsp. $\sum_{k=0}^{\infty} \frac{1}{(3+(-1)^k)^k} : \sqrt[k]{|a_k|} = \frac{1}{|3+(-1)^k|} \le \frac{1}{2} (=: q)$.

Da $q < 1$, ist die Reihe konvergent.

Quotientenkriterium

Die Reihe $\sum_{k=0}^{\infty} a_k$ ist absolut konvergent, wenn für ein positives $q < 1$ gilt:

$$\left| \frac{a_{k+1}}{a_k} \right| \le q \quad \text{für fast alle } k.$$

Gilt hingegen $|\frac{a_{k+1}}{a_k}| \ge 1$ für fast alle k, so divergiert die Reihe.

Quotientenkriterium (einfache Version)

- Falls $\lim_{k \to \infty} |\frac{a_{k+1}}{a_k}| = q < 1 \implies \sum_{k=0}^{\infty} a_k$ ist konvergent.
- Falls $\lim_{k \to \infty} |\frac{a_{k+1}}{a_k}| = q > 1 \implies \sum_{k=0}^{\infty} a_k$ ist divergent.

Bsp. $\sum_{k=0}^{\infty} \frac{1}{k!} : |\frac{a_{k+1}}{a_k}| = \frac{k!}{k+1!} = \frac{1}{k+1}$.

Da $\lim_{k \to \infty} |\frac{a_{k+1}}{a_k}| = \lim_{k \to \infty} (\frac{1}{k+1}) = 0 < 1$, konvergiert die Reihe.

Potenzreihe

Als Potenzreihe bezeichnet man die Reihe

$$\sum_{k=0}^{\infty} a_k (x - x_0)^k.$$

Die a_k heißen Koeffizienten und x_0 nennt man Entwicklungspunkt.

Konvergenzradius r und -intervall von Potenzreihen

Ausschließlich möglich ist

- Konvergenz nur im Entwicklungspunkt x_0 und damit $r = 0$,
- Konvergenz im Konvergenzintervall $|x - x_0| < r$ und damit $r > 0$,
- Konvergenz in ganz $\mathbb{R}$, wobei man hier $r = \infty$ setzt.

Die Randpunkte des Konvergenzintervalls, d. h. $x = x_0 \pm r$, sind jeweils gesondert zu untersuchen.

Bsp. $\sum_{k=0}^{\infty} \frac{x^k}{k!}$, Potenzreihe mit Entwicklungspunkt $x_0 = 0$,
$\lim_{k \to \infty} \left| \frac{a_{k+1}}{a_k} \right| = \lim_{k \to \infty} \left| \frac{x^{k+1}}{(k+1)!} \frac{k!}{x^k} \right| = \lim_{k \to \infty} \left| \frac{x}{k+1} \right| = 0 < 1$ für $x \in \mathbb{R}$,
Konvergenzradius: $r = \infty$, Konvergenzintervall: $(-\infty, \infty)$.

Taylorreihe von $f(x)$ in x_0

Die Taylorreihe der Funktion $y = f(x)$ bzgl. der Stelle x_0 (eine ganz spezielle Potenzreihe) ist definiert durch

$$T(x) = \sum_{k=0}^{\infty} \frac{f^{(k)}(x_0)}{k!} (x - x_0)^k.$$

Übereinstimmungs-Kriterium

Die Taylorreihe von $f(x)$ stellt die Funktion $f(x)$ in ihrem Konvergenzintervall genau dann dar, wenn für das Taylor'sche Restglied gilt ($x_0 < \xi < x$ bzw. $x < \xi < x_0$):

$$\lim_{n \to \infty} R_n(x) = \lim_{n \to \infty} \frac{f^{(n+1)}(\xi)}{(n+1)!} (x - x_0)^{n+1} = 0.$$

Bsp. Taylorreihe von $f(x) = e^x$ in $x_0 = 0$: $f^{(k)}(0) = 1$ für $k \in \mathbb{N}$,
$T(x) = \sum_{k=0}^{\infty} \frac{1}{k!}(x-0)^k = \sum_{k=0}^{\infty} \frac{x^k}{k!}$,
Konvergenzradius: $r = \infty$ (siehe vorheriges Beispiel),
Übereinstimmung $T(x) = f(x)$?:
für geeignetes ξ und M mit $e^\xi \leq M$ (x fest!):
$\lim_{n\to\infty} R_n(x) = \lim_{n\to\infty} e^\xi \cdot \frac{x^{n+1}}{(n+1)!} \leq M \cdot \lim_{n\to\infty} \frac{x^{n+1}}{(n+1)!} = 0$.
Da Taylor'sches Restglied gegen Null konvergiert, gilt $T(x) = f(x)$.

Exemplarische Potenzreihenentwicklungen

$$e^x = \sum_{k=0}^{\infty} \frac{x^k}{k!} = 1 + x + \frac{x^2}{2!} + \frac{x^3}{3!} + \frac{x^4}{4!} + \ldots$$

$$\sin x = \sum_{k=0}^{\infty} (-1)^k \frac{x^{2k+1}}{(2k+1)!} = x - \frac{x^3}{3!} + \frac{x^5}{5!} - \frac{x^7}{7!} \pm \ldots$$

$$\cos x = \sum_{k=0}^{\infty} (-1)^k \frac{x^{2k}}{(2k)!} = 1 - \frac{x^2}{2!} + \frac{x^4}{4!} - \frac{x^6}{6!} \pm \ldots$$

7.8 Übungsaufgaben

Elementare Reihenbegriffe, geometrische Reihe

1. Wie lautet das Bildungsgesetz $a_k = \ldots$ der folgenden Reihen $\sum_{k=0}^{\infty} a_k$?
   a) $1 - \frac{1}{2} + \frac{1}{3} - \frac{1}{4} \pm \ldots$,
   b) $1 + \frac{1}{9} + \frac{1}{25} + \frac{1}{49} + \ldots$
2. Bestimmen Sie die Partialsummenfolge der (unendlichen arithmetischen) Reihe $\sum_{k=0}^{\infty} (a + kd)$ mit $a > 0$, $d > 0$. Ist die Reihe konvergent?
3. Berechnen Sie die ersten 5 Partialsummen der Reihe $\sum_{k=0}^{\infty} \frac{3}{3^k}$ und ermitteln Sie ihre Summe s.
4. Verwandeln Sie den periodischen Dezimalbruch $0,\overline{015}$ in einen echten Dezimalbruch. [Hinweis: Wandeln Sie den Dezimalbruch zunächst in eine unendliche geometrische Reihe um.]

Konvergenzkriterien

1. Konvergiert die Reihe $\sum_{k=0}^{\infty} a_k$ mit $a_k = \frac{3^k}{(3+(-1)^k)^k}$?
2. Untersuchen Sie die Reihe $\sum_{k=0}^{\infty} (-1)^k \frac{1}{k!}$ auf Konvergenz.
3. a) Zeigen Sie, dass $\sum_{k=2}^{\infty} \frac{1}{k(k-1)}$ konvergiert. Wie lautet der Summenwert? [Hinweis: Benutzen Sie die Identität $\frac{1}{k(k-1)} = \frac{1}{k-1} - \frac{1}{k}$.]
   b) Zeigen Sie die Konvergenz der Reihe $\sum_{k=1}^{\infty} \frac{1}{k^2}$, indem Sie die Reihe aus Teil a) als Majorante benutzen.
4. Konvergiert die Reihe $\sum_{k=1}^{\infty} \frac{1}{\sqrt{k}+\sqrt{k+1}}$? [Hinweis: Finden Sie eine divergente Minorante.]

5. Man untersuche mittels Wurzel- bzw. Quotientenkriterium die folgenden Reihen auf Konvergenz. Ist immer eine Entscheidung möglich?

   a) $\sum_{k=1}^{\infty} \frac{1}{k^2}$,

   b) $\sum_{k=1}^{\infty} \frac{k^2}{k!}$.

Potenz- und Taylorreihen

1. Bestimmen Sie unter Benutzung des vereinfachten Quotientenkriteriums die Konvergenzradien und Konvergenzintervalle folgender Potenzreihen:

   a) $\sum_{k=1}^{\infty} k^k x^k$,

   b) $\sum_{k=1}^{\infty} \frac{x^k}{k}$,

   c) $\sum_{k=1}^{\infty} \frac{x^k}{2^k}$,

   d) $\sum_{k=1}^{\infty} \frac{(x-2)^k}{k^2}$.

2. Stellen Sie die Taylorreihe für die Funktion $f(x) = \frac{1}{1+x}$ in $x_0 = 0$ auf und ermitteln Sie das zugehörige Konvergenzintervall. Klären Sie den Irrtum unseres Mönches Guido Grandi (siehe Abschn. 7.1) auf, indem Sie die Ränder des Konvergenzintervalls untersuchen.

3. Ermitteln Sie die Taylorreihe $T(x)$ der Funktion $f(x) = \cos x$ in $x_0 = 0$. Für welche Werte von x konvergiert diese Reihe? Stellt sie $f(x)$ im Konvergenzintervall dar?

7.9 Lösungen

Elementare Reihenbegriffe, geometrische Reihe

1. a) $a_k = \frac{(-1)^k}{k+1}$,

   b) $a_k = \frac{1}{(2k+1)^2}$.

2. Für die Partialsummen s_n, $n \in \mathbb{N}_+$, gilt:

$$s_n = \sum_{k=0}^{n-1}(a + kd) = n \cdot a + (0 + 1 + 2 + \ldots + (n-1))d$$
$$= na + \frac{(n-1)n}{2}d = \frac{1}{2}n[2a + (n-1)d].$$

Da offensichtlich $\lim_{n \to \infty} s_n = \infty$ ist, divergiert die Reihe.

3. Für die Partialsummen gilt $s_1 = 3$, $s_2 = 3 + 1 = 4$, $s_3 = 3 + 1 + \frac{1}{3} = \frac{13}{3} = 4,\overline{3}$, $s_4 = s_3 + \frac{1}{9} = \frac{40}{9} = 4,\overline{4}$ und $s_5 = s_4 + \frac{1}{27} = \frac{121}{27} = 4,\overline{481}$. Man erkennt wegen $\sum_{k=0}^{\infty} \frac{3}{3^k} = 3\sum_{k=0}^{\infty}(\frac{1}{3})^k$, dass es sich um eine geometrische Reihe mit $q = \frac{1}{3}$ handelt. Die gesuchte Summe s ergibt sich deshalb zu $s = 3\frac{1}{1-1/3} = 4,5$.

4. Der periodische Dezimalbruch lässt sich mittels

$$0,0\overline{15} = \frac{15}{1000} + \frac{15}{1000} \cdot \frac{1}{100} + \frac{15}{1000} \cdot \frac{1}{100^2} + \ldots = \frac{15}{1000}\sum_{k=0}^{\infty}\left(\frac{1}{100}\right)^k$$

als geometrische Reihe darstellen. Man erhält jetzt $0,0\overline{15} = \frac{15}{1000} \cdot \frac{1}{1-1/100} = \frac{15}{990} = \frac{1}{66}$.

Konvergenzkriterien

1. Notwendig für die Konvergenz einer Reihe ist $\lim_{k \to \infty} a_k = 0$. Hier bilden die a_k *keine* Nullfolge: Um dies zu zeigen, genügt es, unendlich viele $a_k > 1$ zu finden. Dazu betrachten wir nur die (unendlich vielen) ungeraden Glieder der Folge, d. h. wir setzen $k = 2l + 1$ mit $l = 0, 1, 2, \dots$ Dann gilt

$$a_{2l+1} = \frac{3^{2l+1}}{(3 + (-1)^{2l+1})^{2l+1}} = \frac{3^{2l+1}}{2^{2l+1}} = \left(\frac{3}{2}\right)^{2l+1} > 1$$

   für alle l. Die Reihe divergiert somit.

2. Wegen $\left|(-1)^k \frac{1}{k!}\right| = \frac{1}{k!}$ bilden die Absolutbeträge der Summanden offensichtlich eine monoton fallende Nullfolge. Daher konvergiert die alternierende Reihe nach dem Leibniz-Kriterium. Ein Vergleich mit der Potenzreihenentwicklung der e-Funktion liefert sogar ihre Summe: $s = 1/e$.

3. a) Zur Reihe gehören mit $n \geq 1$ die Partialsummen $s_n = \sum_{k=2}^{n+1} \frac{1}{k(k-1)}$. Wegen $\frac{1}{k(k-1)} = \frac{1}{k-1} - \frac{1}{k}$ erhalten wir:

$$s_n = \sum_{k=2}^{n+1} \left(\frac{1}{k-1} - \frac{1}{k}\right)$$

$$= \left(1 - \frac{1}{2}\right) + \underbrace{\left(\frac{1}{2} - \frac{1}{3}\right)}_{=0} + \dots + \underbrace{\left(\frac{1}{n-1} - \frac{1}{n}\right)}_{=0} + \underbrace{\left(\frac{1}{n} - \frac{1}{n+1}\right)}_{=0}.$$

   Offensichtlich verschwinden hier bis auf den ersten und letzten Term alle anderen Summanden, so dass sich $s_n = 1 - \frac{1}{n+1}$ ergibt. Daraus folgt $\lim_{n \to \infty} s_n = \lim_{n \to \infty}(1 - \frac{1}{n+1}) = 1$. Die Reihe ist also konvergent mit dem Summenwert 1.

   b) Für $k \geq 2$ gilt wegen $k > (k - 1)$ bzw. $\frac{1}{k} < \frac{1}{k-1}$ offensichtlich

$$|a_k| := \frac{1}{k^2} = \frac{1}{k \cdot k} \leq \frac{1}{k(k-1)} := |c_k|.$$

   Damit ist aber $1 + \sum_{k=2}^{\infty} \frac{1}{k(k-1)}$ konvergente Majorante von $\sum_{k=1}^{\infty} \frac{1}{k^2}$. Deshalb ist $\sum_{k=1}^{\infty} \frac{1}{k^2}$ nach dem Majorantenkriterium konvergent.

4. Offensichtlich ist $\sqrt{k} + \sqrt{k+1} < 2\sqrt{k+1}$ und damit $\frac{1}{\sqrt{k}+\sqrt{k+1}} > \frac{1}{2\sqrt{k+1}}$. Somit folgt $\sum_{k=1}^{\infty} \frac{1}{\sqrt{k}+\sqrt{k+1}} > \sum_{k=1}^{\infty} \frac{1}{2\sqrt{k+1}} = \frac{1}{2} \sum_{k=1}^{\infty} \frac{1}{\sqrt{k+1}} = \frac{1}{2} \sum_{k=2}^{\infty} \frac{1}{\sqrt{k}}$. Die letzte Reihe ist daher eine divergente Minorante (siehe Übung 7.5). Nach dem Minorantenkriterium divergiert also auch die zu untersuchende Reihe.

5. a) Mit $a_k := \frac{1}{k^2}$ gilt $\sqrt[k]{|a_k|} = \sqrt[k]{\frac{1}{k^2}} = \frac{1}{\sqrt[k]{k}} \cdot \frac{1}{\sqrt[k]{k}}$. Wegen $\lim_{k \to \infty} \sqrt[k]{k} = 1$ folgt damit aber $\lim_{k \to \infty} \sqrt[k]{|a_k|} = 1$. Es existiert also *kein* $q < 1$, so dass für fast alle k die Forderung $\sqrt[k]{|a_k|} \leq q$ bzw. $\sqrt[k]{|a_k|} \geq 1$ erfüllt ist. Das Wurzelkriterium ist damit nicht anwendbar.

Andererseits gilt: $|\frac{a_{k+1}}{a_k}| = \frac{1/(k+1)^2}{1/k^2} = \frac{k^2}{(k+1)^2} = (\frac{k}{k+1})^2 \to 1$ für $k \to \infty$. Somit ist auch das Quotientenkriterium nicht anwendbar. Wie Aufgabe 3b) zeigt, führt aber das Majorantenkriterium zum Ziel.

b) Wegen $\lim_{k\to\infty} \sqrt[k]{k} = 1$ und $\lim_{k\to\infty} \sqrt[k]{k!} = \infty$ (siehe Abschn. 2.2) gilt mit $a_k := \frac{k^2}{k!}$

$$\lim_{k\to\infty} \sqrt[k]{|a_k|} = \lim_{k\to\infty} \sqrt[k]{\frac{k^2}{k!}} = \lim_{k\to\infty} \frac{\sqrt[k]{k^2}}{\sqrt[k]{k!}} = \lim_{k\to\infty} \frac{\sqrt[k]{k} \cdot \sqrt[k]{k}}{\sqrt[k]{k!}} = 0.$$

Die Reihe konvergiert also nach dem Wurzelkriterium. Die Konvergenz lässt sich auch mit dem Quotientenkriterium zeigen. Es gilt nämlich

$$\left|\frac{a_{k+1}}{a_k}\right| = \frac{(k+1)^2/(k+1)!}{k^2/k!} = \frac{(k+1)^2 \cdot k!}{(k+1)! \cdot k^2} = \frac{(k+1)^2}{(k+1) \cdot k^2} = \frac{k+1}{k^2}.$$

Damit folgt jetzt $\lim_{k\to\infty} |\frac{a_{k+1}}{a_k}| = \lim_{k\to\infty}(\frac{1}{k} + \frac{1}{k^2}) = 0$.

Potenz- und Taylorreihen

1. Wir benutzen in allen Fällen das Quotientenkriterium zur Festlegung der x-Werte, für die Konvergenz vorliegt.

a) Es ist $a_k := k^k x^k$ und damit $|\frac{a_{k+1}}{a_k}| = \frac{(k+1)^{k+1}|x|^{k+1}}{k^k|x|^k} = (\frac{k+1}{k})^k \cdot (k+1) \cdot |x|$. Für $x \neq 0$ folgt daraus $\lim_{k\to\infty} |\frac{a_{k+1}}{a_k}| = \infty$. Der Konvergenzradius ist $r = 0$ und das Konvergenzintervall besteht lediglich aus dem Entwicklungspunkt $x_0 = 0$.

b) Es ist $a_k := \frac{x^k}{k}$ und damit $|\frac{a_{k+1}}{a_k}| = \frac{|x|^{k+1}/(k+1)}{|x|^k/k} = \frac{|x|^{k+1} \cdot k}{(k+1) \cdot |x|^k} = \frac{k}{k+1}|x|$. Daraus folgt $\lim_{k\to\infty} |\frac{a_{k+1}}{a_k}| = \lim_{k\to\infty} \frac{k}{k+1} \cdot |x| = |x|$. Nach der einfachen Version des Quotientenkriteriums liegt daher für alle $|x| < 1$ Konvergenz vor. Somit ist $r = 1$ und $(-1, 1)$ das Konvergenzintervall.

c) Es ist $a_k := \frac{x^k}{2^k}$ und damit $|\frac{a_{k+1}}{a_k}| = \frac{|x|^{k+1}/2^{k+1}}{|x|^k/2^k} = \frac{|x|^{k+1} \cdot 2^k}{2^{k+1} \cdot |x|^k} = \frac{|x|}{2}$. Daraus folgt $\lim_{k\to\infty} |\frac{a_{k+1}}{a_k}| = \frac{|x|}{2}$. Konvergenz liegt damit für $\frac{|x|}{2} < 1$ bzw. $|x| < 2$ vor. Es ist also $r = 2$ und $(-2, 2)$ das Konvergenzintervall.

d) Man beachte, dass die Reihe den Entwicklungspunkt $x_0 = 2$ hat. Es ist $a_k := \frac{(x-2)^k}{k^2}$ und damit $|\frac{a_{k+1}}{a_k}| = \frac{|x-2|^{k+1}/(k+1)^2}{|x-2|^k/k^2} = \frac{|x-2|^{k+1} \cdot k^2}{(k+1)^2 \cdot |x-2|^k} = |x-2| \cdot (\frac{k}{k+1})^2$. Daraus folgt $\lim_{k\to\infty} |\frac{a_{k+1}}{a_k}| = \lim_{k\to\infty} |x-2| \cdot (\frac{k}{k+1})^2 = |x-2|$. Konvergenz ergibt sich damit für $|x-2| < 1$. Der Konvergenzradius ist $r = 1$ und das Konvergenzintervall $(1, 3)$ liegt symmetrisch zum Entwicklungspunkt $x_0 = 2$.

2. Schreibt man $f(x)$ in der Form $f(x) = (1+x)^{-1}$, so lässt sich leicht überlegen, dass für die Ableitungen $f^{(k)}(x) = (-1)^k k!(1+x)^{-k-1}$ gilt. Wegen $f^{(k)}(0) = (-1)^k k!$ ergibt sich folgende Taylorentwicklung:

$$T(x) = \sum_{k=0}^{\infty} \frac{f^{(k)}(0)}{k!}(x-0)^k = \sum_{k=0}^{\infty} \frac{(-1)^k k!}{k!} x^k = \sum_{k=0}^{\infty} (-1)^k x^k = 1 - x + x^2 \mp \ldots$$

Setzt man $a_k := (-1)^k x^k$, so folgt $\sqrt[k]{|a_k|} = \sqrt[k]{|(-1)^k x^k|} = |x|$. Für $|x| < 1$ ist die Reihe daher nach dem Wurzelkriterium konvergent. Dass sie in $|x| < 1$ die Funktion darstellt, folgt übrigens sofort aus der Formel für die geometrische Reihe (siehe Abschn. 7.2): Man setze dort lediglich $a_0 = 1$ und $q = -x$, um die Identität $T(q) = \frac{1}{1+q} = f(q)$ zu erhalten.

Untersucht man – wie unser Mönch – die Stelle $x = 1$, so gilt für die zur Reihe gehörende Partialsummenfolge offensichtlich $s_{2k+1} = 1$, $s_{2k+2} = 0$ für $k \in \mathbb{N}$. Einerseits sind unendlich viele Folgenglieder, nämlich alle geraden, Null, andererseits aber auch unendlich viele, nämlich alle ungeraden, Eins. Die Folge besitzt also keinen Grenzwert, d. h. die Reihe divergiert in $x = 1$. Guido Grandis Klammerung wäre aber nur im Falle der absoluten Konvergenz der Reihe zulässig gewesen!

Für $x = -1$ ergeben sich die Partialsummen $s_n = n$, $n \in \mathbb{N}_+$, woraus $\lim_{n\to\infty} s_n = \infty$, also ebenfalls die Divergenz der Reihe folgt.

3. Es ist $f(0) = 1$ und für die Ableitungen von $f(x) = \cos x$ gilt $f^{(1)}(x) = -\sin x$, $f^{(1)}(0) = 0$, $f^{(2)}(x) = -\cos x$, $f^{(2)}(0) = -1$, $f^{(3)}(x) = \sin x$, $f^{(3)}(0) = 0$, usw. Die Ableitungswerte von $f(x)$ in $x_0 = 0$ ergeben sich also zyklisch zu $1, 0, -1, 0$. Somit gilt: $T(x) = 1 + \frac{0}{1!}x + \frac{-1}{2!}x^2 + \frac{0}{3!}x^3 + \frac{1}{4!}x^4 + \frac{0}{5!}x^5 + \ldots$ Beachtet man, dass die ungeraden x-Potenzen verschwinden und das Vorzeichen der restlichen Summanden alterniert, so ergibt sich $\cos x = \sum_{k=0}^{\infty}(-1)^k \frac{x^{2k}}{(2k)!}$. Diese Formel ist korrekt, denn: Die Konvergenz der Reihe lässt sich wieder leicht mit dem Quotientenkriterium zeigen. Es ist

$$\lim_{k\to\infty} \left| \frac{x^{2k}}{(2k)!} \bigg/ \frac{x^{2k-2}}{(2k-2)!} \right| = \lim_{k\to\infty} \left| \frac{x^2}{2k(2k-1)} \right| = 0 < 1$$

für festes, aber beliebiges x. Die Reihe konvergiert also für alle x und stellt $f(x) = \cos x$ dar, da mit geeignetem ξ unter Beachtung von $|f^{(n+1)}(\xi)| \leq 1$ natürlich $\lim_{n\to\infty} |R_n(x)| \leq \lim_{n\to\infty} |\frac{x^{n+1}}{(n+1)!}| = 0$ gilt.

Integration

8.1 Einführung

▷ Integration als Umkehrung der Differentiation

Die Integralrechnung von Funktionen in einer Veränderlichen kennt man z.T. aus der Schule – hier hat man auch die anschauliche Bedeutung des Integrals $\int_a^b f(x)\,dx$ als Flächeninhalt gelernt. Zum Glück läuft Integration aber nicht über Flächenmessung ab: Wenn man etwa $\int_1^2 x^2\,dx$ berechnen will, muss man *nicht* das Intervall $[1, 2]$ in kleine Teilintervalle unterteilen und über diesen Teilintervallen winzige Rechtecke ausmessen. Es genügt, eine so genannte *Stammfunktion* von $f(x) = x^2$, etwa $F(x) = 1/3\,x^3$, zu finden und diese Stammfunktion an den Integrationsgrenzen auszuwerten ($F(2) - F(1)$). Die Ableitung der Stammfunktion (hier $F(x) = 1/3\,x^3$) ergibt wieder die ursprüngliche Funktion (hier $f(x) = x^2$). Die Integralrechnung ist also in gewisser Weise die Umkehrung der Differentialrechnung: Ableiten und Integrieren sind *inverse Operationen*. Dieser (im Moment noch) wenig exakten Formulierung liegt der so genannte *Hauptsatz der Differential- und Integralrechnung* zugrunde.

▷ Schwierigkeiten bei der Integration

Während das Ableiten aber fast handwerklichen Charakter hatte (Sie mussten nur stur irgendwelche Regeln wie die Produkt- oder die Kettenregel anwenden), ist das Finden der Stammfunktion eher eine Kunst: Zwar gibt es auch hier Regeln (hauptsächlich: partielle Integration und Substitution), aber was man etwa substituiert und ob man damit zum Ziel kommt, ist nicht immer von vornherein klar. Hier scheint die Mathematik dem Anfänger nicht einem Kochbuch mit erprobten Rezepten, sondern eher einer Kräutersammlung zum Kurieren von diffusen Beschwerden zu gleichen. Und in manchen Fällen gibt es gar keine Heilmittel, z. B. werden Sie nie auf einen „einfachen" Ausdruck für die Stammfunktion einer so läppischen Funktion wie $\sin x/x$ kommen. (Das ist übrigens auch bei

Y. Stry, R. Schwenkert, *Mathematik kompakt*, DOI 10.1007/978-3-642-24327-1_8,
© Springer-Verlag Berlin Heidelberg 2013

der Gauß'schen Glockenkurve, der Normalverteilung in der Stochastik, der Fall – deshalb müssen Statistiker immer mit Tabellen, in denen sie gewisse Werte nachlesen können, durch die Gegend laufen...)

▶   Integralrechnung von Funktionen in mehreren Veränderlichen

Integralrechnung kann man nun auch mehrdimensional betreiben, also etwa Funktionen in zwei Veränderlichen $f(x, y)$ über einen Bereich B (eine Art Fläche) integrieren. Während die (bestimmte) Integration von $f(x)$ über ein Intervall $[a, b]$ auf eine Fläche führte, kann man sich die Integration von $f(x, y)$ über einen Bereich B als Volumenbestimmung veranschaulichen. Während man beim eindimensionalen Integral $\int_a^b f(x)\,dx$ kleine Rechtecke zu einer Fläche aufsummiert, addiert man analog beim zweidimensionalen Integral $\iint_B f(x, y)\,dx\,dy$ kleine Säulen über einem Bereich B zu einem Volumen auf. Die Hauptschwierigkeit bei der technischen Ausführung solcher mehrdimensionaler Integrationen (wiederum arbeitet man hier mit Stammfunktionen) liegt in der so genannten Parametrisierung des Bereichs: Man muss ganz genau sagen, in welchen Intervallen x bzw. y verlaufen. Dabei spielt es keine Rolle, ob Sie sich zuerst x oder zuerst y anschauen: Stellen Sie sich einen Holzklotz (also ein Volumen) vor, den Sie mit der Axt in kleine Scheibchen (Flächen) zerhacken: Das Volumen erhalten Sie dann als Summation über die „dünnen" Flächen. Sie können natürlich nicht nur längs des Holzklotzes hacken, sie könnten es auch quer versuchen – das Volumen des Holzklotzes bestehend aus den kleinen Scheibchen bleibt gleich. Auch hier kann man Entsprechungen in der Mathematik finden.

Die Grundlagen der Integralrechnung, wichtige Grundbegriffe, häufig benötigte Stammfunktionen, die allerwichtigsten Integrationsregeln sowie ein Überblick über die mehrdimensionale Integralrechnung finden sich im vorliegenden Kapitel.

8.2 Grundbegriffe

Wir betrachten zunächst das bestimmte Integral, bei dem wir die Fläche über einem Intervall unter einer Funktion durch die Summe kleiner Rechtecke annähern. Der Hauptsatz der Differential- und Integralrechnung sagt aus, dass wir bei Kenntnis einer Stammfunktion das bestimmte Integral sehr einfach auswerten können.

Bei der Integration geht es anschaulich gesprochen um die Frage der Flächenmessung: Sei dazu eine auf einem Intervall $[a, b]$ definierte, beschränkte Funktion $f(x)$ gegeben (siehe Abb. 8.1).

Wie kann man dann den grau unterlegten Flächeninhalt zwischen Funktion und x-Achse berechnen (oder überhaupt erst definieren)?

Die Idee dazu ist ganz einfach: Man zerlegt die zu bestimmende Fläche in (kleine) Rechtecke und summiert deren Flächeninhalte auf. Will man eine noch bessere Näherung, so muss man die Fläche in immer mehr und immer „dünnere" Rechtecke aufteilen (siehe Abb. 8.2).

Abb. 8.1 Fläche unter Funktion

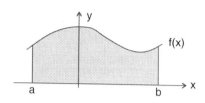

Abb. 8.2 Fläche durch Rechtecke angenähert

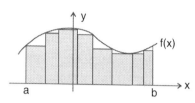

Im Einzelnen ist folgende Prozedur durchzuführen:

- Intervall $[a, b]$ in n Teilintervalle $[x_{i-1}, x_i]$, $i = 1, 2, \ldots, n$, der Breite $\Delta x_i = x_i - x_{i-1}$ zerlegen (dabei $a = x_0$, $b = x_n$),

- über jedem Teilintervall ein Rechteck konstruieren, dessen Länge einem Funktionswert von f an irgendeiner Zwischenstelle $\xi_i \in [x_{i-1}, x_i]$ aus diesem Teilintervall entspricht,

- alle einzelnen Rechteckflächen $f(\xi_i) \cdot \Delta x_i$ aufsummieren zur Gesamtfläche $s_n = \sum_{i=1}^{n} f(\xi_i) \cdot \Delta x_i$,

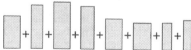

- Näherungswert s_n verbessern, indem man eine feinere Unterteilung (= Partition) des Intervalls $[a, b]$ wählt und damit die Anzahl der Teilintervalle erhöht, aber gleichzeitig die Breite *aller* verkleinert.

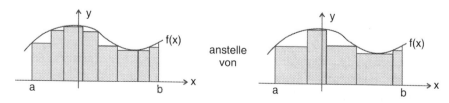

anstelle von

Abb. 8.3 Positiver/negativer
Anteil am Flächeninhalt

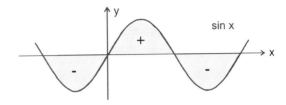

Bestimmtes Integral

Falls obige Prozedur für $n \to \infty$ in jedem Fall gegen einen bestimmten Grenzwert konvergiert, so bezeichnet man

$$\int_a^b f(x)\,dx := \lim_{n \to \infty} \sum_{i=1}^n f(\xi_i) \cdot \Delta x_i$$

als bestimmtes Integral von f über dem Intervall $[a, b]$. Dann heißt die Funktion f integrierbar über $[a, b]$, a untere Integrationsgrenze, b obere Integrationsgrenze, $[a, b]$ Integrationsintervall, f Integrand und x Integrationsvariable.

Wir weisen auf Folgendes hin:

- Das Integralzeichen $\int$ ist ein stilisiertes Summenzeichen $\sum$.
- Man kann die Integrationsvariable beliebig umbenennen:

$$\int_a^b f(x)\,dx = \int_a^b f(u)\,du = \int_a^b f(\eta)\,d\eta.$$

Das bestimmte Integral ist *eine reelle Zahl*, die *nicht* von der Integrationsvariable abhängt.

- **Riemann'sche Zwischensummen, Riemann'sches Integral, Untersumme, Obersumme** Man spricht bei $\sum_{i=1}^n f(\xi_i) \cdot \Delta x_i$ von *Riemann'schen Zwischensummen*. Das Integral nennt man auch *Riemann-Integral*. Wählt man ξ_i derart, dass $f(\xi_i)$ im Intervall $[x_{i-1}, x_i]$ *minimal* wird, spricht man von einer *Untersumme* (siehe auch Abb. 8.2). Die Rechtecke liegen dann ganz anschaulich direkt *unter* der Funktion. Analog definiert man *Obersummen*. Man kann die Integrierbarkeit einer Funktion $f(x)$ auf einem Intervall $[a, b]$ auch so charakterisieren, dass die Folge der Untersummen und die der Obersummen gegen einen gemeinsamen Grenzwert konvergiert.
- Falls $f(x) \geq 0$ für $x \in [a, b]$ gilt, so kann man wirklich von einem Flächeninhalt sprechen. Ansonsten gehen die Flächenstücke unterhalb der x-Achse (wo $f(x) < 0$) *mit negativem Vorzeichen* in das bestimmte Integral ein (vgl. Abb. 8.3).

Abb. 8.4 Veranschaulichung
von Rechenregel c)

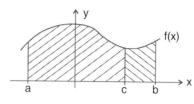

Abb. 8.5 Veranschaulichung
von Rechenregel g)

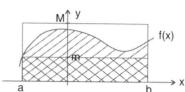

- **Stetige Funktionen sind integrierbar** Für sehr viele Funktionen ist die oben geforderte Konvergenz gegeben. Man kann zeigen: Wenn die Funktion f auf dem Intervall $[a, b]$ *stetig* ist (evtl. mit Ausnahme endlich vieler endlicher Sprungstellen), dann ist f auf $[a, b]$ integrierbar.

Aus der Definition des bestimmten Integrals (Eigenschaften von Summen) ergeben sich sofort die bekannten Rechenregeln:

Rechenregeln für das bestimmte Integral
Für das bestimmte Integral gilt:

a) $\int_b^a f(x)\,dx = -\int_a^b f(x)\,dx$,

b) $\int_a^a f(x)\,dx = 0$,

c) $\int_a^b f(x)\,dx = \int_a^c f(x)\,dx + \int_c^b f(x)\,dx, a < c < b$,

d) $\int_a^b \alpha \cdot f(x)\,dx = \alpha \cdot \int_a^b f(x)\,dx$,

e) $\int_a^b (f(x) + g(x))\,dx = \int_a^b f(x)\,dx + \int_a^b g(x)\,dx$,

f) Falls $f(x) \leq g(x)$ und $a \leq b$, dann gilt: $\int_a^b f(x)\,dx \leq \int_a^b g(x)\,dx$,

g) Falls $m \leq f(x) \leq M$ für alle $x \in [a, b]$, dann gilt:
   $m(b - a) \leq \int_a^b f(x)\,dx \leq M(b - a)$.

Abbildungen 8.4 und 8.5 veranschaulichen die Regeln c) und g).

Der Begriff des bestimmten Integrals ist praktisch aber erst dann brauchbar, wenn die bestimmten Integrale der wichtigsten Funktionen einfach ermittelt werden können. Die Approximation durch kleine Rechtecke ist dazu meist wenig geeignet. Wir arbeiten daher im Folgenden auf den so genannten *Hauptsatz der Differential- und Integralrechnung* hin, der – mittels *Stammfunktionen* – die Berechnung bestimmter Integrale ungeheuer erleichtert.

Abb. 8.6 Integralfunktion
$\tilde{F}(x)$ von $f(t)$

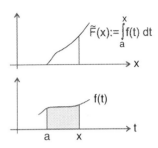

Integralfunktion Wir betrachten dazu das bestimmte Integral über eine stetige, monoton steigende Funktion $f(t) \geq 0$ von a (fest) bis zu einer oberen Grenze $x > a$ (variabel). Das derart definierte bestimmte Integral mit variabler oberer Grenze x liefert die Zuordnungsvorschrift für eine neue Funktion (vgl. Abb. 8.6)

$$\tilde{F}(x) := \int\limits_a^x f(t)\, dt.$$

Da x die obere Integrationsgrenze bezeichnet, musste für die Integrationsvariable ein anderes Symbol (hier: t) gewählt werden.

Wachstum der Integralfunktion Wir betrachten nun den Flächenzuwachs zwischen $\tilde{F}(x)$ und $\tilde{F}(x + h)$ (vgl. Abb. 8.7). Es gilt:

$$f(x) \cdot h \leq \tilde{F}(x + h) - \tilde{F}(x) \leq f(x + h) \cdot h.$$

Division durch h mit anschließendem Grenzübergang $h \to 0$ liefert:

$$\lim_{h \to 0} f(x) \leq \lim_{h \to 0} \frac{\tilde{F}(x + h) - \tilde{F}(x)}{h} \leq \lim_{h \to 0} f(x + h).$$

Abb. 8.7 Wachstum der Integralfunktion

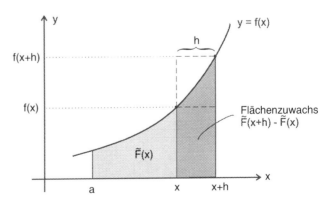

Wegen der Stetigkeit von f folgt:

$$f(x) \leq \tilde{F}'(x) \leq f(x) \qquad \text{bzw.} \qquad \tilde{F}'(x) = f(x).$$

Wir halten allgemein fest:

Ableitung der Integralfunktion

Es sei f eine auf $[a, b]$ definierte stetige Funktion. Die durch

$$\tilde{F}(x) := \int\limits_a^x f(t)\, dt, \quad x \in [a, b]$$

definierte Integralfunktion hat die Ableitung

$$\tilde{F}'(x) = \frac{d}{dx}\left(\int\limits_a^x f(t)\, dt \right) = f(x).$$

Die Ableitung der Integralfunktion ist also gleich dem Wert des Integranden an der oberen Grenze. Die Integration ist demnach die Umkehrung der Differentiation.

Manchmal bezeichnet man bereits obigen Satz als Hauptsatz der Differential- und Integralrechnung. Wir wollen jedoch noch den wichtigen Begriff der Stammfunktion erklären, um damit direkt auf eine einfache Methode zu kommen, bestimmte Integrale auszuwerten.

Stammfunktion

Eine Funktion $F(x)$, deren Ableitung gleich einer gegebenen Funktion $f(x)$ ist, d. h. für die $F'(x) = f(x)$ auf einem Intervall gilt, heißt Stammfunktion von f auf diesem Intervall.

Beispiel 8.1

a) Die Funktion $F_1(x) = \frac{1}{3}x^3$ ist Stammfunktion der Funktion $f(x) = x^2$.

b) Die Funktion $F_2(x) = \frac{1}{3}x^3 - 17$ ist Stammfunktion der Funktion $f(x) = x^2$.

c) Die Funktion $\tilde{F}(x) = \int_a^x t^2\, dt$ ist Stammfunktion der Funktion $f(x) = x^2$.

Stammfunktionen unterscheiden sich nur durch Konstanten Wie das letzte Beipiel zeigt, ist das Problem, zu einer Funktion eine Stammfunktion zu finden (falls es eine solche denn überhaupt gibt), nicht eindeutig lösbar. Hat man aber eine Stammfunktion gefunden (wie in a)), so erhält man durch Addition einer beliebigen Konstanten (z. B. von -17 in b)) eine weitere Stammfunktion, denn die Ableitung einer Konstanten ist immer gleich 0. Es gilt sogar, dass man durch Addition einer beliebigen Konstanten zu einer Stammfunktion *alle Stammfunktionen* einer Funktion erhält. Die allgemeinste Form einer Stammfunktion von $f(x)$ ist dann $F(x) + c$. Für die spezielle Stammfunktion $\tilde{F}(x) = \int_a^x f(t)\,dt$ gilt deshalb $\tilde{F}(x) = F(x) + c$, somit $0 = \int_a^a f(t)\,dt = F(a) + c$, also $c = -F(a)$. Daher ist $\tilde{F}(b) = F(b) - F(a)$ und der Hauptsatz der Differential- und Integralrechnung lässt sich damit wie folgt formulieren:

Hauptsatz der Differential- und Integralrechnung
Sei $F(x)$ eine (beliebige) Stammfunktion von $f(x)$. Dann gilt für das bestimmte Integral

$$\int_a^b f(x)\,dx = F(x)\big|_{x=a}^b = F(b) - F(a).$$

Vorgehen bei der Integration Mit Hilfe des Hauptsatzes lassen sich bestimmte Integrale ganz einfach in zwei Schritten berechnen:

- Man bestimme eine beliebige Stammfunktion $F(x)$ von $f(x)$ (beachte: $F'(x) = f(x)$).
- Man werte die Stammfunktion an der oberen und an der unteren Integrationsgrenze aus ($F(b)$ und $F(a)$) und subtrahiere diese beiden Werte.

Beispiel 8.2
Gesucht ist das bestimmte Integral: $\int_1^2 (x^2 - 6\cos(2x))\,dx$. Eine Stammfunktion von $f(x) = x^2 - 6\cos(2x)$ ist

$$F(x) = \frac{1}{3}x^3 - 3\sin(2x),$$

denn die Ableitung (Kettenregel!) von $F(x)$ ergibt gerade $f(x)$. Die Stammfunktion an der oberen Integrationsgrenze ausgewertet beträgt $F(2) \approx 4{,}9371$, an der unteren Integrationsgrenze erhält man entsprechend $F(1) \approx -2{,}3946$. Subtraktion ergibt $F(2) - F(1) \approx 7{,}3317$. Also ist insgesamt:

$$\int_1^2 (x^2 - 6\cos(2x))\,dx = \left(\frac{1}{3}x^3 - 3\sin(2x)\right)\Bigg|_{x=1}^2$$

$$\approx 4{,}9371 - (-2{,}3946) = 7{,}3317$$

Tab. 8.1 Grundintegrale

Funktion $f(x)$	Stammfunktion $F(x)$
$x^\alpha, \alpha \neq -1$	$\dfrac{1}{\alpha + 1} x^{\alpha+1} + c$
$\dfrac{1}{x}, x \neq 0$	$\ln|x| + c$
e^x	$e^x + c$
$\sin x$	$-\cos x + c$
$\cos x$	$\sin x + c$
$\dfrac{1}{1 + x^2}$	$\arctan x + c$
$\dfrac{1}{\sqrt{1 - x^2}}, |x| < 1$	$\arcsin x + c$

Übung 8.1

Berechnen Sie mit Hilfe des Hauptsatzes der Differential- und Integralrechnung die folgenden Integrale:

a) $\int_0^{\pi/2} \cos x \, dx$ und

b) $\int_1^2 \sqrt{x} \, dx$.

Lösung 8.1

a) Es gilt:

$$\int\limits_0^{\pi/2} \cos x \, dx = \sin x \big|_{x=0}^{\pi/2} = \sin(\pi/2) - \sin 0 = 1 - 0 = 1.$$

b) Es gilt:

$$\int\limits_1^2 \sqrt{x} \, dx = \int\limits_1^2 x^{1/2} \, dx = \frac{2}{3} x^{3/2} \bigg|_{x=1}^2$$

$$= \frac{2}{3}(2^{3/2} - 1^{3/2}) \approx \frac{2}{3}(2{,}8284 - 1) \approx 1{,}2189.$$

Tabelle der Grundintegrale Die Bestimmung von Stammfunktionen ist also das zentrale Problem der Integralrechnung. Es lohnt sich daher, einen Blick auf die elementaren Integrale zu werfen und sich mit ihnen vertraut zu machen. Tabelle 8.1 ist dabei ganz analog (mit Vertauschung der Spalten für Funktion und Ableitung) zur Tab. **??** der elementaren Ableitungen in Abschn. 6.1 aufgebaut.

Für die Funktion $\frac{1}{1+x^2}$ beispielsweise sind in manchen Formelsammlungen zwei Stammfunktionen angegeben, nämlich $\arctan x + c_1$ bzw. $-\operatorname{arccot} x + c_2$. Die beiden

Stammfunktionen unterscheiden sich wegen $\arctan x + \operatorname{arccot} x = \pi/2$ jedoch nur um eine Konstante.

Für die Menge aller Stammfunktionen einer gegebenen Funktion existiert die folgende Bezeichnung:

Unbestimmtes Integral
Die Menge aller Stammfunktionen von f wird mit $\int f(x)\,dx$ bezeichnet und heißt unbestimmtes Integral von f.

Die Bezeichnung $\int f(x)\,dx$ für das unbestimmte Integral drängt sich durch den Hauptsatz der Differential- und Integralrechnung förmlich auf: Man erhält das bestimmte Integral $\int_a^b f(x)\,dx$, indem man einen Vertreter der Stammfunktionen, genannt $\int f(x)\,dx$, wählt und an den Integrationsgrenzen a und b auswertet.

Der Vollständigkeit halber seien noch die folgenden wichtigen Rechenregeln für unbestimmte Integrale zusammengestellt. Sie ergeben sich sofort aus den Rechenregeln für Ableitungen:

Rechenregeln für unbestimmte Integrale
Es gilt:

a) $\int \alpha \cdot f(x)\,dx = \alpha \cdot \int f(x)\,dx$,
b) $\int (f(x) + g(x))\,dx = \int f(x)\,dx + \int g(x)\,dx$.

Übung 8.2
Worin besteht der Unterschied zwischen $\int \cos x\,dx$, $\int_0^x \cos t\,dt$ und $\int_0^{\pi/2} \cos x\,dx$?

Lösung 8.2
  a) Der Ausdruck $\int \cos x\,dx$ heißt unbestimmtes Integral und steht für die Gesamtheit aller Stammfunktionen von $\cos x$: $\int \cos x\,dx = \sin x + c$.
  b) Der Term $\int_0^x \cos t\,dt$ ist eine einzelne Stammfunktion von $\cos x$.
  c) Schließlich ist $\int_0^{\pi/2} \cos x\,dx$ ein bestimmtes Integral, dessen Wert gleich der reellen Zahl 1 ist (vgl. Übung 8.1a). Anschaulich gesprochen gibt $\int_0^{\pi/2} \cos x\,dx$ den Flächeninhalt zwischen der Cosinus-Funktion und der x-Achse über dem Intervall $[0, \pi/2]$ an.

Hinweis Nicht umsonst sind in Formelsammlungen viele Seiten reserviert für Integraltafeln. Dort werden die Stammfunktionen von zahlreichen Funktionen aufgelistet. Es ist empfehlenswert, sich schon jetzt mit derartigen Integraltafeln vertraut zu machen.

8.3 Integrationstechniken

Nicht alle in der Praxis auftretenden Integrale sind in den Integraltafeln der Formelsamm-lungen zu finden. Wir wollen daher im folgenden Abschnitt kurz gewisse Integrations-techniken – wie partielle Integration und Substitution – besprechen, mit deren Hilfe sich Stammfunktionen zu gegebenen Funktionen finden lassen.

Da die Integration die Umkehrung der Differentiation ist, gehen wir zur Herleitung von Integrationsregeln von den bekannten Differentiationsregeln (vgl. Abschn. 6.4.1) aus.

Die Produktregel der Differentialrechnung für die Ableitung des Produktes zweier Funktionen $u(x)$ und $v(x)$ lautet:

$$(u(x) \cdot v(x))' = u'(x) \cdot v(x) + u(x) \cdot v'(x).$$

Integration auf beiden Seiten liefert:

$$u(x)v(x) = \int (u(x)v(x))' dx = \int u'(x)v(x)\, dx + \int u(x)v'(x)\, dx.$$

Nach Umordnung der Terme erhalten wir:

Partielle Integration

Die Integrationsregel der partiellen Integration lautet:

$$\int u'(x) \cdot v(x)\, dx = u(x) \cdot v(x) - \int u(x) \cdot v'(x)\, dx.$$

Wir halten fest:

- Die Integrationsregel „Partielle Integration" hat ihren Namen erhalten, da sozusagen ein Teil des Integrals, nämlich $u(x) \cdot v(x)$, berechnet wird und der andere Teil als $\int u(x) \cdot v'(x)\, dx$ stehen bleibt.
- Partielle Integration ist nur sinnvoll, wenn das verbleibende Integral $\int u(x) \cdot v'(x)\, dx$ auf der rechten Seite *einfacher zu berechnen* ist als das Ausgangsintegral $\int u'(x) \cdot v(x)\, dx$.
- Man wähle zur Integration eines Produktes von Funktionen eine Funktion als $u'(x)$ (*von ihr muss man die Stammfunktion kennen*) und eine Funktion als $v(x)$ (*diese Funktion muss man ableiten können*).

Beispiel 8.3

a) Eine einfache Anwendung der partiellen Integration liefert die Stammfunktion zu
$\int x \cdot e^x\, dx$:

$$\int \underbrace{e^x}_{u'} \cdot \underbrace{x}_{v}\, dx = \underbrace{e^x}_{u} \cdot \underbrace{x}_{v} - \int \underbrace{e^x}_{u} \cdot \underbrace{1}_{v'}\, dx$$

$$= xe^x - e^x + c.$$

Wir wollen nun noch kurz untersuchen, was passiert wäre, wenn wir als u' bzw. v
die jeweils andere Funktion gewählt hätten:

$$\int \underbrace{x}_{u'} \cdot \underbrace{e^x}_{v}\, dx = \underbrace{\frac{x^2}{2}}_{u} \cdot \underbrace{e^x}_{v} - \int \underbrace{\frac{x^2}{2}}_{u} \cdot \underbrace{e^x}_{v'}\, dx$$

VORSICHT: Sackgasse! Diese Gleichung ist zwar mathematisch korrekt, führt
aber nicht weiter, da das verbleibende Integral $\int x^2 e^x\, dx$ komplizierter ist als das
Ausgangintegral $\int xe^x\, dx$.

b) Mit einem kleinen Trick (dem Satz von Pythagoras: $\sin^2 x + \cos^2 x = 1$) lässt sich
das Integral $\int \sin^2 x\, dx$ mittels partieller Integration berechnen:

$$\int \underbrace{\sin x}_{u'} \cdot \underbrace{\sin x}_{v}\, dx = \underbrace{-\cos x}_{u} \cdot \underbrace{\sin x}_{v} - \int \underbrace{(-\cos x)}_{u} \cdot \underbrace{\cos x}_{v'}\, dx$$

$$= -\sin x \cos x + \int \cos^2 x\, dx$$

$$= -\sin x \cos x + \int (1 - \sin^2 x)\, dx$$

$$= -\sin x \cos x + \int 1\, dx - \int \sin^2 x\, dx$$

$$= -\sin x \cos x + x + \tilde{c} - \int \sin^2 x\, dx$$

Damit ist $2 \int \sin^2 x\, dx = -\sin x \cos x + x + \tilde{c}$ bzw.

$$\int \sin^2 x\, dx = \frac{1}{2}(x - \sin x \cos x) + c.$$

Übung 8.3

Berechnen Sie das Integral $\int \ln x\, dx$ mittels partieller Integration (Tipp: Wählen Sie
$v = \ln x$ und $u' = 1$).

Lösung 8.3

$$\int \ln x \, dx = \int \underbrace{1}_{u'} \cdot \underbrace{\ln x}_{v} \, dx = \underbrace{x}_{u} \cdot \underbrace{\ln x}_{v} - \int \underbrace{x}_{u} \cdot \underbrace{\frac{1}{x}}_{v'} \, dx$$

$$= x \cdot \ln x - \int 1 \, dx = x \cdot \ln x - x + c.$$

Auch aus der Kettenregel (vgl. Abschn. 6.4.1) erhalten wir eine Integrationsformel. Die Ableitung der verketteten Funktion $F(x) = F(g(t))$ mit $x = g(t)$ ergibt nämlich:

$$F'(x) = F'(g(t)) \cdot g'(t).$$

Wenn $F(x)$ Stammfunktion von $f(x)$ ist (d. h. $F'(x) = f(x)$), folgt durch Integration $\int f(g(t)) \cdot g'(t) \, dt = \int f(x) \, dx$. Wir halten fest:

Substitution

Die Integrationsregel der Substitution lautet:

$$\int f(g(t)) \cdot g'(t) \, dt = \int f(x) \, dx, \quad x = g(t).$$

Beispiel 8.4

Wir wollen im Folgenden das Integral $\int (\ln t)^2 \cdot \frac{1}{t} \, dt$ mittels Substitution berechnen. (Da wiederum das Produkt zweier Funktionen zu integrieren ist, könnte man aber evtl. auch mit Hilfe von partieller Integration zum Ergebnis kommen.) Wir substituieren hier jedoch $x = \ln t$, übersetzen also gleichermaßen von der „t"-Sprache in die „x"-Sprache. Dass gerade diese Substitution gewählt wird, liegt daran, dass die Ableitung von $\ln t$, nämlich $\frac{1}{t}$, ebenfalls im Integranden steht: Denn wegen $x = \ln t$ folgt für die Ableitung $\frac{dx}{dt} = \frac{1}{t}$ und (indem wir $\frac{dx}{dt}$ als Bruch auffassen) $dx = \frac{1}{t} dt$. Damit liegt folgende Umformung nahe:

$$\int (\ln t)^2 \cdot \frac{1}{t} \, dt = \int x^2 \, dx.$$

Das transformierte Integral in x ist einfach zu lösen:

$$\int x^2 \, dx = \frac{1}{3} x^3 + c.$$

Nun muss noch nach t rücksubstituiert werden:

$$\frac{1}{3} x^3 + c = \frac{1}{3} (\ln t)^3 + c.$$

In der Terminologie der Substitutionsregel ist: $f(x) = x^2$, $g(t) = \ln t$ und damit

$$\int \underbrace{(\ln t)^2}_{f(g(t))} \cdot \underbrace{\frac{1}{t}}_{g'(t)} \, dt = \int \underbrace{x^2}_{f(x)} \, dx.$$

Insgesamt haben wir als Ergebnis erhalten:

$$\int (\ln t)^2 \cdot \frac{1}{t} \, dt = \frac{1}{3}(\ln t)^3 + c.$$

Übung 8.4

Berechnen Sie mittels Substitution das Integral $\int \frac{6t}{t^2+3} \, dt$!

Lösung 8.4

Es gilt:

$$\int \frac{6t}{t^2+3} \, dt = 3 \int \frac{1}{x} \, dx = 3 \ln|x| + c = 3 \ln(t^2+3) + c.$$

Dabei wurde $x = t^2 + 3$ und daraus folgend $\frac{dx}{dt} = 2t$, d. h. $dx = 2t\,dt$ substituiert. In der Terminologie der Substitutionsregel ist: $f(x) = \frac{1}{x}$ und $g(t) = t^2 + 3$.

Die Übung 8.4 zeigte einen Spezialfall der Substitution, die so genannte *logarithmische Integration*. Sie wird immer dann angewandt, wenn bei einem Bruch als Integranden im Zähler die Ableitung des Nenners steht.

Logarithmische Integration
Es gilt allgemein:

$$\int \frac{g'(x)}{g(x)} \, dx = \ln|g(x)| + c, \quad g(x) \neq 0.$$

Formelsammlungen In der Regel ist das Auffinden einer geeigneten Substitution alles andere als trivial. Eine gewisse Fertigkeit ist nur durch ausreichende Übung zu erlangen. Helfen kann auch der Blick in eine Formelsammlung: Häufig findet man dort Tabellen mit geeigneten Substitutionen für Integrale bestimmter Form. Auch durch die entsprechend geordneten, meist umfangreichen Integraltafeln in Formelsammlungen kann man Anregungen erhalten.

Im folgenden Beispiel zeigen wir noch eine andere Vorgehensweise: Hier wird mit einer geeigneten *umkehrbaren Funktion* $x = g(t)$ substituiert. Die Formel für Substitution wird quasi in der folgenden (umgekehrten) Reihenfolge angewandt:

$$\int f(x)\,dx = \int f(g(t)) \cdot g'(t)\,dt, \quad t = g^{-1}(x).$$

Beispiel 8.5

Das Integral $\int \sqrt{1 - x^2}\,dx$, $|x| \leq 1$ wird unter Zuhilfenahme der Substitution $x = \sin t$ bestimmt. Um diese Substitution auszuführen, schreiben wir uns zunächst eine Art „Wörterbuch" zur Übersetzung von der „x"-Sprache in die „t"-Sprache:

$$\left.\begin{cases} x = \sin t \\ x^2 = \sin^2 t \\ 1 - x^2 = 1 - \sin^2 t = \cos^2 t \\ \sqrt{1 - x^2} = \cos t \quad (\text{beachte: } \cos t \geq 0) \\ \frac{dx}{dt} = \cos t \quad \text{also } dx = \cos t\, dt. \end{cases}\right\} \tag{$*$}$$

Damit erhalten wir folgende Umformung:

$$\int \sqrt{1 - x^2}\,dx = \int \underbrace{\cos t}_{\sqrt{1-x^2}} \cdot \underbrace{\cos t\,dt}_{dx} = \int \cos^2 t\,dt.$$

Ein ähnliches Integral hatten wir schon in Beispiel 8.3b berechnet. Wir entnehmen einer Formelsammlung:

$$\int \cos^2 t\,dt = \frac{1}{2}(t + \sin t \cos t) + c.$$

Wegen $x = \sin t$ und entsprechend $t = \arcsin x$ und obigem „Wörterbuch" $(*)$ erfolgt noch die Rücksubstitution von Termen in t in x-Ausdrücke:

$$\frac{1}{2}(t + \sin t \cos t) + c = \frac{1}{2}(\underbrace{\arcsin x}_{t} + \underbrace{x}_{\sin t} \cdot \underbrace{\sqrt{1 - x^2}}_{\cos t}) + c.$$

Insgesamt:

$$\int \sqrt{1 - x^2}\,dx = \frac{1}{2}(\arcsin x + x \cdot \sqrt{1 - x^2}) + c, \quad |x| \leq 1.$$

Integrationsregeln (Partielle Integration, Substitution) für bestimmte Integrale Die im vorliegenden Abschnitt besprochenen Integrationsregeln lassen sich nicht nur für unbestimmte, sondern auch für bestimmte Integrale formulieren. Die Regel der partiellen Integration für bestimmte Integrale lautet dann:

$$\int_a^b u'(x) \cdot v(x)\,dx = u(x) \cdot v(x)\big|_{x=a}^b - \int_a^b u(x) \cdot v'(x)\,dx.$$

Bei der Substitutionsregel muss man indessen auch die Integrationsgrenzen transformieren:

$$\int\limits_{a}^{b} f(x)\,dx = \int\limits_{\alpha}^{\beta} f(g(t)) \cdot g'(t)\,dt$$

mit $\alpha = g^{-1}(a)$ und $\beta = g^{-1}(b)$. Will man diese Transformation der Integralgrenzen (und deren Rücktransformation!) vermeiden, so kann man auch zunächst unbestimmt (d. h. ohne Integrationsgrenzen) integrieren und danach erst in das Ergebnis die Integrationsgrenzen einsetzen.

Als Ausblick sollen noch die folgenden Bemerkungen dienen:

- **Partialbruchzerlegung** Für die Integration rationaler Funktionen (vgl. Abschn. 3.5.1) gibt es einen eher aufwendigen Algorithmus, genannt *Partialbruchzerlegung*. Grob gesagt kann man rationale Funktionen als Summe gewisser rationaler Funktionen einfachster Bauart (so genannte Partialbrüche) darstellen, deren Stammfunktionen sich relativ einfach ermitteln lassen. Wir verweisen hier auf die Spezialliteratur.
- **Nicht in geschlossener Form darstellbare Integrale** Es gibt Integrale, die *nicht in geschlossener Form* darstellbar, aber für die Praxis äußerst wichtig sind. Ein Beispiel ist das Integral der Standardnormalverteilung $\Phi(x) = \frac{1}{\sqrt{2\pi}} \int_{-\infty}^{x} e^{-t^2/2}\,dt$ (vgl. Abschn. 11.4.3). Dieses Integral ist in den meisten Formelsammlungen tabelliert. Die Tabelleneinträge sind dabei Näherungswerte, die durch numerische Integrationsmethoden gewonnen wurden.

8.4 Uneigentliche Integrale

Der Begriff des bestimmten Integrals lässt sich auch auf so genannte uneigentliche Integrale ausweiten: Hier ist das Integrationsintervall unendlich groß oder der Integrand an einer Stelle unbeschränkt. Es sind dann zusätzliche Grenzübergänge auszuführen, in deren Abhängigkeit das Integral konvergiert oder divergiert.

Uneigentliche Integrale Man kann den bekannten Integrationsbegriff für stetige Funktionen auf endlichen Intervallen $[a, b]$ auch noch weiter ausdehnen: So genannte *uneigentliche Integrale* treten in zwei Fällen auf, nämlich

- bei unendlichem Integrationsintervall und
- bei unbeschränktem Integranden.

Konvergenz oder Divergenz In diesen Fällen ist zusätzlich ein Grenzübergang auszuführen: Der betreffende Limes kann existieren, dann konvergiert das uneigentliche Integral und man kann ihm eine reelle Zahl zuordnen. Andernfalls existiert der entsprechende Grenzwert nicht und das uneigentliche Integral divergiert.

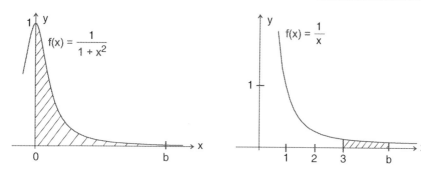

Abb. 8.8 Uneigentliche Integrale

Beispiel 8.6

Wir betrachten zunächst das Standardintegral $\int_0^b \frac{1}{1+x^2}\,dx$ mit fester oberer Grenze $b > 0$:

$$\int_0^b \frac{1}{1+x^2}\,dx = \arctan x \big|_{x=0}^b = \arctan b - \arctan 0 = \arctan b.$$

Anschaulich gesprochen ist damit die Fläche unter der Funktion $\frac{1}{1+x^2}$ über dem Intervall $[0, b]$ berechnet. Wir fragen uns nun, ob auch die (unendlich lange!) Fläche im Intervall $[0, +\infty)$ sinnvoll berechnet werden kann (vgl. Abb. 8.8). Dazu liegt die folgende Definition nahe:

$$\int_0^\infty \frac{dx}{1+x^2}\,dx := \lim_{b \to \infty} \int_0^b \frac{dx}{1+x^2}\,dx = \lim_{b \to \infty} \arctan b = \frac{\pi}{2}.$$

Wir können – da obiger Grenzwert existiert – der angesprochenen (unendlich langen!) Fläche einen endlichen Wert zuordnen.

Übung 8.5

Ein derartiges uneigentliches Integral kann zwar, muss aber nicht konvergieren: Rechnen Sie analog zum Beispiel 8.6 das Integral $\int_3^\infty \frac{1}{x}\,dx$ aus (vgl. auch hier Abb. 8.8)!

Lösung 8.5

Zunächst ist:

$$\int_3^b \frac{1}{x}\,dx = \ln |x| \big|_{x=3}^b = \ln b - \ln 3.$$

Der Grenzwert führt jetzt aber auf Divergenz:

$$\int\limits_{3}^{\infty} \frac{1}{x}\, dx = \lim_{b \to \infty} \int\limits_{3}^{b} \frac{1}{x}\, dx = \lim_{b \to \infty} (\ln b - \ln 3) = +\infty.$$

Ähnlich können Integrale behandelt werden, bei denen der Integrand an einer Stelle unbeschränkt ist.

Beispiel 8.7
Beim Integral $\int_0^2 \frac{1}{x^2}\, dx$ ist der Integrand $\frac{1}{x^2}$ an der unteren Integrationsgrenze 0 unbeschränkt: $\lim_{x \to 0+} \frac{1}{x^2} = +\infty$. Wir betrachten zunächst

$$\int\limits_{a}^{2} \frac{1}{x^2}\, dx = -\frac{1}{x}\bigg|_{x=a}^{2} = -\frac{1}{2} - \left(-\frac{1}{a}\right) = \frac{1}{a} - \frac{1}{2}$$

und erhalten nach folgendem Grenzübergang wiederum Divergenz:

$$\int\limits_{0}^{2} \frac{1}{x^2}\, dx := \lim_{a \to 0+} \int\limits_{a}^{2} \frac{1}{x^2}\, dx = \lim_{a \to 0+} \left(\frac{1}{a} - \frac{1}{2}\right) = +\infty.$$

Bei derartigen uneigentlichen Integralen mit unbeschränktem Integranden kann natürlich auch Konvergenz auftreten (vgl. Übungsaufgabe 2 unter „Uneigentliche Integrale", Abschn. 8.12).

Wir fassen zusammen:

Uneigentliches Integral
Bei den uneigentlichen Integralen unterscheiden wir zwei Fälle:

- Die Funktion $f(x)$ sei auf jedem Intervall $[a, u]$, $u \in \mathbb{R}$ integrierbar. Dann definiert man

$$\int\limits_{a}^{\infty} f(x)\, dx := \lim_{u \to \infty} \int\limits_{a}^{u} f(x)\, dx,$$

wenn dieser Grenzwert existiert. Man sagt: Das uneigentliche Integral existiert oder konvergiert (andernfalls: Es existiert nicht oder divergiert).

- Die Funktion $f(x)$ sei auf jedem Intervall $[a, u]$ mit $a \le u < b$ integrierbar und es gelte: $\lim_{x \to b-} f(x) = \pm\infty$. Dann definiert man

$$\int\limits_a^b f(x)\,dx := \lim_{u \to b-} \int\limits_a^u f(x)\,dx,$$

wenn dieser Grenzwert existiert. Wiederum sagt man: Das uneigentliche Integral existiert oder konvergiert (andernfalls: Es existiert nicht oder divergiert).

Analoge Definitionen lassen sich für Intervalle der Form $(-\infty, a]$ oder bei Unbeschränktheit der Funktion an der linken Intervallgrenze angeben.

8.5 Mehrfachintegrale

Der Integralbegriff soll nun auch auf Integrale von Funktionen in mehreren Veränderlichen ausgedehnt werden.

Verallgemeinerung des Integralbegriffs auf Funktionen in mehreren Veränderlichen
Wir wollen im Folgenden den Begriff des Integrals $\int_a^b f(x)\,dx$ einer Funktion $f(x)$ über einem Intervall $[a, b]$ auf Funktionen in mehreren Variablen verallgemeinern. Dabei sollen – der Anschaulichkeit halber – Funktionen von zwei Veränderlichen $f(x, y)$ betrachtet werden. Gesucht ist hier das *Volumen* zwischen der Funktion und der x, y-Ebene über einem *Bereich* $\mathcal{B}$.

Näherung durch Volumina kleiner Säulen Analog zum Fall einer Funktion in einer Veränderlichen (vgl. Abschn. 8.2) liegt hier folgendes Vorgehen nahe (siehe auch Abb. 8.9): Wir zerlegen den Bereich $\mathcal{B}$ durch achsenparallele Geraden mit den Abständen Δx_j und Δy_k in n Teilbereiche $\mathcal{B}_i$, wählen in jedem Teilbereich $\mathcal{B}_i$ einen Punkt (ξ_i, η_i) und nähern das *Volumen der Säule* unter der Funktion $f(x, y)$ über diesem Teilbereich $\mathcal{B}_i$ durch

$$\Delta V_i \approx f(\xi_i, \eta_i) \cdot \Delta x_{j_i} \Delta y_{k_i}$$

an.

Aufsummieren über alle ΔV_i ergibt eine Näherung für das gesuchte Gesamtvolumen V. Will man eine immer bessere Näherung haben, so lässt man $n \to \infty$ (und damit auch *alle* $\Delta x_j \to 0$, $\Delta y_k \to 0$) gehen.

Wir nennen gewisse einfach zu charakterisierende Mengen der Ebene „Bereiche" und halten fest:

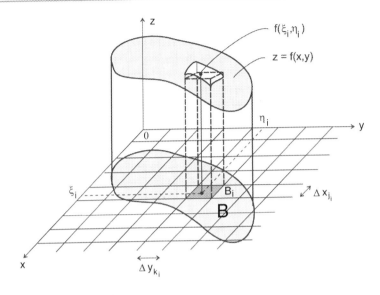

Abb. 8.9 Doppelintegral als Volumen

Bereichsintegral (Gebietsintegral)
Unter dem Bereichsintegral (oder Gebietsintegral) der Funktion $f(x, y)$ über dem
Bereich B (Konvergenz vorausgesetzt) versteht man

$$\iint\limits_{B} f(x, y)\, dx\, dy := \lim_{n \to \infty} \sum_{i=1}^{n} f(\xi_i, \eta_i)\Delta x_{j_i}\Delta y_{k_i}.$$

Wiederum gelten die schon für Funktionen in einer Veränderlichen festgehaltenen Rechenregeln:

Rechenregeln für das Bereichsintegral
Für das Bereichsintegral gilt:

a) $\iint_{B} \alpha \cdot f\, dx\, dy = \alpha \cdot \iint_{B} f\, dx\, dy$,
b) $\iint_{B}(f + g)\, dx\, dy = \iint_{B} f\, dx\, dy + \iint_{B} g\, dx\, dy$,
c) $\iint_{B} f\, dx\, dy = \iint_{B_1} f\, dx\, dy + \iint_{B_2} f\, dx\, dy$,
  falls $B = B_1 \cup B_2$ und B_1, B_2 höchstens Randpunkte gemeinsam haben.

Abb. 8.10 Querschnittsflächen

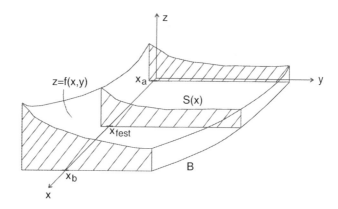

Es bleibt festzuhalten:

- Der Ausdruck $\iint_{\mathcal{B}} 1\, dx\, dy$ gibt den Flächeninhalt von $\mathcal{B}$ an. Analog war $\int_a^b 1\, dx = b - a$ die Länge des Intervalls $[a, b]$.
- Für $f(x, y) \geq 0$ gehen Volumina *positiv* in $\iint_{\mathcal{B}} f(x, y)\, dx\, dy$ ein und entsprechend negativ für $f < 0$. Analog wurde der Flächeninhalt $\int_a^b f(x)\, dx$ im Intervall $[a, b]$ für $f \geq 0$ positiv gemessen und für $f < 0$ negativ.

Grundidee zur Berechnung von Mehrfachintegralen Nun geht es darum, derartige Volumina $\iint_{\mathcal{B}} f(x, y)\, dx\, dy$ konkret auszurechnen. Die Grundidee ist dabei bestechend einfach: Man berechnet das Gesamtvolumen als Summe hauchdünner Scheiben mit *bekannter Querschnittsfläche*, quasi als hätte man einen Holzklotz (das zu berechnende Volumen) in kleine zueinander parallele Scheibchen zerhackt. Die einzelnen Scheiben können dabei durchaus verschieden aussehen, je nachdem an welcher Stelle man sie herausgegriffen hat (vgl. Abb. 8.10).

Das Bereichsintegral $\iint_{\mathcal{B}} f(x, y)\, dx\, dy$ kann daher als Summe, oder besser gleich als Integral kleiner Scheiben $S(x)$ geschrieben werden, wobei derartige Scheiben für $x \in [x_a, x_b]$ auftreten und je nach gewähltem x – wie bereits angesprochen – verschiedene Gestalt haben können:

$$\iint_{\mathcal{B}} f(x, y)\, dx\, dy = \int_{x_a}^{x_b} S(x)\, dx.$$

Die einzelnen Scheiben können wiederum als *Einfachintegrale* aufgefasst werden:

$$S(x) = \int_{y_a(x)}^{y_b(x)} f(x, y)\, dy.$$

Abb. 8.11 Normalbereich
(in x)

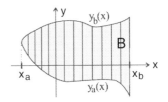

Abb. 8.12 Viertelkreis

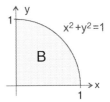

Die Integrationsgrenzen $y_a(x)$ und $y_b(x)$ hängen im Allgemeinen noch von x ab, da ja die einzelnen Scheiben $S(x)$ je nach gewähltem x differieren. Bei der auszuführenden Integration ist y die Integrationsvariable, während x hier als fest (feste Scheibe $S(x)$) angesehen wird.

Doppelintegral entspricht zwei ineinander verschachtelten Einzelintegralen, inneres Integral zuerst ausrechnen Insgesamt wird dadurch das Doppelintegral $\iint_B f(x,y)dxdy$ in *zwei ineinander verschachtelte Einzelintegrale* aufgespalten. Dabei ist das *innere Integral zuerst* zu berechnen.

Normalbereich in x Um obigen Prozess durchführen zu können, muss sich der Integrationsbereich B als so genannter *Normalbereich* (vgl. Abb. 8.11) beschreiben lassen durch:

$$B = \{(x,y) \mid x_a \leq x \leq x_b, \, y_a(x) \leq y \leq y_b(x)\}.$$

Beispiel 8.8

Wir beschreiben das Viertel des Einheitskreises im 1. Quadranten (vgl. Abb. 8.12) in der angegebenen Weise als Normalbereich:

$$B = \left\{(x,y) \mid 0 \leq x \leq 1, 0 \leq y \leq \sqrt{1-x^2}\right\}.$$

Die obere Grenze $y_b(x)$ haben wir durch Auflösen der Kreisgleichung $x^2 + y^2 = 1^2$ nach y erhalten: $y = \sqrt{1-x^2}$.

Abb. 8.13 Normalbereich (in y)

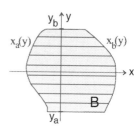

Wir halten fest:

Berechnung von Bereichsintegralen bei Normalbereich in x, inneres Integral in y

Bei einem Normalbereich in x

$$B = \{(x, y) \mid x_a \leq x \leq x_b, \ y_a(x) \leq y \leq y_b(x)\}$$

berechnen wir Bereichsintegrale in der Form

$$\iint_B f(x, y)\, dx\, dy = \int_{x=x_a}^{x_b} \left(\int_{y=y_a(x)}^{y_b(x)} f(x, y)\, dy \right) dx.$$

Es lassen sich die Rollen von x und y bei entsprechend vorliegendem Bereich (vgl. Abb. 8.13) natürlich auch vertauschen (man kann Holzklötze nicht nur in x-Richtung, sondern auch in y-Richtung zerhacken, ohne dass sich das Volumen des Holzklotzes verändern würde):

Berechnung von Bereichsintegralen bei Normalbereich in y, inneres Integral in x

Bei einem Normalbereich in y

$$B = \{(x, y) \mid y_a \leq y \leq y_b, \ x_a(y) \leq x \leq x_b(y)\}$$

berechnen wir Bereichsintegrale in der Form

$$\iint_B f(x, y)\, dx\, dy = \int_{y=y_a}^{y_b} \left(\int_{x=x_a(y)}^{x_b(y)} f(x, y)\, dx \right) dy.$$

Abb. 8.14 Bereich in Beispiel 8.9

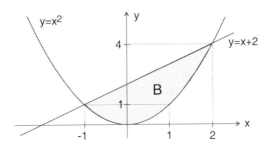

Beispiel 8.9
Wir betrachten den durch die Kurven $y = x^2$ und $y = x + 2$ berandeten Bereich $\mathcal{B}$
(vgl. Abb. 8.14).

Da sich $\mathcal{B}$ sowohl als Normalbereich in x als auch als Normalbereich in y auffassen
lässt, berechnen wir nun das Integral $\iint_{\mathcal{B}} xy \, dx \, dy$ auf beide Arten:

a) **Inneres Integral über y, äußeres Integral über x** Falls das äußere Integral über x
und das innere Integral über y läuft, gilt:

$$\iint\limits_{\mathcal{B}} xy \, dx \, dy = \int\limits_{x=-1}^{2} \left(\int\limits_{y=x^2}^{x+2} xy \, dy \right) dx.$$

Das innere Integral berechnet sich dann zu

$$\int\limits_{y=x^2}^{x+2} xy \, dy = \left. \frac{xy^2}{2} \right|_{y=x^2}^{x+2} = \frac{x(x+2)^2}{2} - \frac{x(x^2)^2}{2}$$

$$= \frac{1}{2} \left(x^3 + 4x^2 + 4x - x^5 \right).$$

Damit ergibt sich insgesamt:

$$\frac{1}{2} \int\limits_{-1}^{2} \left(x^3 + 4x^2 + 4x - x^5 \right) dx = \frac{1}{2} \left(12 - \frac{3}{4} \right) = 5{,}625.$$

b) **Inneres Integral über x, äußeres Integral über y** Falls das äußere Integral über y
läuft und das innere Integral über x, so ist zunächst zu beachten, dass es in zwei
Teilbereiche zerfällt: nämlich den Teilbereich mit $y \in [0, 1]$ und den Teilbereich
mit $y \in [1, 4]$:

$$\int\limits_{y=0}^{1} \left(\int\limits_{x=-\sqrt{y}}^{\sqrt{y}} xy \, dx \right) dy + \int\limits_{y=1}^{4} \left(\int\limits_{x=y-2}^{\sqrt{y}} xy \, dx \right) dy.$$

Abb. 8.15 Bereich in
Übung 8.6

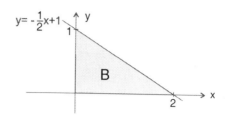

Für das erste Integral erhalten wir den Wert 0, da in $\int_{x=-\sqrt{y}}^{\sqrt{y}} xy\,dx$ eine ungerade Funktion x über ein symmetrisches Intervall $[-\sqrt{y}, \sqrt{y}]$ integriert wird. Das zweite Integral ergibt:

$$\int_{y=1}^{4} \left(\int_{x=y-2}^{\sqrt{y}} xy\,dx \right) dy = \int_{1}^{4} \left. \frac{x^2 y}{2} \right|_{x=y-2}^{\sqrt{y}} dy$$

$$= \int_{1}^{4} \left(\frac{(\sqrt{y})^2 y}{2} - \frac{(y-2)^2 y}{2} \right) dy$$

$$= \frac{1}{2} \int_{1}^{4} (y^2 - (y^3 - 4y^2 + 4y))\,dy$$

$$= \frac{1}{2} \left(\frac{32}{3} - \left(-\frac{7}{12} \right) \right) = 5{,}625.$$

In beiden Fällen erhalten wir den Wert 5,625 für das Bereichsintegral.

Übung 8.6

Berechnen Sie für den durch die Kurven $x = 0$, $y = 0$ und $y = -1/2\,x + 1$ berandeten Bereich B (vgl. Abb. 8.15) das Bereichsintegral $\iint_B x\,dx\,dy$.

Lösung 8.6

Für die Integrationsreihenfolge „außen x, innen y" erhalten wir:

$$\iint_B x\,dx\,dy = \int_{x=0}^{2} \left(\int_{y=0}^{-1/2\,x+1} x\,dy \right) dx.$$

Das innere Integral berechnet sich zu:

$$\int_{y=0}^{-1/2\,x+1} x\,dy = xy\big|_{y=0}^{-1/2\,x+1} = x\left(-\frac{1}{2}x + 1 \right) = -\frac{1}{2}x^2 + x.$$

Damit insgesamt:

$$\iint\limits_{\mathcal{B}} x\,dx\,dy = \int\limits_{x=0}^{2} \left(-\frac{1}{2}x^2 + x\right) dx = \frac{2}{3}.$$

Die andere Integrationsreihenfolge liefert ($y = -1/2\,x + 1$ nach x aufgelöst ergibt $x = -2y + 2$):

$$\iint\limits_{\mathcal{B}} x\,dx\,dy = \int\limits_{y=0}^{1} \left(\int\limits_{x=0}^{-2y+2} x\,dx\right) dy = \int\limits_{y=0}^{1} \left.\frac{x^2}{2}\right|_{x=0}^{-2y+2} dy$$

$$= 2\int\limits_{y=0}^{1} (1 - y)^2 dy = \left.-\frac{2}{3}(1 - y)^3\right|_{y=0}^{1} = 0 - \left(-\frac{2}{3}\right) = \frac{2}{3}.$$

Schwerpunktberechnung Der in Übung 8.6 berechnete x-Wert hat eine anschauliche Bedeutung: Er gibt die x-Koordinate des geometrischen Schwerpunktes vom Bereich $\mathcal{B}$ an:

$$x_s = \frac{1}{A} \iint\limits_{\mathcal{B}} x\,dx\,dy$$

mit Fläche $A = \iint_{\mathcal{B}} 1\,dx\,dy$ (in der Übung: $A = 1$). Die Berechnung derartiger Schwerpunkte, Massenmittelpunkte, Flächenträgheitsmomente etc. ist eine typische Anwendung von Bereichsintegralen.

Definition von Dreifachintegralen Bei der Definition von Bereichsintegralen haben wir uns wesentlich vom geometrisch anschaulichen Begriff „Volumen" leiten lassen. Um zu allgemeinen Dreifach- bzw. Mehrfachintegralen zu gelangen, ist dieser geometrische Weg nicht länger möglich. Die Definition der Bereichsintegrale kann aber fast wörtlich (um die dritte Dimension oder weitere Dimensionen erweitert) übernommen werden. Auch Dreifachintegrale haben vielfältige praktische Anwendungen, wie etwa die Berechnung der Gesamtmasse eines Körpers bei nicht-konstanter Massendichte etc.

8.6 Integration in Polarkoordinaten

Doppelintegrale lassen sich bisweilen vereinfachen, indem man nicht nach x und y integriert, sondern dem Problem besser angepasste Koordinaten verwendet. Am gebräuchlichsten sind hier Polarkoordinaten.

Bei manchen Doppelintegralen vereinfacht sich die Berechnung, wenn man nicht kartesische Koordinaten verwendet, sondern dem Problem besser angepasste Integrationsva-

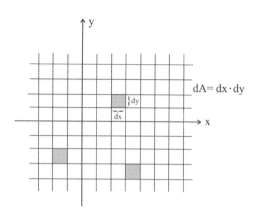
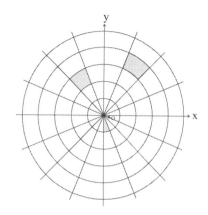

Abb. 8.16 Kartesische Koordinaten und Polarkoordinaten

Abb. 8.17 Flächenelement in
Polarkoordinaten

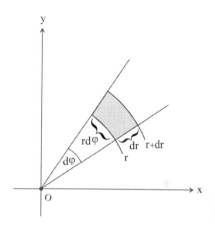

riable, wie etwa Polarkoordinaten (vgl. Abschnitt bei $\mathbb{C}$, Polarkoordinaten). Bei Polarkoordinaten sind die Koordinatenlinien für festes r konzentrische Kreise um den Nullpunkt,
die Koordinatenlinien für konstantes φ sind Halbgeraden, die vom Koordinatenursprung
ausgehen (s. Abb. 8.16).

Es gibt einen wichtigen Unterschied zwischen kartesischen Koordinaten und Polarkoordinaten: Das Flächenelement bei kartesischen Koordinaten ist mit $dA = dx \cdot dy$ überall
gleich groß, während das Flächenelement in Polarkoordinaten offensichtlich von r abhängt (s. Abb. 8.17).

Flächenelement in Polarkoordinaten
Das Flächenelement in Polarkoordinaten lautet:

$$dA = r \cdot dr \cdot d\varphi.$$

Abb. 8.18 Tortenstück

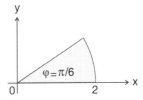

Vorgehensweise bei der Berechnung eines Integrals in Polarkoordinaten Bei der Berechnung eines Integrals in Polarkoordinaten geht man wie folgt vor: Zunächst transformiert man die kartesischen Koordinaten x und y sowie das Flächenelement dA in Polarkoordinaten. Dabei gelten die folgenden Transformationsgleichungen:

$$x = r \cdot \cos \varphi,$$
$$y = r \cdot \sin \varphi,$$
$$dA = r \cdot dr \cdot d\varphi.$$

Nun sind die Grenzen des Integrationsbereichs in Polarkoordinaten anzugeben:

$$\iint\limits_A f(x,y)dA = \int\limits_{\varphi=\varphi_1}^{\varphi_2} \int\limits_{r=r_i(\varphi)}^{r=r_a(\varphi)} f(r \cos \varphi, r \sin \varphi) \cdot r\,dr \cdot d\varphi.$$

Natürlich kann man bei Polarkoordinaten – wie schon bei kartesischen Koordinaten – die Integrationsreihenfolge vertauschen (entweder zuerst im inneren Integral über r integrieren, dann im äußeren Integral über φ – oder genau in umgekehrter Reihenfolge):

$$\iint\limits_A f(x,y)dA = \int\limits_{r=r_1}^{r_2} \int\limits_{\varphi=\varphi_i(r)}^{\varphi_a(r)} f(r \cos \varphi, r \sin \varphi) \cdot d\varphi \cdot r\,dr.$$

Beispiel 8.10

Wir berechnen im Folgenden die Fläche des Tortenstücks A vom Radius 2 und mit Winkelbereich $[0, \pi/6]$ (s. Abb. 8.18):

$$\iint\limits_A 1\,dA = \int\limits_{\varphi=0}^{\pi/6} \int\limits_{r=0}^{2} 1 \cdot r\,dr\,d\varphi = \int\limits_{\varphi=0}^{\pi/6} \left(\int\limits_{r=0}^{2} r\,dr \right) d\varphi$$

$$= \int\limits_{\varphi=0}^{\pi/6} \left(\left. \frac{r^2}{2} \right|_{r=0}^{2} \right) d\varphi = \int\limits_{\varphi=0}^{\pi/6} 2\,d\varphi = 2\,\varphi|_{\varphi=0}^{\pi/6} = 2 \cdot \frac{\pi}{6} = \frac{\pi}{3}.$$

Übung 8.7

Berechnen Sie das Doppelintegral $\iint_A x y^2 \, dA$ über das Tortenstück A (s. Abb. 8.18).

Lösung 8.7

$$\iint\limits_A x y^2 \, dA = \int\limits_{\varphi=0}^{\pi/6} \int\limits_{r=0}^{2} \underbrace{r \cos \varphi}_{=x} \cdot \underbrace{(r \sin \varphi)^2}_{=y^2} \cdot \underbrace{r \, dr \, d\varphi}_{dA}$$

$$= \int\limits_{\varphi=0}^{\pi/6} \left(\int\limits_{r=0}^{2} r^4 \, dr \right) \cos \varphi \, \sin^2 \varphi \, d\varphi$$

$$= \int\limits_{\varphi=0}^{\pi/6} \left(\left. \frac{r^5}{5} \right|_{r=0}^{2} \right) \cos \varphi \, \sin^2 \varphi \, d\varphi = \int\limits_{\varphi=0}^{\pi/6} \frac{2^5}{5} \cos \varphi \, \sin^2 \varphi \, d\varphi$$

$$= \frac{2^5}{5} \cdot \frac{1}{3} \sin^3 \varphi \left. \right|_{\varphi=0}^{\pi/6} = \frac{2^5}{5} \cdot \frac{1}{3} \cdot \sin^3 \frac{\pi}{6} \approx 0{,}26667.$$

8.7 Bogenlänge

Die Bogenlänge einer Kurve ist genau das, was der Name besagt: die Länge eines Stückes (eines Bogens) der Kurve. Die Berechnung der Bogenlänge ist eine Integrationsaufgabe, denn man summiert über kleine Bogenstücke auf.

Die Bogenlänge s einer Kurve in Parameterdarstellung $x = x(t)$, $y = y(t)$ nähern wir an durch Aufsummieren kleiner Geradenstücke in Richtung des Tangentenvektors $\dot{\vec{r}}(t) = (\dot{x}(t), \dot{y}(t))^T$ mit dem Betrag $\|\dot{\vec{r}}(t)\| = \sqrt{\dot{x}^2 + \dot{y}^2}$. Durch Aufsummieren und Grenzübergang (vgl. Abb. 8.19) erhält man

$$s := \int\limits_{t=a}^{b} \sqrt{\dot{x}^2 + \dot{y}^2} \, dt.$$

Bogenlänge einer Kurve

Die Bogenlänge s einer Kurve in Parameterdarstellung $x = x(t)$, $y = y(t)$ von $t = a$ bis $t = b$ berechnet sich zu

$$s = \int\limits_{t=a}^{b} \sqrt{\dot{x}^2 + \dot{y}^2} \, dt.$$

Abb. 8.19 Bogenlänge einer
Kurve

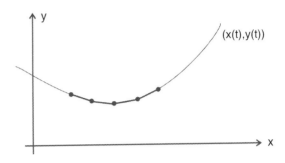

Beispiel 8.11

Für Bahnkurve und Momentangeschwindigkeit eines Kreises vom Radius R um den
Nullpunkt haben wir in Beispiel 6.32 erhalten:

$$\vec{r}(t) = \begin{pmatrix} x(t) \\ y(t) \end{pmatrix} = \begin{pmatrix} R\cos t \\ R\sin t \end{pmatrix},$$

$$\dot{\vec{r}}(t) = \begin{pmatrix} \dot{x}(t) \\ \dot{y}(t) \end{pmatrix} = \begin{pmatrix} -R\sin t \\ R\cos t \end{pmatrix}.$$

Für die Bogenlänge des Viertelkreises folgt damit:

$$s = \int\limits_{t=0}^{\frac{\pi}{2}} \sqrt{\dot{x}^2 + \dot{y}^2}\, dt = \int\limits_{t=0}^{\frac{\pi}{2}} \sqrt{R^2 \sin^2 t + R^2 \cos^2 t}\, dt$$

$$= \int\limits_{t=0}^{\frac{\pi}{2}} R\, dt = R \cdot t\big|_{t=0}^{\pi/2} = R \cdot \frac{\pi}{2}.$$

Übung 8.8

Berechnen Sie die Bogenlänge einer Zykloide von $t = 0$ bis $t = \pi$.

Lösung 8.8

Für Bahnkurve und Momentangeschwindigkeit einer Zykloide haben wir in Übung 6.20
erhalten:

$$\vec{r}(t) = \begin{pmatrix} x(t) \\ y(t) \end{pmatrix} = \begin{pmatrix} R(t - \sin t) \\ R(1 - \cos t) \end{pmatrix},$$

$$\dot{\vec{r}}(t) = \begin{pmatrix} \dot{x}(t) \\ \dot{y}(t) \end{pmatrix} = \begin{pmatrix} R(1 - \cos t) \\ R\sin t \end{pmatrix}.$$

Für die Bogenlänge der Zykloide von $t = 0$ bis $t = \pi$ folgt damit:

$$s = \int\limits_{t=0}^{\pi} \sqrt{\dot{x}^2 + \dot{y}^2}\, dt = \int\limits_{t=0}^{\pi} \sqrt{R^2(1 - \cos t)^2 + R^2 \sin^2 t}\, dt$$

$$= R \cdot \int\limits_{t=0}^{\pi} \sqrt{1 - 2\cos t + \cos^2 t + \sin^2 t}\, dt = R \cdot \int\limits_{t=0}^{\pi} \sqrt{2 - 2\cos t}\, dt.$$

Wegen $\sin\left(\frac{t}{2}\right) = \sqrt{\frac{1-\cos t}{2}}$ im angegebenen Intervall ist

$$s = 2R \cdot \int\limits_{t=0}^{\pi} \sin\left(\frac{t}{2}\right) dt = -4R \cos\left(\frac{t}{2}\right)\Bigg|_{t=0}^{\pi} = 4R.$$

Liegt eine Funktion vor, ist also die Kurve in der Form $y = f(x)$ gegeben, so können wir sie in die Parameterdarstellung $x = t$, $y = f(t)$ umschreiben. Damit erhalten wir für die Bogenlänge von $t = a$ bis $t = b$:

$$s = \int\limits_{t=a}^{b} \sqrt{1 + (f'(t))^2}\, dt.$$

Bogenlänge einer Funktion
Die Bogenlänge s einer Funktion $y = f(x)$ von $x = a$ bis $x = b$ berechnet sich zu

$$s = \int\limits_{x=a}^{b} \sqrt{1 + (f'(x))^2}\, dx.$$

Beispiel 8.12
Für die Bogenlänge der Parabel $y(x) = x^2$ von $x = 0$ bis $x = 2$ erhalten wir:

$$s = \int\limits_{x=0}^{2} \sqrt{1 + (2x)^2}\, dx.$$

Dieses Integral kann durch Substitution mit $2x = \sinh u$ gelöst werden (oder durch Nachschlagen in einer Formelsammlung). Man erhält:

$$\int \sqrt{1 + (2x)^2}\, dx = 2 \int \sqrt{\frac{1}{4} + x^2}\, dx = x \sqrt{\frac{1}{4} + x^2} + \frac{1}{4} \operatorname{arsinh}(2x).$$

Einsetzen der Integrationsgrenzen liefert:

$$s = \int\limits_0^2 \sqrt{1 + (2x)^2}\, dx = 2\sqrt{\frac{1}{4} + 2^2} + \frac{1}{4}\operatorname{arsinh}(4) \approx 4{,}64678.$$

8.8 Felder, Kurvenintegrale, Wegunabhängigkeit

Vektorfelder und Kurvenintegrale finden insbesondere in der Physik häufig Anwendung. Besonders interessant sind hier Felder, bei denen der Wert des Kurvenintegrals wegunabhängig ist. Mathematisch können derartige Felder, so genannte Gradientenfelder, recht einfach charakterisiert werden.

Felder dienen insbesondere der Beschreibung physikalischer Größen: z. B. beschreibt das Skalarfeld $T(x, y, z)$ die Temperaturverteilung $T(x, y, z)$ im Raum oder das Vektorfeld $\vec{E}(x, y)$ die elektrische Feldstärke auf der Ebene. Skalarfelder kann man durch Niveaulinien (physikalisch auch Äquipotentiallinien genannt), Vektorfelder durch Feldlinien veranschaulichen (vgl. Abb. 8.20).

In der Physik sind Kurvenintegrale gebräuchlich. Ein Kurvenintegral beschreibt physikalisch z. B. die Arbeit, die entlang eines Weges verrichtet wird:

Kurvenintegral
Unter einem Kurvenintegral (Linienintegral, Wegintegral) eines Vektorfeldes $\vec{F}$ entlang einer stetig differenzierbaren Kurve C beschrieben durch den Integrationsweg $\vec{r}(t)$ versteht man das Integral

$$\int\limits_C \vec{F}\, d\vec{r} := \int\limits_{t_1}^{t_2} \vec{F}(\vec{r}(t)) \cdot \dot{\vec{r}}(t)\, dt.$$

Anschaulich bedeutet dies, dass nur über die Komponente von $\vec{F}$ in Richtung des Weges (der Kurve C) integriert wird (vgl. Abb. 8.21).

Dabei wollen wir im Folgenden immer voraussetzen, dass das Vektorfeld $\vec{F}$ auf einem *Gebiet* (d. h. einer offenen und zusammenhängenden Menge) definiert und stetig ist und dass auch die betrachtete Kurve C (d. h. der Integrationsweg $\vec{r}(t)$) in diesem Gebiet liegen soll und stetig differenzierbar ist.

Abb. 8.20 Äquipotentiallinien
und Feldlinien

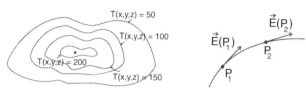

Abb. 8.21 Kurvenintegral

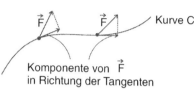

Komponente von $\vec{F}$
in Richtung der Tangenten

Abb. 8.22 Kurve

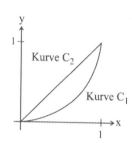

Beispiel 8.13

Wir berechnen nun nach obiger Definition ein Kurvenintegral über eine vorgegebene
Kurve C_1 (s. Abb. 8.22) und das Feld $\vec{F}$ mit:

$$\vec{F}(x, y) = \begin{pmatrix} F_1(x, y) \\ F_2(x, y) \end{pmatrix} = \begin{pmatrix} x e^y \\ 2xy^2 \end{pmatrix}.$$

Die Kurve C_1 lässt sich mit

$$\vec{r}(t) = \begin{pmatrix} x(t) \\ y(t) \end{pmatrix} = \begin{pmatrix} t \\ t^2 \end{pmatrix}, \quad t \in [0, 1]$$

parametrisieren. Für den Tangentenvektor an diese Kurve ergibt sich dann

$$\dot{\vec{r}}(t) = \begin{pmatrix} \dot{x}(t) \\ \dot{y}(t) \end{pmatrix} = \begin{pmatrix} 1 \\ 2t \end{pmatrix}, \quad t \in [0, 1].$$

Wir berechnen zunächst die Komponenten des Feldes $\vec{F}$ entlang der Kurve C_1:

$$\vec{F}(\vec{r}(t)) = \begin{pmatrix} t \cdot e^{t^2} \\ 2 \cdot t \cdot (t^2)^2 \end{pmatrix} = \begin{pmatrix} t e^{t^2} \\ 2t^5 \end{pmatrix}.$$

Damit ergibt sich für das Kurvenintegral:

$$\int\limits_C \vec{F}\,d\vec{r} := \int\limits_{t_1}^{t_2} \vec{F}(\vec{r}(t)) \cdot \dot{\vec{r}}(t)\,dt$$

$$= \int\limits_0^1 \left((t\mathrm{e}^{t^2}) \cdot 1 + (2t^5) \cdot 2t\right) dt$$

$$= \int\limits_0^1 \left(t\mathrm{e}^{t^2} + 4t^6\right) dt$$

$$= \left.\left(\frac{1}{2}\mathrm{e}^{t^2} + \frac{4}{7}t^7\right)\right|_{t=0}^{1}$$

$$= \left(\frac{1}{2}\mathrm{e}^1 + \frac{4}{7}\right) - \left(\frac{1}{2}\mathrm{e}^0\right) = \frac{1}{2}\mathrm{e} + \frac{1}{14} \approx 1{,}43057.$$

Übung 8.9

Berechnen Sie das Kurvenintegral $\int_C \vec{F}\,d\vec{r}$ für das gleiche Feld $\vec{F}$ nun über Kurve C_2 (s. Abb. 8.22).

Lösung 8.9

Die Kurve C_2 lässt sich mit

$$\vec{r}(t) = \begin{pmatrix} t \\ t \end{pmatrix}, \quad t \in [0, 1]$$

parametrisieren. Für den Tangentenvektor an diese Kurve ergibt sich dann

$$\dot{\vec{r}}(t) = \begin{pmatrix} 1 \\ 1 \end{pmatrix}, \quad t \in [0, 1].$$

Die Komponenten des Feldes $\vec{F}$ entlang der Kurve C_2 berechnen sich zu:

$$\vec{F}(\vec{r}(t)) = \begin{pmatrix} t\mathrm{e}^t \\ 2t^3 \end{pmatrix}.$$

Damit erhält man für das Kurvenintegral:

$$\int\limits_C \vec{F}\,d\vec{r} := \int\limits_0^1 ((t\mathrm{e}^t) \cdot 1 + (2t^3) \cdot 1)\,dt = \int\limits_0^1 (t\mathrm{e}^t + 2t^3)\,dt$$

$$= \left.\left((t-1)\mathrm{e}^t + \frac{1}{2}t^4\right)\right|_{t=0}^{1} = \frac{1}{2} - (-1) = 1{,}5.$$

Es fällt auf, dass für die Kurvenintegrale $\int_C \vec{F}\,d\vec{r}$ für das gleiche Feld $\vec{F}$ verschiedene Werte ermittelt wurden, je nachdem über welche Kurve C_1 oder C_2 integriert wurde: Im Allgemeinen sind also Kurvenintegrale wegabhängig!

Wenn wir allerdings das Kurvenintegral $\int_C \vec{F}\,d\vec{r}$ für ein anderes Feld, nämlich

$$\vec{F}(x, y) = \begin{pmatrix} F_1(x, y) \\ F_2(x, y) \end{pmatrix} = \begin{pmatrix} 6x - 2y^3 \\ -6xy^2 \end{pmatrix}$$

berechnen, so können wir feststellen, dass der Wert des Kurvenintegrals in diesem Fall unabhängig vom gewählten Weg (Kurve C_1 bzw. Kurve C_2) ist (für die Rechnung vgl. zugehörige Übungen und Lösungen).

Wir wollen im Folgenden untersuchen, warum das Kurvenintegral $\int_C \vec{F}\,d\vec{r}$ für gewisse Felder $\vec{F}(x, y)$ unabhängig vom gewählten Weg ist.

Anstelle der Wegunabhängigkeit von Kurvenintegralen kann man auch untersuchen, ob ein Kurvenintegral längs eines *geschlossenen* Weges den Wert Null hat. (Für Kurvenintegrale längs geschlossener Wege benutzt man das Symbol $\oint$.)

Kurvenintegrale längs geschlossener Wege
Die folgenden Aussagen sind äquivalent:

- Das Kurvenintegral $\int_C \vec{F}\,d\vec{r}$ ist auf einem Gebiet wegunabhängig, d. h. es hängt nur von Anfangs- und Endpunkt der Kurve C ab.
- Das Kurvenintegral $\oint \vec{F}\,d\vec{r}$ längs jedes geschlossenen Weges hat den Wert Null.

Der Zusammenhang liegt auf der Hand: Man kann die beiden unterschiedlichen Kurven C_1 und C_2 zu einem geschlossenen Weg C_1 und $-C_2$ (Kurve C_2 in entgegengesetzter Richtung durchlaufen) zusammensetzen und es gilt:

$$\oint \vec{F}\,d\vec{r} = \int_{C_1 - C_2} \vec{F}\,d\vec{r} = \int_{C_1} \vec{F}\,d\vec{r} - \int_{C_2} \vec{F}\,d\vec{r} = 0$$

$$\Longleftrightarrow \int_{C_1} \vec{F}\,d\vec{r} = \int_{C_2} \vec{F}\,d\vec{r}.$$

Wir kommen nun auf die Wegunabhängigkeit von Kurvenintegralen zurück. Dazu treffen wir die Annahme

$$\vec{F}\,d\vec{r} \overset{!}{=} d\Phi.$$

Dann gilt

$$\int_{t_1}^{t_2} \vec{F}\,d\vec{r} \overset{!}{=} \int_{t_1}^{t_2} d\Phi = \Phi(t)\big|_{t=t_1}^{t_2} = \Phi(t_2) - \Phi(t_1),$$

d. h. das Kurvenintegral ist nur noch vom Wert von Φ am Endpunkt ($t = t_2$) und am Anfangspunkt ($t = t_1$) des Weges abhängig. Dazu muss eine derartige Stammfunktion Φ existieren, anders ausgedrückt:

$$\vec{F}\,d\vec{r} = \underbrace{F_1(x, y)}_{=\frac{\partial\Phi}{\partial x}}\,dx + \underbrace{F_2(x, y)}_{=\frac{\partial\Phi}{\partial y}}\,dy = d\Phi$$

oder

$$\vec{F} = \text{grad}\,\Phi.$$

Wegunabhängigkeit von Kurvenintegralen, Gradientenfeld

Die folgenden Aussagen sind äquivalent:

- Das Kurvenintegral $\int_C \vec{F}\,d\vec{r}$ ist auf einem Gebiet wegunabhängig.
- Das Feld $\vec{F}$ ist ein Gradientenfeld, d. h. es existiert eine Stammfunktion Φ mit

$$\vec{F} = \text{grad}\,\Phi.$$

Das Kurvenintegral berechnet sich dann über

$$\int_C \vec{F}\,d\vec{r} = \Phi(\text{Endpunkt}) - \Phi(\text{Anfangspunkt}).$$

Konservative Vektorfelder, Potential Man spricht in der Physik bei Gradientenfeldern auch von konservativen Vektorfeldern, die zugehörige Stammfunktion heisst Potential.

Beispiel 8.14

Zum Feld

$$\vec{F}(x, y) = \begin{pmatrix} F_1(x, y) \\ F_2(x, y) \end{pmatrix} = \begin{pmatrix} 6x - 2y^3 \\ -6xy^2 \end{pmatrix}$$

lässt sich ein Potential finden. Wegen $\Phi_x = F_1$ und $\Phi_y = F_2$ folgt durch Integration

$$\Phi = \int (6x - 2y^3)dx = 3x^2 - 2xy^3 + a(y),$$

$$\Phi = \int (-6xy^2)dy = -2xy^3 + b(x).$$

Dabei steht $a(y)$ für einen Term, der nur noch von y abhängt (und den man daher bei Integration in der ersten Gleichung nach x nicht ermitteln kann), analoges gilt für $b(x)$.

Vergleich der beiden Ausdrücke liefert (mit $a(y) = 0$ und $b(x) = 3x^2$):

$$\Phi(x, y) = 3x^2 - 2xy^3 + c,$$

wobei man der Einfachheit halber die Konstante c wie bei Stammfunktionen meist weglässt. Für einen beliebigen Weg vom Anfangspunkt $(0, 0)$ zum Endpunkt $(1, 1)$, z. B. für die Wege C_1 oder C_2 aus Abb. 8.22, erhält man für das Kurvenintegral

$$\int_C \vec{F} \, d\vec{r} = \Phi(1, 1) - \Phi(0, 0) = (3 - 2) - (0 - 0) = 1.$$

Es stellt sich nun die Frage, ob es ein einfaches Kriterium gibt, dass ein derartiges Gradientenfeld vorliegt. Eine notwendige Bedingung ist dabei die folgende: Falls $\vec{F} = (F_1, F_2)^T = \operatorname{grad} \Phi$, so muss also gelten:

$$F_1 = \frac{\partial \Phi}{\partial x}, \quad F_2 = \frac{\partial \Phi}{\partial y}.$$

Nach dem Satz von Schwarz (vgl. Abschn. 6.8.6 über partielle Ableitungen) müssen dann auch die gemischten Ableitungen übereinstimmen

$$\Phi_{xy} = \frac{\partial F_1}{\partial y}, \quad \Phi_{yx} = \frac{\partial F_2}{\partial x}.$$

Gleichsetzen ergibt die so genannte Integrabilitätsbedingung:

$$\frac{\partial F_1}{\partial y} = \frac{\partial F_2}{\partial x}.$$

Es gilt sogar

Integrabilitätsbedingung

Notwendig für die Wegunabhängigkeit von Kurvenintegralen $\int_C \vec{F} \, d\vec{r}$ für das Feld $\vec{F} = (F_1, F_2)^T$ ist die Integrabilitätsbedingung:

$$\frac{\partial F_1}{\partial y} = \frac{\partial F_2}{\partial x}.$$

Bei so genannten einfach-zusammenhängenden Gebieten und stetig differenzierbaren Feldern $\vec{F}$ ist die Integrabilitätsbedingung sogar hinreichend.

Beispiel 8.15 .

Wir betrachten das Feld:

$$\vec{F}(x,y) = \begin{pmatrix} F_1(x,y) \\ F_2(x,y) \end{pmatrix} = \begin{pmatrix} 6x - 2y^3 \\ -6xy^2 \end{pmatrix}.$$

Die Integrabilitätsbedingung gilt wegen:

$$(F_1)_y = (6x - 2y^3)_y = -6y^2,$$
$$(F_2)_x = (-6xy^2)_x = -6y^2,$$

also $(F_1)_y = (F_2)_x$. Es liegt ein Potentialfeld vor:

$$\vec{F} = \text{grad}\,\Phi \quad \text{mit} \quad \Phi = 3x^2 - 2xy^3.$$

Übung 8.10

Überprüfen Sie für die folgenden Felder $\vec{F} = (F_1, F_2)^T$ die Integrabilitätsbedingung $(F_1)_y = (F_2)_x$ und geben Sie gegebenenfalls ein Potential Φ an:

- $\vec{F}(x,y) = (F_1, F_2)^T = (xe^y, 2xy^2)^T,$
- $\vec{F}(x,y) = (F_1, F_2)^T = \left(-e^{-x} - 6x\cos y, 3x^2\sin y + \dfrac{y}{\sqrt{1+y^2}}\right)^T.$

Lösung 8.10

- Nachprüfen der Integrabilitätsbedingung führt auf $(F_1)_y = xe^y$ und $(F_2)_x = 2y^2$; die Integrabilitätsbedingung ist also nicht erfüllt und es existiert kein Potential.
- Nachprüfen der Integrabilitätsbedingung führt auf $(F_1)_y = (F_2)_x = 6x\sin y$. Das Potential kann durch Integration bestimmt werden:

$$\Phi = \int (-e^{-x} - 6x\cos y)dx = e^{-x} - 3x^2\cos y + a(y),$$

$$\Phi = \int \left(3x^2\sin y + \frac{y}{\sqrt{1+y^2}}\right)dy = -3x^2\cos y + \sqrt{1+y^2} + b(x),$$

also $\Phi = e^{-x} - 3x^2\cos y + \sqrt{1+y^2}.$

Im Folgenden soll die Bedeutung des Ausdrucks einfach zusammenhängend erläutert werden. In der Ebene ist ein einfach zusammenhängendes Gebiet anschaulich gesprochen ein Gebiet ohne Loch (s. Abb. 8.23).

Wir diskutieren zum Abschluss ein Vektorfeld, welches die Integrabilitätsbedingung in einem *nicht* einfach zusammenhängendem Gebiet erfüllt. Hier ist die Wegunabhängigkeit des Kurvenintegrals *nicht* gegeben bzw. das Kurvenintegral über einen geschlossenen Weg ist ungleich Null.

Abb. 8.23 Einfach zusammenhängendes und nicht einfach zusammenhängendes Gebiet

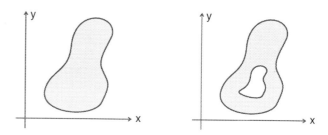

Wir betrachten im Folgenden das Vektorfeld des magnetischen Wirbels

$$\vec{F}(x, y) = (F_1, F_2)^T = \left(\frac{-y}{x^2 + y^2}, \frac{x}{x^2 + y^2} \right)^T.$$

Die Integrabilitätsbedingung ist erfüllt mit

$$(F_1)_y = (F_2)_x = \frac{y^2 - x^2}{(x^2 + y^2)^2}.$$

Allerdings ist das Vektorfeld $\vec{F}$ nur auf $\mathbb{R}^2 \setminus (0, 0)$ definiert, das zugrunde liegende Gebiet ist also nicht einfach zusammenhängend.

Wir zeigen: Das Kurvenintegral über den (geschlossenen) Einheitskreis ist ungleich Null!

Wählt man als geschlossene Kurve den Einheitskreis $\vec{r}(t) = (\cos t, \sin t)^T$ mit $t \in [0, 2\pi]$, so ergeben sich für die Komponenten des Feldes $\vec{F}$ entlang des Einheitskreises: $\vec{F}(\vec{r}(t)) = (-\sin t, \cos t)^T$. Damit folgt

$$\vec{F}(\vec{r}(t)) \cdot \dot{\vec{r}}(t) = (-\sin t) \cdot (-\sin t) + \cos t \cdot \cos t = 1.$$

Das Kurvenintegral ist ungleich Null:

$$\int_C \vec{F} \, d\vec{r} = \int_0^{2\pi} \vec{F}(\vec{r}(t)) \cdot \dot{\vec{r}}(t) dt = \int_0^{2\pi} 1 dt = t \big|_{t=0}^{2\pi} = 2\pi.$$

Integrabilitätsbedingung bei Kurven im Raum Auch bei Kurven im Raum wird das Kurvenintegral entsprechend definiert und es gelten analoge Sätze. Allerdings ist hier die Integrabilitätsbedingung für das Feld $\vec{F} = (F_1, F_2, F_3)^T$ komplizierter:

$$\frac{\partial F_1}{\partial y} = \frac{\partial F_2}{\partial x}, \quad \frac{\partial F_1}{\partial z} = \frac{\partial F_3}{\partial x} \quad \text{und} \quad \frac{\partial F_2}{\partial z} = \frac{\partial F_3}{\partial y}.$$

8.9   Kurzer Verständnistest

---

(1) Wie lautet die Ableitung von $\tilde{F}(x) = \int_1^x \sin t \, dt$?

☐ $\sin t$ ☐ $\sin x$

☐ $\cos t$ ☐ $\cos x + c$

---

(2) Wie lautet das unbestimmte Integral $\int \frac{1}{\sqrt[3]{x}} \, dx$?

☐ $\frac{3}{2} x^{2/3}$ ☐ $\frac{3}{2} x^{2/3} + c$

☐ $\frac{3}{2} \sqrt[2]{x^3} + c$ ☐ $\frac{1}{2} \ln(\sqrt[3]{x}) + c$

---

(3) Der Ausdruck $\int_1^2 e^{3x} \, dx$ ...

☐ ist ein bestimmtes Integral   ☐ ist ein unbestimmtes Integral

☐ ergibt eine reelle Zahl   ☐ ist ein uneigentliches Integral

---

(4) Eine Stammfunktion von e^{3x} ist $\frac{1}{3} e^{3x}$. Was ergibt sich für $\int_1^2 e^{3x} \, dx$?

☐ $e^{3\cdot 2} - e^{3\cdot 1}$ ☐ $\frac{1}{3} e^{3\cdot 2} - \frac{1}{3} e^{3\cdot 1}$

☐ $e^{3\cdot 1} - e^{3\cdot 2}$ ☐ $\frac{1}{3} e^{3\cdot 1} - \frac{1}{3} e^{3\cdot 2}$

---

(5) Es sei $F(x)$ eine Stammfunktion von $f(x)$ (analog $G(x)$ von $g(x)$).
Welcher Ausdruck/welche Ausdrücke für $\int f(x) \cdot g(x) \, dx$ ist/sind korrekt?

☐ $F(x) \cdot G(x)$ ☐ $F(x) \cdot g(x) - \int F(x) \cdot g'(x) \, dx$

☐ $F(x) \cdot g(x) + f(x) \cdot G(x)$ ☐ $f(x) \cdot G(x) - \int f'(x) \cdot G(x) \, dx$

---

(6) Für $\int \frac{2x}{x^2+3} \, dx$ erhält man ...

☐ $2x \cdot \ln(x^2 + 3)$ ☐ $\ln(x^2 + 3) + c$

☐ $\ln(2x) + c$ ☐ $\ln(\frac{1}{3} x^3 + 3x)$

---

(7) Der Ausdruck $\int_1^2 \frac{x}{(x^2-1)^2} \, dx$ ...

☐ ist ein bestimmtes Integral   ☐ ist ein unbestimmtes Integral

☐ ist reelle Zahl bzw. divergent   ☐ ist ein uneigentliches Integral

---

(8) Der Bereich $\mathcal{B}$ sei ein Dreieck mit den Eckpunkten $(0, 0)$, $(1, 0)$ und $(0, 1)$. Dann gilt:

☐ $\mathcal{B}$ ist Normalbereich in x ☐ $\mathcal{B} = \{(x, y) | 0 \leq x \leq 1, 0 \leq y \leq 1\}$

☐ $\mathcal{B}$ ist Normalbereich in y ☐ $\mathcal{B} = \{(x, y) | 0 \leq x \leq 1, 0 \leq y \leq 1 - x\}$

---

(9) Beim Bereichsintegral $\int_{x=0}^1 (\int_{y=0}^{\sqrt{1-x^2}} f(x, y) \, dy) dx$ ist zu beachten:

☐ Zuerst ist das innere Integral auszuwerten (in y).

☐ Auf die Reihenfolge der Integrale kommt es nicht an.

☐ Das ausgewertete innere Integral kann noch von x abhängen.

☐ Das ausgewertete innere Integral kann noch von y abhängen.

Lösung: (x $\simeq$ richtig, o $\simeq$ falsch)

1.) oxoo, 2.) oxoo, 3.) xoxo, 4.) oxoo, 5.) oxox, 6.) oxoo, 7.) ooxx, 8.) xoxx, 9.) xoxo

Abb. 8.24 Kühlturm

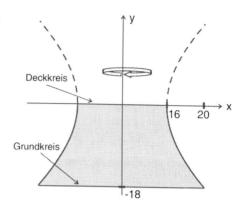

8.10 Anwendungen

8.10.1 Das Volumen eines Kühlturms

Nicht nur die Flugbahnen vieler kosmischer Körper sind Hyperbeln, auch im Bauwesen können z. B. Kühltürme von Kernkraftwerken als Rotationshyperboloide aufgefasst werden. Man erhält einen derartigen Körper, wenn man eine Hyperbel um die y-Achse rotieren lässt. Wir betrachten hier einen Kühlturm mit den Maßen aus Abb. 8.24: Grundkreisradius 20 m, Deckkreisradius 16 m, Höhe 18 m. Sein Volumen ist unter Zuhilfenahme der Überlegungen aus der Integralrechnung von Funktionen in zwei Veränderlichen leicht zu berechnen.

Zunächst müssen in der Gleichung einer Hyperbel, allgemein

$$\frac{x^2}{a^2} - \frac{y^2}{b^2} = 1,$$

die Parameter a und b bestimmt werden. Da die Punkte $(16, 0)$ und $(20, 18)$ auf der gesuchten Hyperbel liegen, erhalten wir die Bestimmungsgleichungen

$$\frac{16^2}{a^2} - \frac{0^2}{b^2} = 1 \Longrightarrow a = 16,$$

$$\frac{20^2}{16^2} - \frac{18^2}{b^2} = 1 \Longrightarrow b^2 = \frac{18^2 \cdot 16^2}{12^2} \Longrightarrow b = \frac{18 \cdot 16}{12} = 24.$$

Insgesamt ist also $\frac{x^2}{16^2} - \frac{y^2}{24^2} = 1$ die Gleichung der Hyperbel, bzw. nach x^2 aufgelöst:

$$x^2 = 16^2 \cdot \left(1 + \frac{y^2}{24^2}\right).$$

Wir stellen uns nun den Kühlturm in (dünne) Kreisscheiben um die y-Achse zerlegt vor. Jede dieser Kreisscheiben hat den Radius $x = x(y)$, der noch von y (der jeweiligen

Höhe, an der die Kreisscheibe gemessen wird) abhängt. Die Fläche eines Kreises mit dem Radius r beträgt bekanntlich $\pi \cdot r^2$; in unserem Fall hat jeder Kreis die Fläche

$$A(y) = \pi \cdot x^2(y) = 16^2 \pi \left(1 + \frac{y^2}{24^2}\right).$$

Dabei haben wir die obige Formel (für x^2 aus der Hyperbelgleichung) eingesetzt.

Wenn wir nun noch über alle (dünnen) Scheiben $A(y)$ aufsummieren bzw. integrieren, gibt sich für das Volumen V des aus vielen Scheiben bestehenden Rotationshyperboloids (grau unterlegter Teil in Abb. 8.24):

$$V = \int_{-18}^{0} A(y)dy = 16^2 \cdot \pi \int_{-18}^{0} \left(1 + \frac{y^2}{24^2}\right) dy$$

$$= 16^2 \cdot \pi \left(y + \frac{y^3}{3 \cdot 24^2}\right)\Big|_{y=-18}^{0} = 16^2 \pi (18 + 3{,}375) = 5472\pi.$$

Insgesamt beträt also das Volumen des betrachteten Kühlturms etwa $17{,}191\,\mathrm{m}^3$ oder über 17 Millionen Liter.

8.10.2 Integrale im Straßenbau

Besonders in Deutschland wird auf den Autobahnen mit recht hoher Geschwindigkeit gefahren. Ein großes Gefahrenpotenzial bilden dabei Kurven und Ausfahrten, da die Straßenführung an diesen Stellen meist einen Kreisbogen beinhaltet. Dieser Bogen hat, anders als eine Gerade, eine *Krümmung* $K \neq 0$, die dafür verantwortlich ist, dass ein Fahrzeug mit zu hoher Geschwindigkeit aus der Kurve fliegt. Das liegt wiederum daran, dass die am Fahrzeug angreifende Zentrifugalkraft F – wie aus der Kinetik bekannt – proportional zur *Krümmung* K ist, genauer $F = Kmv^2$ (m Masse des Autos und v seine Geschwindigkeit).

Bekannterweise beschreibt der Physiker einen Weg in der Ebene (hier: die Straßenführung) durch dessen Koordinaten: $x(s)$, $y(s)$, wobei $s \in \mathbb{R}$ ein Parameter ist. Würde man beispielsweise $x(s) = s$ und $y(s) = s$ für $s \geq 0$ setzen, so gilt für alle s stets $y = x$. In diesem Fall ergäbe sich als Weg also die Winkelhalbierende des ersten Quadranten.

Wenn man nun eine Kurve ohne einen so genannten *Übergangsbogen* direkt aus der Geraden (mit Krümmung $K = 0$) einleiten würde, hätte das zur Folge, dass beim Durchfahren der Kurve ganz plötzlich die Krümmung von 0 auf einen von Null verschiedenen Wert springen würde (Unstetigkeit!). Aus Sicherheitsgründen benutzt man deswegen im Straßenbau als Übergangsbogen die so genannte *Klothoide*. Deren „Weg" wird durch die Integrale

$$x(s) = \int_{0}^{s} \cos\left(\pi \frac{u^2}{2}\right) du, \quad y(s) = \int_{0}^{s} \sin\left(\pi \frac{u^2}{2}\right) du$$

Abb. 8.25 Klothoide für
$-3{,}5 \leq s \leq 3{,}5$

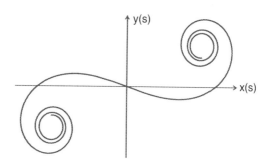

beschrieben. Die Klothoide krümmt sich – wie wir weiter unten sehen werden – mit zunehmender Länge immer stärker ein. Durch ihre speziellen Krümmungseigenschaften vermeidet sie einen ruckartigen Übergang aus der Geraden, verhindert das Schneiden der Kurve durch ein Fahrzeug und ermöglicht einen gleichmäßigen Aufbau der Zentrifugalkraft.

Dass bei Funktionen in einer Veränderlichen die zweite Ableitung ein Maß für das Krümmungsverhalten ist, haben wir bereits in Abschn. 6.5.2 gesehen. Auch die Krümmung $K(s)$ eines durch $x(s)$, $y(s)$ beschriebenen Weges kann man messen. In fast jeder Formelsammlung findet man hier die Formel (1. und 2. Ableitung werden üblicherweise mit Punkten bezeichnet, z. B. $\dot{x}(s), \ddot{x}(s)$):

$$K(s) = \frac{\dot{x}(s)\,\ddot{y}(s) - \ddot{x}(s)\,\dot{y}(s)}{(\dot{x}^2(s) + \dot{y}^2(s))^{3/2}}.$$

Der Hauptsatz der Differential- und Integralrechnung besagt nun, dass gilt:

$$\dot{x}(s) = \cos\left(\pi \frac{s^2}{2}\right) \quad \text{und} \quad \dot{y}(s) = \sin\left(\pi \frac{s^2}{2}\right).$$

Damit ist der Nenner $(\dot{x}^2(s) + \dot{y}^2(s))^{3/2} = [\cos^2(\pi\frac{s^2}{2}) + \sin^2(\pi\frac{s^2}{2})]^{3/2} = 1$. Wegen $\ddot{x}(s) = -\pi s \sin(\pi\frac{s^2}{2})$ und $\ddot{y}(s) = \pi s \cos(\pi\frac{s^2}{2})$ folgt schließlich

$$K(s) = \pi s \left[\cos^2\left(\pi \frac{s^2}{2}\right) + \sin^2\left(\pi \frac{s^2}{2}\right)\right] = \pi s.$$

Die Krümmung der Klothoide beginnt also bei $K = 0$ (für $s = 0$) und nimmt absolut gesehen stetig zu. Die Kurve hat in jedem beliebigen Punkt eine andere Krümmung. In Abb. 8.25 erkennt man diese Eigenschaft sehr schön.

Die Trassierung einer Straße mit der Elementfolge Klothoide-Kreisbogen-Klothoide ist damit recht einfach durchführbar. Man nimmt einen Klothoidenteil (beginnend bei $s = 0$) solange, bis er die (konstante) Krümmung des Kreisbogens erreicht hat. Ans Ende des Kreisbogen setzt man dann das entsprechend „umgekehrte" Klothoidenteil. Dadurch steigt die Zentrifugalkraft von Null linear bis auf den Kreisbahnwert an, bliebt dann konstant und nimmt nach Verlassen der Kreisbahn wieder linear auf Null ab. Auf diese Weise trägt hier die Mathematik ihren Teil zum stressfreien Beherrschen von Fahrzeugen vor und hinter Kurven auch bei lebhaftem Verkehr bei.

Die beiden Integrale nennt man übrigens *Fresnelsche Integrale*. Sie sind nicht analytisch lösbar, die Straßenbauingenieure müssen also mit Tafelwerken (numerische Integration!) arbeiten. Exakt berechenbar – wenn auch nicht mit unseren Mitteln – ist lediglich der Wert der uneigentlichen Integrale:

$$\int\limits_0^\infty \cos\left(\pi\,\frac{u^2}{2}\right)\,du = \int\limits_0^\infty \sin\left(\pi\,\frac{u^2}{2}\right)\,du = \frac{1}{2}.$$

Man erkennt, dass der Faktor π in den Integralen nicht bloße Willkür ist, sondern aus Normierungsgründen gewählt wurde.

8.11 Zusammenfassung

Bestimmtes Integral

Flächenmessung

$$\int\limits_a^b f(x)\,dx := \lim_{n\to\infty} \sum_{i=1}^n f(\xi_i)\cdot \Delta x_i,$$

Bezeichnungen a untere Integrationsgrenze,

b obere Integrationsgrenze,

$[a,b]$ Integrationsintervall,

f Integrand,

x Integrationsvariable;

Speziell   Stetige Funktionen sind integrierbar.

Rechenregeln für das bestimmte Integral

a) $\int_b^a f(x)\,dx = -\int_a^b f(x)\,dx$,

b) $\int_a^a f(x)\,dx = 0$,

c) $\int_a^b f(x)\,dx = \int_a^c f(x)\,dx + \int_c^b f(x)\,dx$ für $a < c < b$,

d) $\int_a^b \alpha \cdot f(x)\,dx = \alpha \cdot \int_a^b f(x)\,dx$,

e) $\int_a^b (f(x) + g(x))\,dx = \int_a^b f(x)\,dx + \int_a^b g(x)\,dx$,

f) Falls $f(x) \le g(x)$ und $a \le b$, dann gilt: $\int_a^b f(x)\,dx \le \int_a^b g(x)\,dx$,

g) Falls $m \le f(x) \le M$ für alle $x \in [a,b]$, dann gilt:

$m\,(b-a) \le \int_a^b f(x)\,dx \le M\,(b-a)$.

Integralfunktion von f

$\tilde{F}(x) := \int_a^x f(t)\,dt$ mit Ableitung: $\tilde{F}'(x) = f(x)$, Integration ist Umkehrung der Differentiation.

Stammfunktion von f

Eine Funktion $F(x)$ mit $F'(x) = f(x)$,

Unbestimmtes Integral

Menge *aller* Stammfunktionen von f: $\int f(x)\,dx$, Stammfunktionen unterscheiden sich nur um Konstante: $\int f(x)\,dx = F(x) + c$;

Rechenregeln für unbestimmte Integrale

$$\left\{ \begin{array}{l} \int \alpha \cdot f(x)\,dx = \alpha \cdot \int f(x)\,dx, \\ \int (f(x) + g(x))\,dx = \int f(x)\,dx + \int g(x)\,dx. \end{array} \right\}$$

Bsp. unbestimmtes Integral

$$\int \left(x^2 + 5\frac{1}{x} \right) dx = \frac{1}{3}x^3 + 5\ln|x| + c.$$

Tabelle der wichtigsten Grundintegrale

Funktion $f(x)$	Stammfunktion $F(x)$
$x^\alpha, \alpha \neq -1$	$\dfrac{1}{\alpha + 1}x^{\alpha+1} + c$
$\dfrac{1}{x}, x \neq 0$	$\ln|x| + c$
e^x	$e^x + c$
$\sin x$	$-\cos x + c$
$\cos x$	$\sin x + c$
$\dfrac{1}{1 + x^2}$	$\arctan x + c$
$\dfrac{1}{\sqrt{1 - x^2}}, |x| < 1$	$\arcsin x + c$

Hauptsatz der Differential- und Integralrechnung

Sei $f(x)$ eine auf $[a, b]$ stetige Funktion und $F(x)$ eine (beliebige) Stammfunktion von $f(x)$. Dann gilt für das bestimmte Integral:

$$\int_a^b f(x)\,dx = F(x)\big|_{x=a}^b = F(b) - F(a).$$

Bsp.   Hauptsatz, bestimmtes Integral

$$\int_1^2 \left(x^2 + 5\frac{1}{x}\right) dx = \left.\left(\frac{1}{3}x^3 + 5\ln|x|\right)\right|_{x=1}^2$$

$$= \left(\frac{1}{3}2^3 + 5\ln|2|\right) - \left(\frac{1}{3}1^3 + 5\ln|1|\right).$$

Partielle Integration

$$\int u'(x) \cdot v(x)\, dx = u(x) \cdot v(x) - \int u(x) \cdot v'(x)\, dx.$$

Bsp.   Partielle Integration

$$\int \underbrace{\mathrm{e}^x}_{u'} \cdot \underbrace{x}_{v}\, dx = \underbrace{\mathrm{e}^x}_{u} \cdot \underbrace{x}_{v} - \int \underbrace{\mathrm{e}^x}_{u} \cdot \underbrace{1}_{v'}\, dx$$

$$= x\mathrm{e}^x - \mathrm{e}^x + c.$$

Substitution

1. Version

$$\int f(g(t)) \cdot g'(t)\, dt = \int f(x)\, dx, \quad x = g(t),$$

2. Version

$$\int f(x)\, dx = \int f(g(t)) \cdot g'(t)\, dt, \quad t = g^{-1}(x).$$

Bsp.   Substitution, 1. Version

$$\int \underbrace{(\ln t)^2}_{f(g(t))} \cdot \underbrace{\frac{1}{t}}_{g'(t)}\, dt = \int \underbrace{x^2}_{f(x)}\, dx = \frac{1}{3}x^3 + c = \frac{1}{3}(\ln t)^3 + c.$$

Dabei $x = g(t) = \ln t$, $\frac{dx}{dt} = \frac{1}{t}$ und $dx = g'(t)\, dt = \frac{1}{t}\, dt$.

Bsp.   Substitution, 2. Version

$\int \sqrt{1 - x^2}\, dx$, $|x| \le 1$ unter Zuhilfenahme der Substitution $x = \sin t$ lösen;
etwa $\sqrt{1 - x^2} = \sqrt{1 - \sin^2 t} = \cos t$ etc.

Logarithmische Integration

$$\int \frac{g'(x)}{g(x)}\, dx = \ln|g(x)| + c, \quad g(x) \ne 0.$$

Bsp.   Logarithmische Integration

$$\int \frac{6x}{x^2 + 3}\, dx = 3\ln(x^2 + 3) + c.$$

Integrationsregeln für bestimmte Integrale

Partielle Integration

$$\int_a^b u'(x) \cdot v(x)\, dx = u(x) \cdot v(x)\big|_{x=a}^b - \int_a^b u(x) \cdot v'(x)\, dx,$$

Substitution

$$\int_a^b f(x)\, dx = \int_\alpha^\beta f(g(t)) \cdot g'(t)\, dt$$

mit $\alpha = g^{-1}(a)$ und $\beta = g^{-1}(b)$.

Uneigentliche Integrale

- bei unendlichem Integrationsintervall:

$$\int_a^\infty f(x)\, dx := \lim_{u \to \infty} \int_a^u f(x)\, dx,$$

- bei unbeschränktem Integranden:

$$\int_a^b f(x)\, dx := \lim_{u \to b-} \int_a^u f(x)\, dx,$$

Konvergenz oder Divergenz in beiden Fällen möglich.

Bsp.   konvergentes uneigentliches Integral mit unendl. Integrationsintervall

$$\int_0^b \frac{1}{1+x^2}\, dx = \arctan x\big|_{x=0}^b = \arctan b - \arctan 0 = \arctan b$$

und daraus:

$$\int_0^\infty \frac{1}{1+x^2}\, dx = \lim_{b \to \infty} \int_0^b \frac{1}{1+x^2}\, dx = \lim_{b \to \infty} \arctan b = \frac{\pi}{2}.$$

Bsp.   divergentes uneigentliches Integral mit unbeschränktem Integranden

$$\int_a^2 \frac{1}{x^2}\, dx = -\frac{1}{x}\bigg|_{x=a}^2 = -\frac{1}{2} - \left(-\frac{1}{a}\right) = \frac{1}{a} - \frac{1}{2}$$

und daraus:

$$\int\limits_{0}^{2} \frac{1}{x^2}\,dx = \lim_{a\to 0+}\int\limits_{a}^{2} \frac{1}{x^2}\,dx = \lim_{a\to 0+}\left(\frac{1}{a} - \frac{1}{2}\right) = +\infty.$$

Bereichsintegral, inneres Integral in y

$$\iint\limits_{\mathcal{B}} f(x,y)\,dx\,dy = \int\limits_{x=x_a}^{x_b}\left(\int\limits_{y=y_a(x)}^{y_b(x)} f(x,y)\,dy\right)dx,$$

wobei $\mathcal{B} = \{(x,y)\,|\,x_a \le x \le x_b,\ y_a(x) \le y \le y_b(x)\}$ Normalbereich in x.

Bsp.   Bereichsintegral

$$\iint\limits_{\mathcal{B}} x\,dx\,dy = \int\limits_{x=0}^{1}\underbrace{\left(\int\limits_{y=0}^{\sqrt{1-x^2}} x\,dy\right)}_{=xy|_{y=0}^{\sqrt{1-x^2}}=x\sqrt{1-x^2}}dx$$

$$= \int\limits_{x=0}^{1} x\sqrt{1-x^2}\,dx = -\frac{1}{3}(1-x^2)^{3/2}\Big|_{x=0}^{1} = \frac{1}{3}.$$

Analog: Bereichsintegral, inneres Integral in x

$$\iint\limits_{\mathcal{B}} f(x,y)\,dx\,dy = \int\limits_{y=y_a}^{y_b}\left(\int\limits_{x=x_a(y)}^{x_b(y)} f(x,y)\,dx\right)dy,$$

wobei $\mathcal{B} = \{(x,y)\,|\,y_a \le y \le y_b,\ x_a(y) \le x \le x_b(y)\}$ Normalbereich in y.

Integral in Polarkoordinaten

$$\iint\limits_{A} f(x,y)\,dA = \int\limits_{\varphi=\varphi_1}^{\varphi_2}\int\limits_{r=r_i(\varphi)}^{r=r_a(\varphi)} f(r\cos\varphi, r\sin\varphi)\cdot r\,dr\cdot d\varphi.$$

Das Flächenelement in Polarkoordinaten lautet: $dA = r\cdot dr\cdot d\varphi$. Außerdem gelten die Transformationsgleichungen: $x = r\cdot\cos\varphi$ und $y = r\cdot\sin\varphi$.

Bogenlänge einer Kurve

Die Bogenlänge s einer Kurve in Parameterdarstellung $x = x(t)$, $y = y(t)$ von $t = a$ bis $t = b$ berechnet sich zu

$$s = \int_{t=a}^{b} \sqrt{\dot{x}^2 + \dot{y}^2} \, dt.$$

Bogenlänge einer Funktion

Die Bogenlänge s einer Funktion $y = f(x)$ von $x = a$ bis $x = b$ berechnet sich zu

$$s = \int_{x=a}^{b} \sqrt{1 + (f'(x))^2} \, dx.$$

Kurvenintegral

Unter einem Kurvenintegral (Linienintegral, Wegintegral) eines Vektorfeldes $\vec{F}$ entlang einer stetig differenzierbaren Kurve C beschrieben durch den Integrationsweg $\vec{r}(t)$ versteht man das Integral

$$\int_{C} \vec{F} \, d\vec{r} := \int_{t_1}^{t_2} \vec{F}(\vec{r}(t)) \cdot \dot{\vec{r}}(t) \, dt.$$

Kurvenintegral längs geschlossener Wege

Die folgenden Aussagen sind äquivalent:

- Das Kurvenintegral $\int_{C} \vec{F} \, d\vec{r}$ ist auf einem Gebiet wegunabhängig, d. h. es hängt nur von Anfangs- und Endpunkt der Kurve C ab.
- Das Kurvenintegral $\oint \vec{F} \, d\vec{r}$ längs jedes geschlossenen Weges hat den Wert Null.

Wegunabhängigkeit von Kurvenintegralen, Gradientenfeld

Die folgenden Aussagen sind äquivalent:

- Das Kurvenintegral $\int_{C} \vec{F} \, d\vec{r}$ ist auf einem Gebiet wegunabhängig.
- Das Feld $\vec{F}$ ist ein Gradientenfeld, d. h. es existiert eine Stammfunktion Φ mit

$$\vec{F} = \text{grad } \Phi.$$

Das Kurvenintegral berechnet sich dann über

$$\int_{C} \vec{F} \, d\vec{r} = \Phi(\text{Endpunkt}) - \Phi(\text{Anfangspunkt}).$$

Integrabilitätsbedingung

Notwendig für die Wegunabhängigkeit von Kurvenintegralen $\int_C \vec{F} \, d\vec{r}$ für das Feld $\vec{F} = (F_1, F_2)^T$ ist die Integrabilitätsbedingung:

$$\frac{\partial F_1}{\partial y} = \frac{\partial F_2}{\partial x}.$$

Bei so genannten einfach-zusammenhängenden Gebieten (d. h. Gebieten ohne Loch) und stetig differenzierbaren Feldern $\vec{F}$ ist die Integrabilitätsbedingung sogar hinreichend.

8.12 Übungsaufgaben

Grundbegriffe

1. Was ist *falsch* an folgender Integralauswertung:

$$\int_{-1}^{2} \frac{1}{x^2} \, dx = -\frac{1}{x} \Big|_{x=-1}^{2} = \left(-\frac{1}{2}\right) - \left(-\frac{1}{-1}\right) = -0{,}5 - 1 = -1{,}5?$$

Integrationstechniken

1. Berechnen Sie das Integral $\int x^2 \sin x \, dx$ durch (zweimalige) partielle Integration!
2. In manchen Fällen lässt sich ein Integral mittels partieller Integration schrittweise vereinfachen. Leiten Sie für das Integral $I_n := \int \sin^n x \, dx$ eine entsprechende Rekursionsformel her!
3. Berechnen Sie das Integral $\int \sin^2 x \cdot \cos x \, dx$ durch Substitution!
4. Auch das Integral $\int \tan x \, dx$ ist mittels Substitution zu berechnen (Tipp: $\tan x = \sin x / \cos x$.)
5. Berechnen Sie das Integral $\int \frac{x^2}{\sqrt{1-x^2}} \, dx$, $|x| < 1$ unter Zuhilfenahme der Substitution $x = \sin t$.

Uneigentliche Integrale

1. Berechnen Sie das uneigentliche Integral $\int_0^\infty e^{-x} \, dx$!
2. Berechnen Sie das uneigentliche Integral $\int_0^1 \frac{1}{\sqrt{x}} \, dx$!
3. Berechnen Sie das Integral aus Aufgabe 1, „Grundbegriffe", der Form: $\int_{-1}^{2} \frac{1}{x^2} \, dx := \int_{-1}^{0} \frac{1}{x^2} \, dx + \int_0^2 \frac{1}{x^2} \, dx$.

Mehrfachintegrale

1. Gegeben sei der Viertelkreis um den Nullpunkt mit Radius 1 im 1. Quadranten (vgl. Abb. 8.12). Berechnen Sie den Flächeninhalt $A = \iint_B 1 \, dx \, dy$.
2. Berechnen Sie nunmehr die x-Koordinate des geometrischen Schwerpunkts $x_s = \frac{1}{A} \iint_B x \, dx \, dy$ von obiger Aufgabe 1.
3. Berechnen Sie das Integral aus Aufgabe 2 in der umgekehrten Integrationsreihenfolge.

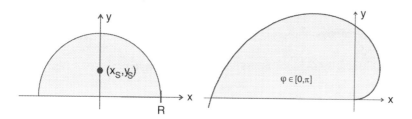

Abb. 8.26 Integrationsbereiche Halbkreis und Spirale

Integration in Polarkoordinaten

1. Berechnen Sie die Koordinaten (x_S, y_S) des Schwerpunktes des Halbkreises ($y \geq 0$) mit dem Radius R (s. Abb. 8.26). (Aus Symmetriegründen gilt: $x_S = 0$. Für die Schwerpunktskoordinate y_S gilt: $y_S = \frac{1}{A} \cdot \int \int_A y\, dA$, vgl. Übung 8.6.)
2. Berechnen Sie den Teil der Fläche einer Archimedischen Spirale $r(\varphi) = \varphi$ im Winkelbereich $\varphi \in [0, \pi]$ (s. Abb. 8.26).

Bogenlänge

1. Berechnen Sie die Bogenlänge einer Archimedischen Spirale mit $r(\varphi) = \varphi$ von $\varphi = 0$ bis 2π.
2. Welches Integral ist auszuwerten, wenn man die Länge des Bogens der Sinus-Funkion von 0 bis π ermitteln will? Welche anschauliche Bedeutung hat hingegen das Integral $\int_0^\pi \sin x \, dx$?

Felder, Kurvenintegrale, Wegunabhängigkeit

1. Berechnen Sie das Kurvenintegral $\int_C \vec{F} d\vec{r}$ für das Feld

$$\vec{F}(x, y) = \begin{pmatrix} F_1(x, y) \\ F_2(x, y) \end{pmatrix} = \begin{pmatrix} 6x - 2y^3 \\ -6xy^2 \end{pmatrix}$$

   a) über Kurve C_1 mit $x(t) = t$, $y(t) = t^2$ für $t \in [0, 1]$
   b) über Kurve C_2 mit $x(t) = t$, $y(t) = t$ für $t \in [0, 1]$.
2. Überprüfen Sie für die folgenden Felder $\vec{F} = (F_1, F_2)$ die Integrabilitätsbedingung $(F_1)_y = (F_2)_x$ und geben Sie ein Potential Φ an:
   a) $\vec{F}(x, y) = (F_1, F_2)^T = (2x + y, x)^T$,
   b) $\vec{F}(x, y) = (F_1, F_2)^T = (x + y, x + y)^T$,
   c) $\vec{F}(x, y) = (F_1, F_2)^T = (-\frac{y}{x^2}, \frac{1}{x})^T$.
3. Berechnen Sie das Kurvenintegral $\int_C \vec{F} d\vec{r}$ für das 3D-Feld

$$\vec{F}(x, y, z) = \begin{pmatrix} F_1(x, y, z) \\ F_2(x, y, z) \\ F_3(x, y, z) \end{pmatrix} = \begin{pmatrix} -y^3 + 2\sin z \\ -3xy^2 + 3z \\ 2x \cos z + 3y - 2z \end{pmatrix}$$

über die Schraubenlinie $\vec{r}(t) = (R \cos t, R \sin t, ht/2\pi)^T$ mit $t \in [0, 2\pi]$. Überprüfen Sie dazu zunächst die Integrabilitätsbedingungen und bestimmen Sie gegebenenfalls ein Potential Φ.

4. Berechnen Sie das Kurvenintegral $\int_C \vec{F} d\vec{r}$ für das 3D-Feld $\vec{F}(x, y, z) = (x, x + y, z)^T$ über die Schraubenlinie $\vec{r}(t) = (R \cos t, R \sin t, ht/2\pi)^T$ mit $t \in [0, 2\pi]$. Überprüfen Sie dazu zunächst die Integrabilitätsbedingungen und bestimmen Sie gegebenenfalls ein Potential Φ.

8.13 Lösungen

Grundbegriffe

1. Die Funktion $f(x) = 1/x^2$ ist für $x = 0$ gar nicht definiert, also insbesondere nicht stetig auf dem Intervall $[-1, 2]$.

Integrationstechniken

1. Es gilt:

$$\int \underbrace{x^2}_{v} \cdot \underbrace{\sin x}_{u'} \, dx = \underbrace{-\cos x}_{u} \cdot \underbrace{x^2}_{v} - \int \underbrace{2x}_{v'} \cdot \underbrace{(-\cos x)}_{u} \, dx$$

$$= -x^2 \cos x + 2 \int x \cdot \cos x \, dx \qquad (*)$$

Für das verbleibende Integral ist nochmals partielle Integration durchzuführen:

$$\int \underbrace{x}_{v} \cdot \underbrace{\cos x}_{u'} \, dx = \underbrace{x}_{v} \cdot \underbrace{\sin x}_{u} - \int \underbrace{1}_{v'} \cdot \underbrace{\sin x}_{u} \, dx = x \sin x + \cos x + c.$$

Eingesetzt in $(*)$:

$$\int x^2 \sin x \, dx = -x^2 \cos x + 2x \sin x + 2 \cos x + c.$$

2. Mit partieller Integration ergibt sich für $\int \sin^n x \, dx$:

$$\int \underbrace{\sin^{n-1} x}_{v} \underbrace{\sin x}_{u'} \, dx = \underbrace{(-\cos x)}_{u} \underbrace{\sin^{n-1} x}_{v} - \int \underbrace{(-\cos x)}_{u} \underbrace{(n-1) \sin^{n-2} x \cos x}_{v'} \, dx$$

$$= -\cos x \cdot \sin^{n-1} x + (n-1) \int \sin^{n-2} x \underbrace{\cos^2 x}_{=1-\sin^2 x} \, dx$$

$$= -\cos x \cdot \sin^{n-1} x + (n-1) \int \sin^{n-2} x \, dx - (n-1) \int \sin^n x \, dx.$$

Nach Umformung ist also $n \int \sin^n x \, dx = -\sin^{n-1} x \cos x + (n-1) \int \sin^{n-2} x \, dx$.
Damit erhält man die folgende Rekursionsformel für $I_n = \int \sin^n x \, dx, n \geq 2$:

$$I_n = -\frac{1}{n} \sin^{n-1} x \cos x + \frac{n-1}{n} I_{n-2}.$$

Es wird also schrittweise der Exponent der Sinusfunktion um 2 reduziert bis zu $I_1 = \int \sin x \, dx = -\cos x + c$ bzw. $I_0 = \int 1 \, dx = x + c$.

3. Mit der Substitution $t = \sin x \ (dt = \cos x \, dx)$ gilt:

$$\int \sin^2 x \cdot \cos x \, dx = \int t^2 \, dt = \frac{1}{3} t^3 + c = \frac{1}{3} \sin^3 x + c.$$

4. Mit logarithmischer Integration ergibt sich:

$$\int \tan x \, dx = \int \frac{\sin x}{\cos x} \, dx = -\int \frac{-\sin x}{\cos x} \, dx = -\ln|\cos x| + c.$$

5. Es gilt:

$$\int \frac{x^2}{\sqrt{1-x^2}} \, dx = \int \frac{\sin^2 t}{\cos t} \cdot \cos t \, dt = \int \sin^2 t \, dt.$$

Dabei wurde die Substitution $x = \sin t$ und die zugehörigen Korrespondenzen $(*)$ aus Beispiel 8.5 verwendet. Das resultierende Integral in t wurde bereits in Beispiel 8.3b berechnet:

$$\int \sin^2 t \, dt = \frac{1}{2} (t - \sin t \cos t) + c.$$

Rücksubstitution (vgl. auch hier Beispiel 8.5) liefert:

$$\frac{1}{2} (t - \sin t \cos t) + c = \frac{1}{2} (\arcsin x - x\sqrt{1-x^2}) + c.$$

Insgesamt:

$$\int \frac{x^2}{\sqrt{1-x^2}} \, dx = \frac{1}{2} (\arcsin x - x\sqrt{1-x^2}) + c.$$

Uneigentliche Integrale

1. Wegen

$$\int_0^b e^{-x} \, dx = -e^{-x}\big|_{x=0}^b = -e^{-b} - (-e^{-0}) = 1 - e^{-b}$$

ergibt sich für den Grenzübergang

$$\int_0^\infty e^{-x} \, dx = \lim_{b \to \infty} \int_0^b e^{-x} \, dx = \lim_{b \to \infty} (1 - e^{-b}) = 1 - 0 = 1.$$

2. Wegen

$$\int\limits_a^1 \frac{1}{\sqrt{x}}\,dx = \int\limits_a^1 x^{-1/2}\,dx = 2x^{1/2}\Big|_{x=a}^1 = 2(\sqrt{1} - \sqrt{a}) = 2(1 - \sqrt{a})$$

folgt

$$\int\limits_0^1 \frac{1}{\sqrt{x}}\,dx = \lim_{a\to 0+}\int\limits_a^1 \frac{1}{\sqrt{x}}\,dx = 2\lim_{a\to 0+}(1 - \sqrt{a}) = 2.$$

3. Es gilt z. B. für das erste Integral

$$\int\limits_{-1}^b \frac{1}{x^2}\,dx = -\frac{1}{x}\Big|_{x=-1}^b = \left(-\frac{1}{b}\right) - \left(-\frac{1}{-1}\right) = -1 - \frac{1}{b},$$

und somit folgt Divergenz

$$\int\limits_{-1}^0 \frac{1}{x^2}\,dx = \lim_{b\to 0-}\int\limits_{-1}^b \frac{1}{x^2}\,dx = \lim_{b\to 0-}\left(-1 - \frac{1}{b}\right) = +\infty.$$

Das Integral $\int_0^2 1/x^2\,dx$, ebenfalls divergent, wurde bereits in Beispiel 8.7 ausgewertet.

Mehrfachintegrale

1. Es ist:

$$A = \iint\limits_{\mathcal{B}} 1\,dx\,dy = \int\limits_{x=0}^1 \left(\int\limits_{y=0}^{\sqrt{1-x^2}} 1\,dy\right)dx = \int\limits_0^1 \sqrt{1 - x^2}\,dx$$

$$= \frac{1}{2}(\arcsin x + x \cdot \sqrt{1 - x^2})\Big|_{x=0}^1 = \frac{1}{2}(\arcsin 1 - \arcsin 0) = \frac{\pi}{4}.$$

Dies muss auch so sein, da die (gesamte) Kreisfläche $A = \pi \cdot r^2$ beträgt.

2. Hier ergibt sich:

$$x_s = \frac{1}{A}\iint\limits_{\mathcal{B}} x\,dx\,dy = \frac{1}{A}\int\limits_{x=0}^1 \left(\int\limits_{y=0}^{\sqrt{1-x^2}} x\,dy\right)dx = \frac{1}{A}\int\limits_{x=0}^1 xy\big|_{y=0}^{\sqrt{1-x^2}}\,dx$$

$$= \frac{1}{A}\int\limits_{x=0}^1 x\sqrt{1 - x^2}\,dx = \frac{1}{A}\left(-\frac{1}{3}(\sqrt{1 - x^2})^3\right)\Big|_{x=0}^1 = \frac{1}{3A} = \frac{4}{3\pi}.$$

Das Integral $\int x\sqrt{1 - x^2}\,dx$ entnehme man einer Formelsammlung.

3. Bei umgekehrter Integrationsreihenfolge lautet das Bereichsintegral:

$$\frac{1}{A} \int\limits_{y=0}^{1} \left(\int\limits_{x=0}^{\sqrt{1-y^2}} x\,dx \right) dy = \frac{1}{A} \int\limits_{y=0}^{1} \frac{x^2}{2} \bigg|_{x=0}^{\sqrt{1-y^2}} dy = \frac{1}{2A} \int\limits_{y=0}^{1} (1-y^2)\,dy$$

$$= \frac{1}{2A} \left(y - \frac{y^3}{3} \right) \bigg|_{y=0}^{1} = \frac{1}{2A} \cdot \frac{2}{3} = \frac{4}{3\pi}.$$

Integration in Polarkoordinaten

1. Für die y-Koordinate des Schwerpunkts erhält man:

$$y_S = \frac{1}{A} \cdot \int\limits_{\varphi=0}^{\pi} \int\limits_{r=0}^{R} \underbrace{r\sin\varphi}_{=y} \cdot \underbrace{r\,dr\,d\varphi}_{dA} = \frac{2}{R^2\pi} \cdot \int\limits_{\varphi=0}^{\pi} \left(\int\limits_{r=0}^{R} r^2\,dr \right) \sin\varphi\,d\varphi$$

$$= \frac{2}{R^2\pi} \cdot \int\limits_{\varphi=0}^{\pi} \left(\frac{r^3}{3}\bigg|_{r=0}^{R} \right) \sin\varphi\,d\varphi = \frac{2}{R^2\pi} \cdot \int\limits_{\varphi=0}^{\pi} \frac{R^3}{3} \sin\varphi\,d\varphi$$

$$= \frac{2}{R^2\pi} \cdot \frac{R^3}{3} \cdot \left((-\cos\varphi)|_{\varphi=0}^{\pi} \right) = \frac{2}{R^2\pi} \cdot \frac{R^3}{3} \cdot (-(-1)-(-1)) = \frac{4}{3\pi}R.$$

Die Fläche des Halbkreises vom Radius R beträgt dabei $\frac{R^2\pi}{2}$.

2. Die Fläche einer Archimedischen Spirale $r(\varphi) = \varphi$ im Winkelbereich $\varphi \in [0,\pi]$ berechnet sich zu

$$\int\limits_{\varphi=0}^{\pi} \int\limits_{r=0}^{\varphi} r\,dr\,d\varphi = \int\limits_{\varphi=0}^{\pi} \left(\frac{r^2}{2}\bigg|_{r=0}^{\varphi} \right) d\varphi = \int\limits_{\varphi=0}^{\pi} \frac{\varphi^2}{2}\,d\varphi = \frac{\varphi^3}{6}\bigg|_{\varphi=0}^{\pi} = \frac{\pi^3}{6}.$$

Bogenlänge

1. Für die Archimedische Spirale mit $r(\varphi) = \varphi$ lautet die Parameterform: $x(\varphi) = \varphi \cdot \cos\varphi$, $y(\varphi) = \varphi \cdot \sin\varphi$. Die Ableitungen ergeben sich zu $\dot{x}(\varphi) = \cos\varphi + \varphi(-\sin\varphi)$, $\dot{y}(\varphi) = \sin\varphi + \varphi\cos\varphi$. Es ergibt sich:

$$\dot{x}^2 + \dot{y}^2 = (\cos\varphi - \varphi\sin\varphi)^2 + (\sin\varphi + \varphi\cos\varphi)^2 = \ldots = 1 + \varphi^2.$$

Die Bogenlänge berechnet sich zu

$$\int\limits_{0}^{2\pi} \sqrt{1+\varphi^2}\,d\varphi = \frac{1}{2} [\varphi\sqrt{1+\varphi^2} + \operatorname{arsinh}\varphi]\bigg|_{\varphi=0}^{2\pi} \approx 21{,}25629.$$

2. Wegen $f(x) = \sin x$ und $f'(x) = \cos x$ folgt für das Integral über die Bogenlänge

$$\int\limits_{x=0}^{\pi} \sqrt{1 + \cos^2 x}\, dx.$$

Das Integral $\int_{x=0}^{\pi} \sin x\, dx$ beschreibt hingegen den Flächeninhalt zwischen x-Achse und Sinus-Funktion.

Felder, Kurvenintegrale, Wegunabhängigkeit

1. a) Für die Kurve C_1 erhält man aus $x(t) = t$ und $y(t) = t^2$ die Ableitungen $\dot{x} = 1$ und $\dot{y} = 2t$. Die Komponenten des Feldes $\vec{F}$ entlang der Kurve C_1 berechnen sich zu: $\vec{F}(\vec{r}(t)) = (6t - 2t^6, -6t^5)^T$. Damit erhält man für das Kurvenintegral:

$$\int\limits_{C_1} \vec{F}\, d\vec{r} := \int\limits_0^1 ((6t - 2t^6) \cdot 1 + (-6t^5) \cdot 2t)dt = \int\limits_0^1 (6t - 14t^6)dt$$

$$= (3t^2 - 2t^7)\big|_{t=0}^1 = (3 - 2) - (0 - 0) = 1.$$

   b) Für die Kurve C_2 erhält man aus $x(t) = t$ und $y(t) = t$ die Ableitungen $\dot{x} = 1$ und $\dot{y} = 1$. Die Komponenten des Feldes $\vec{F}$ entlang der Kurve C_2 berechnen sich zu: $\vec{F}(\vec{r}(t)) = (6t - 2t^3, -6t^3)^T$. Damit erhält man für das Kurvenintegral:

$$\int\limits_{C_2} \vec{F}\, d\vec{r} := \int\limits_0^1 ((6t - 2t^3) \cdot 1 + (-6t^3) \cdot 1)dt = \int\limits_0^1 (6t - 8t^3)dt$$

$$= (3t^2 - 2t^4)\big|_{t=0}^1 = (3 - 2) - (0 - 0) = 1.$$

2. a) Nachprüfen der Integrabilitätsbedingung führt auf $(F_1)_y = 1$ und $(F_2)_x = 1$, es liegt also ein Gradientenfeld vor. Potential ist $\Phi = x^2 + xy$.
    b) Nachprüfen der Integrabilitätsbedingung führt auf $(F_1)_y = 1$ und $(F_2)_x = 1$, es liegt also ein Gradientenfeld vor. Potential ist $\Phi = \frac{x^2}{2} + xy + \frac{y^2}{2}$.
    c) Nachprüfen der Integrabilitätsbedingung führt auf $(F_1)_y = -\frac{1}{x^2}$ und $(F_2)_x = -\frac{1}{x^2}$, es liegt also ein Gradientenfeld vor. Potential ist $\Phi = \frac{y}{x}$ entweder auf der Halbebene $\{(x, y)|x > 0\}$ oder auf der Halbebene $\{(x, y)|x < 0\}$. Beide Halbebenen sind Gebiete, d. h. offen und zusammenhängend. Der gesamte Definitionsbereich $\mathbb{R}^2 \setminus \{(x, y)|x = 0\}$ ist nicht zusammenhängend.

3. Nachprüfen der Integrabilitätsbedingungen führt auf:

$$\begin{aligned}
(F_1)_y &= -3y^2 &= (F_2)_x, \\
(F_1)_z &= 2\cos z &= (F_3)_x, \\
(F_2)_z &= \quad 3 \quad &= (F_3)_y.
\end{aligned}$$

Die Integrabilitätsbedingungen sind also erfüllt. Ein Potential lässt sich bestimmen über:

$$\int (-y^3 + 2\sin z)dx = -xy^3 + 2x\sin z + a(y,z),$$

$$\int (-3xy^2 + 3z)dy = -xy^3 + 3yz + b(x,z),$$

$$\int (2x\cos z + 3y - 2z)dz = 2x\sin z + 3yz - z^2 + c(x,y).$$

Das Potential lautet: $\Phi = -xy^3 + 3yz + 2x\sin z - z^2$. Anfangspunkt der Schraubenlinie ist der Punkt $(R\cos 0, R\sin 0, h \cdot 0/2\pi) = (R,0,0)$, Endpunkt $(R\cos 2\pi, R\sin 2\pi, h \cdot 2\pi/2\pi) = (R,0,h)$. Für das Kurvenintegral erhält man

$$\int_C \vec{F}\,d\vec{r} = \Phi(R,0,h) - \Phi(R,0,0) = (2R\sin h - h^2) - 0 = 2R\sin h - h^2.$$

4. Die Integrabilitätsbedingungen sind für das Feld $\vec{F}(x,y,z) = (x, x+y, z)^T$ nicht erfüllt wegen $(F_1)_y = 0$ und $(F_2)_x = 1$. Es lässt sich also kein Potential bestimmen. Das Integral muss gemäß der Definition von Kurvenintegralen berechnet werden. Für die Schraubenlinie $\vec{r}(t) = (R\cos t, R\sin t, ht/2\pi)^T$ gelten die Ableitungen $\dot{\vec{r}}(t) = (-R\sin t, R\cos t, h/2\pi)^T$. Für das Kurvenintegral ergibt sich:

$$\int_C \vec{F}\,d\vec{r} = \int_0^{2\pi} \left[(R\cos t)\cdot(-R\sin t) + (R\cos t + R\sin t)\cdot(R\cos t) + \frac{h}{2\pi}t \cdot \frac{h}{2\pi} \right] dt$$

$$= \int_0^{2\pi} \left[R^2\cos^2 t + \frac{h^2}{(2\pi)^2}t \right] dt = \left[R^2\left(\frac{t}{2} + \frac{\sin t\cos t}{2} \right) + \frac{h^2}{(2\pi)^2}\frac{t^2}{2} \right]_{t=0}^{2\pi}$$

$$= R^2\frac{2\pi}{2} + \frac{h^2}{(2\pi)^2}\frac{(2\pi)^2}{2} - 0 = R^2\pi + \frac{h^2}{2}.$$

Die komplexen Zahlen

9

9.1 Einführung

▶ Vorkommen der komplexen Zahlen im „täglichen Leben"

Die meisten Studierenden der Ingenieurwissenschaften oder der Mathematik haben eher früher als später mit Programmiersprachen und evtl. auch mit Computeralgebrasystemen zu tun, von den Informatikerinnen und Informatikern ganz zu schweigen. Meist sind dort gewisse Zahlentypen vordefiniert, etwa ganze Zahlen (integer) und reelle Zahlen (real, float, double), oft auch so genannte komplexe Zahlen (complex). Insbesondere in der Elektrotechnik (Regelungstechnik etc.) gehören diese Zahlen zum Handwerkszeug und leisten gute Dienste, denn die rein reelle Rechnung wäre wesentlich schwerfälliger und mühseliger.

▶ Historische Anmerkungen

Geschichtlich gesehen wurden die komplexen Zahlen erst spät entdeckt (oder sollte man sagen: erfunden?): Man setzt dafür meist eine Schrift des Italieners Cardano (1545) an, der sich mit der Auflösung von kubischen Gleichungen beschäftigte. Hier kommen bisweilen Quadratwurzeln aus negativen Zahlen (etwa $\sqrt{-2}$) vor, die zunächst keinen Sinn ergeben, mit denen man aber rein algorithmisch weiterrechnen kann, bis sie sinnvolle (und korrekte!) reelle Lösungen liefern. Die Mathematiker verwendeten diese nützlichen Zahlen, waren aber recht misstrauisch, womit sie da eigentlich rechneten, woran der Ausdruck „imaginäre Zahl" (im Sinne von „nur eingebildete Zahl") erinnert. So hat der große Mathematiker Leibniz die imaginären Zahlen noch 1702 „ein Amphibium zwischen Sein und Nichtsein" genannt. Und sein später nicht minder berühmter Kollege Euler wunderte sich (wie heute noch jeder Student!), dass eine Zahl wie $\sqrt{-2}$ weder kleiner noch größer als 3 ist, weder positiv noch negativ. Erst Gauß trug zur Klärung bei, mit einer sehr einfachen geometrischen Veranschaulichung der komplexen Zahlen.

Y. Stry, R. Schwenkert, *Mathematik kompakt*, DOI 10.1007/978-3-642-24327-1_9,
© Springer-Verlag Berlin Heidelberg 2013

▷   Zahlbereichserweiterungen und ihre Zulässigkeit

Sie haben vielleicht aus den historischen Bemerkungen schon entnommen, dass die Einführung der komplexen Zahlen auf eine Zahlbereichserweiterung hinausläuft: So wie wir etwa die rationalen Zahlen zu den reellen Zahlen erweiterten, indem wir z. B. $\sqrt{2}$ als (eine) Lösung von $x^2 - 2 = 0$ zu den schon bekannten rationalen Zahlen, den Brüchen, hinzunahmen, zählen wir nun etwa $\sqrt{-2}$ als Lösung von $x^2 + 2 = 0$ hinzu. Die folgende Frage stellt sich dann natürlich: Darf man das so einfach? Da könnte doch schließlich jeder kommen: Schon in der Schule hat man Ihnen zwar verboten, durch Null zu teilen – aber warum definieren wir nicht einfach eine neue Zahlenart, in der $\alpha := 1/0$ vorkommt? Die Antwort ist einerseits simpel („Man würde sich mit obiger ‚Definition' ziemlich schnell in Widersprüche verwickeln, wenn man ‚wie üblich' rechnen wollte"), führt aber andererseits in philosophische Gedankengänge („Was ist eigentlich eine Zahl? In welcher Form existieren Zahlen?" – Offenbar doch nicht in der gleichen Weise wie Blumentöpfe ...).

▷   Welcher Zahlbereich kommt nach den komplexen Zahlen?

Eine andere Frage drängt sich ebenfalls auf: Was kommt nach den komplexen Zahlen? Kann man evtl. die Erweiterung der reellen Zahlen zu den komplexen Zahlen fortführen und die komplexen Zahlen zu was-auch-immer erweitern? Mit dieser Frage hat sich der Ire William Rowan Hamilton jahrelang beschäftigt und 1843 den so genannten Quaternionenschiefkörper entdeckt. Hier gilt übrigens das gewohnte Kommutativgesetz der Multiplikation nicht (daher nur „Schiefkörper", nicht jedoch „Körper"). Insgesamt ist diese Erweiterung des komplexen Zahlbereichs (wie alle so genannten hyperkomplexen Zahlen) aber von weitaus geringerer Bedeutung als die Bereitstellung der komplexen Zahlen selbst.

Was es mit den komplexen Zahlen auf sich hat, soll nun in diesem Kapitel besprochen werden.

9.2   Der Körper der komplexen Zahlen

Wir definieren im Folgenden die komplexen Zahlen, indem wir die so genannte „imaginäre" Einheit i *(mit* $i^2 = -1$*) zu den reellen Zahlen hinzunehmen. Mit den neu entstandenen komplexen Zahlen der Bauart* $a + b \cdot i$*, a und b reell, kann man wie gewohnt rechnen. Die Division komplexer Zahlen schaut zwar kompliziert aus, aber man kann sich die Divisionsvorschrift mit Hilfe der so genannten konjugiert-komplexen Zahl gut merken. Im Gegensatz zu den reellen Zahlen gibt es keine Größer-/Kleiner-Beziehung im Komplexen.*

9.2.1   Die Definition der komplexen Zahlen

Das Quadrat einer reellen Zahl ist stets positiv oder gleich 0. Daher hat etwa die Gleichung $x^2 + 1 = 0$ in $\mathbb{R}$ keine Lösung, es gibt keine (Quadrat-) Wurzel aus -1. Man kann den

Zahlbereich $\mathbb{R}$ aber erweitern, indem man eine solche Lösung i als neue – „imaginäre" – Zahl hinzunimmt und weitere neue – „komplexe" – Zahlen der Bauart $x + \text{i} \cdot y$ (wobei x und y reelle Zahlen sind) bildet:

Imaginäre Einheit, komplexe Zahlen, Real- und Imaginärteil

Die Zahl i mit $\text{i}^2 := -1$ heißt *imaginäre Einheit*.

Die Menge $\mathbb{C} := \{z = x + \text{i} \cdot y \mid x, y \in \mathbb{R}\}$ bezeichnet die Menge der *komplexen Zahlen*.

Man nennt $x = \text{Re}\, z$ den *Realteil*, $y = \text{Im}\, z$ den *Imaginärteil* der komplexen Zahl $z = x + \text{i} \cdot y$.

Beispiel 9.1

Die komplexe Zahl $z = 5 - 7\text{i}$ hat den Realteil $\text{Re}\, z = 5$ und den Imaginärteil $\text{Im}\, z = -7$ (und nicht den Imaginärteil -7i). Die imaginäre Einheit $\text{i} = 0 + 1 \cdot \text{i}$ selbst hat den Realteil $\text{Re}\, \text{i} = 0$ und den Imaginärteil $\text{Im}\, \text{i} = 1$.

Komplexe Zahlen werden gewöhnlich mit z, reelle Zahlen mit x oder y bezeichnet. Die imaginäre Einheit heißt übrigens in den technischen Disziplinen oft j, in „Mathematikerkreisen" wird sie hingegen immer mit i abgekürzt.

9.2.2 Reelle und komplexe Zahlen

Die komplexen Zahlen stellen eine Erweiterung des Zahlbereichs der reellen Zahlen dar:

$\mathbb{R} \subseteq \mathbb{C}$

Die komplexen Zahlen, deren Imaginärteil 0 ist, kann man mit den reellen Zahlen identifizieren. In diesem Sinne ist $\mathbb{R}$ eine Teilmenge von $\mathbb{C}$.

Komplexe Zahlen, deren Realteil 0 ist, nennt man rein-imaginär.

Beispiel 9.2

Die komplexe Zahl $\sqrt{2} + 0 \cdot \text{i}$ entspricht der reellen Zahl $\sqrt{2}$. Die (komplexe) Zahl $-5/7\,\text{i}$ ist rein-imaginär. Die imaginäre Einheit i ist ebenfalls rein-imaginär.

Komplexe Zahlen können sich sowohl hinsichtlich ihres Realteils als auch hinsichtlich ihres Imaginärteils unterscheiden:

Gleichheit komplexer Zahlen
Zwei komplexe Zahlen sind genau dann gleich, wenn sowohl ihr Realteil als auch ihr Imaginärteil übereinstimmen:

$$x_1 + \mathrm{i} \cdot y_1 = x_2 + \mathrm{i} \cdot y_2 \iff x_1 = x_2 \text{ und } y_1 = y_2.$$

Beispiel 9.3
Von den komplexen Zahlen $z_1 = 8/5 - 3/10\,\mathrm{i}$, $z_2 = 8/5 - 4/10\,\mathrm{i}$, $z_3 = \sqrt{3} - 0{,}3\mathrm{i}$ und $z_4 = 1{,}6 - 0{,}3\mathrm{i}$ sind nur z_1 und z_4 gleich.

9.2.3 Die Grundrechenarten

Mit Zahlen möchte man rechnen können! Daher sollten zumindest die vier Grundrechenarten für komplexe Zahlen zur Verfügung stehen (und natürlich für den reellen Spezialfall die gewohnten Ergebnisse liefern ...).
Wir definieren nun die Grundrechenarten auf den komplexen Zahlen wie folgt:

Grundrechenarten
$$(x_1 + \mathrm{i} \cdot y_1) + (x_2 + \mathrm{i} \cdot y_2) := (x_1 + x_2) + \mathrm{i} \cdot (y_1 + y_2)$$
$$(x_1 + \mathrm{i} \cdot y_1) - (x_2 + \mathrm{i} \cdot y_2) := (x_1 - x_2) + \mathrm{i} \cdot (y_1 - y_2)$$
$$(x_1 + \mathrm{i} \cdot y_1) \cdot (x_2 + \mathrm{i} \cdot y_2) := (x_1 x_2 - y_1 y_2) + \mathrm{i} \cdot (x_1 y_2 + x_2 y_1)$$
$$\frac{x_1 + \mathrm{i} \cdot y_1}{x_2 + \mathrm{i} \cdot y_2} := \frac{x_1 x_2 + y_1 y_2}{x_2^2 + y_2^2} + \mathrm{i} \cdot \frac{x_2 y_1 - x_1 y_2}{x_2^2 + y_2^2}$$
$$\text{(Division nur im Falle von } x_2 + \mathrm{i} \cdot y_2 \neq 0)$$

Diese Formeln für die Grundrechenarten sehen kompliziert aus; *aber man muss sie zum Glück nicht auswendig lernen. Im Prinzip sollte man sich nur merken, was jeweils zu tun ist.*

Summe/Differenz Die Definition der *Summe bzw. Differenz* zweier komplexer Zahlen ist jedenfalls „straightforward": Man addiert bzw. subtrahiert jeweils sowohl die Real- als auch die Imaginärteile getrennt.

Produkt Die Definition der *Multiplikation* sieht kompliziert aus, folgt aber einfach aus den üblichen (aus dem reellen Rechnen bekannten) Regeln, wie man Klammern ausmultipliziert:

$$(x_1 + \mathrm{i} \cdot y_1) \cdot (x_2 + \mathrm{i} \cdot y_2)$$
$$= x_1 \cdot x_2 + x_1 \cdot \mathrm{i} \cdot y_2 + \mathrm{i} \cdot y_1 \cdot x_2 + \mathrm{i} \cdot y_1 \cdot \mathrm{i} \cdot y_2$$
$$= x_1 x_2 + \mathrm{i} \cdot x_1 y_2 + \mathrm{i} \cdot x_2 y_1 - y_1 y_2$$
$$= (x_1 x_2 - y_1 y_2) + \mathrm{i} \cdot (x_1 y_2 + x_2 y_1),$$

dabei wurde nur $\mathrm{i}^2 = -1$ und das Umsortieren in Real- und Imaginärteil benutzt.

Quotient Auf die Formel für die *Division* komplexer Zahlen kommen wir durch folgende Umformungen:

$$\frac{x_1 + \mathrm{i} \cdot y_1}{x_2 + \mathrm{i} \cdot y_2} = \frac{(x_1 + \mathrm{i} \cdot y_1) \cdot (x_2 - \mathrm{i} \cdot y_2)}{(x_2 + \mathrm{i} \cdot y_2) \cdot (x_2 - \mathrm{i} \cdot y_2)}$$
$$= \frac{(x_1 x_2 + y_1 y_2) + \mathrm{i} \cdot (x_2 y_1 - x_1 y_2)}{x_2^2 + y_2^2}.$$

Man erweitert also mit $(x_2 - \mathrm{i} \cdot y_2)$ und stellt fest, dass beim Ausmultiplizieren der Nenner reell wird. Das ist schon der ganze Trick!

Am besten, man macht sich dies am Zahlenbeispiel klar:

Beispiel 9.4

Für Addition und Subtraktion betrachten wir:

$$(3 + 4\mathrm{i}) + (1 - 2\mathrm{i}) = (3 + 1) + (4 - 2)\mathrm{i} = 4 + 2\mathrm{i},$$
$$(3 + 4\mathrm{i}) - (1 - 2\mathrm{i}) = (3 - 1) + (4 - (-2))\mathrm{i} = 2 + 6\mathrm{i}.$$

Für die Multiplikation ergibt sich durch Ausmultiplizieren der Klammern:

$$(3 + 4\mathrm{i}) \cdot (1 - 2\mathrm{i}) = \underbrace{3 \cdot 1}_{3} + \underbrace{3 \cdot (-2\mathrm{i})}_{-6\mathrm{i}} + \underbrace{4\mathrm{i} \cdot 1}_{4\mathrm{i}} + \underbrace{4\mathrm{i} \cdot (-2\mathrm{i})}_{-8\mathrm{i}^2}$$
$$= 3 - 6\mathrm{i} + 4\mathrm{i} + 8$$
$$= (3 + 8) + (4 - 6)\mathrm{i} = 11 - 2\mathrm{i}.$$

Und für die Division erhält man durch Erweitern mit $(1 + 2\mathrm{i})$:

$$\frac{3 + 4\mathrm{i}}{1 - 2\mathrm{i}} = \frac{(3 + 4\mathrm{i})(1 + 2\mathrm{i})}{(1 - 2\mathrm{i})(1 + 2\mathrm{i})} = \frac{(3 - 8) + (4 + 6)\mathrm{i}}{1 + 2^2}$$
$$= \frac{-5 + 10\mathrm{i}}{5} = -1 + 2\mathrm{i}.$$

Übung 9.1

a) Gegeben seien die komplexen Zahlen $z_1 := -1 - 8i$ und $z_2 := -2 - 3i$. Berechnen Sie $2z_1$, $2z_1 + z_2$, $z_2 - z_1$, $z_1 \cdot z_2$, z_1^2 $(:= z_1 \cdot z_1)$ und $z_1 : z_2$.

b) Berechnen Sie die folgenden Potenzen von i: i^2, i^3, i^4, i^5, i^6 und i^{27}.

Lösung 9.1

a) $2z_1 = -2 - 16i$, $2z_1 + z_2 = -4 - 19i$, $z_2 - z_1 = -1 + 5i$, $z_1 \cdot z_2 = -22 + 19i$, $z_1^2 = -63 + 16i$, $z_1 : z_2 = 2 + i$.

b) $i^2 = -1$, $i^3 = i^2 \cdot i = (-1) \cdot i = -i$, $i^4 = i^3 \cdot i = (-i) \cdot i = -i^2 = -(-1) = 1$, $i^5 = i$, $i^6 = -1$, $i^{27} = i^{6 \cdot 4 + 3} = i^3 = -i$.

9.2.4   Die Körperaxiome

Man kann nun zeigen, dass die Grundrechenarten in $\mathbb{C}$ den gleichen Regeln wie die gewohnten Grundrechenarten in $\mathbb{R}$ unterliegen (so haben wir sie schließlich definiert): Das Kommutativgesetz der Addition $z_1 + z_2 = z_2 + z_1$ etwa ist klar, das Kommutativgesetz der Multiplikation $z_1 \cdot z_2 = z_2 \cdot z_1$ erfordert nur eine einfache Rechnung. Auch Assoziativgesetz, Distributivgesetz, Existenz des neutralen Elements etc. lassen sich schnell zeigen. Insgesamt gilt sogar (vgl. Körperaxiome in Abschn. 4.4):

> **Körper der komplexen Zahlen**
> Die komplexen Zahlen bilden bezüglich der Addition und Multiplikation einen Körper $(\mathbb{C}, +, \cdot)$.

Genau wie in $\mathbb{R}$ sind also in $\mathbb{C}$ die Körperaxiome (z. B. gewisse einfache Rechenregeln wie die Kommutativgesetze) erfüllt. Man rechnet mit anderen Worten wie gewohnt.

Keine Größer-/Kleiner-Beziehung in $\mathbb{C}$! Anders als in $\mathbb{R}$ gibt es aber *keine Größer-/Kleiner-Beziehung in $\mathbb{C}$*. Man kann also zwei komplexe Zahlen nur auf Gleichheit/Ungleichheit untersuchen, nicht aber sinnvoll sagen, welche von beiden die größere ist.

Außerdem gibt es keine positiven oder negativen komplexen Zahlen. Es wäre also *falsch* zu sagen, dass $+i$ positiv sei. Ebensowenig ist $+i$ negativ. Auch $-2i$ ist weder positiv noch negativ! Bedenken Sie dazu, dass das Produkt zweier positiver oder zweier negativer Zahlen stets positiv ist: Das Produkt von i mit sich selbst ergibt aber -1, also eine negative Zahl!

9.2.5   Die konjugiert-komplexe Zahl

Mit Einführung des folgenden Begriffs der konjugiert-komplexen Zahl ist etwa die Divisionsvorschrift leichter zu merken:

Konjugiert-komplexe Zahl
Die komplexe Zahl

$$\bar{z} := x + i \cdot (-y) = x - i \cdot y$$

heißt die zu $z = x + i \cdot y$ konjugiert-komplexe Zahl.

Für die konjugiert-komplexe Zahl $\bar{z}$ ist auch die Abkürzung z^* gebräuchlich.

Beispiel 9.5
Die zu $z_1 = -7 - 8i$ konjugiert-komplexe Zahl lautet $\overline{z_1} = -7 + 8i$.
   Für $z_2 = 4i = 0 + 4 \cdot i$ gilt $\overline{z_2} = -4i = -z_2$ und für $z_3 = -17 = -17 + 0 \cdot i$ ist
$\overline{z_3} = -17 = z_3$.

Die Merkregel für die Division komplexer Zahlen lautet dann:

Merkregel für Division durch komplexe Zahl
Man dividiert, indem man durch Erweitern mit dem Konjugiert-Komplexen des
Nenners diesen Nenner reell macht.

Diese einfache Merkregel basiert auf der folgenden Rechenregel, die wir hier noch
schnell festhalten wollen:

Rechenregel für konjugiert-komplexe Zahlen
Mit $z = x + i \cdot y$ und $\bar{z} = x - i \cdot y$ gilt für konjugiert-komplexe Zahlen die folgende
Rechenregel:

$$z \cdot \bar{z} = x^2 + y^2 \text{ ist stets reell und } \geq 0.$$

Dies kann man durch einfaches Nachrechnen zeigen:

$$z \cdot \bar{z} = (x + iy) \cdot (x - iy) = x \cdot x + x \cdot (-iy) + iy \cdot x + iy \cdot (-iy)$$
$$= x^2 - ixy + ixy - i^2 y^2 = x^2 + y^2.$$

Übung 9.2
a) Gegeben sei die komplexe Zahl $z_0 = 1 - 2i$. Geben Sie an bzw. berechnen Sie:
   $\mathrm{Re}(z_0)$, $\mathrm{Im}(z_0)$, $\overline{z_0}$, $\mathrm{Re}(1/z_0)$, $\mathrm{Im}(i \cdot \overline{z_0})$, $\overline{\mathrm{Im}(z_0)}$, $\overline{i \cdot \mathrm{Re}(z_0)}$.
b) Bestimmen Sie alle komplexen Zahlen $z = x + i \cdot y$ mit $\mathrm{Im}(2\bar{z} + z) = 1$.

Lösung 9.2

a) $\mathrm{Re}(z_0) = 1$, $\mathrm{Im}(z_0) = -2$, $\overline{z_0} = 1 + 2\mathrm{i}$, $\mathrm{Re}(1/z_0) = 1/5$, $\mathrm{Im}(\mathrm{i} \cdot \overline{z_0}) = 1$, $\overline{\mathrm{Im}(z_0)} = -2$, $\overline{\mathrm{i} \cdot \mathrm{Re}(z_0)} = -\mathrm{i}$.

b) Alle komplexen Zahlen $z = x + \mathrm{i} \cdot y$ mit Imaginärteil $y = -1$.

Wir wollen auch noch die folgenden einfachen Rechenregeln für konjugiert-komplexe Zahlen auflisten:

Rechenregeln für konjugiert-komplexe Zahlen

Mit $z = x + \mathrm{i} \cdot y$ und $\overline{z} = x - \mathrm{i} \cdot y$ gilt:

a) Genau für reelle z ist $z = \overline{z}$.

b) Das Bilden der konjugiert-komplexen Zahl ist mit allen vier Grundrechenarten vertauschbar:

$$\overline{z_1 + z_2} = \overline{z_1} + \overline{z_2}, \quad \overline{z_1 - z_2} = \overline{z_1} - \overline{z_2},$$

$$\overline{z_1 \cdot z_2} = \overline{z_1} \cdot \overline{z_2}, \quad \overline{\left(\frac{z_1}{z_2}\right)} = \frac{\overline{z_1}}{\overline{z_2}}$$

(Division nur im Falle von $z_2 \neq 0$).

Die Identität $\overline{z_1 + z_2} = \overline{z_1} + \overline{z_2}$ zeigt man etwa wie folgt:

Es seien $z_1 = x_1 + \mathrm{i}y_1$ und $z_2 = x_2 + \mathrm{i}y_2$. Dann gilt:

$$\overline{z_1 + z_2} = \overline{(x_1 + \mathrm{i}y_1) + (x_2 + \mathrm{i}y_2)} = \overline{(x_1 + x_2) + \mathrm{i}(y_1 + y_2)}$$
$$= (x_1 + x_2) - \mathrm{i}(y_1 + y_2) = (x_1 - \mathrm{i}y_1) + (x_2 - \mathrm{i}y_2)$$
$$= \overline{z_1} + \overline{z_2}.$$

Übung 9.3

Beweisen Sie: $\overline{z_1 \cdot z_2} = \overline{z_1} \cdot \overline{z_2}$.

Lösung 9.3

Mit $z_1 = x_1 + \mathrm{i}y_1$ und $z_2 = x_2 + \mathrm{i}y_2$ ist:

$$\overline{z_1 \cdot z_2} = \overline{(x_1 + \mathrm{i}y_1) \cdot (x_2 + \mathrm{i}y_2)}$$
$$= \overline{(x_1 x_2 - y_1 y_2) + \mathrm{i}(x_1 y_2 + x_2 y_1)}$$
$$= (x_1 x_2 - y_1 y_2) - \mathrm{i}(x_1 y_2 + x_2 y_1).$$

Umgekehrt gilt:

$$\overline{z_1} \cdot \overline{z_2} = (x_1 - \mathrm{i}y_1) \cdot (x_2 - \mathrm{i}y_2)$$
$$= (x_1 x_2 - y_1 y_2) - \mathrm{i}(x_1 y_2 + x_2 y_1).$$

Abb. 9.1 Briefmarke zum
200. Geburtstag von Gauß,
1977

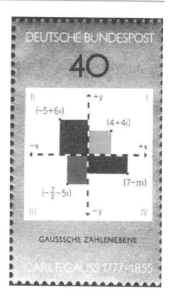

9.3   Die Gauß'sche Zahlenebene

*Die komplexen Zahlen kann man sich als Punkte oder (Orts-)Vektoren im $\mathbb{R}^2$, der so
genannten Gauß'schen Zahlenebene, vorstellen. Addition und Subtraktion von komplexen Zahlen entsprechen dann der üblichen Addition und Subtraktion von Vektoren in der
Ebene. Die Wichtigkeit der Zahlenebene wird auch durch die „Ehrung" der Deutschen
Bundespost (siehe Abb. 9.1) deutlich.*

*Punkte in der Ebene lassen sich nicht nur durch ihre kartesischen Koordinaten (x-
und y-Wert) beschreiben, sondern es gibt auch die Darstellung in Polarkoordinaten (Abstand r zum Nullpunkt und Winkel φ zur positiven x-Achse). Entsprechend lernen wir hier
außer der so genannten Normalform auch die Polarform komplexer Zahlen kennen. Diese hat den Vorteil, dass wir damit die Multiplikation und Division mit einer komplexen
Zahl anschaulich als „Drehstreckung" interpretieren können. Die Exponentialform einer
komplexen Zahl schließlich ähnelt ihrer Polardarstellung.*

9.3.1   Veranschaulichung durch die Gauß'sche Zahlenebene

$\mathbb{C}$ mit $\mathbb{R} \times \mathbb{R}$ identifizieren Da die komplexen Zahlen die „Bauart" $x + iy$ mit $x, y \in \mathbb{R}$
besitzen, also sozusagen aus zwei reellen Anteilen (nämlich Realteil und Imaginärteil)
bestehen, liegt es eigentlich nahe, die Menge der komplexen Zahlen $\mathbb{C}$ mit der Menge
$\mathbb{R} \times \mathbb{R}$ (oder anders ausgedrückt $\mathbb{R}^2$) zu identifizieren.

Abb. 9.2 Gauß'sche Zahlenebene

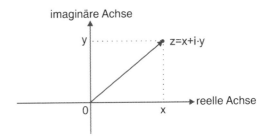

Abb. 9.3 Zahlen in der
Gauß'schen Ebene

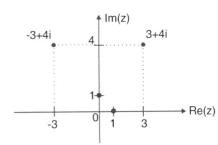

Ortsvektoren Wir können uns die komplexen Zahlen dann veranschaulichen durch *Ortsvektoren* bzw. Punkte der Ebene, der so genannten *Gauß'schen Zahlenebene* (vgl. Abb. 9.2):

Gauß'sche Zahlenebene
Jeder komplexen Zahl $z = x + i \cdot y$ entspricht genau ein Vektor $\binom{x}{y}$ bzw. genau ein Punkt (x, y) der Ebene und umgekehrt.

Ortsvektoren, Zeiger In der Technik spricht man anstelle von Ortsvektoren häufig von *Zeigern* auf komplexe Zahlen.

Beispiel 9.6
a) Der komplexen Zahl $z = -3 + 4i$ entspricht der Punkt $(-3, 4)$; $z = 1$ entspricht der Punkt $(1, 0)$; $z = i$ entspricht der Punkt $(0, 1)$; $z = 0$ entspricht der Punkt $(0, 0)$, der Ursprung des Koordinatensystems (vgl. Abb. 9.3).
b) **Ortsvektor reeller und rein-imaginärer Zahlen** Genau für *reelle Zahlen z* gilt Im $z = 0$; sie werden durch die Punkte der *reellen Achse* dargestellt. *Rein-imaginäre Zahlen* (Re $z = 0$) werden durch die Punkte der *imaginären Achse* veranschaulicht.
c) **Ortsvektor der konjugiert-komplexen Zahl** Den zur *konjugiert-komplexen Zahl* $\bar{z} = x - i \cdot y$ gehörigen Ortsvektor findet man durch Spiegelung des zu $z = x + i \cdot y$ gehörigen Ortsvektors an der reellen Achse (vgl. Abb. 9.4).
d) Punkte in der Gauß'schen Zahlenebene und folglich die komplexen Zahlen kann man nicht linear anordnen (keine Größer-/Kleiner-Beziehung!).

Abb. 9.4 Spiegelung an der reellen Achse

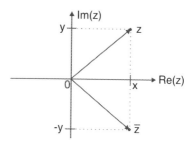

Rechenoperationen in $\mathbb{R} \times \mathbb{R}$ Der Vorteil der Veranschaulichung der komplexen Zahlen durch Vektoren in der Gauß'sche Zahlenebene liegt insbesondere in der einfachen Darstellung der Rechenoperationen. Wenn wir

$$z = x + \mathrm{i} \cdot y = (x, y)$$

setzen und Addition und Multiplikation umschreiben, so erhalten wir für die Rechenoperationen $+$ und $\cdot$ auf $\mathbb{R} \times \mathbb{R} = \{(x, y) | x, y \in \mathbb{R}\}$ die folgende Darstellung:

$$(x_1, y_1) + (x_2, y_2) = (\quad x_1 + x_2 \quad, \quad y_1 + y_2 \quad),$$
$$(x_1, y_1) \cdot (x_2, y_2) = (x_1 x_2 - y_1 y_2, x_1 y_2 + x_2 y_1).$$

Interpretation der obigen Formeln Die erste der beiden obigen Gleichungen besagt, dass die Addition komplexer Zahlen wie die Addition von Vektoren in der Ebene (Kräfteparallelogramm!) vorgenommen wird.

Die zweite der beiden obigen Formeln lässt sich nicht so einfach interpretieren. Jedenfalls hat die Multiplikation komplexer Zahlen nichts mit dem Skalarprodukt oder dem Vektorprodukt von Vektoren im $\mathbb{R}^2$ zu tun. Aber auch für die Multiplikation komplexer Zahlen werden wir später eine einfache geometrische Interpretation finden.

9.3.2 Polarkoordinaten in der Ebene

Zur Beschreibung von Multiplikation und Division komplexer Zahlen ist die Einführung von so genannten *Polarkoordinaten* günstig (vgl. Abb. 9.5):

Polarkoordinaten
Die Lage eines Punktes der Ebene lässt sich durch seinen Abstand r („Radius") vom Koordinatenursprung und, wenn $r > 0$, durch den Winkel φ des Ortsvektors mit der positiven x-Achse („Polarwinkel") kennzeichnen.

(Im Fall $r = 0$, am Koordinatenursprung also, lässt sich φ nicht definieren.)

Abb. 9.5 Polarkoordinaten-darstellung

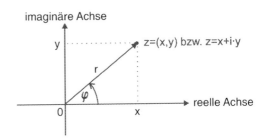

Bogenmaß, Gradmaß Winkel werden meist in *Bogenmaß* angegeben. Das bekannte Gradmaß $\hat{\varphi}$ (Einheit: Grad) und das Bogenmaß φ (Einheit: Radiant) hängen dabei wie folgt zusammen:

$$\frac{\hat{\varphi}}{360°} = \frac{\varphi}{2\pi}.$$

Intervall für Winkel Da der Winkel nur bis auf Vielfache von 2π (bzw. 360°) bestimmt ist, legt man wie üblich ein Intervall fest, in dem der Winkel angeben wird, nämlich

$$-\pi < \varphi \leq +\pi.$$

Umrechnungsformeln Eine Transformation zwischen kartesischen und Polarkoordinaten ist ganz einfach. Benötigt werden dazu lediglich elementare Kenntnisse der ebenen Trigonometrie, d. h. der Verhältnisse in (rechtwinkligen) Dreiecken. Die *Umrechnungsformeln zwischen kartesischen Koordinaten und Polarkoordinaten* lauten:

$$x = r \cdot \cos\varphi \quad \text{und} \quad y = r \cdot \sin\varphi$$

sowie

$$r = \sqrt{x^2 + y^2} \quad \text{und} \quad \varphi = \pm \arccos\left(\frac{x}{r}\right).$$

(Vorzeichen von φ je nachdem ob $y \geq 0$ oder $y < 0$.) Man könnte hier auch die Beziehung $\tan\varphi = y/x$ verwenden, müßte aber bei der Umkehrfunktion $\arctan(y/x)$ vier Fallunterscheidungen, je nach Quadrant, in dem (x, y) liegt, durchführen.

> **Beispiel 9.7**
>
> Aus den kartesischen Koordinaten $x = -3$ und $y = 4$ der komplexen Zahl $z = -3 + 4i$ ergeben sich die Polarkoordinaten $r = \sqrt{(-3)^2 + 4^2} = \sqrt{25} = 5$ und $\varphi = +\arccos(-3/5) \approx 2{,}214$ (bzw. $\hat{\varphi} \approx 126{,}87°$).
>
> Aus den Polarkoordinaten $r = 4$ und $\phi = -\pi/6$ ($\hat{\varphi} = -30°$) erhält man die kartesischen Koordinaten $x = 4 \cdot \cos(-\pi/6) = 4 \cdot 1/2\sqrt{3} = 2\sqrt{3}$ und $y = 4 \cdot \sin(-\pi/6) = 4 \cdot (-1/2) = -2$ der komplexen Zahl $z = 2\sqrt{3} - 2i$.

Übung 9.4

a) Geben Sie die Polarkoordinaten r und φ der folgenden komplexen Zahlen an: $z_1 = 7$, $z_2 = 4\mathrm{i}$, $z_3 = -6$, $z_4 = -3\mathrm{i}$, $z_5 = 1 - \mathrm{i}$.

b) Berechnen Sie die kartesischen Koordinaten der komplexen Zahl z_6 mit den Polarkoordinaten $r = 2$, $\varphi = \pi/3$.

Lösung 9.4

a) $r_1 = 7$, $\varphi_1 = 0$; $r_2 = 4$, $\varphi_2 = \pi/2$; $r_3 = 6$, $\varphi_3 = \pi$; $r_4 = 3$, $\varphi_4 = -\pi/2$; $r_5 = \sqrt{2}$, $\varphi_5 = -\pi/4$.

b) $x_6 = 1$, $y_6 = \sqrt{3}$.

9.3.3 Betrag und Argument von komplexen Zahlen

Anstelle vom Radius und Polarwinkel bei Polarkoordinaten wird im Zusammenhang mit komplexen Zahlen meist vom *(Absolut-) Betrag* und vom *Argument (oder Arcus oder Phase oder Winkel)* einer komplexen Zahl gesprochen:

Betrag

Unter dem *Betrag* einer komplexen Zahl $z = x + \mathrm{i}y$ versteht man

$$|z| = |x + \mathrm{i} \cdot y| := \sqrt{x^2 + y^2} = \sqrt{z \cdot \overline{z}}$$

Beispiel 9.8

Der Betrag der komplexen Zahl $z = -3 + 4\mathrm{i}$ ist gleich 5 und das Argument von z ist ungefähr 2,214 (vgl. Beispiel 9.7).

Der Betrag einer komplexen Zahl ist anschaulich gesprochen die Länge ihres Ortsvektors bzw. ihr Abstand vom Nullpunkt. Der Term $|z_1 - z_2|$, der Betrag von $z_1 - z_2$ also, steht für den Abstand der beiden Zahlen (d. h. Punkte im $\mathbb{R} \times \mathbb{R}$) z_1 und z_2. Es gelten, z. T. ganz analog zum Reellen, die folgenden Regeln:

Rechenregeln für den Betrag

a) $|z| \geq 0$; $|z| = 0 \iff z = 0$,

b) $|\overline{z}| = |z|$,

c) $|z_1 + z_2| \leq |z_1| + |z_2|$ (Dreiecksungleichung),

d) $|z_1 \cdot z_2| = |z_1| \cdot |z_2|$,

e) $|z_1/z_2| = |z_1|/|z_2|$ falls $z_2 \neq 0$.

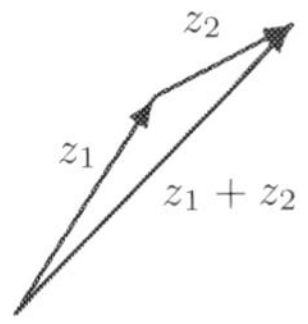

Abb. 9.6 Dreiecksunglei-
chung/Vektoraddition

Übung 9.5

a) Zeigen Sie: $|\overline{z}| = |z|$. Was bedeutet dies geometrisch?

b) Was besagt die Dreiecksungleichung anschaulich?

Lösung 9.5

a) Es sei $z := x + \mathrm{i} \cdot y$. Dann ist $|z| = \sqrt{x^2 + y^2}$ und $|\overline{z}| = \sqrt{x^2 + (-y)^2} = \sqrt{x^2 + y^2}$. Die Ortsvektoren von $|z|$ und $|\overline{z}|$, welche durch Spiegelung an der x-Achse auseinander hervorgehen, sind gleich lang.

b) Die Länge des Vektors von $z_1 + z_2$ (Hypotenuse des Dreiecks in Abb. 9.6) ist kleiner/gleich der Summe der Längen von z_1 und z_2 (Katheten des Dreiecks in Abb. 9.6).

9.3.4 Die Polarform komplexer Zahlen

Die den Polarkoordinaten entsprechende Darstellung komplexer Zahlen mit Hilfe von Betrag und Argument nennt man Polarform:

Normalform und Polarform einer komplexen Zahl

Die bisher in kartesischer Normalform gegebene komplexe Zahl $z = x + \mathrm{i} \cdot y$ lässt sich bei Verwendung von Polarkoordinaten in der Polarform schreiben:

$$z = |z| \cdot (\cos \varphi + \mathrm{i} \cdot \sin \varphi)$$

Die Umrechnung erfolgt gemäß den Formeln für die Transformation zwischen kartesischen Koordinaten und Polarkoordinaten.

Beispiel 9.9

Es gilt $z = -3+4\mathrm{i} \approx 5\cdot[\cos(2{,}214) + \mathrm{i} \cdot \sin(2{,}214)]$; dabei ist $-3+4\mathrm{i}$ die Normalform und $5 \cdot [\cos(2{,}214) + \mathrm{i} \cdot \sin(2{,}214)]$ die Polarform der komplexen Zahl z. Umgekehrt: $4 \cdot [\cos(-\pi/6) + \mathrm{i} \cdot \sin(-\pi/6)] = 4 \cdot (\sqrt{3}/2 + \mathrm{i} \cdot (-1/2)) = 2\sqrt{3} - 2\mathrm{i}$. In diesem Fall wurde ausgehend von der Polarform auf die Normalform der komplexen Zahl umgerechnet.

Weitere Beispiele für die Polarform komplexer Zahlen sind:

$$i = 1 \cdot [\cos(\pi/2) + i \cdot \sin(\pi/2)] \,,$$
$$1 + i = \sqrt{2} \cdot [\cos(\pi/4) + i \cdot \sin(\pi/4)] \,,$$
$$-7 = 7 \cdot [\cos \pi + i \cdot \sin \pi] \,.$$

Dabei sieht die Polarform von -7 nur auf den ersten Blick erstaunlich aus!

Übung 9.6

Geben Sie die Polarform der folgenden komplexen Zahlen an (vgl. Übung 9.4): $z_1 = 7$, $z_2 = 4i$, $z_3 = -6$, $z_4 = -3i$, $z_5 = 1 - i$.

Lösung 9.6

$$z_1 = 7 = 7 \cdot [\cos 0 + i \cdot \sin 0],$$
$$z_2 = 4i = 4 \cdot [\cos(\pi/2) + i \cdot \sin(\pi/2)],$$
$$z_3 = -6 = 6 \cdot [\cos \pi + i \cdot \sin \pi],$$
$$z_4 = -3i = 3 \cdot [\cos(-\pi/2) + i \cdot \sin(-\pi/2)],$$
$$z_5 = 1 - i = \sqrt{2} \cdot [\cos(-\pi/4) + i \cdot \sin(-\pi/4)].$$

9.3.5 Multiplikation und Division komplexer Zahlen

Die Polarform erlaubt nun eine sehr prägnante Beschreibung der Multiplikation und Division komplexer Zahlen:

Multiplikation und Division komplexer Zahlen
Für die Zahlen $z_1 := |z_1| \cdot (\cos \varphi_1 + i \cdot \sin \varphi_1)$ und $z_2 := |z_2| \cdot (\cos \varphi_2 + i \cdot \sin \varphi_2)$ gilt:
$$z_1 \cdot z_2 = |z_1| \cdot |z_2| \cdot (\cos(\varphi_1 + \varphi_2) + i \cdot \sin(\varphi_1 + \varphi_2)),$$
$$z_1/z_2 = |z_1|/|z_2| \cdot (\cos(\varphi_1 - \varphi_2) + i \cdot \sin(\varphi_1 - \varphi_2))$$

(Division nur im Falle von $z_2 \neq 0$).

Der Beweis dieses Satzes ist recht einfach; man benötigt nur die aus der Schule bekannten Additionstheoreme von Sinus und Cosinus:

$$z_1 \cdot z_2 = |z_1|(\cos \varphi_1 + i \cdot \sin \varphi_1) \cdot |z_2|(\cos \varphi_2 + i \cdot \sin \varphi_2)$$
$$= |z_1||z_2| \cdot \left[\underbrace{(\cos \varphi_1 \cos \varphi_2 - \sin \varphi_1 \sin \varphi_2)}_{=\cos(\varphi_1 + \varphi_2)} + i \cdot \underbrace{(\cos \varphi_1 \sin \varphi_2 + \sin \varphi_1 \cos \varphi 2)}_{=\sin(\varphi_1 + \varphi_2)} \right].$$

Abb. 9.7 Multiplikation von
z_1 mit $1 + i$

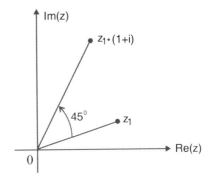

Die Aussage dieses Satzes lautet mit anderen Worten:

> Komplexe Zahlen werden multipliziert (dividiert), indem man ihre Beträge multi-
> pliziert (dividiert) und ihre Winkel addiert (subtrahiert) – und den resultierenden
> Winkel evtl. auf das Intervall $(-\pi, +\pi]$ reduziert.

Geometrisch kann die Multiplikation komplexer Zahlen als *Drehstreckung* beschrieben
werden:

Drehstreckung
Multipliziert man eine komplexe Zahl z_1 mit einer komplexen Zahl z_2, so wird der
Betrag von z_1 um den Faktor $|z_2|$ „gestreckt" (oder „gestaucht"), der Winkel von
z_1 wird um den Winkel von z_2 „weitergedreht".

Beispiel 9.10
Multiplikation einer Zahl z_1 mit der Zahl $z_2 = 1 + i$ bedeutet (wegen $|z_2| = \sqrt{2}$,
$\varphi_2 = \arccos(1/\sqrt{2}) = \pi/4 = 45°$): Der Ortvektor der Zahl z_1 wird um $\sqrt{2}$ ge-
streckt und um $45°$ (im mathematischen, also im Gegenuhrzeigersinn) gedreht. Dies
veranschaulicht Abb. 9.7.

Übung 9.7
Gegeben seien die komplexen Zahlen $z_1 = 1 + i$ und $z_2 = -1 + 2i$.

a) Führen Sie zunächst z_1 und z_2 in Polarform über und berechnen Sie $z_1 \cdot z_2$.
b) Berechnen Sie $z_1 \cdot z_2$ in Normalform und führen Sie dann das Ergebnis in Polarform
   über.
c) Interpretieren Sie $z_1 \cdot z_2$ als Drehstreckung in der Gauß'schen Zahlenebene.

Lösung 9.7

a)
$$z_1 = \sqrt{2} \cdot \left(\cos \frac{\pi}{4} + \mathrm{i} \sin \frac{\pi}{4} \right),$$

$$z_2 = \sqrt{5} \cdot (\cos 2{,}034 + \mathrm{i} \sin 2{,}034),$$

$$z_1 \cdot z_2 = \sqrt{2} \cdot \sqrt{5} \cdot \left(\cos \left(\frac{\pi}{4} + 2{,}034 \right) + \mathrm{i} \sin \left(\frac{\pi}{4} + 2{,}034 \right) \right)$$

$$= \sqrt{10} \cdot (\cos 2{,}819 + \mathrm{i} \sin 2{,}819).$$

b)
$$z_1 \cdot z_2 = (1 + \mathrm{i}) \cdot (-1 + 2\mathrm{i}) = -3 + \mathrm{i}$$

$$= \sqrt{10} \cdot (\cos 2{,}819 + \mathrm{i} \sin 2{,}819).$$

c) Multiplikation mit z_2 entspricht Streckung um Faktor $\sqrt{5}$ und (ungefähre) Drehung um Winkel 2,034.

9.3.6 Die Exponentialform komplexer Zahlen

Für den Term $\cos \varphi + \mathrm{i} \cdot \sin \varphi$ bietet sich eine Abkürzung an. Wir benutzen dazu die folgende Gleichung, die so genannte *Euler'sche Beziehung*:

Euler'sche Beziehung

$$\mathrm{e}^{\mathrm{i}\varphi} = \cos \varphi + \mathrm{i} \cdot \sin \varphi$$

Euler'sche Beziehung beruht auf Reihen Obige Gleichung ist zunächst als bloße Abkürzung zu sehen; es steckt aber noch ein tiefer liegender mathematischer Sachverhalt dahinter: Man kann (nicht nur) die bekannten Funktionen e^x, $\sin x$ und $\cos x$ als so genannte „Reihen", eine Art unendlicher Summen, auffassen, etwa (vgl. Abschn. 7.10)

$$\mathrm{e}^x = 1 + x + \frac{x^2}{2!} + \frac{x^3}{3!} + \ldots = \sum_{n=0}^{\infty} \frac{x^n}{n!}.$$

Ersichtlich wird dann, dass sich die Reihendarstellungen von e^x und den beiden trigonometrischen Funktionen $\sin x$ und $\cos x$ sehr ähneln. In der Tat erhält man nach Erweiterung des Reihenbegriffs auf komplexe Zahlen genau obige Euler'sche Beziehung.

Damit bietet es sich an, statt der etwas umständlicheren Polarform nun die so genannte *Exponentialform* zu verwenden:

Polarform und Exponentialform einer komplexen Zahl
Die bisher in Polarform gegebene komplexe Zahl

$$z = |z| \cdot (\cos \varphi + i \cdot \sin \varphi)$$

lässt sich unter Verwendung der Euler'schen Beziehung nun in der Exponentialform
schreiben:

$$z = |z| \cdot e^{i\varphi}.$$

Der Anteil $|z|$ beschreibt dabei die Länge des Ortsvektors von z, der Anteil $e^{i\varphi}$ allein
den Winkel: $|e^{i\varphi}| = 1$.

Beispiel 9.11
(vgl. Beispiel 9.9)

$$
\begin{aligned}
-3 + 4i &\approx 5 &&\cdot (\cos 2{,}214 + i \cdot \sin 2{,}214) &&= 5 &&\cdot e^{2{,}214i}, \\
2\sqrt{3} - 2i &= 4 &&\cdot (\cos(-\pi/6) + i \cdot \sin(-\pi/6)) &&= 4 &&\cdot e^{-i\pi/6}, \\
i &= 1 &&\cdot (\cos(\pi/2) + i \cdot \sin(\pi/2)) &&= 1 &&\cdot e^{i\pi/2}, \\
1 + i &= \sqrt{2} &&\cdot (\cos(\pi/4) + i \cdot \sin(\pi/4)) &&= \sqrt{2} &&\cdot e^{i\pi/4}, \\
-7 &= 7 &&\cdot (\cos \pi + i \cdot \sin \pi) &&= 7 &&\cdot e^{i\pi}.
\end{aligned}
$$

Übung 9.8
Geben Sie die Exponentialform der folgenden komplexen Zahlen an (vgl. Übung 9.6):
$z_1 = 7$, $z_2 = 4i$, $z_3 = -6$, $z_4 = -3i$, $z_5 = 1 - i$.

Lösung 9.8
$z_1 = 7 = 7 \cdot e^{0i}$, $z_2 = 4i = 4 \cdot e^{i\pi/2}$, $z_3 = -6 = 6 \cdot e^{i\pi}$, $z_4 = -3i = 3 \cdot e^{-i\pi/2}$,
$z_5 = 1 - i = \sqrt{2} \cdot e^{-i\pi/4}$.

Die „Abkürzung" $e^{i\varphi}$ hat den großen Vorteil, dass man mit ihr wie mit einer „richtigen
Potenz" rechnen kann:

Satz von Moivre

$$e^{i\varphi_1} \cdot e^{i\varphi_2} = e^{i(\varphi_1 + \varphi_2)}, \quad \frac{e^{i\varphi_1}}{e^{i\varphi_2}} = e^{i(\varphi_1 - \varphi_2)},$$

$$(e^{i\varphi})^n = e^{i(n\varphi)} \quad \text{(Satz von Moivre)}$$

Man muss sich also keine umständlichen Additionstheoreme wie beim Umgang mit der Polarform komplexer Zahlen merken.

Potenzen komplexer Zahlen Die Exponentialform komplexer Zahlen ist besonders hilfreich, wenn man etwa *Potenzen komplexer Zahlen* berechnen will.

Beispiel 9.12

$$(1 - i)^6 = (\sqrt{2}e^{i(-\frac{\pi}{4})})^6 = (\sqrt{2})^6 \cdot e^{i6(-\frac{\pi}{4})} = 8 \cdot e^{-i\frac{3\pi}{2}}$$
$$= 8 \cdot e^{i(-\frac{3\pi}{2}+2\pi)} = 8 \cdot e^{i\frac{\pi}{2}} = 8i.$$

Übung 9.9

Berechnen Sie $(1 - \sqrt{3}i)^6$ und $(1 + i)^4$. Benutzen Sie dazu die Darstellung komplexer Zahlen in Exponentialform!

Lösung 9.9

$$(1 - \sqrt{3}i)^6 = (2 \cdot e^{i(-\frac{\pi}{3})})^6 = 2^6 \cdot e^{i(-\frac{6\pi}{3})} = 2^6 \cdot e^{i(-2\pi)} = 2^6 \cdot e^{i0} = 64,$$
$$(1 + i)^4 = (\sqrt{2} \cdot e^{i\frac{\pi}{4}})^4 = \sqrt{2}^4 \cdot e^{i4\frac{\pi}{4}} = 4 \cdot e^{i\pi} = -4.$$

9.4 Algebraische Gleichungen

Wir erinnern uns: Die komplexen Zahlen wurden mit Hilfe der imaginären Einheit i definiert. Dabei ist wegen $i^2 = -1$ die imaginäre Einheit i die (besser: eine) Wurzel aus -1. Man kann also im Komplexen aus mehr Zahlen Wurzeln ziehen (oder oftmals mehr Nullstellen von Polynomen finden) als im Reellen.

In diesem Abschnitt werden wir sehen, dass es genau n n-te Wurzeln aus jeder komplexen Zahl $c \neq 0$ gibt, also etwa genau vier Zahlen, die mit 4 potenziert $1 - 2i$ ergeben, d. h. vier vierte Wurzeln aus $1 - 2i$. Es gilt sogar noch allgemeiner der so genannte Fundamentalsatz der Algebra: Jedes Polynom n-ten Grades hat genau n (nicht unbedingt verschiedene) Nullstellen.

9.4.1 Quadratische Gleichungen

Lösbarkeit quadratischer Gleichungen Der erste ins Auge fallende Vorteil der komplexen Zahlen gegenüber den reellen Zahlen liegt in der generellen Lösbarkeit quadratischer Gleichungen (zunächst mit reellen Koeffizienten). Lassen Sie uns dafür kurz wiederholen, wie man quadratische Gleichungen löst: Die Gleichung $a_2 z^2 + a_1 z + a_0 = 0$ mit den Koeffizienten $a_2 \neq 0$, $a_0, a_1, a_2 \in \mathbb{R}$ lässt sich zunächst *normieren*: $z^2 + (a_1/a_2)z + a_0/a_2 = 0$, wofür wir $z^2 + p \cdot z + q = 0$ schreiben. Durch quadratische Ergänzung erhält man

$$z^2 + p \cdot z + \frac{p^2}{4} = -q + \frac{p^2}{4} \quad \text{oder} \quad \left(z + \frac{p}{2}\right)^2 = \frac{p^2}{4} - q.$$

Diskriminante, Fallunterscheidungen Der Term $D := p^2/4 - q$ heißt *Diskriminante*, da sich an ihm festmachen lässt, ob zwei Lösungen, eine oder keine (reelle) Lösung vorliegen. Im Einzelnen gilt:

- Für $D > 0$ gibt es zwei verschiedene reelle Lösungen:

$$z_{1/2} = -\frac{p}{2} \pm \sqrt{D}.$$

- Für $D = 0$ gibt es eine (man sagt: doppelt auftretende) reelle Lösung:

$$z = -\frac{p}{2}.$$

- Für $D < 0$ existiert bekanntlich keine reelle Lösung. Aber da wir mit Hilfe der imaginären Einheit i inzwischen auch Gleichungen der Form $z^2 + 1 = 0$ oder $z^2 = -1$ lösen können, da also i mit anderen Worten Wurzel aus der negativen Zahl -1 ist, können wir nun auch Wurzeln aus negativen Zahlen ziehen und finden Lösungen für $D < 0$: Für $D < 0$, d. h. $-D > 0$, gibt es zwei konjugiert-komplexe Lösungen:

$$z_{1/2} = -\frac{p}{2} \pm i \cdot \sqrt{-D}.$$

Beispiel 9.13

a) $z^2 + z - 12 = 0$:

Diskriminante: $D = \frac{1^2}{4} - (-12) = \frac{1}{4} + 12 = 12{,}25 > 0$

$\Longrightarrow$ *2 verschiedene reelle Lösungen*

$\Longrightarrow \begin{cases} z_{1/2} = -\frac{1}{2} \pm \sqrt{\frac{1}{4} - (-12)} = -\frac{1}{2} \pm \sqrt{\frac{49}{4}} \\ = -\frac{1}{2} \pm \frac{7}{2}, \end{cases}$

also Lösungen: $z_1 = 3, z_2 = -4$,

und es gilt: $z^2 + z - 12 = (z - 3) \cdot (z + 4)$.

b) $z^2 + 14z + 49 = 0$:

Diskriminante: $D = \frac{14^2}{4} - 49 = 49 - 49 = 0$

$\Longrightarrow$ *1 (doppelt auftretende) reelle Lösung*

$\Longrightarrow z_{1/2} = -\frac{14}{2} \pm \sqrt{0} = -7$,

also Lösungen: $z_1 = z_2 = -7$,

und es gilt: $z^2 + 14z + 49 = (z + 7) \cdot (z + 7)$.

c) $z^2 + 4z + 13 = 0$:

Diskriminante: $\quad D = \frac{4^2}{4} - 13 = 4 - 13 = -9 < 0$

$\Longrightarrow$ *2 konjugiert-komplexe Lösungen*

$$\Longrightarrow \begin{cases} z_{1/2} = -\frac{4}{2} \pm \text{i} \cdot \sqrt{-(-9)} = -2 \pm \text{i}\sqrt{9} \\ \qquad\quad = -2 \pm \text{i} \cdot 3, \end{cases}$$

also Lösungen: $\quad z_1 = -2 + 3\text{i}, z_2 = -2 - 3\text{i},$

und es gilt: $\quad z^2 + 4z + 13 = (z - (-2 + 3\text{i})) \cdot (z - (-2 - 3\text{i})).$

Die Probe liefert im letzten Beispiel:

$$\begin{aligned} (z - (-2 + 3\text{i})) \cdot (z - (-2 - 3\text{i})) &= ((z + 2) - 3\text{i}) \cdot ((z + 2) + 3\text{i}) \\ &= (z + 2)^2 - (3\text{i})^2 \\ &= z^2 + 4z + 4 - (-9) = z^2 + 4z + 13. \end{aligned}$$

Dabei wurde hier nur die 3. Binomische Formel $(a + b) \cdot (a - b) = a^2 - b^2$, die auch im Komplexen gilt, benutzt.

Übung 9.10

Lösen Sie die folgenden quadratischen Gleichungen in $\mathbb{C}$:

a) $z^2 + 6z + 9 = 0$,
b) $2z^2 + 9z - 5 = 0$,
c) $4z^2 + 8z + 29 = 0$,
d) $4z^2 + 17 = 0$.

Lösung 9.10

a) $z_1 = -3, z_2 = -3$,
b) $z_1 = \frac{1}{2}, z_2 = -5$,
c) $z_1 = -1 + 5/2\text{i}, z_2 = -1 - 5/2\text{i}$,
d) $z_1 = \sqrt{17}\text{i}/2, z_2 = -\sqrt{17}\text{i}/2$.

9.4.2 Komplexe Polynome

Im Folgenden wollen wir darauf hinarbeiten, beliebige Wurzeln von beliebigen (auch komplexen) Zahlen zu bestimmen, nicht nur Quadratwurzeln aus negativen reellen Zahlen. Da sich Wurzeln als Nullstellen von Polynomen auffassen lassen (etwa $\sqrt{-1}$ als Nullstelle von $z^2 + 1 = 0$), werden wir uns zunächst mit komplexen Polynomen und deren Nullstellen beschäftigen.

Wie im Reellen lassen sich auch im Komplexen Polynome einführen:

Komplexes Polynom

Für $n \in \mathbb{N}$ und $a_n \; (\neq 0), a_{n-1}, \ldots, a_1, a_0 \in \mathbb{C}$ heißt die Funktion $p : \mathbb{C} \longrightarrow \mathbb{C}$, $z \longmapsto p(z)$ mit

$$p(z) := a_n z^n + a_{n-1} z^{n-1} + \cdots + a_1 z + a_0$$

komplexes Polynom n-ten Grades mit den (im Allgemeinen) komplexen Koeffizienten a_k.

Beispiel 9.14

Die Funktion $p(z) = z^4 + (-3 + \mathrm{i}) z^2 - \mathrm{i} z + 3$ ist ein Polynom 4. Grades mit den Koeffizienten $a_4 = 1$, $a_3 = 0$, $a_2 = -3 + \mathrm{i}$, $a_1 = -\mathrm{i}$ und $a_0 = 3$. Man kann für z eine beliebige komplexe Zahl einsetzen und erhält als Funktionswert $p(z)$ wiederum eine komplexe Zahl, z. B. $p(2) = 7 + 2\mathrm{i}$ und $p(1 + 2\mathrm{i}) = 3 - 40\mathrm{i}$.

Ebenfalls analog zum Reellen lassen sich im Komplexen Nullstellen von Polynomen definieren:

Nullstelle eines komplexen Polynoms

Die (komplexe) Zahl z_1 heißt Nullstelle des (komplexen) Polynoms $p(z)$, wenn gilt:

$$p(z_1) = 0.$$

Es gilt wie im Reellen:

Linearfaktor

Ist z_1 eine Nullstelle des Polynoms $p(z)$ vom Grade $n > 0$, so kann man den Linearfaktor $(z - z_1)$ ohne Rest abdividieren:

$$p(z) = (z - z_1) \cdot p_1(z)$$

Dabei ist $p_1(z)$ ein Polynom $(n - 1)$-ten Grades.

Beispiel 9.15

Das (komplexe) Polynom $p(z) = z^4 - z^3 + z^2 + 9z - 10$ hat (u. a.) die Nullstelle $z_1 = 1$. Polynomdivision liefert

$$(z^4 - z^3 + z^2 + 9z - 10) : (z - 1) = z^3 + z + 10$$
$$\underline{z^4 - z^3}$$
$$z^2 + 9z - 10$$
$$\underline{z^2 - z}$$
$$10z - 10$$
$$\underline{10z - 10}$$
$$0$$

und somit $p(z) = \underbrace{(z^3 + z + 10)}_{=:p_1(z)} \cdot (z - 1)$.

Übung 9.11

Zeigen Sie, dass $z_2 = 1 + 2\mathrm{i}$ Nullstelle des verbleibenden Polynoms $p_1(z) = z^3 + z + 10$ ist. Dividieren Sie den entsprechenden Linearfaktor $(z - z_2)$ von $p_1(z)$ ab.

Lösung 9.11

Polynomdivision liefert:

$$(z^3 + z + 10) : (z - (1 + 2\mathrm{i})) = z^2 + (1 + 2\mathrm{i})z + (-2 + 4\mathrm{i})$$
$$\underline{z^3 - (1 + 2\mathrm{i})z^2}$$
$$(1 + 2\mathrm{i})z^2 + z + 10$$
$$\underline{(1 + 2\mathrm{i})z^2 + (3 - 4\mathrm{i})z}$$
$$(-2 + 4\mathrm{i})z + 10$$
$$\underline{(-2 + 4\mathrm{i})z + 10}$$
$$0$$

Insgesamt: $p_1(z) = (z^2 + (1 + 2\mathrm{i}) \cdot z + (-2 + 4\mathrm{i})) \cdot (z - (1 + 2\mathrm{i}))$. Für $p(z)$ ergibt sich damit:

$$p(z) = \underbrace{(z^2 + (1 + 2\mathrm{i})z + (-2 + 4\mathrm{i}))}_{\text{Polynom 2. Grades}} \cdot \underbrace{(z - (1 + 2\mathrm{i})) \cdot (z - 1)}_{\substack{\text{zu den Nullstellen } z_1 \text{ und } z_2 \\ \text{gehörige Linearfaktoren}}}.$$

Folgender Hilfssatz erleichtert das Auffinden von Nullstellen komplexer Polynome enorm: Sind die Koeffizienten des Polynoms sämtlich reell, so treten nämlich komplexe Lösungen stets paarweise konjugiert auf.

Hilfssatz

Gegeben sei das komplexe Polynom

$$p(z) = a_n z^n + a_{n-1} z^{n-1} + \cdots + a_1 z + a_0$$

vom Grade $n > 1$. Sind alle Koeffizienten $a_n (\neq 0)$, $a_{n-1}, \ldots, a_1, a_0$ reell, so ist mit $z_0 = x_0 + i \, y_0$ auch $\overline{z_0} = x_0 - i \, y_0$ eine Nullstelle.

Das sieht man rein formal mit den Rechenregeln für konjugiert-komplexe Zahlen: Angenommen, z_0 ist Nullstelle von $p(z)$, also (man beachte, dass $\overline{0} = 0$ gilt!)

$$p(z_0) = a_n z_0^n + a_{n-1} z_0^{n-1} + \ldots + a_1 z_0 + a_0 = 0$$

$$\Rightarrow \quad \overline{p(z_0)} = \overline{a_n z_0^n + a_{n-1} z_0^{n-1} + \ldots + a_1 z_0 + a_0} = \overline{0}$$

$$\Rightarrow \quad \overline{a_n} \cdot (\overline{z_0})^n + \overline{a_{n-1}} \cdot (\overline{z_0})^{n-1} + \ldots + \overline{a_1} \cdot \overline{z_0} + \overline{a_0} = 0$$

$$\Rightarrow \quad a_n \overline{z_0}^n + a_{n-1} \overline{z_0}^{n-1} + \ldots + a_1 \overline{z_0} + a_0 = 0$$

und in der letzten Zeile sehen wir $p(\overline{z_0}) = 0$; also ist (neben z_0) auch $\overline{z_0}$ Nullstelle des Polynoms $p(z)$.

Beispiel 9.16

Das (komplexe) Polynom $p(z) = z^4 - z^3 + z^2 + 9z - 10$ hat die Nullstelle $z_2 = 1 + 2i$. Alle Koeffizienten von $p(z)$ sind reell. Also ist auch $\overline{z_2} = 1 - 2i$ Nullstelle von $p(z)$.

Übung 9.12

Gegeben ist das komplexe Polynom $p(z) = z^3 + 11z^2 + 49z + 75$. Die komplexe Zahl $z_1 = -4 - 3i$ ist Nullstelle von $p(z)$. Wie lautet (ohne Rechnung) eine weitere Nullstelle von $p(z)$?

Lösung 9.12

Eine weitere Nullstelle von $p(z)$ ist $z_2 = \overline{z_1} = -4 + 3i$. Dies gilt, weil $p(z)$ ausschließlich reelle Koeffizienten besitzt.

9.4.3 Fundamentalsatz der Algebra

Anders als im Reellen hat im Komplexen jedes Polynom n-ten Grades genau n (nicht unbedingt verschiedene) Nullstellen. Diesen so genannten *Fundamentalsatz der Algebra*, auf dessen Beweis wir hier nicht eingehen können, kann man wie folgt formulieren:

Jede algebraische Gleichung n-ten Grades ($n > 0$)

$$a_n z^n + a_{n-1} z^{n-1} + \ldots + a_1 z + a_0 = 0$$

mit komplexen Koeffizienten a_n ($\neq 0$), $a_{n-1}, \ldots, a_1, a_0$ hat mindestens eine komplexe Lösung.

Oder gleich (wenn wir nämlich sukzessive Linearfaktoren abdividieren):

Fundamentalsatz der Algebra
Jedes Polynom n-ten Grades ($n > 0$)

$$p(z) = a_n z^n + a_{n-1} z^{n-1} + \cdots + a_1 z + a_0$$

mit komplexen Koeffizienten $a_n(\neq 0), a_{n-1}, \ldots, a_1, a_0$ kann ganz in Linearfaktoren zerlegt werden:

$$p(z) = a_n \cdot (z - z_n) \cdot (z - z_{n-1}) \cdot \ldots \cdot (z - z_2) \cdot (z - z_1)$$

Die komplexen Zahlen $z_1, z_2, \ldots, z_n$ sind die (nicht unbedingt verschiedenen) Nullstellen von $p(z)$.

Beispiel 9.17
Das Polynom $p(z) = z^4 - z^3 + z^2 + 9z - 10$ hat die Nullstellen $z_1 = 1$, $z_2 = 1 + 2\mathrm{i}$, $z_3 = 1 - 2\mathrm{i}$ und $z_4 = -2$. Damit lässt sich $p(z)$ wie folgt in Linearfaktoren zerlegen:

$$p(z) = 1 \cdot (z - 1) \cdot \underbrace{(z - (1 + 2\mathrm{i})) \cdot (z - (1 - 2\mathrm{i}))}_{\substack{= ((z-1)-2\mathrm{i}) \cdot ((z-1)+2\mathrm{i}) \\ = (z-1)^2 + 4 \\ = z^2 - 2z + 5}} \cdot (z + 2).$$

Im Reellen wäre $(x - 1)^2 + 4 > 0$ unzerlegbar, also

$$p(x) = (x - 1) \cdot (x^2 - 2x + 5) \cdot (x + 2).$$

Abb. 9.8 Potenzen von $z_0 =$
$1 + i$

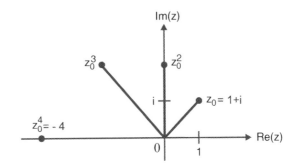

9.4.4 Komplexe Wurzeln

Mit Hilfe der Interpretation der Multiplikation von komplexen Zahlen als Drehstreckung (und unter Berücksichtigung des Fundamentalsatzes der Algebra) kann man nun auch elegant die Frage nach den Wurzeln von komplexen Zahlen beantworten.

Beispiel 9.18

Die ersten vier Potenzen der komplexen Zahl $z_0 := 1 + i$ lauten (vgl. Abb. 9.8):

$$
\begin{aligned}
z_0^1 &= \quad 1 + i \quad = \quad \sqrt{2} \cdot e^{i\pi/4}, \\
z_0^2 &= (1+i)^2 = \quad 2 \cdot e^{i\pi/2} \quad (= 2i), \\
z_0^3 &= (1+i)^3 = \sqrt{2}^3 \cdot e^{i\,3\pi/4} \quad (= -2 + 2i), \\
z_0^4 &= (1+i)^4 = \quad 4 \cdot e^{i\pi} \quad (= -4).
\end{aligned}
$$

Wegen $z_0^4 = -4$ können wir $z_0 = 1 + i$ offenbar als vierte Wurzel aus -4 interpretieren. Wenn wir nun umgekehrt von $-4 = 4e^{i\pi}$ ausgehen, so müssen wir als vierte Wurzel davon diejenige Zahl nehmen, deren Betrag die vierte Wurzel des Betrages von -4 (also $\sqrt[4]{4}$) und deren Winkel der vierte Teil des Winkels von -4 (also $\frac{\pi}{4}$) ist. Dies ist aber gerade $z_0 = 1 + i$.

Eine n-te Wurzel Allgemein gesprochen erhalten wir eine n-te Wurzel aus der komplexen Zahl $c = |c| \cdot e^{i\phi}$, indem wir als Betrag die (reelle) n-te Wurzel von $|c|$ und als Argument ein n-tel des Arguments von c, also ϕ/n, wählen: $\sqrt[n]{|c|} \cdot e^{i\phi/n}$.

Alle n-ten Wurzeln Die Frage ist nun noch, ob damit *alle* Wurzeln gefunden sind. Das Polynom $p(z) = z^4 + 4$ hat nämlich nicht nur die Nullstelle $z_0 = 1 + i$, sondern auch die weiteren Nullstellen (insgesamt vier) $z_1 = -1 + i$, $z_2 = -1 - i$ und $z_3 = 1 - i$. Diese Lösungen der Gleichung $z^4 + 4 = 0$ bzw. $z^4 = -4$ sind damit die *vierten Wurzeln von* -4. Ihre Lage in der Gauß'schen Zahlenebene ist aus Abb. 9.9 ersichtlich. Die Winkeldifferenz von $\pi/2$ zwischen den verschiedenen vierten Wurzeln „hebt sich anscheinend beim

Abb. 9.9 Die vierten Wurzeln
von -4

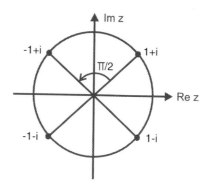

Potenzieren mit 4 weg", denn $4 \cdot \pi/2 = 2\pi$, was wiederum einer vollen Kreisdrehung entspricht. Bei n-ten Wurzeln beträgt die Winkeldifferenz zwischen den einzelnen Wurzeln dann $2\pi/n$.

Wir können nun allgemein formulieren:

Wurzeln von komplexen Zahlen

Die Gleichung $z^n = c$ mit der komplexen Zahl $c = |c| \cdot e^{i\phi} \neq 0$ und $n \in \mathbb{N}$ hat genau n verschiedene Lösungen

$$z_k = \sqrt[n]{|c|} \cdot e^{i(\frac{\phi}{n} + k \cdot \frac{2\pi}{n})} \quad (k = 0, 1, 2, \dots, n-1),$$

die so genannten n-ten Wurzeln aus c.

Diese Zahlen liegen auf einem Kreis vom Radius $\sqrt[n]{|c|}$ um 0 und bilden die Ecken eines regelmäßigen n-Ecks, weil sich benachbarte Arcuswerte um jeweils $2\pi/n$ unterscheiden. Daher nennt man die Gleichung $z^n = c$ auch eine *Kreisteilungsgleichung*. Der Winkel zwischen der positiven reellen Achse und der „ersten" Wurzel z_0 beträgt gerade ϕ/n (vgl. Abb. 9.10).

Beispiel 9.19

a) Die Gleichung $z^3 = i = 1 \cdot e^{i\frac{\pi}{2}}$ hat die 3 Lösungen (Wurzeln)

$$z_0 = \sqrt[3]{1} \cdot e^{i(\frac{\pi}{6} + 0 \cdot \frac{2\pi}{3})} = 1 \cdot e^{i\frac{\pi}{6}} = \frac{\sqrt{3}}{2} + \frac{1}{2}i,$$

$$z_1 = \sqrt[3]{1} \cdot e^{i(\frac{\pi}{6} + 1 \cdot \frac{2\pi}{3})} = 1 \cdot e^{i\frac{5\pi}{6}} = -\frac{\sqrt{3}}{2} + \frac{1}{2}i,$$

$$z_2 = \sqrt[3]{1} \cdot e^{i(\frac{\pi}{6} + 2 \cdot \frac{2\pi}{3})} = 1 \cdot e^{i\frac{3\pi}{2}} = -i.$$

Abb. 9.10 Die Lage der Wurzeln von komplexen Zahlen

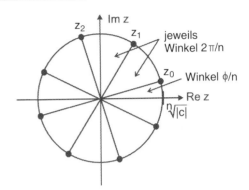

Die Wurzeln z_0, z_1 und z_2 liegen auf einem Kreis vom Radius 1 um den Nullpunkt. Sie bilden ein gleichseitiges Dreieck.

b) Die Gleichung $z^4 = -1 + i = \sqrt{2} \cdot e^{i\frac{3\pi}{4}}$ hat die 4 Lösungen (Wurzeln)

$$z_0 = \sqrt[4]{\sqrt{2} \cdot e^{i(\frac{3\pi}{16} + 0 \cdot \frac{2\pi}{4})}} = \sqrt[8]{2} \cdot e^{i\frac{3\pi}{16}} \approx 0{,}907 + 0{,}606i,$$

$$z_1 = \sqrt[4]{\sqrt{2} \cdot e^{i(\frac{3\pi}{16} + 1 \cdot \frac{2\pi}{4})}} = \sqrt[8]{2} \cdot e^{i\frac{11\pi}{16}} \approx -0{,}606 + 0{,}907i,$$

$$z_2 = \sqrt[4]{\sqrt{2} \cdot e^{i(\frac{3\pi}{16} + 2 \cdot \frac{2\pi}{4})}} = \sqrt[8]{2} \cdot e^{-i\frac{13\pi}{16}} \approx -0{,}907 - 0{,}606i,$$

$$z_3 = \sqrt[4]{\sqrt{2} \cdot e^{i(\frac{3\pi}{16} + 3 \cdot \frac{2\pi}{4})}} = \sqrt[8]{2} \cdot e^{-i\frac{5\pi}{16}} \approx 0{,}606 - 0{,}907i.$$

Die Wurzeln z_0, z_1, z_2 und z_3 liegen auf einem Kreis vom Radius $\sqrt[8]{2}$ um den Nullpunkt. Sie bilden ein Quadrat.

Übung 9.13

Bestimmen Sie alle (komplexen) vierten Wurzeln der Zahl 2.

Lösung 9.13

Die Gleichung $z^4 = 2 = 2 \cdot e^{i \cdot 0}$ hat die 4 Lösungen (Wurzeln)

$$z_0 = \sqrt[4]{2} \cdot e^{i(0 + 0 \cdot \frac{2\pi}{4})} = \sqrt[4]{2} \cdot e^{i0} = \sqrt[4]{2},$$

$$z_1 = \sqrt[4]{2} \cdot e^{i(0 + 1 \cdot \frac{2\pi}{4})} = \sqrt[4]{2} \cdot e^{i\frac{\pi}{2}} = \sqrt[4]{2}i,$$

$$z_2 = \sqrt[4]{2} \cdot e^{i(0 + 2 \cdot \frac{2\pi}{4})} = \sqrt[4]{2} \cdot e^{i\pi} = -\sqrt[4]{2},$$

$$z_3 = \sqrt[4]{2} \cdot e^{i(0 + 3 \cdot \frac{2\pi}{4})} = \sqrt[4]{2} \cdot e^{i\frac{3\pi}{2}} = -\sqrt[4]{2}i.$$

Die Wurzeln z_0, z_1, z_2 und z_3 liegen auf einem Kreis vom Radius $\sqrt[4]{2}$ um den Nullpunkt. Sie bilden ein Quadrat.

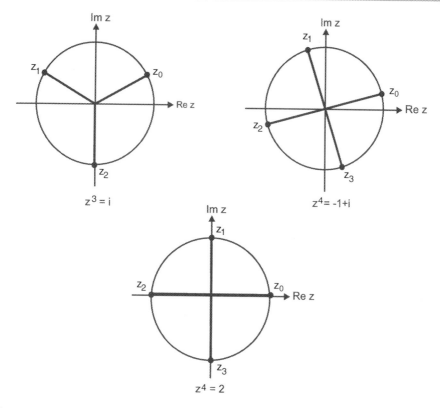

Abb. 9.11 Graphische Darstellung zu Beispiel 9.19 und Übung 9.13

Die Lösungen aus Beispiel 9.19 und aus Übung 9.13 werden in Abb. 9.11 veranschaulicht.

9.5   Kurzer Verständnistest

(1)   Der Imaginärteil von $5 - 7i$ lautet

☐ $-7i$ ☐ -7 ☐ $7i$ ☐ 7

(2)   Die komplexe Zahl $5/i$ ist gleich

☐ $5i$ ☐ $-5i$ ☐ $i/5$ ☐ $5 + i$

(3)   Welche Beziehung gilt zwischen $4i$ und $5i$?

☐ $4i < 5i$ ☐ $4i = 5i$ ☐ $4i > 5i$ ☐ weder/noch

(4)   Die konjugiert komplexe Zahl zu $5 - 7i$ lautet

☐ $-5 - 7i$ ☐ $5 + 7i$ ☐ $-5 + 7i$ ☐ $-7i$

(5)   Stets reell ist/sind

☐ $z + \bar{z}$ ☐ $z - \bar{z}$ ☐ $|z|$ ☐ $\bar{z} \cdot z$

(6)   Die Zahl $5 \cdot (\cos \frac{\pi}{2} + i \sin \pi)$ ist wie folgt dargestellt

☐ Normalform ☐ Polarform

☐ Exponentialform ☐ weder/noch

(7)   Die Polarform von $-i$ lautet

☐ $1 \cdot (\cos(-\frac{\pi}{2}) + i \sin(-\frac{\pi}{2}))$ ☐ $1 \cdot (\cos \frac{3\pi}{2} + i \sin \frac{3\pi}{2})$

☐ $1 \cdot (\sin \frac{3\pi}{2} + i \cos \frac{3\pi}{2})$ ☐ $1 \cdot (\cos \frac{\pi}{2} - i \sin \frac{\pi}{2})$

(8)   Die Exponentialform von $1 + i$ lautet

☐ $e^{\frac{\pi}{4}}$ ☐ $e^{i\frac{\pi}{4}}$ ☐ $\sqrt{2}e^{i\frac{\pi}{4}}$ ☐ $\sqrt{2}e^{\frac{\pi}{4}}$

(9)   Der Imaginärteil von $e^{i\pi}$ lautet

☐ e ☐ 1 ☐ π ☐ 0

(10)   Der Betrag von $e^{i\frac{\pi}{3}}$ lautet

☐ $e^{i\frac{\pi}{3}}$ ☐ $e^{\frac{\pi}{3}}$ ☐ 1 ☐ 0

(11)   Der Betrag von e^{π} lautet

☐ e^{π} ☐ 1 ☐ π ☐ 0

(12)   Der Realteil von $e^{i\frac{\pi}{2}}$ lautet

☐ 0 ☐ $\frac{\pi}{2}$ ☐ $\sqrt{2}$ ☐ $1/\sqrt{2}$

(13)   Die Quadratwurzel(n) aus -2 ist/sind

☐ $i\sqrt{2}$ ☐ $-\sqrt{2}$ ☐ $-i\sqrt{2}$ ☐ $e^{\sqrt{2}}$

(14)   Wieviele 5. Wurzeln aus -1 gibt es?

☐ keine ☐ eine ☐ fünf ☐ unendlich viele

Lösung: (x $\simeq$ richtig, o $\simeq$ falsch)

1.) oxoo, 2.) oxoo, 3.) ooox, 4.) oxoo, 5.) xoxx, 6.) ooox, 7.) xooo, 8.) ooxo, 9.) ooox, 10.) ooxo, 11.) xooo, 12.) xooo, 13.) xoxo, 14.) ooxo

9.6 Anwendungen

9.6.1 Fraktale

Fraktale Graphiken – bizarre, faszinierende Muster von unendlicher Struktur und Komplexität – sind vielen Studierenden, etwa in Form der „Apfelmännchen", bekannt. Fast jeder, der über Programmier-Erfahrung verfügt, hat derartige Graphiken schon auf seinem Rechner erzeugt.

Fraktale sind übrigens keine Kunstgebilde, sie kommen häufig in der Natur vor. Ein berühmtes Beispiel ist die britische Küste, deren Länge schwer zu bestimmen ist, da sie sich als sehr unregelmäßig und stark verästelt darstellt. Die Länge der britischen Küste wird umso größer, je kleiner der Maßstab wird, mit dem man sie misst, mit dem man also die Verästelungen berücksichtigt. Man ordnet ihr eine „fraktale" (d. h. gebrochene – daher der Name „Fraktal"!) Dimension von etwa 1,2 zu; diese liegt damit zwischen der klassischen Dimension 1 einer Kurve und der klassischen Dimension 2 einer Fläche. Pionierarbeit leistete übrigens ein IBM-Forscher namens B. Mandelbrot, der 1983 das Buch „Die fraktale Geometrie der Natur" veröffentlichte.

Hinter den visuell sehr ansprechenden Bildern von Fraktalen stehen grundlegende mathematische Konzepte, u. a. – wer hätte das gedacht? – die komplexen Zahlen.

Im Folgenden wird nun beschrieben, wie man eine einfache fraktale Graphik, ein „Apfelmännchen", erhält. Wir wählen zunächst einen Testpunkt $c := a + b \cdot i$, eine komplexe Zahl also, und erzeugen nun sukzessive eine Folge von weiteren komplexen Zahlen. Startwert ist dabei der Koordinatenursprung selbst: $z_0 := 0 + 0 \cdot i$. Die weiteren Elemente der Folge berechnen wir mittels folgender Vorschrift: $z_1 := z_0^2 + c$, $z_2 := z_1^2 + c, \ldots,$ allgemein

$$z_n := z_{n-1}^2 + c.$$

(Dabei sind alle z_n komplexe Zahlen, und die verwandten Operationen sind die komplexe Addition und Multiplikation.)

Die Frage ist nun, ob einer der erzeugten Werte z_n außerhalb eines Kreises vom Radius 2 um den Koordinatenursprung liegt, d. h. ob gilt:

$$|z_n| \geq 2.$$

Ist dies der Fall, so wird unserem Testpunkt die Farbe „weiß" zugeordnet und wir brechen die „Iteration", die Berechnung von z_{n+1} etc., ab. Ansonsten führen wir den „Algorithmus", die Rechenvorschrift, fort und berechnen das nächste Folgenglied z_{n+1}.

Wir können natürlich nicht alle (das sind nämlich unendlich viele!) Folgenglieder $z_0, z_1, z_2, \ldots$ erzeugen und testen. Deshalb bricht man die Schleife z. B. bei $n = 100$ ab. Hat bis dahin kein Folgenglied den besagten Kreis verlassen, so erhält unser Testpunkt c die Farbe „schwarz". Insgesamt haben wir also unserem Testpunkt c auf diese Weise eine der Farben „schwarz" oder „weiß" zugewiesen.

Abb. 9.12 Apfelmännchen

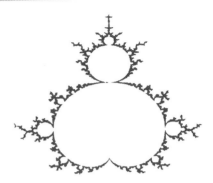

Nun ordnen wir einfach jedem (der endlich vielen) Pixel unseres Bildschirms eine komplexe Zahl c zu, wie ja schon Gauß die komplexen Zahlen durch die Gauß'sche Zahlenebene veranschaulicht hat. Wir führen dann mit jedem c den beschriebenen Algorithmus durch und färben jeden Bildschirm-Pixel entsprechend seines berechneten Farbwertes „schwarz" oder „weiß" ein. Ein so genanntes Apfelmännchen (vgl. Abb. 9.12) entsteht.

Eine spektakulärere Version erhält man z. B., indem man die Punkte c, deren Iterierte dem Kreis entkommen, wirklich farbig einfärbt – und zwar entsprechend der Anzahl der Iterationsschritte, die bis zur Flucht aus dem Kreis durchgeführt werden müssen. Es gibt zahlreiche Varianten des beschriebenen Algorithmus: Bekannt sind etwa außer den Apfelmännchen (Mandelbrot-Mengen) die so genannten Julia-Mengen. Man kann übrigens auch ganz andere Iterationsformeln verwenden, etwa solche, die Exponential- oder Logarithmus-Funktionen enthalten. Diese Funktionen und viele weitere kann man auch im Komplexen erklären, worauf allerdings in dieser kurzen Einleitung in die komplexen Zahlen verzichtet werden musste.

9.6.2   Wechselspannungen in der Elektrotechnik

In verschiedenen Gebieten der Technik, insbesondere in der Elektro-, der Nachrichten- und der Regelungstechnik, kommen komplexe Zahlen zum Einsatz, da mit Hilfe der komplexen Rechnung zahlreiche Probleme viel einfacher beschrieben und gelöst werden können.

Betrachten wir etwa eine elektrische Wechselspannung (vgl. Abb. 9.13)

$$U(t) = U_0 \cdot \cos(\omega t + \phi).$$

Dabei bezeichnet U_0 die Amplitude, ω die Frequenz und ϕ die Phasenverschiebung. Grob gesprochen gibt U_0 an, um wieviel höher oder niedriger als 1 die Cosinusfunktion schwingt; ω gibt an, um wieviel schneller oder langsamer $U(t)$ im Vergleich zur üblichen Cosinusfunktion schwingt; und schließlich besagt ϕ, um wieviel eher oder später als zur Zeit $t = 0$ der maximale Ausschlag erreicht wird.

Abb. 9.13 Elektrische Wechselspannung

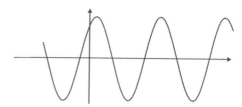

Abb. 9.14 Wechselspannung

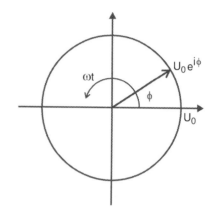

Eine derartige Wechselspannung $U(t)$, oder viel allgemeiner jede so genannte *harmonische Schwingung*, kann nun aber komplex als $\underline{U}(t)$ aufgefasst werden:

$$\underline{U}(t) = U_0 \cdot (\cos(\omega t + \phi) + i \sin(\omega t + \phi)) = U_0 \cdot e^{i(\omega t + \phi)}.$$

(In der Elektrotechnik ist es üblich, komplexe Größen durch Unterstreichung zu kennzeichnen.) Die cosinusförmige Wechselspannung $U(t)$ lässt sich dann als Realteil der komplexen Zahl $\underline{U}(t)$ verstehen und durch den Vektor $U_0 e^{i\phi} \cdot e^{i\omega t}$ veranschaulichen, der die Länge U_0 hat und aus der Ausgangslage $U_0 \cdot e^{i\phi}$ mit der Winkelgeschwindigkeit ω um den Koordinatenursprung rotiert. Die Projektion des rotierenden Zeigers $\underline{U}(t)$ auf die reelle Achse ist die momentane Spannung $U(t)$. Abbildung 9.14 verdeutlicht die Zusammenhänge.

Das Ohm'sche Gesetz lautet nun bekanntlich

$$U = R \cdot I,$$

es beschreibt den einfachen Zusammenhang zwischen Spannung U, Ohm'schem Widerstand R und Stromstärke I und gilt sowohl für Gleich- als auch für Wechselstrom. Einen ähnlichen Zusammenhang kann man nun auch bei anderen Widerständen wie Kondensator und Spule aufstellen, man muss aber die komplexe Darstellung verwenden:

$$\underline{U}(t) = \underline{Z} \cdot \underline{I}(t).$$

(Wieder stehen $\underline{U}$ für die Spannung, $\underline{I}$ für die Stromstärke (beide komplex aufgefasst), und $\underline{Z}$ bezeichnet den i.Allg. komplexen Widerstand.) Der Widerstand eines Kondensators

Tab. 9.1 Schaltzeichen, Schaltelemente und komplexe Widerstände

Schaltzeichen	Schaltelement		Widerstand
	Widerstand R	(Ohm'scher Widerstand)	R
	Kapazität C	(Kondensator)	$\dfrac{1}{i\omega C}$
	Induktivität L	(Spule)	$i\omega L$

(der Kapazität C) etwa beträgt bei Wechselstrom der Frequenz ω

$$\underline{Z}_C = \frac{1}{i\omega C} = -i \cdot \frac{1}{\omega C};$$

und die Multiplikation von $\underline{I}_C$ mit $\underline{Z}_C$ zu $\underline{U}_C$ spiegelt wieder, dass die Spannung U_C dem Strom I_C um 90° „hinterherhinkt". Im Komplexen wurde das durch die Multiplikation mit $-i$, durch Drehung um 90° im Gegenuhrzeigersinn also, ausgedrückt. Ähnliches gilt auch für so genannte Induktivitäten (Spulen also), und entsprechende Rechnungen können für kompliziertere Schaltbilder mit Reihen- oder Parallelschaltung mit Hilfe der Kirchhoffschen Regeln und der beschriebenen komplexen Rechnung ausgeführt werden. Die Schaltzeichen, Schaltelemente und komplexen Widerstände für Ohm'sche Widerstände, Kondensatoren und Spulen sind in Tab. 9.1 zusammengestellt.

9.7   Zusammenfassung

Komplexe Zahlen

imaginäre Einheit   i mit $i^2 := -1$,
komplexe Zahlen $\mathbb{C} = \{z = x + i \cdot y \mid x, y \in \mathbb{R}\}$,
Veranschaulichung   durch Gauß'sche Zahlenebene $\mathbb{R} \times \mathbb{R}$.

Konjugiert-komplexe Zahl

$$z = x + iy, \quad \overline{z} := x - iy.$$

Bsp. $z = 1 + i, \overline{z} = 1 - i$.

Grundrechenarten für komplexe Zahlen: $+, -, \cdot, :$

Bei Division mit konjugiert-komplexer Zahl des Nenners erweitern,
Multiplikation/Division in Polarform: Drehstreckung.

Bsp. $z = 1 + i, \frac{1}{z} = \frac{1}{1+i} = \frac{1}{1+i} \cdot \frac{1-i}{1-i} = \frac{1-i}{2} = \frac{1}{2} - \frac{1}{2}i$,
$z^4 = (1 + i)^4 = (\sqrt{2} \cdot e^{i\frac{\pi}{4}})^4 = \sqrt{2}^4 \cdot e^{i4\frac{\pi}{4}} = 4 \cdot e^{i\pi} = -4$.

Verschiedene Darstellungen komplexer Zahlen

Normalform $\qquad z = x + \mathrm{i}y,$

Polarform $\qquad z = |z| \cdot (\cos\varphi + \mathrm{i}\sin\varphi),$

Exponentialform $\quad z = |z| \cdot \mathrm{e}^{\mathrm{i}\varphi},$

dabei x Realteil, y Imaginärteil von z und $r = |z|$ Betrag, φ Argument von z.

Umrechnungsformeln

Polarkoordinaten $\to$ Kartesische Koordinaten

$\qquad x = r \cdot \cos\varphi,\ y = r \cdot \sin\varphi,$

Kartesische Koordinaten $\to$ Polarkoordinaten

$\qquad r = \sqrt{x^2 + y^2},\ \varphi = \pm\arccos(x/r),$ je nachdem, ob $y \geq 0$ oder $y < 0$.

Bsp. $z = 1 + \mathrm{i}, \operatorname{Re} z = 1, \operatorname{Im} z = 1, |z| = \sqrt{2}, \varphi = \frac{\pi}{4},$

$\qquad z = \sqrt{2} \cdot (\cos\frac{\pi}{4} + \mathrm{i}\sin\frac{\pi}{4}),$

$\qquad z = \sqrt{2} \cdot \mathrm{e}^{\mathrm{i}\frac{\pi}{4}}.$

Komplexe Polynome

$p : \mathbb{C} \longrightarrow \mathbb{C}, z \longmapsto p(z),\ p(z) = a_n z^n + a_{n-1} z^{n-1} + \ldots + a_1 z + a_0$ vom Grad n,

Nullstellen $\quad p(z_1) = 0 \Longrightarrow p(z) = \underbrace{(z - z_1)}_{\text{Linearfaktor}} \cdot \underbrace{p_1(z)}_{\substack{\text{Polynom vom}\\\text{Grad } n-1}}.$

Hilfssatz $\qquad$ Polynom mit reellen Koeffizienten $\Longrightarrow$ mit z_1 auch $\overline{z_1}$ Nullstelle.

Fundamentalsatz der Algebra

Jedes Polynom n-ten Grades hat genau n (nicht notwendig verschiedene) komplexe Nullstellen, $p(z) = a_n \cdot (z - z_n) \cdot (z - z_{n-1}) \cdot \ldots \cdot (z - z_2) \cdot (z - z_1).$

Bsp. $p(z) = z^4 - z^3 + z^2 + 9z - 10,$

$\qquad p(z) = (z - 1) \cdot (z + 2) \cdot \underbrace{(z - (1 + 2\mathrm{i})) \cdot (z - (1 - 2\mathrm{i}))}_{= (z-1)^2 + 4 = z^2 - 2z + 5},$

$\qquad$ komplexe Nullstellen: $1, -2, 1 + 2\mathrm{i}, 1 - 2\mathrm{i}.$

Wurzeln komplexer Zahlen

Kreisteilungsgleichung $\quad z^n = c = |c| \cdot \mathrm{e}^{\mathrm{i}\phi}.$

n-te Wurzeln aus c $\qquad z_k = \sqrt[n]{|c|} \cdot \mathrm{e}^{\mathrm{i}(\frac{\phi}{n} + k \cdot \frac{2\pi}{n})},$

$\qquad\qquad\qquad\qquad k = 0, 1, 2, \ldots, n - 1.$

Bsp. $z^4 = -4 = 4 \cdot \mathrm{e}^{\mathrm{i}\pi}$

$\qquad z_k = \sqrt{2} \cdot \mathrm{e}^{\mathrm{i}(\frac{\pi}{4} + k\frac{2\pi}{4})}, k = 0, 1, 2, 3$

$\qquad z_0 = \sqrt{2} \cdot \mathrm{e}^{\mathrm{i}\frac{\pi}{4}} = 1 + \mathrm{i},$

$\qquad z_1 = \sqrt{2} \cdot \mathrm{e}^{\mathrm{i}\frac{3\pi}{4}} = -1 + \mathrm{i},$

$\qquad z_2 = \sqrt{2} \cdot \mathrm{e}^{\mathrm{i}(-\frac{3\pi}{4})} = -1 - \mathrm{i},$

$\qquad z_3 = \sqrt{2} \cdot \mathrm{e}^{\mathrm{i}(-\frac{\pi}{4})} = 1 - \mathrm{i}.$

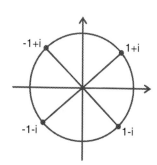

9.8   Übungsaufgaben

Der Körper der komplexen Zahlen

1. Berechnen Sie: $\frac{3-2i}{4}$, $\frac{3-2i}{4i}$, $\frac{4i}{3-2i}$, $\frac{(2-i)(3+2i)}{5-i}$.
2. Berechnen Sie die folgenden Potenzen: i^{17}, $(-i)^3$, $(2i)^5$, $i^{-2} := \frac{1}{i^2}$, i^{-7}, $(-i)^{-7}$.
3. Gegeben sei die komplexe Zahl $z = x + i \cdot y$. Geben Sie an bzw. berechnen Sie: $\operatorname{Re}(z^2)$, $\operatorname{Im}(\bar{z})$, $|\frac{\bar{z}}{z}|$, $\operatorname{Im}(\bar{z}^2)$.

Die Gauß'sche Zahlenebene

1. a) Welche komplexen Zahlen genügen der Bedingung $|z - (2 + i)| = 1$?
   b) Welcher Bedingung genügen die komplexen Zahlen, die von der Zahl $-2i$ einen Abstand kleiner als 3 haben?
2. Beweisen Sie: $|z_1 \cdot z_2| = |z_1| \cdot |z_2|$.
3. Schreiben Sie die folgenden Zahlen in Polarform (bzw. Exponentialform): $2, 2i, -2i, -2$.
4. Geben Sie (ohne Rechnung) jeweils die konjugiert-komplexe Zahl zu folgenden Zahlen an: $\sqrt{3} - 2i$, $5(\cos\frac{\pi}{3} + i\sin\frac{\pi}{3})$, $\sqrt{2} \cdot e^{i\frac{\pi}{6}}$.
5. Berechnen Sie $(-1 + \sqrt{3}i)^7$. Benutzen Sie dazu die Darstellung komplexer Zahlen in Exponentialform!

Algebraische Gleichungen

1. Gegeben ist das komplexe Polynom $p(z) = z^3 + 11z^2 + 49z + 75$.
   a) Zeigen Sie (z. B. mit dem Horner-Schema), dass $z_1 = -4 - 3i$ eine Nullstelle von $p(z)$ ist!
   b) Dividieren Sie den entsprechenden Linearfaktor ab!
   c) Wie lautet (ohne Rechnung) eine weitere Nullstelle von $p(z)$?
2. Gegeben ist das komplexe Polynom $p(z) = z^3 + 11z^2 + 49z + 75$. Die Nullstellen $z_1 = -4 - 3i$ und $z_2 = -4 + 3i$ sind bekannt.
   a) Wieviele (komplexe) Nullstellen besitzt $p(z)$ insgesamt?
   b) Warum muss die weitere Nullstelle z_3 reell sein?
   c) Wie lautet z_3? (Raten und Einsetzen, Horner-Schema oder Polynomdivision)
   d) Wie lautet demzufolge die Zerlegung von $p(z)$ in Linearfaktoren?
   e) Wie würde die Zerlegung von $p(z)$ in Linearfaktoren bzw. quadratische Faktoren im Reellen aussehen?
3. Zerlegen Sie das Polynom $p(z) = 2z^4 + 8$ im Komplexen in Linearfaktoren! Wie sieht die Zerlegung im Reellen aus?
4. Bestimmen Sie alle dritten Wurzeln aus -8 bzw. lösen Sie $z^3 = -8$.

9.9 Lösungen

Der Körper der komplexen Zahlen

1. $\frac{3-2i}{4} = \frac{3}{4} - \frac{1}{2}i$, $\frac{3-2i}{4i} = -\frac{1}{2} - \frac{3}{4}i$, $\frac{4i}{3-2i} = -\frac{8}{13} + \frac{12}{13}i$, $\frac{(2-i)(3+2i)}{5-i} = \frac{3}{2} + \frac{1}{2}i$.

2. $i^{17} = i^{4\cdot4+1} = i$, $(-i)^3 = (-1)^3 \cdot i^3 = -(-i) = i$, $(2i)^5 = 2^5 \cdot i^5 = 32i$,
   $i^{-2} = \frac{1}{i^2} = \frac{1}{-1} = -1$, $i^{-7} = \frac{1}{i^7} = \frac{1}{-i} = i$, $(-i)^{-7} = \frac{1}{(-i)^7} = -i$.

3. $\text{Re}(z^2) = x^2 - y^2$, $\text{Im}(\overline{z}) = -y$, $\left|\frac{\overline{z}}{z}\right| = 1$, $\text{Im}(\overline{z}^2) = -2xy$.

Die Gauß'sche Zahlenebene

1. a) Alle komplexen Zahlen $z = x + i \cdot y$ mit $(x - 2)^2 + (y - 1)^2 = 1$, d. h. alle komplexen Zahlen, die auf einem Kreis vom Radius 1 um die Zahl $2 + i$ liegen.

   b) $|z + 2i| < 3$.

2. Wegen $|z|^2 = z \cdot \overline{z}$ gilt:

$$|z_1 \cdot z_2|^2 = (z_1 \cdot z_2) \cdot \overline{z_1 \cdot z_2} = z_1 \cdot z_2 \cdot \overline{z_1} \cdot \overline{z_2} = (z_1 \cdot \overline{z_1}) \cdot (z_2 \cdot \overline{z_2}) = |z_1|^2 \cdot |z_2|^2.$$

Aus $|z_1 \cdot z_2|^2 = |z_1|^2 \cdot |z_2|^2$ erhält man durch Wurzelziehen die gewünschte Identität:

$$|z_1 \cdot z_2| = |z_1| \cdot |z_2|.$$

3.
$$2 = 2 \cdot (\cos 0 + i \sin 0) \qquad\qquad = 2e^{i0},$$
$$2i = 2 \cdot (\cos \tfrac{\pi}{2} + i \sin \tfrac{\pi}{2}) \qquad\quad = 2e^{i\frac{\pi}{2}},$$
$$-2i = 2 \cdot (\cos(-\tfrac{\pi}{2}) + i \sin(-\tfrac{\pi}{2})) = 2e^{i(-\frac{\pi}{2})},$$
$$-2 = 2 \cdot (\cos \pi + i \sin \pi) \qquad\quad = 2e^{i\pi}.$$

4. $\overline{\sqrt{3} - 2i} = \sqrt{3} + 2i$,
   $\overline{5(\cos \tfrac{\pi}{3} + i \sin \tfrac{\pi}{3})} = 5(\cos \tfrac{\pi}{3} - i \sin \tfrac{\pi}{3}) = 5(\cos(-\tfrac{\pi}{3}) + i \sin(-\tfrac{\pi}{3}))$,
   $\overline{\sqrt{2}e^{i\frac{\pi}{6}}} = \sqrt{2}e^{-i\frac{\pi}{6}}$.

5. $(-1 + \sqrt{3}i)^7 = (2 \cdot e^{i\frac{2\pi}{3}})^7 = 2^7 \cdot e^{i\frac{14\pi}{3}} = 2^7 \cdot e^{i(\frac{2\pi}{3} + 4\pi)} = 2^7 \cdot e^{i\frac{2\pi}{3}} = -64 + 64\sqrt{3}i$.

Algebraische Gleichungen

1. Für $z_1 = -4 - 3i$ liefert das Horner-Schema

1	11	49	75
	$-4 - 3i$	$-37 - 9i$	-75
1	$7 - 3i$	$12 - 9i$	0

und somit $p(z_1) = 0$,

$$p(z) = \underbrace{(1 \cdot z^2 + (7 - 3i) \cdot z + (12 - 9i))}_{\text{Polynom 2. Grades}} \cdot \underbrace{(z - (-4 - 3i))}_{\substack{\text{zur Nullstelle } z_1 \\ \text{gehöriger Linearfaktor}}}.$$

Da alle Koeffizienten von $p(z)$ reell sind, ist neben z_1 auch $\overline{z_1} = -4 + 3i$ Nullstelle.

2. Als Polynom 3. Grades besitzt $p(z)$ nach dem Fundamentalsatz der Algebra genau 3 komplexe Nullstellen. Da $p(z)$ reelle Koeffizienten hat, treten die Nullstellen paarweise konjugiert-komplex auf. Wäre z_3 nicht rein reell, so müsste $\overline{z_3}$ ($\neq z_3$) eine weitere (vierte!) Nullstelle von $p(z)$ sein (Widerspruch!). Die reelle Nullstelle lautet $z_3 = -3$. Damit lässt sich $p(z)$ wie folgt in Linearfaktoren zerlegen:

$$p(z) = (z + 3) \cdot \underbrace{(z - (-4 - 3i)) \cdot (z - (-4 + 3i))}_{= (z+4)^2 + 9 \,=\, z^2 + 8z + 25}.$$

Im Reellen wäre $(x + 4)^2 + 9 > 0$ unzerlegbar, also

$$p(x) = (x + 3) \cdot (x^2 + 8x + 25).$$

3. Das Polynom $p(z) = 2z^4 + 8$ hat die Nullstellen $1 + i$, $-1 + i$, $-1 - i$ und $1 - i$. Damit lässt sich $p(z)$ wie folgt in Linearfaktoren zerlegen:

$$p(z) = 2 \cdot \underbrace{(z - (1 + i)) \cdot (z - (1 - i))}_{= (z-1)^2 + 1 \,=\, z^2 - 2z + 2} \cdot \underbrace{(z - (-1 + i)) \cdot (z - (-1 - i))}_{= (z+1)^2 + 1 \,=\, z^2 + 2z + 2}.$$

Es gibt keine reellen Nullstellen; im Reellen könnte man nur in quadratische Faktoren zerlegen: $p(x) = 2 \cdot (x^2 - 2x + 2) \cdot (x^2 + 2x + 2)$.

4. Die Gleichung $z^3 = -8 = 8 \cdot e^{i\pi}$ hat die 3 Lösungen (Wurzeln):

$$z_0 = \sqrt[3]{8} \cdot e^{i(\frac{\pi}{3} + 0 \cdot \frac{2\pi}{3})} = 2 \cdot e^{i\frac{\pi}{3}} = 1 + \sqrt{3}i,$$
$$z_1 = \sqrt[3]{8} \cdot e^{i(\frac{\pi}{3} + 1 \cdot \frac{2\pi}{3})} = 2 \cdot e^{i\pi} = -2,$$
$$z_2 = \sqrt[3]{8} \cdot e^{i(\frac{\pi}{3} + 2 \cdot \frac{2\pi}{3})} = 2 \cdot e^{i\frac{5\pi}{3}} = 1 - \sqrt{3}i.$$

Dabei sind z_0, z_2 konjugiert-komplex (Die Koeffizienten der Gleichung $z^3 + 8 = 0$ sind reell!).

10

10.1 Einführung

▷ Zweig der Mathematik: Differentialgleichungen

Die fortschreitende Mathematisierung der Physik und der Technik im Zuge der Differential- und Integralrechnung führte recht schnell zur Entstehung eines weiteren Zweiges der Mathematik: Viele mechanische oder allgemein physikalische und technische Phänomene können nämlich durch *Differentialgleichungen* beschrieben werden. Ein Beispiel ist die Bewegungsgleichung einer schwingenden Saite, die von viel mathematischer Prominenz, nämlich von Euler, D'Alembert, D. Bernoulli, später auch von Lagrange behandelt wurde.

▷ Anwendungsbereiche von Differentialgleichungen

Differentialgleichungen nehmen heute einen erstaunlich breiten Raum in der Technik und in den Naturwissenschaften ein, leider kommen sie in der Schulmathematik zu kurz. So beschreiben Differentialgleichungen z. B.

- wie Gase und Flüssigkeiten strömen (Navier-Stokes-Gleichungen in der Strömungsmechanik, in der Luftfahrt, bei der Umströmung von Fahrzeugen, in der Wettervorhersage etc.);
- wie Elektrizität und Magnetismus zusammenhängen (Maxwell'sche Gleichungen in der Elektrodynamik, elektrische Schwingkreise etc.);
- wie sich Wärme ausbreitet (Wärmeleitungsgleichung in der Thermodynamik);
- wie sich Wellen ausbreiten (Wellengleichung).

▷ Differentialgleichungen

Unter Differentialgleichungen hat man sich (wie der Name schon sagt) Gleichungen vorzustellen, in denen auch die Ableitungen von unbekannten, zu bestimmenden Funktio-

Y. Stry, R. Schwenkert, *Mathematik kompakt*, DOI 10.1007/978-3-642-24327-1_10,
© Springer-Verlag Berlin Heidelberg 2013

nen vorkommen. Während man also bei den gängigen *algebraischen* Gleichungen, etwa
bei $7x - 4 = 2 - 3x$, unbekannte Zahlen x (hier $x = 0{,}6$) berechnet, enthalten Differentialgleichungen als Unbekannte Funktionen.

> ### Gewöhnliche Differentialgleichungen

Wir werden im Folgenden so genannte *gewöhnliche Differentialgleichungen* behandeln – das sind solche, in denen die unbekannte Funktion nur von einer Veränderlichen
abhängt: Ein Beispiel dafür wäre $y'(x) = y(x)$. Gesucht ist hier eine Funktion $y(x)$, die
gleich ihrer Ableitung ist. Die meisten denken jetzt natürlich an die e-Funktion.

Die *allgemeine* Lösung wäre in diesem Fall aber sogar: $y(x) = c \cdot e^x$ mit einer beliebigen Konstanten $c \in \mathbb{R}$. Auch dies ist typisch für Differentialgleichungen: Man erhält meist
nicht nur eine Lösung, sondern gleich eine ganze Kurvenschar. Die eigentliche Lösung
bekommt man dann aus zusätzlichen Bedingungen, so genannten Anfangs- oder Randbedingungen, die beschreiben, was am Anfang (etwa einer Wettersimulation) oder am Rande
(des betrachteten Gebiets) gilt. Im obigen einfachen Beispiel wäre eine solche Bedingung
etwa $y(0) = 1$, mit der wir aus allen Funktionen $y(x) = c \cdot e^x$ genau die e-Funktion
$y(x) = e^x$ (mit $c = 1$) herausfischen würden.

> ### Partielle Differentialgleichungen

Die Theorie der *partiellen* Differentialgleichungen – hier geht es um Funktionen in
mehreren Veränderlichen – ist noch ungleich komplizierter und umfassender, so dass wir
uns auf gewöhnliche Differentialgleichungen beschränken werden.

> ### Theorie und Praxis

In der Theorie der gewöhnlichen Differentialgleichungen stehen am Anfang zwei
Sätze, nämlich ein Existenzsatz (von Peano) und ein Eindeutigkeitssatz (von Picard-
Lindelöf). Diese besagen, dass eine Differentialgleichung unter gewissen einfachen
Bedingungen überhaupt eine Lösung besitzt bzw. dass diese eindeutig ist (dass es also *genau eine* Lösung gibt). Leider gibt es keine Sätze, die sagen, wie diese Lösung
konkret aussieht. Es ist hier wie in der Medizin – es gibt zwar eine Fülle von Heilverfah-
ren, aber eben kein Allheilmittel. Genauso existiert bei den Differentialgleichungen ein
ganzes Arsenal von Lösungsansätzen und -verfahren, die man je nach Art des Problems
anwenden kann.

> ### Numerische Behandlung von Differentialgleichungen

Hier schlägt dann oft auch die Stunde der Numerischen Mathematik, die Verfahren
zur *näherungsweisen* Lösung von Differentialgleichungen anbietet. Ähnlich war es schon
bei *nichtlinearen* Gleichungen, die häufig nur approximativ gelöst werden können. Hierzu
haben wir z. B. das Newton-Verfahren kennen gelernt (vgl. Abschn. 6.6.2).

▶ Lineare Differentialgleichungen

Für eine größere Klasse von Differentialgleichungen, die so genannten linearen Differentialgleichungen, gelten gewisse theoretische Aussagen: Die Struktur der Lösungen hat große Ähnlichkeit zur Struktur der Lösungen von linearen Gleichungssystemen. Und für spezielle Differentialgleichungen, nämlich für lineare mit konstanten Koeffizienten, die glücklicherweise auch in der Technik häufig vorkommen, gibt es ein relativ einfaches Lösungsverfahren, welches – wie ein gutes Kochrezept – im Prinzip immer gelingt.

In dieser Einführung in das weite Feld der Differentialgleichungen werden wir im vorliegenden Kapitel zunächst Grundlegendes zu Differentialgleichungen kennen lernen. Ein gewisses theoretisches Rüstzeug, grundlegende Begriffe und Standardtechniken helfen bei der Klassifikation, Veranschaulichung und Lösung solcher Differentialgleichungen. Speziell für lineare Differentialgleichungen und – noch spezieller – für lineare Differentialgleichungen mit konstanten Koeffizienten werden Standardmethoden vorgestellt.

10.2 Grundbegriffe

Im Folgenden behandeln wir grundlegende Begriffe im Zusammenhang mit Differentialgleichungen: gewöhnliche/partielle Differentialgleichungen, Ordnung einer Differentialgleichung, explizite/implizite Differentialgleichungen. Wir sehen, wie durch Vorgabe von Anfangs- oder Randbedingungen aus der allgemeinen Lösung einer Differentialgleichung (einer Kurvenschar) einzelne Kurven (so genannte partikuläre Lösungen) herausgegriffen werden. Es gehört aber nicht nur zu einer Differentialgleichung eine Kurvenschar als ihre Lösung, sondern man kann umgekehrt auch zu einer vorliegenden Kurvenschar (Differenzierbarkeit vorausgesetzt) eine Differentialgleichung finden. Der Verlauf der Lösung einer Differentialgleichung lässt sich schließlich graphisch über das so genannte Richtungsfeld veranschaulichen. Abschließend wird kurz noch die Behandlung von Systemen von Differentialgleichungen angesprochen.

> **Differentialgleichung**
> Eine Gleichung, in der Ableitungen einer gesuchten Funktion auftreten, nennt man eine Differentialgleichung (abgekürzt: Dgl.).

Gewöhnliche und partielle Differentialgleichung Hängt die gesuchte Funktion in der Differentialgleichung nur von einer einzigen Veränderlichen ab, kommen also mit anderen Worten nur „gewöhnliche" Ableitungen in der Differentialgleichung vor, so spricht man von einer „gewöhnlichen Differentialgleichung". Hängt hingegen die gesuchte Funktion von mehreren Variablen ab, d. h. kommen partielle Ableitungen (vgl. Abschn. 6.8.2) in

Abb. 10.1 lineares Federpendel

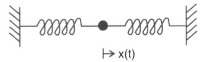

$\mapsto$ x(t)

der Differentialgleichung vor, so liegt eine „partielle Differentialgleichung" vor. In diesem
Kapitel werden fast ausschließlich gewöhnliche Differentialgleichungen besprochen.

Funktionen werden meist $y(x)$ genannt Eine wichtige Bemerkung zur Terminologie
vorneweg: Wir sind gewohnt, Funktionen mit $f(x)$ zu bezeichnen. Bei Differentialgleichungen heißen Funktionen allgemein immer $y(x)$ (höchstens einmal $x(t)$, $y(t)$).
Warum? Nun, man kann sich im Zusammenhang mit Differentialgleichungen vieles im
x, y-Koordinatensystem veranschaulichen. Oft ist es dabei sinnvoll, sich Funktionswerte
$y(x)$ als Werte auf der y-Achse vorzustellen.

Beispiel 10.1

a) **Integration** Im Abschn. 8.2 über die Integration von Funktionen haben wir Gleichungen wie $f'(x) = 2x$ kennen gelernt und durch Integration die Lösung $f(x) =
x^2 + c, c \in \mathbb{R}$, erhalten. Letztlich hatten wir es schon hier mit (einfachen) Differen-
tialgleichungen zu tun.

b) **Lineares Federpendel** Ein lineares Federpendel (vgl. Abb. 10.1) wird durch folgende Differentialgleichung beschrieben:

$$m \frac{d^2 x}{dt^2} = -D \cdot x.$$

Unbekannt ist hier die Auslenkung x in Abhängigkeit von der Zeit t. Physikalisch
gesehen steht auf der linken Seite die Newton'sche Bewegungsgleichung $F = m \cdot a$
(Kraft ist Masse mal Beschleunigung), auf der rechten Seite beschreibt das Hoo-
ke'sche Gesetz eine rücktreibende Kraft (deshalb Minuszeichen!), die proportional
zur Auslenkung x ist. Wie hier erhält man die meisten in den Ingenieurwissenschaften auftretenden Differentialgleichungen aus physikalischen Erwägungen heraus.

c) **Partielle Dgl.: Wärmeleitungsgleichung** Die Wärmeleitungsgleichung $T_t =
c \cdot \Delta T = c \cdot (T_{xx} + T_{yy})$ ist eine *partielle* Differentialgleichung. Gesucht ist die
Temperatur $T(x, y, t)$, die von zwei Ortsvariablen x, y und von der Zeit t abhängt.
Wie bei vielen partiellen Differentialgleichungen tritt hier der so genannte *Laplace-
Operator* auf: $\Delta := \partial_{xx} + \partial_{yy}$. Mit dieser Wärmeleitungsgleichung kann man z. B.
beschreiben, wie sich Wärme in einer dünnen 2-dimensionalen Platte ausbreitet.

d) **System: Maxwell-Gleichungen** Die Maxwellschen Gleichungen aus der Elektrodynamik – oft teilweise bekannt aus dem Physikunterricht der Schule – bilden
ein *System* partieller Differentialgleichungen für die elektrischen und magnetischen
Feldgrößen $\vec{E}$, $\vec{D}$, $\vec{H}$ und $\vec{B}$ als Funktionen von Raum x, y, z und Zeit t.

Wichtige Begriffe zur Klassifikation von Differentialgleichungen sind:

Ordnung einer Differentialgleichung

Die höchste in einer Differentialgleichung

$$F(x, y, y', y'', \ldots, y^{(n)}) = 0$$

vorkommende Ableitung $y^{(n)}$ bestimmt die Ordnung n der Differentialgleichung. Lässt sich die Differentialgleichung nach dieser höchsten Ableitung auflösen:

$$y^{(n)} = f(x, y, y', y'', \ldots, y^{(n-1)}),$$

so heißt die Differentialgleichung explizit, anderenfalls implizit.

Beispiel 10.2

Die Differentialgleichung $y' - 2xy = 0$ ist eine explizite Differentialgleichung erster Ordnung: Die höchste vorkommende Ableitung ist y', und die Differentialgleichung kann nach diesem y' aufgelöst werden. Man könnte $y' = f(x, y)$ mit $f(x, y) = 2xy$ schreiben.

Lösung einer Differentialgleichung

Eine Funktion $y = y(x)$ heißt Lösung (manchmal auch Integral) einer Differentialgleichung, wenn diese Funktion mitsamt ihren Ableitungen eingesetzt in die Differentialgleichung diese erfüllt.

Beispiel 10.3

Die Differentialgleichung $y' - 2xy = 0$ hat die Lösung $y(x) = c \cdot e^{x^2}$ mit $c \in \mathbb{R}$ beliebig, da $y' = c\,e^{x^2} \cdot 2x = y \cdot 2x$ gilt.

Übung 10.1

Bestimmen Sie die Lösung der expliziten Differentialgleichung 2. Ordnung des freien Falls $\ddot{y} = -g$ (ohne Luftwiderstand) durch zweimalige Integration.

Zur Notation: Die Bewegung eines Massenpunktes m erfolgt unter dem Einfluss der Schwerkraft. Wir betrachten das Problem in einem kartesischen Koordinatensystem (siehe Abb. 10.2) und bestimmen die Lagekoordinate y des Massenpunktes in Abhängigkeit von der Zeit t.

Abb. 10.2 Freier Fall $\ddot{y} = -g$

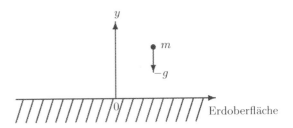

Aus der Physik ist bekannt, dass die Beschleunigung des Punktes durch die zweite Ableitung $\ddot{y}$ gegeben ist. (Üblicherweise wird die Ableitung nach der Zeit durch Punkte symbolisiert, vgl. Abschn. 6.2.1.) Die Fallbeschleunigung ist aber annähernd konstant mit $g \approx 9{,}81 \frac{m}{s^2}$. Sie ist nach unten gerichtet und muss daher in obigem Koordinatensystem mit negativem Vorzeichen angesetzt werden, also $\ddot{y} = -g$.

Lösung 10.1

Zweimalige Integration von $\ddot{y} = -g$ liefert

$$\dot{y}(t) = \int \ddot{y}(t)\,dt = -\int g\,dt = -gt + c_1$$

und

$$y(t) = \int \dot{y}(t)\,dt = \int (-gt + c_1)\,dt = -\frac{gt^2}{2} + c_1 t + c_2.$$

Auch bei anderen (komplizierteren) Differentialgleichungen erhält man im Prinzip durch Umkehrung der Differentiation, also durch Integration, die Lösung. Allgemein sind also bei der Ermittlung der Lösung einer Differentialgleichung n-ter Ordnung n Integrationen erforderlich. Entsprechend treten n Integrationskonstanten c_1, c_2 bis c_n in der Lösung auf. Damit ist folgender Satz plausibel:

Allgemeine Lösung einer Dgl.

Die allgemeine Lösung einer Differentialgleichung n-ter Ordnung enthält n willkürliche, voneinander unabhängige Parameter (Integrationskonstanten), besitzt also die Form

$$y(x) = y(x; c_1, c_2, \ldots, c_n).$$

Man erhält somit als Lösung der Differentialgleichung eine n-parametrige Kurvenschar.

Physikalisch sinnvolle Zusatzbedingungen liefern partikuläre Lösung Die in der allgemeinen Lösung einer Differentialgleichung n-ter Ordnung auftretenden Parameter lassen sich durch Zusatzbedingungen festlegen. Physikalisch sinnvolle Zusatzbedingungen werden meist in der Form von Anfangsbedingungen oder Randbedingungen vorgegeben. Durch Vorgabe von derartigen Bedingungen eliminiert man die Parameter aus der allgemeinen Lösung der Differentialgleichung und erhält damit eine *partikuläre Lösung*.

Beispiel 10.4

Die Differentialgleichung 2. Ordnung des freien Falls hat die allgemeine Lösung $y(t; c_1, c_2) = -\frac{gt^2}{2} + c_1 t + c_2$ mit den beiden Parametern c_1 und c_2.

a) Durch die *Anfangsbedingungen* $y(0) = y_0$ und $\dot{y}(0) = v_0$ werden Anfangslage y_0 und Anfangsgeschwindigkeit v_0 des fallenden Massenpunktes vorgegeben. Die partikuläre Lösung der Differentialgleichung unter diesen Anfangsbedingungen lautet dann: $y(t) = -\frac{gt^2}{2} + v_0 t + y_0$. Für $y_0 = 5$ und $v_0 = 2$ ergibt sich etwa: $y(t) = -\frac{gt^2}{2} + 2t + 5$.

b) Gibt man hingegen die Lage des Massenpunktes zu zwei verschiedenen Zeiten an, etwa $y(0) = 3$ und $y(1) = 0$, so erhält man durch diese beiden *Randbedingungen* ein Gleichungssystem, $y(0) = c_2 = 3$ und $y(1) = \frac{-g}{2} + c_1 + c_2 = 0$, mit den Lösungen $c_2 = 3$, $c_1 = \frac{g}{2} - 3$. Die partikuläre Lösung der Differentialgleichung unter diesen Randbedingungen lautet dann: $y(t) = \frac{-gt^2}{2} + (\frac{g}{2} - 3)t + 3$.

Allgemein halten wir fest:

Anfangsbedingungen, Randbedingungen

Eine partikuläre Lösung kann man aus der allgemeinen Lösung $y(x) = y(x; c_1, c_2, \dots, c_n)$ einer Differentialgleichung n-ter Ordnung erhalten

- durch die Vorgabe von Anfangsbedingungen:

$$y(x_0), \; y'(x_0), \; y''(x_0), \; \dots, \; y^{(n-1)}(x_0)$$

(Funktionswert und weitere Ableitungen bis zur $(n-1)$-ten an einer speziellen Stelle x_0) oder

- durch die Vorgabe von Randbedingungen:

$$y(x_1), \; y(x_2), \; \dots, \; y(x_n)$$

(Funktionswerte an verschiedenen Stellen).

Übung 10.2

Die Differentialgleichung zur Beschreibung eines linearen Federpendels $\ddot{x} + \omega^2 x = 0$ (mit $\omega^2 = \frac{D}{m}$ aus Beispiel 10.1b) hat die allgemeine Lösung

$$x(t) = c_1 \cos(\omega t) + c_2 \sin(\omega t).$$

Bestimmen Sie die Lösung dieser Differentialgleichung unter den folgenden Zusatzbedingungen:

a) Anfangsbedingungen $x(0) = 1$, $\dot{x}(0) = 2\omega$,
b) Randbedingungen $x(0) = 1$, $x(\frac{\pi}{2\omega}) = 1$,
c) Randbedingungen $x(0) = 1$, $x(\frac{\pi}{\omega}) = 1$,
d) Randbedingungen $x(0) = 1$, $x(\frac{\pi}{\omega}) = -1$.

Lösung 10.2

Wir notieren hier zunächst die Lösung und ihre Ableitung:

$$x(t) = c_1 \cos(\omega t) + c_2 \sin(\omega t),$$
$$\dot{x}(t) = -c_1 \omega \sin(\omega t) + c_2 \omega \cos(\omega t).$$

a) Einsetzen der Anfangsbedingungen ergibt:

$$x(0) = c_1 \cos(0) + c_2 \sin(0) = c_1 = 1,$$
$$\dot{x}(0) = -c_1 \omega \sin(0) + c_2 \omega \cos(0) = \omega c_2 = 2\omega.$$

Also $c_1 = 1$, $c_2 = 2$ und $x(t) = \cos(\omega t) + 2\sin(\omega t)$.

b) Einsetzen der Randbedingungen b) ergibt:

$$x(0) = c_1 \cos(0) + c_2 \sin(0) = c_1 = 1,$$
$$x\left(\frac{\pi}{2\omega}\right) = c_1 \cos\left(\frac{\pi}{2}\right) + c_2 \sin\left(\frac{\pi}{2}\right) = c_2 = 1.$$

Also $c_1 = 1$, $c_2 = 1$ und $x(t) = \cos(\omega t) + \sin(\omega t)$.

c) Einsetzen der Randbedingungen c) ergibt:

$$x(0) = c_1 \cos(0) + c_2 \sin(0) = c_1 = 1,$$
$$x\left(\frac{\pi}{\omega}\right) = c_1 \cos(\pi) + c_2 \sin(\pi) = -c_1 = 1.$$

Also $c_1 = 1$, $c_1 = -1$ (ein *Widerspruch!*) und somit *keine* Lösung!

Abb. 10.3 Kurvenschar als
Lösung einer Dgl.

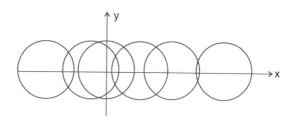

d) Einsetzen der Randbedingungen d) ergibt:

$$x(0) = c_1 \cos(0) + c_2 \sin(0) = c_1 = 1,$$

$$x\left(\frac{\pi}{\omega}\right) = c_1 \cos(\pi) + c_2 \sin(\pi) = -c_1 = -1.$$

Also $c_1 = 1$, $c_1 = 1$ und somit *unendlich viele* Lösungen $x(t) = \cos(\omega t) + c_2 \sin(\omega t)$ mit $c_2 \in \mathbb{R}$.

Von Differentialgleichungen n-ter Ordnung sind wir zu ihren allgemeinen Lösungen, nämlich n-parametrigen Kurvenscharen, gelangt. Umgekehrt kann man auch zu einer n-parametrigen Kurvenschar (Differenzierbarkeit vorausgesetzt) die passende Differentialgleichung ermitteln.

Beispiel 10.5

Wir betrachten im Folgenden Kreise mit dem Radius 1 und Mittelpunkt auf der x-Achse (vgl. Abb. 10.3):

$$(x - c)^2 + y^2 = 1^2$$

bzw. differenziert (Kettenregel für $y = y(x)$):

$$2(x - c) + 2yy' = 0.$$

Wir eliminieren nun den Parameter c. Mit $(x - c) = -yy'$ eingesetzt in die Kreisgleichung ergibt sich:

$$(yy')^2 + y^2 = 1.$$

Zur einparametrigen Kurvenschar $(x - c)^2 + y^2 = 1^2$ gehört also die (implizite) Differentialgleichung 1. Ordnung $(yy')^2 + y^2 = 1$ und umgekehrt.

Übung 10.3

Zu welcher Differentialgleichung gehört die einparametrige Kurvenschar $y(x) = c \cdot e^{x^2}$?

Abb. 10.4 singuläre Lösungen

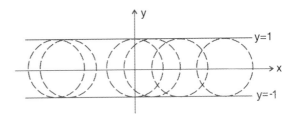

Lösung 10.3

Ableiten von $y(x) = c \cdot e^{x^2}$ ergibt $y'(x) = c \cdot 2x\,e^{x^2}$. Wir eliminieren nun den Parameter c. Auflösen beider Gleichungen nach c liefert:

$$c = y(x)/e^{x^2} = y'(x)/(2x \cdot e^{x^2})$$

und nach Multiplikation mit e^{x^2} erhalten wir die Differentialgleichung 1. Ordnung $y' = 2xy$ (vgl. Beispiel 10.3).

Am Beispiel der Kreise (vgl. Abb. 10.3) werden wir gleich sehen, dass zusätzliche Lösungen zur zugehörigen Differentialgleichung hinzukommen können:

Beispiel 10.6

Die Differentialgleichung $(yy')^2 + y^2 = 1$ hat zwei zusätzliche Lösungen, die keine Kreise darstellen, nämlich

$$y = +1 \quad \text{und} \quad y = -1.$$

Singuläre Lösung Diese beiden Geraden hüllen die Kurvenschar der Kreise ein (vgl. Abb. 10.4). Jeder Kreis wäre eine spezielle Lösung, die sich durch Wahl des Parameters c aus der allgemeinen Lösung, der einparametrigen Kurvenschar der Kreise, gewinnen ließe. Die Geraden sind trivialerweise keine Kreise, lassen sich also *nicht* aus der allgemeinen Lösung der Differentialgleichung durch spezielle Wahl der Konstanten bestimmen. Solche zuweilen auftretenden zusätzlichen Lösungen heißen *singulär*.

Übung 10.4

Zeigen Sie, dass $y = 1$ Lösung der Differentialgleichung $(yy')^2 + y^2 = 1$ ist!

Lösung 10.4

Wegen $y = 1$ ist $y' = 0$. Einsetzen in die Differentialgleichung ergibt $(1 \cdot 0)^2 + 1^2 = 1$. Also erfüllt $y = 1$ die Differentialgleichung $(yy')^2 + y^2 = 1$.

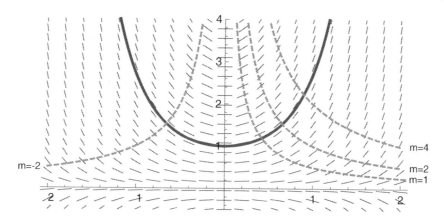

Abb. 10.5 Richtungsfeld für $y' = 2xy$

Richtungsfeld, Linienelemente, Isoklinen Explizite Differentialgleichungen 1. Ordnung

$$y' = f(x, y)$$

haben den Vorteil, dass man sich graphisch sehr leicht einen Überblick über den Verlauf der Lösung $y(x)$ verschaffen kann. Man ordnet dazu einfach jedem Punkt (x, y) der Ebene den Wert $m = y'(x)$ zu, welcher die Steigung der gesuchten Funktion, d. h. die Richtung der Tangente an den Graphen von $y(x)$ angibt. Da jedem Punkt (x, y) eine bestimmte Richtung zugeordnet wird, erhalten wir ein so genanntes *Richtungsfeld*. Die einzelnen Punkte (x, y) mit ihrer zugeordneten Steigung m heißen *Linienelemente*, Punkte mit der gleichen Tangentensteigung nennt man *Isoklinen*. Die Lösungen der Differentialgleichung $y' = f(x, y)$ erhält man dann einfach, indem man alle Kurven auswählt, die auf das Richtungsfeld „passen": Diese Kurven besitzen in jedem Punkt eine Tangente mit derselben Steigung wie das Linienelement an diesem Punkt.

Beispiel 10.7

Das Richtungsfeld der Differentialgleichung $y' = 2xy$ ist aus Abb. 10.5 ersichtlich. Natürlich sind der Übersichtlichkeit halber nur einige Linienelemente dargestellt. Isoklinen sind in diesem Fall alle Kurven mit $f(x, y) = 2xy = m$ mit einer Konstanten m, also Hyperbeln der Form $y(x) = m/(2x)$. Eingezeichnet ist außerdem eine mögliche Lösungskurve, die annähernd parabelförmig aussieht. (In Wirklichkeit ist es jedoch eine Funktion der Gestalt $y(x) = c\,e^{x^2}$, wie wir in Beispiel 10.3 festgestellt haben.)

Übung 10.5

Zeichnen Sie Richtungsfeld, Isoklinen und eine mögliche Lösung im Falle der Differentialgleichung $y' = y$.

Abb. 10.6 Richtungsfeld für
$y' = y$

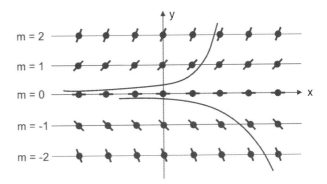

Abb. 10.7 Nicht-Eindeutigkeit
der Lösung

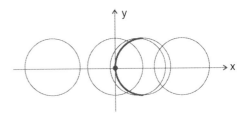

Lösung 10.5

Das Richtungsfeld ist aus Abb. 10.6 ersichtlich. Isoklinen sind alle Kurven mit $f(x, y) = y = m$, d. h. alle Parallelen zur x-Achse. Die Lösungskurven haben die Gestalt $y(x) = c\,e^x$, sind also Exponentialfunktionen.

Existenz- und Eindeutigkeit einer Lösung Einer expliziten Differentialgleichung 1. Ordnung der Gestalt $y' = f(x, y)$ kann man zunächst nicht einfach ansehen, ob sie eine Lösung besitzt und – wenn ja – ob diese eindeutig ist. Unter gewissen recht einfachen Voraussetzungen an die Funktion $f(x, y)$ (Stetigkeit und so genannte Lipschitz-Bedingung) kann man jedoch die Existenz und Eindeutigkeit der Lösung $y(x)$ zu einer vorgegebenen Anfangsbedingung $y(x_0) = y_0$ zeigen. Dies geschieht in den Sätzen von Peano und Picard-Lindelöf, auf die wir hier jedoch nicht näher eingehen. Ein Beispiel, bei dem die Lösung einer Differentialgleichung *nicht eindeutig* ist, zeigt Abb. 10.7: Hier geht es um die Kreise aus Beispiel 10.5 oder, genauer ausgedrückt, um die Lösung der Differentialgleichung $(y\,y')^2 + y^2 = 1$ auf dem Intervall $[0, 1]$ bei Wahl der Anfangsbedingung $y(0) = 0$. Hier ist sowohl der Kreisabschnitt oberhalb wie auch der unterhalb der x-Achse Lösung der Anfangswertaufgabe.

Numerische Lösungsverfahren Um die Lösung $y(x)$ einer Differentialgleichung konkret zu ermitteln, existieren verschiedene Lösungsverfahren, von denen wir einen Teil im folgenden Abschnitt kennen lernen werden. In vielen Fällen, über die man in der Numerischen Mathematik mehr erfährt, lassen sich jedoch keine Lösungen, sondern nur Näherungen finden (z. B. mit dem Verfahren von Euler, mit dem Verfahren von Runge-

Kutta etc.). Hier geht man meist nicht von der Differentialgleichung

$$y' = f(x, y), \quad y(x_0) = y_0$$

aus, sondern wandelt diese in eine Integralgleichung folgender Form um:

$$y(x) = y_0 + \int_{x_0}^{x} f(t, y(t)) \, dt.$$

Systeme von Differentialgleichungen Ebenfalls sinnvoll sind Systeme von Differential-gleichungen (vgl. Maxwell-Gleichungen in Beispiel 10.1d), und auch hier ließe sich eine analoge Theorie aufschreiben. Insbesondere lässt sich jede Differentialgleichung n-ter Ordnung formal in ein System von n Differentialgleichungen umwandeln.

Beispiel 10.8

Die Differentialgleichung 2. Ordnung $y'' + y = 0$ hat die allgemeine Lösung $y(x) = c_1 \cos x + c_2 \sin x$ mit den beiden Parametern $c_1, c_2 \in \mathbb{R}$. Man könnte anstelle dieser Differentialgleichung auch das *System* von 2 Differentialgleichungen

$$\left\{ \begin{array}{l} y_1' = -y_2, \\ y_2' = y_1 \end{array} \right\}$$

untersuchen. Hier erhalten wir die Lösungen $y_1(x) = \cos x$ und $y_2(x) = \sin x$. (Die Ableitung vom $\cos x$ ist $-\sin x$, die Ableitung von $\sin x$ ist $\cos x$.) Die Differentialglei-chung 2. Ordnung und das System hängen über $y(x) = y_1(x)$ und $y'(x) = -y_2(x)$ zusammen.

10.3 Lösungstechniken

Eine der einfachsten Lösungstechniken überhaupt, „Trennung der Veränderlichen" (oder, „Separation der Variablen"), steht am Anfang der folgenden Betrachtungen. Einige Dif-ferentialgleichungen lassen sich mit dieser Methode lösen bzw. mittels Substitution derart umformen, so dass dieses Lösungsverfahren angewandt werden kann.

„Trennung der Veränderlichen" (oder „Separation der Variablen") Ein sehr einfa-ches Verfahren – genannt „Trennung der Veränderlichen" oder „Separation der Varia-blen" – lässt sich anwenden, wenn die Differentialgleichung $y' = f(x, y)$ so beschaffen ist, dass $f(x, y)$ multiplikativ in zwei Anteile zerfällt: einer, in dem nur x, und einer, in dem nur y vorkommt, d. h. $f(x, y) = g(x) \cdot h(y)$.

Beispiel 10.9

Wir betrachten die Differentialgleichung $y' = 2xy$. Hier gilt $f(x, y) = g(x) \cdot h(y)$ mit $g(x) = 2x$ und $h(y) = y$.

Trick bei „Trennung der Veränderlichen" Der „Trick" bei dem nun folgenden Lösungsverfahren beruht darauf, die Terme voneinander zu trennen und einzeln – nach x und y separiert – zu integrieren. Dabei ist es hilfreich,

$$y' = \frac{dy}{dx}$$

zu schreiben und formal dy bzw. dx als Zähler bzw. Nenner des Bruches aufzufassen.

Beispiel 10.10

Wir betrachten wiederum die Differentialgleichung $y' = 2xy$, schreiben aber nun

$$\frac{dy}{dx} = 2x \cdot y$$

und trennen formal x- bzw. y-Terme:

$$\frac{dy}{y} = 2x \cdot dx.$$

Jetzt integrieren wir auf beiden Seiten, d. h.

$$\int \frac{dy}{y} = \int 2x \, dx$$

und erhalten (links nach y, rechts nach x integrieren)

$$\ln |y| = x^2 + \tilde{c}.$$

Behandlung der Integrationskonstanten Eigentlich hätten wir auf beiden Seiten eine Integrationskonstante erhalten, die wir jedoch zu einer einzigen Konstanten $\tilde{c}$ zusammenfassen. Da wir an der Lösung y interessiert sind und nicht am natürlichen Logarithmus davon, wenden wir die Exponentialfunktion (d. h. die Umkehrfunktion des natürlichen Logarithmus) auf obige Gleichung an:

$$|y| = e^{\ln |y|} = e^{x^2 + \tilde{c}} = e^{\tilde{c}} \cdot e^{x^2}.$$

Links und rechts stehen nur positive Größen. Wenn wir aber auf der rechten Seite nicht nur positive Konstanten $e^{\tilde{c}} > 0$ zulassen, sondern irgendwelche Konstanten $c \in \mathbb{R}$, so erhalten wir

$$y(x) = c \cdot e^{x^2}.$$

Diese Lösungen haben wir bereits in Beispiel 10.3 verifiziert. Man beachte: Mit $c = 0$ ist auch $y(x) = 0$ Lösung der Differentialgleichung. Die Lösung $y = 0$ hatten wir streng genommen bei der Division durch y ausgeschlossen.

Übung 10.6

Bestimmen Sie durch „Trennung der Veränderlichen" die Lösungen folgender Differentialgleichungen: a) $y' = y$, b) $y' = 2y/x$.

Lösung 10.6

Durch „Trennung der Veränderlichen" erhalten wir jeweils:

a) $\int \frac{dy}{y} = \int dx$ führt auf $\ln |y| = x + \tilde{c}$ bzw. $|y| = e^{\tilde{c}} \cdot e^x$ und $y = c \cdot e^x$.

b) $\int \frac{dy}{y} = \int 2 \frac{dx}{x}$ führt auf $\ln |y| = 2 \ln |x| + \tilde{c}$ bzw. $|y| = e^{\tilde{c}} \cdot e^{2 \ln |x|} = e^{\tilde{c}} \cdot |x|^2$ und $y = c \cdot x^2$.

Wir notieren allgemein:

Lösungsverfahren: „Trennung der Veränderlichen"

Die Lösungsmethode der „Trennung der Veränderlichen" kann bei Differentialgleichungen der Form $y' = g(x) \cdot h(y)$ angewandt werden. Nach Umformung der Ausgangsgleichung in

$$\frac{dy}{h(y)} = g(x) \cdot dx$$

erfolgt beidseitige Integration:

$$\int \frac{dy}{h(y)} = \int g(x) \cdot dx.$$

Sind auf beiden Seiten der Gleichung die Stammfunktionen bestimmt, ist ggf. nach y aufzulösen. Der Fall $h(y) = 0$ muss gesondert betrachtet werden.

Substitution bei $y' = f(ax + by + c)$ Manche Differentialgleichungen lassen sich durch Substitution derart umformen, dass eine Differentialgleichung entsteht, bei der man die Lösungstechnik „Trennung der Veränderlichen" anwenden kann. Beispiele sind Differentialgleichungen der Form

$$y' = f(ax + by + c).$$

Hier substituiert man $u(x) = ax + by(x) + c$ und rechnet mit der neuen Veränderlichen $u(x)$ anstelle von $y(x)$ weiter.

Beispiel 10.11

Wir betrachten die Differentialgleichung $y' = 3x + 4y - 5$. Hier bietet sich die Substitution $u(x) = 3x + 4y(x) - 5$ an. Differenzieren liefert $u' = 3 + 4y'$ bzw. $y' = (u' - 3)/4$.

Durch Einsetzen erhält man die neue Differentialgleichung $(u' - 3)/4 = u$ bzw.

$$u' = \frac{du}{dx} = 3 + 4u.$$

Nach „Trennung der Veränderlichen" ergibt sich

$$\frac{1}{4} \int \frac{4\,du}{4u + 3} = \int dx \quad \text{und} \quad \frac{1}{4} \ln|4u + 3| = x + c.$$

Also $|4u + 3| = e^c \cdot e^{4x}$ bzw. $4u + 3 = c \cdot e^{4x}$ und somit

$$u = c \cdot e^{4x} - 3/4.$$

Dabei wurden die Konstanten mehrfach umbenannt. Nun muss die gefundene Lösung u der transformierten Differentialgleichung noch auf die eigentlich gesuchte Lösung y der ursprünglichen Differentialgleichung rücktransformiert werden. Wegen $u = 3x + 4y - 5$ ergibt sich als Lösung

$$y = c \cdot e^{4x} - \frac{3}{4}x + \frac{17}{16}.$$

Substitution bei $y' = f\left(\frac{y}{x}\right)$ Ein weiteres Beispiel zur Anwendbarkeit von Substitutionen sind Differentialgleichungen der Gestalt

$$y' = f\left(\frac{y}{x}\right),$$

so genannte *Ähnlichkeitsdifferentialgleichungen*. In diesen Fällen führt die Substitution $u = y/x$ zum Ziel.

Übung 10.7

Führen Sie bei der Differentialgleichung $y' = 1 + \frac{y}{x}$ die Substitution $u(x) = y(x)/x$ durch. (Leiten Sie dazu zunächst $y' = u'x + u$ her, lösen Sie die Differentialgleichung $u' = 1/x$ nach u und berechnen Sie danach y.)

Lösung 10.7

Wegen $u = y/x$ bzw. $y = u \cdot x$ führt die Produktregel beim Ableiten auf $y' = u' \cdot x + u \cdot 1$. Eingesetzt in die Differentialgleichung erhält man $u'x + u = 1 + u$ bzw. $u' = 1/x$. Die Lösung dieser transformierten Differentialgleichung lässt sich nun mittels „Trennung der Veränderlichen" über $\int du = \int \frac{dx}{x}$ ermitteln zu $u = \ln|x| + c$. Wegen $y = u \cdot x$ ergibt sich für die ursprünglich gesuchte Lösung der Ausgangsdifferentialgleichung $y = x \ln|x| + cx$.

Weitere Lösungstechniken Es gibt im Übrigen weitere Substitutionen und auch weitere ganz spezielle Lösungstechniken für bestimmte Differentialgleichungen (Bernoulli-Dgl., Riccati-Dgl., D'Alembert-Dgl., Clairaut-Dgl.), die meist aus speziellen physikalischen Fragestellungen heraus entstanden sind. Diese Lösungsansätze sind ggf. in der Spezialliteratur nachzuschlagen.

10.4 Lineare Differentialgleichungen

Im folgenden Abschnitt geht es um eine große Klasse von Differentialgleichungen, die auch in Technik und Wirtschaft häufig auftreten, nämlich so genannte lineare Differentialgleichungen. Sie zeichnen sich durch eine relativ einfache Bauart aus, es existieren Standard-Lösungstechniken („Variation der Konstanten") und auch die Lösungen haben eine einfache Struktur, ähnlich der Lösung von linearen Gleichungssystemen.

Analogie zu linearen Gleichungssystemen Im Folgenden werden wir lineare Differentialgleichungen betrachten. Wir erinnern uns in diesem Zusammenhang an lineare Gleichungssysteme, für die wir im Abschn. 5.6 eine einfache Lösungstheorie entwickelt hatten. (Zum Glück sind viele in den Anwendungen auftretende Gleichungssysteme linear bzw. man kann sie linearisieren.) Lineare Gleichungssysteme zeichnen sich dadurch aus, dass die Unbekannten $x_1, x_2, \ldots, x_n$ nur „solo" auftreten; es gibt z. B. keine Potenzen x_1^2 oder Produkte $x_1 \cdot x_3$ oder gar Funktionen e^{x_4}. Übertragen auf Differentialgleichungen bedeutet dies, dass Analoges für die gesuchte Funktion $y(x)$ bzw. für ihre Ableitungen $y'(x), y''(x), \ldots, y^{(n)}$ gelten muss. Wir erhalten daher die folgende Definition:

Lineare Dgl., homogen, inhomogen

Eine lineare Differentialgleichung n-ter Ordnung hat die Form

$$a_n(x)y^{(n)} + a_{n-1}(x)y^{(n-1)} + \ldots + a_1(x)y' + a_0(x)y = b(x).$$

(Meist ist $a_n(x) = 1$.) Ist das so genannte Störglied $b(x)$ konstant gleich 0, so heißt die Differentialgleichung homogen, andernfalls inhomogen.

Beispiel 10.12

Die Differentialgleichung $(y'y)^2 + y^2 = 1$ ist nicht linear. Dagegen ist $y' = 2xy$ eine homogene lineare Differentialgleichung (mit $a_1(x) = 1$, $a_0(x) = -2x$ und $b(x) = 0$), $y'' + y = \sin x$ ist eine inhomogene lineare Differentialgleichung (mit $a_2(x) = 1$, $a_1(x) = 0$, $a_0(x) = 1$ und $b(x) = \sin x$).

Die Struktur der Lösungen y linearer Differentialgleichungen entspricht der Struktur der Lösungen linearer Gleichungssysteme:

Lösungsstruktur lineare Dgl.
Die allgemeine Lösung einer inhomogenen Differentialgleichung

$$a_n(x)y^{(n)} + a_{n-1}(x)y^{(n-1)} + \ldots + a_1(x)y' + a_0(x)y = b(x)$$

ist die Summe einer speziellen Lösung der inhomogenen Differentialgleichung und der allgemeinen Lösung der zugehörigen homogenen Differentialgleichung:

$$y \begin{Bmatrix} \text{allgem. Lsg.} \\ \text{inhom. Dgl.} \end{Bmatrix} = y \begin{Bmatrix} \text{spez. Lsg.} \\ \text{inhom. Dgl.} \end{Bmatrix} + y \begin{Bmatrix} \text{allgem. Lsg.} \\ \text{hom. Dgl.} \end{Bmatrix}$$

Außerdem:

Lösungsstruktur speziell der homogenen Dgl., Basislösung, Fundamentallösung
Die Gesamtheit der Lösungen der homogenen linearen Differentialgleichung n-ter Ordnung hat die Gestalt

$$c_1 \cdot y_1(x) + c_2 \cdot y_2(x) + \ldots + c_n \cdot y_n(x),$$

durchläuft also alle Linearkombinationen aus n linear unabhängigen Basislösungen (auch Fundamentallösungen genannt) und bildet damit einen n-dimensionalen Vektorraum.

Beispiel 10.13
Um die lineare inhomogene Differentialgleichung $y'' + y = \sin x$ zu lösen, benötigt man zunächst die allgemeine Lösung der zugehörigen homogenen Differentialgleichung $y'' + y = 0$. Man sieht, dass $y_1(x) = \sin x$ und $y_2(x) = \cos x$ Lösungen dieser homogenen Differentialgleichung sind (z. B. $y_1'' + y_1 = (\sin x)'' + \sin x = -\sin x + \sin x = 0$). Die allgemeine Lösung der homogenen Differentialgleichung besteht nun ganz einfach aus allen Linearkombinationen der beiden gefundenen linear unabhängigen Basislösungen, also

$$y(x) = c_1 \cdot y_1(x) + c_2 \cdot y_2(x) = c_1 \sin x + c_2 \cos x.$$

Basislösungen Wir beachten, dass $\sin x$ und $\cos x$ Basislösungen sind. Die beiden Funktionen $\sin x$ und $5 \sin x$ sind zwar auch verschiedene Lösungen der homogenen Differentialgleichung, aber *keine linear unabhängigen Basislösungen*.

Nun wird noch *eine* spezielle Lösung der inhomogenen Differentialgleichung benötigt. Wir verifizieren, dass

$$y(x) = -\frac{1}{2} x \cos x$$

eine derartige Lösung ist: $y'(x) = -1/2 \cdot \cos x + 1/2 \cdot x \sin x$, $y''(x) = \sin x + 1/2 \cdot x \cos x$, also $y'' + y = \sin x$.

Die allgemeine Lösung der inhomogenen Differentialgleichung lautet damit

$$y(x) = \underbrace{-\frac{1}{2} x \cos x}_{\substack{\text{spez. Lsg.} \\ \text{inhom. Dgl.}}} + \underbrace{c_1 \sin x + c_2 \cos x}_{\substack{\text{allg. Lsg.} \\ \text{hom. Dgl.}}}.$$

Übung 10.8

Hätte man im obigen Beispiel als spezielle Lösung der inhomogenen Differentialgleichung auch $y(x) = -1/2\, x \cos x + 3 \cos x$ wählen können?

Lösung 10.8

Ja, denn auch hier gilt $y'' + y = \sin x$. Die allgemeine Lösung der inhomogenen Differentialgleichung wäre entsprechend

$$y(x) = \underbrace{-\frac{1}{2} x \cos x + 3 \cos x}_{\substack{\text{spez. Lsg.} \\ \text{inhom. Dgl.}}} + \underbrace{c_1 \sin x + c_2 \cos x}_{\substack{\text{allg. Lsg.} \\ \text{hom. Dgl.}}};$$

sie unterscheidet sich *nicht* von der Lösung im obigen Beispiel 10.13.

Lösung der inhom. Dgl. durch „Variation der Konstanten" Die Frage ist nun insbesondere, wie man eine Lösung der *inhomogenen* Differentialgleichung erhält, wenn man die Lösung der zugehörigen *homogenen* Differentialgleichung schon kennt. Auch hierzu gibt es ein Verfahren, „Variation der Konstanten" genannt, welches wir im einfachsten Fall, einer Differentialgleichung 1. Ordnung, nun studieren werden.

Beispiel 10.14

Wir betrachten die Differentialgleichung $y' - 2xy = 1 - 2x^2$. Die zugehörige homogene Differentialgleichung $y' - 2xy = 0$ hat nach Beispiel 10.3 und 10.10 die Lösung:

$$y(x) = c \cdot e^{x^2}.$$

„Variation der Konstanten" Um nun die inhomogene Differentialgleichung zu lösen, wähle man den Ansatz

$$y(x) = c(x) \cdot e^{x^2},$$

genannt „Variation der Konstanten". Die Konstante c aus der allgemeinen Lösung $y = c \cdot e^{x^2}$ der homogenen Differentialgleichung wird nun „variiert", also als nicht konstant angesehen. Dies muss beim Bilden der Ableitung natürlich berücksichtigt werden:

$$y'(x) = c'(x) \cdot e^{x^2} + c(x) \cdot (2x)e^{x^2}.$$

Eingesetzt in die inhomogene Differentialgleichung erhalten wir

$$\begin{aligned} y' - 2xy &= c'(x) \cdot e^{x^2} + c(x) \cdot (2x)e^{x^2} - 2xc(x) \cdot e^{x^2} \\ &= c'(x) \cdot e^{x^2} \\ &\overset{!}{=} 1 - 2x^2. \end{aligned}$$

Wegkürzen von Termen Das obige Wegkürzen von Termen ist typisch für das Lösungsverfahren „Variation der Konstanten", übrig bleibt eine Gleichung für die Ableitung von $c(x)$:

$$c'(x) = (1 - 2x^2) \cdot e^{-x^2}.$$

Durch Integration ergibt sich $c(x) = x \cdot e^{-x^2}$ und damit als spezielle Lösung der inhomogenen Differentialgleichung

$$y(x) = c(x) \cdot e^{x^2} = xe^{-x^2} \cdot e^{x^2} = x.$$

Also lautet die allgemeine Lösung der inhomogenen Differentialgleichung

$$y(x) = x + c \cdot e^{x^2}, \quad c \in \mathbb{R}.$$

(Bei der Integration von $c'(x)$ haben wir die Integrationskonstante vernachlässigt, da wir nur an einer einzelnen Lösung der inhomogenen Differentialgleichung interessiert waren. Eine Integrationskonstante hätte lediglich auf die schon bekannten Lösungen der homogenen Differentialgleichung geführt.)

Übung 10.9
Lösen Sie die Differentialgleichung $y' + y/x = x^2$ mit „Variation der Konstanten".

Lösung 10.9
Die Lösung der homogenen Differentialgleichung erhält man über $dy/y = -dx/x$, $\ln|y| = -\ln|x| + c$ und schließlich $y(x) = c \cdot 1/x$. Für die Lösung der inhomogenen

Differentialgleichung ist also der Ansatz („Variation der Konstanten")

$$y(x) = c(x) \cdot \frac{1}{x}$$

zu wählen. Für die Ableitung erhält man $y'(x) = c'(x) \cdot 1/x - c(x) \cdot 1/x^2$. Eingesetzt in die inhomogene Differentialgleichung ergibt sich nach Kürzen $c'(x) \cdot 1/x = x^2$ bzw. $c'(x) = x^3$ und durch Integration $c(x) = x^4/4$. Damit ist eine spezielle Lösung der inhomogenen Differentialgleichung gefunden:

$$y(x) = c(x) \cdot \frac{1}{x} = \frac{x^4}{4} \cdot \frac{1}{x} = \frac{1}{4}x^3.$$

Die allgemeine Lösung der inhomogenen Differentialgleichung lautet also

$$y(x) = \frac{1}{4}x^3 + c \cdot \frac{1}{x}, \quad c \in \mathbb{R}.$$

Wir halten fest:

Lösungsverfahren: „Variation der Konstanten" bei linearen Dgl. 1. Ordnung
Eine lineare Differentialgleichung 1. Ordnung lautet allgemein

$$y' + a_0(x) \cdot y = b(x).$$

Die zugehörige homogene Differentialgleichung löst man durch „Trennung der Veränderlichen" und erhält Lösungen der Gestalt

$$y(x) = c_1 \cdot y_1(x).$$

Zur Lösung der inhomogenen Differentialgleichung wählt man den Ansatz

$$y(x) = c_1(x) \cdot y_1(x),$$

genannt „Variation der Konstanten".

Lineare Dgl. höherer Ordnung Ähnlich, aber doch wesentlich komplizierter geht es bei linearen Differentialgleichungen von höherer Ordnung als 1 zu. Bei linearen Differentialgleichungen n-ter Ordnung gilt es zunächst, n Basislösungen zu finden, d. h. n Lösungen der homogenen Differentialgleichung, die *linear unabhängig* sind. Auch hier lässt sich in einem etwas komplizierteren Verfahren mittels „Variation der Konstanten" aus der Linearkombination von Basislösungen der homogenen Differentialgleichung eine spezielle Lösung der inhomogenen Differentialgleichung berechnen.

10.5   Lineare Differentialgleichungen mit konstanten Koeffizienten

Im Folgenden werden wir einen besonders übersichtlichen Spezialfall betrachten, nämlich lineare Differentialgleichungen mit konstanten Koeffizienten. Hier gibt es eine geschlossene Lösungstheorie: Das Verfahren funktioniert „kochrezeptartig", so dass die Lösung der homogenen Differentialgleichung über einen Exponentialansatz im Prinzip immer ermittelt werden kann. Zur Lösung der inhomogenen Differentialgleichung wird häufig der „Ansatz vom Typ der rechten Seite" verwandt: Man nimmt hier an, dass die Lösung im Wesentlichen die gleiche Struktur wie das Störglied hat.

Wir definieren als Spezialfall der linearen Differentialgleichung:

Lineare Dgl. mit konstanten Koeffizienten

Eine lineare Differentialgleichung n-ter Ordnung mit konstanten Koeffizienten hat die Form

$$y^{(n)} + a_{n-1} y^{(n-1)} + \ldots + a_1 y' + a_0 y = b(x)$$

mit $a_i \in \mathbb{R}$ für $i = 0, 1, \ldots, n-1$.

Beispiel 10.15

Die Differentialgleichung $y'' - 4y' + y = 3 \sin x$ ist linear mit konstanten Koeffizienten. Die Differentialgleichung $y' - 2xy = 1 - 2x^2$ ist zwar linear, die Koeffizienten sind aber nicht konstant, da $a_0(x) = -2x$ von x abhängt.

Homogene Dgl.: Ansatz ist e-Funktion, charakteristische Gleichung   Auch hier werden wir getrennt die Lösung der homogenen und der inhomogenen Differentialgleichung betrachten. Für die homogene Differentialgleichung ist

$$y^{(n)} + a_{n-1} y^{(n-1)} + \ldots + a_1 y' + a_0 y = 0$$

zu lösen. Offensichtlich dürfen sich die Funktion $y(x)$ und ihre Ableitungen höchstens in Faktoren voneinander unterscheiden, sonst könnte obige Gleichung auf der rechten Seite nicht 0 ergeben. Daher liegt der Ansatz mit einer Exponentialfunktion

$$y(x) = \mathrm{e}^{\lambda x}$$

nahe. Einsetzen von $y' = \lambda \mathrm{e}^{\lambda x}$, $y'' = \lambda^2 \mathrm{e}^{\lambda x}$ etc. und Division durch $\mathrm{e}^{\lambda x} > 0$ führt zu

$$\lambda^n + a_{n-1} \lambda^{n-1} + \ldots + a_1 \lambda + a_0 = 0,$$

der so genannten charakteristischen Gleichung. Mit anderen Worten: Es sind die *Nullstellen der charakteristischen Gleichung* zu finden, welche wiederum die Exponenten der Exponentialfunktion aus dem Ansatz ergeben.

Spezialfall: $n = 2$ Wir studieren im Folgenden den Fall $n = 2$, also Differentialgleichungen der Gestalt $y'' + a_1 y' + a_0 y = 0$.

Beispiel 10.16

a) Für die Differentialgleichung $y'' + y' - 6y = 0$ erhalten wir nach Einsetzen des Ansatzes $y = e^{\lambda x}$ die charakteristische Gleichung $\lambda^2 + \lambda - 6 = 0$. Diese quadratische Gleichung hat zwei reelle Lösungen: $\lambda_1 = 2$ und $\lambda_2 = -3$. Daraus ergibt sich die allgemeine Lösung der Differentialgleichung zu $y(x) = c_1 \cdot e^{2x} + c_2 \cdot e^{-3x}$.

b) Auch für die Differentialgleichung $y'' - 4y' + 4y = 0$ erhalten wir nach Einsetzen des Ansatzes $y = e^{\lambda x}$ die zugehörige charakteristische Gleichung $\lambda^2 - 4\lambda + 4 = 0$. Diese quadratische Gleichung hat allerdings nur eine (doppelte) reelle Nullstelle: $\lambda_1 = \lambda_2 = 2$. Dies führt zunächst nur auf eine Basislösung der Differentialgleichung, nämlich $y = e^{2x}$. Eine weitere Lösung ist nun $y = x \cdot e^{2x}$ (Nachrechnen!). Insgesamt ergibt sich die allgemeine Lösung der Differentialgleichung zu $y(x) = c_1 \cdot e^{2x} + c_2 \cdot xe^{2x}$.

c) Bei der Differentialgleichung $y'' - 4y' + 13y = 0$ erhalten wir nach Einsetzen des Ansatzes $y = e^{\lambda x}$ die charakteristische Gleichung $\lambda^2 - 4\lambda + 13 = 0$. Diese quadratische Gleichung hat zwar keine reellen Nullstellen, aber zwei zueinander konjugiert-komplexe Lösungen: $\lambda_{1/2} = 2 \pm 3i$. Wir würden also formal die Lösung $y = c_1 \cdot e^{(2+3i)x} + c_2 e^{(2-3i)x}$ erhalten. Eine einfache Umformung (Satz von Euler, vgl. Abschn. 9.3.6) liefert:

$$c_1 \cdot e^{2x} e^{3ix} + c_2 \cdot e^{2x} e^{-3ix}$$
$$= c_1 e^{2x}(\cos(3x) + i\sin(3x)) + c_2 e^{2x}(\cos(3x) - i\sin(3x))$$
$$= (c_1 + c_2) \cdot e^{2x} \cos(3x) + i(c_1 - c_2) \cdot e^{2x} \sin(3x).$$

Statt der komplexwertigen Funktionen $e^{(2+3i)x}$ und $e^{(2-3i)x}$ kann man auch deren Real- und Imaginärteile $e^{2x} \cos(3x)$ und $e^{2x} \sin(3x)$ als (reelle) Lösungen der Differentialgleichung nehmen. Insgesamt erhalten wir hier nach Umbenennung der Koeffizienten die *reelle Lösung*

$$y = c_1 \cdot e^{2x} \cos(3x) + c_2 \cdot e^{2x} \sin(3x).$$

Wir fassen zusammen:

Lineare Dgl. 2. Ordnung mit konstanten Koeffizienten

Für die lineare Differentialgleichung 2. Ordnung mit konstanten Koeffizienten der Form

$$y'' + a_1 y' + a_0 y = 0$$

liefer t der Ansatz $y = e^{\lambda x}$ die charakteristische Gleichung $\lambda^2 + a_1\lambda + a_0 = 0$. Je nach Lösung dieser quadratischen Gleichung gilt folgende Fallunterscheidung für die Lösung der Differentialgleichung:

$$\lambda_1 \neq \lambda_2, \text{ beide reell:} \qquad y = c_1 \cdot e^{\lambda_1 x} + c_2 \cdot e^{\lambda_2 x},$$

$$\lambda_1 = \lambda_2, \text{ reell:} \qquad y = c_1 \cdot e^{\lambda_1 x} + c_2 \cdot x\, e^{\lambda_1 x},$$

$$\lambda_{1/2} = a \pm b\mathrm{i}, \text{ komplex:} \qquad y = c_1 \cdot e^{ax} \cos(bx) + c_2 \cdot e^{ax} \sin(bx).$$

Übung 10.10

Lösen Sie die folgenden homogenen linearen Differentialgleichungen mit konstanten Koeffizienten:

a) $y'' + 8y' + 18y = 0$,
b) $y'' + 2\sqrt{3}y' + 3y = 0$,
c) $2y'' + 20y' + 48y = 0$,
d) $y'' + y = 0$.

Lösung 10.10

a) Die charakteristische Gleichung lautet $\lambda^2 + 8\lambda + 18 = 0$, die Nullstellen davon sind $\lambda_{1/2} = -4 \pm \sqrt{2}\mathrm{i}$; die Lösung ist also $y(x) = c_1 \cdot e^{-4x} \cos(\sqrt{2}x) + c_2 \cdot e^{-4x} \sin(\sqrt{2}x)$.
b) Die charakteristische Gleichung lautet $\lambda^2 + 2\sqrt{3}\lambda + 3 = 0$, die Nullstellen davon sind $\lambda_{1/2} = -\sqrt{3}$; die Lösung ist also $y(x) = c_1 \cdot e^{-\sqrt{3}x} + c_2 \cdot xe^{-\sqrt{3}x}$.
c) Die charakteristische Gleichung lautet $\lambda^2 + 10\lambda + 24 = 0$, die Nullstellen davon sind $\lambda_1 = -4, \lambda_2 = -6$; die Lösung ist also $y(x) = c_1 \cdot e^{-4x} + c_2 \cdot e^{-6x}$.
d) Die charakteristische Gleichung lautet $\lambda^2 + 1 = 0$, die Nullstellen davon sind $\lambda_{1/2} = \pm\mathrm{i}$; die Lösung ist also $y(x) = c_1 \cdot \cos x + c_2 \cdot \sin x$.

Inhomogene Dgl.: „Ansatz vom Typ der rechten Seite" Zur Lösung der *inhomogenen* Differentialgleichung kann man in vielen Fällen einen so genannten „Ansatz vom Typ der rechten Seite" wählen. Gemeint ist damit das Folgende: Man geht davon aus, dass die Lösung die gleiche Gestalt wie die Störfunktion haben wird. Ist z. B. die Störfunktion ein Polynom, so nimmt man an, dass die Lösung auch ein Polynom sein wird, wenn auch i. Allg. mit anderen Koeffizienten. Ein „Ansatz vom Typ der rechten Seite" ist bei Funktionen bzw. Produkten von Funktionen wie Exponentialfunktion, Sinus oder Cosinus und bei Polynomen sinnvoll. Derartige Ansätze können gewählt werden, weil die Ableitungen von Exponentialfunktion, Sinus oder Cosinus und Polynomen wiederum Exponentialfunktion, Sinus oder Cosinus und Polynome sind.

Beispiel 10.17

Wir betrachten die Differentialgleichung $y'' + y' - 6y = 3e^{-4x}$. Die Lösung der homogenen Differentialgleichung hatten wir in Beispiel 10.16a zu $y(x) = c_1 \cdot e^{2x} + c_2 \cdot e^{-3x}$ ermittelt. Zur Lösung der inhomogenen Differentialgleichung verwenden wir einen „Ansatz vom Typ der rechten Seite", gehen also davon aus, dass auch die spezielle Lösung der inhomogenen Differentialgleichung eine e^{-4x}-Funktion ist, wenngleich mit evtl. anderem Koeffizienten K:

$$y(x) = K \cdot e^{-4x}.$$

Für die Ableitungen erhalten wir $y'(x) = -4K \cdot e^{-4x}$ und $y''(x) = 16K \cdot e^{-4x}$. Eingesetzt in die inhomogene Differentialgleichung ergibt sich:

$$y'' + y' - 6y = 16K \cdot e^{-4x} - 4K \cdot e^{-4x} - 6K \cdot e^{-4x}$$
$$= 6K \cdot e^{-4x} \overset{!}{=} 3 \cdot e^{-4x}.$$

Also $6K = 3$ bzw. $K = 1/2$. Damit ist $y = 1/2 \cdot e^{-4x}$ eine spezielle Lösung der inhomogenen Differentialgleichung $y'' + y' - 6y = 3e^{-4x}$; und die allgemeine Lösung der Differentialgleichung lautet:

$$y(x) = \frac{1}{2}e^{-4x} + c_1 \cdot e^{2x} + c_2 \cdot e^{-3x}, \quad c_1, c_2 \in \mathbb{R}.$$

Übung 10.11

Lösen Sie die Differentialgleichung $y'' + y' - 6y = 50\sin x$. Wählen Sie dabei zur Ermittlung einer speziellen Lösung den „Ansatz vom Typ der rechten Seite": $y(x) = K_1 \sin x + K_2 \cos x$.

Lösung 10.11

Die Lösung der homogenen Differentialgleichung ist wiederum (vgl. Beispiel 10.16a) $y(x) = c_1 \cdot e^{2x} + c_2 \cdot e^{-3x}$. Mit der Ansatzwahl

$$y(x) = K_1 \sin x + K_2 \cos x$$

erhalten wir die Ableitungen $y'(x) = K_1 \cos x - K_2 \sin x$ sowie $y''(x) = -K_1 \sin x - K_2 \cos x$. Eingesetzt in die Differentialgleichung ergibt sich:

$$-K_1 \sin x - K_2 \cos x + K_1 \cos x - K_2 \sin x - 6(K_1 \sin x + K_2 \cos x)$$
$$= (-7K_1 - K_2)\sin x + (K_1 - 7K_2)\cos x \overset{!}{=} 50\sin x.$$

Wir erhalten das lineare Gleichungssystem $-7K_1 - K_2 = 50$, $K_1 - 7K_2 = 0$ mit den Lösungen $K_1 = -7$ und $K_2 = -1$. Aus unserem Ansatz ergibt sich somit als spezielle Lösung $y(x) = -7\sin x - \cos x$. (Hier war zu beachten, dass die Funktionen Sinus

und Cosinus sozusagen „im Doppelpack" angesetzt werden mussten.) Die allgemeine
Lösung der inhomogenen Differentialgleichung lautet damit:

$$y(x) = -7\sin x - \cos x + c_1 \cdot e^{2x} + c_2 \cdot e^{-3x}, \quad c_1, c_2 \in \mathbb{R}.$$

Ein Problem ergibt sich nun noch, wenn als Störfunktion eine Lösung der homogenen
Differentialgleichung erscheint:

Beispiel 10.18

Wir betrachten die Differentialgleichung $y'' + y' - 6y = 10e^{2x}$. Die Lösung der homogenen Differentialgleichung hatten wir in Beispiel 10.16a zu $y(x) = c_1 e^{2x} + c_2 \cdot e^{-3x}$
ermittelt. Der „Ansatz vom Typ der rechten Seite" $y(x) = K \cdot e^{2x}$ führt nicht weiter, da
dieser Ansatz eingesetzt in die homogene Differentialgleichung 0 ergeben muss (aber
nicht $10e^{2x}$), schließlich ist e^{2x} ja Lösung der homogenen Differentialgleichung. Hier
führt nun der Ansatz

$$y(x) = K \cdot x\, e^{2x}$$

zum Ziel. Die Ableitungen unseres Ansatzes ergeben sich zu $y'(x) = Ke^{2x} + 2Kxe^{2x}$
und $y''(x) = 4Ke^{2x} + 4Kxe^{2x}$. Einsetzen führt auf

$$y'' + y' - 6y = 4Ke^{2x} + 4Kxe^{2x} + Ke^{2x} + 2Kxe^{2x} - 6Kxe^{2x}$$
$$= 5Ke^{2x} \stackrel{!}{=} 10e^{2x}.$$

(Hier müssen sich gerade die Terme aus der homogenen Lösung wegheben!) Also
muss $5K = 10$ und somit $K = 2$ gelten. Der Ansatz führte also auf die Lösung:
$y(x) = Kxe^{2x} = 2xe^{2x}$. Insgesamt:

$$y(x) = 2xe^{2x} + c_1 \cdot e^{2x} + c_2 \cdot e^{-3x}, \quad c_1, c_2 \in \mathbb{R}.$$

Übung 10.12

Lösen Sie die Differentialgleichung $y'' + y = 4\sin x$. Wählen Sie den „Ansatz vom
Typ der rechten Seite": $y(x) = x \cdot (K_1 \sin x + K_2 \cos x)$.

Lösung 10.12

Zur homogenen Differentialgleichung gehört das charakteristische Polynom $\lambda^2 + 1 = 0$,
die Nullstellen $\lambda_{1/2} = \pm i$ und damit die allgemeine Lösung $y(x) = c_1 \sin x +$
$c_2 \cos x$. Für die inhomogene Differentialgleichung ist der Ansatz $y(x) = K_1 x \sin x +$
$K_2 x \cos x$ zu wählen. Für die erste bzw. zweite Ableitung erhalten wir dann: $y'(x) =$
$K_1 \sin x + K_1 x \cos x + K_2 \cos x - K_2 x \sin x$ bzw. $y''(x) = 2K_1 \cos x - K_1 x \sin x -$
$2K_2 \sin x - K_2 x \cos x$. Eingesetzt in die Differentialgleichung ergibt sich:

$$2K_1 \cos x - K_1 x \sin x - 2K_2 \sin x - K_2 x \cos x + K_1 x \sin x + K_2 x \cos x$$
$$= 2K_1 \cos x - 2K_2 \sin x \stackrel{!}{=} 4\sin x.$$

Also $2K_1 = 0$, $-2K_2 = 4$ und damit $K_1 = 0$, $K_2 = -2$ und als spezielle Lösung der inhomogenen Differentialgleichung $y(x) = -2x \cos x$. Insgesamt:

$$y(x) = -2x \cos x + c_1 \cdot \sin x + c_2 \cdot \cos x, \quad c_1, c_2 \in \mathbb{R}.$$

Wir fassen zusammen:

Lösungsmethode: „Ansatz vom Typ der rechten Seite"

Zur Lösung der inhomogenen Differentialgleichung mit konstanten Koeffizienten kann man in vielen Fällen einen „Ansatz vom Typ der rechten Seite" wählen. Man geht dabei davon aus, dass sich Störfunktion und Lösung ähneln:

Störfunktion	Ansatz für Lösung der Dgl.
Polynom	Polynom
$k e^{ax}$	$K e^{ax}$
$k \sin(bx)$	$K_1 \sin(bx) + K_2 \cos(bx)$
$k \cos(bx)$	$K_1 \sin(bx) + K_2 \cos(bx)$

Im „Resonanzfall", d. h. wenn die Störfunktion bereits Lösung der *homogenen* Differentialgleichung ist, muss der jeweilige Ansatz mit x (oder einer Potenz von x) multipliziert werden.

Superpositionsprinzip Wichtig – insbesondere in den technisch-physikalischen Anwendungen – ist das so genannte *Superpositionsprinzip*. Dabei geht es, wie im Physikunterricht, um die Überlagerung von Kräften bzw. von Störfunktionen.

Beispiel 10.19

Die Differentialgleichung $y'' + y' - 6y = 50 \sin x$ hat die spezielle Lösung (siehe Übung 10.11)

$$y(x) = -7 \sin x - \cos x,$$

die Differentialgleichung $y'' + y' - 6y = 10 e^{2x}$ hat die spezielle Lösung (siehe Beispiel 10.18)

$$y(x) = 2x e^{2x}.$$

Wenn nun bei der Differentialgleichung

$$y'' + y' - 6y = 50 \sin x + 10 e^{2x} \qquad (*)$$

beide Störfunktionen additiv vorliegen, so addieren sich auch die speziellen Lösungen der jeweiligen inhomogenen Differentialgleichung. Eine spezielle Lösung von (∗) ist also:

$$y(x) = \underbrace{-7\sin x - \cos x + 2x\mathrm{e}^{2x}}_{\text{spez. Lsg. inhom. Dgl.}} + \underbrace{c_1 \cdot \mathrm{e}^{2x} + c_2 \cdot \mathrm{e}^{-3x}}_{\text{allg. Lsg. hom. Dgl.}}.$$

Superpositionsprinzip

Ist $y_1(x)$ eine spezielle Lösung der Differentialgleichung

$$y'' + a_1 y' + a_0 y = b_1(x)$$

und $y_2(x)$ eine spezielle Lösung der Differentialgleichung

$$y'' + a_1 y' + a_0 y = b_2(x),$$

dann ist $y_1(x) + y_2(x)$ eine spezielle Lösung der Differentialgleichung

$$y'' + a_1 y' + a_0 y = b_1(x) + b_2(x).$$

Das Superpositionsprinzip gilt sogar allgemein bei *linearen* Differentialgleichungen. Die gesamten obigen Überlegungen (homogene Differentialgleichung: Ansatz $y(x) = \mathrm{e}^{\lambda x}$, charakteristische Gleichung ist zu lösen; inhomogene Differentialgleichung: Superpositionsprinzip und in vielen Fällen „Ansatz vom Typ der rechten Seite") gelten analog auch für lineare Differentialgleichungen mit konstanten Koeffizienten *höherer Ordnung*:

Beispiel 10.20

Die Differentialgleichung 3. Ordnung $y''' + y'' - 8y' - 12y = 0$ führt mit dem Ansatz $y(x) = \mathrm{e}^{\lambda x}$ auf die charakteristische Gleichung $\lambda^3 + \lambda^2 - 8\lambda - 12 = (\lambda + 2)^2 \cdot (\lambda - 3)$ mit den drei Lösungen $\lambda_{1/2} = -2$ und $\lambda_3 = 3$. Die allgemeine Lösung der Differentialgleichung lautet damit

$$y(x) = c_1 \cdot \mathrm{e}^{-2x} + c_2 \cdot x\mathrm{e}^{-2x} + c_3 \cdot \mathrm{e}^{3x}.$$

Übung 10.13

Wie lauten die Ansätze vom Typ der rechten Seite zur Differentialgleichung $y''' + y'' - 8y' - 12y = b(x)$ (vgl. Beispiel 10.20) bei Wahl der folgenden rechten Seiten:

a) $b(x) = 3x^2 - 5$,
b) $b(x) = 5\sin(3x)$,

c) $b(x) = -6e^{-3x}$,

d) $b(x) = -\sqrt{7}e^{3x}$,

e) $b(x) = -3/4 \cdot e^{-2x}$,

f) $b(x) = 5\sin(3x) - 3/4 \cdot e^{-2x}$.

Lösung 10.13

Die Ansätze vom Typ der rechten Seite lassen sich, wenn man die allgemeine Lösung der homogenen Differentialgleichung kennt, wie folgt wählen:

a) $y(x) = K_2 x^2 + K_1 x + K_0$,

b) $y(x) = K_1 \sin(3x) + K_2 \cos(3x)$,

c) $y(x) = K \cdot e^{-3x}$,

d) $y(x) = K \cdot x e^{3x}$,

e) $y(x) = K \cdot x^2 e^{-2x}$,

f) $y(x) = K_1 \sin(3x) + K_2 \cos(3x) + K_3 \cdot x^2 e^{-2x}$.

10.6   Kurzer Verständnistest

---

(1) Gegeben sei die Dgl. $y'' + 5y' - y = 7x^2$. Welche Eigenschaften hat die Dgl.?

    ☐ Ordnung 2   ☐ explizite Dgl.

    ☐ partielle Dgl.   ☐ nicht-lineare Dgl.

---

(2) Welche Anfangs- bzw. Randbedingungen „passen" zur Dgl. von (1)?

    ☐ Randbed.: $y(0) = 1$, $y(1) = 2$ ☐ Anf.bed.: $y(0) = 1$, $y(1) = 2$

    ☐ Anf.bed.: $y(0) = 1$, $y'(0) = 2$, $y''(0) = 0$ ☐ Anf.bed.: $y(0) = 1$, $y'(1) = 2$

---

(3) Die allgemeine Lösung einer Dgl. n-ter Ordnung

    ☐ ist eine Kurvenschar   ☐ enthält n freie Parameter

    ☐ ergibt im Spezialfall (bei Wahl der Parameter) eine partikuläre Lösung

    ☐ ergibt im Spezialfall (bei Wahl der Parameter) eine singuläre Lösung

---

(4) Das Richtungsfeld einer Dgl.

    ☐ besteht aus Linienelementen   ☐ ergibt exakte Lösung der Dgl.

    ☐ veranschaulicht die Lösung   ☐ zeigt singuläre Lösungen

---

(5) Wichtige Verfahren zur Lösung von Dgl. sind

    ☐ „Trennung der Veränderlichen"   ☐ Substitution

    ☐ Verfahren von Newton   ☐ „Variation der Konstanten"

---

(6) Bei den folgenden Dgl. kann man (evtl. nach Substitution) den Lösungsansatz „Trennung der Veränderlichen" verfolgen

    ☐ $y' = y^2 \cdot (x - 3)$ ☐ $y' = x + y^2 - 3$

    ☐ $y' = (x + y + 5)^3$ ☐ $y' = 1 + y/x + y^2/x^2$

---

(7) Vorgegeben ist die Dgl. $y'' + 4y = 0$. Dann gilt:

    ☐ Es liegt eine lineare Dgl. mit konstanten Koeffizienten vor.

    ☐ Man wählt zu ihrer Lösung den Ansatz $y(x) = e^{\lambda x}$.

    ☐ Die charakteristische Gleichung $\lambda^2 + 4 = 0$ hat keine reellen Lösungen.

    ☐ Die Dgl. ist nicht lösbar.

---

(8) Zu lösen ist die Dgl. $y'' + 4y = -3\cos(2x)$. Die homogene Dgl. hat die Lösung $y(x) = c_1 \sin(2x) + c_2 \cos(2x)$. Welcher „Ansatz vom Typ der rechten Seite" ist zur Lösung der inhomogenen Dgl. zu wählen?

    ☐ $y(x) = K \cdot \cos(2x)$

    ☐ $y(x) = K_1 \cdot \sin(2x) + K_2 \cdot \cos(2x)$

    ☐ $y(x) = x \cdot (K_1 \cdot \sin(2x) + K_2 \cdot \cos(2x))$

    ☐ $y(x) = K_1 \sin(2x) + x \cdot K_2 \cos(2x)$

Lösung: (x $\simeq$ richtig, o $\simeq$ falsch)

1.) xxoo, 2.) xooo, 3.) xxxo, 4.) xoxo, 5.) xxox, 6.) xoxx, 7.) xxxo, 8.) ooxo

10.7 Anwendungen

10.7.1 Wachstumsprozesse

Alle reden vom Wachstum – sei es nun das Wirtschaftswachstum, das Bevölkerungs-wachstum, das Wachstum der Staatsverschuldung oder auch das Wachstum der Kohlen-dioxid- und Ozonkonzentration in der Atmosphäre. Dabei lehnen sich die allgegenwärtigen Prognosen zu Wachstumsprozessen in den Medien insofern an einen wissenschaftlichen Wachstumsbegriff an, als dass unter Wachstum *jede* zeitliche Änderung einer Größe verstanden wird: Es gibt also auch Nullwachstum oder gar negatives Wachstum.

Wir wollen nun hier verschiedene mathematische Modelle für Wachstumsvorgänge wie lineares, exponentielles, hyperbolisches, beschränktes und logistisches Wachstum unterscheiden und uns fragen, welchen Prozessen ein derartiges Wachstumsverhalten zugrunde liegt. Dabei soll im Folgenden immer eine Größe $y(t)$, ein vorliegender Bestand, beschrieben werden, der sich in der Zeit t verändert.

Man sagt, dass *lineares Wachstum* vorliegt, wenn die Zu- bzw. Abnahme von y pro Zeiteinheit *konstant* ist. Mathematisch ausgedrückt gilt also: $\dot{y} = k$ mit einer Konstanten k. Mit „Trennung der Veränderlichen" lässt sich die zugehörige Wachstumsfunktion ermitteln: Wegen $dy = k\,dt$ folgt nach Integration $y = k \cdot t + c$, wobei die Integrationskonstante c gleich dem ursprünglichen Bestand zur Zeit $t = 0$ ist, nämlich $c = y(0)$. Demzufolge wird lineares Wachstum durch folgendes mathematisches Modell beschrieben:

$$y(t) = k \cdot t + y(0).$$

Derartige Wachstumsprozesse erleben wir z.B. beim Vollbad in der heimischen Bade-wanne: Hier steht $y(t)$ für die Füllmenge Wasser in Abhängigkeit von der Zeit t, und der Proportionalitätsfaktor k ist positiv, falls wir Wasser einlaufen lassen. Die Informatik kennt übrigens nicht nur lineares Wachstum, sondern in vielen Fällen auch *polynomiales Wachstum*, wenn nämlich das Wachstumsgesetz keine lineare Funktion (= Gerade) ist, sondern ein Polynom $y(t) = k \cdot t^n + y(0)$. Dennoch unterscheiden sich lineares und polynomiales Wachstum prinzipiell nur gering.

Eine andere Art von Wachstumsprozess beschreibt *exponentielles Wachstum*. Hier ist die Zu- bzw. Abnahme von y pro Zeiteinheit t, also die Veränderungsrate $\dot{y}$, proportional zum vorliegenden Bestand y – in Formeln ausgedrückt: $\dot{y} = k \cdot y$. Wiederum kann man mittels „Trennung der Veränderlichen" das Wachstumsgesetz ermitteln und erhält eine Exponentialfunktion:

$$y(t) = y(0) \cdot e^{kt}.$$

Auch exponentielles Wachstum ist ein alltägliches Phänomen: Wir denken an Kapitalzu-wachs durch Verzinsung (Zinseszins-Effekt) oder an radioaktiven Zerfall (hier mit negativem Proportionalitätsfaktor k).

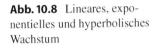

Abb. 10.8 Lineares, exponentielles und hyperbolisches Wachstum

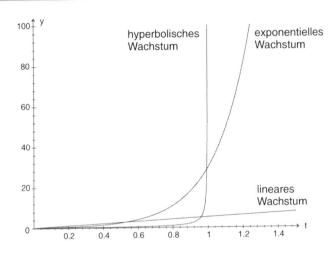

Beim *hyperbolischen Wachstum* schließlich ist die Veränderungsrate $\dot{y}$ sogar proportional zum *Quadrat* des vorliegenden Bestandes y^2, d. h. $\dot{y} = k \cdot y^2$. Auch diese Differentialgleichung ist mittels „Trennung der Veränderlichen" zu lösen: Es ist $dy/y^2 = k\,dt$ und durch Integration ergibt sich $-1/y = kt + c$ bzw. $y = 1/(-kt - c)$. Mit der Anfangsbedingung $y(0) = -1/c$ erhält man schließlich

$$y(t) = \frac{y(0)}{1 - k \cdot y(0) \cdot t}.$$

Damit ist ein äußerst explosives Wachstum beschrieben: Wir denken an explosive chemische Reaktionen, an die Bevölkerungsexplosion, an die Wissens- und Informationsexplosion, an die Publikationsflut, der wir ausgesetzt sind. Man nennt das hyperbolische Wachstumsmodell oft *doomsday-Modell* vom englischen Wort „doomsday" für den „Jüngsten Tag". In der Tat hat hyperbolisches Wachstum einen apokalyptischen Anstrich, $y(t)$ „explodiert ins Unendliche" am „Jüngsten Tag" $t_{\text{Ende}} = 1/(k \cdot y(0))$, wenn mathematisch gesehen der Nenner der Wachstumsfunktion $y(t)$ gleich Null wird.

Für lineares, exponentielles und hyperbolisches Wachstum (siehe Abb. 10.8) gilt, dass $y(t)$ beliebig groß wird: genauer $\lim_{t \to \infty} y(t) = \infty$ für lineares und exponentielles Wachstum, $\lim_{t \to t_{\text{Ende}}} y(t) = \infty$ für hyperbolisches Wachstum. Langfristige Wachstumsvorgänge in der Natur verlaufen nun aber höchstens in der Anfangsphase oder über einen kürzeren Zeitraum linear oder exponentiell, dann ist eine natürliche Grenze erreicht, sei es wegen Futter- oder Platzmangels.

Derartige Wachstumsvorgänge mit natürlicher Grenze werden *beschränktes Wachstum* genannt. Man geht hierbei davon aus, dass die Änderungsrate der Größe $y(t)$ (also $\dot{y}$) proportional zur Abweichung von einer Kapazitätsgrenze G ist. Wir erhalten dann als Differentialgleichung für beschränktes Wachstum: $\dot{y} = k \cdot (G - y)$. Wiederum führt

Abb. 10.9 Beschränktes
Wachstum

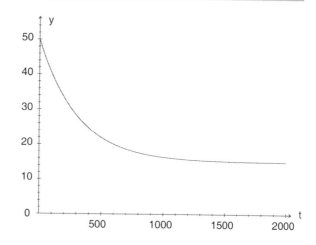

„Trennung der Veränderlichen" auf die zugehörige Differentialgleichung:

$$y(t) = G + (y(0) - G) \cdot e^{-kt}.$$

Mit einem derartigen Wachstumsmodell lässt sich etwa der Absatz von neuen Produkten oder die Ausbreitung von Gerüchten oder Krankheiten beschreiben: Hier gibt es jeweils eine Sättigungsgrenze G, etwa wenn jeder einen elektrischen Dosenöffner besitzt oder wenn jeder über das Gerücht informiert ist bzw. erkrankt ist. Ein anderes Beispiel ist die Abkühlung des Cappuccino vor Ihnen in der Tasse auf Raumtemperatur; in diesem Fall ist $y(0)$ die heiße Ausgangstemperatur und G die Raumtemperatur, auf die der Cappuccino abkühlt (vgl. Abb. 10.9).

Ein anderes Wachstumsmodell, welches auf den belgischen Sozialstatistiker Verhulst (1804–1846) zurückgeht und sich zur Beschreibung des Wachstums von Populationen in einem abgeschlossenen Biotop (wie Bakterien, Zellen, Pflanzen, Tiere und Menschen) als sehr geeignet erwiesen hat, ist das so genannte *logistische Wachstum*. Hier ist die Änderungsrate $\dot{y}$ proportional sowohl zum Bestand y als auch zum Freiraum $G - y$, der Differenz zur Wachstumsgrenze G also. Die zugehörige Differentialgleichung lautet $\dot{y} = k \cdot y \cdot (G - y)$. Wiederum hilft „Trennung der Veränderlichen" bei der Lösung der Differentialgleichung, wenn man $u(t) = -1 + G/y(t)$ (unter der Annahme $y(t) \neq 0$) substituiert. Man erhält dann $\dot{u} = -Gku$, damit $u(t) = ce^{-Gkt}$ und unter Beachtung von $c = G/y(0) - 1$ für $y(t)$ als Ergebnis schließlich:

$$y(t) = \frac{y(0) \cdot G}{y(0) + (G - y(0)) \cdot e^{-Gkt}}.$$

Genauso wie das beschränkte Wachstum beschreibt auch das logistische Wachstum einen Prozess, der auf eine Sättigung zusteuert. Allerdings galt beim beschränkten Wachstum

Abb. 10.10 Logistisches
Wachstum

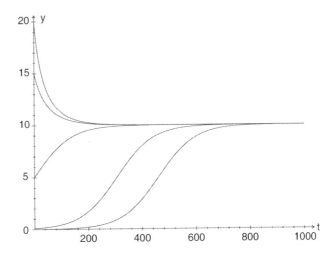

eine gebremste Zu- oder Abnahme *von Anfang an*, während beim logistischen Wachstum
der Sättigungseffekt jedoch erst nach einiger Zeit eintritt: Beim logistischen Wachstum
kann die Funktion $y(t)$ eine S-Form haben, weil die zweite Ableitung von $y(t)$, die Krümmung, ihr Vorzeichen ändern kann (falls $y(0) < G$). In der Abb. 10.10 kann man für
verschiedene Parameter k und $y(0)$ (und für festes $G = 10$) logistisches Wachstum aus-
machen.

Mit logistischem Wachstum hat man etwa das Wachstum von Walpopulationen oder
das Bevölkerungswachstum auf der Erde beschrieben. Gerade im letzten Fall sieht man
sehr deutlich, dass Wachstumsprozesse mit ganz verschiedenen mathematischen Ansät-
zen *modelliert* werden können: So vermochte man etwa die Bevölkerungsentwicklung
zwischen 1700 und 1950 noch durch exponentielles Wachstum beschreiben (bei Verdop-
pelung der Weltbevölkerung alle 34,67 Jahre), nach 1950 wurden andere Modelle wie
logistisches Wachstum benötigt, die verschieden gut auf die vorliegenden Zahlen passen.
Wir fassen die besprochenen Wachstumsmodelle in Tab. 10.1 kurz zusammen.

Tab. 10.1 Wachstumsmodelle

Modell	Dgl.	Funktion
lineares Wachstum	$\dot{y} = k$	$y(t) = k\,t + y(0)$
exponentielles Wachstum	$\dot{y} = k \cdot y$	$y(t) = y(0) \cdot \mathrm{e}^{k\,t}$
hyperbolisches Wachstum	$\dot{y} = k \cdot y^2$	$y(t) = \dfrac{y(0)}{1 - k\,y(0) \cdot t}$
beschränktes Wachstum	$\dot{y} = k \cdot (G - y)$	$y(t) = G + (y(0) - G) \cdot \mathrm{e}^{-k\,t}$
logistisches Wachstum	$\dot{y} = k \cdot y \cdot (G - y)$	$y(t) = \dfrac{y(0) \cdot G}{y(0) + (G - y(0)) \cdot \mathrm{e}^{-G k t}}$

10.7.2 Der harmonische Oszillator und elektrische Schwingkreise

Wir wenden uns im Folgenden nochmals dem linearen Federpendel (auch harmonischer Oszillator genannt) aus Beispiel 10.1b zu, welches durch die Differentialgleichung $m\ddot{x} = -Dx$ beschrieben wird. Wir fügen dieser Differentialgleichung noch einen Term in $\dot{x}$ hinzu, der eine Dämpfung proportional zur Geschwindigkeit $\dot{x}$ beschreibt (also $d \cdot \dot{x}$), sowie ggf. eine von außen wirkende Störfunktion $F(t)$, die Schwingungen des Federpendels erzwingt. Damit erhalten wir die Differentialgleichung:

$$\underbrace{m\ddot{x}}_{\substack{\text{Newtonscher} \\ \text{Bewegungsterm}}} + \underbrace{d\,\dot{x}}_{\substack{\text{Dämpfungs-} \\ \text{term}}} + \underbrace{D\,x}_{\substack{\text{rücktreibende} \\ \text{Kraft}}} = \underbrace{F(t)}_{\substack{\text{äußere} \\ \text{Kraft}}}.$$

Zur Normierung wollen wir diese Gleichung noch durch m dividieren, außerdem werden Abkürzungen eingeführt, so dass wir als den folgenden Ausführungen zugrunde liegende Differentialgleichung

$$\ddot{x} + 2\alpha\,\dot{x} + \omega_0^2\,x = f(t)$$

erhalten (wobei $2\alpha = d/m > 0$, $\omega_0^2 = D/m > 0$, $f(t) = F(t)/m$). Es liegt eine inhomogene lineare Differentialgleichung 2. Ordnung mit konstanten Koeffizienten vor, die mit den erarbeiteten Methoden relativ einfach zu lösen ist.

Zur Lösung der *homogenen Differentialgleichung* führt der Ansatz $x(t) = e^{\lambda t}$ auf die charakteristische Gleichung $\lambda^2 + 2\alpha\lambda + \omega_0^2 = 0$ mit den Nullstellen

$$\lambda_{1/2} = -\alpha \pm \sqrt{\alpha^2 - \omega_0^2}.$$

Abhängig von der Größe der Konstanten (Masse m, Dämpfungsfaktor d, Federkonstante D bzw. daraus resultierend α und ω_0) kann man die folgenden drei Fälle unterscheiden:

1.) $\alpha^2 - \omega_0^2 > 0$, starke Dämpfung, zwei reelle Nullstellen,
2.) $\alpha^2 - \omega_0^2 = 0$, aperiodischer Grenzfall, eine reelle Nullstelle,
3.) $\alpha^2 - \omega_0^2 < 0$, schwache Dämpfung, zwei komplexe Nullstellen.

1. Fall: Starke Dämpfung In diesem Fall ist α bzw. die Dämpfungskonstante d recht groß, so dass allgemein von starker Dämpfung gesprochen wird. Es liegen zwei verschiedene reelle Nullstellen λ_1 und λ_2 vor, die *beide negativ* sind (wegen $0 < \sqrt{\alpha^2 - \omega_0^2} < \alpha$). Die allgemeine Lösung der homogenen Differentialgleichung besteht daher aus einer Linearkombination von *abklingenden* Exponentialfunktionen:

$$x(t) = c_1 \cdot e^{(-\alpha + \sqrt{\alpha^2 - \omega_0^2})t} + c_2 \cdot e^{(-\alpha - \sqrt{\alpha^2 - \omega_0^2})t}.$$

Bei starker Dämpfung treten also keine Schwingungen auf; man spricht vom *aperiodischen Fall* (siehe Abb. 10.11).

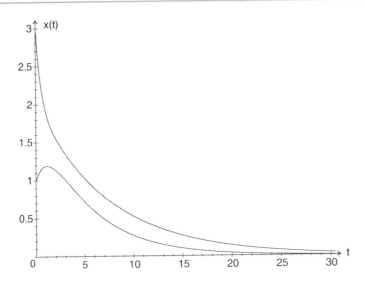

Abb. 10.11 Beispiele für aperiodischen Fall und Grenzfall

2. Fall: Aperiodischer Grenzfall Im Grenzfall $\alpha^2 - \omega_0^2 = 0$ bzw. $\alpha = \omega_0$ liegt eine (doppelt auftretende) reelle Nullstelle $\lambda_{1/2} = -\alpha$ vor. Die Lösung der homogenen Differentialgleichung lautet:

$$x(t) = c_1 \cdot e^{-\alpha t} + c_2 \cdot t e^{-\alpha t}.$$

Man spricht vom *aperiodischen Grenzfall*, der dem aperiodischen Fall ähnelt, da auch hier keine Oszillationen auftreten und die Schwingung abklingt (siehe ebenfalls Abb. 10.11).

3. Fall: Schwache Dämpfung Interessant ist der Fall der schwachen Dämpfung $\alpha^2 - \omega_0^2 < 0$, wo mathematisch gesprochen zwei zueinander konjugiert komplexe Nullstellen $\lambda_{1/2}$ der charakteristischen Gleichung auftreten. Mit $\omega_1 := \sqrt{\omega_0^2 - \alpha^2}$ gilt $\lambda_{1/2} = -\alpha \pm i\,\omega_1$ und wir erhalten als Lösung der homogenen Differentialgleichung:

$$x(t) = c_1 \cdot e^{-\alpha t} \cos(\omega_1 t) + c_2 \cdot e^{-\alpha t} \sin(\omega_1 t).$$

Man kann nun die Überlagerung solcher gleichfrequenter harmonischer Schwingungen (nach einigen mathematischen Umformungen) auch durch die resultierende Schwingung derselben Frequenz ω_1 beschreiben:

$$x(t) = C \cdot e^{-\alpha t} \cos(\omega_1 t - \phi).$$

Dabei steht C für die Amplitude der Schwingung, ϕ ist die so genannte *Phasenverschiebung* (sie gibt an, inwiefern der Nulldurchgang gegenüber einer Cosinus-Funktion verschoben ist), ω_1 steht für die Eigenfrequenz der Schwingung und $e^{-\alpha t}$ ist schließlich ein Dämpfungsterm. Insgesamt liegt eine *gedämpfte Schwingung* vor (siehe Abb. 10.12).

Abb. 10.12 Beispiel für gedämpfte Schwingung

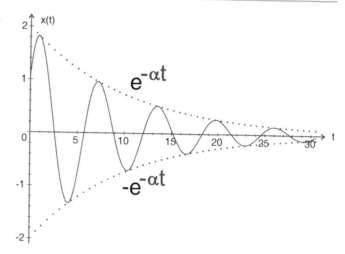

In allen drei Fällen (bei Vorliegen eines Dämpfungsterms $d > 0$) gilt, dass die allgemeine Lösung $x(t)$ der homogenen Differentialgleichung mit wachsendem t abklingt, d. h. $\lim_{t \to \infty} x(t) = 0$. Dies wiederum bedeutet, dass nach einiger Zeit nur mehr die Lösung der *inhomogenen Differentialgleichung* das Verhalten des Federpendels bestimmen wird.

Wir wollen nun eine spezielle Lösung der *inhomogenen Differentialgleichung* bei Vorliegen einer harmonischen Anregung $f(t) = A \cdot \cos(\omega t)$ ermitteln. Hier kann man einen „Ansatz vom Typ der rechten Seite" der Form $x(t) = K_1 \sin(\omega t) + K_2 \cos(\omega t)$ verwenden. Nach (umfangreicher) Umformung der gleichfrequenten Schwingungen in die resultierende Schwingung erhält man die spezielle Lösung

$$x(t) = \frac{A}{\sqrt{(\omega_0^2 - \omega^2)^2 + 4\alpha^2\omega^2}} \cdot \cos(\omega t - \delta)$$

mit einer Phasenverschiebung $\delta = \delta(\omega)$, die frequenzabhängig ist. Die erzwungene Schwingung $x(t)$ hat die gleiche Frequenz ω wie die Störfunktion $f(t)$; sie ist allerdings um δ phasenverschoben und ihre Amplitude beträgt nicht A, sondern $\frac{A}{\sqrt{(\omega_0^2 - \omega^2)^2 + 4\alpha^2\omega^2}}$. Wenn man das Verhältnis der Amplituden von $x(t)$ und $f(t)$ als Verstärkungsfaktor $V(\omega)$ bezeichnet:

$$V(\omega) = \frac{1}{\sqrt{(\omega_0^2 - \omega^2)^2 + 4\alpha^2\omega^2}},$$

so zeigt sich, dass $V(\omega)$ für bestimmte ω maximal wird, nämlich bei $\omega = \sqrt{\omega_0^2 - 2\alpha^2}$ (vgl. Abb. 10.13). Oft ist ein derartiges Anwachsen der Amplitude unerwünscht – man spricht von Resonanz bzw. von *Resonanzkatastrophe* (beim Einsturz von Brücken, Bruch eines Tragflügels, Klappern von Armaturen im Auto).

Abb. 10.13 Verstärkungsfaktor

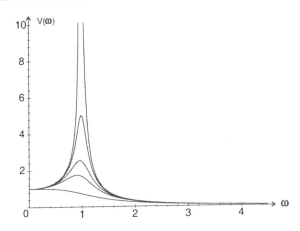

Die obigen Überlegungen gelten übrigens ganz analog für die Serienschaltung eines Ohm'schen Widerstandes R, einer Induktivität (Spule) L und einer Kapazität (Kondensator) C. Auch hier lässt sich die Stromstärke durch eine Differentialgleichung der Form

$$\ddot{x} + 2\alpha\dot{x} + \omega_0^2 x = f(t)$$

beschreiben.

10.8 Zusammenfassung

Differentialgleichung (= Dgl.)
ist eine Gleichung, in der auch Ableitungen der zu bestimmenden Funktion auftreten.

gewöhnliche Dgl.	nur „gewöhnliche" Ableitungen treten auf, bei Funktion in einer Veränderlichen;
partielle Dgl.	partielle Ableitungen treten auf, bei Funktion in mehreren Veränderlichen;
Ordnung	höchste in Dgl. vorkommende Ableitung;
explizite Dgl.	nach höchster Ableitung kann aufgelöst werden;
implizite Dgl.	nach höchster Ableitung kann nicht aufgelöst werden.

Bsp. $(y\,y')^2 + y^2 = 1$ gewöhnliche Dgl. 1. Ordnung, implizit;
$y'' + y = 0$ gewöhnliche Dgl. 2. Ordnung, explizit.

Lösung (Integral) einer Dgl. *n*-ter Ordnung
ist eine Funktion, die mitsamt ihren Ableitungen eingesetzt in die Dgl. diese erfüllt.

allgemeine Lösung	n-parametrige Kurvenschar,
partikuläre Lösung	aus allgem. Lösung durch Spezifikation der n Parameter,
singuläre Lösung	nicht aus allgem. Lösung erhältlich.

Bsp. Dgl.: $(yy')^2 + y^2 = 1$,

allgemeine Lösung: $(x - c)^2 + y^2 = 1^2$ (Schar von Kreisen),

partikuläre Lösung: $(x - 2)^2 + y^2 = 1^2$ (ein spezieller Kreis),

singuläre Lösung: $y = \pm 1$ (zwei Geraden).

Anfangs- und Randbedingungen bei Dgl. *n*-ter Ordnung

Anfangsbedingungen $y(x_0)$, $y'(x_0)$, $y''(x_0)$, ..., $y^{(n-1)}(x_0)$ vorgegeben (Funktionswert und weitere Ableitungen bis zur $(n - 1)$-ten an einer speziellen Stelle x_0),

Randbedingungen $y(x_1)$, $y(x_2)$, ..., $y(x_n)$ vorgegeben (Funktionswerte an verschiedenen Stellen).

Bsp. Dgl.: $\ddot{x} + \omega^2 x = 0$, allgemeine Lösung: $x(t) = c_1 \cos(\omega t) + c_2 \sin(\omega t)$

Anfangsbedingungen: $x(0) = 1$, $\dot{x}(0) = 2\omega$, $x(t) = \cos(\omega t) + 2\sin(\omega t)$;

Randbedingungen: $x(0) = 1$, $x(\frac{\pi}{2\omega}) = 1$, $x(t) = \cos(\omega t) + \sin(\omega t)$;

Randbedingungen: $x(0) = 1$, $x(\frac{\pi}{\omega}) = 1$, keine Lösung;

Randbedingungen: $x(0) = 1$, $x(\frac{\pi}{\omega}) = -1$, unendlich viele Lösungen.

Veranschaulichung: Richtungsfeld einer Dgl. $y' = f(x, y)$

zu ausgewählten Punkten der Ebene (x, y) wird Steigung $m = f(x, y)$ gezeichnet (Linienelemente); Lösung der Dgl. „passt" auf dieses Richtungsfeld; Punkte mit gleicher Tangentensteigung heißen Isoklinen.

Bsp. Richtungsfeld für $y' = 2xy$, zusätzlich vier Isoklinen (hier Hyperbeln) und eingepasste Lösung:

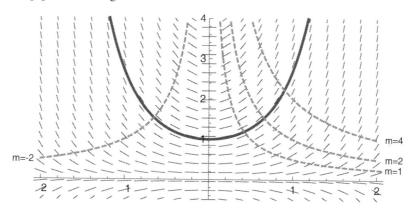

Lösungsmethode „Trennung der Veränderlichen"

$y' = dy/dx$ setzen, alle Terme in y auf die linke, Terme in x auf die rechte Seite bringen, auf beiden Seiten integrieren, wenn möglich nach y auflösen, evtl. Nenner $= 0$ gesondert untersuchen.

Bsp. $y' = 2xy$

dy/dx für y' schreiben liefert: $dy/dx = 2xy$,

Trennen nach x und y liefert: $dy/y = 2x\,dx$,

Integration auf beiden Seiten liefert: $\ln|y| = x^2 + \tilde{c}$,

nach y auflösen liefert: $|y| = e^{\tilde{c}} \cdot e^{x^2}$,

Lösung: $y = c \cdot e^{x^2}, c \in \mathbb{R}$.

Weitere Lösungsmethode Substitution

- bei Dgl. der Form $y' = f(ax + by + c)$: Substitution $u = ax + by + c$,
- bei Dgl. der Form $y' = f(y/x)$: Substitution $u = y/x$.

Lineare Differentialgleichung n-ter Ordnung

$$a_n(x)y^{(n)} + a_{n-1}(x)y^{(n-1)} + \ldots + a_1(x)y' + a_0(x)y = b(x) \quad (\text{oft } a_n(x) = 1)$$

homogen   Störglied $b(x) = 0$,

inhomogen   Störglied $b(x) \neq 0$.

Lösungsstruktur der Lösung von inhomogener linearer Dgl.

$$y_{\left\{\substack{\text{allgem. Lsg.}\\\text{inhom. Dgl.}}\right\}} = y_{\left\{\substack{\text{spez. Lsg.}\\\text{inhom. Dgl.}}\right\}} + y_{\left\{\substack{\text{allgem. Lsg.}\\\text{hom. Dgl.}}\right\}}$$

Bsp. allgemeine Lösung von $y'' + y = \sin x$

$$y(x) = \underbrace{-\frac{1}{2}x\cos x}_{\text{spez.Lsg.inhom.Dgl.}} + \underbrace{c_1 \sin x + c_2 \cos x}_{\text{allg.Lsg.hom.Dgl.}}$$

Lösungsstruktur von homogener linearer Dgl. n-ter Ordnung

$$y(x) = c_1 \cdot y_1(x) + c_2 \cdot y_2(x) + \ldots + c_n \cdot y_n(x),$$

d. h. alle Linearkombinationen aus n linear unabhängigen Basislösungen, allgemeine Lösung der hom. Dgl. bildet damit n-dimensionalen Vektorraum.

Lösungsmethode „Variation der Konstanten"

homogene lineare Dgl. 1. Ordnung hat Lösung: $y(x) = c \cdot y_1(x)$,

daher Ansatz für Lösung der inhomogenen linearen Dgl.: $y(x) = c(x) \cdot y_1(x)$,

durch Einsetzen in die Dgl. erhält man Gleichung für $c'(x)$,

daraus per Integration $c(x)$ ermitteln,

Lösung ergibt sich dann zu $y(x) = c(x) \cdot y_1(x)$.

Bsp. $y' + 2xy = 1 + 2x^2$

Lösung homogene Dgl.: $\quad\quad\quad\quad\quad\quad y(x) = c \cdot e^{-x^2}$,

Ansatz für Lösung inhomogener Dgl.: $y(x) = c(x) \cdot e^{-x^2}$,

Einsetzen in inhomogene Dgl.: $\quad\quad c'(x) \cdot e^{-x^2} = 1 + 2x^2$,

nach $c(x)$ lösen: $\quad\quad\quad\quad\quad\quad c(x) = xe^{x^2}$,

also spezielle Lösung inhom. Dgl.: $\quad y(x) = c(x) \cdot e^{-x^2} = x$,

insgesamt: allg. Lösung inhom. Dgl.: $y(x) = x + c \cdot e^{-x^2}$.

Lineare Dgl. n-ter Ordnung mit konstanten Koeffizienten

$$y^{(n)} + a_{n-1}y^{(n-1)} + \ldots + a_1 y' + a_0 y = b(x) \quad (a_i \in \mathbb{R})$$

Lösung der homogenen linearen Dgl. mit konstanten Koeffizienten

Ansatz: $y(x) = e^{\lambda x}$,

Einsetzen ergibt charakteristische Gleichung: $\lambda^n + a_{n-1}\lambda^{n-1} + \cdots a_1\lambda + a_0 = 0$,

gesuchte λ sind Nullstellen der charakteristischen Gleichung.

Speziell: hom. lin. Dgl. 2. Ordnung mit konstanten Koeff. $y'' + a_1 y' + a_0 y = 0$

Ansatz $y = e^{\lambda x}$ führt auf charakteristische Gleichung: $\lambda^2 + a_1\lambda + a_0 = 0$,

folgende Fallunterscheidung für die Lösung der Differentialgleichung:

$\lambda_1 \neq \lambda_2$, beide reell: $\quad\quad y = c_1 \cdot e^{\lambda_1 x} + c_2 \cdot e^{\lambda_2 x}$,

$\lambda_1 = \lambda_2$, reell: $\quad\quad\quad\quad y = c_1 \cdot e^{\lambda_1 x} + c_2 \cdot x\, e^{\lambda_1 x}$,

$\lambda_{1/2} = a \pm b \cdot i$, komplex: $\quad y = c_1 \cdot e^{ax} \cos(bx) + c_2 \cdot e^{ax} \sin(bx)$.

Bsp. hom. lin. Dgl. 2. Ordnung mit konstanten Koeffizienten

$y'' + 10y' + 24y = 0 \quad$ char. Gleichung: $\lambda^2 + 10\lambda + 24 = 0$,

$\quad\quad\quad\quad\quad\quad\quad\quad$ Nullstellen: $\lambda_1 = -4$, $\lambda_2 = -6$,

$\quad\quad\quad\quad\quad\quad\quad\quad$ Lsg.: $y(x) = c_1 \cdot e^{-4x} + c_2 \cdot e^{-6x}$.

$y'' + 2\sqrt{3}y' + 3y = 0 \quad$ char. Gleichung: $\lambda^2 + 2\sqrt{3}\lambda + 3 = 0$,

$\quad\quad\quad\quad\quad\quad\quad\quad$ Nullstellen: $\lambda_{1/2} = -\sqrt{3}$,

$\quad\quad\quad\quad\quad\quad\quad\quad$ Lsg.: $y(x) = c_1 \cdot e^{-\sqrt{3}x} + c_2 \cdot xe^{-\sqrt{3}x}$.

$y'' + 8y' + 18y = 0 \quad$ char. Gleichung: $\lambda^2 + 8\lambda + 18 = 0$,

$\quad\quad\quad\quad\quad\quad\quad\quad$ Nullstellen: $\lambda_{1/2} = -4 \pm \sqrt{2}i$,

$\quad\quad\quad\quad\quad\quad\quad\quad$ Lsg.: $y(x) = c_1 \cdot e^{-4x} \cos(\sqrt{2}x) + c_2 \cdot e^{-4x} \sin(\sqrt{2}x)$.

„Ansatz vom Typ der rechten Seite"

bei inhomogenen Dgl. mit konstanten Koeffizienten,
beachte dabei: Störfunktion und Lösung ähneln sich

Störfunktion	Ansatz für Lösung der Dgl.
Polynom	Polynom
$k\,\mathrm{e}^{ax}$	$K\mathrm{e}^{ax}$
$k\sin(bx)$	$K_1\sin(bx) + K_2\cos(bx)$
$k\cos(bx)$	$K_1\sin(bx) + K_2\cos(bx)$

Achtung: Im „Resonanzfall", d. h. wenn die Störfunktion bereits Lösung der *homogenen* Differentialgleichung ist, muss der jeweilige Ansatz mit x (oder einer Potenz von x) multipliziert werden.

Bsp. „Ansatz vom Typ der rechten Seite" bei Dgl.: $y'' + y' - 6y = b(x)$
Lösung der homogenen Dgl.: $y(x) = c_1 \cdot \mathrm{e}^{2x} + c_2 \cdot \mathrm{e}^{-3x}$

rechte Seite $b(x)$	„Ansatz vom Typ der rechten Seite"
$2x^2 - 7$	$K_2 x^2 + K_1 x + K_0$
$3\mathrm{e}^{-4x}$	$K \cdot \mathrm{e}^{-4x}$
$-4\mathrm{e}^{2x}$	$K \cdot x\mathrm{e}^{2x}$
$2\sin(2x)$	$K_1\sin(2x) + K_2\cos(2x)$

Superpositionsprinzip allgemein bei linearen Dgl.

Ist $y_1(x)$ eine spezielle Lösung der Dgl. mit Störglied $b_1(x)$ und $y_2(x)$ eine spezielle Lösung der gleichen Dgl. mit Störglied $b_2(x)$, dann ist $y_1(x) + y_2(x)$ eine spezielle Lösung der Dgl. mit Störglied $b_1(x) + b_2(x)$.

Bsp. Superpositionsprinzip

Dgl.	spezielle Lösung
$y'' + y' - 6y = 50\sin x$	$y(x) = -7\sin x - \cos x$
$y'' + y' - 6y = 10\mathrm{e}^{2x}$	$y(x) = 2x\mathrm{e}^{2x}$
$y'' + y' - 6y = 50\sin x + 10\mathrm{e}^{2x}$	$y(x) = -7\sin x - \cos x + 2x\mathrm{e}^{2x}$

10.9 Übungsaufgaben

Grundbegriffe

1. Gegeben ist die Dgl. $(y')^2 - 2xy' - 2y + 2x^2 = 0$.
   a) Zeigen Sie, dass $y(x) = (x + c)^2 + c^2$ Lösung dieser Dgl. ist.
   b) Zeigen Sie, dass $y(x) = x^2/2$ ebenfalls Lösung dieser Dgl. ist.
   c) Wie nennt man die Lösung in a), wie die Lösung in b)?
2. Gegeben sei die Dgl. $y'' + y' - 2y = 0$ mit der allgemeinen Lösung $y(x) = c_1 e^x + c_2 e^{-2x}$. Bestimmen Sie die Lösung dieser Dgl. unter den folgenden Zusatzbedingungen:
   a) Anfangbedingungen: $y(0) = 2$, $y'(0) = -7$,
   b) Randbedingungen: $y(0) = e^{-1}$, $y(1) = e^{-3}$.
3. Skizzieren Sie das Richtungsfeld der Dgl. $y' = x^2 + y^2$. Welche Gestalt haben hier die Isoklinen? Skizzieren Sie zusätzlich die Lösung durch den Punkt $(0, 0)$, d. h. mit $y(0) = 0$!

Lösungstechniken

1. Lösen Sie die Dgl. des radioaktiven Verfalls (vgl. Abschn. 3.20) $\frac{dN}{dt} = \alpha \cdot N$ mit Hilfe von „Trennung der Veränderlichen".
2. Lösen Sie die Dgl. $yy' = -x$ mit Hilfe von „Trennung der Veränderlichen".
3. Lösen Sie die Dgl. $y' = (x + y)^2$ mittels der Substitution $u = x + y$.
4. Lösen Sie die Dgl. $y' = -x/y$ mittels der Substitution $u = y/x$.

Lineare Differentialgleichungen

1. Lösen Sie die Dgl. $y' - \frac{2x}{1+x^2} y = 1$ mit Hilfe von „Trennung der Veränderlichen" (bei der homogenen Dgl.) und mit Hilfe von „Variation der Konstanten" (bei der inhomogenen Dgl.).
2. Lösen Sie $y' = x + y$ analog zu Aufgabe 1!

Lineare Differentialgleichungen mit konstanten Koeffizienten

1. Lösen Sie die Dgl. $y'' - 4y' + 4y = 4e^{2x}$.
2. Lösen Sie die Dgl. $y'' + 4y' + 5y = 0$. Welcher „Ansatz vom Typ der rechten Seite" ist für die inhomogene Dgl. $y'' + 4y' + 5y = b(x)$ zu wählen bei Vorliegen folgender rechter Seiten:
   a) $b(x) = 3e^{-2x}$,
   b) $b(x) = -\cos x$,
   c) $b(x) = 4e^{-2x} \cos x$,
   d) $b(x) = -x$,
   e) $b(x) = 4e^{-2x} \cos x - x$.

10.10 Lösungen

Grundbegriffe

1. a) Die Ableitung von $y(x) = (x + c)^2 + c^2$ lautet $y'(x) = 2(x + c)$. Eingesetzt in die Dgl. erhalten wir

$$(y')^2 - 2xy' - 2y + 2x^2$$
$$= 4(x + c)^2 - 2x \cdot 2(x + c) - 2((x + c)^2 + c^2) + 2x^2$$
$$= 4(x + c)^2 - 4x^2 - 4cx - 2(x + c)^2 - 2c^2 + 2x^2$$
$$= 2(x + c)^2 - 2x^2 - 4cx - 2c^2 = 2(x + c)^2 - 2(x + c)^2 = 0.$$

   b) Die Ableitung von $y(x) = x^2/2$ lautet $y'(x) = x$. Eingesetzt in die Dgl. erhalten wir

$$(y')^2 - 2xy' - 2y + 2x^2 = x^2 - 2x \cdot x - 2x^2/2 + 2x^2$$
$$= x^2 - 2x^2 - x^2 + 2x^2 = 0.$$

   c) Die Lösung in a) ist die allgemeine Lösung der Dgl., die Lösung in b) ist eine singuläre Lösung. Sie entsteht nicht durch spezielle Wahl des Parameters c in der allgemeinen Lösung.

2. Die Lösung der Dgl. lautet $y(x) = c_1 e^x + c_2 e^{-2x}$, ihre Ableitung $y'(x) = c_1 e^x - 2c_2 e^{-2x}$.

   a) Einsetzen der Anfangbedingungen $y(0) = 2$ und $y'(0) = -7$ ergibt das lineare Gleichungssystem:

$$y(0) = c_1 e^0 + c_2 e^0 = c_1 + c_2 = 2$$
$$y'(0) = c_1 e^0 - 2c_2 e^0 = c_1 - 2c_2 = -7$$

   mit den Lösungen $c_1 = -1$ und $c_2 = 3$. Die partikuläre Lösung der Dgl. lautet somit $y(x) = -e^x + 3e^{-2x}$.

   b) Einsetzen der Randbedingungen $y(0) = e^{-1}$ und $y(1) = e^{-3}$ ergibt das lineare Gleichungssystem:

$$y(0) = c_1 e^0 + c_2 e^0 = c_1 + c_2 = e^{-1}$$
$$y(1) = c_1 e^1 + c_2 e^{-2 \cdot 1} = c_1 e + c_2 e^{-2} = e^{-3}$$

   mit den Lösungen $c_1 = 0$ und $c_2 = e^{-1}$. Die partikuläre Lösung der Dgl. lautet somit $y(x) = e^{-1} \cdot e^{-2x} \approx 0{,}368 \cdot e^{-2x}$.

3. Richtungsfeld und Skizze der Lösung durch den Punkt $(0, 0)$ sind Abb. 10.14 zu entnehmen. Die Isoklinen sind im betrachteten Fall Kreise um den Nullpunkt.

Abb. 10.14 Richtungsfeld für
$y' = x^2 + y^2$

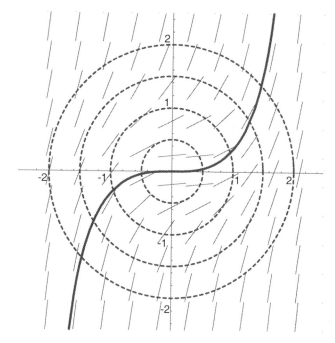

Lösungstechniken

1. „Trennung der Veränderlichen" $\int \frac{dN}{N} = \alpha \int dt$ führt auf $\ln |N| = \alpha t + \tilde{c}$ bzw. $|N| = e^{\tilde{c}} \cdot e^{\alpha t}$ und damit auf die Lösung $N(t) = c \cdot e^{\alpha t}$.

2. Die Dgl. $yy' = -x$ führt auf $y\,dy = -x\,dx$. Integration auf beiden Seiten liefert $y^2/2 = -x^2/2 + \tilde{c}$ bzw. $x^2 + y^2 = c^2$. Dies ist eine Kreisgleichung (Kreise um den Nullpunkt mit dem Radius c). Wir müssen $c \neq 0$ voraussetzen, denn eine Dgl. ist nur auf einem Intervall definiert (nicht nur in einem einzigen Punkt), weil die in sie eingehenden Ableitungen eine Umgebung benötigen.

3. Die Substitution $u = x + y$ führt auf $u' = 1 + y'$ bzw. $y' = u' - 1$. Einsetzen in die Dgl. $y' = (x + y)^2$ ergibt $u' - 1 = u^2$.
   Die transformierte Dgl. lässt sich nun mittels „Trennung der Veränderlichen" lösen zu: $du/(1 + u^2) = dx$, daraus $\arctan u = x + c$ bzw. $u = \tan(x + c)$.
   Rücktransformation auf y ergibt $y = u - x$ bzw. $y = \tan(x + c) - x$.

4. Die Substitution $u = y/x$ führt auf $y = xu$ bzw. mit der Produktregel für Ableitungen auf $y' = xu' + u$. Einsetzen in die Dgl. $y' = -1/(y/x)$ ergibt $xu' + u = -1/u$.
   Die transformierte Dgl. lässt sich nun mittels „Trennung der Veränderlichen" lösen zu: $xu' + u = -1/u$, daraus $1/2 \cdot 2u/(u^2 + 1)\,du = -1/x\,dx$, schließlich $1/2 \cdot \ln(u^2 + 1) = -\ln |x| + c$ bzw. $\ln(u^2 + 1) = -2\ln |x| + 2c$ und $u^2 + 1 = |x|^{-2} \cdot e^{2c}$. Es ergibt sich $u^2 + 1 = c/x^2$.
   Rücktransformation auf y ergibt $y^2/x^2 + 1 = c/x^2$. Auch hier erhalten wir – wie schon in Aufgabe 2 – Kreise um den Nullpunkt: $x^2 + y^2 = c$ ($c \neq 0$).

Lineare Differentialgleichungen

1. Die homogene Dgl. $y' - \frac{2x}{1+x^2} y = 0$ wird mittels „Trennung der Veränderlichen"
   gelöst: $dy/y = 2x\, dx/(1+x^2)$, $\ln|y| = \ln|1+x^2| + c$ und damit $y(x) = c \cdot (1+x^2)$.
   Für die inhomogene Dgl. wird der Ansatz $y(x) = c(x) \cdot (1 + x^2)$ („Variation der Konstanten") gewählt. Mit $y'(x) = c'(x)(1 + x^2) + c(x) \cdot 2x$ erhält man durch Einsetzen
   $c'(x) \cdot (1 + x^2) = 1$, also $c'(x) = \frac{1}{1+x^2}$ und damit $c(x) = \arctan x$. Damit ist eine
   spezielle Lösung der inhomogenen Dgl. $y(x) = c(x) \cdot (1 + x^2) = \arctan x \cdot (1 + x^2)$.
   Insgesamt lautet die allgemeine Lösung der inhomogenen Dgl.

   $$y(x) = \arctan x \cdot (1 + x^2) + c \cdot (1 + x^2), \quad c \in \mathbb{R}.$$

2. Die homogene Dgl. $y' - y = 0$ wird mittels „Trennung der Veränderlichen" gelöst
   und ergibt $y(x) = c \cdot e^x$.
   Für die inhomogene Dgl. wird der Ansatz $y(x) = c(x) \cdot e^x$ („Variation der Konstanten") gewählt. Mit $y'(x) = c'(x) \cdot e^x + c(x) \cdot e^x$ erhält man durch Einsetzen $c'(x) \cdot$
   $e^x = x$, also $c'(x) = xe^{-x}$ und damit die Stammfunktion $c(x) = -e^{-x}(x + 1)$. Also
   ist eine spezielle Lösung der inhomogenen Dgl. $y(x) = c(x) \cdot e^x = -e^{-x}(x + 1)e^x =$
   $-x - 1$.
   Insgesamt lautet die allgemeine Lösung der inhomogenen Dgl.

   $$y(x) = -x - 1 + c \cdot e^x, \quad c \in \mathbb{R}.$$

Lineare Differentialgleichungen mit konstanten Koeffizienten

1. Die homogene Dgl. führt auf das charakteristische Polynom $\lambda^2 - 4\lambda + 4 = 0$ mit
   den Nullstellen $\lambda_{1/2} = 2$ und die allgemeine Lösung $y(x) = c_1 \cdot e^{2x} + c_2 \cdot xe^{2x}$.
   Da e^{2x} und xe^{2x} bereits Lösungen der *homogenen* Dgl. sind, muss hier als „Ansatz
   vom Typ der rechten Seite" $y(x) = Kx^2e^{2x}$ gewählt werden. Die erste und die zweite
   Ableitung ergeben sich dann zu $y'(x) = 2Kxe^{2x} + 2Kx^2e^{2x}$ und $y''(x) = 2Ke^{2x} +$
   $8Kxe^{2x} + 4Kx^2e^{2x}$. Einsetzen in die Dgl. führt auf

   $$2Ke^{2x} + 8Kxe^{2x} + 4Kx^2e^{2x} - 8Kxe^{2x} - 8Kx^2e^{2x} + 4Kx^2e^{2x} = 2Ke^{2x} \overset{!}{=} 4e^{2x},$$

   also $2K = 4$, $K = 2$ und $y(x) = 2x^2e^{2x}$ als spezielle Lösung der inhomogenen Dgl.
   Insgesamt:

   $$y(x) = 2x^2e^{2x} + c_1 \cdot e^{2x} + c_2 \cdot xe^{2x}, \quad c_1, c_2 \in \mathbb{R}.$$

2. Das zur Dgl. $y'' + 4y' + 5y = 0$ gehörige charakteristische Polynom $\lambda^2 + 4\lambda +$
   $5 = 0$ hat die Lösungen $\lambda_{1/2} = -2 \pm i$. Entsprechend ist die allgemeine Lösung der
   homogenen Dgl. $y(x) = c_1 \cdot e^{-2x} \cos x + c_2 \cdot e^{-2x} \sin x$. Der zu wählende „Ansatz
   vom Typ der rechten Seite" lautet:
   a) $b(x) = Ke^{-2x}$,
   b) $b(x) = K_1 \cos x + K_2 \sin x$,
   c) $b(x) = K_1 xe^{-2x} \cos x + K_2 xe^{-2x} \sin x$,
   d) $b(x) = K_1 x + K_2$,
   e) $b(x) = K_1 xe^{-2x} \cos x + K_2 xe^{-2x} \sin x + K_3 x + K_4$.

11.1 Einführung

▶ Beispiel

Stellen Sie sich einmal vor, dass eine meist tödlich verlaufende Virusinfektion etwa drei Promille der Bevölkerung befällt. Und nehmen wir weiterhin an, es gäbe einen Test zur Früherkennung dieser Krankheit. (Im Zeitalter von Aids, Ebola und Alzheimer sind solche Gedankengänge nicht allzu abwegig, zumal abzusehen ist, dass u. a. durch die Genforschung mit immer mehr Tests zu rechnen ist.) Allerdings sind solche Tests zwar oft sehr gut, aber kaum perfekt: Der oben angesprochene Test entdeckt etwa zuverlässig 99,9 % der Befallenen. Andererseits produziert er aber auch falsche positive Ergebnisse, d. h. etwa 2 % der Gesunden werden durch den Test fälschlicherweise als positiv befunden. Wenn man Ihnen denn Ihr *positives* Testergebnis mitteilen würde, wären Sie dann entsetzt? Nun, es bestünde auch dann noch kein Anlass, sich auf Krankheit und Tod vorzubereiten, denn nur etwa 13 % aller positiv Getesteten sind auch wirklich von der Krankheit befallen – Wer hätte das gedacht?

▶ Paradoxa der Wahrscheinlichkeitsrechnung

Dieses – zugegebenermaßen etwas spektakuläre – Beispiel ist nur eines von vielen Paradoxa in der Wahrscheinlichkeitsrechnung, die ganz offensichtlich dem „gesunden Menschenverstand" widersprechen. Selbst gestandene Mathematikerinnen und Mathematiker haben mit dem Verständnis so ihre Schwierigkeiten, auch wenn diesen vermeintlichen Widersprüchen sehr schnell mit ein wenig Logik und ein paar Grundlagen der Wahrscheinlichkeitsrechnung und Statistik beizukommen ist. Das Schöne an den Beispielen ist dabei ihre Anschaulichkeit und der nur scheinbare Widerspruch, dass die Wahrscheinlichkeitsrechnung eben exakt von etwas Vagem, Zufälligen handelt.

Y. Stry, R. Schwenkert, *Mathematik kompakt*, DOI 10.1007/978-3-642-24327-1_11,
© Springer-Verlag Berlin Heidelberg 2013

▶ Anwendungen

Die Wahrscheinlichkeitsrechnung bietet dabei jedem etwas: Dem Zocker hilft sie beim
Abschätzen seiner Gewinnchancen, die Computerfachfrau benutzt z. B. Zufallszahlen bei
der Simulation von Ereignissen und der Meinungsforscher wertet seine Umfrageergebnis-
se wissenschaftlich aus.

▶ Deskriptive Statistik

Wir werden uns hier zunächst kurz mit der deskriptiven Statistik beschäftigen: Stellen
Sie sich vor, Sie wollen einen gewissen Wert bestimmen und führen dazu – wie in Experimentalphysik und Technik üblich – eine Messreihe durch. Wie Sie die dann vorliegenden
Messdaten auswerten oder wie Sie auch größere Datenmengen auf aussagekräftige Maß-
zahlen und Plots reduzieren, soll Thema dieses Einstiegs in die deskriptive Statistik sein.

▶ Wahrscheinlichkeitsrechnung

Wahrscheinlichkeiten – und wie man mit ihnen rechnet – stellen das klassische Thema
der Wahrscheinlichkeitsrechnung dar. Schließlich ist die moderne Wahrscheinlichkeitsrechnung auch aus der Berechnung von Gewinnchancen beim Glücksspiel entstanden.
Die Rechenvorschriften für Wahrscheinlichkeiten, die so genannten *Kolmogoroff'schen
Axiome* und die Folgerungen daraus, sind dabei sehr einfach und naheliegend.

▶ Zufallsvariable und Verteilungsfunktion

Nun wird es aber schnell zu umständlich, für alle möglichen Ereignisse die Wahrscheinlichkeiten anzugeben – dazu gibt es meist einfach zu viele mögliche Versuchsaus-
gänge. Mathematisch gesehen beschreibt man deshalb Zufallsgrößen gerne durch so genannte Wahrscheinlichkeitsdichten, die kumuliert/integriert die jeweilige Verteilungsfunktion ergeben. Verteilungsfunktionen beantworten dann Fragen wie: Mit welcher Wahrscheinlichkeit liegt der Versuchsausgang zwischen zwei Größen a und b?

▶ Binomialverteilung

Auch hier muss man das Rad nicht jedesmal neu erfinden, sondern es gibt Verteilungen,
die in der Praxis sehr häufig auftreten. Die wichtigste diskrete Verteilung ist die Bernoulli-
oder *Binomialverteilung*.
Sie beschreibt die mehrfache Ausführung eines so genannten Bernoulli-Experiments
mit Einzelerfolgswahrscheinlichkeit p (und entsprechend Misserfolgswahrscheinlichkeit
$1 - p$). Man kann sich darunter das mehrfache Werfen einer Münze, mehrfaches Würfeln
oder auch den mehrmaligen Kursanstieg bzw. -rückgang einer Aktie vorstellen.

▶ Poisson-Verteilung

Die *Poisson-Verteilung* wiederum lässt sich als Approximation der Binomialverteilung
auffassen. Hier geht es um sehr viele Einzelexperimente mit sehr kleinen Erfolgswahr-

scheinlichkeiten. Bei der Beschreibung des radioaktiven Zerfalls oder auch typischerweise bei vielen Arten von Prozessen mit auftretenden Warteschlangen (Callcenter, Supermarkt-kassen, Internetserver!) findet die Poisson-Verteilung ihre Anwendung. Die wichtigste und am weitesten verbreitete stetige Verteilung überhaupt ist schließlich die *Normalverteilung*, deren Dichte als „Gauß'sche Glockenkurve" den meisten bekannt ist.

Im vorliegenden Kapitel „Wahrscheinlichkeitsrechnung und Statistik" wollen wir zu-nächst Grundbegriffe der deskriptiven Statistik und der Wahrscheinlichkeitsrechnung zu-sammenstellen. Schließlich werden Verteilungsfunktionen allgemein, aber auch speziel-le Verteilungen (Binomialverteilung, Poisson-Verteilung und Normalverteilung) bespro-chen. *Viel Glück!*

11.2 Deskriptive Statistik

Die deskriptive oder auch beschreibende Statistik befasst sich mit grundlegenden Metho-den zur Beschreibung und Analyse von zumeist großen Datenmengen. Neben der gra-phischen Darstellung durch so genannte Histogramme werden wichtige Kennzahlen wie Mittelwert, empirische Varianz und Standardabweichung, etc. definiert und interpretiert. Diese quantitativen Merkmale sind nötig, da kein Mensch Mengen, die aus Tausenden von Daten bestehen, in ihrer Bedeutung richtig erfassen kann. Potentielle Interdependenzen (z. B. Ursache – Wirkung) zwischen unterschiedlichen Datenmengen eines gemeinsamen Kontextes können mittels Regression transparent gemacht werden.

11.2.1 Mittelwert und Varianz

Beispiele für Datenmengen In vielen Anwendungsbereichen treten große Datenmengen auf: z. B. statistische Bevölkerungsdaten bei Landesämtern, Bonitätsdaten von Unterneh-men und Privatpersonen bei Hermes oder Schufa, Messdaten bei technischen Prozessen, usw. Solche Datenmengen lassen sich wegen ihres Umfangs nur mit Hilfe von Kennzif-fern und Graphiken charakterisieren. Zur Definition und Erläuterung der eben erwähnten Instrumente ist jedoch ein Beispiel mit einer kleineren Datenmenge sinnvoller.

Beispiel 11.1

Bei einer Aktie wurden 25 Wochenschlusskurse beobachtet und festgehalten. Es erga-ben sich in Euro:

47,7; 50,8; 50,4; 52,2; 48,2; 49,3; 50,9; 50,3; 49,1; 52,4; 49,6; 50,8; 50,0; 48,9; 51,4; 48,7; 48,8; 49,9; 50,2; 49,0; 51,8; 49,6; 48,6; 51,3; 50,1.

Anleger interessieren sich nun natürlich dafür, welchen durchschnittlichen Kurs die Aktie im Beobachtungszeitraum hatte, wie stark die Abweichungen vom Mittel (= Vo-latilität) waren und wie sich diese verteilen.

Abb. 11.1 Kleine bzw. große
Abweichungen vom Mittelwert

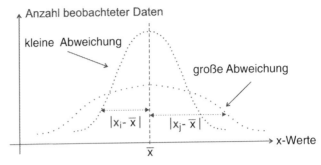

Das Mittel aus den Werten einer vorgegebenen Datenmenge, das die repräsentative
mittlere Lage der Daten angibt, lässt sich leicht definieren:

Mittelwert
Der Mittelwert (arithmetisches Mittel) der Datenwerte $x_1, \ldots, x_n$ ist definiert durch

$$\overline{x} := \frac{1}{n} \sum_{i=1}^{n} x_i.$$

Der Mittelwert $\overline{x}$ alleine sagt nun nichts darüber aus, ob die Beobachtungswerte eng
beieinander oder aber weit auseinander liegen (siehe Abb. 11.1).

Für die Größe der einzelnen Abweichungen vom Mittelwert $\overline{x}$ könnte man $|x_i - \overline{x}|$ als
Maß wählen. Wegen der Unhandlichkeit des Betrages hat sich als Maß jedoch $(x_i - \overline{x})^2$
durchgesetzt. Natürlich interessiert man sich auch hier für das arithmetische Mittel dieser
Abweichungen, das als *empirische Varianz* bezeichnet wird:

Empirische Varianz, empirische Standardabweichung
Die empirische Varianz (mittlere quadratische Abweichung) der Datenwerte
$x_1, \ldots, x_n$ vom Mittelwert $\overline{x}$ ist definiert durch

$$S^2 := \frac{1}{n} \sum_{i=1}^{n} (x_i - \overline{x})^2.$$

$S := \sqrt{S^2}$ heißt empirische Standardabweichung.

Alternative Definition der Varianz Wir haben hier in der deskriptiven Statistik die Varianz S^2 als arithmetisches Mittel der Abweichungsquadrate $(x_i - \overline{x})^2$ berechnet, d. h.

mit dem Faktor $\frac{1}{n}$. Man beachte aber, dass in der induktiven Statistik, die auf Stichproben und nicht auf vollständigen Datenmengen basiert, aus mathematischen Gründen der Faktor $\frac{1}{n-1}$ verwendet wird.

Beispiel 11.2

Für die Aktienkursdaten aus Beispiel 11.1 ergibt sich der Mittelwert zu

$$\overline{x} = \frac{1}{25}(47{,}7 + 50{,}8 + 50{,}4 + 52{,}2 + 48{,}2$$
$$+ \ldots + 51{,}8 + 49{,}6 + 48{,}6 + 51{,}3 + 50{,}1) = \frac{1250}{25} = 50.$$

Die empirische Varianz beträgt

$$S^2 = \frac{1}{25} \sum_{i=1}^{25} (x_i - 50)^2$$
$$= \frac{1}{25}[(47{,}7 - 50)^2 + (50{,}8 - 50)^2 + (50{,}4 - 50)^2 + \ldots$$
$$+ \ldots + (51{,}3 - 50)^2 + (50{,}1 - 50)^2] = 1{,}4936.$$

Verschiebungsformel Die empirische Varianz S^2 lässt sich häufig einfacher mit der so genannten *Verschiebungsformel* (siehe Aufgabe 1 unter „Deskriptive Statistik", Abschn. 11.8) berechnen:

$$S^2 = \overline{x^2} - \overline{x}^2.$$

Dabei bezeichnet $\overline{x^2} := \frac{1}{n} \sum_{i=1}^{n} x_i^2$ den Mittelwert der „quadrierten" Daten.

Beispiel 11.3

Mit der Verschiebungsformel ergibt sich die Varianz aus Beispiel 11.1 und 11.2 analog zu

$$S^2 = \frac{1}{25}(47{,}7^2 + \ldots + 50{,}1^2) - 50^2 = 2501{,}4936 - 50^2 = 1{,}4936.$$

Übung 11.1

Die Marketingabteilung eines Unternehmens beobachtet in 40 aufeinanderfolgenden Monaten für ein Produkt folgende Absatzmengen:

499; 484; 493; 487; 500; 493; 504; 507; 485; 501; 495; 497; 490; 510;

494; 502; 494; 491; 502; 494; 509; 488; 500; 498; 505; 508; 492;

504; 493; 503; 514; 503; 488; 486; 493; 496; 499; 487; 498; 497

Berechnen Sie Mittelwert $\overline{x}$, empirische Varianz S^2 und empirische Standardabweichung S.

Lösung 11.1
Der Mittelwert ergibt sich zu: $\overline{x} = \frac{1}{40} \sum_{i=1}^{40} x_i = \frac{1}{40}(499 + 484 + 493 + \ldots + 487 +$
$498 + 497) = 497{,}075$. Für die empirische Varianz erhält man $S^2 = \frac{1}{40} \sum_{i=1}^{40} (x_i -$
$\overline{x})^2 = \frac{1}{40}((499 - 497{,}075)^2 + \ldots + (497 - 497{,}075)^2) = 53{,}8194$, und daraus die
empirische Standardabweichung $S = \sqrt{53{,}8194} = 7{,}3362$.

11.2.2   Klasseneinteilung und Histogramme

Klasseneinteilung, relative Häufigkeit Die Charakterisierung von Datenmengen unter-
stützt man in der Praxis auch durch die graphische Darstellung in Histogrammen. Dazu
wird der Wertebereich der Daten $x_1, \ldots, x_n$ durch die Wahl von $k + 1$ Punkten $\xi_0 < \xi_1 <$
$\ldots < \xi_k$ in Intervalle $(\xi_{i-1}, \xi_i]$, die man *Klassen* nennt, eingeteilt. Dabei ist

$$\xi_0 < \min_{j=1,\ldots,n} x_j \quad \text{und} \quad \xi_k > \max_{j=1,\ldots,n} x_j$$

zu wählen. Wir bezeichnen mit n_i die Anzahl der Daten, die in der Klasse $(\xi_{i-1}, \xi_i]$ liegen,
und nennen den Quotienten

$$h_i = \frac{n_i}{n}$$

relative Häufigkeit. Diese Kennzahl gibt Auskunft über die Anordnungsdichte der Daten
für jede Klasse. Ihre Werte gehen in eine Funktion ein, die *empirische Dichte* genannt
wird:

> **Empirische Dichte, Histogramm**
> Sind $0 \leq h_i \leq 1$, $1 \leq i \leq k$, relative Häufigkeiten bzgl. einer Klasseneinteilung
> $\xi_0 < \xi_1 < \ldots < \xi_k$, dann heißt die Funktion
>
> $$\hat{f}(x) := \begin{cases} \frac{h_i}{\xi_i - \xi_{i-1}}, & \text{falls } x \in (\xi_{i-1}, \xi_i], i = 1, \ldots, k, \\ 0, & \text{sonst} \end{cases}$$
>
> empirische Dichte. Ihre graphische Darstellung wird Histogramm genannt.

Im Zusammenhang mit Histogrammen werden einige Begriffe benutzt, die wir hier
definieren wollen:

- **Reduktionslage** Der kleinste Wert ξ_0 heißt *Reduktionslage*.
- **Variationsbreite** Die gesamte Länge $\xi_k - \xi_0$ nennt man *Variationsbreite*.
- **Klassenbreite** Als Klassenbreite bezeichnet man die Werte $\xi_i - \xi_{i-1}$. Sie wird häufig
  konstant gewählt.
- **Klassenzahl** Der Wert k heißt *Klassenzahl*. Diese wird häufig ungerade und ungefähr
  gleich $\sqrt{n}$ gewählt (n Anzahl Datenwerte), es sollte jedoch $5 \leq k \leq 25$ gelten.

Abb. 11.2 Histogramm der empirischen Dichte

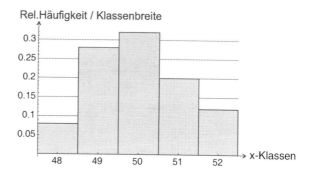

Beispiel 11.4

Für die Aktienkurse aus Beispiel 11.1 wollen wir ein Histogramm mit Reduktionslage 47,5, konstanter Klassenbreite 1 und Variationsbreite 5 zeichnen. Der Wertebereich der Daten erstreckt sich von 47,7 bis 52,4. Die erste Klasse ergibt sich zu $(\xi_0, \xi_1] = (47,5; 48,5]$. Damit gilt $n_1 = 2$, denn nur die beiden Kurse 47,7 und 48,2 liegen in diesem Intervall. Es ist $n = 25$ und die relative Häufigkeit für diese Klasse ergibt sich zu $h_1 = \frac{2}{25} = 0,08$. Analog erhält man alle weiteren Klassen mit ihren relativen Häufigkeiten. Diese sind in nachfolgender Tabelle zusammengefasst:

Klasse	Anzahl Kurse	rel. Häufigkeit
$47,5 < x \leq 48,5$	2	0,08
$48,5 < x \leq 49,5$	7	0,28
$49,5 < x \leq 50,5$	8	0,32
$50,5 < x \leq 51,5$	5	0,20
$51,5 < x \leq 52,5$	3	0,12

Das sich daraus ergebende Histogramm zeigt Abb. 11.2.

Die Säulenhöhen des Histogramms entsprechen hier wegen der konstanten Klassenbreite 1 der relativen Häufigkeit (was i. Allg. nicht der Fall ist!). Wählt man bei gleicher Reduktionslage beispielsweise die konstante Klassenbreite 2, so erhält man:

Klasse	Anzahl Kurse	rel. Häufigkeit	$h_i/2$
$47,5 < x \leq 49,5$	9	0,36	0,18
$49,5 < x \leq 51,5$	13	0,52	0,26
$51,5 < x \leq 53,5$	3	0,12	0,06

und daraus ein Histogramm, bei dem die Säulen nur halb so hoch ($h_i/2$!) sind wie die relativen Häufigkeiten (s. Abb. 11.3).

Abb. 11.3 Histogramm mit
Säulenbreite 2

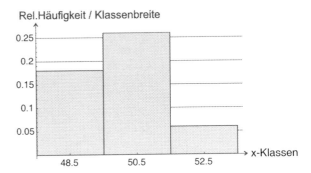

Rel.Häufigkeit / Klassenbreite

Säulenfläche = relative Häufigkeit Das letzte Beispiel zeigt, dass die Säulenfläche und *nicht* die Säulenhöhe die relative Häufigkeit symbolisiert! Summiert man nun über die gesamte Fläche – also über alle relativen Häufigkeiten –, so muss sich der Wert 1 ergeben, d. h. es gilt stets

$$\int_{\mathbb{R}} \hat{f}(x)\, dx = \int_{-\infty}^{\infty} \hat{f}(x)\, dx = 1.$$

Um Fragen beantworten zu können, wie z. B. „Wie oft lag der Aktienkurs über 50 Euro?" oder „In wie vielen Monaten wurde das Absatzmengenziel von mindestens 500 nicht erreicht?", benötigen wir so genannte *kumulierte Häufigkeiten*, die die *empirische Verteilungsfunktion* zur Verfügung stellt:

Empirische Verteilungsfunktion
Für die empirische Verteilungsfunktion $\hat{F}(x) := \int_{-\infty}^{x} \hat{f}(t)\, dt$ gilt ($i = 1, \ldots, k$):

$$\hat{F}(x) = \begin{cases} 0, & \text{falls } x \leq \xi_0, \\ \sum_{j=1}^{i-1} h_j + \frac{x - \xi_{i-1}}{\xi_i - \xi_{i-1}} h_i, & \text{falls } \xi_{i-1} < x \leq \xi_i, \\ 1, & \text{falls } x > \xi_k. \end{cases}$$

$\hat{F}(x)$ ist ein Maß für die Anzahl der Daten, deren Messwert kleiner gleich x ist.

Die Formel ist leicht einzusehen: Man kumuliert die Häufigkeiten und interpoliert dann stückweise linear (siehe Übung 11.2a). Die Abb. 11.4 zeigt die empirische Verteilungsfunktion des Beispiels 11.4 zur Klassenbreite 2.

Neben den bereits definierten Kennzahlen gibt es noch weitere wichtige Lageparameter, um verschiedene Verteilungen einfach miteinander vergleichen zu können:

Abb. 11.4 Empirische Verteilungsfunktion $\hat{F}(x)$

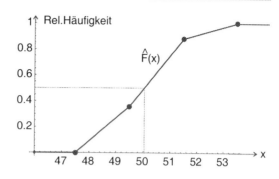

x_p**-Quantile, Median**

Das x_p-Quantil ist der Wert x_p, bis zu dem $100 \cdot p\,\%$ der Daten liegen, d. h. es muss
gelten:

$$\int_{-\infty}^{x_p} \hat{f}(x)\,dx = p \quad \text{bzw.} \quad \hat{F}(x_p) = p \text{ mit } 0 \le p \le 1.$$

Das Quantil $x_{0,5}$ heißt Median, da es die Datenmenge „halbiert": 50 % aller Daten
liegen links bis zum Median, die anderen rechts davon. Die Quantile $x_{0,25}$ und $x_{0,75}$
bezeichnet man als Quartile.

Übung 11.2

Für das Aktienkursbeispiel sei die bereits besprochene zweite Klasseneinteilung $x_0 =$
$47{,}5 < 49{,}5 < 51{,}5 < 53{,}5 = x_3$ angenommen (siehe Beispiel 11.4).

a) Bestimmen Sie die zugehörige Verteilungsfunktion $\hat{F}(x)$.
b) Wo liegt unter Zugrundelegung von $\hat{F}(x)$ der Median?

Lösung 11.2

a) Entnimmt man die relativen Häufigkeiten der zweiten Tabelle von Beispiel 11.4, so
ergibt sich $\hat{F}(x)$ zu:

$$\hat{F}(x) = \begin{cases} 0, & \text{falls } x \le 47{,}5, \\ (x - 47{,}5)/2 \cdot 0{,}36, & \text{falls } 47{,}5 < x \le 49{,}5, \\ 0{,}36 + (x - 49{,}5)/2 \cdot 0{,}52, & \text{falls } 49{,}5 < x \le 51{,}5, \\ 0{,}88 + (x - 51{,}5)/2 \cdot 0{,}12, & \text{falls } 51{,}5 < x \le 53{,}5, \\ 1, & \text{falls } x > 53{,}5. \end{cases}$$

b) Die Bestimmungsgleichung für den Median $x_{0,5}$ ist : $0{,}5 = \hat{F}(x_{0,5}) = 0{,}36 +$
$(x - 49{,}5)/2 \cdot 0{,}52$. Auflösen dieser Gleichung liefert $x_{0,5} \approx 50{,}04$ (vgl. auch
Abb. 11.4). Tatsächlich liegen 13 Aktienkurse unter diesem Wert, 12 darüber.

11.2.3   Regression und Korrelation

In der Praxis interessiert häufig nicht – wie bisher – eine (eindimensionale) Datenmenge, sondern eine Liste von Datenwerten, die zweidimensional sind:

$$(x_1, y_1), (x_2, y_2), \ldots, (x_n, y_n).$$

Untersuchung funktionaler Zusammenhänge   Untersucht werden sollen funktionale Zusammenhänge (Ursache-Wirkung-Beziehungen) zwischen den Variablen, d. h. wir betrachten x als *unabhängige* Variable und y als *abhängige* Variable. Die Notwendigkeit solcher Untersuchungen tritt bei vielen Fragestellungen auf: Wie stark hängt die Dauer der Arbeitslosigkeit vom Alter ab? Inwiefern beeinflusst eine Preissenkung die Absatzmenge eines Produktes? In welchem Umfang wirkt sich der Stand eines Aktienindex auf den Kurs einer Aktie aus?

Lineare Regressionsaufgabe, Methode der kleinsten Quadrate   Interessant ist in diesem Zusammenhang, ob die y_i durch eine Funktion der x_i genügend genau dargestellt werden können, etwa $y_i = f(x_i)$. Wir wollen uns dabei auf den einfachsten Fall, nämlich den einer linearen Funktion f, beschränken: Können die y_i durch $bx_i + a$ mit geeignet zu bestimmenden a, b genügend genau dargestellt werden? Gilt also $y_i \approx a + bx_i$? Dies führt auf die so genannte *Lineare Regressionsaufgabe* der Bestimmung von a und b im Ansatz

$$y_i = bx_i + a + E_i,$$

wobei $E_i := y_i - (bx_i + a)$ eine Fehlergröße ist. Die Koeffizienten a und b der Geraden werden so berechnet, dass die Summe der quadrierten Fehler minimiert wird. Man nennt dieses Vorgehen deshalb die *Methode der kleinsten Quadrate*: Da natürlich i. Allg. die y-Werte nicht streng von den x-Werten abhängen, bildet die Datenmenge, wie Abb. 11.5 zeigt, eine „Punktwolke". Bezüglich dieser „Punktwolke" sucht man nun eine Gerade, die die Abweichungen E_i zwischen den beobachteten Werten y_i und den zu x_i gehörenden Geradenwerten $bx_i + a$ „optimal ausgleicht". Naheliegend wäre daher, zu verlangen, dass die Summe der absoluten Abweichungen möglichst klein wird. Da man es dabei aber mit einer nicht differenzierbaren Funktion zu tun hätte, geht man zu den Abweichungsquadraten über.

Fehlerquadratsumme   Gefunden werden muss also das Minimum der Funktion

$$S_E^2 = \sum_{i=1}^{n} E_i^2 = \sum_{i=1}^{n}(y_i - bx_i - a)^2.$$

Abb. 11.5 Methode der kleinsten Quadrate

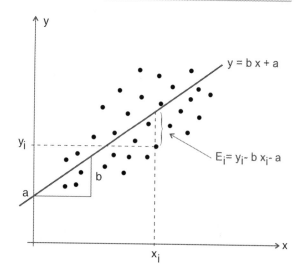

Eine notwendige Bedingung hierfür ist das Verschwinden der partiellen Ableitungen nach b und a:

$$\frac{\partial S_E^2}{\partial a} = -2 \sum_{i=1}^{n} (y_i - bx_i - a) \overset{!}{=} 0,$$

$$\frac{\partial S_E^2}{\partial b} = -2 \sum_{i=1}^{n} x_i (y_i - bx_i - a) \overset{!}{=} 0.$$

Normalgleichungen Division durch -2 und Zusammenfassung geeigneter Summen führen auf die so genannten *Normalgleichungen*, aus denen sich a und b *eindeutig* bestimmen lassen:

$$n \cdot a + \left(\sum_{i=1}^{n} x_i \right) \cdot b = \sum_{i=1}^{n} y_i,$$

$$\left(\sum_{i=1}^{n} x_i \right) \cdot a + \left(\sum_{i=1}^{n} x_i^2 \right) \cdot b = \sum_{i=1}^{n} x_i y_i.$$

Eine Untersuchung der partiellen Ableitungen 2. Ordnung zeigt im Übrigen, dass die Lösung der Normalgleichungen tatsächlich ein Minimum von S_E^2 liefert.

Beispiel 11.5

Für nachfolgende Messpunkte x_i mit zugehörigen Messwerten y_i bestimmen wir die Regressionsgerade durch Lösen der Normalgleichungen:

i	1	2	3	4
x_i	1,5	2,1	3,3	3,9
y_i	4,1	5,0	8,1	8,7

Zunächst ermittelt man $\sum_{i=1}^{n} x_i = 1{,}5 + 2{,}1 + 3{,}3 + 3{,}9 = 10{,}8$ und $\sum_{i=1}^{n} y_i = 4{,}1 + 5{,}0 + 8{,}1 + 8{,}7 = 25{,}9$. Mittels Taschenrechner berechnet sich ebenfalls leicht: $\sum_{i=1}^{n} x_i^2 = 1{,}5^2 + \ldots + 3{,}9^2 = 32{,}76$ und $\sum_{i=1}^{n} x_i y_i = 1{,}5 \cdot 4{,}1 + \ldots + 3{,}9 \cdot 8{,}7 = 77{,}31$. Die Normalgleichungen lauten damit: $4a + 10{,}8b = 25{,}9$, $10{,}8a + 32{,}76b = 77{,}31$. Aus diesen folgt unmittelbar die Lösung $b = 2{,}05$ und $a = 0{,}94$. Die Regressionsgerade ergibt sich zu $y(x) = 2{,}05x + 0{,}94$.

Nach kurzer Rechnung (siehe Aufgabe 4 unter „Deskriptive Statistik", Abschn. 11.8) kann man die Lösung der Normalgleichungen auch durch statistische Kennzahlen ausdrücken:

Regressionsgerade
Die Gerade $y(x) = bx + a$ zu den Werten $(x_1, y_1), (x_2, y_2), \ldots, (x_n, y_n)$ mit den Koeffizienten

$$b = \frac{S_{xy}}{S_x^2} \quad \text{und} \quad a = \overline{y} - b\overline{x} \quad \text{(falls } S_x > 0\text{)},$$

heißt Regressionsgerade zu y bzgl. x. Dabei stehen $\overline{x}, \overline{y}$ für die Mittelwerte der x- bzw. y-Werte, S_x^2 für die Varianz der x-Werte und

$$S_{xy} := \frac{1}{n} \sum_{i=1}^{n} x_i y_i - \overline{x} \cdot \overline{y}$$

für die empirische Kovarianz der x- und y-Werte.

Die neu eingeführte Kovarianz kann wegen

$$\frac{1}{n} \sum_{i=1}^{n} (x_i - \overline{x})(y_i - \overline{y}) = \frac{1}{n} \sum_{i=1}^{n} (x_i y_i - x_i \overline{y} - \overline{x} y_i + \overline{xy})$$

$$= \frac{1}{n} \sum_{i=1}^{n} x_i y_i - \overline{xy} - \overline{xy} + \overline{xy} = S_{xy}$$

auch aufgefasst werden als der Mittelwert des Produktes der Abweichungen der einzelnen Daten von ihrem jeweiligen Mittel. Üblicherweise wird dieses Maß noch normiert:

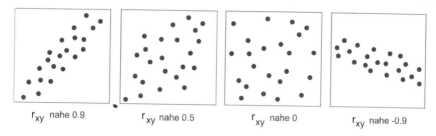

r_{xy} nahe 0.9 r_{xy} nahe 0.5 r_{xy} nahe 0 r_{xy} nahe -0.9

Abb. 11.6 Punktwolken unterschiedlicher Korrelation

Kovarianz, Korrelationskoeffizent

Die (empirische) Kovarianz S_{xy} ergibt sich auch zu

$$S_{xy} = \frac{1}{n} \sum_{i=1}^{n} (x_i - \overline{x})(y_i - \overline{y}).$$

Die entsprechende normierte Größe

$$r_{xy} := \frac{S_{xy}}{S_x S_y} \quad \text{mit} \quad -1 \leq r_{xy} \leq 1$$

nennt man (empirischen) Korrelationskoeffizienten. S_x, S_y sind dabei die Standardabweichungen der x- bzw. y-Werte.

Positive, negative Korrelation Da eine große Kovarianz auch durch eine große Streuung der x- und y-Datenmengen verursacht sein kann, benutzt man als Maß dafür, wie gut der lineare Zusammenhang ist, den Korrelationskoeffizienten r_{xy}. Ist dieser nahe bei 0, dann sind die x- und y-Werte fast *unkorreliert*, für Werte nahe bei $+1$ bzw. -1 sind sie sehr gut *positv* bzw. *negativ korreliert*. Die Bedeutung von r_{xy} veranschaulicht auch Abb. 11.6.

Beispiel 11.6

Für die Datenmenge aus Beispiel 11.5 soll die Korrelation ermittelt werden. Mittels Taschenrechner berechnet man die Standardabweichungen $S_x = 0{,}948683$, $S_y = 1{,}962619$ und die Kovarianz $S_{xy} = 1{,}845$. Der Korrelationskoeffizient ergibt sich somit zu

$$r_{xy} = \frac{S_{xy}}{S_x S_y} = \frac{1{,}845}{0{,}948683 \cdot 1{,}962619} = 0{,}990922.$$

Da der Korrelationskoeffizient nahe bei 1 liegt, ist die Anpassung durch die Regression sehr gut.

11.3 Wahrscheinlichkeitsrechnung

Dieser Abschnitt stellt zunächst Grundbegriffe der Wahrscheinlichkeitsrechnung vor: Elementarereignis, Ereignis, Ergebnismenge, Ereignisraum, etc. Möglichkeiten der Zuordnung von Wahrscheinlichkeiten zu Ereignissen (Annahme der Gleichwahrscheinlichkeit von Elementarereignissen bzw. relative Häufigkeiten) werden diskutiert. Anschließend wird der Wahrscheinlichkeitsbegriff mit Hilfe des Axiomensystems von Kolmogoroff formalisiert. Dieses liefert etliche nützliche Rechenregeln für Wahrscheinlichkeiten. Die abschließend eingeführte bedingte Wahrscheinlichkeit gestattet u. a. die Definition unabhängiger Ereignisse.

11.3.1 Ereignisse und Wahrscheinlichkeiten

Zufallsexperiment, Gesetzmäßigkeit der Gesamtheit In der *Wahrscheinlichkeitsrechnung* untersucht man zufällige (stochastische) Erscheinungen. Diese zeichnen sich dadurch aus, dass sie unter bestimmten Bedingungen eintreten können, es aber nicht müssen. Es besteht also *keine* zwingende Ursache-Wirkung-Beziehung. So schwanken bei der Wiederholung eines Experimentes – darunter wollen wir Beobachtungen, Messungen, Proben, Tests, etc. verstehen – unter ansonsten gleichen Voraussetzungen die Ergebnisse in der Regel mehr oder weniger stark. Man spricht dann von einem *Zufallsexperiment*. Wiederholt man dieses genügend oft, so ergeben sich trotz der Schwankungen der jeweiligen Einzelergebnisse gewisse *Gesetzmäßigkeiten* für die *Gesamtheit* aller Experimente. Die Grundlagen, um diese Gesetzmäßigkeiten aufzuspüren, werden jetzt bereitgestellt.

Elementarereignisse, Ergebnismenge, Ereignis, Ereignisraum
Bei einem Zufallsexperiment sind stets mehrere so genannte Elementarereignisse möglich, die sich gegenseitig ausschließen. Die Menge aller Elementarereignisse

$$\Omega = \{\omega_1, \omega_2, \omega_3, \ldots\}$$

heißt Ergebnismenge. Durch Zusammenfassung beliebiger Elementarereignisse erhält man Teilmengen von Ω, die man als Ereignisse bezeichnet. Die Menge aller Ereignisse, die sich aus Ω bilden lässt, heißt Ereignisraum E (= Potenzmenge von Ω).

Unmögliches bzw. sicheres Ereignis Zu beachten ist, dass insbesondere die leere Menge $\emptyset$ bzw. Ω selbst Ereignisse sind, die man als das *unmögliche Ereignis* bzw. als das *sichere Ereignis* bezeichnet.

Ausgehend von Ereignissen $A, B \subseteq \Omega$ kann man mit Hilfe der üblichen Mengenope-ratoren folgende neue Ereignisse definieren:

a) **Unvereinbare Ereignisse** Das Ereignis $A \cap B$ (in der Literatur häufig auch als $A \cdot B$ notiert) tritt genau dann ein, wenn A *und* B eintreten. Man sagt, dass sich die beiden Ereignisse A, B *gegenseitig ausschließen* bzw. *unvereinbar sind*, falls $A \cap B = \emptyset$ gilt.

b) Das Ereignis $A \cup B$ (bzw. $A + B$) trifft genau dann zu, wenn mindestens eines der beiden Ereignisse A oder B eintritt.

c) **Komplementäres Ereignis** Mit $\overline{A}$ bezeichnet man das zu A *komplementäre Ereignis*, welches sich aus der Differenz $\Omega \setminus A$ ergibt. $\overline{A}$ tritt genau dann ein, wenn A *nicht* eintritt.

Beispiel 11.7

a) Beim Werfen einer Münze gibt es zwei mögliche Elementarereignisse, nämlich „Kopf" ($\omega_1 = K$) oder „Zahl" ($\omega_2 = Z$). Damit gilt $\Omega = \{K, Z\}$ und $E = \{\emptyset, \{K\}, \{Z\}, \Omega\}$.

b) Betrachtet man zu bestimmten Zeitpunkten eine Verkehrsampel, so hat man es mit vier möglichen Elementarereignissen zu tun: entweder leuchtet Grün (G), Orange/Gelb (O), Rot (R) oder – zur Einleitung der Grünphase – gleichzeitig Rot und Orange (RO). Damit hat man die Ergebnismenge $\Omega = \{G, O, R, RO\}$. Der Er-eignisraum besteht hier aus 2^4 Ereignissen. Das Elementarereignis $RO \in \Omega$ ist aber nicht zu verwechseln mit dem Ereignis $\{R, O\} \in E$: dieses steht dafür, dass die Ampel entweder Rot oder Orange zeigt, aber nicht beide Farben gleichzeitig. Steht die Ampel nicht auf Grün, so kann man dafür $\overline{\{G\}}$ schreiben. Da man üb-licherweise jedes Elementarereignis ω_i mit der Menge $\{\omega_i\}$ identifiziert, schreibt man oft anstelle von $\overline{\{G\}}$ lediglich $\overline{G}$.

Quantitatives Wahrscheinlichkeitsmaß Ob bei der Durchführung eines Versuches ein ganz bestimmtes Elementarereignis ω_i eintreten wird, weiß man nicht. Also benötigt man ein quantitatives Maß für die Wahrscheinlichkeit des Eintretens: Je stärker man vom Ein-treten des Ereignisses überzeugt ist, desto größer sollte die Zahl sein. Hierzu muss man aber nicht alle reellen Zahlen benutzen, sondern kann sich auf das Intervall $[0, 1]$ beschrän-ken.

Klassische Wahrscheinlichkeitsdefinition, Abzählregel Bei der historisch bedingten *klassischen Definiton der Wahrscheinlichkeit* setzt man die *Gleichwahrscheinlichkeit (Laplace-Annahme)* aller Elementarereignisse voraus: Ist die Ergebnismenge $\Omega = \{\omega_1, \omega_2, \ldots, \omega_n\}$ endlich, so ordnet man jedem Elementarereignis als Wahrscheinlichkeit die Zahl $\frac{1}{n}$ zu. Außerdem definiert man die Wahrscheinlichkeit $P(A)$ eines Ereignisses A aus dem Ereignisraum durch die so genannte *Abzählregel*

$$P(A) = \frac{|A|}{n} = \frac{\text{Anzahl der Elemente von } A}{\text{Anzahl der Elemente von } \Omega}.$$

Laplace'sche Wahrscheinlichkeit Diese Definition entspricht unserer Vorstellung, dass ein Ereignis A umso wahrscheinlicher ist, je größer die Anzahl der dieses Ereignis auslösenden Elementarereignisse ist. $P(A)$ nennt man auch *Laplace'sche Wahrscheinlichkeit*.

Beispiel 11.8

Beim Wurf mit einer ausgewogenen Münze (= Laplace-Annahme) haben wir zwei gleichwahrscheinliche Elementarereignisse, d. h. $P(\text{Zahl}) = P(\text{Kopf}) = 1/2$.

Übung 11.3

Eine Münze und ein Würfel werden gemeinsam geworfen. Wie groß ist die Laplace'sche Wahrscheinlichkeit dafür, dass die Münze „Zahl" und der Würfel eine gerade Augenzahl anzeigt (= Ereignis A)?

Lösung 11.3

Zunächst muss die Ergebnismenge geeignet konstruiert werden, d. h. es müssen gleichwahrscheinliche Elementarereignisse definiert werden. Mit Z für „Zahl" und K für „Kopf" erhalten wir:

$$\Omega = \{(Z,1),(Z,2),(Z,3),(Z,4),(Z,5),(Z,6),$$
$$(K,1),(K,2),(K,3),(K,4),(K,5),(K,6)\}.$$

Jedes Elementarereignis hat damit die Wahrscheinlichkeit $1/12$. Das Ereignis $A = \{(Z,2),(Z,4),(Z,6)\}$ besteht aus drei Elementarereignissen und somit gilt $P(A) = 3/12 = 1/4$.

Das Prinzip der Gleichwahrscheinlichkeit hat seine Grenzen. Es gibt Fälle, in denen es nicht angewandt werden kann: So sind bei unserer Ampel (siehe Beispiel 11.7b) die vier Elementarereignisse G, O, R, RO offensichtlich nicht gleichwahrscheinlich. Es lässt sich auch keine andere „gleichwahrscheinliche" Ergebnismenge konstruieren, die das Ampelverhalten adäquat beschreibt. Um Wahrscheinlichkeiten zuzuordnen, bleibt nur die Möglichkeit, die Ampel für ein gewisses Zeitintervall $[0, T]$ zu beobachten und die Dauer (= Häufigkeit) der verschiedenen Phasen zu messen. Hat man beispielsweise für die Grünphase insgesamt t_G Zeiteinheiten ermittelt, so liegt es nahe, den Wert $h(G) := t_G / T$ als Eintrittswahrscheinlichkeit für das Ereignis G zu nehmen.

Relative Häufigkeit, statistische Wahrscheinlichkeit Allgemein wird man einen Versuch mit einer Menge Ω von Elementarereignissen n-mal wiederholen. Ist nun A ein zum Versuch gehörendes Ereignis und tritt dieses m-mal ein, so ist

$$h_n = \frac{m}{n} \in [0, 1]$$

die *relative Häufigkeit* von A. Startet man eine neue Versuchsreihe mit n Versuchen, so kann sich h_n natürlich ändern. Die Praxis zeigt jedoch, dass sich h_n bei hinreichend groß gewähltem n nur unwesentlich ändert. Man nimmt daher oft an, dass die Folge $(h_n)_{n \in \mathbb{N}}$ einen Grenzwert hat und bezeichnet

$$P(A) = \lim_{n \to \infty} h_n$$

als *statistische Wahrscheinlichkeit*. Mit dieser Vorgehensweise erhält man *keinen exakten* Wert für $P(A)$, aber eine *gute Näherung*, die für praktische Berechnungen ausreichend ist.

11.3.2 Das Axiomensystem von Kolmogoroff

Obige Erläuterungen zeigen, dass Ereignissen durch unterschiedliches Vorgehen Wahrscheinlichkeiten in Form reeller Zahlen zugeordnet werden können. Dabei sind jedoch sinnvollerweise gewisse Regeln einzuhalten, die man als *Axiomensystem von Kolmogoroff* bezeichnet:

Wahrscheinlichkeitsfunktion, Kolmogoroff'sche Axiome
Eine reellwertige Funktion $P : E \mapsto \mathbb{R}$, die jedem Ereignis A aus dem Ereignisraum E eine Zahl $P(A)$ (= Wahrscheinlichkeit von A) zuordnet, heißt Wahrscheinlichkeitsfunktion, Wahrscheinlichkeitsmaß bzw. Verteilungsgesetz, wenn die folgenden Kolmogoroff'schen Axiome erfüllt sind:

a) Für jedes Ereignis A gilt: $P(A) \geq 0$.
b) Die Wahrscheinlichkeit des sicheren Ereignisses Ω ist 1, d. h. $P(\Omega) = 1$.
c) Für paarweise unvereinbare Ereignisse $A_1, A_2, A_3, \ldots$ gilt:

$$P(A_1 \cup A_2 \cup A_3 \cup \ldots) = P(A_1) + P(A_2) + P(A_3) + \ldots$$

Aus den Axiomen ergeben sich folgende *Rechenregeln für Wahrscheinlichkeiten*:

Rechenregeln für Wahrscheinlichkeiten
Aus den Kolmogoroff'schen Axiomen folgt:

a) Für das zu A komplementäre Ereignis $\overline{A}$ gilt:

$$P(\overline{A}) = 1 - P(A).$$

b) Für das unmögliche Ereignis $\emptyset$ gilt: $P(\emptyset) = 0$.

c) Für das Ereignis $A \setminus B$ (Differenzmenge) gilt:

$$P(A \setminus B) = P(A) - P(A \cap B).$$

d) Für die Wahrscheinlichkeit der Summe zweier Ereignisse A, B gilt der sog. Additionssatz:

$$P(A \cup B) = P(A) + P(B) - P(A \cap B).$$

e) Für jedes Ereignis A gilt: $0 \leq P(A) \leq 1$.

f) Das Wahrscheinlichkeitsmaß ist monoton:

$$A \subseteq B \implies P(A) \leq P(B).$$

Dass sich diese Regeln unmittelbar aus den Axiomen ergeben, sieht man leicht ein:

a) A und $\overline{A}$ sind unvereinbar, zudem gilt $A \cup \overline{A} = \Omega$. Also ergibt sich die Behauptung unmittelbar aus:

$$1 = P(\Omega) = P(A \cup \overline{A}) = P(A) + P(\overline{A}).$$

b) Unter Beachtung von $\emptyset = \overline{\Omega}$ und Regel a) gilt:

$$P(\emptyset) = P(\overline{\Omega}) = 1 - P(\Omega) = 1 - 1 = 0.$$

Die Regeln c)–f) lassen sich ebenfalls leicht verifizieren (siehe Aufgabe 1, „Wahrscheinlichkeitsrechnung", Abschn. 11.8).

Die mit der *Abzählregel* bzw. mit Hilfe von *relativen Häufigkeiten* gebildeten Wahrscheinlichkeiten erfüllen übrigens das oben angeführte Axiomensystem.

Übung 11.4

Gegeben sei die Ampel aus Beispiel 11.7 mit der Ergebnismenge $\Omega = \{G, O, R, RO\}$. Durch Messung wurden die Wahrscheinlichkeiten $P(G) = 1/3$, $P(R) = 1/2$ und $P(O) = 1/9$ festgestellt.

a) Bestimmen Sie $P(RO)$ so, dass P eine Wahrscheinlichkeitsfunktion auf Ω darstellt.

b) Wie groß ist die Wahrscheinlichkeit dafür, dass „Grün" und „Orange" gleichzeitig leuchten?

Lösung 11.4

a) Wenn P eine Wahrscheinlichkeitsfunktion ist, dann müssen die Axiome und Rechenregeln gelten. Man erhält deshalb:

$$P(RO) = 1 - P(\overline{RO}) = 1 - P(G \cup R \cup O)$$
$$= 1 - (P(G) + P(R) + P(O)) = 1 - 17/18 = 1/18.$$

b) Das zu untersuchende Ereignis lässt sich als $G \cap O \subseteq \Omega$ schreiben. Es ist $P(G \cap O) = P(\emptyset) = 0$.

Wahrscheinlichkeitsraum $(\Omega, \mathcal{A}, P)$ Bisher hatten wir zur Beschreibung von Versuchen als Ereignisraum E die Potenzmenge $\mathcal{P}(\Omega)$ benutzt. Übung 11.4 hat gezeigt, dass man einen Ereignisraum Ω mit einem Wahrscheinlichkeitsmaß P „ausstatten" kann. Im Allg. darf man dann aber nur solche Teilmengen von Ω als Ereignisse zulassen, die „vernünftig messbar" sind. Ist nun $\mathcal{A}$ eine Teilmenge von $\mathcal{P}(\Omega)$, die gewisse Messbarkeitseigenschaften erfüllt, dann nennt man das Tripel $(\Omega, \mathcal{A}, P)$ einen *Wahrscheinlichkeitsraum*. Wir werden im Rahmen dieses Kapitels nur Ergebnismengen Ω betrachten, für die man stets $\mathcal{A} = \mathcal{P}(\Omega)$ wählen kann.

11.3.3 Bedingte Wahrscheinlichkeiten

Eine wichtige Rolle in der Wahrscheinlichkeitsrechnung spielt die Fragestellung „Wie groß ist die Wahrscheinlichkeit des Ereignisses A unter der *Bedingung*, dass das Ereignis B eingetreten ist?". Ein Beispiel soll dies illustrieren: Eine Losbude verkauft 10.000 Lose mit gleich vielen grünen und gelben Losen, wobei 9000 Lose Nieten sind. Die Gewinnwahrscheinlichkeit beträgt nach der Abzählregel daher $1000/10.000 = 0,1$. Wir nehmen nun an, dass 70 % der Gewinne in grünen Losen stecken. Kauft man also ein grünes Los (Bedingung!), dann steigt die Gewinnwahrscheinlichkeit auf $700/5000 = 0,14$. Wir formalisieren und verallgemeinern das Beispiel:

Es stehe das Ereignis A für das Ziehen eines Gewinns, B für das Ziehen eines grünen Loses. Das Ereignis $A \cap B$ steht dann für das Ziehen eines Glückesloses, das die Farbe grün hat. Es seien insgesamt n Lose vorhanden, wobei sich in den g grünen Losen r Gewinne befinden sollen. Dann können wir die Wahrscheinlichkeit für „A unter der Bedingung B" (= Gewinnwahrscheinlichkeit unter der Voraussetzung, dass ein grünes Los gezogen wurde!), im Zeichen $P(A|B)$, folgendermaßen berechnen:

$$P(A|B) = \frac{r}{g} = \frac{\frac{r}{n}}{\frac{g}{n}} = \frac{P(A \cap B)}{P(B)}.$$

In unserem Beispiel war $n = 10.000$, $g = 5000$ und $r = 700$, somit $P(A \cap B) = 700/10.000 = 0,07$ und $P(B) = 5000/10.000 = 0,5$. Damit folgt $P(A|B) = 0,07/0,5 = 0,14$. Man definiert deshalb:

Bedingte Wahrscheinlichkeit

Die Wahrscheinlichkeit für das Eintreten des Ereignisses A unter der Bedingung, dass das Ereignis B eingetreten ist, kurz $P(A|B)$, heißt bedingte Wahrscheinlichkeit und ist gegeben durch

$$P(A|B) := \frac{P(A \cap B)}{P(B)}, \text{ wenn } P(B) > 0.$$

Multiplikationssatz für Wahrscheinlichkeiten Umformung der Gleichung $P(A|B) = \frac{P(A \cap B)}{P(B)}$ bzw. der analogen Gleichung $P(B|A) = \frac{P(A \cap B)}{P(A)}$ liefert eine Formel, mit der man die Wahrscheinlichkeit für das gleichzeitige Eintreten zweier Ereignisse A und B berechnen kann:

$$P(A \cap B) = P(B) \cdot P(A|B) = P(A) \cdot P(B|A).$$

Direkt aus dem Multiplikationssatz folgt:

Satz von Bayes

Der Satz von Bayes lautet:

$$P(A|B) = \frac{P(A) \cdot P(B|A)}{P(B)}$$

Beispiel 11.9

An einer Hochschule wurde der Zusammenhang zwischen Lernverhalten von Prüflingen und erfolgreichem Bestehen einer Prüfung untersucht: Die Durchfallquote liegt bei 30 %. 5/8 der Studenten bereiteten sich auf Prüfungen vor. 80 % der Studenten, die die Prüfung bestanden haben, waren vorbereitet. Wir wollen wissen, wie hoch die Durchfallquote bei den vorbereiteten Prüflingen war.

Ist A das Ereignis, dass der Studierende auf die Prüfung vorbereitet war, so gilt $P(A) = 5/8$. Für das Ereignis B, dass der Student die Prüfung bestanden hat, ergibt sich $P(B) = 0{,}7$. Die bedingte Wahrscheinlichkeit, dass der Student vorbereitet war, wenn er die Prüfung bestanden hat, ist $P(A|B) = 0{,}8$. Zu berechnen ist nun die bedingte Wahrscheinlichkeit $P(B|A)$, die sich aus dem Multiplikationssatz zu $P(B|A) = \frac{P(B)}{P(A)} P(A|B) = 0{,}7 \cdot \frac{8}{5} \cdot 0{,}8 = 0{,}896$ ergibt. Die Durchfallquote unter den vorbereiteten Studierenden beträgt damit lediglich 10,4 %.

Der Multiplikationssatz liefert die Wahrscheinlichkeit dafür, dass zwei Ereignisse A, B gleichzeitig eintreten. Nun ist es natürlich möglich, dass die Wahrscheinlichkeit für das

Eintreten von Ereignis A nicht davon beeinflusst ist, ob das Ereignis B eingetreten ist
oder nicht. Man definiert daher:

Unabhängige Ereignisse

Zwei Ereignisse A und B heißen unabhängig, wenn

$$P(A|B) = P(A)$$

gilt. Speziell folgt für zwei unabhängige Ereignisse A und B aus dem Multiplikationssatz:

$$P(A \cap B) = P(A) \cdot P(B).$$

Beispiel 11.10

Bernoulli'sches Zufallsexperiment Ein Gerät bestehe aus $n = 100$ Bauteilen. Das
Gerät sei so aufgebaut, dass ein defektes Bauteil das ganze Gerät funktionsuntüchtig
macht. Unter der Annahme, dass ein Bauteil mit der Wahrscheinlichkeit $p = 0.98$
funktioniert, wollen wir die Wahrscheinlichkeit für die Funktionstüchtigkeit des gesamten Gerätes berechnen.

Hierzu definieren wir die Ereignisse A_i: „i-tes Bauteil funktioniert", $i = 1, \ldots, n$,
und A: „Gerät funktioniert". Es gilt dann $P(A_1) = \ldots = P(A_n) = p$. Unter der
Annahme, dass die Ereignisse A_i *paarweise unabhängig* sind, gilt nach mehrmaliger
Anwendung der Multiplikationsformel

$$P(A) = P(A_1 \cap A_2 \cap \ldots \cap A_n)$$
$$= P(A_1) \cdot P(A_2) \cdot \ldots \cdot P(A_n) = p^n = (0.98)^{100} \approx 0.1326.$$

Wahrscheinlichkeiten für Bernoulli-Experiment Wir wollen nun die Wahrscheinlichkeit $P_k(n; p)$ dafür berechnen, dass *genau k* der Ereignisse $A_1, \ldots, A_n$ eintreten
(d. h. genau k der n Bauteile funktionieren). In diesem Fall treten $(n - k)$ der komple-
mentären Ereignisse $\overline{A}_1, \ldots, \overline{A}_n$ (defekte Bauteile) auf. Für diese gilt $P(\overline{A}_1) = \ldots =
P(\overline{A}_n) = 1 - p$. Wegen der Unabhängigkeit der Ereignisse ergibt sich

$$P(A_1 \cap \ldots \cap A_{k-1} \cap A_k \cap \overline{A}_{k+1} \cap \overline{A}_{k+2} \cap \ldots \cap \overline{A}_n) = p^k (1-p)^{n-k},$$
$$P(A_1 \cap \ldots \cap A_{k-1} \cap \overline{A}_k \cap A_{k+1} \cap \overline{A}_{k+2} \cap \ldots \cap \overline{A}_n) = p^k (1-p)^{n-k},$$

usw. Alle diese Ereignisse sind unvereinbar. Ihre Wahrscheinlichkeiten addieren sich
daher. Aus der Kombinatorik (Abschn. 1.4.1) ist bekannt, dass es genau $\binom{n}{k}$ solche
Summanden (Kombinationen) gibt. Somit gilt

$$P_k(n; p) = \binom{n}{k} p^k (1-p)^{n-k}.$$

Die Wahrscheinlichkeit dafür, dass sich unter den 100 Bauteilen genau 3 defekte befinden, ist also gegeben durch $P_{97}(100; p) = \binom{100}{97} p^{97}(1-p)^3 \approx 0{,}1823$. Auch die Wahrscheinlichkeit für die Funktionstüchtigkeit des Gerätes ergibt sich aus dieser Formel: $P(A) = P_{100}(100; p) = \binom{100}{100} p^{100}(1-p)^0 = p^{100} \approx 0{,}1326$.

11.4 Zufallsvariable und Verteilungsfunktion

Zur bequemen Beschreibung von Versuchen ist eine Charakterisierung aller Ereignisse durch Zahlen bzw. Zahlenmengen üblich. Dies führt auf den Begriff der Zufallsvariablen. Als zugehöriges Wahrscheinlichkeitsmaß benutzt man theoretische Verteilungsfunktionen, die aus Wahrscheinlichkeits- bzw. Dichtefunktionen entstehen. Die Verteilungen können durch wichtige Kenngrößen – wie etwa Erwartungswert, Varianz und Standardabweichung – beschrieben werden. Spezielle praxisrelevante Verteilungsfunktionen wie Binomialverteilung, Poissonverteilung und Normalverteilung werden hier vorgestellt.

11.4.1 Grundbegriffe

Abschnitt 11.3.2 hat gezeigt, dass ein adäquater Wahrscheinlichkeitsraum $(\Omega, \mathcal{A}, P)$ ein mathematisches Modell für ein Zufallsexperiment ist. Den Elementarereignissen ordnet man nun aus praktischen Gründen reelle Zahlen zu:

Zufallsvariable, Zufallsgröße
Eine Zufallsvariable bzw. Zufallsgröße ist eine reelle Funktion $X : \Omega \mapsto \mathbb{R}$, die jedem Elementarereignis $\omega \in \Omega$ genau eine reelle Zahl $X(\omega)$ zuordnet. Ist der Wertebereich von X endlich oder abzählbar unendlich, so heißt X diskret, andernfalls stetig.

Beispiel 11.11
a) Beim Werfen einer Münze kann man dem Ergebnis „Kopf" (ω_1) den Wert 0 und dem Egebnis „Zahl" (ω_2) den Wert 1 zuordnen. Man erhält dann die *diskrete* Zufallsvariable $X(\omega_i) = i - 1$ für $i = 1, 2$ mit den möglichen Werten 0, 1.
b) Wir zählen die Anzahl X der Autos, die in einem bestimmten Zeitintervall eine Kreuzung überqueren. X ist dabei eine *diskrete* Zufallsvariable mit den abzählbar unendlich vielen Werten 0, 1, 2, . . .
c) Wiederholte Messungen der Wassertemperatur eines Flusses an einer bestimmten Stelle führen auf eine *stetige* Zufallsvariable, deren Werte sich in einem bestimmten reellen Intervall bewegen.

Um mit Zufallsvariablen arbeiten zu können, benötigt man deren so genannte *Wahrscheinlichkeitsverteilung*: D. h. man muss die Wahrscheinlichkeit P dafür, dass die Zufallsvariable X einen bestimmten Wert annimmt (diskrete Variable) bzw. in einem bestimmten Intervall liegt (stetige Variable), ermitteln können. Hierzu definiert man:

Verteilungsfunktion einer Zufallsvariablen

Die Verteilungsfunktion $F(x)$ einer Zufallsvariablen X gibt die Wahrscheinlichkeit dafür an, dass X einen Wert annimmt, der kleiner oder gleich einer vorgegebenen Zahl x ist, d. h. es gilt

$$F(x) := P(X \leq x).$$

Diskrete Verteilungen

Wahrscheinlichkeitsfunktion Nimmt die Zufallsvariable X nur diskrete Werte $x_1, x_2, \ldots$ mit den Wahrscheinlichkeiten $P(X = x_i) = p_i$, $i = 1, 2, \ldots$ an, dann nennt man die diskrete Funktion

$$f(x) = \begin{cases} p_i & \text{für } x = x_i \\ 0 & \text{für } x \neq x_i \end{cases} \quad i = 1, 2, \ldots$$

Wahrscheinlichkeitsfunktion der Zufallsvariablen X. Für diese gilt offensichtlich $f(x) \geq 0$ und $\sum_i f(x_i) = 1$. Die zugehörige Verteilungsfunktion ergibt sich zu

$$F(x) = P(X \leq x) = \sum_{x_i \leq x} f(x_i),$$

wobei die Summation jeweils über alle x_i zu erstrecken ist, die die Ungleichung $x_i \leq x$ erfüllen.

Beispiel 11.12

Beim Werfen eines Würfels haben wir 6 Elementarereignisse ω_i (Augenzahl i). Die zugehörige Zufallsvariable X kann somit die Werte $x_i = i$, $i = 1, \ldots, 6$ annehmen. Damit gilt $P(X = i) = \frac{1}{6}$, also $p_i = \frac{1}{6}$ für alle $i = 1, \ldots 6$. Die graphische Darstellung für die Wahrscheinlichkeitsfunktion $f(x)$ und die Verteilungsfunktion $F(x)$ entnehme man der Abb. 11.7.

Stetige Verteilungen

Dichtefunktion In diesem Fall kann die Zufallsvariable X in einem Intervall I beliebig viele Werte annehmen. Die Summation bzgl. der Wahrscheinlichkeitsfunktion, die im

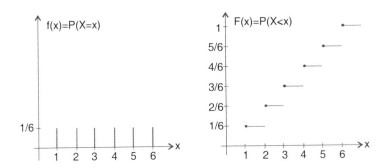

Abb. 11.7 Diskrete Wahrscheinlichkeits- und Verteilungsfunktion

diskreten Fall die Definition der Verteilungsfunktion ermöglicht, muss jetzt durch eine Integration über die so genannte *Dichtefunktion* $f(x)$ ersetzt werden:

$$F(x) = P(X \le x) = \int\limits_{-\infty}^{x} f(t)\, dt.$$

Beispiel 11.13

Gleich- bzw. Rechteckverteilung Eine stetige Verteilung sei durch die folgende Dichte festgelegt:

$$f(x) = \begin{cases} \frac{1}{b-a} & \text{für } a \le x \le b, \\ 0 & \text{sonst.} \end{cases}$$

Dies ist eine so genannte *Gleichverteilung* über dem Intervall $[a, b]$ (synonym: *Rechteckverteilung*). Für $x \in [a, b]$ gilt:

$$F(x) = \int\limits_{-\infty}^{x} f(t)\, dt = \int\limits_{a}^{x} \frac{dt}{b-a} = \left. \frac{t}{b-a} \right|_{t=a}^{x} = \frac{x-a}{b-a}.$$

Daraus ergibt sich die Verteilungsfunktion zu:

$$F(x) = \begin{cases} 0 & \text{für } x < a, \\ \frac{x-a}{b-a} & \text{für } a \le x \le b, \\ 1 & \text{für } x > b. \end{cases}$$

Die Abb. 11.8 zeigt sowohl Dichte- als auch Verteilungsfunktion. Man erkennt, dass es sich hier um die stetige Version der diskreten Gleichverteilung aus Abb. 11.7 handelt.

Diskrete wie stetige Verteilungsfunktionen haben wichtige Eigenschaften, die sich unmittelbar aus obiger Definition ($F(x) = P(X \le x)$) ergeben:

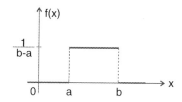 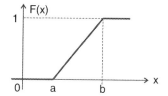

Abb. 11.8 Stetige Dichte- und Verteilungsfunktion

Eigenschaften einer Verteilungsfunktion
Für jede Verteilungsfunktion $F(x)$ gelten die folgenden Aussagen:

- $F(x)$ ist monoton wachsend,
- $0 \leq F(x) \leq 1$,
- $\lim_{x \to -\infty} F(x) = 0$ (unmögliches Ereignis),
- $\lim_{x \to \infty} F(x) = 1$ (sicheres Ereignis),
- $P(a < X \leq b) = F(b) - F(a)$.

Speziell für stetiges $F(x)$ mit Dichte $f(x)$ gilt:

$$F(b) - F(a) = \int_a^b f(x)\,dx.$$

Als Dichtefunktionen geeignet sind nur Funktionen, welche die Forderungen $f(x) \geq 0$ und $\int_{-\infty}^{\infty} f(x)\,dx = 1$ erfüllen: Da F monoton steigend ist, muss nämlich $F'(x) = f(x) \geq 0$ gelten. Die Fläche unter f stellt die Gesamtwahrscheinlichkeit dar, so dass das Integral den Wert 1 ergeben muss.

Achtung! Man beachte ferner, dass ein Ereignis mit der Wahrscheinlichkeit Null nicht unmöglich ist, sondern nur sehr wenig wahrscheinlich; andererseits ist ein Ereignis mit der Wahrscheinlichkeit Eins nicht sicher, aber sehr wahrscheinlich. So gilt beispielsweise für das nicht sicher eintretende Ereignis $X \neq x_0$:

$$P(X \neq x_0) = \int_{\mathbb{R} \setminus \{x_0\}} f(x)\,dx = 1.$$

11.4.2   Erwartungswert und Varianz

Die Verteilungsfunktion $F(x)$ bzw. die Wahrscheinlichkeits- oder Dichtefunktion $f(x)$ beschreiben eine Zufallsvariable vollständig. In den Anwendungen der Wahrscheinlichkeitsrechnung haben sich zur Charakterisierung der Zufallsgröße X einige Parameter (so genannte *Momente*) bewährt, die aus der Funktion $f(x)$ berechnet werden können. Die beiden wichtigsten Parameter, den Erwartungswert (gewöhnliches Moment 1. Ordnung) und die Varianz (zentrales Moment 2. Ordnung), wollen wir nun definieren. Dies geschieht in Anlehnung an die empirischen Größen „Mittelwert" und „Varianz" der deskriptiven Statistik:

Erwartungswert und Varianz einer diskreten und stetigen Zufallsvariablen

Sei X eine Zufallsvariable mit Wahrscheinlichkeits- bzw. Dichtefunktion $f(x)$. Dann sind Erwartungswert μ_X (auch $E[X]$ genannt) und Varianz σ_X^2 (auch $\text{Var}[X]$ genannt) von X

a) für diskretes X gegeben durch:

- $\mu_X = E[X] := \sum_i x_i f(x_i),$

- $\sigma_X^2 = \text{Var}[X] := \sum_i (x_i - \mu_X)^2 f(x_i);$

b) für stetiges X gegeben durch:

- $\mu_X = E[X] := \int_{-\infty}^{\infty} x f(x)\, dx,$

- $\sigma_X^2 = \text{Var}[X] := \int_{-\infty}^{\infty} (x - \mu_X)^2 f(x)\, dx.$

Falls eine Summe bzw. ein Integral divergiert, dann ist die betroffene Größe nicht definiert. Als Standardabweichung von X bezeichnet man den Ausdruck $\sigma_X := \sqrt{\text{Var}[X]}$.

Beispiel 11.14

a) Beim Werfen eines Würfels (siehe Beispiel 11.12) ergibt sich der Erwartungswert von X (wegen der Gleichwahrscheinlichkeit gilt $f(x_i) = 1/6$ für alle $i = 1, \ldots, 6$) zu:

$$\mu_X = E[X] = \frac{1}{6}(1 + 2 + 3 + 4 + 5 + 6) = 3{,}5.$$

Die Varianz errechnet sich folgendermaßen:

$$\sigma_X^2 = \text{Var}[X] = \frac{1}{6}[(1-3{,}5)^2 + (2-3{,}5)^2 + (3-3{,}5)^2$$
$$+ (4-3{,}5)^2 + (5-3{,}5)^2 + (6-3{,}5)^2]$$
$$= \frac{1}{6}[2{,}5^2 + 1{,}5^2 + 0{,}5^2 + 0{,}5^2 + 1{,}5^2 + 2{,}5^2]$$
$$= 17{,}5/6 = 2{,}91\overline{6}.$$

Für die Standardabweichung gilt $\sigma_X = \sqrt{2{,}91\overline{6}} \approx 1{,}7078$.

b) Der Erwartungswert unserer gleichverteilten (stetigen) Zufallsvariablen X (siehe Beispiel 11.13) ergibt sich zu:

$$E[X] = \frac{1}{b-a} \int_a^b x \, dx = \frac{1}{b-a} \cdot \left.\frac{x^2}{2}\right|_{x=a}^{b} = \frac{b^2 - a^2}{2(b-a)} = \frac{a+b}{2}.$$

Ihre Varianz

$$\text{Var}[X] = \frac{1}{b-a} \int_a^b \left(x - \frac{a+b}{2}\right)^2 dx$$

lässt sich auch mittels der Verschiebungsformel, die noch vorgestellt wird, ausrechnen (siehe Beispiel 11.15).

Folgende Eigenschaften von Mittelwert und Varianz sind für praktische Berechnungen wichtig:

Transformationsformeln

Sei X eine Zufallsvariable und $a, b \in \mathbb{R}$, dann gelten die Transformationsformeln:

- $E[aX + b] = a\,E[X] + b$,
- $\text{Var}[aX + b] = a^2 \cdot \text{Var}[X]$.

Für die Varianz gilt auch die Verschiebungsformel:

$$\text{Var}[X] = E[X^2] - (E[X])^2.$$

Die Transformationsformeln werden in Aufgabe 2 (unter „Zufallsvariable und Verteilungsfunktion", Abschn. 11.8) bewiesen. Die Verschiebungsformel zeigt man analog zur entsprechenden Regel für die empirische Varianz (siehe Aufgabe 1 unter „Deskriptive Statistik", Abschn. 11.8).

Beispiel 11.15

Die Varianz der gleichverteilten Zufallsvariablen X aus Beispiel 11.14b lässt sich nun mittels Verschiebungsformel berechnen:

$$\begin{aligned}
\mathrm{Var}[X] &= \frac{1}{b-a}\int_a^b x^2\,dx - \left(\frac{a+b}{2}\right)^2 \\
&= \frac{1}{b-a}\cdot\frac{x^3}{3}\Big|_{x=a}^b - \frac{1}{4}(a+b)^2 \\
&= \frac{1}{3}\cdot\frac{b^3-a^3}{b-a} - \frac{1}{4}(a+b)^2 \\
&= \frac{1}{3}(b^2+ab+a^2) - \frac{1}{4}(b^2+2ab+a^2) = \frac{(b-a)^2}{12}.
\end{aligned}$$

Übung 11.5

Berechnen Sie die Varianz beim Werfen eines Würfels (Beispiel 11.14a) mittels Verschiebungsformel.

Lösung 11.5

Aus der Verschiebungsformel folgt sofort:

$$\mathrm{Var}[X] = \frac{1}{6}[1^2+2^2+3^2+4^2+5^2+6^2] - 3{,}5^2 = 2{,}91\overline{6}.$$

Hinweis! Man beachte, dass es in vielen Fällen einfacher ist, die Varianz nicht mit der sie definierenden Formel, sondern durch die Verschiebungsregel zu berechnen.

11.4.3 Spezielle Verteilungen

Dieser Abschnitt stellt drei ausgewählte spezielle Verteilungen, die in der Praxis häufig auftreten, vor. Weitere wichtige Verteilungen – wie etwa Hypergeometrische Verteilung, Exponentialverteilung, Gamma-Verteilung, etc. – findet man in der Spezialliteratur.

In Beispiel 11.10 haben wir die Wahrscheinlichkeit $P_k(n;p)$ dafür berechnet, dass genau k der *unabhängigen* Ereignisse $A_1,\dots,A_n$ eintreten: $P_k(n;p) = \binom{n}{k}p^k(1-p)^{n-k}$. Falls eine Zufallsgröße X nach dieser Formel verteilt ist, so spricht man von Binomialverteilung (oder binomischer Verteilung):

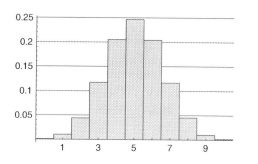 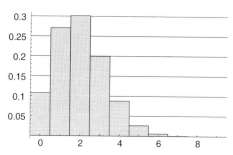

Abb. 11.9 Wahrscheinlichkeitsfunktion ($n = 10$, $p = 0{,}5$ bzw. $p = 0{,}2$)

Binomialverteilung

Eine diskrete Zufallsvariable X heißt binomialverteilt mit den Parametern n und p, kurz $X \sim B(n, p)$, wenn ihre Wahrscheinlichkeitsfunktion gemäß

$$P(X = k) = P_k(n; p) := \binom{n}{k} p^k (1 - p)^{n-k}$$

für $k = 0, 1, \ldots, n$ gegeben ist.

Die Abb. 11.9 zeigt die Wahrscheinlichkeitsfunktion für die Parameter $n = 10$ und $p = 0{,}5$ bzw. $p = 0{,}2$.
Folgende Eigenschaft der Binomialverteilung sei ohne Herleitung aufgeführt:

Kenngrößen der Binomialverteilung

Für eine binomialverteilte Zufallsvariable X gilt:

$$E[X] = np \quad \text{und} \quad \text{Var}[X] = np(1 - p).$$

Eine weitere wichtige Verteilung leitet sich als Grenzfall aus der Binomialverteilung ab. Die Zahl n der Wiederholungen wird sehr groß ($n \to \infty$), während die Wahrscheinlichkeit p für den einzelnen Ereigniseintritt sehr klein wird ($p \to 0$). Gleichzeitig fordert man aber ein konstantes Produkt $n \cdot p = \lambda$:

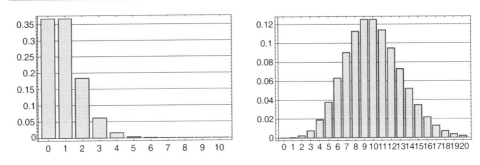

Abb. 11.10 Poisson-Wahrscheinlichkeiten für $\lambda = 1$ bzw. $\lambda = 10$

Poisson-Verteilung

Eine diskrete Zufallsvariable X, die die Werte $k = 0, 1, 2, \ldots$ annehmen kann, heißt poisson-verteilt mit Parameter $\lambda > 0$, kurz $X \sim \Pi(\lambda)$, wenn ihre Wahrscheinlichkeitsfunktion gemäß

$$P(X = k) = \frac{\lambda^k}{k!} e^{-\lambda} \quad \text{für} \quad k = 0, 1, 2, \ldots$$

gegeben ist.

Die Abb. 11.10 zeigt für die Parameterwerte $\lambda = 1$ bzw. $\lambda = 10$ die Wahrscheinlichkeitsfunktion der Poissonverteilung.

In der Praxis hat man es bei Zufallsexperimenten häufig mit Ereignissen zu tun, die nur *sehr selten*, d. h. mit *geringer Wahrscheinlichkeit* auftreten. Solche Ereignisse genügen meist der Poisson-Verteilung. Früher war deren Anwendungsbereich auf recht ausgefallene Ereignisse beschränkt, wie z. B. auf Kinderselbstmorde oder auf durch Huftritt verursachte Todesfälle in der preußischen Armee. Heutzutage spielt diese Verteilung jedoch eine wichtige Rolle z. B. im Fernsprechverkehr, in der statistischen Qualitätskontrolle, beim Zerfall von radioaktiven Substanzen, in der Biologie, der Meteorologie und vor allem in der Warteschlangentheorie.

Ohne Beweis seien die wichtigsten Kenngrößen der Poisson-Verteilung notiert:

Kenngrößen der Poisson-Verteilung

Für eine poisson-verteile Zufallsvariable X gilt:

$$E[X] = \lambda \quad \text{und} \quad \text{Var}[X] = \lambda.$$

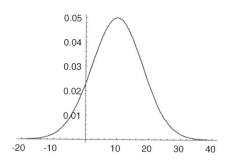
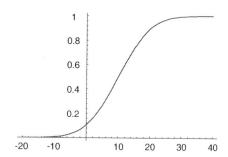

Abb. 11.11 Glockenkurve und Normalverteilung

Man benutzt die Poisson-Verteilung in der Praxis häufig zur Annäherung der Binomialverteilung, da diese für große n ($n \geq 100$) sehr unhandlich wird.

Beispiel 11.16

Im Bernoulli-Experiment (siehe Beispiel 11.10) hatten wir die Wahrscheinlichkeit für das Auftreten von genau 3 defekten Bauteilen zu $\approx 0,1823$ berechnet. Die Defekt-Wahrscheinlichkeit für ein Bauteil lag bei 0,02. Setzen wir jetzt $p = 0,02$, so ergibt sich der Erwartungswert von X (X sei die Defektanzahl) bei 100 Bauteilen zu $np = 100 \cdot 0,02 = 2$. Die – wesentlich einfacher zu berechnende – Approximation mit der Poisson-Verteilung (mit $\lambda = n \cdot p = 2$) lautet daher

$$P(X = 3) \approx \frac{2^3}{3!} e^{-2} \approx 0,1804.$$

Die wohl bekannteste Verteilung ist die (stetige) Normalverteilung:

Normalverteilung
Eine stetige Zufallsvariable X heißt normalverteilt mit Parametern $\mu \in \mathbb{R}$, $\sigma \in \mathbb{R}^+$, kurz $X \sim N(\mu, \sigma^2)$, falls sie die Dichtefunktion

$$\varphi(t, \mu, \sigma) := \frac{1}{\sigma \sqrt{2\pi}} e^{-\frac{(t-\mu)^2}{2\sigma^2}}$$

besitzt. Der Graph von φ heißt Gauß'sche Glockenkurve. Die Funktion $\Phi(x, \mu, \sigma) := \int_{-\infty}^{x} \varphi(t, \mu, \sigma) \, dt$ wird als Gauß'sches Fehlerintegral bezeichnet.

Die Abb. 11.11 zeigt Dichte- und Verteilungsfunktion der Normalverteilung für die Parameter $\mu = 10$ und $\sigma^2 = 64$.

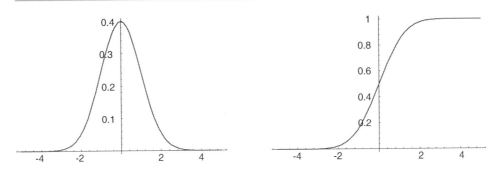

Abb. 11.12 Dichte und Standardnormalverteilung $\Phi(x)$

Die zentrale Rolle der Normalverteilung beruht darauf, dass viele in der Praxis auftretende Zufallsvariablen normalverteilt sind und andere (diskrete wie stetige) Verteilungen
in der Praxis für große n oft durch Normalverteilungen angenähert werden können. Außerdem bildet die Normalverteilung die Grundlage vieler Schätz- und Testverfahren. Die
Bedeutung der Parameter μ und σ sei wieder ohne Beweis aufgeführt:

Kenngrößen der Normalverteilung
Für eine normal-verteile Zufallsvariable X gilt:

$$E[X] = \mu \quad \text{und} \quad \text{Var}[X] = \sigma^2.$$

Da die Werte der Normalverteilung nur mittels numerischer Integrationsverfahren ermittelt werden können, benutzt man in der Praxis die so genannte *Standardnormalverteilung*, deren Werte in fast allen Formelsammlungen tabelliert sind:

Standardnormalverteilung
Für $\mu = 0$ und $\sigma = 1$ erhält man die Standardnormalverteilung:

$$\Phi(x) := \Phi(x, 0, 1) = \frac{1}{\sqrt{2\pi}} \int_{-\infty}^{x} e^{-\frac{t^2}{2}} \, dt.$$

Dichte- und Verteilungsfunktion dieser normierten Normalverteilung zeigt die
Abb. 11.12.

Symmetriegleichung Aufgrund der Achsensymmetrie der Dichtefunktion ergibt sich die wichtige Gleichung

$$\Phi(-x) = 1 - \Phi(x).$$

Achtung! Da sich wegen dieser Symmetriegleichung alle Werte von $\Phi(-x)$ für negatives $-x$ stets auf die Auswertung von $\Phi(x)$ mit positivem Argument x zurückführen lassen, ist das Gauß'sche Fehlerintegral nur für positve Argumente tabelliert!

Normierende Transformation Hat man eine $N(\mu, \sigma)$-verteilte Zufallsvariable X, so kann man diese durch die Transformation

$$Y = \frac{X - \mu}{\sigma}$$

immer zu einer $N(0, 1)$-verteilten Zufallsvariablen Y normieren. Offensichtlich gilt dann

$$P(a < X \le b) = P\left(\frac{a - \mu}{\sigma} < Y \le \frac{b - \mu}{\sigma}\right).$$

Nun lässt sich die gesuchte Wahrscheinlichkeit mit Werten der Standardnormalverteilung berechnen:

$$P(a < X \le b) = \Phi\left(\frac{b - \mu}{\sigma}\right) - \Phi\left(\frac{a - \mu}{\sigma}\right).$$

Beispiel 11.17

Eine Zufallsgröße X sei normalverteilt mit den Parametern $\mu = 4$ und $\sigma = 2$. Gesucht ist die Wahrscheinlichkeit dafür, dass X zwischen 2,5 und 8 liegt:

$$P(2,5 \le X \le 8) = \Phi\left(\frac{8 - 4}{2}\right) - \Phi\left(\frac{2,5 - 4}{2}\right)$$

$$= \Phi(2) - \Phi(-0,75) = \Phi(2) - (1 - \Phi(0,75))$$

$$= 0,9773 - 1 + 0,7734 = 0,7507.$$

Bei der Berechnung haben wir die Symmetriegleichung ausgenutzt und die Werte $\Phi(2) = 0,9773$, $\Phi(0,75) = 0,7734$ einer Tabelle für die Standardnormalverteilung entnommen.

11.5 Kurzer Verständnistest

(1) Für die empirische Varianz S^2 einer Datenmenge x_i, $i = 1, \ldots, n$, gilt:

☐ $S^2 = \sum_{i=1}^{n}(x_i - \overline{x})^2$ ☐ $S^2 = \frac{1}{n}\sum_{i=1}^{n}(x_i - \overline{x})^2$

☐ $S^2 = \overline{x^2} - \overline{x}^2$ ☐ $S^2 = \overline{x^2} - \overline{x}$

(2) Für ein Histogramm H gelten folgende Aussagen:

☐ H stellt die empirische Verteilungsfunktion graphisch dar.

☐ H stellt die empirische Dichte graphisch dar.

☐ Die Säulenhöhen in H entsprechen stets den relativen Häufigkeiten.

☐ Datenwerte sind gemäß der darg. Fkt. pro Klasse gleichmäßig verteilt.

(3) Für eine Regressionsgerade $y(x) = bx + a$ gelten folgende Eigenschaften:

☐ $y(x)$ geht durch den Punkt $(\overline{x}, \overline{y})$.

☐ Bei negativer Korrelation ist $y(x)$ monoton steigend.

☐ $y(x)$ minimiert die Summe der Abweichungen.

☐ a, b ergeben sich als eindeutige Lösung der Normalgleichungen.

(4) Welche der folgenden Aussagen sind korrekt?

☐ Komplementäre Ereignisse sind stets disjunkt.

☐ Disjunkte Ereignisse sind stets komplementär.

☐ Disjunkte Ereignisse können unabhängig sein.

☐ Unabhängige Ereignisse sind immer disjunkt.

(5) Sind A, B beliebige Ereignisse, dann gilt:

☐ $P(\overline{A}) = 1 - P(A)$ ☐ $P(A|B) = \frac{P(A \cap B)}{P(B)}$

☐ $P(A \setminus B) = P(A) - P(B)$ ☐ $P(A \cup B) = P(A) + P(B)$

(6) Für eine stetige Zufallsvariable X mit Verteilungsfunktion $F(x)$ gilt:

☐ $P(X = x_0) = 0$ ☐ $\lim_{x \to \infty} F(x) = 1$

☐ $F'(x) \geq 0, x \in \mathbb{R}$ ☐ $P(a < X < b) = F(b) - F(a)$

(7) Ist S_X Standardabweichung der Zufallsvariablen X, dann gilt für die Standardabweichung S_Y der Zufallsvariablen $Y = aX + b$:

☐ $S_Y = S_X$ ☐ $S_Y = aS_X + b$

☐ $S_Y = |a|S_X + b$ ☐ $S_Y = |a|S_X$

(8) Für Standardnormalverteilung $\Phi(x)$ und Zufallsvariable $X \sim N(0, 1)$ gilt:

☐ $\Phi(x) = -\Phi(x)$ ☐ $P(a < X < b) = \Phi(b) - \Phi(a)$

☐ $\Phi(-x) = 1 - \Phi(x)$ ☐ $P(a \leq X \leq b) = \Phi(b) - \Phi(a)$

Lösung: (x $\simeq$ richtig, o $\simeq$ falsch)

1.) oxxo, 2.) oxox, 3.) xoox, 4.) xoxo, 5.) xxoo, 6.) xxxx, 7.) ooox, 8.) oxxx

11.6 Anwendungen

11.6.1 Eine sonderbare Ziffern-Verteilung und die Steuerrevision

Nehmen wir einmal an, Sie hätten die Möglichkeit, folgende Wette einzugehen: Wenn die erste Zahl, die in der ARD-Tagesschau ab 20 Uhr genannt wird, mit einer Ziffer zwischen 1 und 3 beginnt, verlieren Sie 50 Euro. Liegt die erste Ziffer dagegen im Bereich 4 bis 9, dann gewinnen Sie 50 Euro. Würden Sie diese Wette für die nächsten 365 Tage annehmen?

Selbstverständlich werden Sie – nach diesem Kapitel mittlerweile wahrscheinlichkeitstheoretisch gut geschult – vor einer Entscheidung daran gehen, den erwarteten Gewinn zu berechnen: Unter der Annahme, dass alle Ziffern von 1 bis 9 als Anfangsziffer der (vom Nachrichtensprecher zufällig genannten) Zahl gleichwahrscheinlich sind, beträgt das Verlustrisiko $3/9 = 1/3$. Dem steht eine Gewinnchance von $6/9 = 2/3$ gegenüber. Damit berechnet sich der erwartete Gewinn zu

$$\mu = -50 \cdot \frac{1}{3} + 50 \cdot \frac{2}{3} = 16{,}67 \text{ Euro.}$$

Da dies nach einem guten Geschäft aussieht, würden Sie sich wahrscheinlich auf die Wette einlassen. Schon nach ein paar Monaten werden Sie aber feststellen, dass Ihnen diese Wette erhebliche finanzielle Einbußen beschert. Warum eigentlich? Weil der Erwartungswert *nicht* bei $+16{,}67$ Euro liegt, sondern in Wirklichkeit $-10{,}21$ Euro beträgt. Im Mittel verlieren Sie also mehr als 10 Euro pro Tag. Wie lässt sich das erklären?

Die erste Ziffer bestimmter Zahlenmengen, besonders von „dimensions-behafteten", wie z. B. Flächen von Gewässern, Stromverbrauchsdaten von Privathaushalten, Aktienkursen oder Naturkonstanten ist nämlich *nicht* gleichverteilt. Hier gilt ein Gesetz, das Ende des 19. Jahrhunderts auf kuriose Weise entdeckt wurde: In der damaligen Zeit konnte man komplizierte Rechnungen nur mit Hilfe von Logarithmentafeln effektiv durchführen. 1881 machte der Astronom *Simon Newcomb* die Beobachtung, dass in diesen Tafeln die vorderen Seiten wesentlich stärker abgenutzt waren, als die hinteren. Es hatte den Anschein, dass jene Zahlen, die mit niedrigeren Ziffern anfangen, häufiger nachgeschlagen wurden als jene, die mit höheren Ziffern beginnen. Newcomb vermutete, dass sich die Häufigkeit der bei einer Zahl auftauchenden führenden Ziffer durch das Gesetz

$$\text{Ziffernhäufigkeit} = \log_{10}\left(1 + \frac{1}{\text{jeweilige Ziffer}}\right)$$

beschreiben lässt. Eine ausreichende Erklärung hatte er dafür allerdings nicht und seine Entdeckung geriet wieder in Vergessenheit. Erst 1938 machte der Physiker *Frank Benford* unabhängig von Newcomb dieselbe Beobachtung und verifizierte sie anhand zahlreicher Statistiken aus ganz unterschiedlichen Lebensbereichen: physikalische Tabellen (spezifische Wärme, Atom- und Molekulargewichte), Hausnummern zufällig ausgewählter Personen, Einwohnerzahlen von US-Counties, Baseballergebnisse etc. Die Verteilung wurde

Abb. 11.13 Ziffernhäufigkeit
gemäß Benford'schem Gesetz

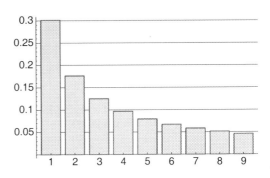

nach ihm benannt, sie ist heute unter dem Namen *Benford'sches Gesetz* bekannt. Das Histogramm in Abb. 11.13 zeigt die Häufigkeitsverteilung $h(1.\text{ Ziffer der Zahl} = i) = \log_{10}(1 + 1/i)$ für die erste Ziffer einer Zahl. Die niedrigeren Ziffern sind also wesentlich wahrscheinlicher als die hohen. So liegt die Wahrscheinlichkeit dafür, dass die erste Ziffer 1, 2 oder 3 ist, bei $0,30103 + 0,176091 + 0,124939 = 0,60206$. Damit ist auch der ungünstige Ausgang unserer Wette klar: Deren Erwartungswert ergibt sich jetzt natürlich zu

$$\mu = (-50) \cdot 0,60206 + 50 \cdot (1 - 0,60206) = -10,206.$$

Mittlerweile gibt es weit über 100 Publikationen mit Erklärungsversuchen zum Benford'schen Gesetz. Eine der bedeutendsten Veröffentlichungen ist wohl die des Mathematikers *Roger Pinkham*, der 1961 zeigen konnte, dass das Benford'sche Gesetz die *einzige Verteilung* ist, die *invariant* gegenüber positiven Skalierungen ist. Es ist also egal, ob man beispielsweise Volumina in Litern oder in Barrel misst, Gewichte in Gramm oder in Unzen angibt bzw. monetäre Größen in DM oder in Euro notiert.

Natürlich genügen nicht alle Statistiken dem Benford'schen Gesetz, es gibt ja bekannterweise auch binomial-verteilte, normalverteilte Zufallsvariablen, usw. Geeignet sind aber Zahlen, die Größenordnungen repräsentieren, nicht der Identifikation dienen (wie z. B. Pass- oder Telefonnummern) und keine inhärenten Grenzen aufweisen. So ist das Alter von zufällig ausgewählten Menschen beispielsweise ungeeignet, da hier die Möglichkeiten für die erste Ziffer allzu sehr eingeengt sind. Dagegen ist bei den Dateigrößen auf ihrer Festplatte eine Übereinstimmung mit dem Benford'schen Gesetz recht wahrscheinlich . . .

Die Gültigkeit des Benford'schen Gesetzes können Sie selbst an einem einfachen Beispiel nachprüfen: Die Folge $(f_n)_{n \in \mathbb{N}}$ der bekannten *Fibonacci-Zahlen*, deren Bildungsgesetz $f_0 = f_1 = 1$, $f_{n+1} = f_n + f_{n-1}$ für $n \geq 1$ lautet (vergleiche auch Verständnistest im Kapitel „Folgen", Aufgabe 11), lässt sich als natürlicher Wachstumsprozess interpretieren (z. B. Größe von Kaninchenpopulationen). Den relativen Häufigkeiten gemäß Benford'schem Gesetz sind in nachfolgender Tabelle die Häufigkeiten der Anfangsziffern für die ersten 100 bzw. 1000 Fibonacci-Zahlen gegenübergestellt:

Ziffer	Benford	100 Fib.-Zahlen	1000 Fib.Zahlen
1	0,3010300	0,30	0,301
2	0,1760910	0,18	0,177
3	0,1249390	0,13	0,125
4	0,0969100	0,09	0,096
5	0,0791812	0,08	0,080
6	0,0669468	0,06	0,067
7	0,0579919	0,05	0,056
8	0,0511525	0,07	0,053
9	0,0457575	0,04	0,045

Um die Jahrtausendwende hat man nun das Benford'sche Gesetz erstmals benutzt, um Steuerbetrug und Bilanzfälschungen aufzudecken: Echte Zahlen aus diesen Bereichen gehorchen nämlich der Benford-Verteilung, gefälschte Daten weichen davon ab. Bei gefälschten Daten kommen bestimmte Ziffern (z. B. Lieblingszahlen des Fälschers) viel häufiger vor als bei korrekten Angaben. So hat der Mathematiker *Mark Nigrini* (Professor für Buchhaltungswesen in Texas) umfangreiche Tests durchgeführt (z. B. fast 170.000 Steuererklärungen ausgewertet), die das Gesetz bestätigt haben. Nigrini entwickelte deshalb nach dem Benford'schen Gesetz ein Programm namens „Digital Analyser", das bereits viele Bilanzfälscher und Steuerhinterzieher aufspüren konnte. Auch große Wirtschaftsprüfer-Gesellschaften setzen das Programm schon ein.

Anfang 2004 sind auch erste Untersuchungen mit deutschen Steuererklärungen durchgeführt worden. Die Ergebnisse zeigen für den Bereich der Steuerrevision weiteren Untersuchungsbedarf. Es kann noch nicht gesichert festgestellt werden, ob es sich um zufällige Abweichungen oder tatsächliche Fälschungen handelt. Werden mit Hilfe des Benford'schen Gesetzes Abweichungen festgestellt, so gilt das derzeit also nicht als Beweis einer Manipulation, berechtigt aber die Steuerprüfer zu weiteren, für den Betroffenen u.U. äußerst unangenehmen, Maßnahmen. So hat der Bundesfinanzhof mittlerweile die Anwendung statistischer Verfahren zur Ermittlung von Besteuerungsgrundlagen zugelassen. Im Jahr 2004 sollen 10 % aller Betriebsprüfer auf einer neuen Prüfungssoftware geschult werden, in der auch Methoden, die auf dem Benford'schen Gesetz beruhen, eingearbeitet sind.

11.6.2 HIV-Tests

Stellen Sie sich vor, Ihre Ärztin hat Ihnen gerade Ihr positives Resultat bei einem Aidstest mitgeteilt. Haben Sie dann Aids? Paradoxerweise ist es (falls Sie nicht gerade einer Risikogruppe angehören) sogar wahrscheinlicher, dass Sie *nicht* an Aids erkrankt sind – trotz positivem Test! Dies werden wir im Folgenden mit Hilfe des Satzes von Bayes exakt nachrechnen.

Bekanntlich sind HIV-Tests Verfahren, die eine stattgefundene Infektion mit einem menschlichen Immunschwächevirus (HIV) nachweisen können. Ein derartiger Nachweis ist beim Menschen überhaupt erst etwa 12 Wochen (so genannte „diagnostische Lücke") nach Kontakt mit ausreichend großen Virusmengen möglich. In Deutschland werden als Suchtests meist ELISA (= enzyme-linked immuno-sorbent assays)-Tests verwandt, die Antikörper gegen bestimmte Varianten des Virus nachweisen. Sie weisen diese Antikörper sehr „empfindlich" nach, was besagt, dass möglichst viele Infektionen auch erkannt werden („hohe Sensitivität" des Testverfahrens). Ihr Nachteil ist aber, dass sie manchmal reagieren, obwohl keine Infektion besteht: Es liegen also in einigen Fällen falsche positive Testergebnisse vor („geringe Spezifität" des Tests).

Grob gesagt kann man deshalb *bei negativem Testergebnis* ziemlich sicher sein, dass man *nicht* mit HIV infiziert ist, während bei positivem Ergebnis *immer* mit einem zweiten Bestätigungstest das Ergebnis des ersten überprüft werden muss. Als Bestätigungstest wird in Deutschland meist ein Immunoblot genanntes Verfahren eingesetzt. Erst wenn mit dem Bestätigungstest Antikörper nachgewiesen werden, gilt die Diagnose „HIV positiv" als sicher und sollte dem Patienten mitgeteilt werden.

Ende 2003 betrug der Anteil HIV-Positiver bei der erwachsenen Bevölkerung in Westeuropa etwa 0,3 %. Mathematisch gesprochen kann man dem Ereignis „HIV positiv" also eine Wahrscheinlichkeit von $P(\text{HIV}+) = 0,003$ zuordnen. Gehen wir davon aus, dass ein Testverfahren in 99,9 % aller Fälle eine bestehende HIV-Infektion auch nachweist, dass also die bedingte Wahrscheinlichkeit „positives Testergebnis bei vorliegender HIV-Infektion" $P(\text{Test}+|\text{HIV}+) = 0,999$ ist. Die Rate der wahren positiven Testergebnisse („Sensitivität" des Testverfahrens) beträgt damit 99,9 %. Nun gibt es auch eine kleine Anzahl von Fällen, in denen falsche positive Testergebnisse ausgegeben werden, in denen also eine Person, die HIV negativ ist, fälschlicherweise ein positives Testergebnis erhält. Nehmen wir an, dies geschieht in 2 % aller Fälle. Dann ist die bedingte Wahrscheinlichkeit eines positiven Testergebnisses, falls keine HIV-Infektion vorliegt, gleich $P(\text{Test}+|\text{HIV}-) = 0,02$. Wegen $P(\text{Test}+|\text{HIV}+) = 0,999$ gilt entsprechend $P(\text{Test}-|\text{HIV}+) = 1 - P(\text{Test}+|\text{HIV}+) = 0,001$ und wegen $P(\text{Test}+|\text{HIV}-) = 0,02$ ist $P(\text{Test}-|\text{HIV}-) = 1 - 0,02 = 0,98$. Mit Hilfe des Satzes von Bayes ergeben sich die Wahrscheinlichkeiten, die in der nachfolgenden Tabelle aufgelistet sind.

Der Tabelle entnimmt man, dass für die Wahrscheinlichkeit, trotz positivem Testergebnis *nicht* an HIV erkrankt zu sein, gilt:

$$P(\text{HIV}-|\text{Test}+) = \frac{P(\text{Test}+ \cap \text{HIV}-)}{P(\text{Test}+)} = \frac{0,019940}{0,022937} = 0,8693378.$$

Dies bedeutet, dass man selbst bei positivem Testergebnis in 87 % aller Fälle gesund und nur in 13 % wirklich HIV-positiv ist! (Und selbst wenn der Test wirklich zuverlässig *alle* HIV-Infizierten erkennt, wenn also $P(\text{Test}+|\text{HIV}+) = 1$ ist, ändern sich obige Werte nur geringfügig.)

	HIV+	HIV−	
Test+	$P(\text{Test+} \cap \text{HIV+})$ $= P(\text{Test+}\|\text{HIV+}) \cdot P(\text{HIV+})$ $= 0{,}999 \cdot 0{,}003$ $= 0{,}002997$	$P(\text{Test+} \cap \text{HIV−})$ $= P(\text{Test+}\|\text{HIV−}) \cdot P(\text{HIV−})$ $= 0{,}02 \cdot 0{,}997$ $= 0{,}019940$	$P(\text{Test+})$ $= 0{,}022937$
Test−	$P(\text{Test−} \cap \text{HIV+})$ $= P(\text{Test−}\|\text{HIV+}) \cdot P(\text{HIV+})$ $= 0{,}001 \cdot 0{,}003$ $= 0{,}000003$	$P(\text{Test−} \cap \text{HIV−})$ $= P(\text{Test−}\|\text{HIV−}) \cdot P(\text{HIV−})$ $= 0{,}98 \cdot 0{,}997$ $= 0{,}977060$	$P(\text{Test−})$ $= 0{,}977063$
	$P(\text{HIV+}) = 0{,}003$	$P(\text{HIV−}) = 0{,}997$	1

Wir wollen nun versuchen, dieses auf den ersten Blick sehr überraschende Ergebnis zu verstehen: Ausgangspunkt war $P(\text{HIV+}) = 0{,}003$, was bedeutet, dass von 1000 Personen durchschnittlich 3 mit HIV infiziert sind. Wenn wir nun aber eine Population von 1.000.000 Menschen zugrunde legen, so sind 3000 Infizierte darunter. Davon werden korrekt 2997 Infizierte durch den Test entdeckt, 3 Personen werden fälschlicherweise nicht identifiziert. Von den 997.000 Gesunden werden allerdings ganze 19.940 Personen fälschlicherweise als positiv getestet. Gehört man nun zu den 22.937 Personen mit positivem Testergebnis, so ist es viel wahrscheinlicher zur Gruppe der 19.940 Gesunden als zur Gruppe der 2997 Kranken zu gehören.

Liefert also ein positiver Aidstest überhaupt keine Information? Doch: Mit einem positiven Testergebnis ist die Wahrscheinlichkeit, an HIV erkrankt zu sein, im obigen Beispiel von 3 zu 1000 auf ca. 13 zu 100 angewachsen. Die Chancen stehen schlechter. Aber dennoch besagt ein positiver Test keinesfalls, wirklich HIV-positiv zu sein.

Als letztes wollen wir noch untersuchen, welchen Einfluss die Zugehörigkeit zu einer Risikogruppe auf die obigen Wahrscheinlichkeiten hat. Wir setzen wieder $P(\text{Test+}\|\text{HIV+}) = 0{,}999$ (richtige Positive) und $P(\text{Test+}\|\text{HIV−}) = 0{,}02$ (falsche Positive). Für die Wahrscheinlichkeit, HIV-positiv zu sein, setzen wir $P(\text{HIV+}) = x$, wobei x von der Verbreitung von AIDS in der jeweiligen Risikogruppe abhängt. Wir erhalten:

	HIV+	HIV−	
Test+	$0{,}999 \cdot x$	$0{,}02 \cdot (1-x)$	$0{,}979 \cdot x + 0{,}02$
Test−	$0{,}001 \cdot x$	$0{,}98 \cdot (1-x)$	$-0{,}979 \cdot x + 0{,}98$
	x	$1-x$	1

Die Wahrscheinlichkeit, HIV-negativ zu sein trotz positivem Testergebnis, ist dann

$$P(\text{HIV−}\|\text{Test+}) = \frac{P(\text{HIV−} \cap \text{Test+})}{P(\text{Test+})} = \frac{0{,}02 \cdot (1-x)}{0{,}979 \cdot x + 0{,}02}.$$

Für verschiedene x-Werte erhält man also verschiedene Wahrscheinlichkeiten:

	x	$P(\text{HIV}-|\text{Test}+)$
geringes Risiko	0,0003	0,9852
normales Risiko	0,003	0,8693
hohes Risiko	0,03	0,3930
sehr hohes Risiko	0,3	0,0446

In einer Nicht-Risikogruppe (vielleicht monogam lebende heterosexuelle Frauen) mit geringem HIV-Risiko (nur 0,03 % dieser Bevölkerungsgruppe sind HIV-infiziert) ist man bei Vorliegen eines positiven Testergebnisses in 99 % der Fälle *nicht* infiziert. Gehört man hingegen zu einer Risikogruppe (3 % dieser Gruppe ist infiziert), so ist man nur in 39 % nicht HIV-positiv. In einer Gruppe höchsten Risikos (vielleicht homosexuelle promiske Männer im San Francisco der achtziger Jahre) mit 30 % Infizierten ist die Wahrscheinlichkeit, bei positivem HIV-Test *nicht* infiziert zu sein, nur noch 4 %. (Hier ist die Wahrscheinlichkeit, HIV-infiziert zu sein, aber auch ohne Test schon sehr hoch.) Als überraschende Aussage bleibt: Wenn man einer Nicht-Risikogruppe angehört, ist es sogar äußerst unwahrscheinlich, bei positivem AIDS-Test wirklich infiziert zu sein!

11.7 Zusammenfassung

Mittelwert $\overline{x}$ und empirische Varianz S^2 der Datenwerte $x_1, \ldots, x_n$

$$\overline{x} := \frac{1}{n} \sum_{i=1}^{n} x_i, \quad S^2 := \frac{1}{n} \sum_{i=1}^{n} (x_i - \overline{x})^2;$$

mit Verschiebungsformel $S^2 = \overline{x^2} - \overline{x}^2 \; (\overline{x^2} := \frac{1}{n} \sum_{i=1}^{n} x_i^2)$,
empirische Standardabweichung $S := \sqrt{S^2}$.

Bsp. Datenwerte: $5, 8, 9, 2$; Anzahl: $n = 4$
$\overline{x} := \frac{1}{4}(5 + 8 + 9 + 2) = 24/4 = 6$.
$S^2 = \frac{1}{4}((5 - 6)^2 + (8 - 6)^2 + (9 - 6)^2 + (2 - 6)^2) = 30/4 = 7,5$, oder
$S^2 = \overline{x^2} - \overline{x}^2 = \frac{1}{4}(5^2 + 8^2 + 9^2 + 2^2) - 6^2 = 43,5 - 36 = 7,5$.

Empirische Dichte

Gegeben ist Datenmenge: $x_1, \ldots, x_n$

Klasseneinteilung $\xi_0 < \xi_1 < \ldots < \xi_k \; (\xi_0 < \min x_i, \; \xi_k > \max x_i)$
relative Häufigkeiten $h_i = n_i / n, \, n_i = $ Anzahl Datenwerte in $(\xi_{i-1}, \xi_i]$
empirische Dichte $\hat{f}(x) = \begin{cases} \frac{h_i}{\xi_i - \xi_{i-1}}, & \text{falls } x \in (\xi_{i-1}, \xi_i], \; i = 1, \ldots, k, \\ 0, & \text{sonst} \end{cases}$

Bsp. empirische Dichte zu $\xi_0 = 47{,}5 < 49{,}5 < 51{,}5 < 53{,}5 = \xi_3$, $n = 25$

Klasse	Anzahl Daten n_i	rel. Häufigkeit $h_i = n_i/n$	$\hat{f}(x) = h_i/2$
$47{,}5 < x \le 49{,}5$	9	0,36	0,18
$49{,}5 < x \le 51{,}5$	13	0,52	0,26
$51{,}5 < x \le 53{,}5$	3	0,12	0,06

Histogramm

(= graphische Darstellung der empirischen Dichte)

Reduktionslage	kleinster Wert ξ_0 < Minimum der Datenwerte,
Variationsbreite	gesamte Länge $\xi_k - \xi_0$ mit ξ_k > Maximum der Datenwerte,
Klassenbreite	Werte $\xi_i - \xi_{i-1}$ (häufig konstant),
Klassenzahl	Anzahl k der Klassen (empfohlen: $5 \le k \le 25$),
Säulenhöhe	relative Häufigkeit/Klassenbreite ($h_i/(\xi_i - \xi_{i-1})$).

Empirische Verteilungsfunktion

$$\hat{F}(x) := \int_{-\infty}^{x} \hat{f}(t)\, dt$$

mit empirischer Dichte $\hat{f}(t)$; Eigenschaften:

- $\hat{F}(x)$ ist Maß für die Anzahl der Daten, deren Messwert kleiner gleich x ist.
- Summe über alle relativen Häufigkeiten: $\int_{-\infty}^{\infty} \hat{f}(x)\, dx = 1$.

Bsp. Histogramm/Verteilungsfunktion zur vorherigen Beispieldichte mit Reduktionslage 47,5, Variationsbreite 6, Klassenbreite 2 und Klassenzahl 3:

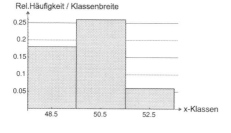 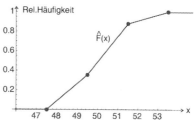

Empirische Verteilungsfunktion hierzu:

$$\hat{F}(x) = \begin{cases} 0, & \text{falls } x \le 47{,}5, \\ (x-47{,}5)/2 \cdot 0{,}36, & \text{falls } 47{,}5 < x \le 49{,}5, \\ 0{,}36 + (x-49{,}5)/2 \cdot 0{,}52, & \text{falls } 49{,}5 < x \le 51{,}5, \\ 0{,}88 + (x-51{,}5)/2 \cdot 0{,}12, & \text{falls } 51{,}5 < x \le 53{,}5, \\ 1, & \text{falls } x > 53{,}5. \end{cases}$$

x_p-Quantil

(= Wert, bis zu dem $100 \cdot p \, \%$ der Daten liegen)

Bestimmungsgleichung:

$$\hat{F}(x_p) = \int\limits_{-\infty}^{x_p} \hat{f}(x) \, dx = p \text{ mit } 0 \leq p \leq 1.$$

Median $x_{0,5}$ („halbiert" Datenmenge),

Quartile $x_{0,25}$ und $x_{0,75}$.

Bsp.   Median bzgl. vorheriger Beispielverteilung

Bestimmungsgleichung: $0{,}5 = \hat{F}(x_{0,5}) = 0{,}36 + (x - 49{,}5)/2 \cdot 0{,}52$.

Auflösen liefert: $x_{0,5} \approx 50{,}04$.

Lineare Regressionsaufgabe

Gegeben: Liste zweidimensionaler Datenwerte $(x_1, y_1), (x_2, y_2), \ldots, (x_n, y_n)$.

Gesucht: Gerade durch „Punktwolke", so dass Summe der quadrierten Abweichungen minimal wird.

Lösung: *Regressionsgerade* $y(x) = bx + a$, Regressionskoeffizienten a, b ergeben sich aus *Normalgleichungen*:

$$\left\{ \begin{array}{l} n \cdot a + \left(\sum\limits_{i=1}^{n} x_i\right) \cdot b = \sum\limits_{i=1}^{n} y_i \\[2ex] \left(\sum\limits_{i=1}^{n} x_i\right) \cdot a + \left(\sum\limits_{i=1}^{n} x_i^2\right) \cdot b = \sum\limits_{i=1}^{n} x_i y_i \end{array} \right\}$$

bzw. aus

$$b = \frac{S_{xy}}{S_x^2} \quad \text{und} \quad a = \overline{y} - b\overline{x}, \quad (\text{falls } S_x > 0).$$

Dabei: $\overline{x}, \overline{y}$ Mittelwerte der x- bzw. y-Werte, S_x^2 Varianz der x-Werte und

$$S_{xy} := \frac{1}{n} \sum\limits_{i=1}^{n} x_i y_i - \overline{x} \cdot \overline{y}$$

empirische Kovarianz der x- und y-Werte.

Bsp.   Regressionsgerade mittels Normalgleichungen für 4 Datenpaare:

$(1{,}5; 4{,}1), (2{,}1; 5{,}0), (3{,}3; 8{,}1), (3{,}9; 8{,}7)$;

$\sum_{i=1}^{n} x_i = 10{,}8, \sum_{i=1}^{n} y_i = 25{,}9, \sum_{i=1}^{n} x_i^2 = 32{,}76, \sum_{i=1}^{n} x_i y_i = 77{,}31$;

Normalgleichungen: $4a + 10{,}8b = 25{,}9, 10{,}8a + 32{,}76b = 77{,}31$;

Lösung ergibt $b = 2{,}05, a = 0{,}94$;

Regressionsgerade: $y(x) = 2{,}05x + 0{,}94$.

Kovarianz, Korrelationskoeffizient

Für die *empirische Kovarianz* S_{xy} gilt auch

$$S_{xy} = \frac{1}{n} \sum_{i=1}^{n} (x_i - \overline{x})(y_i - \overline{y}).$$

Empirischer Korrelationskoeffizient (normierte Kovarianz)

$$r_{xy} := \frac{S_{xy}}{S_x S_y} \quad \text{mit} \quad -1 \le r_{xy} \le 1$$

S_x, S_y sind Standardabweichungen der x- bzw. y-Werte.

Korrelation: $r_{xy} \approx 0 \Longrightarrow$ keine,

$r_{xy} \approx 1 \Longrightarrow$ positive,

$r_{xy} \approx -1 \Longrightarrow$ negative.

Bsp. Datenpaare: $(2, 5), (4, 7), (6, 9) \Longrightarrow \overline{x} = 4, \overline{y} = 7, S_x^2 = S_y^2 = 2,\overline{6}$,

$S_{xy} = \frac{1}{3}[(2 - 4)(5 - 7) + (4 - 4)(7 - 7) + (6 - 4)(9 - 7)] = 2,\overline{6}$ bzw.

$S_{xy} = \frac{1}{3}(2 \cdot 5 + 4 \cdot 7 + 6 \cdot 9) - 4 \cdot 7 = 2,\overline{6}$,

$b = \frac{2,\overline{6}}{2,\overline{6}} = 1, a = 7 - 1 \cdot 4 = 3 \Longrightarrow y = 1 \cdot x + 3$,

$r_{xy} = \frac{2,\overline{6}}{\sqrt{2,\overline{6}}\sqrt{2,\overline{6}}} = 1 \Longrightarrow$ positive Korrelation (Daten liegen auf Gerade).

Zufallsexperiment

besteht aus Menge möglicher, sich gegenseitig ausschließender *Elementarereignisse* ω_i.

- *Ergebnismenge:* $\Omega = \{\omega_1, \omega_2, \omega_3, \ldots\}$,
- *Ereignisse:* Teilmengen von Ω, d. h. z. B. $A, B \subseteq \Omega$,
- *Ereignisraum E:* Potenzmenge von Ω, d. h. $E = \mathcal{P}(G)$,
- *sicheres Ereignis:* Ω, *unmögliches Ereignis:* $\emptyset$,
- A, B sind *unvereinbar* bzw. gegenseitig ausschließend, falls $A \cap B = \emptyset$,
- zu A *komplementäres Ereignis:* $\overline{A} = \Omega \setminus A$.

Abzählregel (Laplace-Annahme)

bei Gleichwahrscheinlichkeit aller Elementarereignisse:

$$P(A) = \frac{|A|}{n} = \frac{\text{Anzahl der Elemente von } A}{\text{Anzahl der Elemente von } \Omega}.$$

$P(A)$ heißt Laplace'sche Wahrscheinlichkeit.

Bsp. Zahl beim Werfen eines fairen Würfels
$\Omega = \{\omega_1, \ldots, \omega_6\}$ mit ω_i = Augenzahl ist i,
Ereignis A = gerade Zahl $\Longrightarrow A = \{\omega_2, \omega_4, \omega_6\} \subseteq \Omega$,
$P(A) = \frac{3}{6} = 0{,}5$.

Wahrscheinlichkeitsfunktion

bzw. Verteilungsgesetz $P : E \mapsto \mathbb{R}$ ordnet jedem Ereignis A eine reelle Zahl $P(A)$ (= Wahrscheinlichkeit von A) zu. P muss dabei die *Kolmogoroff'schen Axiome* erfüllen:

a) Für alle A gilt: $P(A) \geq 0$.

b) Für das sichere Ereignis gilt: $P(\Omega) = 1$.

c) Sind $A_1, A_2, A_3, \ldots$ paarweise unvereinbar, dann gilt:

$$P(A_1 \cup A_2 \cup A_3 \cup \ldots) = P(A_1) + P(A_2) + P(A_3) + \ldots$$

Rechenregeln für Wahrscheinlichkeiten

komplementäres Ereignis	$P(\overline{A}) = 1 - P(A)$,
unmögliches Ereignis	$P(\emptyset) = 0$,
Differenzmenge	$P(A \setminus B) = P(A) - P(A \cap B)$,
Additionssatz	$P(A \cup B) = P(A) + P(B) - P(A \cap B)$,
stets gilt	$0 \leq P(A) \leq 1$,
Monotonie	$A \subseteq B \Longrightarrow P(A) \leq P(B)$.

Bsp. Zahl beim Werfen eines fairen Würfels
$P(\omega_i) = 1/6$ für $i = 1, \ldots 6$;
Ereignisse: A = gerade Zahl, B = ungerade Zahl;
$P(B) = P(\overline{A}) = 1 - P(A) = 1 - 0{,}5 = 0{,}5$, $P(A \cap B) = P(\emptyset) = 0$;
$P(A \cup B) = 0{,}5 + 0{,}5 - 0 = 1$, $P(A \cup B) = P(\Omega) = 1$.

Bedingte Wahrscheinlichkeit

Wahrscheinlichkeit dafür, dass A eintritt unter der Bedingung, dass B eingetreten ist

$$P(A|B) = \frac{P(A \cap B)}{P(B)}, \text{ wenn } P(B) > 0.$$

Satz von Bayes: $P(A|B) = \dfrac{P(A) \cdot P(B|A)}{P(B)}$.

Unabhängige Ereignisse

Ereignisse A und B heißen unabhängig, wenn

$$P(A|B) = P(A).$$

Für unabhängige Ereignisse A und B gilt:

$$P(A \cap B) = P(A) \cdot P(B).$$

Bsp. Zahl beim Werfen eines fairen Würfels

Ereignisse: $A =$ „gerade Zahl" ($P(A) = \frac{1}{2}$), $B =$ „Zahl > 4" ($P(B) = \frac{1}{3}$);

$A \cap B = \{6\}$ ($P(A \cap B) = 1/6$);

$A|B =$ „Zahl gerade", vorausgesetzt, dass „Zahl > 4" gewürfelt wurde;

$P(A|B) = \frac{1/6}{1/3} = 1/2$;

$P(A|B) = P(A) = 1/2 \Longrightarrow A, B$ unabhängig, d. h. $P(A \cap B) = \frac{1}{2} \cdot \frac{1}{3} = \frac{1}{6}$.

Zufallsvariable

$=$ Funktion $X : \Omega \mapsto \mathbb{R}$, die jedem Elementarereignis $\omega \in \Omega$ genau eine reelle Zahl $X(\omega)$ zuordnet. Ist der Wertebereich von X endlich oder abzählbar unendlich, so heißt X *diskret*, andernfalls *stetig*.

Verteilungsfunktion

$F(x)$ der Zufallsvariablen X gibt Wahrscheinlichkeit dafür an, dass X einen Wert annimmt der kleiner oder gleich einer vorgegebenen Zahl x ist:

$$F(x) = P(X \leq x).$$

- *Diskrete Verteilung*: Falls

$$f(x) = \begin{cases} p_i & \text{für } x = x_i \\ 0 & \text{für } x \neq x_i \end{cases} \quad i = 1, 2, \ldots$$

zugehörige *Wahrscheinlichkeitsfunktion* ist, dann gilt

$$F(x) = P(X \leq x) = \sum_{x_i \leq x} f(x_i).$$

- *Stetige Verteilung*: Falls $f(x)$ zugehörige *Dichtefunktion* ist, dann gilt

$$F(x) = P(X \leq x) = \int\limits_{-\infty}^{x} f(t)\, dt.$$

Eigenschaften der Verteilungsfunktion

Für Verteilungsfunktionen $F(x)$ gelten folgende Aussagen:

- $F(x)$ ist monoton wachsend ($f(x) \geq 0$ stets),
- $0 \leq F(x) \leq 1$,
- $\lim_{x \to -\infty} F(x) = 0$ (unmögliches Ereignis),
- $\lim_{x \to \infty} F(x) = \int_{-\infty}^{\infty} f(t)\, dt = 1$ (sicheres Ereignis),
- $P(a < X \leq b) = F(b) - F(a)$

Speziell für stetiges $F(x)$ mit Dichte $f(x)$ gilt: $F(b) - F(a) = \int_a^b f(x)\, dx$.

Bsp. Graph einer stetigen (Gleich-)Verteilung $F(x)$ mit Dichte $f(x) = \frac{1}{b-a}$ für $a \leq x \leq b$ und 0 sonst.

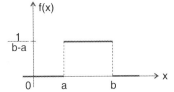 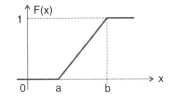

Erwartungswert und Varianz diskreter und stetiger Zufallsvariablen

Sei X Zufallsvariable, $f(x)$ zugehörige Wahrscheinlichkeits- bzw. Dichtefunktion. Dann sind *Erwartungswert* μ_X und *Varianz* σ_X^2 von X (im Konvergenzfall)

- für diskretes X gegeben durch:

$$\mu_X = E[X] := \sum_i x_i\, f(x_i), \quad \sigma_X^2 = \mathrm{Var}[X] := \sum_i (x_i - \mu_X)^2 f(x_i).$$

- für stetiges X gegeben durch:

$$\mu_X = E[X] := \int_{-\infty}^{\infty} x f(x)\, dx, \quad \sigma_X^2 = \mathrm{Var}[X] := \int_{-\infty}^{\infty} (x - \mu_X)^2 f(x)\, dx.$$

Standardabweichung von X: $\sigma_X := \sqrt{\mathrm{Var}[X]}$.

Rechenregeln für Erwartungswert und Varianz ($a, b \in \mathbb{R}$)

- $E[aX + b] = a\,E[X] + b$ (Transformationsformel),
- $\mathrm{Var}[aX + b] = a^2 \cdot \mathrm{Var}[X]$ (Transformationsformel),
- $\mathrm{Var}[X] = E[X^2] - (E[X])^2$ (Verschiebungsformel).

Bsp. diskrete Zufallsvariable $X = x_i$ mit $x_i = i$ für $i = 1, 2, 3$ und Wahrscheinlichkeitsfunktion $f(x)$ mit $f(1) = 1/2$, $f(2) = 1/6$, $f(3) = 1/3$.

$\mu_X = \sum_{i=1}^{3} i f(i) = 1 \cdot \frac{1}{2} + 2 \cdot \frac{1}{6} + 3 \cdot \frac{1}{3} = \frac{11}{6}$,

$\sigma_X^2 = \sum_i (i - \mu)^2 f(i) = (1 - \frac{11}{6})^2 \cdot \frac{1}{2} + (2 - \frac{11}{6})^2 \cdot \frac{1}{6} + (3 - \frac{11}{6})^2 \cdot \frac{1}{3} = \frac{29}{36}$,

$E[X^2] = 1^2 \cdot \frac{1}{2} + 2^2 \cdot \frac{1}{6} + 3^2 \cdot \frac{1}{3} = \frac{25}{6}$,

Verschiebungsformel: $\sigma_X^2 = \frac{25}{6} - (\frac{11}{6})^2 = \frac{29}{36}$,

Transformationsformel: $\mathrm{Var}[3X + 5] = 3^2 \cdot \mathrm{Var}[X] = 9 \cdot \frac{29}{36} = \frac{29}{4}$.

Binomialverteilte (diskrete) Zufallsvariable

$X = k, k = 0, 1, 2, \ldots, n$ mit den Parametern n und p, kurz $X \sim B(n, p)$:

- Wahrscheinlichkeitsfunktion:

$$P(X = k) = P_k(n; p) := \binom{n}{k} p^k (1 - p)^{n-k},$$

- Kenngrößen: $E[X] = np$ und $\mathrm{Var}[X] = np(1 - p)$.

Poisson-verteilte (diskrete) Zufallsvariable

$X = k, k = 0, 1, 2, \ldots$ mit Parameter $\lambda > 0$, kurz $X \sim \Pi(\lambda)$:

- Wahrscheinlichkeitsfunktion:

$$P(X = k) = \frac{\lambda^k}{k!} \, e^{-\lambda} \quad \text{für} \quad k = 0, 1, 2, \ldots,$$

- Kenngrößen: $E[X] = \lambda$ und $\mathrm{Var}[X] = \lambda$.

Normalverteilte (stetige) Zufallsvariable X

kurz $X \sim N(\mu, \sigma^2)$:

- Dichtefunktion ($\mu \in \mathbb{R}$, $\sigma \in \mathbb{R}^+$):

$$\varphi(t, \mu, \sigma) := \frac{1}{\sigma \sqrt{2\pi}} \, e^{-\frac{(t-\mu)^2}{2\sigma^2}},$$

- Verteilungsfunktion: $\Phi(x, \mu, \sigma) := \int_{-\infty}^{x} \varphi(t, \mu, \sigma) \, dt$,
- Kenngrößen: $E[X] = \mu$ und $\mathrm{Var}[X] = \sigma^2$.

Standardnormalverteilung (d. h. für $\mu = 0$ und $\sigma = 1$):

$$\Phi(x) = \frac{1}{\sqrt{2\pi}} \int_{-\infty}^{x} e^{-\frac{t^2}{2}} \, dt.$$

Gilt $X \sim N(\mu, \sigma^2)$, dann ist $Y \sim N(0, 1)$ mit $Y = \frac{X - \mu}{\sigma}$. Es gilt dann

$$P(a < X \le b) = \Phi\left(\frac{b - \mu}{\sigma}\right) - \Phi\left(\frac{a - \mu}{\sigma}\right).$$

Symmetriegleichung: $\Phi(-x) = 1 - \Phi(x)$

Bsp. $X \sim N(4,4)$, gesucht: $P(2{,}5 \leq X \leq 8)$

$$P(2{,}5 \leq X \leq 8) = \Phi\left(\frac{8-4}{2}\right) - \Phi\left(\frac{2{,}5-4}{2}\right) = \Phi(2) - \Phi(-0{,}75)$$

$$= \Phi(2) - (1 - \Phi(0{,}75)) = 0{,}9773 - 1 + 0{,}7734 = 0{,}7507.$$

Werte $\Phi(2)$, $\Phi(0{,}75)$ sind aus Tabelle für die Standardnormalverteilung.

11.8 Übungsaufgaben

Deskriptive Statistik

1. Zeigen Sie die Verschiebungsformel $S^2 = \overline{x^2} - \overline{x}^2$.
2. Gegeben seien die Absatzdaten aus Übung 11.1.
    a) Erstellen Sie ein Histogramm mit Reduktionslage 480 und konstanter Klassenbreite 5.
    b) Bestimmen Sie zur Dichtefunktion aus a) die empirische Verteilungsfunktion.
3. a) Stellen Sie die empirische Verteilungsfunktion des Aktienbeispiels, die zur Dichte mit Klassenbreite 1 gehört (Beispiel 11.4), dar. Ermitteln Sie dazu die nötigen „Stützpunkte" in einer Tabelle.
    b) Wie häufig lag der Kurs bei höchstens 49,8 Euro, wenn man die ermittelte Verteilung unterstellt?
    c) Wo liegt, ausgehend von der Verteilung aus a), der Median? Warum unterscheidet sich dieser vom in Übung 11.2 berechneten Median?
4. Zeigen Sie, dass für die Koeffizienten der Regressionsgeraden zu y bzgl. x gilt: $b = S_{xy}/S_x^2$ und $a = \overline{y} - b\overline{x}$, falls $S_x > 0$ (siehe Abschn. 11.2.3).

Wahrscheinlichkeitsrechnung

1. Zeigen Sie die Rechenregeln c)–f) für Wahrscheinlichkeiten aus Abschn. 11.3.2.
2. Ein Kreditinstitut hat in nachfolgender Tabelle die Liquiditätswahrscheinlichkeit einer notleidenden Branche mit 500 Unternehmen über einen 5-Jahreszeitraum zusammengestellt:

Zeitraum	noch liquide Untern.	Liquid.wahrsch.
1	450	0,90
2	425	0,85
3	360	0,72
4	310	0,62
5	270	0,54

Stehe A_i dafür, dass ein Unternehmen nach i Jahren noch liquide ist, dann ist z. B. $P(A_5) = 270/500 = 0{,}54$. Wie groß ist die Wahrscheinlichkeit dafür, dass ein Unternehmen nach 5 Jahren noch liquide ist, wenn es nach drei Jahren noch nicht insolvent war?

3. In Beispiel 11.10 (Bernoulli'sches Zufallsexperiment) sei nun $n = 50$. Wie klein muss die Defekt-Wahrscheinlichkeit $(1 - p)$ mindestens sein, damit die Wahrscheinlichkeit dafür, dass das Gerät funktioniert, größer gleich 0,9 ist?

Zufallsvariable und Verteilungsfunktion

1. Bei vielen Gesellschaftsspielen (z. B. Siedler von Catan) werden gleichzeitig zwei Würfel geworfen. Abhängig von der Summe beider Würfelzahlen X kann der Spieler dann das weitere Spielgeschehen beeinflussen.
   a) Welche Zahl X ist am wahrscheinlichsten?
   b) Wie groß sind Erwartungswert, Varianz und Standardabweichung von X?
   c) Wie groß ist $P(5 \leq X \leq 9)$?
2. Zeigen Sie die Transformationsformeln
   a) $E[aX + b] = aE[X] + b$,
   b) $\text{Var}[aX + b] = a^2 \cdot \text{Var}[X]$
      [Hinweis: Für die Zufallsvariable $Y := aX + b$ gilt $\sigma_Y^2 = E[(Y - \mu_Y)^2]$.]
3. Berechnen Sie die Varianz aus Aufgabe 1b mittels Verschiebungsregel.
4. Es sei X eine $N(\mu, \sigma^2)$-verteilte Zufallsvariable. Zeigen Sie, dass dann gilt:

$$P(|X - \mu| < \sigma) \approx 68{,}26\,\%, \quad P(|X - \mu| < 2\sigma) \approx 95{,}46\,\%.$$

[Hinweis: Entnehmen Sie die nötigen Werte der Standardnormalverteilung aus einer Tafel.]

11.9 Lösungen

Deskriptive Statistik

1. Um die Formel zu beweisen, muss man in der Definitionsgleichung die Klammer ausmultiplizieren und dann die Mittelwertbildung auf die entstandenen Faktoren einzeln anwenden:

$$\frac{1}{n}\sum_{i=1}^{n}(x_i - \bar{x})^2 = \frac{1}{n}\sum_{i=1}^{n}\left(x_i^2 - 2\bar{x}x_i + \bar{x}^2\right) = \frac{1}{n}\sum_{i=1}^{n}x_i^2 - 2\bar{x}\frac{1}{n}\sum_{i=1}^{n}x_i + \frac{1}{n}\sum_{i=1}^{n}\bar{x}^2 \cdot$$

$$= \overline{x^2} - 2\bar{x}\cdot\bar{x} + \frac{1}{n}n\bar{x}^2 = \overline{x^2} - \bar{x}^2.$$

2. a) Wir berechnen für die 7 Klassen ($480 < x \leq 485$, $485 < x \leq 490$, $490 < x \leq 495$, $495 < x \leq 500$, $500 < x \leq 505$, $505 < x \leq 510$, $510 < x \leq 515$) zunächst die relativen Häufigkeiten h_i und daraus dann die Säulenhöhen $h_i/5$:

Häufigkeit	2	6	10	9	8	4	1
rel. Häufigkeit h_i	0,05	0,15	0,25	0,225	0,20	0,10	0,025
Rechteckhöhe $h_i/5$	0,01	0,03	0,05	0,045	0,04	0,02	0,005

Das sich ergebende Histogramm zeigt Abb. 11.14.

Abb. 11.14 Histogramm mit
Säulenbreite 5

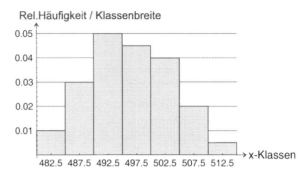

Abb. 11.15 Empirische Verteilungsfunktion $\hat{F}(x)$

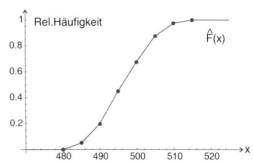

b) Entsprechend der Klasseneinteilung ergeben sich unsere Stützpunkte gemäß nachfolgender Tabelle:

x_i-Werte	480	485	490	495	500	505	510	515
y_i-Werte	0,000	0,050	0,200	0,450	0,675	0,875	0,975	1,000

Die daraus entstehende Graphik zeigt Abb. 11.15.

3. Die Verteilungsfunktion ist eine stückweise lineare Funktion, die man graphisch darstellen kann, indem man „Stützpunkte" (ξ_i, y_i), $i = 0, \ldots, k$ verwendet. Die ξ_i entsprechen den Werten der Klasseneinteilung, stets ist $(\xi_0, y_0) = (\xi_0, 0)$ und für $i \geq 1$
sind die zugehörigen y_i die kumulierten relativen Häufigkeiten $y_i = \sum_{j=1}^{i} h_j$.

a) Die benötigten „Stützpunkte" von $\hat{F}(x)$ listet nachfolgende Tabelle auf:

x_i-Werte	47,5	48,5	49,5	50,5	51,5	52,5
y_i-Werte	0,00	0,08	0,36	0,68	0,88	1,00

Durch lineare Interpolation zwischen den „Stützpunkten" ergibt sich $\hat{F}(x)$ gemäß
Abb. 11.16.

b) Es ist $\hat{F}(49{,}8) = \frac{2}{25} + \frac{7}{25} + \frac{49{,}8-49{,}5}{50{,}5-49{,}5} \cdot \frac{8}{25} = 0{,}456$, also war der Kurs zu 45,6 %
kleiner gleich 49,8. Diese Aussage gilt aber nur, wenn man unterstellt, dass die
Aktienkurse gemäß $\hat{F}(x)$ verteilt sind!

Abb. 11.16 Empirische Verteilungsfunktion $\hat{F}(x)$

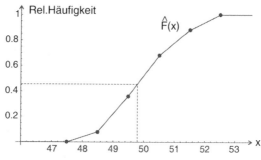

Abb. 11.17 Venn-Diagramm der unvereinbaren Ereignissse

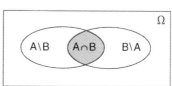

c) Unter Benutzung der Tabelle aus Teil a) erhält man die Bestimmungsgleichung $0{,}5 = \hat{F}(x_{0,5}) = 0{,}36 + (x - 49{,}5)/1 \cdot 0{,}32$ und daraus $x_{0,5} = 49{,}94$. Tatsächlich liegen 12 Aktienkurse unter diesem Wert, 13 darüber. Je nach Klasseneinteilung ergeben sich leicht unterschiedliche Mediane, da dann verschiedene Wahrscheinlichkeitsfunktionen zugrunde liegen.

4. Wenn wir aus Notationsgründen Mittelwerte durch „gequerte" Größen ($\overline{x} = (1/n) \sum_{i=1}^{n} x_i$, etc.) bezeichnen, so wird aus den Normalgleichungen von Abschn. 11.2.3 nach Division durch n

$$a + \overline{x}b = \overline{y}, \quad \overline{x}a + \overline{x^2}b = \overline{xy}.$$

Auflösen der ersten Gleichung nach a liefert $a = \overline{y} - b\overline{x}$. Setzt man letzteren Ausdruck in die zweite Gleichung ein, so ergibt sich

$$\overline{x}(\overline{y} - b\overline{x}) + \overline{x^2}b = \overline{xy} \quad \Longleftrightarrow \quad b(\overline{x^2} - \overline{x}^2) = \overline{xy} - \overline{x}\,\overline{y}.$$

Hieraus folgt unter Beachtung von $S_x^2 = \overline{x^2} - \overline{x}^2$ (Verschiebungsformel) die Behauptung $b = (\overline{xy} - \overline{x}\,\overline{y})/(\overline{x^2} - \overline{x}^2) = S_{xy}/S_x^2$.

Wahrscheinlichkeitsrechnung

1. a) Offensichtlich gilt $A = (A \setminus B) \cup (A \cap B)$. Da $A \setminus B$ und $A \cap B$ unvereinbar sind, folgt aus dem dritten Axiom von Kolmogoroff: $P(A) = P(A \setminus B) + P(A \cap B)$ und damit die Regel c).

   b) Gemäß dem Venn-Diagramm der Abb. 11.17 lässt sich das Ereignis $A \cup B$ als Vereinigung dreier unvereinbarer Ereignisse schreiben:

   $$A \cup B = (A \setminus B) \cup (A \cap B) \cup (B \setminus A).$$

Nach Regel c) gilt aber $P(A \setminus B) = P(A) - P(A \cap B)$ und $P(B \setminus A) = P(B) - P(A \cap B)$. Daraus folgt nun

$$\begin{aligned} P(A \cup B) &= P(A \setminus B) + P(A \cap B) + P(B \setminus A) \\ &= P(A) - P(A \cap B) + P(A \cap B) + P(B) - P(A \cap B) \\ &= P(A) + P(B) - P(A \cap B). \end{aligned}$$

c) Wegen $P(A) + P(\overline{A}) = 1$ (Regel a)!), $P(A) \geq 0$ und $P(\overline{A}) \geq 0$ (erstes Kolmogoroff'sches Axiom) muss $P(A) \leq 1$ gelten.

d) Wegen $A \subseteq B$ lässt sich das Ereignis B als Vereinigung zweier unvereinbarer Ereignisse schreiben: $A \cup (B \setminus A) = B$. Anwendung des dritten Axioms liefert somit $P(A) + P(B \setminus A) = P(B)$. Da $P(B \setminus A) \geq 0$ (erstes Kolmogoroff'sches Axiom!) folgt die behauptete Monotonie.

2. Aus der Tabelle entnimmt man $P(A_3) = 0{,}72$ und $P(A_5 \cap A_3) = P(A_5) = 0{,}54$. Für die gesuchte bedingte Wahrscheinlichkeit ergibt sich damit $P(A_5 | A_3) = \frac{P(A_5 \cap A_3)}{P(A_3)} = \frac{0{,}54}{0{,}72} = 0{,}75$.

Diesen Wert erhält man übrigens auch, wenn man die relative Häufigkeit für dieses Ereignis direkt aus der Tabelle ermittelt: $270/360 = 0{,}75$. Die bedingte Wahrscheinlichkeit lässt sich hier interpretieren als die relative Häufigkeit, dass ein Unternehmen 5 Jahre liquide bleibt, bezogen auf die Menge aller nach 3 Jahren noch liquiden Unternehmen.

3. In Beispiel 11.10 wurde bereits gezeigt, dass $P(A) = p^n$ gilt. Daher ist zu fordern: $p^{50} \geq 0{,}9 \iff p \geq \sqrt[50]{0{,}9}$. Für die Defekt-Wahrscheinlichkeit folgt daraus $1 - p \leq 1 - \sqrt[50]{0{,}9} \approx 0{,}002105$.

Zufallsvariable und Verteilungsfunktion

1. a) Wir definieren die diskrete Zufallsvariable $X : \Omega \to [2, 12]$ durch $X = i + j$, wobei i, j die Augenzahlen der beiden Würfel sind. Die zu X gehörende Wahrscheinlichkeitsfunktion $f(x)$ ergibt sich durch Abzählen der entsprechenden Würfelkombinationen (von denen es insgesamt 36 gibt) zu:

x_i	2	3	4	5	6	7	8	9	10	11	12
$f(x_i)$	$\frac{1}{36}$	$\frac{2}{36}$	$\frac{3}{36}$	$\frac{4}{36}$	$\frac{5}{36}$	$\frac{6}{36}$	$\frac{5}{36}$	$\frac{4}{36}$	$\frac{3}{36}$	$\frac{2}{36}$	$\frac{1}{36}$

Weil für $x_i = 7$ die Wahrscheinlichkeitsfunktion f ein Maximum hat, ist die Zahl 7 am wahrscheinlichsten.

b) Für den Erwartungswert gilt:

$$\mu_X = 2 \cdot \frac{1}{36} + 3 \cdot \frac{2}{36} + 4 \cdot \frac{3}{36} + 5 \cdot \frac{4}{36} + \ldots + 9 \cdot \frac{4}{36} + 10 \cdot \frac{3}{36} + 11 \cdot \frac{2}{36} + 12 \cdot \frac{1}{36} = 7.$$

Nun lässt sich die Varianz berechnen:

$$\sigma_X^2 = \frac{1}{36}\left((2-7)^2 \cdot 1 + (3-7)^2 \cdot 2 + \ldots + (11-7)^2 \cdot 2 + (12-7)^2 \cdot 1\right)$$

$$= \frac{210}{36} = 5,8\overline{3}.$$

Die Standardabweichung ist $\sigma_X = \sqrt{5,8\overline{3}} \approx 2,4152$.

c) Es ist $P(5 \leq X \leq 9) = \sum_{k=5}^{9} P(X=k) = \frac{24}{36} = 0,\overline{6}$.

2. a) Im diskreten Fall ergibt sich unmittelbar aus der Definition:

$$E[aX+b] = \sum_i (ax_i + b)f(x_i) = a\underbrace{\sum_i x_i f(x_i)}_{=E[X]} + b\underbrace{\sum_i f(x_i)}_{=1} = aE[X] + b,$$

während im stetigen Fall ebenfalls unmittelbar aus der Definition folgt:

$$E[aX+b] = \int_{-\infty}^{\infty} (ax+b)f(x)\,dx$$

$$= a\underbrace{\int_{-\infty}^{\infty} xf(x)\,dx}_{=E[X]} + b\underbrace{\int_{-\infty}^{\infty} f(x)\,dx}_{=1} = aE[X] + b.$$

b) Gemäß ihrer Definition kann man die Varianz auffassen als Erwartungswert der Zufallsvariablen $(X-\mu_X)^2$: $\sigma_X^2 = E[(X-\mu_X)^2]$. Man setzt $Y := aX+b$ und verifiziert die Transformationsformel unter Beachtung von $\mu_Y = a\mu_X + b$ und $\mathrm{Var}[aX+b] = \mathrm{Var}[Y] = E[(Y-\mu_Y)^2]$:

$$E[(Y-\mu_Y)^2] = E[(aX+b-(a\mu_X+b))^2] = E[a^2(X-\mu_X)^2]$$

$$= a^2 E[(X-\mu_X)^2] = a^2 \mathrm{Var}[X].$$

3. Wir müssen zunächst $E[X^2]$ berechnen:

$$\mu_{X^2} = \frac{1}{36}(2^2 \cdot 1 + 3^2 \cdot 2 + 4^2 \cdot 3 + 5^2 \cdot 4 + \ldots + 9^2 \cdot 4$$

$$+ 10^2 \cdot 3 + 11^2 \cdot 2 + 12^2 \cdot 1) = 54,8\overline{3}.$$

Wegen $\mu_X = 7$ ergibt sich nun $\sigma_x^2 = \mu_{X^2} - \mu_X^2 = 54,8\overline{3} - 7^2 = 5,8\overline{3}$.

4. X ist normalverteilt mit Parametern μ und σ. Anwendung der Formel $P(a < X \leq b) = \Phi(\frac{b-\mu}{\sigma}) - \Phi(\frac{a-\mu}{\sigma})$ liefert:

$$P(|X - \mu| < \sigma) = P(\mu - \sigma < X < \mu + \sigma) = \Phi\left(\frac{\mu + \sigma - \mu}{\sigma}\right) - \Phi\left(\frac{\mu - \sigma - \mu}{\sigma}\right)$$

$$= \Phi(1) - \Phi(-1) = \Phi(1) - (1 - \Phi(1)) = 2\Phi(1) - 1$$

$$\approx 2 \cdot 0{,}8413 - 1 = 0{,}6826.$$

Analog berechnet man $P(|X - \mu| < 2\sigma) = 2\Phi(2) - 1 \approx 2 \cdot 0{,}9773 - 1 = 0{,}9546$.

Lehrbücher

Meyberg, Kurt; Vachenauer, Peter; Höhere Mathematik, 2 Bände; Springer, 2001

Papula, Lothar; Mathematik für Ingenieure und Naturwissenschaftler, 3 Bände; Springer Vieweg, 2011

Rießinger, Thomas; Mathematik für Ingenieure; Springer, 2011

Stingl, Peter; Mathematik für Fachhochschulen; Hanser, 2009

Westermann, Thomas; Mathematik für Ingenieure; Springer, 2011

Formelsammlungen

Bronstein, I.M.; Taschenbuch der Mathematik; Verlag Harri Deutsch, 2008

Papula, Lothar; Mathematische Formelsammlung für Ingenieure und Naturwissenschaftler; Springer Vieweg, 2009

Springers Mathematische Formeln, Taschenbuch für Ingenieure, Naturwissenschaftler, Informatiker, Wirtschaftswissenschaftler; Springer, 2000

Brückenkurse Mathematik

Hohloch, Eberhard u. a.; Brücken zur Mathematik, 7 Bände; Cornelsen, 1996–2010

Schirotzek, Winfried; Scholz, Siegfried; Starthilfe Mathematik; Teubner, 2005

Y. Stry, R. Schwenkert, *Mathematik kompakt*, DOI 10.1007/978-3-642-24327-1,   527
© Springer-Verlag Berlin Heidelberg 2013

Sachverzeichnis